Persuasión neurocomunicativa.
La ciencia del comportamiento nos observa

CIENCIAS SOCIALES EN ABIERTO

Editada por

DAVID CALDEVILLA DOMÍNGUEZ
ALMUDENA BARRIENTOS-BÁEZ

Vol. 26

PETER LANG

Berlin - Bruxelles - Chennai - Lausanne - New York - Oxford

María Nereida Cea Esteruelas /
Ignacio Sacaluga Rodríguez /
Juan Manuel Barceló Sánchez (eds.)

Persuasión neurocomunicativa. La ciencia del comportamiento nos observa

PETER LANG

Berlin - Bruxelles - Chennai - Lausanne - New York - Oxford

Información bibliográfica publicada por la Deutsche Nationalbibliothek
La Deutsche Nationalbibliothek recoge esta publicación en la
Deutsche Nationalbibliografie; los datos bibliográficos detallados
están disponibles en Internet en http://dnb.d-nb.d.

Catalogación en publicación de la Biblioteca del Congreso
Para este libro ha sido solicitado un registro en el catálogo
CIP de la Biblioteca del Congreso.

ISSN 2944-4276
ISBN 978-3-631-91612-4 (Print)
E-ISBN 978-3-631-93448-7 (E-PDF)
E-ISBN 978-3-631-93449-4 (EPUB)
DOI 10.3726/b22714

© 2024 Peter Lang Group AG, Lausanne
Publicado por Peter Lang GmbH, Berlín, Alemania
info@peterlang.com - www.peterlang.com

PREFACIO

El presente libro, *Persuasión neurocomunicativa. La ciencia del comportamiento nos observa*, incluido en la colección *'Ciencias sociales en abierto'* de la editorial PETER LANG reúne textos que sirven de puente entre el ayer y el hoy y lanzan sus redes al mañana.

Todos los capítulos que conforman las presentes páginas suponen una apuesta comprometida con la Academia, la ciencia y sus investigadores por parte de unos autores que quieren exponer sus experiencias profesionales en las aulas y en los laboratorios, transmitiendo y compartiendo sus logros. Los campos del saber en los que se centra la colección *'Ciencias sociales en abierto'* compendian lo que damos en llamar Ciencias Sociales, Docencia y Humanismo pues en ellas encontramos el verdadero centro del universo: el hombre, ya que sin él nada tendría sentido.

La Academia halla su esencia y motivo de ser en esfuerzos como el que aquí se presenta, fruto de años, si no de carreras docentes completas, llenos de labores concienzudas, vocacionales y reiteradas, las más de las veces calladas, pero con gran predicamento social pues la imagen de la Ciencia y los científicos es socialmente siempre muy valorada, aunque sea más citada que comprendida por el gran público.

Los autores de los capítulos conformantes de este volumen son profesores investigadores con años de desempeño en Universidades de muchos países, en especial los de la Lengua y los de los países hermanos lusófonos, a los que se unen algunos europeos que trabajan en idioma italiano, francés e inglés.

Su valía, su profesionalidad y su buen hacer revierten en la sociedad el esfuerzo que ésta realiza para que los centros de investigación y docencia mejoren y la hagan avanzar; es un camino de doble sentido que busca una simbiosis perfecta. Acompasar necesidades y aportaciones de una y de otra, Academia y sociedad, deben ser el motor de esta relación nuclear para el desarrollo del hombre.

El compromiso de calidad, exigido y exigible en todo producto científico se halla respaldado por la inestimable, y pocas veces valorada en su justa medida, labor del conspicuo Comité Editorial conformado por más de 200 doctores de más de 40 universidades internacionales, y cuyas filiaciones encabezan cada libro. Así podemos asegurar que los resultados aquí expuestos responden a los cánones de excelencia científica irrenunciable en el trabajo académico; es decir, todos los capítulos han superado la llamada revisión por doble par ciego (*peer review*). Este método, apriorístico y secular en la Universidad avala que la evaluación es llevada a cabo por académicos de igual categoría (pares), que desconocen la autoría de los textos arbitrados (ciegos) y al menos en número de dos (doble).

Deontológica e inconcusamente, todos los firmantes se han comprometido a salvaguardar las exigencias propias de la ética investigadora: renunciar al plagio, veracidad en la obtención de datos, presentación de conclusiones pertinentes y desinteresadas, planteamiento de resultados que supongan un avance académico-científico, eludir la autoalabanza y la colusión académica, las autocitas o las de favor a terceros, evitar la parcialidad en la selección de las fuentes epistemológicas y teóricas, remitirse a todos los datos procedentes, adecuados, relevantes y actuales y no omitir informaciones que puedan colisionar con los postulados o pretensiones del texto o directamente los refuten.

Por ello, está garantizado el total cumplimiento de todos los requisitos imprescindibles y la observancia rigurosa de lo anteriormente descrito. Todo ello supone la marca identitaria de la colección 'Ciencias sociales en abierto' y que este título cumple plenamente. Por ello, la editorial, los coordinadores y los autores coinciden al manifestar:

- El consentimiento en la publicación de su trabajo y, de existir, de sus entidades financiadoras (tácita o explícitamente).
- La originalidad del texto como fruto de un trabajo, análisis y/o reflexión personales.
- Las citas empleadas no obedecen a criterios de favor.
- La bibliografía es actualizada y pertinente.
- Trabajo de revisión a cargo de revisores externos a la editorial PETER LANG y pertenecientes a la Comunidad Universitaria Internacional.
- Coherencia y calidad de los resultados, aportaciones, objetivos y conclusiones.

Por ello, supone un honor poder afirmar que, gracias a su esfuerzo editorial y a sus autores, en ideal simbiosis, la colección 'Ciencias sociales en abierto' se posiciona a la altura de las mejores y más grandes recopilatorios de literatura científica mundial, logrando que PETER LANG sea una de las editoriales más señeras, según el índice referencial SPI (2022).

Rogamos al lector marque estas iniciales páginas como si de un *albo lapillo notare diem* se tratase ya que podrá dumir dulces frutos del árbol de la ciencia.

David Caldevilla-Domínguez
I. P. Grupo Complutense de Investigación en Comunicación *Concilium* (nº 931.791)
Universidad Complutense de Madrid (España)
Coordinador adjunto en la colección 'Ciencias sociales en abierto'

COMITÉ EDITORIAL

Coordinadora General

Almudena Barrientos Báez
Universidad Complutense de Madrid

Olga Bernad Cavero

Universitat de Lleida (España)

Juan José Blázquez Resino

Universidad de Castilla-La Mancha (España)

Ana María Botella Nicolás

Universitat de València (España)

Tania Brandariz Portela

Universidad Nebrija (España)

David Caldevilla Domínguez

Universidad Complutense de Madrid (España)

Marina Camino Carrasco

Universidad de Cádiz (España)

Concepción Campillo Alhama

Universidad de Alicante (España)

Basilio Cantalapiedra Nieto

Universidad de Burgos (España)

Yánder Castillo Salina

Pontificia Universidad Católica del Perú (Perú)

Vicente Castro Alonso

Universidade da Coruña (España)

Benjamín Castro Martín

Centro Universitario Cardenal Cisneros (España)

María Nereida Cea Esteruelas

Universidad de Málaga (España)

Antoni Cerdà Navarro

Universitat de les Illes Balears (España)

Bárbara Cerrato Rodríguez

Universitat d'Andorra (Andorra)

Aurelio Chao Fernández

Universidade da Coruña (España)

Rocío Chao Fernández

Universidade da Coruña (España)

María Belén Cobacho Tornel

Universidad Politécnica de Cartagena (España)

Rubén Comas Forgas

Universitat de les Illes Balears (España)

Juan Manuel Corbacho Valencia

Universidade de Vigo (España)

José Luis Corona Lisboa

*Universidad Nacional Experimental Francisco de Miranda
y Universidad Centro Panamericano de Estudios Superiores (México)*

Almudena Cotán Fernández

Universidad de Huelva (España)

Carmen Cristófol Rodríguez

Universidad de Málaga (España)

Francisco Javier Cristófol Rodríguez

Universidad Loyola (España)

Purificación Cruz Cruz

Universidad de Castilla-La Mancha (España)

Jorge Enrique Chaparro Medina

Fundación Universitaria del Área Andina (Colombia)

Ricardo Curto Rodríguez

Universidad de Oviedo (España)

Alberto Dafonte Gómez

Universidade de Vigo (España)

Virginia Dasí Fernández

Universitat de València (España)

Pedro De La Paz Elez

Universidad de Castilla-La Mancha (España)

Senén Del Canto García

Universidad Internacional de La Rioja (España)

Carlos Felimer del Valle Rojas

Universidad de La Frontera en Temuco (Chile)

Yorlis Delgado López

Colegio Universitario San Gerónimo de La Habana (Cuba)

Pilar Díaz Cuevas

Universidad de Sevilla (España)

Elena Domínguez Romero

Universidad Complutense de Madrid (España)

Carmen Dorca Fornell

Universidad Internacional de La Rioja (España)

Guillem Escorihuela Carbonell

Universitat de València (España)

Beatriz Esteban Ramiro

Universidad de Castilla-La Mancha (España)

Carolina Estrada Bascuñana

Universitat Internacional de Catalunya (España)

Cesáreo Fernández Fernández

Universitat Jaume I de Castellón (España)

Estrella Fernández Jiménez

Universidad de Sevilla (España)

Mónica Fernández Morilla

Universitat Internacional de Catalunya (España)

Alejandro Fernández-Pacheco García

Universidad de Castilla-La Mancha (España)

Antonio Rafael Fernández Paradas

Universidad de Granada (España)

María Remedios Fernández Ruiz

Universidad de Málaga (España)

María Teresa Fuertes Camacho

Universitat Internacional de Catalunya (España)

Cinta Gallent Torres

Universitat de València (España)

Fernando García Chamizo

ESIC University (España)

Ana García Díaz

Universidad Internacional de La Rioja (España)

Silvia García Mirón

Universidade de Vigo (España)

Alberto E. García Moreno

Universidad de Málaga (España)

Vicenta Gisbert Caudeli

Universidad Autónoma de Madrid (España)

Francisco Javier Godoy Martín

Universidad de Cádiz (España)

Óscar Gómez Jiménez

Universidad Internacional de Valencia (España)

Liuba González Cid

Universidad Rey Juan Carlos (España)

María del Carmen González Rivero

Biblioteca Médica Nacional (Cuba)

Juan Enrique Gonzálvez Vallés

Universidad Complutense de Madrid (España)

Edurne Goñi Alsúa

Universidad Pública de Navarra (España)

Carmen Lucía Hernández Stender

Universidad Europea de Canarias (España)

Francisco Jaime Herranz Fernández

Universidad Carlos III (España)

Mercedes Herrero De la Fuente

Universidad Nebrija (España)

María Isabel Huerta Viesca

Universidad de Oviedo (España)

Coral Ivy Hunt Gómez

Universidad de Sevilla (España)

Hamed Abdel Iah Alí

Universidad de Granada (España)

Guillermina Jiménez López

Universidad de Málaga (España)

Francisco Javier Jiménez Ríos

Universidad de Granada (España)

Abigail López Alcarria

Universidad de Granada (España)

Enric López C.

CETT - Universitat de Barcelona (España)

Lorena López Oterino

Universidad de Castilla-La Mancha (España)

Sidoní López Pérez

Universidad Internacional de La Rioja (España)

Manuel José López Ruiz

Universidad de Granada (España)

Paloma López Villafranca

Universidad de Málaga (España)

Arantza Lorenzo De Reizábal

Universidad Pública de Navarra (España)

Manuel Osvaldo Machado Rivero

Universidad Central "Marta Abreu" de Las Villas (Cuba)

Cristina Manchado Nieto

Universidad de Extremadura (España)

Rafael Marcos Sánchez

Universidad Internacional de La Rioja (España)

Pedro Pablo Marín Dueñas

Universidad de Cádiz (España)

Sara Mariscal Vega

Universidad de Cádiz (España)

María José Márquez Ballesteros

Universidad de Málaga (España)

Davinia Martín Critikián

Universidad CEU San Pablo (España)

Marta Martín Gilete

Universidad de Extremadura (España)

Nazaret Martínez Heredia

Universidad de Granada (España)

Soledad María Martínez María-Dolores

Universidad Politécnica de Cartagena (España)

Alba María Martínez Sala

Universidad de Alicante (España)

Xabier Martínez Rolán

Universidade de Vigo (España)

Sendy Meléndez Chávez

Universidad Veracruzana (México)

María Isabel Míguez González

Universidade de Vigo (España)

Olga Moreno Fernández

Universidad de Sevilla (España)

Louisa Mortimore

Universidad Internacional de La Rioja (España)

Daniel Muñoz Sastre

Universidad de Valladolid (España)

Sara Navarro Lalanda

Universidad Internacional de La Rioja (España)

Daniel Navas Carrillo

Universidad de Málaga (España)

Marta Oria De Rueda

Universidad Isabel I (España)

Inmaculada Concepción Orozco Almario

Universitat Jaume I de Castellón (España)

Delfín Ortega Sánchez

Universidad de Burgos (España)

Enrique Ortiz Aguirre

Universidad Complutense de Madrid (España)

Graciela Padilla Castillo

Universidad Complutense de Madrid (España)

Isabel Rodrigo Martín

Universidad de Valladolid (España)

Alfredo Rodríguez Gómez

Universidad Internacional de La Rioja (España)

Sonia María Rodríguez Huerta

Universidad de Oviedo (España)

Nuria Rodríguez López

Universidade de Vigo (España)

Juan Andrés Rodríguez Lora

Universidad de Sevilla (España)

Javier Rodriguez Torres

Universidad de Castilla-La Mancha (España)

Aurora María Ruiz Bejarano

Universidad de Cádiz (España)

Encarnación Ruiz Callejón

Universidad de Granada (España)

Ignacio Sacaluga Rodríguez

Universidad Europea de Madrid (España)

Virginia Sánchez Rodríguez

Universidad de Castilla-La Mancha (España)

Andrés Sánchez Suricalday

Centro Universitario Cardenal Cisneros (España)

Alexandra María Sandulescu Budea

Universidad Rey Juan Carlos (España)

María Santamarina Sancho

Universidad de Granada (España)

Clara Janneth Santos Martínez

Universidad Rey Juan Carlos (España)

Begoña Serrano Arnáez

Universidad de Granada (España)

Marta Talavera Ortega

Universitat de València (España)

Blanca Tejero Claver

Universidad Internacional de La Rioja (España)

Ricardo Teodoro Alejandre

Universidad Veracruzana (México)

Raúl Terol Bolinches

Universitat Politècnica de València (España)

Ana Tomás López

Universidad Nacional de Educación a Distancia (España)

Rocío Torres Mancera

Universidad de Málaga (España)

Karen Cesibel Valdiviezo Abad

Universidad Técnica Particular de Loja (Ecuador)

Carmen Vázquez Domínguez

Universidad de Cádiz (España)

Enric Vidal Rodá

Universitat Internacional de Catalunya (España)

Mónica Viñarás Abad

Universidad Complutense de Madrid (España)

Óscar Javier Zambrano Valdivieso

Corporación Universitaria Minuto de Dios (Colombia)

Jessica Zorogastua Camacho

Universidad Rey Juan Carlos (España)

ÍNDICE

PRÓLOGO

El libro que tiene entre sus manos, como podrá comprobar si se zambulle en sus afluentes temáticos, contiene más pistas que certezas sobre cuestiones que deberían resultarnos de interés, no solo desde la perspectiva comunicativa sino también desde lo estrictamente filosófico y antropológico. Pues sin ser este un manual sobre las citadas disciplinas, de algún modo responde a preguntas clásicas sobre la esencia misma de la humanidad como algo, a la manera hegeliana, que permanece en cambio constante.

En este baile de conocimientos, partimos de la neurocomunicación -disciplina interesada en que cómo el cerebro humano procesa, interpreta y responde a los estímulos comunicativos-, para combinar conocimientos propios de la neurología, la psicología, la lingüística y la comunicación, y así comprender mejor el comportamiento humano y la optimización de las estrategias comunicativas.

En una era donde la información viaja a la velocidad de la luz y los consumos mediáticos fluyen entre plataformas, el arte de la persuasión ha encontrado un nuevo campo de batalla en la comunicación. Este libro invita a adentrarte en el mundo de la persuasión neurocomunicativa, una dimensión donde la ciencia, el periodismo y la comunicación en su más amplia dimensión se entrelazan de maneras inesperadas. En el estudio de las estrategias de la comunicación persuasiva y, por ende, de las relaciones públicas, la neurocomunicación se ha convertido en un enfoque cada vez más presente para optimizar los impactos comunicativos, utilizando técnicas que van más allá de las palabras y las imágenes, para llegar a las profundidades de la psique humana.

Desde el impacto de los titulares diseñados para capturar la atención inmediata hasta las sutiles estrategias narrativas que moldean nuestras emociones y creencias, a lo largo de los trabajos que recoge este volumen, se explora cómo la comunicación utiliza los conocimientos de la neurociencia para crear historias que no solo se lean o se vean, sino que se sientan; para crear mensajes que impacten y emocionen; en definitiva, para una comunicación clara y que cumpla con la función para la que fue concebida, esto es, llegar al receptor. Y es que todo acto comunicativo presidido por la persuasión es una declaración de proposiciones y también de intenciones, a través del que se busca influir en el receptor. De ahí que todo proceso comunicativo responde a una estrategia que puede ser explicada desde la neurocomunicación.

En este libro se presentan diversos trabajos que identifican y describen numerosas estrategias de comunicación persuasiva que son de utilidad en el ámbito de las relaciones públicas y la comunicación. El libro comienza con el abordaje de la comunicación persuasiva desde el ámbito del activismo de marca, en la que la comunicación estratégica y el branding son necesarios y que pueden ser potenciados mediante técnicas de comunicación persuasiva, tales como las herramientas promocionales digitales. También en el libro hay espacio para el estudio, el debate y los estudios de caso que ofrecen numerosos argumentos para la confrontación sobre las tendencias del contenido patrocinado en redes sociales y los espacios creativos para las marcas en el ecosistema digital.

Mención expresa merece todo lo relacionado con la comunicación política, que tiene su espacio propio dentro de este volumen, con trabajos que analizan desde la comunicación gestual como herramienta de comunicación persuasiva, hasta el uso del mindfulness y la neurocomunicación no verbal. También se analiza el papel de las emociones en la comunicación política y su vinculación con el populismo, a través de varios estudios de caso.

La publicidad también centra el interés de varios de los trabajos recogidos en este compendio, en el que no solo se aborda la publicidad comercial, sino también la publicidad institucional en la que la narrativa visual es un factor clave para la comunicación corporativa

En conclusión, un libro que sin duda invita a un viaje no solo de gran interés para periodistas o comunicadores, y académicos, sino para cualquiera que busque entender cómo la información nos forma y transforma en el siglo XXI. Disfruten.

María Nereida Cea Esteruelas
Ignacio Sacaluga Rodríguez
Juan Manuel Barceló Sánchez
Universidad de Málaga (España)
Universidad Europea de Madrid (España)
Universidad Complutense de Madrid (España)

INNOVACIÓN EN PATROCINIOS DEPORTIVOS: ANÁLISIS DEL CASO DE LA KINGS LEAGUE

Javier Abuín-Penas, Juan-Manuel Corbacho-Valencia[1]

1. INTRODUCCIÓN

La Ley general de la Publicidad (Ley 34/1998) define el contrato de patrocinio como "aquel por el que el patrocinado a cambio de una ayuda económica para la realización de su actividad deportiva, benéfica, científica o de otra índole se compromete a colaborar en la publicidad del patrocinador". Tratándose de un concepto altamente estudiado por su impacto económico, la denominación también se ha ampliado con sinónimos como *sponsorship* (Molina y Aguiar, 2003) o mecenazgo (Antoine Faúndez, 2007), entre otros. Casado (2018) resume las tipologías de patrocinio en personal (todos aquellos relativos a un deportista en particular o que compite a nivel individual, en pareja, en un club y/o selección), equipos (clubes, escuderías, etc.), competiciones y eventos (ligas, campeonatos y competiciones a distintos niveles), federaciones, asociaciones y selecciones (organismos reguladores de la práctica de la competición), *naming rights* (cuando la marca se incorpora a la denominación formando parte indisoluble de la misma) y eventos propios (realizados por la marca).

Por lo tanto, las marcas se asocian a la imagen de un club y/o jugador porque comparten sus valores, pero también porque les da visibilidad dentro de sus respectivos alcances, ya sea a nivel local, nacional o internacional, por no hablar de su valor como fuente de ingresos en una relación *win-win* para todas las partes implicadas. Los patrocinios no solo se limitan a equipos o deportistas, sino que también se extienden a las propias competiciones y a sus valores inherentes. El 15ª Barómetro de Patrocinio Deportivo (2022) establece por orden de mayor a menor los siguientes objetivos de patrocinio: visibilidad de marca, prestigio de marca, asociación de valores, mejorar reputación de marca, hospitalidad clientes, lealtad marca, generar negocio (general), herramienta de fuerza de ventas y distribución, generar negocio (*target*), generar negocio (*property*), instrumento para recursos humanos de la empresa, lanzamiento de productos o servicios, relación con otros patrocinadores, captura de datos del público objetivo y estimulación de prueba de producto o servicio. Las principales ventajas que aporta el patrocinio deportivo sobre otro tipo de acción publicitaria son que no se inserta en un contexto saturado de publicidad, tiene un enfoque 360 y mantiene en pantalla la marca durante más tiempo y en momentos especiales como pueden ser éxitos, victorias u otro tipo de eventos especiales de la competición o partido en cuestión, eso sí, sin ser intrusivos.

---

1. Universidade de Vigo (España)

De ahí que, con cada vez más frecuencia, salidas de tono o actuaciones imprudentes son castigadas con retiradas de patrocinios como en los casos de Ronaldinho, Oscar Pistorius, Lance Armstrong, Tiger Woods, Michael Phelps, Manny Pacquiao, Marion Jones, Maria Sharapova o, más recientemente, Kurt Zouma a quien Adidas rescindió su contrato por maltrato animal. No obstante, también conviene recordar que el ámbito de los patrocinios está expuesto a continuos cambios legislativos, los últimos relacionados con las casas de apuestas online que en el mercado español han supuesto importantes pérdidas en términos de financiación a un 76,2% de clubes de fútbol profesionales merced al Real Decreto de Comunicaciones de las Actividades del Juego.

Siendo pues los patrocinios una fuente importante de ingresos en el autodenominado deporte rey, como es el fútbol, con 240 millones de jugadores repartidos en 1,4 millones de equipo alrededor del mundo a nivel federado (FIFA, 2023), igualmente su retransmisión y audiencia ha alcanzado cifras récord, tal y como demostró el último mundial de fútbol en Qatar en 2022, que fue seguido en más de 200 países con cerca de 5.000 personas accediendo a sus contenidos y una audiencia de más de 1.500 millones de espectadores en la final, un 35% más que el mundial de Rusia 2018 (ReasonWhy, 2023). Solo para ese torneo, los 32 patrocinadores lanzaron más de 600 campañas. Aquí nos encontramos con otras dos claves importantes: las audiencias generadas por los eventos gracias a las retransmisiones y la diversificación de plataformas más allá de la televisión. Según el 15ª Barómetro de Patrocinio Deportivo, los patrocinadores otorgan de cara a los próximos cinco años, en una escala de 1 a 7, valores superiores a 4,5 a la importancia de acceso a contenido deportivo a plataformas sociales (YouTube, Instagram, Twitter, Twitch, etc.), plataformas agregadoras (por ejemplo, Movistar), plataformas OTT de deporte (como DAZN o Amazon Premier entre otras), plataformas OTT generalistas (como Netflix, entre otras) y plataformas de *influencers* de mayor a menor puntuación, por lo que se traza una tendencia en la que encaja el objeto del presente trabajo, que se pasa a explicar en el siguiente epígrafe.

1.1. La *Kings League*: creación y funcionamiento

La *Kings League*, un torneo de fútbol 7 creado por Gerard Piqué y formado por doce equipos que están presididos por *streamers*, *tik tokers* y exfutbolistas, está acaparando la atención de la industria del entretenimiento. Esta competición en la que los partidos y el resto de los contenidos que se generan en torno a ella se emite de manera gratuita a través de plataformas online y redes sociales como Twitch, YouTube o TikTok, está atrayendo la atención del público joven.

Aunque sea un torneo de fútbol, su formato es completamente diferente al del fútbol tradicional. La figura de presidente de cada club, famosos creadores de contenido y exfutbolistas, tiene un protagonismo especial. Antes, durante y después de los partidos de sus respectivos equipos generan contenido en torno a la competición, tanto en los canales de comunicación propios de la *Kings League*, como en los de los mismos equipos. Aquí es donde entran en juego las marcas, interesadas en formar parte de ese entretenimiento.

Los encuentros, que se caracterizan por su total accesibilidad para el público y su disponibilidad sin restricciones en plataformas de transmisión en vivo como Twitch, YouTube y TikTok, se llevan a cabo semanalmente los domingos en unas instalaciones ubicadas en el puerto de la ciudad de Barcelona. La competición se estructura en forma de liga, compuesta por un total de doce jornadas, en las cuales se disputarán seis partidos en cada una de ellas. El formato de la competición consta de una fase regular en la que todos los equipos se enfrentan entre sí, seguido de un *play off* en el que se determina al ganador de la competición.

Uno de los atractivos de la *Kings League* es que nada es definitivo. Durante las jornadas se han ido incorporando nuevas reglas y modificando la normativa con la que comenzó la competición. Todo ello con propuestas que parten del presidente de la liga, Gerard Piqué, de los presidentes de los equipos o de los propios seguidores.

Otra característica muy atractiva para la audiencia son los jugadores once y doce. Cada uno de los doce equipos (Tabla 1) que componen la *Kings League* está formado por diez jugadores fijos y dos que pueden cambiarse en cada jornada. Esto provoca una expectación por conocer qué figura estará presente en cada partido, ya que habitualmente son ex jugadores de fútbol profesional muy populares los que acceden a participar. Entre ellos se pueden destacar a Iker Casillas o el Kun Agüero, que también son presidentes de sus propios equipos, o a mega estrellas como Ronaldinho, Chicharito Hernández o Joan Capdevila, entre otros.

Presidente	Equipo
Ibai Llanos	Porcinos FC
Iker Casillas	1K
Sergio «Kun» Agüero	Kunisports
TheGrefg	Saiyans FC
Gerard Romero	Jijantes FC
Perxitaa	Los Troncos FC
JuanSGuarnizo	Aniquiladores
Rivers	Pio
Spursito	Rayo Barcelona
Adri Contreras	El Barrio
XBuyer	xBuyer Team
DjMaRiio	Ultimate Móstoles

Tabla 1. Presidentes y equipos de la Kings League. Fuente: Elaboración propia.

Esta combinación de *influencers*, exfutbolistas, difusión en múltiples plataformas y expectación que se genera en el público, crea un caldo de cultivo muy interesante para las marcas, que buscan aumentar su visibilidad y acercarse al público joven que tiene la *Kings League*.

1.2. Características diferenciales de la *Kings League*

Tal y como se indicaba en la introducción, la *Kings League* es una competición multicanal y se retransmite por Twitch, YouTube y por TikTok. Esta diversificación de canales permite llegar a un público más amplio, atendiendo a consumidores de todo tipo. Mientras el fútbol tradicional solo se puede consumir en directo a través de la televisión (mayoritariamente de pago a través de plataformas) o la radio, la *Kings League* se ha esforzado por atender las peticiones de un público joven en diversas plataformas digitales trayendo un estilo diferente a las personas cansadas de los medios tradicionales y que invierten su tiempo en las redes sociales e Internet. Además de las plataformas en las que se comunica, la *Kings League* tiene el deporte como medio, pero no como fin. El fin último de esta competición es el espectáculo y por ello, alrededor del deporte, existen una amplia variedad de contenidos dinámicos y atractivos que son generados por los propios presidentes y jugadores de los equipos.

Según el estudio de YouGov España (2023), en apenas unos meses de competición, la *Kings Legue* ha conseguido que el 51% de la población española conozca su existencia. Además, en los jóvenes de entre 18 y 34 años, el dato asciende hasta el 74% que también se informan con regularidad de la actualidad del evento (27%). Este informe deja muy definido el público de la *Kings League* ya que las personas mayores de 55 años apenas conocen la competición (33%) y cuentan con muy poca información sobre ella (6% declaran estar informadas).

Sin embargo, la *Kings League* no es un formato de competición completamente nuevo. Algunos medios apuntan a las similitudes existentes con el *wrestling*, un deporte de entretenimiento inspirado en el boxeo y que combina el espectáculo con varias disciplinas de combate (Pascual, 2023). El *wrestling* centra su importancia en las historias de sus protagonistas con estéticas coloridas y una gran dosis de drama, características que también podrían aplicar a la *Kings League*. Otro de sus puntos en común podría ser lo económico que es producir este tipo de eventos en relación a las exigencias de llevar a cabo una competición deportiva tradicional, en la que las exigencias de los deportistas son mucho mayores, tal y como apunta Alfredo Pascual (2023).

1.3. El crecimiento del consumo de contenido online y en directo

En 2022 se produjo el menor consumo televisivo tradicional con 183 minutos desde 1992, año que registró una media de 204 minutos. La inversión publicitaria en televisión cayó entre un 4 % y un 5 % (Barlovento Comunicación, 2022). Mientras tanto, el consumo de las plataformas de contenidos en *streaming* creció de manera exponencial, en gran medida, debido a esos cambios de hábitos observados la audiencia televisiva.

Junto con el crecimiento del consumo de videos en *streaming,* el visionado compartido, es decir, aquel en el que espectador no solo recibe la información, sino que también genera contenido a partir de lo que está observando (Capapé, 2020), surge como forma de consumir contenidos. En la actualidad, el 56,5 % de los españoles utiliza su teléfono móvil para consultar o publicar contenidos en redes sociales al mismo tiempo que ve la televisión, porcentaje que se incrementa considerablemente en el caso de los jóvenes de entre 18 y 24 años hasta el 72,5 % (Barlovento Comunicación, 2023).

Las nuevas plataformas como Twitch, con emisiones en video en directo que combinan un chat público en el que la audiencia puede participar interactuando con los creadores de contenido y el resto de público (Hamilton *et al.*, 2014), se acercan al espectador multitarea y potencian su actividad durante la emisión de los contenidos. Esto hace que estos nuevos medios tengan un carácter profundamente social en el que los creadores de contenido y sus públicos se comunican continuamente (Woodcock y Johnson, 2019)

Esta puerta que abre la interacción con la audiencia (Gutiérrez Lozano y Cuartero, 2020) mejora en gran medida la experiencia del usuario al consumir los contenidos (Hilvert-Bruce *et al.*, 2017) y al mismo tiempo es un factor de motivación para los propios *streamers* (Zhao *et al.*, 2018) que tratan de generar un sentimiento de pertenencia en su comunidad que les permita fidelizar a un público deseoso de participar de manera directa en el contenido que consume (Hamilton *et al.*, 2014; Wohn y Freeman, 2020).

Este conjunto de variables que combinan nuevos medios, interacción con el consumidor y super estrellas del deporte rey atrae a las marcas que buscan que sus clientes potenciales se impliquen con el producto, lo que derivará en una mayor lealtad y confianza hacia la marca (Schlesinger *et al.*, 2012). Por ello, resulta pertinente estudiar el impacto y el tipo de patrocinios o colaboraciones entre marcas que suceden en un evento novedoso como la *Kings League* y que está generando situaciones y entornos que pueden ser de gran interés para todo tipo de marcas que buscan ser identificadas con ciertos atributos como la originalidad, la novedad y la asociación a personalidades concretas o estilos de vida.

2. OBJETIVOS

Esta investigación se centra en mapeo del escenario de patrocinio en la *Kings League* a través de tres objetivos principales: exponer y describir las características y particularidades que hacen única y atractiva a la *Kings League* para los patrocinadores, categorizar a los patrocinadores actuales con los que cuenta la competición tratando de identificar el tipo de patrocinios que han estado presentes en la primera parte de la temporada celebrada entre y el 1 de enero y el 26 de marzo de 2023 (primer *split*) y discutir el impacto de la competición en las marcas a través de la forma en la que estas son expuestas en diferentes situaciones.

3. METODOLOGÍA

A partir de estos objetivos de partida, se plantea un estudio exploratorio de un tema poco estudiado por la novedad de este tipo de competición en España que servirá para presentar las posibilidades que ofrece para las marcas. Se pretende obtener información que permita generar un contexto sobre el interés de llevar a cabo una investigación más completa, tratando de mostrar algunas conclusiones iniciales sobre esta nueva vía de patrocinios para las marcas. Amén de que no existe bibliografía académica sobre la *Kings League*, las fuentes consultadas provienen de publicaciones especializadas del sector, prensa en general e informes del sector, así como de entrevistas de los interesados. Tal y como se adelantó en los objetivos, el período de estudio abarca del 1 de enero de 2023 al 26 de marzo de 2023 lo que supone la primera vuelta o primer *split*, es decir, el estreno de la competición. Se trata de un período sumamente interesante tras toda la expectativa generada en los prolegómenos por parte de todas las partes implicadas, patrocinadores incluidos. Se combina un enfoque cualitativo al realizar un análisis de contenido de las activaciones de los patrocinios con otro abordaje cuantitativo relativo a métricas, resultados de visualización e interacciones. Dado que este trabajo se centra en los patrocinadores de la competición, se han analizado los *sponsors* de la propia *Kings League*. Por lo tanto, se identificaron a todos los patrocinadores de la *Kings League* a través de su página web oficial (https://kingsleague.pro/), dando lugar a una muestra de 18 patrocinadores con diferentes niveles de implicación, relación y jerarquía. Entre las marcas se encuentran: InfoJobs, Cupra, Marca, Port de Barcelona, Grefusa, Spotify, Simyo, Adidas, Mahou, Mc Donalds, Xiaomi España, Shukran, Imagin, IQ Option, El Pozo, Clinica Baviera, El Curubito y Floki.com.

4. DESARROLLO DE LA INVESTIGACIÓN

4.1. Los patrocinadores de la *Kings League*

La combinación de fútbol y entretenimiento ha provocado que muchas marcas se interesen en formar parte de la *Kings League*. El hecho de involucrar a personas con experiencia en el sector y reconocimiento mundial como pueden ser Gerard Piqué o Ibai Llanos, entre otros, ha permitido la posibilidad de que esta nueva competición cuente con el respaldo de muchas marcas conocidas a nivel mundial.

En la propia página web de la *Kings League*, https://kingsleague.pro/, se presentan los patrocinadores y colaboradores de la competición categorizados en diferentes apartados (Tabla 2). Destacan Infojobs en la categoría de Principal Partner y que da apellido a la liga, y Cupra en la categoría de patrocinador del estadio donde se disputan los partidos. Junto a estos, encontramos otras marcas de gran relevancia como Grefusa, Spotify, Simyo, Adidas, Mahou o McDonald's. En general, el público de estas marcas es similar al que observábamos como conocedor de la *Kings League*, los jóvenes de entre 18 y 34 años, que además asocian en mayor medida a los patrocinadores con el evento (YouGov España, 2023).

Para establecer el ámbito al que pertenece cada empresa se utilizó la Clasificación Nacional de Actividades Económicas o CNAE, que permite la agrupación de las empresas según la actividad que ejercen de cara a la elaboración de estadísticas.

Patrocinio	Marca	Clasificación CNAE
Principal Partner	InfoJobs	Plataforma de empleo
Stadium Partner	Cupra	Marca de automóviles
Media Partner	Marca	Medio de comunicación deportiva
Hosting Partner	Port de Barcelona	Empresa de infraestructuras portuarias
Main Partner	Grefusa	Empresa de alimentación
Main Partner	Spotify	Plataforma de servicios musicales
Main Partner	Simyo	Empresa de telecomunicaciones
Main Partner	Adidas	Empresa textil
Main Partner	Mahou	Empresa de alimentación
Main Partner	Mc Donalds	Franquicia de restauración de comida rápida
Main Partner	Xiaomi	Empresa de tecnología
Main Partner	Shukran	Empresa de alimentación
Main Partner	Imagin	Empresa de servicios financieros
Main Partner	IQ Option	Empresa de servicios financieros
Main Partner	El Pozo	Empresa de alimentación
Main Partner	Clínica Baviera	Empresa de servicios oftalmológicos
Main Partner	Floki.com	Empresa de criptomonedas
Main Partner	El Curubito	Medio de comunicación deportiva

Tabla 2. Patrocinadores de la Kings League. Fuente: Elaboración propia.

Parece interesante destacar que las empresas más relacionadas con la *Kings League* son Adidas, Spotify e InfoJobs entre la total población, mientras que, entre los jóvenes de 18 a 34 años, los más asociados son InfoJobs (39%), Grefusa (34%) y Adidas (33%), según el informe de YouGov España (2023).

Nilton Navarro Flores, portavoz de InfoJobs, hacía referencia en sus declaraciones a On Economía (Montoro, 2023) al patrocinio de la *Kings League* como una herramienta que "ayudará a rejuvenecer la marca, transmitir nuestros valores, demostrar nuestra profesionalidad, nuestra experiencia, liderazgo e innovación", permitiendo además "reforzar que estamos en constante innovación y que seguimos en el mundo del entretenimiento y la creación de contenidos". Añade también las diferencias entre este tipo de patrocinios y una campaña tradicional en televisión que "sigue siendo más costosa, sobre todo si analizamos los resultados".

Por su parte, Ignasi Casanovas, director de marketing de Cupra España, indica que "la *Kings League* representa el impulso imparable de una nueva generación y supera los límites establecidos". La marca ha dado nombre al lugar en el que se desarrollan los partidos de la *Kings League*, el CUPRA Arena, un espacio que permite que la marca se posicione "a la vanguardia de las tendencias sociales y deportivas que atraen cada vez más al público más joven, y apuesta por una competición en la que el fútbol y el entretenimiento online combinan sus personajes y códigos para generar un espectáculo único" (CUPRA España Comunicación, 2023).

Para las marcas, los resultados que la *Kings League* genera con cada partido tienen un gran valor. El impacto, el volumen de audiencia o el reconocimiento de marca son algunos de los aspectos más destacados para Rafa Gandía, director de marketing de Grefusa. Siendo partícipes de la competición su objetivo es claro, "convertirnos en la marca de snacks favorita de jóvenes y del público *streamer*" (Dircomfidencial, 2023).

McDonald's, empresa líder en el sector de la restauración en España, se asocia a la *Kings League* con el objetivo de promover el entretenimiento apostando por nuevos formatos digitales e iniciativas concebidas para las nuevas generaciones (McDonald's España, 2023). Por su parte, Xioami, patrocinador oficial y exclusivo en la categoría de tecnología de la *Kings League*, pretende potenciar su imagen como empresa enfocada en "aportar soluciones innovadoras a los consumidores" y lo harán en esta competición a través de su VAR Xiaomi, tal y como indica Borja Gómez-Carrillo, Country Manager de Xiaomi en España (Europa Press, 2023).

Por último, ocho de las 18 empresas operan a nivel nacional y destaca la presencia de una empresa de criptomonedas, un sector llamado a ocupar el hueco dejado en términos de patrocinios por parte de las casas de apuestas online con el Real Decreto 958/2020, de 3 de noviembre, de comunicaciones comerciales de las actividades de juego. En todo caso, no se observa un predominio claro de ninguno de los sectores.

4.2. La activación de patrocinios en la *Kings League*

Todas las marcas mencionadas anteriormente buscan diversas fórmulas para activar sus patrocinios y posicionarse en la mente de la audiencia de la *Kings League* y este evento les permite múltiples opciones.

Algunas marcas como Grefusa, además de estar presentes en una parte importante de la vestimenta de los árbitros, utilizan su comunicación en redes sociales aprovechando los contenidos relacionados con la *Kings League* para movilizar a sus seguidores (Figura 1).

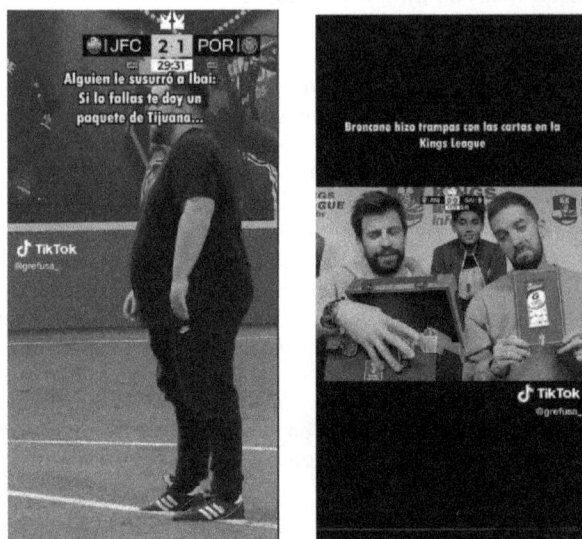

Figura 1. Activación de marca de Grefusa. Fuente: Capturas de pantalla de @Grefusa_.

Otras como Spotify, cuentan con elementos diferenciales que son utilizados recurrentemente durante los partidos y que tienen un protagonismo destacado, como en este caso son las cartas que determinan el proceder del juego (Figura 2).

Figura 2. Activación de marca de Spotify. Fuente: Captura de pantalla de @KingsLeague.

También en el caso de Spotify, se aprovecha la vinculación con la *Kings League* para crear contenido adaptado como puede ser su lista de reproducción de música seleccionada por el equipo ganador del primer *split* de la competición, El Barrio.

Figura 3. Activación de marca de El Pozo. Fuente: Captura de pantalla de @ElPozoKing.

Además de la habitual publicidad en vallas durante los partidos (Figura 3), empresas como El Pozo, posicionan sus productos en situaciones en las que los protagonistas (presidentes y jugadores) conversan durante la previa y después de los partidos. De este modo se puede ver a los presidentes de los equipos, los jugadores o los árbitros comiendo o interactuando de diversas formas con los embutidos de la marca, por ejemplo.

Figura 4. Activación de marca de ColaCao. Fuente: Captura de pantalla de @6cichero6.

Aparte de todo lo mencionado anteriormente, también los equipos tienen sus propios patrocinios. Esto conlleva que no solo la propia liga tenga sus colaboradores o su público, sino que los equipos pueden enfocarse en públicos concretos y atraer a sus patrocinadores, activándolos en las redes sociales del equipo, del presidente o de los propios jugadores (Figura 4).

4.3. La audiencia de la *Kings League*

La *Kings League* ha entrado con fuerza en el mundo del entretenimiento en España. Combinando deporte y espectáculo ha conseguido reunir a miles de seguidores en poco tiempo con un estilo dinámico y divertido. Un estudio elaborado por Epsilon Technologies (2023), que se ha encargado de monitorizar, a través de la plataforma Epsilon Icarus Analytics, la actividad de los principales perfiles de marcas y equipos participantes de la liga durante las primeras sus 12 jornadas, presenta datos interesantes.

Según dicho informe, se han realizado más de 10.000 búsquedas en Google sobre contenidos relacionados con la *Kings League* entre los meses de enero y marzo de 2023, las marcas vinculadas a la competición han recibido más de 1,6 millones de comentarios en las diferentes redes sociales en las que tienen presencia y entre los 43 perfiles que forman parte de la *Kings League* (13 equipos oficiales y 30 marcas vinculadas), se observaron cerca de 120 millones de interacciones (Epsilon Technologies, 2023).

En cuanto a las visualizaciones de contenido sobre la *Kings League*, este se ha compartido principalmente a través de las cuentas oficiales de la propia competición y también las de los presidentes de cada uno de los equipos. En total, los trece canales (doce de los presidentes y el de la *Kings League*) han conseguido 164.841.927 de visualizaciones en directo, sumando 137.997.339 en Twitch, 25.648.088 en YouTube y 1.196.500 en TikTok (Epsilon Technologies, 2023).

Al poner el foco en los *unique viewers* u hogares únicos que visualizan determinado contenido, el informe elaborado por Epsilon Technologies (2023) muestra que el promedio de *unique viewers* de la *Kings League* en Twitch, YouTube y TikTok es de 4,5 millones y que los únicos eventos deportivos que consiguen superar esta cifran son El Clásico de La Liga con un 25% más y la final de la Copa Mundial de Fútbol de la FIFA de Qatar 2022. Teniendo en cuenta que la *Kings League* es una competición emergente, esta consigue tener el 75% de los espectadores que obtiene el partido más importante de la liga española de fútbol profesional.

Como se ha observado, la *Kings League* tiene un público (los jóvenes) y un objetivo (el espectáculo) muy definidos, lo que ha permitido poder atraer en poco tiempo a un conjunto de marcas patrocinadoras, atraídas por estas características diferenciales y que vamos a analizar a continuación.

A finales de marzo de 2023 la *Kings League* ya contaba con un volumen considerable de seguidores en las diferentes redes sociales en las que tiene presencia:

Plataforma	Número de seguidores
Twitch	2.464.000
YouTube	404.000
TikTok	5.300.000
Instagram	1.669.000
Twitter	655.500

Tabla 3. Seguidores de la Kings League en redes sociales. Fuente: Elaboración propia a partir de los datos de https://socialblade.com/.

5. CONCLUSIONES

Después de haber presentado los datos de audiencia, el tipo de patrocinios, las percepciones de los patrocinadores y las formas de activación, queda patente tanto la particularidad de esta competición, así como el interés para los patrocinadores que interactúan con la audiencia en espacios distintos a los de las competiciones deportivas al uso, especialmente en fútbol. No obstante, sigue siendo necesaria una comparación con otros deportes tradicionales. En este sentido, Gerard Piqué, en una entrevista al diario Marca, al ser preguntado sobre este tema, apuntaba que, a nivel de sponsors "la Copa Davis está muy igualado con la *Kings League*. Y la Copa Davis es un mundial de tenis... Pero es que todo el mundo habla de la *Kings League*, es que no hay otra cosa", (Redondo *et al.*, 2023). Este tipo de declaraciones muestran un gran interés por parte de las marcas en estar presentes y aprovechar las características que presentan estos nuevos eventos o competiciones como la *Kings League*. Es más, la *Kings League* ya ha anunciado que llegará a otros países como Brasil. En la presentación previa a la *final four*, se publicaba un vídeo titulado "NEYMAR nos ha robado LA COPA" en el que el futbolista brasileño presionaba al presidente de la competición, Gerard Piqué, para que le concediese un nuevo equipo

(*Kings League*, 2023). Estas declaraciones realizadas a medios de comunicación muestran el interés en internacionalizar la competición (Escribano, 2023).

La categorización de los patrocinadores de la competición no ha evidenciado una clara tendencia o peso por sector o alcance, por lo que también queda patente la universalidad de esta competición por su audiencia diversa. Cabe señalar que en futuros estudios sería interesante ampliar la muestra a los patrocinadores de los equipos.

Otra de las vías de crecimiento de la *Kings League* es la presencia en los medios tradicionales. Esto sucederá en la segunda parte de la primera temporada tras un acuerdo con el grupo Mediaset España, lo que da indudable prueba del valor de la competición en términos de activación y captación de audiencia a la espera de observar los resultados. Específicamente, el canal Cuatro se encargará de transmitir en directo los encuentros, aumentando así la audiencia de la competición y ofreciendo el partido con mayor atractivo de cada jornada, además de ofrecer resúmenes de los partidos y los momentos más destacados. Sobre este aspecto, Manuel Villanueva, Director General de Contenidos de Mediaset España, indicaba en un comunicado oficial que "en Mediaset España siempre hemos apostado por los mejores eventos deportivos y en esta ocasión lo hacemos por este contenido tan novedoso y atractivo en el que emoción, espectáculo y competición se unen a la participación de *streamers* y *youtubers*, en un show único que ha generado gran expectación entre todos los públicos" (Mediaset.es, 2023). A partir de aquí con la expansión a otros países, a medios masivos y con la creación de la Queens League convendrá seguir estudiando cómo incidirán en la activación de las marcas estos aspectos junto con las novedades previstas en el funcionamiento de las competiciones.

6. REFERENCIAS

Alonso González, M. (2021). Desinformación y coronavirus: el origen de las *fake news* en tiempos de pandemia. *Revista de Ciencias de la Comunicación e Información*, 26, 1-25. https://doi.org/10.35742/rcci.2021.26.e139

Antoine Faúndez, C. (2007). Patrocinio y Esponsoring Deportivo: La Comunicación por el Acontecimiento. *Re-Presentaciones: Periodismo, Comunicación y Sociedad*, 2(3), 167-183.

Barlovento Comunicación (2022). *Análisis de la Industria Televisiva Audiovisual 2022.* https://n9.cl/ly39k

Barlovento Comunicación (2023). *Informe COVISIONADO.* https://n9.cl/oeiu9

Capapé, E. (2020). Nuevas formas de consumo de los contenidos televisivos en España: una revisión histórica (2006 - 2019). *Estudios sobre el Mensaje Periodístico*, 26(2), 451-459. https://doi.org/10.5209/esmp.67733

Casado, P. (2018). *Patrocinar con cabeza*. Lid Editorial.

CUPRA España Comunicación (1 de febrero de 2023). *CUPRA, patrocinador de la Kings League.* https://n9.cl/f32rnm

Dircomfidencial (9 de febrero de 2023). *Hablamos con los patrocinadores de la Kings League: "Estamos entusiasmados, está excediendo nuestras expectativas".* Dircomfidencial. https://n9.cl/4k84c

Epsilon Technologies (2023). *Fenómeno Kings League: ¿es realmente una estrategia exitosa para las marcas?* https://page.epsilontec.com/descarga-panel-kings-league

Escribano, M. (25 de marzo de 2023). *De 20.000 euros a un millón por 'publi': así funciona el verdadero negocio de la Kings League.* elconfidencial.com. https://n9.cl/zkerln

Europa Press (16 de febrero de 2023). *Xiaomi España, nuevo patrocinador oficial de la Kings League InfoJobs.* europapress.es. https://n9.cl/t3nf78

Gutiérrez Lozano, J. F. y Cuartero, A. (2020). El auge de Twitch: nuevas ofertas audiovisuales y cambios del consumo televisivo entre la audiencia juvenil. *Ámbitos. Revista Internacional De Comunicación*, 50, 159–175. https://doi.org/10.12795/Ambitos.2020.i50.11

Hamilton, W. A., Garretson, O. y Kerne, A. (2014). Streaming on twitch: fostering participatory communities of play within live mixed media. En M. Jones, P. Palanque, A. Schmidt, y T. Grossman (Eds.) *Proceedings of the SIGCHI conference on human factors in computing systems, CHI '14* (pp. 1315-1324). Association for Computing Machinery. https://doi.org/10.1145/2556288.2557048

Hilvert-Bruce, Z., Neill, J. T., Sjöblom, M. y Hamari, J. (2018). Social motivations of live-streaming viewer engagement on Twitch. *Computers in Human Behavior*, 84, 58-67. https://doi.org/10.1016/j.chb.2018.02.013

Kings League (26 de marzo de 2023). *NEYMAR nos ha robado LA COPA* [Vídeo]. YouTube. https://www.youtube.com/watch?v=hAJXOA2OQAw

Ley General de Publicidad (15 de noviembre de 1988). *Ley 34/1988, de 11 de noviembre, General de Publicidad., BOE nº 274, Jefatura del Estado, 15 de noviembre de 1988*, 1-9. https://www.boe.es/eli/es/l/1988/11/11/34/con

McDonald's España (3 de febrero de 2023). *McDonald's se suma al patrocinio de la Kings League.* mcdonalds.es. https://n9.cl/jcaky

Mediaset.es (3 de mayo de 2023). *Mediaset España adquiere los derechos de emisión en abierto de partidos de la Kings League Infojobs y la Queens League Oysho.* Mediaset. https://n9.cl/43llo

Molina, G. y Aguiar, F. (2003). *Marketing deportivo. El negocio del deporte y sus claves.* Grupo Editorial Norma.

Montoro, A. (12 de marzo de 2023). *Así es cómo ha afectado la Kings League de Gerard Piqué al negocio de InfoJobs.* ON ECONOMIA. https://n9.cl/19vsf

Pascual, A. (13 de enero de 2023). *La Kings League de Piqué es un rodillo: las lecciones que el fútbol no debería olvidar del "wrestling".* elconfidencial.com. https://n9.cl/f5k0z

ReasonWhy (20 de enero de 2023). *La final del Mundial de Catar fue vista en todo el mundo por 1.500 millones de personas, un 35% más que la de Rusia.* https://n9.cl/c7fl3y

Redondo, I., Riquelme, G., Adelantado, F. y Latorre, J. (22 de marzo de 2023). *Gerard Piqué: "Soñamos con una Champions de la Kings League".* MARCA. https://n9.cl/f0v6c

Schlesinger, M. W., Herrera, A. A. y Parreño, J. M. (2012). Patrocinio deportivo: la implicación del espectador y sus efectos en la identificación y lealtad. *Cuadernos de gestión*, 12(2), 59-76. https://doi.org/10.5295/cdg.v12i2.19014

SPSG Consulting (2022). *15º Barómetro Patrocinio Deportivo.* https://n9.cl/enrmx

Wohn, D. Y. y Freeman, G. (2020). Audience management practices of live streamers on Twitch. En *ACM International Conference on Interactive Media Experiences, IMX '20* (pp. 106-116). Association for Computing Machinery. https://doi.org/10.1145/3391614.3393653

Woodcock, J. y Johnson, M. R. (2019). The affective labor and performance of live streaming on Twitch. tv. *Television & New Media*, 20(8), 813-823. https://doi.org/10.1177/1527476419851077

YouGov España (2023). *Kings League, análisis de patrocinadores.* https://n9.cl/9apua

Zhao, Q., Chen, C. D., Cheng, H. W. y Wang, J. L. (2018). Determinants of live streamers' continuance broadcasting intentions on Twitch: A self-determination theory perspective. *Telematics and Informatics*, 35(2), 406-420. https://doi.org/10.1016/j.tele.2017.12.018

LA INCIDENCIA DEL COLOR EN LA PRESENTACIÓN DE LOS ENDULZANTES NO CALÓRICOS Y LA DECISIÓN DE COMPRA EN CONSUMIDORES EN CHILE

Eugenia Álvarez Saavedra[1]

El siguiente texto nace en el marco de vinculación e investigación entre diseño y nutrición, "La importancia de la comunicación en la alimentación saludable".

1. INTRODUCCIÓN

Actualmente los endulzantes son parte relevante de la sociedad chilena, en términos de alimentación y cuidados de la salud, el producto endulzado se presenta habitualmente en el consumo diario de los latinos. Se denomina endulzante o edulcorante a una sustitución del endulzado con azúcar, presentando una opción para reducir la cantidad de calorías de un alimento, además de una elección para las personas con Diabetes.

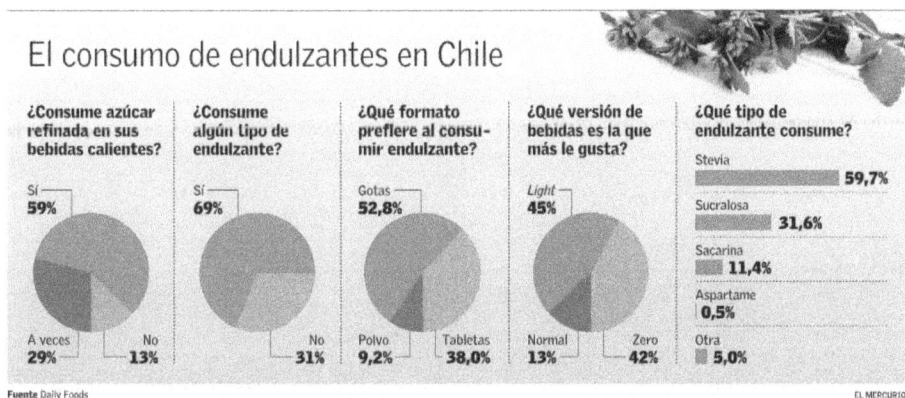

Figura 1: Consumo de endulzantes en Chile. Fuente: Estudio realizado por la empresa Daily Foods entre el 20 de octubre y el 14 de noviembre de 2014, en el cual se encuestó a 780 mayores de 18 años que residen en la Región Metropolitana, Antofagasta, Valparaíso y Biobío.

---

1.   Universidad de La Serena (Chile)

El primer endulzante artificial utilizado fue la sacarina, descubierta en 1879, la cual se utilizó principalmente con fines industriales. La Sacarina de sodio es una sulfamida, forma sales y es aproximadamente 300 veces más dulce que el azúcar, aunque en altas concentraciones produce un gusto metálico. Castillo, J. G., López-Rodríguez, G., Alvarez, J., & Chávez, S. D. A. (2021).

En el caso de la sucralosa es un endulzante artificial descubierto en 1976, que se obtiene por la halogenación selectiva de la molécula de sacarosa. Es entre 500 a 700 veces más dulce que el azúcar. La estevia rebudiada es una planta selvática subtropical del alto Paraná, nativa del noroeste de la provincia de Misiones en Paraguay, donde era utilizada por los nativos como medicina curativa, el compuesto es 300 veces más dulce que la sacarosa.

Según Pesantes Duarte, M. C. (2020) una gran parte de la población, está informándose sobre los productos endulzados, grasas, azúcares y origen para su alimentación saludable. Estos canales informativos permiten que los consumidores elijan un producto y puedan comparar la información nutricional.

Sobre lo anterior, se presenta una investigación con respecto a la presentación formal de los productos endulzantes no calóricos, ya que éstos desarrollan una imagen corporativa que relaciona un color específico en cada caso; estevia (verde), sucralosa (amarillo), sacarina (azul) y tagatosa (violeta).

Presentación formatos de estudio

Figura 2: Endulzantes presentes en el mercado chileno, año 2022.
Fuente: Imagen desarrollada por las investigadoras. 2023.

En el estudio se pudieron identificar distintas variantes en la decisión de compra, ya que el factor precio está presente además del formato, dimensión, color y estética. Elementos propios del diseño y la relevancia de la imagen corporativa en la presentación de los productos.

También la capacidad que tiene el consumidor en el proceso de elección del producto, a través de su color, precio o composición nutricional. La información del segmento del caso de estudio representará la apreciación que se tiene con respecto al color y su relevancia en la salud.

Finalmente se proponen lineamientos en el marco teórico relacionados a teoría y percepción del color, marketing y diseño, con el fin de dar soporte y base metodológica al avance de esta investigación. El aporte empírico en casos de estudio será relevante para interpretar resultados, y de alguna forma estructurar conclusiones al respecto.

2. OBJETIVOS

Objetivo General

- Determinar la incidencia del color en la decisión de compra de endulzantes no calóricos, a través de la presentación en su imagen corporativa.

Objetivos específicos

- Identificar la percepción del color y su distinción en la decisión de compra del consumidor.
- Categorizar al consumidor según su disposición a la compra, e información sobre nutrición.
- Reconocer los elementos que inciden en la percepción del consumidor, frente a los endulzantes no calóricos y su alimentación saludable.

3. METODOLOGÍA

La estrategia metodológica empleada en la investigación fue de enfoque mixto; cualitativo y cuantitativo, de carácter descriptivo, y diseño no experimental, ya que se delimitó un universo de indagación para aplicar la técnica de encuestas y entrevistas al segmento de clientes definido. Para esto se aplicó un instrumento digital de medición a un grupo de 162 personas en territorio chileno, específicamente en la región de la Araucanía.

Además, se pudo comparar junto a fuentes de información de segundo nivel, encuestas y entrevistas aplicadas a un segmento similar, y dentro del territorio nacional.

El diseño del instrumento se enfocó en conocer el consumo de endulzante no calóricos en el segmento de clientes definido por las investigadoras, con el fin de indagar en la decisión de compra. Sobre todo en los impulsos para escoger y decidir alimentarse sin azúcar o "endulzar" alimentos para el consumo consciente.

También con el fin de conocer la percepción que tienen los consumidores con respecto a la imagen del producto ofrecido, en este caso la presentación de los endulzantes no calóricos existentes en el mercado chileno. Desde este alero, el reconocimiento del color ligado al tipo de endulzante, su composición, origen y efecto en la salud.

4. DESARROLLO DE LA INVESTIGACIÓN

4.1 Marco Teórico

4.1.2. El Diseño

Desde la disciplina del diseño, se plantean propuestas proyectuales, desde la creación de productos para un mercado determinado, como también el diseño de imagen en la presentación corporativa. El color, la morfología, materialidad, envoltorios y presentaciones son algunos de los elementos que se manifiestan en los objetivos de diseñar y que están presentes en este estudio.

El propósito u objetivo del diseño es el de crear objetos útiles a las necesidades del ser humano en su hábitat, en su entorno social y físico (González, 1994). De esta manera, el estudio sobre las relaciones entre el ser humano y su medio es una de las metas principales del diseño, dado que su fin es crear una estructura física necesaria para la vida y el bienestar de ser humano, como persona y como ser socialmente integrado.

En las bases morfológicas del análisis de la simbología, textos tales como Signos, símbolos, marcas, señales", de Frutiger (1978) en donde se especifica la construcción de la simbología con bases en diseño gráfico. Sintaxis de la imagen", de Dondis (1973), "Fundamentos del diseño" y "Principios del diseño en color" de Wucius Wong. Heller,

Eva y Kuppers, Harald (1992). Nociones básicas de diseño, teoría del color de Netdisseny (2017). "Neuropsicología del color, psicología teórica", de Bueno, López, Palomares & Moreno (2006) de la Universidad de Granada. "Análisis morfológico: una propuesta metodológica para el diseño", de Córdoba y Bonilla (2013). Que se basan en textos que definen parámetros morfológicos para análisis de casos y plantean un método y una teoría del diseño gráfico.

Diseño gráfico para la gente de Jorge Frascara (2000), entrega un enfoque con respecto a la relevancia que tiene el grupo objetivo, o los consumidores en el diseño de productos y servicios. Aspectos relevantes en el análisis de casos de estudio para la investigación, ya que ellos comercializan sus productos hacia un segmento de clientes determinado.

En esta definición la gente asume un rol central, y las decisiones visuales involucradas en la construcción de mensajes no provienen ya de supuestos principios estéticos universales o de inspiraciones personales del diseñador, sino que se localizan en un campo creado entre la realidad actual de la gente y la realidad a la cual se desea arribar después de que la gente se encare con los mensajes. Es importante problematizar el aspecto visual de las comunicaciones, pero contextualizado dentro del aspecto operativo: en otras palabras, subordinar lo que el diseño debe ser a lo que debe hacer.

Lupton (2012) define de manera gráfica y educativa el proceso de diseñar, basado en una metodología que usada por diseñadores, éste efecto resulta de importancia para definir el proceso del diseño en términos de creación y aplicación.

Este texto es útil hacia la definición de conceptos en el proceso de diseñar, por ejemplo desde la parte creativa definiendo un problema de diseño, lluvia de ideas, mapas mentales, generación de ideas, entrevistas, matrices de posicionamiento de marca, volcado visual de datos, verbos de acción, codiseño, definir la forma y preparación de maquetas. Esta estructura la define el autor en términos de establecer un proceso de diseño, efecto que se puede observar en distintos quehaceres, sobre todo en los casos de estudio presentados en la investigación.

En lo presentado por el autor, los conceptos y soluciones son habitualmente el resultado de la aplicación deliberada de ciertas técnicas. Bajo la dirección de Ellen Lupton, diversos profesionales del mundo del diseño exploran en el texto algunos de ellas y proporcionan una guía práctica y visual para conciliar análisis e intuición en el desarrollo de proyectos de diseño gráfico.

López, A. M. (2014). Curso Diseño gráfico. Fundamentos y Técnicas. Anaya Multimedia. La autora presenta definiciones y ejemplos basados en los fundamentos del diseño, en esta versión ligado al mundo digitalizado, propio del mundo actual de diseño. Por ejemplo el lenguaje del diseño, el trabajo en ordenador, técnicas de vectorización o síntesis, aplicación del color, tipografía o fuentes tipográficas, técnicas de composición y maquetación, la imagen fotográfica, identidad corporativa, soportes gráficos impresos y digitales.

En términos de contenido la sección de color e identidad corporativa son de muy provechosos, ya que las emprendedoras estudiados presentan manejo de presencia como marca, por ejemplo, en el diseño de logotipo de sus emprendimientos.

4.1.3. Color

En términos de uso del color en el diseño, y sobre todo en los fundamentos que lo definen, podemos encontrar algunos autores que desarrollan modelos para su comprensión y aplicación en la disciplina del diseño. Resulta importante destacar las definiciones del color desde el alero de la estética y la forma de comunicar, dejando de lado la psicología del mismo, los fundamentos y teorías de color reflejados en la aplicación pictórica, por ejemplo a través de las artes y el diseño.

La teoría estética del color, se refiere a la percepción a través de los sentidos, la percepción sensorial de los fenómenos cromáticos y a las relaciones cromáticas sensibles. En éstos términos se hace referencia a los sentidos, ya que la aplicación de colores en formatos comunica sensaciones, y los usuarios pueden informarse, por medio de la comunicación visual.

Según Johannes Paulik (1996), la palabra color puede hacer referencia a color en general, fenómeno cromático específico, clase de color, tipo de color, color sustancial color pictórico, color del objeto, color de manifestación y color como elemento gráfico.

Las consideraciones sobre la condición del color se han dado en la antigüedad, en Leonardo y en Durero, y sobre su esencia y significado en la Edad Media. El punto de anclaje de la teoría moderna está en torno al 1800, determinado por Goethe y Runge.

El círculo cromático según Goethe es un esquema sencillo, pero plenamente suficiente para explicar la esencia general del color. Describe las manifestaciones producidas por contraste simultáneo y sucesivo de manera enfática que se tienen en cuenta para estos fenómenos. Pawlik, J. (1996).

También explica la mezcla que pintores realizan en sus creaciones, por ejemplo Seurac y Signac, convierten en principio de la estructura cromática de la imagen.

Goethe describe el efecto elemental y sensorial - moral del color. Sus afirmaciones son fundamentales y en lo esencial las asumen artistas y científicos. Extrae la consecuencia de las observaciones y desarrolla la teoría de la totalidad y armonía y las combinaciones características. Pawlik, J. (1996).

Las afirmaciones sobre el círculo cromático, los colores de contraste fisiológico, la mezcla óptico - partitiva, la experiencia emocional del color, la teoría de la armonía y la teoría del colorido característico están estrechamente unidas. Pawlik, J. (1996).

4.1.4. Análisis del fundamento del color presente en los endulzantes no calóricos.

Formato en su presentación

4.1.4.1. Amarillo

El amarillo es el color más próximo a la luz, surge del mayor suavizamiento de ésta, ya sea por enturbiamiento o por débil reverberación de las superficies blancas. En su máxima pureza lleva consigo la naturaleza, la luz del sol y sobre todo la entrega de energía natural, es extremadamente sensible, se encuentra vulnerable a perder su carácter por colores vecinos.

Es el color que presenta mayor claridad propia, y por lo mismo una buena representabilidad ya que cualquier otro color que se agregue con él se distingue de inmediato. También presenta escasa resistencia frente a otros colores combinados con amarillo, ya que es carente en su área cromática propia.

El amarillo genera una sensación de calidez, propia del efecto de sol, energía y alerta, la energía se relaciona también junto a los comestibles altos en grasa y con muchas calorías. Por lo general los avisos comunicativos relacionados a los comestibles de estas características se presentan en color amarillo, combinado con rojo.

También presenta una relación con las energías naturales, por ejemplo con el petróleo, gases y la generación de energía a través del agua.

4.1.4.2. Azul

El azul es un color frío, se presenta en el alero contrario del color rojo, en es una fuerza específica del lado negativo, por ejemplo se habla del rojo como un color activo, el azul es un color pasivo. Goethe ha expresado cómo ha de entenderse la eficacia del azul: vemos al azul con gusto, no porque se abalance ante nosotros, sino porque nos atrae hacia él. Pawlik, J. (1996).

Entre todos los colores, el color azul es el que genera menor estímulo cromático sensorial, pero el mayor estímulo intelectual. El azul es sensible a los colores puros vecinos, pero tolera añadidos de escala de grises, cambia poco su personalidad con agregados blancos a fin de aclarar el valor.

Como menciona el autor con anterioridad, el azul se relaciona a la intelectualidad, genera sensaciones de relajo y confianza, por lo mismo es muy utilizado en éstos términos. Además tiene estricta relación con las nuevas tecnologías, por ejemplo combinado con blanco y escala de grises, existe un número importante de empresas tecnológicas que se representan con esta combinación de colores.

4.1.4.3. Verde

El color verde nace de la mezcla de los colores pigmento primarios azul y amarillo, su variación en valor dependerá de la cantidad de amarillo o azul que se agregue y por lo mismo su resultado más cercano a color frío o cálido. El verde es también la base de nuestra percepción del color, la medida de comparación. El verde al igual que el gris presenta un grado de claridad medio y se distingue del rojo por su menor fuerza cromática, como se mencionó antes el color verde se presenta ligeramente frío dentro del círculo cromático.

El verde es el color principal presente en la naturaleza, el ser humano encuentra en este color calma y tranquilidad, atributos que entrega el ambiente natural. Su efecto psíquico es relajante según Goethe, y presenta atributos que generan sensaciones de descanso y frescura, así como también la tranquilidad, paciencia y relajo.

Este color es muy utilizado en campañas para apoyo en el cuidado del medioambiente, en combinación con los azulados hacen referencia directa a la naturaleza y por lo demás apoyados por el amarillo que llena el espacio de energía. Por lo mismo existen empresas que representan sus conceptos en marcas con tonalidades verde, que tienen relación con la naturaleza, por ejemplo *animal planet*, entre otras.

4.1.4.4. Violeta

El color violeta es el resultado de la gradación entre magenta y azul cerúleo, con distintos valores y niveles en su pigmento. Este color hace alusión a lo innovador, moderno, disruptivo, sabiduría y creatividad. Puede significar lujo, poder, nobleza, espiritualidad, y misterio. Se asocia en el uso de diseños que promocionan la belleza, productos antienvejecimiento, artículos para niños y marcas de moda.

4.1.5. Identidad corporativa

El trabajo de identidad corporativa es un recurso que se diseña en base a los requerimientos comunicativos que tiene una empresa u organización, con el fin de generar una imagen de marca basado en su identidad como institución.

Dentro de las definiciones de identidad corporativa se encuentran; Margulies (1977) Identidad corporativa son todos los mecanismos que una empresa elige para identificarse ante sus stakeholders –la comunidad, clientes, trabajadores, medios.

Reitter (1985) Identidad corporativa es un conjunto de características y Ramanantsoa interdependientes de una organización, que le dan especificidad, estabilidad y coherencia y así la hacen identificable. Abratt (2001) Lo que una audiencia puede reconocer de una empresa y distinguirla de las otras, y que puede ser utilizado para representar o simbolizar a la compañía.

Los autores dan realce a los elementos identitarios de una empresa u organización, los cuales son declarados y expuestos de manera estratégica hacia el mercado. Las empresas diseñan estratégicamente una imagen que manifieste lo que se desea comunicar, y es aquí donde entra el término de imagen visual en la imagen corporativa, ya que estos elementos son reunidos en un diseño con motivo gráfico, una marca gráfica.

Para la marca gráfica encontramos varios autores que la definen, por ejemplo Joan Costa y Norberto Chávez, que la acercan a un diseño de logotipo, que reúne elementos identitarios plasmados en un motivo gráfico simple. La marca gráfica o logotipo reúne rasgos propios de la empresa u organización que la requiere, y estos rasgos son la solución simplificada presentada en un logotipo. En la marca gráfica se utiliza la técnica de simplificación de la imagen o elementos, ya que se busca la reducción de información gráfica y simplicidad en el resultado final. En términos de comercialización, el trabajo de imagen corporativa del producto resulta fundamental para el lanzamiento al mercado, cada caso presenta elementos que aportan en el trabajo de marketing. Se manejan estrategias para la ubicación de objetos de diseño en el mercado y sobre todo hacia el consumidor final.

4.2. Resultados

A continuación, se presentan los resultados de las encuestas realizadas al grupo objetivo definido por las investigadoras, una muestra de 162 encuestados de entre 300 personas.

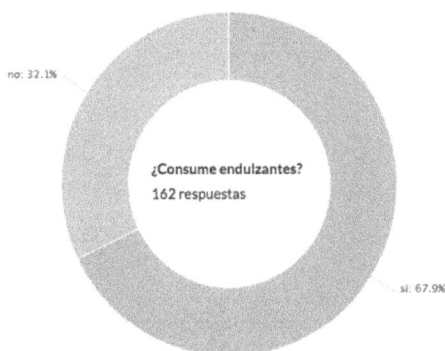

Figura 3. Consumo de endulzantes. Fuente: Elaborado por las investigadoras. 2022.

Según se aprecia en la **Figura 3**, la mayoría de los encuestados consumen endulzantes no calóricos, que es una tendencia que se puede ver a nivel nacional, según datos recabados en la investigación. (Emol 2020)

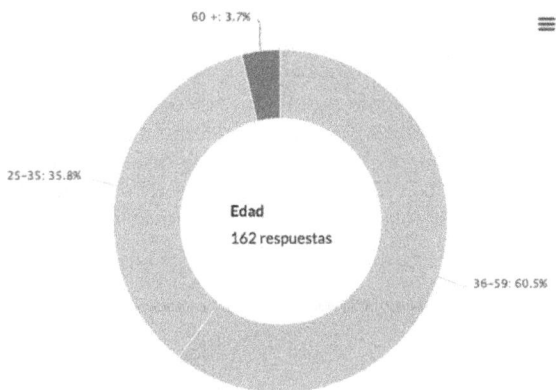

Figura 4. Edad del segmento consumidor. **Fuente:**Elaborado por las investigadoras. 2022.

El grupo encuestado abarcó desde los 25 años hasta el segmento adulto mayor con 60 o más. Como se puede apreciar en la **Figura 4**, en su mayoría el rango etario va desde los 36 a 59 años de edad, lo cual hace suponer que en este grupo se escoge una alimentación con responsabilidad frente a enfermedades. Consumidores que presentan una tendencia a elegir estos productos y que desean "endulzar" los alimentos, por ejemplo, con alguna de las opciones presentes en el mercado nacional.

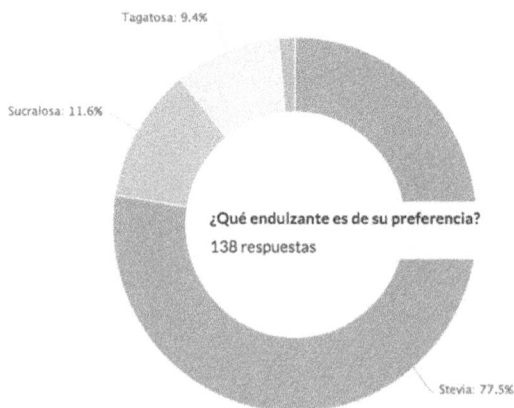

Figura 5. Preferencia en endulzantes. Fuente: elaborado por las investigadoras. 2022.

En la **Figura 5** se puede observar que la stevia es el endulzante no calóricos más elegido. El segmento elige mayormente la stevia para su uso cotidiano en preparaciones y en locales comerciales. Le sigue la sucralosa en segundo lugar y tercera preferencia la tagatosa. Sobre esto se verbaliza la distinción del color verde en la stevia, asociándolo a algo natural y de origen vegetal, no así la sucralosa, que el segmento ignora su procedencia. En el caso de la tagatosa ocurre otro fenómeno que está más ligado a su valor comercial, ya que su precio de góndola es un 30% más alto que la stevia y sucralosa. Además, su color violeta se relaciona con la moda y algo más sofisticado, una tendencia a vincularlo con el precio en la oferta. Finalmente, la sacarina es la menos elegida por los consumidores encuestados, y por su color azulado se asocia a algo tecnológico y de laboratorio, también su valor comercial es menor y esto produce desconfianza en su origen y naturaleza del producto.

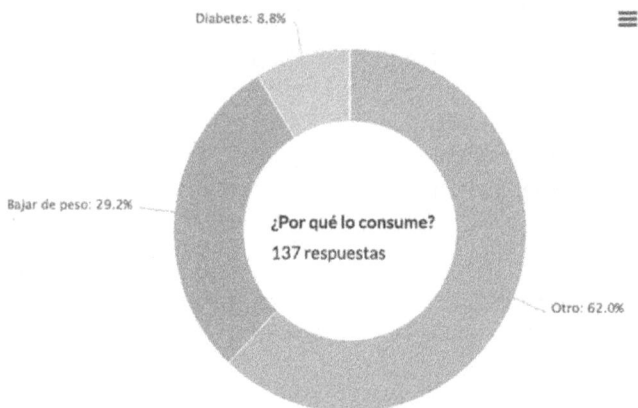

Figura 6. Consumo. Fuente: Elaborado por las investigadoras. 2022.

En la Figura 6, se observa una pregunta en la que ocurrió algo que hizo tener muchas apreciaciones en las respuestas de los consumidores, ya que hubo una gran cantidad de fundamentos en su elección del producto. Por ejemplo, en otros: para llevar una vida más saludable, cuidado del peso, resistencia a la insulina, por tener familiares con diabetes, por su rendimiento en preparaciones, por asociar el azúcar con el cáncer, por su sabor y origen natural.

También hay un grupo muy importante que elige estos productos principalmente para cuidar el peso, por ejemplo, junto al consumo de proteínas y ejercicio físico. Dietas y regímenes bajos en calorías, que incluyen el consumo de endulzantes no calóricos.

Concluyentemente un grupo que consume endulzantes no calóricos, por padecer diabetes, y que de alguna forma buscan regular su enfermedad utilizando estos productos.

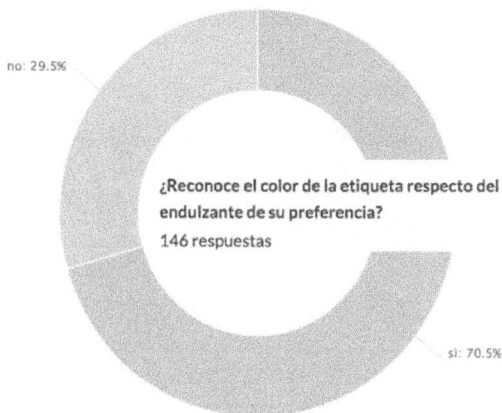

no: 29.5%

¿Reconoce el color de la etiqueta respecto del endulzante de su preferencia?

146 respuestas

si: 70.5%

Figura 7. Imagen del producto. Fuente: Elaborado por las investigadoras. 2022.

En la Figura 7 se observa que la mayoría de los encuestados reconoce la imagen del producto, a través del uso del color, independiente de la marca elegida. Cada marca aplica los mismos colores en cada formato; Stevia - verde, Sucralosa - amarillo, Sacarina - azul, Tagatosa - violeta.

Más del 70% respondió que, **SI** reconoce el etiquetado de color del producto, y por lo mismo está informado que ese color corresponde a un endulzante específico. El 30% no reconoce el color en la etiqueta, pero si llega a leer el nombre del producto para poder elegirlo.

Figura 8. Percepción Saludable. Fuente: Elaborado por las investigadoras. 2022.

En la pegunta representada por la **Figura 8** se puede visualizar que la estevia se ubica sobre todas las otras opciones, asociada a lo saludable. Se estima que el origen natural y vegetal que presenta la estevia nos entregaría esta respuesta, y sobre todo reflejado en la presentación de su color en la imagen del producto.

5. CONCLUSIONES

Finalmente esta investigación se desarrolló en aproximadamente dos años, con el apoyo de especialistas de la salud y nutrición, así como en el rubro de las comunicaciones y el diseño gráfico.

En el transcurso del trabajo de campo se pudo indagar con respecto a la compra y su decisión sobre el uso del color en etiquetado de los endulzantes no calóricos mas consumidos en la región de La Araucanía y en Chile. Con las muestras se pudo comprobar que el color implica un impulso en la decisión de compra, ya que la estevia es el endulzante más consumido en el sector y la región. Afirmaciones como «en cada despensa hay una estevia » fueron comunes en la indagación.

El segmento identifica al color verde y su percepción con situaciones naturales, o de origen puro y no artificial, por esto escogen un endulzante como la estevia. Además lo agregan en preparaciones de alimentos, como postres y cocteles con bebidas alcohólicas.

El etiquetado es relevante en su presentación, ya sea en la información nutricional, como en la conformación de su imagen corporativa, respetando sus colores institucionales y la estética asociada a el origen de la estevia. Aplicación de síntesis orgánico, por ejemplo la planta de la estevia, sus formas y tipografía en apoyo al isotipo.

6. REFERENCIAS

Abratt, R. y Nsenki Mofokeng, T. (2001). Development and management of corporate image in South Africa. *European Journal of Marketing*, *35*(3-4), 368-386.

Bueno, M., Fátima, L., Martínez, C. y Moreno, A. (2006). *Neuropsicología del color: psicología teórica*. Universidad de Granada.

Castillo, J. G., López-Rodríguez, G., Alvarez, J. y Chávez, S. D. A. (2021). Efecto del consumo de endulzantes en la ingesta de energía y tejido adiposo: una revisión. *Educación y Salud Boletín Científico Instituto de Ciencias de la Salud Universidad Autónoma del Estado de Hidalgo, 9*(18), 161-167.

Dondis. D. (2014). *Sintaxis de la imagen. Introducción al alfabeto visual*. Colección GG Diseño.

Durán, S., Rodríguez, M. D. P., Cordón, K. y Record, J. (2012). Estevia (Stevia rebaudiana), edulcorante natural y no calórico. *Revista chilena de nutrición, 39*(4), 203-206. https://n9.cl/wdvc0

Frascara, J. (2000). *Diseño gráfico para la gente*. Ediciones infinito.

Frutiger, A. (1978). *Signos, símbolos, marcas, señales: elementos, morfología, representación*. Editorial Gustavo Gili.

Gareca Hurtado, R. F. (2015). *Percepción y teoría del color*. Universidad Mayor de San Andrés. https://n9.cl/zsdh8

González, G. (1994). *Estudio de diseño*. Emecé Editores.

López, A. M. (2014). *Curso Diseño gráfico. Fundamentos y Técnicas*. Anaya Multimedia.

Lupton, E. (2012). *Intuición, acción, creación: graphic design thinking*. Editorial Gustavo Gili.

Netdisseny (2013). Nociones básicas de diseño: Teoría del color. Cuaderno N°2. Netdisseny.com

Orozco, A. J., Camacho, M. E. y Fischer, G. (2010). Síntesis de estevíósidos en estevia (Stevia rebaudiana Bert.). *Acta biológica colombiana, 15*(1), 289-294. https://revistas.unal.edu.co/index.php/actabiol/article/view/13941

Pawlik, J. (1996). Teoría del color (No. 7.017. 4). Paidós Ibérica.

Pesantes Duarte, M. C. (2020). *Marketing en redes sociales y su incidencia en el consumo de endulzantes naturales en la ciudad de Guayaquil* (Tesis doctoral, Universidad Olitécnica Salesiana de Ecuador). https://dspace.ups.edu.ec/handle/123456789/19284

Von Goethe, J. W. (2002). *Goethe y la ciencia* (Vol. 13). Siruela.

Wong, W. (2007). *Fundamentos del Diseño*. Gustavo Gili.

Wong. W. (1988). *Principios del diseño en color*. Gustavo Gili.

EL ACTIVISMO DE MARCA A PARTIR DE SU PUESTA EN PRÁCTICA: ESTUDIO DE CASOS Y SUS IMPLICACIONES SOCIALES Y PUBLICITARIAS

Susana Asenjo McCabe, Cristina Del Pino-Romero[1]

El presente texto nace en el marco del grupo de investigación Innovation on Digital Media, de la Universidad Carlos III de Madrid.

1. INTRODUCCIÓN

Desde que Sarkar y Kotler (2018) definieran el Activismo de Marca (en lo sucesivo AdM) como los esfuerzos empresariales para promocionar, impedir o dirigir la reforma o el estancamiento social, político, económico y/o ambiental con el deseo de promover o impedir mejoras sociales, esta estrategia ha experimentado un enorme crecimiento y auge, convirtiéndose en una de las tendencias en publicidad más notables del inicio de la década. Hoy, el posicionamiento sociopolítico de las empresas sigue en aumento, pues de manera ineludible "ante los grandes temas, las empresas han de manifestar su sentir y compartir su punto de vista" (Asenjo McCabe y Pino-Romero, 2023).

Que el AdM es tendencia en la actualidad es avalado por los WARC Rankings Creative, que en los últimos tres años han sido encabezados por campañas donde se ensalza el activismo, como defiende su vicepresidente de contenido David Tiltman, o por el Club de Creativos, que ha reconocido el valor de las propuestas activistas al otorgar su Premio Nacional de Creatividad en las últimos cinco ediciones a campañas como *"She"* de J&B, "Se más viejo" de Adolfo Domínguez o la trilogía "Mediterráneamente" de Estrella Damm.

De otra parte, el auge del activismo corporativo denota el estadio de madurez que han alcanzado las marcas en la definición de su posicionamiento y personalidad. Las marcas son ahora un todo para los consumidores: "en el estadio final (*Stage 6: Brand as Policy*), la marca y la empresa se identifican estrechamente con cuestiones sociales, éticas y políticas" (Goodyear, 1996; McEnally y Chernatony, 1999:3).

Esta descripción coincide con la evolución del término CPA, pues las empresas han transitado de un *Corporate Political Activity* a un *Corporate Political Advocacy,* y han entrado en el terreno del *Corporate Political Activism*, que se define como la manifestación pública (declaraciones y/o acciones) de una empresa, de apoyo u oposición a una postura dentro del debate acerca de una cuestión sociopolítica (Bhagwat *et al*, 2020).

---

1. Universidad Carlos III de Madrid (España)

La evolución de las marcas hacia este status de marca = política que ejercen un *Corporate Political Activism,* va de la mano de la evolución de los consumidores, verdaderos promotores de este cambio por ser más proclives a comprar en empresas que dan respaldo a soluciones para asuntos sociales, valorando el impacto que éstas tienen en la sociedad y en su día a día.

Efectivamente, las generaciones más jóvenes de consumidores exigen a las empresas y marcas compromiso social, partiendo de los valores bien definidos de las corporaciones (propósito) y de que actúan con arreglo a éstos. Numerosos estudios en los últimos 10 años (Grupo Havas, 2016; Walden University, 2013; Edelman, 2018; Edelman, 2020; Porter Novelli/Cone, 2019; Sprout Social, 2019; Francis y Hoefel, 2018; Elzo, 2015; Piplsay, 2021; Vilanova, 2019, entre otros), señalan el factor social como vector relevante, o incluso clave, en las decisiones de compra, determinante a la hora de definir sus preferencias y lealtades de consumo. Estos indicadores señalan que los consumidores *millennials* y *centennials* conectan mejor con marcas sensibles al contexto social y que adoptan una postura clara en torno a conflictos diversos que estén menoscabando el bien general, pues se muestran más sensibles a las variables ASG (Vilanova, 2019).

Además de este factor social como clave, el auge de este fenómeno es consecuencia del confluir de varias tendencias:

i. Proliferación de los activismos y contexto digital: creciente demanda de profundizar en la democracia y de que se replantee la participación y el protagonismo social, que explicarían el reciente auge, globalización y transversalidad de nuevas formas de movilización social (Candón Mena y Benítez Eyzaguirre, 2016). Que el activismo está en auge y que no deja de florecer en la forma de nuevos movimientos reivindicativos en lo que llevamos del siglo XXI fue ya reconocido por la revista *Time* en 2011, al proclamar Persona del año a los activistas. Sin duda, la digitalización está detrás del incremento, éxito y repercusión del activismo, tal como defienden los estudios de Tascón (2011), Candón Mena y Benítez Eyzaguirre (2016), Joyce (2010), Rovira (2017) -que habla de "multitudes conectadas"-, Ghonim (2012) -que califica estas movilizaciones sociales, donde las redes sociales han tenido un papel central, de "Movimientos Facebook" o "Revoluciones 2.0"- o Castells (2001), que ha abordado sociedad e internet y el impacto de las redes sociales en la creación de movimientos sociales (*Internet y la sociedad en red, Redes de Indignación y Esperanza, La Galaxia Internet).* Sin duda, la expansión de las redes sociales ha estimulado por tanto la aparición del AdM, convirtiéndose en un elemento clave en su puesta en práctica (Asenjo McCabe y del Pino-Romero, 2022).

ii. Polarización creciente de las opiniones: los acontecimientos políticos de las últimas dos décadas están llevando a las empresas a darse cuenta de que ya no pueden mantenerse en la neutralidad. Para algunas empresas, tratar de evitar la política, puede ser contraproducente de una manera dramática (Dienst, 2018), pues a medida que la fisura política se amplía, parece cada vez más quimérico para las empresas ocupar el centro ideológico (Korschun *et al.,* 2020). La polarización global es destacada por Kotler *et al.* (2023) como una de las características de la sociedad actual, con una creciente distribución en forma de M (Ouchi y Ohmae, citado por Kotler *et al.,* 2023), donde, en cada extremo, las personas que lo ocupan, tienen prioridades e ideologías de vida en conflicto.

iii. Desconfianza de la ciudadanía hacia las instituciones tradicionales: el *World Economic Forum* de 2014 ya señalaba que había una crisis de liderazgo en el mundo actual. En este contexto de crisis de confianza en las instituciones, la fe en Google o Nike, por ejemplo, como motor de cambio, es sin duda mayor de la que muchos jóvenes posiblemente depositen en sus gobiernos. La crisis del coronavirus ha incidido en la relevancia que las empresas están adquiriendo como guías sociales para unos ciudadanos confusos y desamparados, agudizando la pérdida de confianza en las instituciones tradicionales (Fink, 2022). Los estudios de Edelman (2018 y 2020), Havas Group (2015) o Deloitte (2016), ya señalaban las enormes expectativas que los ciudadanos tenían puestas en las empresas como agentes sociales frente a otras instituciones.

iv.   Proliferación de la "consumocracia": empoderamiento de los consumidores que practican, en función del comportamiento de las empresas, una "desinversión total en algo o alguien" (Bromwich, 2018). Comprar es un acto político, como corrobora el hecho de que la mayoría de los consumidores cree que las marcas tienen un rol más relevante que los gobiernos para crear un futuro mejor, infiriendo de estos resultados que las marcas que contribuyan al bienestar general y hagan públicos sus valores y convicciones, serán recompensadas por los consumidores que están usando su poder de compra para hacer una declaración de principios (Havas Group, 2019).

v.   Generalización del propósito corporativo: en la era de la "markética" (Lipovetsky, 2002), donde la ética se incorpora como un elemento más del mix de marketing, y donde las empresas se auto comprenden como "ciudadanas", las marcas definen su personalidad y posicionamiento de acuerdo con una visión y misión articuladas alrededor de su rol en la sociedad (Dahlvig, 2011; Grayson *et al*, 2018; Porter y Kramer, 2011; Cleghorn Espino, 2005; Fink, 2019; Butler-Madden, 2017). Empresas guiadas ya no solo por una racionalidad empresarial de maximización del beneficio económico, sino también por una racionalidad que busca otro tipo de beneficio (social, medioambiental), consecuencia de la aparición de un nuevo liderazgo empresarial legitimado por los comportamientos éticos (Gallego, 2009). En este sentido:

la empresa debería alinear sus metas económicas con sus metas socioambientales, incidiendo en las interdependencias e interrelaciones positivas entre empresa y sociedad, promoviendo la creación de valor compartido, y superando, por ende, la dicotomía entre los intereses económicos y el beneficio social (Sasia Santos *et al.*, 2020, p. 66).

2. OBJETIVOS Y PREGUNTAS DE INVESTIGACIÓN

Derivado de lo anterior, y a partir de la evidencia de que la práctica del AdM es considerada cada vez más frecuentemente entre los anunciantes como una estrategia de marketing eficaz y casi inevitable, han emergido una serie de preguntas de investigación en torno al fenómeno abordado y su puesta en práctica y materialización. Son las que siguen:

- P1: ¿Cómo se está empleado el AdM en la práctica publicitaria?
- P2: ¿Cuál es la estructura y cuáles son las características y elementos de la estrategia de AdM?

Una vez formuladas las preguntas de investigación, precisamos los siguientes objetivos de investigación. A saber:

- O1.- Explorar y analizar casos prácticos de anunciantes que han implementado la estrategia de AdM: serán analizados diversos casos de estudio (campañas de marketing de distintas marcas que han implementado la estrategia de AdM), con el fin de validar el supuesto de que dichas acciones de activismo son acciones eficaces que reportan beneficios a las compañías que asumen alguna misión social en términos, cuanto menos, de equidad de marca.

- O2.- Explorar la situación actual de la práctica del AdM en España: a partir del estudio de los casos de anunciantes nacionales, podremos reflexionar sobre cómo la industria publicitaria española está preparada para incorporar esta estrategia, de qué manera los está haciendo y con qué resultados.

- O3.- Describir la estrategia de AdM, identificando sus características, su estructura, sus atributos y sus elementos: observar, explorar y analizar cómo ha sido implementada esta estrategia para inferir cuál es la mecánica de esta práctica. Es decir, estaremos en disposición de caracterizar el AdM, señalando cuales son los elementos fundamentales y los pasos que necesariamente la componen, fijando y describiendo su estructura y sus componentes, y las claves para su activación exitosa. A partir del estudio de casos, por tanto, podremos llegar a determinar cuál es la arquitectura sobre la que las acciones de AdM se construyen, aislar sus ejes y componentes básicos y comprender el mecanismo detrás de dichas campañas, así como sus principales rasgos formales.

3. METODOLOGÍA

Para alcanzar los objetivos y dar argumentación suficiente para avalar las máximas formuladas en la investigación, se ha puesto en práctica la metodología de estudio de casos. El propósito es ofrecer un acercamiento al contenido exacto de algunas campañas que han incorporado el AdM como eje principal, es decir, ejemplos reales del ejercicio y la experiencia publicitaria de la estrategia a estudio, para poder inferir de éstos las características, elementos y factores que lo definen y explican su alcance, así como vincularlo con resultados en términos de efectividad y *engagement* con el consumidor.

Como guía principal para aplicar esta metodología se ha seguido el manual de Robert K. Yin, presidente del *The Case Study Institute, Inc., Case Study Research: Design and Methods.* (Yin, 2005). El estudio de casos es una metodología de investigación cualitativa que permite la obtención de información relevante a partir de la exploración y análisis de contextos exitosos (o de fracasos) empresariales (Guzmán, 2017), con la finalidad de comprender y determinar cuáles son las variables constantes en la práctica de una determinada disciplina o estrategia y verificar su eficacia, así como entender la decisión o conjunto de decisiones detrás de su activación -por qué fueron tomadas, cómo se implementaron y con qué resultado (Schramm, 1971)-.

Cabe señalar que el estudio de casos "no pretende tener tal validez universal, sino que sirve para ayudar a comprender un fenómeno o un aspecto de la realidad social" (Codina, 2019), la cual "puede ser generalizable gracias a su impacto potencial en teorías y conceptos clave, además de su capacidad intrínseca para ampliar la comprensión de cualquier fenómeno" (Codina, 2023). Consideramos, de esta forma, que el acercamiento al desempeño exitoso de las marcas en las campañas elegidas en esta investigación para su análisis ofrecerá sin duda pistas y claves para entender el objeto de estudio y poder describirlo y explicarlo.

La necesidad de recurrir a la técnica de estudio de casos surge cuando la "investigación empírica debe examinar un fenómeno contemporáneo en su contexto real, especialmente cuando las fronteras entre el fenómeno y el contexto no son evidentes" (Yin, 1981, p. 98). Parece, por tanto, especialmente indicado para disciplinas vivas y efímeras como la publicidad, en permanente estado de innovación y progresión en sus manifestaciones y expresiones, con cierta tendencia a la obsolescencia y estrechamente vinculada al aquí y al ahora, al contexto real y a los gustos e inclinaciones cambiantes de los receptores. En este sentido, podemos afirmar que la publicidad es un ecosistema cambiante, enormemente permeable al entorno y a la convergencia de los variables gustos colectivos de cada momento. Se ha optado por este enfoque porque queríamos cubrir y explorar deliberadamente las condiciones contextuales, pues la práctica del AdM no se entiende sin el contexto: el marco en el que ésta se desarrolla, los problemas sociales concretos de esa realidad y la actitud de los públicos frente a éstos, así como la necesaria concurrencia de múltiples actores en la activación de las soluciones. Todo ello son factores que condicionan el ejercicio de esta modalidad.

El desafío de las acciones de AdM es que no se construyen sobre una única unidad de análisis, y los elementos que componen estas campañas son variados y de distintas dimensiones. Las unidades de análisis en los casos estudiados, las campañas, serán diversos, examinando los mensajes emitidos por las marcas, pero también otras acciones corporativas incorporadas por ésta en el marco de la actuación promocional, incluida la participación de las audiencias o la colaboración con otros, así como las reflexiones y relatos de terceros en torno a dichas campañas. Al tratarse de acciones complejas no limitadas únicamente a la emisión de mensajes convencionales de carácter unidireccional, el contenido será distinto en cada caso, y tendrá variables no siempre permanentes. Sin embargo, se estima que este análisis permitirá, en cualquier caso, aislar y determinar cuáles sí son las variables que se repiten en todos los casos y, por tanto, identificarlas como estructurales en la práctica del AdM.

El propósito en la aplicación del estudio de casos será formular inferencias, identificando de manera sistemática y objetiva ciertas características específicas dentro de un conjunto de textos y fuentes diversas relativas a un mismo ejemplo, utilizando una combinación de técnicas, tales como cuestionarios, revisión de documentos y colaboración de personas expertas en el sector estudiado (Dawson, 1997; Snow y Thomas, 1994; Fox-Wolfgramm, 1997, en Jiménez Chaves y Comet Weiler, 2016).

En la recolección de datos hemos seguido además los tres principios sugeridos por Yin (2005);

(i) El uso de múltiples fuentes de información para favorecer la convergencia de evidencia,

(ii) La creación de una base de datos para cada caso de estudio y su correspondiente índice de referencias y fuentes, y

(iii) El mantenimiento de una cadena de evidencia, concluyendo en la elaboración de un informe para cada caso de estudio.

Basándonos en un diseño de múltiples casos, se ha procedido con un método de comparación de campañas (Yin, 1981), pues las conclusiones son fruto de contrastar los resultados de los distintos casos seleccionados para su análisis. Si las variables y conclusiones son similares para varios o todos los casos, podrá proponerse una estructura para cualquier campaña de AdM, pues el objetivo ha sido llegar a la conclusión de que existen variables fijas en forma y fondo que contribuyen a definir el AdM, describiendo sus atributos y componentes.

4. DESARROLLO DE LA INVESTIGACIÓN

Abordaremos el estudio de casos sobre un diseño de múltiples de ellos -considerando cada uno holísticamente-, que, con relación al caso único, resulta más convincente y es considerado más robusto (Herriot y Firestone, 1983), y se emplea cuando se dispone de varios casos para replicar. La posibilidad de alcanzar conclusiones analíticas en esta metodología es más poderosa cuando éstas proceden de dos o más casos de estudio, y ofrece claras ventajas en su aplicación (Álvarez Álvarez y San Fabián Maroto, 2012).

El contexto en los distintos casos seleccionados difiere sensiblemente y permite confirmar que incluso en circunstancias diferentes, se llega a las mismas conclusiones, reforzando la generalización externa de los hallazgos (Yin, 2005).

4.1. Aplicación de la metodología y procedimiento de análisis

La lógica seguida para desarrollar los casos toma de referencia el modelo propuesto por Cosmos Corporation (Yin, 2003). Este modelo ha servido de guía a los investigadores a la hora de analizar casos distintos, abordar una gran variedad de fuentes y explorar muy diversos escenarios de actuación, y sirve de instrumento recomendado en el estudio de múltiples casos para asegurar una secuencia sistemática de trabajo incrementando la fiabilidad de la investigación.

Así pues, el proceso adoptado para el estudio de casos ha seguido los siguientes pasos:

a) Desarrollo de la teoría: dado que el desarrollo previo de proposiciones teóricas guía la recolección y el análisis de datos (Castro Monge, 2010), el primer paso adoptado, antes de iniciar el análisis propiamente dicho de cada caso de estudio, ha sido formular las preguntas de investigación y proposiciones, así como desarrollar el marco teórico de la investigación.

b) Selección de casos: a continuación, han sido seleccionados los casos de estudio, cuya muestra (Tabla 1) responde a la necesidad de aportar un número significativo de ejemplos para alcanzar nuestros objetivos y determinar las variables recurrentes en la práctica de la estrategia a estudio, pues en esta metodología no hay un criterio específico en lo relativo al tamaño del corpus al no seguir una lógica de muestreo. Alcanzado el punto de saturación teórica adecuado, se ha considerado innecesario incorporar más casos al estudio.

Caso	Anunciante	Campaña
1	Jigsaw	Heart Immigration
2	Nike	Swoosh Vote/ Dream Crazy
3	Dove	Campaña por la Belleza Real
4	Boost Mobile	Boost your voice!
5	Whirlpool	Care Counts
6	Levis	Ending the Gun Violence Epidemic in America
7	Bodyform	#Bloodnormal
8	Ben & Jerry's	Come Together
9	Estrella Damm	Mediterráneamente
10	Adolfo Domínguez	Sé más viejo
11	IKEA España	Todos merecemos un verdadero hogar

12	DKV	Activistas de la salud
13	Trapa	¿Una foto irrepetible?

Tabla 1. Relación de casos de estudio: anunciantes y campañas.

Fuente: Elaboración propia, 2023.

- Se trata de casos con resultados ejemplares con relación a las premisas investigadoras que quieren ser exploradas, seleccionados en función de su relevancia y son, según su alcance, genéricos e instrumentales; ejemplares y típicos según su naturaleza; contemporáneos, según el tipo de acontecimiento; y exploratorios y descriptivos, según el uso en la investigación (Coller, 2000).

- Se ha procurado la mejor selección posible para ofrecer un conjunto equilibrado y variado de casos. La lógica seguida para la selección de casos es discrecional, no formulaica, y es consecuencia de valorar el número de réplicas de casos consideradas necesarias para alcanzar los objetivos de nuestro estudio, así como de considerar la fuerza e importancia de posibles explicaciones rivales a la propuesta de nuestro estudio (Yin, 2018, p. 59).

- En la muestra seleccionada se ha procurado incluir anunciantes de distintas categorías de producto y distintos sectores de actividad, así como de distinta envergadura, para visibilizar el hecho de que esta estrategia puede ser adecuada, factible y rentable para todo tipo de empresas, y que no requiere necesariamente de una gran inversión.

- De igual manera, se ha procurado incluir anunciantes de distintas nacionalidades: 8 de los casos analizados pertenecen a anunciantes anglosajones (dos británicos y 6 estadounidenses), y 5 a anunciantes españoles. El pequeño desequilibrio entre unos y otros se debe a la menor proporción de campañas de esta naturaleza en nuestro país a fecha de la investigación, pues se trata, como suele pasar en el ámbito publicitario, de una tendencia importada del mundo anglosajón que se va adoptando progresivamente.

- En relación con el número, usando entre 6 y 10 casos podrán alcanzarse las respuestas que busca el investigador (Yin, 2018), mientras Mertens sugiere que el número óptimo debería oscilar entre los 6 y los 10 y Creswell indica que los intervalos de las muestras han de variar de 1 a 50 casos (Hernández Sampieri *et al.* 2010).

- Diseño del protocolo para la recolección de datos.

- El acceso a multitud de evidencias y datos acerca de cada caso concreto requiere de una gran variedad de métodos y el recurso a muchas fuentes y textos de información, siendo necesario reportar las empleadas en el informe de cada caso de estudio concreto. En todo caso, parte de los recursos utilizados han sido:

(i) Documentación, registro, archivos e información procedente de los propios agentes implicados en la campaña (anunciantes y agencias); proyectos y memorandos, boletines informativos, informes corporativos anuales, comunicados y notas de prensa, material promocional del caso, web y perfil corporativo en redes sociales, etc.

- Materiales procedentes de las campañas: publicidad gráfica para exterior o digital, piezas de video, acciones tangibles y eventos físicos, análisis de los perfiles y la actividad promocional de los anunciantes en redes sociales, sus acciones y mensajes y reacciones de los públicos -*likes*, comentarios, etc.-.

- Información, reseñas, críticas o análisis realizados por medios especializados acerca de las campañas que forman parte de los casos a estudio.
- Cobertura mediática de la campaña: artículos de prensa relativos a la campaña en estudio y relatos en otros medios -radio, TV, redes sociales-.
- Material procedente de medios de comunicación locales, nacionales o internacionales y la literatura del país en cuestión para proporcionar el contexto cultural y social pertinente.
- Informes, estudios y documentación estadística sobre el impacto de la campaña procedente de consultoras, agencias de comunicación, organismos públicos y privados, etc.
- Informes, estudios y encuestas relativas al estado de la cuestión social que centra cada campaña.
- Declaraciones o entrevistas a alguno de los informantes relevantes (fuentes secundarias) implicados en la campaña en estudio (directores creativos, CEO's, directores de Marketing o de Comunicación, etc.).
- Entrevistas personales en profundidad a alguno de los informantes relevantes (fuente primaria) implicados en la campaña en estudio. En esta investigación han sido entrevistados personalmente nueve informantes clave (responsables de marca, directores de comunicación o directores creativos) vinculados a las campañas de los anunciantes españoles.
- Desarrollo de un Informe escrito para cada caso de estudio: una vez recabados todos los datos en torno a un caso, se procedió a exponer por escrito la información más relevante del ejemplo en relación a las preguntas de la investigación y el marco teórico, incluyendo en todos los casos:
- Identificación y características del anunciante,
- Contexto y problemática social,
- Misión de marca,
- Antecedentes en la cultura de la marca (posicionamiento, propósito corporativo, antecedentes publicitarios),
- Acciones implementadas, promocionales y de campo,
- Colaboración con terceros (partenariados y audiencias),
- Resultados en términos de solución del problema, y
- Resultados en términos de eficacia publicitaria
- Resultados y conclusiones de la comparativa de casos: cada caso cuenta con un balance de sus propios resultados, pero la suma de todos ellos y el producto de la comparativa realizada entre casos, nos habilita para alcanzar unas conclusiones generales sobre la puesta en práctica real de la estrategia a estudio, que fueron resumidas en diversos cuadros con las variables constantes identificadas.

5. RESULTADOS Y CONCLUSIONES

Tras realizar una comparativa entre los informes de cada caso de estudio, se han aislado distintas variables, recurrentes en todos los casos analizados, que nos permiten, en consecuencia, determinar cuáles son los elementos y pasos esenciales necesarios en la puesta en práctica de una estrategia de AdM. Estas ocho variables, identificadas bajo cuatro categorías, son los resultados a los que se ha llegado en esta investigación.

1.- Asunto social:

- Conflicto, situación o preocupación social localizada y
- Cambio social que se desea promover con la campaña de activismo ejercido por la marca

2.- Misión de marca:

- Posición de la marca ante dicho asunto y
- Propósito de marca, cultura corporativa y actividad principal de la empresas

3.- Acciones activistas:

- Hechos tangibles puestos en práctica para acompañar la campaña de comunicación
- Acciones promocionales incluidas en la campaña analizadas

4.- Colaboraciones:

- Elementos habilitados para permitir/alentar la implicación y participación del público (activación de la audiencia) y
- Partenariados con terceros o aliados en la práctica del activismo.

La investigación da respuesta a las dos preguntas de investigación planteadas, y cubre los objetivos que motivaron el estudio. Ha quedado reflejado cómo se emplea el AdM en la práctica publicitaria y cuál es la estructura y las características y elementos de la estrategia de AdM. En cuanto a los objetivos, se han explorado y analizado los casos prácticos de los anunciantes que han guiado la investigación, explorándose de esta forma la situación actual del AdM, y se ha descrito la estrategia de AdM identificando sus características.

Este estudio pone de relieve que el AdM debe ser una estrategia largoplacista, transversal y estratégica, con impacto externo e interno, de carácter reactivo (pretende solucionar un problema que ya existe) y dirigido a los consumidores, por cuanto desea posicionar la marca favorablemente ante ellos a partir de su activismo, pero también a la sociedad en general, por cuanto sus acciones están pensadas para solucionar un problema que ésta enfrenta (o un colectivo en particular dentro de ésta).

Las marcas podrán vincular el activismo y la contribución social a la marca en mayor o menor medida a su personalidad y posicionamiento en función del asunto en particular, el público y el tipo de producto/marca del que se trate. Los temas alrededor de los cuales las marcas pueden articular su activismo de una manera más relevante son muy variados, pero a la vista de los resultados, los que concitan mayor preocupación serían cuestiones de género, cambio climático y defensa medioambiental, y derechos del colectivo LGTBI+. Si la publicidad debe siempre sintonizar con el entorno si quiere conectar con las audiencias, en la práctica del AdM, las marcas han de estar más conectadas que nunca al contexto para localizar los desafíos sociales que en éste se plantea y entender cómo afecta a su público para articular las respuestas más adecuadas.

Con relación a la estructura de este tipo de campañas, tras el análisis y la comparativa de los 13 casos de estudio, estamos en disposición de determinar cuáles han de ser los pasos y los elementos clave en una campaña de AdM.

- Identificar el conflicto: la marca ha de medir la temperatura de la sociedad para localizar un asunto -problema, tensión o preocupación social- culturalmente trascendente en el momento y relevante para la sociedad que pueda estar afectando directa o indirectamente a su audiencia o colectivo hacia el que ésta sea sensible. El asunto elegido debe situarse en un territorio en el que la marca tenga capacidad de hacer una aportación legítima y valiosa, generalmente vinculada, por tanto, a su propia actividad.

- Definir una misión: la marca ha de determinar cuál podría ser su papel para revertir el problema o mejorar la situación negativa, desde su experiencia, recorrido y capacidad. La misión de marca define la postura que ésta adopta frente al problema social elegido y el rol que tendrá en la lucha o movimiento que inicie con la campaña de AdM.

- Marcar un objetivo de mejora social: el objetivo final de toda acción de AdM debe ser la promoción de un cambio social[2] con impacto positivo. Debe fijarse el fin del activismo, orientado a mejorar, con la aportación de la marca, la situación social inicial.

- Alinearse en coherencia con el propósito corporativo: para contar con la debida credibilidad y para que el rol asumido por la marca en liderar determinada posición frente al tema social seleccionado sea percibido como legítimo, debe existir una coherencia entre dicha postura y el recorrido e historia de la marca, y con el propósito, la cultura y la propia actividad de la empresa, para que la marca pueda actuar con autoridad en el terreno social elegido. Ha de haber coherencia entre el decir y el hacer.

- Implementar acciones tangibles: no hay AdM sin acciones; la clave del AdM es hacer. Las campañas que se limiten a expresar el punto de vista de una marca con relación a un asunto social no es AdM. El activismo ha de estar orientado a la búsqueda de un cambio positivo en el territorio social elegido. Para respaldar la retórica activista de la marca, será imprescindible que la marca impulse y ponga en práctica acciones tangibles destinadas a promover dicho cambio y alcanzar los objetivos sociales del activismo ejercido.

- Colaborar con *partners*: considerando que las marcas no son una ONG y que por tanto no tienen el *Know How* para abordar determinados asuntos de sensibilidad social, se deben establecer colaboraciones con terceros -*partners* o aliados- para lograr los cambios promovidos, apoyándose en la experiencia y reputación de organizaciones especializadas en el campo específico donde se ubica la misión de marca.

- Implementar una campaña promocional con base digital: aunque la clave del AdM es hacer, para que una campaña puede calificarse como tal debe conectar la postura de la marca en torno al asunto social determinado y las acciones impulsadas para alcanzar los cambios sociales pretendidos, con una actividad comunicativa clara y atractiva que ponga en conocimiento del público dicho activismo. Los activismos requieren de proselitismo, de difusión, de "ruido" necesario y de amplificación. Los medios empleados en la difusión de la campaña de AdM pueden ser diversos,

---

2. Entendemos cambio social como cualquier cambio en el sistema de valores, en la aceptación de nuevos comportamientos, colectivos o prácticas, en la transformación de los símbolos, en la adopción de nuevas normas de conducta o modificación de reglas de convivencia, en el progreso de la normativa y legislación social, en las condiciones de vida de un colectivo, etc.

si bien, la estrategia ha de recurrir necesariamente a los medios digitales y a las redes sociales.

- Habilitar la participación y la activación de la audiencia: otro eje fundamental en la práctica del AdM será la activación del mayor número de personas y su involucración activa en el movimiento promovido y liderado en este caso por una marca. Involucrar activamente al público en la campaña pasa por habilitar cauces de colaboración donde los consumidores vean de manera tangible cual puede ser su contribución al activismo, que ha de ser idealmente sencilla y fácilmente practicable.

Finalmente, otro de los hallazgos es la constatación de que las marcas que se han pronunciado en el debate social y han defendido una causa de manera comprometida, se erigen como más competitivas dado que el balance en todos los casos es positivo, tanto en imagen y percepción de marca como en impacto y repercusión en medios. En lo relativo a la relación directa de la difusión de la campaña de AdM y el impacto en ventas, aunque los datos parecen indicar que también han sido campañas de éxito, las conclusiones no son determinantes y no es posible, por tanto, vincular directamente el AdM practicado por una marca con su incremento en ventas.

6. REFERENCIAS

Asenjo McCabe, S. y Del Pino-Romero, C. (2022). *Redes sociales, factor clave para entender el auge del activismo de marca y medio esencial en su práctica.* En A. M. Vicente Domínguez, y G. Bonales Daimiel (Eds.) *Estrategias de comunicación publicitaria en redes sociales: diseño, gestión e impacto.* (pp. 113-130). McGraw Hill.

Asenjo McCabe, S. y Del Pino-Romero, C. (2023). El activismo de marca desde la óptica del sector académico, profesional y consultor. *Index.comunicación: Revista científica en el ámbito de la Comunicación Aplicada, 13*(1).

Bhagwat, Y., Warren, N. L. y Watson, G. F. (2020). Corporate Sociopolitical Activism and Firm Value. *Journal of Marketing, 84*(5). https://doi.org/10.1177/0022242920937000

Bromwich, J. E (28 de junio de 2018). Everyone is canceled. New York Times. https://www.nytimes.com/2018/06/28/style/is-it-canceled.html

Butler-Madden, C. (2017). *Path to purpose. How to use cause marketing to build a more meaningful and profitable brand.* Major Street Publishing Pty.

Candón Mena, J. y Benítez Eyzaguirre, L. (Eds.). (2016). *Activismo digital y nuevos modos de ciudadanía: Una mirada global.* InCom-UAB Publicacions, 12. Institut de la Comunicació, Universitat Autònoma de Barcelona.

Castells, M. (2001). *La galaxia internet* (1ª. ed.). Plaza & Janes

Castells, M. (2006). Internet y la sociedad red. *Contrastes: Revista cultural,* 43, 111-113.

Castells, M. (2012) *Redes de indignación y esperanza: los movimientos sociales en la era de Internet.* Alianza Editorial.

Castro Monge, E. (2010) El estudio de casos como metodología de investigación y su importancia en la dirección y administración de empresas. *Revista Nacional de Administración, 1*(2). 31-54 https://doi.org/10.22458/rna.v1i2.332

Cleghorn Espino, L.E. (2005). *Gestión ética para una organización competitiva.* [Serie Colección Ética Organizacional]. San Pablo.

Codina, Ll. (Coord.) (2019). Entrada: Validez analítica o generalización analítica. VV.AA. *Glosario básico sobre investigación cualitativa.* https://n9.cl/v7sub

Codina, Ll. (19 de junio de 2023). *Estudios de caso: características, tipología y bibliografía comentada*. www.lluiscodina.com/estudios-de-caso/

Coller, X. (2000), *Estudio de casos, CIS. Enero, 2005*. Centro de estudios sociológicos

Dahlvig, A. (2011). *The IKEA Edge: Building Global Growth and Social Good at the World's Most Iconic Home Store*. McGraw-Hill Education.

Deloitte (2016). *The new principles of brand leadership: The 2016 Impact Project*. https://cutt.ly/NXvmaho

Dienst, J. N. (7 de diciembre de 2018). *Brands Taking Stands: 3BL Forum Explores Corporate Activism. PCMA org*. https://cutt.ly/0XvmBym

Edelman (2018). *Edelman Earned Brand, Brands take a stand*. https://cutt.ly/4XvQiBd

Edelman (Marzo de 2020). *Edelman Trust Barometer 2020. Special Report: Brand Trust and the Coronavirus Pandemic*. https://cutt.ly/7XvRwy4

Elzo, J., Megías, E., Ballesteros, J. C., Rodríguez M. A. y Sanmartín A. (2015). *Jóvenes y valores sociales. Centro Reina Sofía sobre Adolescencia y Juventud*. www.fad.es/node/6175

Fink, L. (2019). *Larry Fink's 2019 letter to CEOS: Profit & purpose. Blackrock*. www.blackrock.com/americas-offshore/en/2019-larry-fink-ceo-letter

Fink, L. (2022). *Larry Fink's 2022 letter to CEOS: The power of capitalism*. www.blackrock.com/corporate/investor-relations/larry-fink-ceo-letter

Francis, T. y Hoefel, F. (12 de Noviembre de 2018). *True Gen': Generation Z and its implications for companies. Mackensey & Company*. https://cutt.ly/EXvRVkh

Gallego, J. V. (2009). Reputación corporativa y RSC: bases empíricas para un análisis. Telos: *Cuadernos de comunicación e innovación*, 79, pp. 75-82. https://cutt.ly/wXvThbP

Ghonim, W. (2012). *Revolution 2.0. The Power Of The People Is Greater Than The People In Power: A Memoir*. Houghton Mifflin Harcourt.

Grayson, D, Coulter, C. y Lee, M. (2018). *All In: The Future of Business Leadership*. Routledge.

Goodyear M. (1996). Divided by a common language: diversity and deception in the world of global marketing. *Journal of the Market Research Society, 38*(2), 105-122. https://doi.org/10.1177/147078539603800202

Guzmán, E. (2017). El estudio de casos: una metodología efectiva para la investigación empresarial. *Revista Espacios, 38*(51). 10. www.revistaespacios.com/a17v38n51/a17v38n51p10.pdf

Havas Group (2015). *Prosumer Report. Project Superbrand: 10 Truths Reshaping the Corporate World*.

Havas Group (21 de febrero de 2019). Meaningful Brands (Nota de prensa). https://cutt.ly/WXvYUKI

Hernández Sampieri, R., Fernández Collado, C. y Baptista Lucio, P. (2010). *Metodología de la investigación*. (5a. ed.). McGraw-Hill.

Joyce, M. (2010). *Digital Activism Decoded: The New Mechanics of Change. International Debate Education Association*. NY 10019

Korschun, D. Martin, K. D. y Vadakkepatt, G. (15 de septiembre de 2020). Marketing 's Role in Understanding Political Activity. *Sage Journals, 39*(4), 378-387. https://doi.org/10.1177/0743915620949261

Kotler, P., Kartajaya, H. y Setiawan, I. (2023). *Marketing 5.0. Tecnología para la humanidad*. Almuzara.

Lipovetsky, G. (2002). *Metamorfosis de la cultura liberal. Ética, medios de comunicación, empresa*. Anagrama.

McEnally, M. R. y Chernatony, L. (1999). The Evolving Nature of Branding: Consumer and Managerial Considerations. *Academy of Marketing Science Review*, 2, 1-30. www.proquest.com/docview/200826626

Piplsay (21 de marzo de 2021). *The raise of brand activism. Piplsay Survey,* 2021 https:// piplsay.com/the-rise-of-brand-activism-is-it-impactful/

Porter, M. E. y Kramer, M. R. (2011). La creación de valor compartido. *Harvard Business Review.* nº enero-febrero, 32- 49. https://cutt.ly/dXvPpiF

Porter Novelli/Cone (2019). *Undivided. Gen Z purpose study.* https://cutt.ly/MXztjZH

Rovira, G. (2017). *Activismo en red y multitudes conectadas comunicación y acción en la era de internet.* Icaria, 2017. https://cutt.ly/dXvP61T

Sarkar, C. y Kotler, P. (2018). *Brand Activism: From Purpose to Action.* Idea Bite Press.

Sasia Santos, P. M., Bilbao Alberto, G., Martínez Arellano, C. y Domínguez Olabide, P. (2020). *La empresa como actor clave en la construcción de justicia social: nuevos modelos de Empresa Ciudadana.* Alboan: REAS Euskadi. https://cutt.ly/YXvAfgr

Schramm, W. (1971). *Notes on case studies of instructional media projects,* Institute for Communication Research Stanford University. https://cutt.ly/6XvAWtM

Sprout Social. Brands Creating Change in the Conscious Consumer Era (2019). *Sprout Social.* https://sproutsocial.com/insights/data/brands-creating-change

Tascón, M. (2011). Nuevo Activismo social. *Revista UNO, Planeta 2.0 Revoluciones Políticas y Reputaciones Empresariales,* 3. 12-13. https://cutt.ly/bXvA2eE

Vilanova, N. (2019). *Generación Z: los jóvenes que han dejado viejos a los millennials.* ATREVIA. https://cutt.ly/5VstbS3

Walden University (2013). *2013 Social change impact report.* https://cutt.ly/SXvScBM

Yin, R. K. (1981). The Case Study as a Serious Research Strategy. *Knowledge, 3*(1), 97-114. https://doi.org/10.1177/107554708100300106

Yin, R. K. (2005). *Case study research: Design and methods.* SAGE.

Yin, R. K. (2018). *Case Study Research and applications: Design and Methods (6th ed.).* SAGE.

EL PODER DE LA NEUROCOMUNICACIÓN Y LA MUJER EN EL ÁMBITO DE LAS RELACIONES PÚBLICAS

Almudena Barrientos-Báez[1] *David Caldevilla-Domínguez*[2]

El presente texto nace en el marco de un proyecto CONCILIUM (931.791) de la Universidad Complutense de Madrid, "Validación de modelos de comunicación, empresa, redes sociales y género".

1. INTRODUCCIÓN

La presente investigación aborda una temática fundamental hoy en día: la mujer en el ámbito de las Relaciones Públicas y su vínculo con la neurocomunicación. Se explora cómo la publicidad ha representado históricamente a hombres y mujeres de manera diferente, con roles de género tradicionales y cómo estas representaciones han evolucionado gracias a una mayor conciencia social. Se analiza la prominencia de las mujeres en la neurocomunicación y su habilidad para liderar y comunicar, contrastando esto con su menor participación en posiciones de importancia en las Relaciones Públicas. Se propone una revisión exhaustiva de la literatura para discutir la situación actual de las mujeres, liderazgo y relaciones públicas. En la compleja danza de la comunicación contemporánea, dos conceptos han emergido como protagonistas indiscutibles: la neurocomunicación y las relaciones públicas. Estos términos, aparentemente dispares, convergen estratégicamente redefiniendo la manera en que las organizaciones se relacionan con su audiencia y construyen su imagen en el escenario global. La unión de la comprensión científica de la mente humana y las habilidades estratégicas de las Relaciones Públicas ha generado un nuevo paradigma en la comunicación empresarial. Según Barrientos-Báez *et al.* (2021), la relevancia de la neurocomunicación y el neuromarketing en el mundo moderno radica en su habilidad para ir más allá de lo que las personas dicen que quieren o prefieren, profundizando en lo que realmente captura su atención y motiva sus acciones.

Tanto la neurocomunicación como las Relaciones Públicas representan dos dimensiones esenciales en el complejo paisaje de la comunicación contemporánea, fusionando la ciencia del cerebro con la habilidad estratégica de forjar conexiones significativas. Al sumergirse en las complejidades del cerebro humano, la neurocomunicación se convierte en un faro que ilumina la comprensión de cómo los estímulos comunicativos resuenan en nuestras

---

1. Universidad Complutense de Madrid (España)
2. Universidad Complutense de Madrid (España)

mentes. La neurocomunicación tiene su centro en el área comunicativa (Barrientos-Báez, 2022), mientras que la neurociencia, explica el comportamiento del público estudiando su actividad neuronal analizando a qué estímulos son más susceptibles las personas, para introducir en la publicidad aquellos a los cuales los sujetos prestan más atención (Barrientos-Báez *et al.,* 2023; Caldevilla-Domínguez *et al.,* 2022).

2. MARCO TEÓRICO

La neurocomunicación, al fusionar principios de neurociencia y comunicación, ofrece una ventana fascinante hacia los mecanismos internos de la mente humana. Analiza las respuestas neuronales ante la información, desentrañando cómo se forman las percepciones, emociones y decisiones a nivel cerebral. Este enfoque no solo se centra en la superficie de los mensajes, sino que penetra en la esencia misma de cómo el cerebro humano procesa la información, proporcionando una base sólida para diseñar estrategias comunicativas impactantes. Comprender cómo los estímulos comunicativos afectan la actividad cerebral abre la puerta a la creación de mensajes que van más allá de la mera transmisión de información. La neurocomunicación busca tocar fibras emocionales y activar regiones del cerebro asociadas con la memoria, la empatía y la toma de decisiones. Este enfoque no solo implica transmitir un mensaje, sino también influir en la forma en que se percibe, se recuerda y se actúa en consecuencia (Baraybar Fernández *et al.,* 2023).

2.1. Relaciones Públicas: el arte de tejer la reputación organizacional

En este entorno comunicativo enriquecido por la neurocomunicación, las Relaciones Públicas se destacan como el arquitecto de la reputación organizacional. La evolución de las relaciones públicas, más allá de ser simplemente un instrumento de gestión de crisis, se manifiesta como una disciplina estratégica que teje la trama de la reputación de una organización. Las Relaciones Públicas contemporáneas trascienden la gestión de la comunicación para convertirse en narradores coherentes y guardianes proactivos de la percepción pública.

El tejido de relaciones sólidas con *stakeholders*, la construcción de narrativas auténticas y la gestión proactiva de la percepción se convierten en los cimientos de las Relaciones Públicas modernas. Aquí, la conexión entre la neurocomunicación y estas se vuelve más evidente. Las estrategias comunicativas informadas por la neurociencia permiten a las Relaciones Públicas no solo transmitir mensajes, sino también adaptarlos de manera que resuenen con la audiencia a un nivel más profundo. La intersección de la neurocomunicación y las Relaciones Públicas es donde emerge una estrategia comunicativa poderosa. Integrar los principios de la neurocomunicación en las prácticas de Relaciones Públicas permite una comprensión más profunda de cómo se reciben y procesan los mensajes. Esto allana el camino para una comunicación más efectiva y auténtica, alineando los mensajes con los valores y emociones que resuenan en la mente de la audiencia (Portela López y Rodríguez Monroy, 2023).

El poder de la conexión emocional

En la era digital, donde la información fluye en un torrente constante, la capacidad de captar y retener la atención se ha convertido en un desafío fundamental. La neurocomunicación aplicada a las Relaciones Públicas permite a las organizaciones no solo transmitir información, sino también crear conexiones emocionales significativas. La empatía y la autenticidad se erigen como monedas de cambio en este paisaje comunicativo, y la comprensión de las respuestas cerebrales ayuda a perfeccionar la narrativa para alcanzar corazones y mentes (Baraybar Fernández *et al.*, 2023).

La implementación práctica de la neurocomunicación en las Relaciones Públicas implica un análisis profundo de la audiencia objetivo. Investigar sus motivaciones, valores y emociones permite adaptar los mensajes de manera más precisa. Utilizar historias y elementos visuales que despierten respuestas emocionales específicas, respaldados por la investigación neurocientífica, se convierte en un enfoque clave. Asimismo, el monitoreo constante de la retroalimentación permite ajustar las estrategias de comunicación en tiempo real. En la intersección entre la neurocomunicación y las relaciones públicas, las organizaciones encuentran un terreno fértil para la innovación y la conexión auténtica. La era actual demanda una comprensión profunda de la mente humana y la capacidad de traducir ese conocimiento en estrategias de comunicación efectivas. Al abrazar la neurocomunicación, las Relaciones Públicas no sólo se adaptan al presente, sino que también se anticipan al futuro, tejiendo una narrativa estratégica que resuena en el corazón de la audiencia. En esta convergencia, la comunicación se convierte en una experiencia que va más allá de las palabras, transformándose en una sinfonía estratégica que eleva la conexión entre organizaciones y audiencias a nuevas alturas (Velasco Molpereces, 2021; Mihaela Marinescu *et al.*, 2022).

3. OBJETIVOS

La revisión de literatura y la metodología propuestas buscan abordar la intersección de neurocomunicación, Relaciones Públicas y género de manera integral. Al comprender las dinámicas cognitivas, explorar la evolución de las representaciones de género y adoptar un enfoque mixto, la investigación tiene como objetivo contribuir a la comprensión y mejora de la comunicación estratégica. Al reconocer las habilidades únicas que las mujeres aportan a la neurocomunicación y las relaciones públicas, y al analizar críticamente las desigualdades de género, la investigación busca contribuir a un cambio positivo en la industria. Al avanzar hacia una comunicación más inclusiva, auténtica y estratégica, se espera que esta investigación arroje luz sobre los desafíos actuales e inspire acciones para una transformación significativa en el campo de la comunicación. El papel de la mujer y sus funciones sociales ha sido estudiado desde enfoques variados: desde estudios de perspectiva de género para ubicar la nueva función de la mujer en nuestra sociedad (Barrientos-Báez *et al.*, 2020).

La investigación, enfocada en la intersección de neurocomunicación, Relaciones Públicas y género, ha revelado hallazgos significativos que iluminan la complejidad de estos campos y señalan áreas clave de atención. La revisión de literatura y la metodología de investigación mixta proporcionaron una visión integral, abordando tanto las dinámicas cognitivas como las desigualdades de género en la industria de las relaciones públicas.

4. METODOLOGÍA

La revisión de literatura se enfocará en comprender las dinámicas cognitivas examinadas a través de la lente de la neurocomunicación en el contexto de las relaciones públicas, así como en analizar la representación de género en la industria. Se buscarán estudios que exploren cómo los estímulos comunicativos afectan la percepción y las decisiones, utilizando principios de la neurociencia para informar estrategias de Relaciones Públicas más efectivas.

Además, se investigará la evolución histórica de las representaciones de género en publicidad, Relaciones Públicas y neurocomunicación. Se prestará especial atención a cómo las mujeres han sido retratadas y percibidas en estos campos a lo largo del tiempo, examinando las razones detrás de las desigualdades de género y las estrategias adoptadas para abordar estos problemas.

Para abordar la complejidad de los temas, se adoptará un enfoque mixto que combina métodos cualitativos y cuantitativos. Se utilizarán encuestas y entrevistas para obtener perspectivas cualitativas de profesionales en Relaciones Públicas y expertos en neurocomunicación. Estas interacciones ayudarán a explorar las experiencias personales, las percepciones y las estrategias adoptadas en la industria.

Paralelamente, se realizará un análisis cuantitativo de datos, centrándose en la revisión de documentos históricos, estudios de mercado y análisis de contenido de campañas publicitarias y de relaciones públicas. Este enfoque cuantitativo proporcionará datos objetivos sobre la representación de género a lo largo del tiempo y permitirá identificar patrones y tendencias.

La triangulación de datos cualitativos y cuantitativos permitirá una comprensión más completa de la relación entre neurocomunicación, Relaciones Públicas y género. Se buscarán patrones emergentes, conexiones y contradicciones para construir un marco integral que informe sobre la situación actual y ofrezca indicios relevantes para el futuro.

Además, se prestará especial atención a la inclusión de voces diversas en la investigación, garantizando la representación de mujeres en roles estratégicos en la industria y abordando las perspectivas de género de manera equitativa.

5. RESULTADOS

La representación de género en publicidad y Relaciones Públicas ha experimentado una evolución fascinante a lo largo de la historia, reflejando los cambios sociales, culturales y económicos. Desde los primeros días de la publicidad impresa hasta la era digital actual, las representaciones de género han transitado desde estereotipos arraigados hasta enfoques más inclusivos y diversos (Leyes *et al.*, 2023).

En los albores de la publicidad, a finales del siglo XIX y principios del siglo XX, los roles de género estaban profundamente arraigados en las normas culturales de la época. La publicidad reflejaba y reforzaba estos estereotipos, retratando a las mujeres como esposas y madres dedicadas al hogar, mientras que los hombres eran representados como proveedores exitosos. Este enfoque tradicional persistió durante décadas, encontrando su apogeo en la publicidad de posguerra de mediados del siglo XX, donde se consolidaron roles rígidos y se estableció una dicotomía clara entre lo "femenino" y lo "masculino" (de Oca *et al.*, 2013; Juárez Rodríguez, 2020).

A medida que la sociedad experimentaba cambios significativos en las décadas de 1960 y 1970, con movimientos feministas y de derechos civiles, la publicidad comenzó a reflejar estos cambios. Surgieron campañas que desafiaban los estereotipos tradicionales y buscaban representar a las mujeres de manera más empoderada. Sin embargo, estos intentos iniciales fueron a menudo superficiales, y la publicidad seguía atrapada en la dicotomía de género (Velandia Morales, 2014).

La década de 1980 vio una dualidad en la representación de género en publicidad. Mientras que algunas campañas continuaban desafiando los roles tradicionales, otras reforzaban estereotipos de belleza y roles de género, particularmente en industrias como la moda y la belleza. La representación de los hombres también experimentó cambios, con la emergencia de imágenes más sensibles y la desafiante masculinidad tradicional (Herrera Santi, 2000; Marchand, 2020). Con la llegada del nuevo milenio, la publicidad y las Relaciones Públicas se enfrentaron a una presión creciente para abordar la diversidad y la inclusión de género. Campañas centradas en la equidad de género, la representación positiva y la eliminación de estereotipos se volvieron más comunes. Las marcas comenzaron a reconocer la importancia de alinearse con valores progresistas para atraer a una audiencia cada vez más consciente socialmente. En la última década, la representación de género ha tomado un giro más pronunciado hacia la diversidad y la autenticidad. Se ha producido una creciente conciencia de la necesidad de representar la pluralidad de identidades de género y de desafiar las nociones binarias. Las campañas publicitarias ahora destacan la diversidad de cuerpos, identidades y roles de género, desafiando los estándares de belleza convencionales y ofreciendo narrativas más inclusivas (Martín *et al.*, 2022).

En el ámbito de las relaciones públicas, la representación de género también ha evolucionado. Las organizaciones son más conscientes de la importancia de una imagen inclusiva y equitativa. Han surgido esfuerzos para abordar la brecha de género en liderazgo y para destacar historias de éxito de mujeres en diversas industrias. La transparencia y la autenticidad son ahora pilares fundamentales en las estrategias de relaciones públicas, lo que impulsa a las organizaciones a abrazar la diversidad de género como parte integral de su identidad y valores (Romero-Vara y Parras-Parras, 2021; Guerrero, 2023).

En suma, se puede decir que la historia de la representación de género en publicidad y Relaciones Públicas es una narrativa de cambio y adaptación a lo largo del tiempo. Desde los estereotipos arraigados del pasado hasta la actualidad, donde la diversidad y la inclusión son imperativos, la evolución ha sido notable. La publicidad y las Relaciones Públicas desempeñan un papel crucial en la formación de percepciones y actitudes, y la comprensión de la importancia de una representación equitativa y respetuosa continúa impulsando cambios significativos en estos campos. Este viaje no sólo refleja la evolución de la publicidad y las relaciones públicas, sino también la transformación más amplia de la sociedad hacia un reconocimiento más completo y respetuoso de la diversidad de género.

6. DISCUSIÓN

La presencia de la mujer en el ámbito de la neurocomunicación se presenta como un capítulo significativo en la evolución de la representación de género en el mundo de las Relaciones Públicas y la publicidad. A medida que la neurocomunicación ha ganado terreno como una herramienta estratégica esencial, las mujeres han emergido como líderes y comunicadoras excepcionales, desafiando estereotipos históricos y contribuyendo a una comunicación más rica y auténtica (Pérez del Pulgar de Válor, 2020).

Históricamente, la representación de la mujer en publicidad y Relaciones Públicas ha sido objeto de estereotipos restrictivos (de Oca *et al.*, 2013; Juárez Rodríguez, 2020). Sin embargo, la neurocomunicación ha demostrado que las mujeres poseen habilidades únicas para entender y conectar con la audiencia a un nivel más profundo. La empatía, la inteligencia emocional y la capacidad para percibir matices sutiles en la comunicación son características que las mujeres a menudo aportan a la mesa, y estas habilidades son fundamentales en el contexto de la Neurocomunicación (Caldevilla-Domínguez *et al.*, 2022).

En las primeras etapas de la publicidad, las representaciones de la mujer eran limitadas y, en muchos casos, despectivas. Sin embargo, la neurocomunicación ha permitido una comprensión más matizada de cómo las mujeres procesan y responden a los mensajes. La capacidad de las mujeres para leer las emociones y comprender la psicología detrás de las decisiones del consumidor ha llevado a una reevaluación de su papel en la creación de estrategias de comunicación efectivas. Con la llegada de la era digital, donde la comunicación se ha vuelto más personalizada y orientada a la experiencia del usuario, las habilidades femeninas en la neurocomunicación se han vuelto aún más valiosas. La capacidad de las mujeres para cultivar relaciones auténticas, comprender las necesidades individuales y adaptarse a las cambiantes dinámicas sociales se ha vuelto esencial en un mundo donde la conexión emocional con la audiencia es la clave del éxito comunicativo (Caldevilla-Domínguez *et al.*, 2022).

En el contexto de las relaciones públicas, las mujeres líderes han demostrado ser arquitectas magistrales de la reputación y la gestión de crisis. La neurocomunicación ha proporcionado herramientas para comprender cómo los mensajes afectan la percepción y cómo construir narrativas auténticas que resuenen con la audiencia. Las mujeres, con su capacidad innata para entender las complejidades emocionales y su enfoque estratégico, han asumido roles clave en la creación de campañas que van más allá de la superficie y tocan fibras emocionales profundas. El cambio hacia una representación más diversa y equitativa en la neurocomunicación y las Relaciones Públicas también ha llevado a la ampliación de las voces femeninas en estos campos. La diversidad de perspectivas, experiencias y estilos de comunicación que las mujeres aportan ha enriquecido la industria y ha impulsado una mayor conciencia de la importancia de representar la diversidad en todos los aspectos de la comunicación (Bandera López, 2021; Torres-Mancera *et al.*, 2023).

La participación de la mujer en la neurocomunicación marca una fase crucial en la evolución de la representación de género en publicidad y relaciones públicas. Las mujeres no solo han desafiado estereotipos, sino que han demostrado habilidades únicas y esenciales en la creación de estrategias de comunicación efectivas. La empatía, la inteligencia emocional y la capacidad para construir relaciones auténticas se han convertido en activos fundamentales en un mundo donde la conexión emocional impulsa la toma de decisiones del consumidor. La integración de la perspectiva femenina en la neurocomunicación no solo es un paso hacia la equidad de género, sino también una estrategia inteligente para la construcción de marcas y la gestión de la reputación en el panorama comunicativo actual.

6.1. Desigualdades de género en las Relaciones Públicas

Las desigualdades de género en las Relaciones Públicas constituyen una realidad compleja que ha evolucionado a lo largo del tiempo, reflejando una serie de factores sociales, culturales y organizacionales. Aunque se ha progresado en términos de inclusión, la participación de las mujeres en roles importantes dentro del sector sigue siendo desproporcionadamente baja. Examinar las razones detrás de esta brecha arroja luz sobre los desafíos sistémicos que persisten en la industria de las relaciones públicas (Aparicio Martín, 2020).

Históricamente, las Relaciones Públicas han sido influenciadas por normas y expectativas de género arraigadas en la sociedad. Durante gran parte del siglo XX, los roles tradicionales de género se reflejaron en la estructura de las organizaciones de relaciones públicas, donde las mujeres a menudo se encontraban relegadas a posiciones administrativas o de apoyo, mientras que los hombres ocupaban roles de liderazgo y toma de decisiones. Estos estereotipos de género persistieron, y aunque han evolucionado, todavía dejan huellas en la actualidad (Herrera Santi, 2000; Marchand, 2020).

Una razón clave detrás de la menor participación de las mujeres en roles importantes en Relaciones Públicas radica en los sesgos y estereotipos arraigados que afectan las percepciones y las oportunidades de carrera. Los estereotipos que asocian el liderazgo con características tradicionalmente masculinas pueden llevar a que las mujeres sean subestimadas en su capacidad para asumir roles estratégicos. Además, la falta de modelos a seguir femeninos en puestos de liderazgo puede contribuir a la percepción de que las mujeres no son adecuadas para roles de alto nivel en la industria (Topić, 2023).

La maternidad y las responsabilidades familiares también desempeñan un papel significativo en la disparidad de género en las relaciones públicas. Las mujeres a menudo enfrentan desafíos adicionales al equilibrar las demandas de la vida profesional con las responsabilidades familiares. La percepción de que las mujeres pueden no estar tan disponibles o comprometidas en roles de liderazgo debido a responsabilidades familiares puede afectar las oportunidades de ascenso y la asignación de proyectos importantes (Garrido-Luque *et al.*, 2018).

Otro factor a considerar es la persistencia de redes profesionales y patrones de reclutamiento que pueden excluir a las mujeres de oportunidades clave. Las conexiones y relaciones laborales a menudo se forjan en círculos cerrados, y las mujeres pueden enfrentar barreras para acceder a estas redes que son cruciales para el avance profesional. Además, los procesos de selección y promoción basados en criterios subjetivos pueden favorecer inconscientemente a los candidatos que se ajustan a estereotipos de liderazgo tradicionales, excluyendo a las mujeres (Segovia-Sáez *et al.*, 2021). La falta de igualdad salarial también contribuye a la brecha de género en las relaciones públicas. Las mujeres, incluso cuando tienen habilidades y experiencia equivalentes, a menudo enfrentan salarios más bajos que sus colegas masculinos en roles similares. Esta disparidad salarial no solo afecta el bienestar económico de las mujeres, sino que también puede influir en la percepción de su valor y contribución en el entorno laboral (Segovia-Sáez *et al.*, 2021).

Es fundamental destacar que el cambio cultural y la promoción de la igualdad de género en las Relaciones Públicas no solo son responsabilidad de las mujeres, sino de toda la industria. Las organizaciones deben adoptar medidas proactivas para abordar los sesgos de género, fomentar una cultura inclusiva y proporcionar oportunidades de desarrollo y mentoría para las mujeres. La implementación de políticas de igualdad salarial, la creación de programas de mentoría y la promoción de la diversidad en todos los niveles organizativos son pasos esenciales para superar las desigualdades de género en la industria (Moreno Fernández *et al.*, 2022).

Las desigualdades de género en las Relaciones Públicas son el resultado de una combinación de factores históricos, culturales y organizacionales. Superar estas barreras requiere un esfuerzo colectivo para cambiar percepciones, abordar sesgos y crear entornos de trabajo que fomenten la igualdad de oportunidades. Al reconocer y abordar las razones detrás de la menor participación de las mujeres en roles importantes, la industria de las Relaciones Públicas puede avanzar hacia un futuro más equitativo y diverso (Yeomans y Gondmim-Mariutti, 2016).

6.2. Impacto de la neurocomunicación en estrategias de Relaciones Públicas

La revisión de literatura destacó cómo la neurocomunicación ha influido en las estrategias de relaciones públicas, revelando un cambio hacia mensajes más emocionales y auténticos. Se identificó que las organizaciones que integran principios de neurociencia en sus campañas tienden a generar respuestas más positivas de la audiencia. Este enfoque va más allá de la mera transmisión de información y busca activar regiones cerebrales asociadas con la empatía y la toma de decisiones (Barrientos-Báez y Caldevilla-Domínguez, 2023; de la Puente Pacheco y Maury Campo, 2023).

El análisis histórico de la representación de género en publicidad y Relaciones Públicas evidenció una transformación significativa. A lo largo del tiempo, se observó una transición desde estereotipos arraigados hacia una representación más diversa e inclusiva. Sin embargo, a pesar de los avances, persisten desigualdades de género en roles estratégicos, con las mujeres enfrentando barreras para acceder a oportunidades de liderazgo (Torres-Mancera *et al.*, 2023; García-Beaudoux *et al.*, 2023).

La influencia de la neurocomunicación en las estrategias de Relaciones Públicas destaca la importancia de comprender cómo la mente humana procesa la información. Las organizaciones que adoptan un enfoque basado en la neurociencia no solo transmiten mensajes, sino que también buscan crear conexiones emocionales más profundas con la audiencia (Piqueras, 2023). Este análisis subraya la necesidad de una comunicación auténtica y emocionalmente resonante en el panorama actual. A pesar de los cambios positivos en la representación de género, la investigación reveló desafíos persistentes. Las mujeres, aunque han ganado mayor visibilidad, aún enfrentan desigualdades en la ocupación de roles estratégicos en la industria de las relaciones públicas. El análisis histórico subraya la necesidad de medidas continuas para abordar sesgos y estereotipos arraigados que limitan las oportunidades para las mujeres en la profesión.

7. CONCLUSIONES

Los hallazgos sugieren la necesidad de una integración más sistemática de los principios de neurocomunicación en las estrategias de relaciones públicas. Comprender cómo la mente procesa la información puede mejorar la efectividad de los mensajes y fortalecer las conexiones emocionales con la audiencia. Las organizaciones deben considerar la inversión en formación y desarrollo profesional centrado en la neurociencia aplicada a la comunicación. La persistencia de desigualdades de género en roles estratégicos destaca la necesidad de medidas proactivas. Las organizaciones deben adoptar enfoques inclusivos, garantizando que las mujeres tengan igualdad de oportunidades en la toma de decisiones y el liderazgo. La implementación de políticas de igualdad salarial, programas de mentoría y la promoción de la diversidad en todos los niveles organizativos son esenciales.

La integración de la neurociencia en las estrategias comunicativas se revela como un enfoque eficaz, mientras que los desafíos persistentes en la representación de género subrayan la necesidad continua de medidas equitativas. Al adoptar un enfoque basado en estos hallazgos, las organizaciones pueden avanzar hacia una comunicación más efectiva y una representación de género más justa en la industria de las relaciones públicas.

El liderazgo femenino en el ámbito de las Relaciones Públicas se presenta como un tema crucial en la discusión sobre equidad de género y representación en roles estratégicos. A pesar de los avances, las mujeres en posiciones de liderazgo enfrentan una serie de desafíos únicos y, al mismo tiempo, tienen la oportunidad de transformar la dinámica del sector.

7.1. Desafíos para el liderazgo femenino en Relaciones Públicas

La brecha salarial de género sigue siendo un desafío importante en el campo de las relaciones públicas. Aunque las mujeres han demostrado consistentemente su valía y capacidad de liderazgo, la disparidad salarial persiste, afectando negativamente la equidad financiera y el reconocimiento de sus contribuciones.

Los estereotipos de género arraigados pueden influir en las percepciones de liderazgo. Las mujeres en posiciones de liderazgo a menudo enfrentan estereotipos que cuestionan su autoridad, capacidad de toma de decisiones y estilo de liderazgo. Superar estas percepciones limitadas es un desafío continuo. El equilibrio entre el trabajo y la vida personal es un desafío que afecta de manera desproporcionada a las mujeres en roles de liderazgo. Las expectativas sociales y organizacionales a menudo imponen cargas adicionales, y la percepción de que las mujeres pueden no estar tan disponibles o comprometidas puede afectar sus oportunidades de liderazgo.

Las habilidades que las mujeres a menudo poseen, como la empatía y la inteligencia emocional, son altamente relevantes en el contexto de la neurocomunicación y las relaciones públicas. Estas habilidades únicas pueden convertirse en activos estratégicos al liderar equipos y diseñar estrategias comunicativas que resuenen con la audiencia de manera auténtica. El liderazgo femenino en Relaciones Públicas ofrece la oportunidad de crear ambientes de trabajo más inclusivos y diversos. Las mujeres líderes pueden abogar por políticas y prácticas que fomenten la igualdad de oportunidades, diversidad y un entorno de trabajo que celebre y valore las contribuciones de todos los géneros.

Las mujeres en posiciones de liderazgo pueden desempeñar un papel crucial como modelos a seguir y mentores. Al compartir sus experiencias y conocimientos, pueden inspirar y apoyar a las generaciones más jóvenes, contribuyendo a la construcción de una base sólida para el liderazgo femenino futuro en relaciones públicas. El futuro del posicionamiento de líderes de estas profesionales depende de cómo la industria aborde los desafíos existentes y capitalice las oportunidades. Fomentar la igualdad salarial, desafiar los estereotipos de género y crear políticas que faciliten un equilibrio saludable entre trabajo y vida personal son pasos fundamentales.

La integración de habilidades femeninas inherentes en el ámbito de la neurocomunicación puede impulsar la innovación y la autenticidad en la creación de mensajes y estrategias. La creación de ambientes de trabajo inclusivos no solo beneficia a las mujeres, sino que enriquece la cultura organizacional y mejora la creatividad y la toma de decisiones. Por tanto, el establecimiento de programas de *mentoring* y la promoción de modelos a seguir femeninos contribuirán a romper barreras y construir una trayectoria profesional más clara para las mujeres en el campo de las relaciones públicas. Al elevar el liderazgo femenino, no solo se mejorará la representación de género, sino que también se fortalecerá la industria en su conjunto, impulsando hacia adelante un cambio significativo y sostenible.

La intersección de neurocomunicación, Relaciones Públicas y género revela una trama compleja que impacta no solo la forma en que nos comunicamos, sino también quiénes tienen la oportunidad de liderar en la industria. La investigación destaca la importancia de la autenticidad emocional en las estrategias de relaciones públicas, impulsada por la integración de principios de neurociencia. Además, la evolución de las representaciones de género en el sector refleja avances, pero persisten desigualdades en roles de liderazgo.

El liderazgo femenino en Relaciones Públicas se enfrenta a desafíos persistentes, desde brechas salariales hasta estereotipos arraigados. Sin embargo, también presenta oportunidades valiosas, como la aplicación de habilidades inherentes de las mujeres en neurocomunicación y la creación de entornos de trabajo más inclusivos. A medida que avanzamos, es crucial abordar estos desafíos y capitalizar las oportunidades para construir un sector más equitativo y estratégico.

Las organizaciones deberían priorizar la formación y la integración de principios de neurocomunicación en las estrategias de Relaciones Públicas. Esto no solo mejorará la efectividad de la comunicación, sino que también permitirá una conexión más auténtica con la audiencia. Por otra parte, se tendrían que revisar y ajustar sus políticas salariales para garantizar la igualdad de remuneración por trabajo igual. Además, se deben implementar programas de concientización y formación para combatir estereotipos de género en el entorno laboral.

Se anima desde estas páginas a promover el equilibrio entre trabajo y vida personal de manera que las organizaciones adopten políticas que respalden el equilibrio entre trabajo y vida personal para todos los empleados. Esto incluye opciones de trabajo flexible, licencias parentales equitativas y una cultura que valore tanto los logros profesionales como la salud personal. De la misma manera, sería necesario fomentar el liderazgo inclusivo animando a que las empresas e instituciones establezcan programas formales de mentoría y liderazgo inclusivo que fomenten la igualdad de oportunidades y creen un camino claro para el liderazgo femenino. También se debe trabajar en la creación de ambientes de trabajo que celebren y valoren la diversidad de género.

Las mujeres en posiciones de liderazgo deben comprometerse activamente como modelos a seguir y mentores. Compartir experiencias, proporcionar orientación y abogar por oportunidades equitativas ayudará a construir una próxima generación de líderes femeninas en relaciones públicas. Aplicando estas sugerencias se posibilita la transformación de estas profesionales al crear espacios donde el liderazgo femenino no sólo sea posible, sino también valorado y celebrado. Al mirar hacia el futuro, estas recomendaciones son puntos cruciales para construir una profesión más inclusiva, estratégica y auténtica.

8. REFERENCIAS

Baraybar Fernández, A., Baños Gonzalez, M. y Rajas Fernández, M. (2023). Relación entre Emociones y Recuerdo en Campañas Publicitarias de Servicio Público. Una Aproximación desde la Neurociencia. *Revista Latina de Comunicación Social*, 81, 1-33. https://doi.org/10.4185/RLCS-2023-1936

Barrientos-Báez, A. y Caldevilla-Domínguez, D. (2023). Neurocomunicación en videojuegos: llegando a un público sobreestimulado. *Techno Review. International Technology, Science and Society Review/Revista Internacional de Tecnología, Ciencia y Sociedad, 13*(4), 1-13. https://doi.org/10.37467/revtechno.v13.4809

Barrientos-Báez, A., Parra-López, E. y Martínez-González, J. A. (2020). La imagen y empoderamiento de la mujer en el sector turístico. *Revista Internacional de Investigación en Comunicación aDResearch ESIC*, *22*(22), 164-175. https://doi.org/10.7263/adresic-022-09

Barrientos-Báez, A., Caldevilla-Domínguez, D. y Parra López, E. (2021). Posibilidades transmedia y neuromarketing para la explotación turística 3.0. *Revista Turismo & Desenvolvimento*, 37, 151-163. https://doi.org/10.34624/rtd.v37i0.26365

Barrientos-Báez, A. (2022). La neurocomunicación aplicada al aumento de la demanda turística. Human Review. *International Humanities Review, 15*(7), 1-11. https://doi.org/10.37467/revhuman.v11.4357

Barrientos-Báez, A., Caldevilla-Domínguez, D. y Pallarés, M. (2023). Proyecto de personalización de noticias a partir de la neurocomunicación. ARD-BR Data Driven Publishing. En C. Fieiras Ceide, J. M. Túñez López y M. Rodríguez Castro (Eds.), *Innovar en*

Caldevilla-Domínguez, D., Barrientos-Báez, A., García-Manso, A. y Matarín-Rodríguez-Peral, E. (2022). Neurocomunicación y Manosferas: estudio de caso Forocoches. *Historia y comunicación social, 27*(2), 509-519. https://doi.org/10.5209/hics.84402

de la Puente Pacheco, M. A. y Maury Campo, M. (2023). Neuromarketing and perception of the well-being of human talent: a preliminary approach for Latin America. *Revista de Economía del Caribe*, 31, 1-8. https://shorturl.at/vCTY7

de Oca, Y. P. A. M., Medina, J. L. V., López-Fuentes, N. I. G. A. y Escobar, S. G. (2013). Los roles de género de los hombres y las mujeres en el México contemporáneo. *Enseñanza e Investigación en Psicología, 18*(2), 207-224. http://hdl.handle.net/20.500.11799/38873

García-Beaudoux, V., Berrocal, S., D'Adamo, O. y Bruni, L. (2023). Estilos de liderazgo político femenino en Instagram durante la covid-19. *Comunicar: Revista Científica de Comunicación y Educación, 31*(75), 129-138. https://doi.org/10.3916/C75-2023-10

Garrido-Luque, A., Álvaro-Estramiana, J. L. y Rosas-Torres, A. R. (2018). Estereotipos de género, maternidad y empleo: un análisis psicosociológico. *Pensando Psicología, 14*(23), 1-14. https://shorturl.at/xBEMO

Guerrero, E. (2023). *Transversalización del género en la gestión pública*. Fondo editorial. https://doi.org/10.18800/9786124146237.022

Herrera Santi, P. (2000). Rol de género y funcionamiento familiar. *Revista Cubana de Medicina General Integral, 16*(6), 568-573. https://shorturl.at/drwES

Juárez Rodríguez, J. (2020). Los roles de género en la música infantil de la plataforma digital YouTube. *Revista de Ciencias de la Comunicación e Información, 25*(1), 19-37. http://doi.org/10.35742/rcci.2020.25(1).19-37

Leyes, Y., Montenegro, A. y Mosciaro, Á. (2023). El rol de las mujeres en el ámbito profesional de las RR.PP. en la Argentina. *Hologramática, 38*(3), 45-67. https://shorturl.at/qIPWZ

Marchand, C. T. (2020). Un nacimiento situado para la violencia de género. Indagaciones sobre la militancia feminista porteña de los años 80. *Anacronismo e Irrupción, 10*(18), 118-138. https://shorturl.at/jyNR4

Martín, I. S. L., Lora, M. G. y Galán, V. G. (2022). La animación como recurso en publicidad: Un análisis desde la perspectiva de género. *Revista Mediterránea de Comunicación: Mediterranean Journal of Communication, 13*(1), 441-454. https://doi.org/10.14198/MEDCOM.19699

Moreno Fernández, Á., Fuentes-Lara, C. y Khalil Tolosa, N. (2022). Brechas y oportunidades de género en la dirección de la comunicación en España. *Palabra Clave, 25*(3), 1-33. https://doi.org/10.5294/pacla.2022.25.3.5

Pérez del Pulgar de Válor, M. (2020). El papel de los medios de comunicación en la construcción del relato sobre género y conflicto en Siria. *Revista de Ciencias de la Comunicación e Información, 25*(1), 1-18. http://doi.org/10.35742/rcci.2020.25(1).1-18

Piqueras, M. E. (2023). La comunicación persuasiva como estrategia de neuro-comunicación para las relaciones públicas. *Miguel Hernández Communication Journal*, 14, 339-360. https://doi.org/10.21134/mhjournal.v14i1.1961

Portela López , J. L., & Rodríguez Monroy, C. (2023). El neuroconsumidor: una revisión narrativa de la bibliografía a la luz de los patrones mentales y emocionales. *Revista Latina de Comunicación Social*, 81, 34-56. https://doi.org/10.4185/rlcs.2023.1913

Romero-Vara, L. y Parras-Parras, A. (2021). Análisis de las publicaciones de la cuenta de Instagram del ministerio de asuntos exteriores y cooperación, desde una perspectiva de género. *Vivat Academia, Revista de Comunicación*, 154, 1-24. https://doi.org/10.15178/va.2021.154.e1245

Segovia-Saiz, C., Briones-Vozmediano, E., Pastells-Peiró, R., González-María, E. y Gea-Sánchez, M. (2021). Techo de cristal y desigualdades de género en la carrera profesional de las mujeres académicas e investigadoras en ciencias biomédicas. *Gaceta Sanitaria*, 34, 403-410. https://shorturl.at/exGIX

Topić, M. (2023). 'You really struggle not to come across as bitchy if you are trying to be authoritative'–blokishness, habitus, behaviour and career experiences of women in public relations. *International Journal of Organization Theory & Behavior, 26*(1/2), 21-40. https://shorturl.at/fvxz2

Torres-Mancera, R., Martínez-Rodrigo, E. y Amaral Santos, C. (2023). Sostenibilidad femenina y startups: análisis de la comunicación del liderazgo de mujeres emprendedoras en España y Portugal. *Revista Latina de Comunicación Social*, 81, 474-490. https://doi.org/10.4185/rlcs-2023-1978

Velandia-Morales, A. y Rincón, J. C. (2014). Estereotipos y roles de género utilizados en la publicidad transmitida a través de la televisión. *Universitas Psychologica, 13*(2), 517-527. https://shorturl.at/ajHU2

Yeomans, L. y Gondmim-Mariutti, F. (2016). Different Lenses: Women's Feminist and Postfeminist Perspectives in Public Relations. *Revista Internacional de Relaciones Públicas*, 12(6), 85-106. http://dx.doi.org/10.5783/RIRP-12-2016-06-85-106

LA COMUNICACIÓN GESTUAL COMO HERRAMIENTA DE COMUNICACIÓN PERSUASIVA

Patricia Camacho Fernández[1]

1. INTRODUCCIÓN

La interconexión entre el cuerpo y la mente ha sido profusamente corroborada por expertos de múltiples disciplinas, principalmente en el ámbito de la psicología y la neurociencia social. Esto se evidencia a través de investigaciones que ilustran cómo ciertos gestos, posturas y posiciones pueden incitar cambios neuroendocrinos dentro del organismo. En otras palabras, una mera alteración en la posición corporal puede desencadenar una variación en el estado mental.

En la ciencia cognitiva, el término lenguaje humano se refiere esencialmente a los aspectos verbales de la comunicación. Así, las palabras, como portadoras semánticas del lenguaje, se consideran a menudo las principales, o incluso las únicas herramientas de interacción en la comunicación, a pesar de que en la actualidad ya son muchos los autores que consideran que el lenguaje corporal forma parte del entramado multimodal de la comunicación y, en consecuencia, de la intercomprensión de la comunicación.

En relación con la neurociencia aplicada a la comunicación y la neuropsicología, surge desde hace algunos años el interés por otros marcadores de significado distintos al lenguaje en sentido estricto, como son los del mundo emocional cuya expresión es esencialmente corporal (Damasio, 1994).

Los gestos no solamente aportan información esencial a un mensaje, sino que también facilitan activamente la formación cognitiva del mismo. De hecho, en los estudios consultados, existe un relativo consenso en que cuando el lenguaje verbal y el lenguaje corporal se contradicen, es apropiado confiar más en el lenguaje corporal, que se considera más fiable porque, al expresarse sobre una base emocional, es menos probable que sea controlado, dominado o manipulado (Bateson, 1972; Ekman y Friesen, 1969).

La comunicación gestual puede influir en las actitudes de los receptores hacia determinados temas o mensajes. Varios estudios han demostrado que los gestos pueden ayudar a transmitir emociones y sentimientos, lo que a su vez puede influir en la forma en que se percibe un mensaje. Por ejemplo, un orador que utiliza gestos abiertos y expansivos puede transmitir confianza y entusiasmo, lo que puede llevar a una actitud más receptiva por parte de la audiencia. Además, los gestos pueden ayudar a resaltar puntos clave y

---
1. Universidad Europea de Madrid (España)

enfatizar la importancia de ciertos argumentos, lo que puede influir en las actitudes de los receptores hacia esos argumentos.

Por lo tanto, la comunicación gestual, además de ser un componente esencial de la comunicación humana, desempeña un papel fundamental en la persuasión. En el presente estudio, se examinará la importancia de la comunicación gestual como una herramienta efectiva para influir en las actitudes, creencias y comportamientos de los demás.

2. OBJETIVO

El objetivo principal del presente artículo será, por tanto, analizar y comprender los fundamentos teóricos de la comunicación gestual y su influencia en el proceso de persuasión y proponer recomendaciones o pautas prácticas para mejorar la comunicación gestual como herramienta de persuasión, teniendo en cuenta los hallazgos y las mejores prácticas identificadas en la investigación.

3. METODOLOGÍA

A través de la revisión de estudios e investigaciones recientes, se explorarán las teorías y prácticas asociadas con la comunicación gestual persuasiva, así como su aplicación en diversos contextos sociales y profesionales.

4. DESARROLLO DE LA INVESTIGACIÓN

La comunicación gestual persuasiva tiene diversas aplicaciones prácticas en varios contextos. En el ámbito del liderazgo, los gestos pueden utilizarse para establecer una presencia carismática y convincente. En el marketing y la publicidad, los gestos pueden emplearse para mejorar la presentación de productos y servicios, captar la atención de los consumidores y persuadirlos para que tomen decisiones de compra. En la negociación y resolución de conflictos, los gestos adecuados pueden facilitar la persuasión y promover acuerdos mutuamente beneficiosos.

4.1. Comunicación gestual

La comunicación gestual es una forma de comunicación no verbal que implica el uso de movimientos corporales, posturas y expresiones faciales para transmitir información y significado. A lo largo de la historia, los seres humanos han utilizado gestos para comunicarse en diversos contextos, desde interacciones cotidianas hasta representaciones teatrales y presentaciones públicas. La comunicación gestual se ha reconocido como una forma poderosa de comunicación que puede influir en las actitudes y comportamientos de los receptores. Conviene recordar en este punto que el lenguaje corporal por sí solo no permite comprender una interacción: solo tiene sentido en referencia al mensaje verbal y a los demás parámetros de la comunicación.

La comunicación gestual juega un papel muy importante en la comunicación humana. A lo largo de su evolución, el hombre ha utilizado el canal de la comunicación gestual, comprendiendo y evaluando el estado emocional de sus congéneres por los movimientos espontáneos de su cuerpo, brazo y piernas. En semiótica la palabra "gesto" se refiere al movimiento del cuerpo (cabeza, ojos, manos, dedos, etc.) que sirve como signo convencional. En esta interpretación por ejemplo el dedo índice aplicado a una localización exacta significa localización o señalización considerándolo un gesto, a diferencia, por ejemplo, del rascado involuntario, que pertenece a la categoría de movimientos fisiológicos y no es un signo. En la etología humana (la ciencia de la biología del comportamiento), los gestos se entienden más a menudo solo como movimientos de la mano (gestos manuales).

Los gestos cumplen diversas funciones y se solapan con el habla tanto en tiempo como en significado. Sin embargo, el gesto difiere del habla en aspectos notables. Los gestos transmiten información de forma holística, espacial y, a menudo, simultánea en un único evento, mientras que el habla se compone de unidades discretas que se desarrollan de forma incremental y secuencial a lo largo del tiempo para crear un significado acumulativo.

La capacidad de comunicarse a través de gestos es inherente a la persona desde su nacimiento. En todas las culturas existe un cierto conjunto de gestos (expresiones kinésicas) que son universalmente comprensibles y se usan de forma independiente del habla sonora o lenguaje verbal.

4.2. Clasificación de las expresiones faciales

En el centro del reconocimiento del verdadero rostro de una persona está el reconocimiento de las emociones. Las emociones son una parte integral de la comunicación y una forma de entendimiento entre las personas. La emoción es un tipo especial de proceso mental que refleja una actitud subjetiva y evaluativa hacia las situaciones existentes o posibles, el mundo que nos rodea y uno mismo en un momento determinado. Aunque las emociones pueden expresarse a través de la voz, la expresión facial, el movimiento, la postura y las reacciones autonómicas (ritmo cardíaco, frecuencia respiratoria, presión arterial), es el rostro humano el que tiene mayor importancia.

La comunicación entre las personas es imposible sin mostrar y analizar las emociones. Por lo tanto, el modelado y el reconocimiento de las emociones es un área de investigación relevante e importante en la creación de sistemas de reconocimiento y síntesis informática de imágenes visuales. La transmisión no verbal y mímica de información por parte de los humanos ha sido objeto de investigación por un número cada vez más amplio de investigadores.

Las expresiones faciales humanas son las que describen con mayor precisión el estado emocional de una persona. Las expresiones faciales pueden revelar información que una persona intenta ocultar consciente o inconscientemente. Sin embargo, debido a su corta duración, las expresiones faciales suelen pasar desapercibidas. Esto hace que el reconocimiento de las emociones sea una tarea urgente, ya que puede abrir nuevas posibilidades en la forma en que las personas interactúan entre sí.

Todos los gestos se pueden dividir en dos grandes grupos: expresiones emocionales y señales de diálogo. Las expresiones emocionales son un reflejo directo del estado interno del ejecutante. El científico Charles Darwin resolvió las expresiones emocionales en innatas y universales para todas las culturas y este punto de vista es generalmente aceptado en la actualidad (Chóliz, 1995). Por ejemplo, una sonrisa, un grito, una expresión de miedo o sorpresa son entendidos de la misma manera por personas de distintas culturas y nacionalidades.

Existen por ello, ciertas reglas de comportamiento gestual universales (Ekman y Friesen, 1969). Otra cosa es la intensidad de la gesticulación que sí puede variar de una cultura a otra. A lo largo de esta tesis nos vamos a centrar en el estudio de los gestos universales. Por lo tanto, podemos declarar que las culturas difieren en la forma en que se expresan las emociones, pero no en el conjunto de emociones básicas en sí mismas.

A diferencia de las expresiones emocionales, las claves del diálogo se adquieren a través del aprendizaje y varían de una cultura a otra. La mayoría de las señales de diálogo se realizan con la ayuda de movimientos de la mano (gesto que invita a sentarse, gesto que lleva aparejada una orden, gesto que lleva aparejada la aprobación o el reproche, etc.).

4.3. Canales expresivos

La comunicación lingüística fue posible cuando dominamos los gestos naturales, y conseguimos una infraestructura de intencionalidad compartida, junto con la capacidad de aprendizaje cultural en un contexto cooperativo. Señalar valiéndose de la mirada, del dedo índice, de las manos o haciendo mímica serían las primeras formas de comunicación específicamente humanas (García García, 2018).

Mucho se ha investigado sobre el carácter genético o cultural de los gestos. Las investigaciones en general concuerdan en el punto en que los gestos como modo de expresión de las emociones humanas son comunes a todas las culturas (desde este punto de vista estarían constituidos genéticamente). Es decir, en todas las culturas existe la risa, o la sorpresa. El componente cultural tiene que ver con que aquello que da risa es diferente según las culturas. Es decir, el significado de los gestos está conformado culturalmente.

Pero para profundizar más en el tema, es necesario tomar la clasificación clásica sobre los gestos realizada por Ekman y Friesen (1969). Según estos autores, los gestos pueden ser clasificados en 5 tipos distintos:

- Gestos emblemáticos: aquellos que tienen una traducción verbal de acuerdo a significados acordados culturalmente. Algunos ejemplos son llevarse la mano al pecho como señal de respeto al escuchar el himno o el pulgar hacia arriba para comunicar que algo está correcto.
- Ilustradores: acompañan el discurso para, por ejemplo, dar énfasis a las palabras.
- Reguladores: facilitan el flujo de la conversación y marcan momentos específicos. Por ejemplo, asentir con la cabeza para indicar comprensión o dar la mano para señalar que la conversación ha terminado.
- Adaptadores: movimientos relacionados con el manejo de las emociones. Aumentan con la tensión y el estrés. Por ejemplo, los tics nerviosos o ponerse la mano en el mentón para ayudarse a pensar.
- Afectivos: comunican sentimientos a los demás, como las caricias y los abrazos.

En los últimos años, la comunicación gestual ha sufrido modificaciones por los distintos desarrollos tecnológicos asociados al notable aumento de la comunicación virtual. Los emoticones han tenido un desarrollo creciente adoptando diversas formas, como los *stickers* que circulan a través de *whatsapp*. Dichos recursos gráficos permiten hoy en día comunicar sin necesidad de recurrir al texto.

Además, la comunicación gestual actualmente se evidencia en canales virtuales como las videoconferencias y videollamadas, redes sociales y plataformas *online*. Dado que el *feedback* en estos casos es menor que en la comunicación presencial (y muchas veces el mensaje está empobrecido por ruidos en el canal como problemas en la señal de internet), los recursos gestuales se utilizan como refuerzo para aumentar la eficacia de la comunicación. Las tecnologías permiten incluso manipulaciones, tales como los filtros de Instagram y otras aplicaciones que deforman la imagen propia y pueden cambiar aspectos del significado en las conversaciones. En la reciente época de la pandemia la desinformación alcanzó cotas altísimas (Alonso González, 2021; Martínez Sánchez 2022; Quian, 2023).

4.4. Comunicación persuasiva

La función persuasiva de la comunicación ha sido puesta de relevancia desde el comienzo de las teorizaciones sobre el tema. En la antigüedad griega, la comunicación ya se encontraba relacionada con la Retórica. En palabras de Alfonso Martínez Jiménez (2020), la retórica se definía como el arte de la persuasión -por ejemplo, Isócrates la relacionaba con la fuerza o el poder de persuadir, y la llamó "obradora de persuasión"-, pero cree necesario especificar que se trata de lograr la persuasión por medio de la palabra, pues hay otras formas de persuadir, basadas en el dinero, la fama o la hermosura, que no se relacionan con la palabra y, por lo tanto, tampoco con la retórica.

Este marco conceptual concuerda con la concepción de Aristóteles que, en su obra "Retórica" (Aristóteles, trad. en 1998), definió el estudio de la comunicación como "la búsqueda de todos los medios de persuasión que tenemos a nuestro alcance".

Es decir que en sus inicios la comunicación era entendida como vinculada a los procesos ciudadanos y políticos de la polis, en donde era importante desarrollar capacidades para convencer a los ciudadanos sobre las propias ideas en el transcurso del debate político.

En el proceso de comunicación persuasiva intervienen elementos tales como la credibilidad de aquel que comunica, elementos relacionados con la atracción que pueda generar el comunicador, el marco de interacción, la intensidad y los modos de apelación del mensaje respecto de su auditorio.

La construcción del mensaje persuasivo tiene características específicas que lo distinguen de otro tipo de mensajes. En este caso, el mensaje se estructura para lograr el fin de convencer. Algunos de los elementos clave en este sentido son:

- El estudio detallado de la composición del auditorio: esto implica determinar para quiénes se hablará, en qué espacio, para cuánta cantidad de gente, cuánto saben sobre el tema que se presentará, qué posiciones tienen sobre el tema y qué pueden llegar a objetar (ejercicio de prolepsis).
- La evidencia, mediante la cual el comunicador refuerza su credibilidad y genera atracción en los receptores respecto de su posición argumentativa (a favor o en contra de un objeto del discurso).
- Uso de recursos argumentativos, tales como la comparación, la ejemplificación, la enumeración.
- La organización del discurso en etapas, desde la planificación y preparación del mensaje (propósito, recogida y organización de la información, definición de ideas principales y secundarias, modos de referirse al auditorio) y la ejecución, en donde se despliega una variedad de figuras retóricas para embellecer el discurso.

El comunicador persuasivo podrá, a su vez, desarrollar tres formas básicas de apelación a su auditorio (Téllez, 2016):

1. Mediante el Ethos, el orador construye su credibilidad, sea que la haya construido de antemano gracias a su reputación, sea que la haya tomada prestado mediante la cita de autoridad, sea a través de su coherencia en cuanto a la relación entre su mensaje verbal y aquello que comunica por vía no verbal.

2. Mediante el Pathos, el orador puede apelar a las emociones de su auditorio. Ello puede hacerlo mostrándose vulnerable para generar empatía, contando historias personales para humanizarse o bien a través del uso de metáforas para simplificar mensajes complejos.

3. La tercera forma de apelación es el Logos, dirigido a convencer en base al pensamiento y la lógica. Esta forma tiene que ver con brindar datos y estadísticas para generar un efecto de veracidad y reforzar los propios argumentos.

Dichos modos de persuasión se combinan además con diferentes modos de razonamiento, propios del discurso argumentativo. Los discursos pueden estar estructurados deductivamente (desde lo general a lo particular), inductivamente (tomar casos individuales y desde ahí realizar conclusiones generales), analógicamente (estableciendo semejanzas entre dos objetos de la realidad para reformar los argumentos) y abductivamente (mediante el desarrollo de hipótesis o proyecciones sobre aspectos que aún no han sucedido o se desconocen).

Dado su propósito de convencer en función de fines propios, es necesario enmarcar a la comunicación persuasiva bajo los conceptos de ética y responsabilidad, especial atención requiere el hecho de que muchas veces los emisores de las comunicaciones persuasivas no son solo personas, sino también instituciones públicas (el Estado) o empresas, y que su poder de influencia social puede ser inmensa, por lo que se sugiere llevar a cabo una evaluación crítica de este tipo de discursos para evitar manipulaciones, engaños y daños que puedan ser contrarios a los intereses de las personas (consumidores, ciudadanos, espectadores).

Cada vez es más importante darle un marco ético a este tema dado que la comunicación persuasiva ha sido corroborada por una variedad de marcos teóricos, herramientas y tecnologías que engloban, en la actualidad, prácticamente toda la vida de las personas.

Desde aplicaciones de la neurocomunicación para generar cambios en los comportamientos de las personas a través de los estímulos dados por el mensaje, hasta herramientas tecnológicas como el *Big Data* y *Data Mining*, que permiten acceder y analizar un volumen creciente de datos para ajustar las estrategias comerciales y campañas políticas, junto con el bombardeo de mensajes que se realizan a través de las redes sociales y una multiplicidad de canales, la comunicación persuasiva tiene una presencia crucial como quizás nunca antes en la historia humana.

Uno de los campos que está revolucionando el análisis de información, los procesos de toma de decisiones y la elaboración y ejecución de estrategias comunicacionales es la Inteligencia Artificial. Su aplicación a la elaboración de estrategias persuasivas pone todavía más de relieve los temas éticos y genera una pregunta por las posibilidades de desarrollo que existen en este campo, aspecto que será abordado en el siguiente apartado.

4.5. Aplicación de las técnicas de Inteligencia Artificial en Comunicación Gestual y Persuasiva

Hace tiempo que la Inteligencia Artificial (IA) está revolucionando el campo de las industrias. Complementándose con tecnologías como el *Big Data,* la robótica, el internet de las cosas o la realidad virtual y aumentada, la IA está dando paso a lo que se denomina la Cuarta Revolución Industrial. En el campo de la producción y la logística, ha provocado avances notables respecto de la automatización de tareas, la optimización de procesos, la optimización de la cadena de suministros y de las rutas para acelerar los procesos de envío a los clientes, mejorar su satisfacción y reducir los costos de entrega. Mediante estas mejoras, aumenta la productividad de las empresas, aumenta la precisión reduciendo el error humano y permite un proceso de toma de decisiones con el procesamiento de mayor cantidad de información. Por todo ello, la IA es hoy en día una base para obtener ventajas competitivas en el mercado.

Un ámbito relacionado tiene que ver con las aplicaciones de la IA en el mundo del *marketing* y la publicidad. En estos campos, la IA está teniendo un gran impacto en el desarrollo de las capacidades creativas en cuanto a la creación de productos y servicios y generación de mensajes para las campañas de comunicación. Además, al tener mayor capacidad de procesamiento de datos, está dando un amplio desarrollo a precisar segmentos de mercado, en base al análisis de los comportamientos de compra de los consumidores, tanto a posteriori como a nivel predictivo.

Por otro lado, en palabras de Rubén Reyero (2021), la IA está revolucionando el *marketing* digital y la gestión de relaciones con los clientes (CRM), al generar nuevas posibilidades de personalización, automatización y optimización de las estrategias del negocio.

Los *bots* son aplicados para organizar y dirigir las demandas de los clientes, tanto a nivel de llamadas telefónicas como a través de chats. En base a reconocimiento de voz o de texto, pueden contestar preguntas con respuestas ya programadas automáticamente o bien "elegir" cuándo derivar a una persona de atención al cliente para resolver cuestiones determinadas.

Se utilizan aplicaciones incluso que recomiendan productos y servicios a los consumidores, en base al análisis de sus comportamientos y con un alto nivel de personalización.

En el ámbito de la salud, la IA se constituye en una herramienta cada vez más necesaria para la toma de decisiones. Algunos de los beneficios que están generando, son los siguientes (Telefónica, 2023):

- Detección precoz y diagnóstico de enfermedades: los modelos machine learning podrían emplearse para observar los síntomas de los pacientes y alertar a los médicos si aumentan ciertos riesgos.

- Diseño de tratamiento personalizado: los servicios de atención médica podrían ofrecer a los pacientes acceso las 24 horas del día a un asistente virtual con IA. Este sistema podría responder preguntas basadas en el historial médico, las preferencias y necesidades personales del paciente.

- Eficiencia de los ensayos clínicos: el desarrollo de la tecnología puede ayudar a acelerar el tiempo de los ensayos clínicos, puesto que proporciona una búsqueda más rápida de los códigos médicos asignados a los resultados de los pacientes.

- Acelera el desarrollo: la IA podría ayudar a reducir el coste de desarrollo de nuevos fármacos.

- Reducción de errores en el diagnóstico por imagen: actualmente, la IA ya desempeña un papel crucial en el área de las imágenes médicas. Es tan eficaz como los radiólogos humanos; puede detectar signos prematuros de cáncer de mama u otras afecciones.

Otro de los campos de negociación, refiere a los procesos de negociación o mediación ante disputas y conflictos entre partes. En este sistema, la mediación electrónica no se diferencia de la mediación que tiene lugar en contextos presenciales. La tecnología no solo le impregna velocidad al mecanismo de solución de controversias, sino también posibilita un mayor acceso siempre y cuando las partes cuenten con las capacidades tecnológicas y de conocimiento necesarias para ello (Ordelin Font, 2022).

En este caso, la mediación se produce a través de una plataforma en la cual las partes pueden cargar información respecto de cuáles son sus intereses y posiciones sobre el caso en controversia. En base al análisis de esos y otros datos, la IA puede proponer acuerdos equilibrados en función de la búsqueda de intereses comunes, garantizando la transparencia del proceso al dar acceso a las partes sobre la información analizada.

Para finalizar este apartado y mostrar la profundidad del alcance que la IA, uno de los ámbitos en los cuales se aplica se ha denominado como "análisis de sentimientos". Se trata de una técnica analítica que utiliza estadísticas, procesamiento del lenguaje natural y aprendizaje automático para determinar el significado emocional de las comunicaciones. Las empresas utilizan el análisis de sentimientos para evaluar los mensajes de los clientes, las interacciones del centro de llamadas, las reseñas en línea, las publicaciones en las redes sociales y otros contenidos (Becerra Pozas, 2022).

Hasta aquí, hemos mostrado algunos de los ámbitos de aplicación de la IA, ilustrando su creciente alcance y grado de modificación de las sociedades contemporáneas. A continuación, entraremos más en materia para analizar cómo la IA está modificando también la generación de estrategias para aumentar la eficacia en la llegada de los mensajes.

4.5.1 Aportes a la comunicación gestual

Como hemos visto anteriormente, distintas técnicas utilizadas desde hace varias décadas para el análisis de la comunicación gestual. A dichas técnicas, se les suma el campo emergente relacionado con la Inteligencia Artificial, que permite obtener insumos a través del procesamiento de mayor cantidad de información sobre gestos y movimientos corporales de las personas y su interpretación.

En este campo, pueden enumerarse las siguientes técnicas:

- Uso de algoritmos de aprendizaje automático para el reconocimiento y análisis de gestos, posturas y poses. Los gestos pueden ser reconocidos y clasificados en patrones. Se utilizan técnicas como las máquinas de vectores de soporte (SVM), que son "algoritmos de aprendizaje automático supervisado que se pueden utilizar para problemas de clasificación o regresión. Dadas 2 o más clases de datos etiquetados, actúa como un clasificador discriminativo" (Chique Rodríguez, 2020).

- Generación de gestos y movimientos corporales: la IA no se limita solo a analizar sino también a reproducir gestos de la comunicación gestual, que puede ser de utilidad para la creación de personajes virtuales, por ejemplo. En este caso se utilizan modelos tecnológicos de generación de imágenes como las Redes Neuronales Generativas Adversarias (GAN), que son una forma nueva de usar *deep learning* para generar imágenes que parecen reales (Martínez Heras, 2020).

- Análisis de emociones: a través del análisis de gestos y movimientos corporales, la IA puede utilizarse para identificar emociones relacionadas con esos gestos mediante la combinación de análisis de datos etiquetados vinculados a expresiones emocionales.

4.5.2 Aportes a la comunicación persuasiva

En este ámbito, se comparten algunas de las técnicas mencionadas para la comunicación gestual, como el análisis de las emociones, solo que, en este caso, se utiliza para ajustar el enfoque y tono del mensaje con fines persuasivos.

La IA se utiliza, a través de su gran capacidad para el análisis de grandes cantidades de datos, para realizar una segmentación más precisa de los públicos en función de las variables clásicas del *marketing* (demográficas, psicográficas, comportamentales). La caracterización más precisa de cada segmento permite ajustar el mensaje persuasivo, con mayor eficacia en su llegada. En este sentido, otro aporte de la IA es la posibilidad de una mayor personalización del mensaje.

La aplicación de la IA no se reduce solo al análisis de textos, sino que puede analizar datos de manera multimodal, es decir además imágenes, videos y notas de voz.

La capacidad relativamente reciente de la IA para procesar y responder en lenguaje natural, y no ya en el lenguaje de programación como sucedía hace unos años, abre el campo a la generación de contenido persuasivo mediante técnicas de IA.

En este sentido, existen aplicaciones que utilizan la IA para generar contenido persuasivo, utilizadas extendidamente en el ámbito del *marketing*. Una de ellas es *Unbounce Smart Copy*, "una herramienta de *marketing* que utiliza la IA para generar contenido persuasivo de alta calidad. La herramienta funciona de manera muy sencilla: el usuario introduce algunas variables sobre el producto o servicio que quiere promocionar y la herramienta se encarga de crear un texto que persuada a los usuarios a realizar una acción específica. La herramienta utiliza técnicas de procesamiento de lenguaje natural y aprendizaje automático" (ViveVirtual, *s.f.*). Este tipo de herramientas forma parte de los llamados Generadores de Textos IA que, en palabras de Valeria Moreno (2023),

es una aplicación o herramienta que utiliza técnicas de inteligencia artificial generativa para crear textos de manera automatizada. Estas aplicaciones están basadas en modelos de lenguaje como GPT (*Generative Pre-trained Transformer*), que son entrenados en grandes cantidades de datos de texto para aprender patrones y estructuras lingüísticas (Moreno, 11 de julio de 2023).

Ahora bien, dentro de los múltiples campos en donde la IA se aplica para mejorar la eficiencia de la comunicación persuasiva, dado nuestro tema de abordaje, el campo que más nos interesa es el de la comunicación política.

Las herramientas proporcionadas por las TIC (Tecnologías de la Información y la Comunicación), como sucede en otros campos, están siendo también orientadas al servicio de la dominación geopolítica y la construcción de hegemonía. Ya líderes mundiales como Barack Obama o Vladimir Putin han planteado que quien domine este saber científico, dominará el mundo.

En la comunicación política, que fundamentalmente persigue fines persuasivos, hoy en día se utilizan las mismas técnicas y herramientas que las que son usadas en el *marketing*, lo cual plantea ciertos paralelismos. Los candidatos en campaña se posicionan como productos para la venta y los ciudadanos como consumidores que eligen entre distintos productos. El objetivo no es solo que el cliente compre el producto sino generar fidelización de compra. Lo mismo sucede en el ámbito de la política.

En este sentido, mediante la IA se realizan análisis sobre sentimientos y opiniones de las audiencias sobre distintos temas de interés público, de manera que los candidatos van adecuando sus mensajes según las preferencias del electorado. El cálculo político y las herramientas técnicas se imponen sobre el contenido del mensaje, parte integrante de la calidad del sistema democrático. No solo se ajusta el contenido del mensaje sino también aspectos paralingüísticos como el tono y el estilo de comunicación, para ajustarlos a lo que los destinatarios esperan.

Teniendo en cuenta la enorme cantidad de información generada por los ciudadanos en redes sociales y una multiplicidad de canales de opinión, la segmentación de audiencias se vuelve más precisa y los mensajes se híper-personalizan, aumentando su valor persuasivo.

En el mismo sentido de análisis de datos, la IA se utiliza también para el análisis de discursos políticos, especialmente en el ámbito de los debates. De esta manera, los políticos pueden evaluar sus posturas políticas y argumentos en comparación con otros candidatos y establecer mejoras en el discurso.

Otro de los usos de la IA en este plano es el análisis predictivo de resultados electorales. En base al análisis de datos históricos como encuestas y tendencias sociales, se pueden ajustar más las predicciones sobre qué sucederá con los resultados de un proceso eleccionario.

La IA puede ser usada además para interactuar con votantes en plataformas virtuales a través de *chatbots*, que pueden brindar información sobre partidos, candidatos y políticas y responder preguntas frecuentes de los ciudadanos.

5. CONCLUSIONES

En conclusión, la comunicación gestual desempeña un papel significativo en la persuasión, complementando y enriqueciendo la comunicación verbal. Los gestos en comunicación, tienen el poder de transmitir emociones, establecer conexiones empáticas y mejorar la credibilidad del mensaje persuasivo, por lo que comprender y utilizar la comunicación gestual de manera efectiva puede ser una herramienta muy valiosa en diversos contextos profesionales y sociales, ofreciendo oportunidades significativas para influir en los demás y lograr los resultados deseados y, de lo contrario, una mala gestión de la comunicación gestual puede provocar la distorsión en la recepción del mensaje, o en la credibilidad del que lo emite.

Por lo tanto, podemos considerar que la comunicación gestual es una herramienta persuasiva poderosa en el ámbito de la comunicación. Los gestos pueden influir en las actitudes y creencias de los receptores, así como mejorar la retención y comprensión de la información. Al comprender los mecanismos cognitivos y emocionales subyacentes, los profesionales de la comunicación pueden utilizar la comunicación gestual de manera efectiva para influir en las audiencias y lograr los objetivos de persuasión. Sin embargo, es importante tener en cuenta que la efectividad de la comunicación gestual puede variar dependiendo del contexto cultural y las características individuales de los receptores. Por lo tanto, se requiere una atención cuidadosa al adaptar la comunicación gestual a audiencias específicas.

6. REFERENCIAS

Alonso González, M. (2021). Desinformación y coronavirus: el origen de las *fake news* en tiempos de pandemia. *Revista de Ciencias de la Comunicación e Información*, 26, 1-25. https://doi.org/10.35742/rcci.2021.26.e139

Aristóteles (1998). *Retórica* (Trad. A. Bernabé). Alianza Editorial. (Trabajo original publicado ca. 300 a.C.).

Bateson, G. (1972). *Steps to an Ecology of Mind. Collected Essays in Anthropology, Psychiatry, Evolution, and Epistemology*. Jason Aronson.

Becerra Pozas, J. (2022). ¿Qué es el análisis de sentimientos? Usando PNL y ML para extraer significado. *CIO México.* https://n9.cl/mb1bgc

Chique Rodríguez, C. (3 de septiembre de 2020). *Máquina de soporte vectorial (SVM). Stay curious.* https://n9.cl/upxra

Chóliz, M. (1995). La expresión de las emociones en la obra de Darwin. En F. Tortosa, C. Civera, y C. Calatayud (Eds). *Prácticas de Historia de la Psicología.* Promolibro.

Damasio, A. (1994). *Descartes' error. Emotion, Reason and the Human Brain.* Avon Books. https://n9.cl/40m7o

Ekman, P. y Friesen, W. V. (1969). The repertoire of nonverbal behavior: Categories, origins, usage, and coding. *Semiotica, 1*(1), 49-98. https://n9.cl/g9gx1

García García, E. (2018). La comunicación gestual. Teoría de la mente y neuronas espejo. *Revista Anales Ranm, 135*(2), 22-33. https://hdl.handle.net/20.500.14352/19078

Martínez Heras, J. (19 de octubre de 2020). *Redes neuronales generativas adversarias (GANs). IArtificial.net.* https://n9.cl/kfd0q

Martínez Jiménez, A. (2020). *Compendio de Retórica.* Edición del autor.

Martínez-Sánchez, J. A. (2022). Prevención de la difusión de *fake news* y bulos durante la pandemia de COVID-19 en España. De la penalización al impulso de la alfabetización informacional. *Revista de Ciencias de la Comunicación e Información*, 27, 15-32. https://doi.org/10.35742/rcci.2022.27.e236

Moreno, V. (11 de julio de 2023). *Crea contenido de calidad en poco tiempo con un generador de textos IA: ¡Descubre cómo! Vidnoz.* https://n9.cl/nihwo

Ordelin Font, J. (2022). El uso de la Inteligencia Artificial en la mediación: ¿quimera o realidad?. *Revista IUS, 15*(48). https://doi.org/10.35487/rius.v15i48.2021.707

Téllez, N. (14 de julio de 2016). *Ethos, Pathos, Logos. La retórica de Aristóteles para persuadir.* https://nachotellez.com/ethos-pathos-logos-aristoteles-persuasion/

Quian, A. (2023). (Des)infodemia: lecciones de la crisis de la covid-19. *Revista de Ciencias de la Comunicación e Información*, 28, 1–23. https://doi.org/10.35742/rcci.2023.28.e274

Reyero, R. (14 de octubre de 2021). *La Inteligencia Artificial (IA) y su aplicación en Marketing.* https://n9.cl/2iclc

Telefónica (10 de marzo de 2023). *¿Qué beneficios tiene la Inteligencia Artificial en la medicina?* https://n9.cl/4qa7a1

ViveVirtual (s.f.). *Unbounce Smart Copy: herramienta de IA para generar contenido persuasivo.* https://n9.cl/xa1zy

THE ADVERTISING OF SCALE MODELS AS EDUCATIONAL TECHNICAL TOYS: CASE STUDY OF *REVELL'S* MARKETING STRATEGY (1957-2023)

Enrique Carrasco Molina[1]

1. INTRODUCTION

This chapter analyzes the advertising strategy of a brand that produce, distribute, and sell scale models (technical toys sector) all over the world. The firm analyzed is *Revell,* an international model-making company founded in North America in 1943, whose promotional strategy, since the mid-20th century, includes educational and didactic messages aimed at children and young people of different ages.

Modeling, also called model making, in simple words, can be defined as a free time hobby that is articulated through the manufacture / creation of scale models or prototypes, their decoration and their staging depending on the case (dioramas). Some vehicles or figures are assembled and decorated using special glues and paints from an instruction manual supplied by the kit itself, while other people prefer to manufacture their own parts by working on scale plans, as is often the case in naval modeling.

The word diorama derives from a device created by the famous set designer, artist, and forerunner of French photographic art Louis Daguerre, who patented the word 'diorama' to name a public display system that hybridized theater with illusionism and consisted of a decorated screen decorated with interior and exterior landscapes paintings that changed based on light plays to create the impression of reality (Daguerre, 1839).

In the modeling industry, and since its connection with the commercialization of toys that are based on collections of figures accompanied by a set design, the diorama has been defined as a miniaturized decoration that contemplates a limited space and scaled in three dimensions in which include human figures or animal figures and vehicles in different positions or actions.

Revell, a historic hobby brand born in the United States in the midst of World War II, has made a huge effort in advertising investment for years, especially in the post-war years.

By the year of 1956, popular Boy Scouts' magazine *Boy´s Life* included an article that made recommendations about the benefits of model making and affirmed that 80% of children and young adolescents could become excellent model makers (Bucks, 2018).

The role played by construction games was very important at this moment. One of the tangible examples of such a statement was the worldwide attraction of the Danish manufacturer Lego in the 1950s and by other very successful patents that could undoubtedly be considered in the origins of the model concept, such as *Meccano*, created by Frank Hornby in 1901.

In the context of a global pandemic by Covid-19 that nobody expected, *Revell* and many other brands that produce kits or scale models, technical entertainment, diecast toy cars (built with metal parts) puzzles, or miniature trains, have seen their revenue implemented notoriously under the cover of a restriction of movements of people and an increase in the time spent within homes, a social phenomenon entertainment at home similar to the demand for these items in times of postwar or crisis (Assembling model kits gets a boost from pandemic shut-ins, 2020).

Worldwide revenue in the Construction Sets & Models segment amounts to €67.89 bn in 2023 (Statista.com, 2023). The market is expected to grow annually by 6.00% (CAGR 2023-2027). Most revenue is generated in China (€13,980.00m in 2023). In the other hand, the top 5 countries where most sales are registered are, from the bigger to the fifth bigger market, China, India, United States, Indonesia, and Germany.

2. OBJETIVES

The objective of this research is to present a new vision on the historical evolution of the advertising communication of *Revell*. It is the first time that a rigorous analysis of the advertising messages of scale modeling brand has been carried out, taking into account that the publications on this sector deal more with commercial, industrial or business aspects, and have focused mainly on the evolution of brands from the perspective of changes and transformations of their own products, not from the analysis of advertising communication.

3. METHODOLOGY/MATERIALS

The methodology used is an analysis of textual and graphic samples of printed advertisements and catalogs published from 1957 to the present, advertising content intended to promote the construction of models and research for learning in topics such as the history of technology or the operation of machines.

This archival work has been complemented with the consultation of other sources such as articles, books, instructions sheets, reports published on web pages, and online promotional material disseminated by *Revell*. Some images have been scanned from old catalogs, magazines, brochures, or newspapers. Other ad images come from magazines or from The Internet Archive (Archive.org), an organization that promotes the consultation of documents for research purposes. All pictures have been submitted to *Revell's* Headquarters, in Germany, and are reproduced in this article with permission from *Revell*, on behalf of Marketing Director, Andreas Bittlinger.

Author's knowledge of the subject is extensive since this hobby has been his main free-time activity for many years and for this reason he has reviewed a very extensive documentation. This analysis uses a methodology that focuses on the study of the nature of the brand's advertising messages, its slogans, texts, photos and other promotional aspects inherent to the language of advertising whose fundamental supports were, at that time, newspapers, catalogs, magazines and printed brochures.

4. MINIATURES SINCE THE ANCIENT CIVILITATIONS

The human race has always been linked to some form of miniaturism, from Egyptian culture to the Sumerians, through ancient Rome and Greece, civilizations that reproduced ritual or decorative elements on a small scale.

Wilton-Ely and Caballero Quiroz (2006), indicate that there are archaeological testimonies that confirm the religious and funerary use of miniatures in ancient Egypt, or the construction of architectural models in ancient Rome. According to these authors, from the Renaissance, it was increasingly common to present scale models of buildings and architectural designs before their actual construction.

These replicas were made with the materials available at the time, such as wood, clay, or brass. And the case of Brunelleschi is cited, who developed the role of the model as a prototype while designing the dome of the Florence Cathedral, at the beginning of the Quattrocento. The creation of models in great monumental buildings in England during the 17th and 18th centuries is also mentioned, such as St. Paul's Cathedral, or the Royal Naval Hospital, in Greenwich, or King's College, in Cambridge.

Other studies delve into some very curious but isolated findings, but this does not mean that they should be ignored, for example, small reproductions carved in stone, bas-reliefs and high reliefs with representations of dwellings, temples, theaters and other models that date back to very remote dates, even several millennia before Christ (Azara & Esparza, 2006).

Plastic model making, as we know it today, a much more modern manufacturing technique, and its industrialization and commercialization processes, derive from the influence of other entertainment resources for different ages that obviously inspired those who first obtained patents for plastic models.

5. BIRTH OF AN INDUSTRY OF ENTERTAINMENT

During the decade of the 1940s, in the middle of the war, there was an industrial stoppage in almost all sectors. Despite the scarcity of resources, these were years in which some brands began their activities timidly and some editors began to publish technical books that showed scale models as entertainment activities.

The data offered by Arthur Ward (2012), reviewing books like *Marvellous Models* (Basset-Lowke & Mann, 1940) or *First Book of Model Aircraft* (Chick, 1945), focusing these facts, show the detection of a growing interest from fans of this type of entertainment, and also the new manufacturers of toys or other technical construction games started to focus on model making as a potential new business niche.

In those turbulent years before the end of the Second World War, several magazines, especially in England and the United States, fed the imagination of the first fans of scale models to assemble and paint, as well as other leisure activities to do inside the home, such as *Hobbies Weekly*, which had weekly periodicity and was a pioneer in the sectorial market, began its activities at the end of the 19th century.

Hobbies Weekly used to focus its reports on the techniques to develop entertainment from a general point of view, exploring the way of 'do it yourself', the manufacture of toys with elementary materials, such as wood, glue or some type of metal sheet, and other methods of autonomous work, including step-by-step instructions.

6. CLASSIC BRANDS EMERGING AFTER WWII

Some first models followed the constructive and structural guidelines of the battle tanks, airplanes or ships that intervened in the front on the part of the allied side. Later, after World War II, and for the global development of the modeling industry, which became increasingly successful, especially thanks to the patented molds for copying scaled parts made of injected plastic, different firms emerged, some European, such as the British-Hungarian *Airfix*, which was born in 1939 but did not begin the launch of injected plastic models (Bryce, 1996) until 1947 (Pask, 2011), or the English *Frog*, which emerged in 1932 and began the production of plastic kits from 1955, and *Matchbox*, which opened its doors in 1953 specializing in the manufacture of miniature metal cars and, from 1973, made an innovative contribution to the industry with the production of armored cars sets on small dioramas, airplanes and other pieces (Carbonel, 2011). A short time later, *Heller* was very well positioned in France since 1957, and in Italy, two brands such as *Italeri*, in 1962, and *Esci*, founded in 1930 but starting its real plastic production in 1972, became two essential references for the model making industry (Carbonel, 2014).

Outside of Europe, the North American company *ERTL* began in 1945 selling toy cars and started its production of plastic models in 1970, *AMT*, born in 1948, which started its industry of prototypes made of plastic the following year, focusing on the automotive and science fiction models, *Monogram* and *Revell*, both introduced between 1943 and 1945, *Aurora* and *Pyro* in the early 1950s, or *MPC*, in 1963, and other Asian models, such as the Japanese *Tamiya* (1946), *Fujimi* (since 1948), *Imai* (around 1950-55), *Hasegawa* (1961) and *Aoshima* (established in 1929 with a catalog of wooden models and incorporating plastic from 1961), or the Korean *Academy Hobby Kits* (1969).

All these manufacturers have successfully penetrated among fans of collecting and technical toys, opening their offers to children, adolescents, and adults of different age ranges. Over the decades, some manufacturers fell by the wayside, others transformed their businesses by adapting to new demands, and some merged with other companies. Finally, since the early years of the 21st century, most of them joined the Internet to put their novelties on sale on their web pages or on specialized e-commerce platforms.

7. *REVELL*

Revell is an international company wide range kits (civil and military vehicles, airplanes, boats, figures, etc.), and multiple scales, of American-German origin, founded by the entrepreneur Lewis H. Glaser in 1943, in Venice / California (Bussie, 2007).

Its growth was exponential and gained notoriety around the world especially among fans of airplanes, boats, and miniature cars. In 1986, the company was acquired by New York-based Odyssey Partners and its name changed to Monogram Models Company (also *Revell-Monogram*). The new company was located in Northbrook, Illinois, United States (Revell, 2023). Around 1960, *Revell* entered the model railway market with an H0 (1/87) scale line of locomotives, wagons, and buildings.

Lewis H. Glaser had the idea to build a full-scale car out of various pieces of plastic. Thus was the birth of the model kits manufactured in this material for the company. *Revell's* worldwide success can also be exemplified by impressive sales figures from the plastic model area: in 1995 the threshold of more than five million models sold was exceeded for the first time. To give a specific example, the kit of the Fokker Dr.1 model, the famous red triplane fighter from WWI, piloted by Manfred von Richthofen, available at *Revell* in three scales (1/72, 1/48 and 1/28), had sales of more than 100.000 copies.

In 2007, *Hobbico Inc.* announced that it was buying *Revell-Monogram*, LLC, the corporation that owns *Revell*. Later in 2018, *Revell's* parent company, Hobbico, filed for bankruptcy. Quantum Capital Partners bought the assets of *Revell*, a warehouse full of model kits, and dissolved its US operations. Aguilera convinced Quantum to try to make *Revell* a success, relaunching the company in USA with ten full-time employees and several commission-based salespeople. Demonstrating a full reactivation of the brand, Aguilera indicated that in 2019 *Revell* sold more than one million kits to generate around thirty million dollars in revenue (Channick, 2020).

The subsidiary brand of this firm in Germany, *Revell Plastics GmbH*, was founded in Bünde, Germany, in 1956. During the 1970s, this company also began the development and manufacture of its independent line of models outside of direct control of the American parent company. The German firm changed its name to GmbH & Co. KG and has been independent since its split from *Revell-Monogram* LLC in 2006 (Graham, 2008).

Revell has 125 total employees across all of its locations and generates $60.02 million in sales. There are 41 companies in the *Revell* corporate. The CEO, Stefan Krings, has given the company a great boost in Europe (Dun & Bradstreet Data Cloud, 2022). In 2021, *Carrera* of America, producer of slot racing sets and R/C cars, and *Revell*, merged their operations to become Carrera Revell of Americas, Inc. (PR Newswire, 2021).

8. REVELL'S ADVERTISING COMMUNICATION

Throughout its history, and following a thematic direction that associates the model making hobby with educational, didactic and entertainment aspects, *Revell* has focused its advertising messages on three main approaches:

1.-The sharing of the hobby within the family, focusing on the acquisition of skills and entertainment at home with everyone; 2.-A hobby for learning history (The History Makers); 3.-Learn with technology and machines and decide about a future profession.

9. FAMILY MODELING EXPERIENCE

Revell begins to experience a growing interest in its advertising communications from the mid-50s of the 20th century and begins to channel some of its promotional messages in the catalogs that it prints and distributes, in specialized stores, during those years. In these publications, the brand presents the new models and begins to mark the argumentative lines on which it will base its immediate advertising campaigns. The first example in which we have stopped for this analysis is the catalog of 1957-58. In the picture we can see the sense of family entertainment of father, son and daughter, and the versatility of the different models and scales. This image introduces us to the educational message of the *Revell* brand thanks to its advertising communication, within its objective of bringing together all the members of the family and that they all participate in the entertainment provided by an activity such as modeling.

Figure 1. Left: cover of the Revell's catalog from 1957-58. Right: Revell's Catalog of HO scale Trains from the years 1959-60. Source: Scalemates.com.

On the cover of *Revell's* catalog of model railways (miniature electric trains) manufactured on the HO scale (1/87) corresponding to the years 1959-60, we are shown the image of a boy of about seven years with his grandfather. The child points out some detail that catches his attention in the diorama where an electric train gives life to a landscape that includes vegetation, houses and other buildings. The claim exposes the message of transmission of experience, as if the elderly person assumed the role of expert railway conductor (through the headline *"Expert tips for entertainment thanks to the latest scale in which electric trains are now manufactured, HO"*). Likewise, it is emphasized as a novelty that, by virtue of a scale (HO) much more acceptable for the home, half the space is saved in the exhibition of elements (board for the diorama, etc.).

The cover of the 1962 catalog also encourages the idea of experiencing this hobby in the first person (boys, girls, teenagers) accompanied by older family members (parents, siblings, grandparents), while underlining two repeated headlines in *Revell's* usual strategy: *"Model kits for everyone"* and *"It's real because it's Revell"*. This last idea is the message that at that time accompanies the brand in its own logo. *"Authentic kits"* highlights the notion of authenticity in the finish and detail of miniaturized replicas. On the other hand, the advertising claim "Build a Complete Revell Fleet. The world's largest collection of scale ships" responds to an undeniable reality: at that time, the company led the world market share for this type of naval replicas made of plastic.

Figure 2: 1962 Catalog. Right: Ad inside 1957-58 Catalog. Source: Scalemates.com.

10. A HOBBY FOR LEARNING HISTORY ("THE HISTORY MAKERS")

A common goal of most scale kit manufacturers was always their special interest in reconstructing scenographic aspects, models, prototypes, patents, or artifacts belonging to the history of mankind. The only way to go back to those moments would be to view engravings or canvases, or old photographs (after the 19th century), or the models themselves. In recent decades, 3D technology and complex computer programs have helped us a lot to reconstruct scenes and gadgets from the past.

However, models and dioramas had a great moment of inspiration and frequency of use during the second half of the 20th century. Before the modernization of the capacities of computers available in the market, some instruments for the promotion of culture, such as the cinema or museums, made scale models the most didactic tools available to explain history and technical development of civilizations. The film industry could not conceive of science fiction films without scale kits.

Dioramas focused on natural history were used as valuable educational resources in museums around the world from the late 19th and early 20th centuries, and they still hold great importance as an exhibition museum resource. In 2019, Springe publishes a book entitled *Natural History Dioramas-Traditional Exhibits for Current Educational Themes* that is based on an academic study by Annette Scheersoi and Sue Dale Tunnicliffe on this specific topic (Tunnicliffe & Scheersoi, 2015).

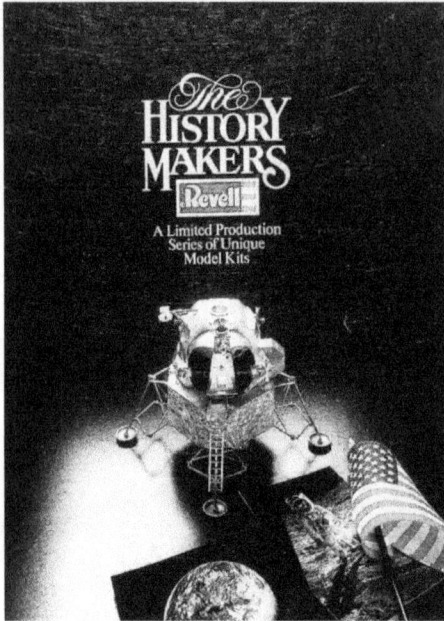

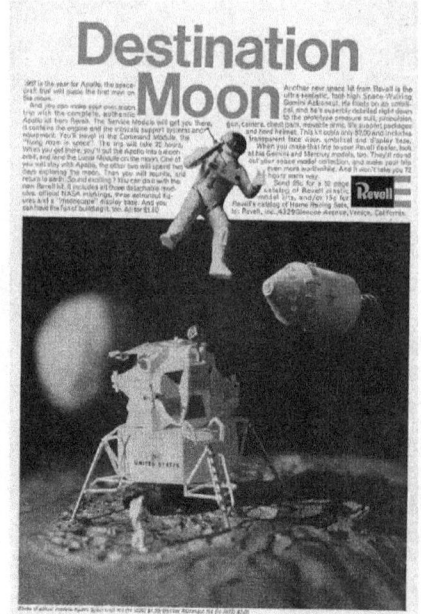

Figure 3. The History Makers's Catalog (1980-81). Source: Author's archive. Right: Ad showing a replica of a Project Apollo ship. Source: Model Airplane News Mag. June. 1967.

When *Revell* began its strongest growth, starting in the 60s, its managers also worried about making a significant advertising investment that was intended to communicate what they were close to touching and manufacturing the miniaturized replicas of machines or artifacts that starred in important milestones in history, from the great war conflicts to the gigantic feats of the human race, such as the discovery of new territories in modern times, the conquest of space, underwater exploration or the creation of airplanes that exceeded the sound barrier in speed, all at different scales.

To reinforce these messages, *Revell* created in 1982 a sub-brand under its own corporate umbrella, "The History Makers", a logo that would accompany a very careful (and limited edition) series of reproductions that reissued previous models of this same brand and they improved in some aspects, such as the decal sets, and especially their presentation: shiny boxes with a black background, life-size objects linked to the kit (such as uniforms, flags, etc.) and good photographs of the finished and painted kit.

The themes that starred in the series "The History Makers" were essentially the technological modernization of jet aircraft, the exploration of outer space with a special focus on the arrival of man on the Moon, and various military technologies from different times. "The History Makers" planned the release of 28 kits, although 26 were eventually released. From the advertising point of view, the series deepened in reinforcing the didactic message of the replica as a tool to materialize some facts and milestones in history. In 1983, "The History Makers" launched another series (II) with twelve kits.

11. LEARNING ABOUT TECHNOLOGY, DECIDING FUTURE PROFESSIONS

In addition to the obvious sense of entertainment that is implicit in the hobby of model making, *Revell* has won the motivation of many model makers due to its great interest in technology and machines. For this reason, some prototypes of automobile engines equipped with real operation, which we will mention at the end of this study, were very successful in sales (in the past, and also currently).

Likewise, the importance that *Revell* attaches to the authenticity of artifacts (airplanes, submarines, ships, land vehicles) is highly relatable by searching for information in different sources. This eagerness has caused problems to the brand on some moments. *Revell* had to account to the US military authorities for suspicions about the possibility that technological secrets could accidentally be revealed to other countries, especially during the Cold War. This was the case of the Polaris-type submarine. According to the June 30th, 1961, issue of *LIFE Magazine*, a Polaris kit was so plausible that Vice Admiral Hyman Rickover sensed that the kit could be a national security risk because he thought the detailed parts of the submarine's interior was basically "giving away information" to the Russians for the construction of submersibles. However, the main architect of *Revell*, Lewis Glaser, assured that the sources available to make both the kit and its instructions were public and could be consulted (Taubert & Berse, 2018).

To add more prestige to his proposals, *Revell* often surrounded himself with consultants, experts, engineers, and Army veterans to bring professional and scientific insight into the design of vehicles, aircraft, and prototypes. One of the most outstanding collaborations was that of the famous naval officer and explorer of the underwater world Jacques-Yves Cousteau, who, with the support of his own crew, and the technical advice of the Cousteau Society, revealed all the secrets to the promoters of *Revell* of its ocean exploration vessel *Calypso*, contributing to the launch in 1976 of one of the brand's most famous models, with great precision, including a helicopter, two mini-submarines, an anti-shark cage and many other details designed to 1/125 scale. Revell clarifies in the kit's instructions that for the production of the *Calypso* kit they had a special thanks to Commander Jean Alinat, of the Oceanographic Museum of Monaco, and to Sivirine, who, from Marseille, had made a series of meticulous drawings of the ship included in the book *La Calypso*, published in France by Robert Laffont.

Another of the didactic objectives of *Revell* in its advertising proposals focused on the possibility of giving information to children and teenagers about the different professions and the land, sea or air vehicles of the moment, an orientation that could open the minds of young people within order to awaken vocations when studying a university career and focus on a professional future. The examples proposed by *Revell* from the end of the 50s, and during the 60s, 70s and 80s were numerous.

In the 1960-61 and 1961-62 catalogs, the protagonist is the giant Slant Six Engine marketed at 1/4 scale, with moving parts and endorsed by the prestigious *Chrysler Corporation* vehicle manufacturer. The well-known automobile factory published at this same time a series of advertisements for the press and magazines in which, through a design made with vignettes, as if it were a comic, a dialogue was presented between a child and several engineers from *Chrysler* praising the realism, quality of detail and performance of the Slant Six Engine kit.

Figure 4. Ad of the Revell´s Calypso kit. In November 1976, this promotion was included in Boy's Life magazine. Source: Boy's Life. Right: Cover of the 1958-59 catalog, where Revell awakens professional vocations among children. Source: Author´s Archive.

Figure 5. In 1974, Revell launched an essay contest for students' which prize was two scholarships of $ 5,000 each to enter the University. Source: Author's Archive. Right: a teenager with his father analyzes the kit of the Chrysler Corporation engine. Look Magazine, November 7th, 1961. Source: Courtesy of Angela Johnson. Etsy.com.

12. CARS AND NOSTALGIA

In the 1980s, the automotive universe, that of driving and the exhibition of racing cars became very fashionable among young people, taking advantage of the pull of many classic car brands that present novelties in line with the new Times. Revell wants to join the new trend by proposing a renewal, within his catalog, of the motor and speed vehicles, especially taking into account the new fashions in the United States.

In that decade, the brand introduced new replicas at small scales (1/72, 1/32) and larger scales that offer the possibility of greater detail, such as 1/25, or even 1/20; also strives to manufacture models whose interiors are increasingly realistic, combining both kits to assemble and paint, as well as those that do not require assembly, intended for direct play, usually made of metal (die-cast) so that they resist more.

In the 90s, the brand appealed to nostalgia for vintage cars, the vehicles that marked the first golden age of the automotive industry and date from the end of the 19th century to the beginning of the 20th, and in this case it is associated with the English firm Lledo PLC. to market a series of cars made of metal (*die-cast*) for vintage play and decoration. The title of the release is "Days gone" and the ad shows the exquisite selection of replicas. Some of these models were sold loose, in special boxes, and without the association with *Revell*, only as a *Lledo PLC* kit, where it is explained in a copy that these are kits that reproduce the realism of trucks, vans, vehicles to the maximum. Promotional items and other devices for whose design inspiration was obtained from consulting old books, advertisements, etc.

13. XXI CENTURY: MAKE´N TAKE, EASY CLICK AND OTHER MESSAGES

Already in the 21st century, in the first decade, *Revell* focuses its didactic discourse, entertainment, and knowledge of the history of the technique, addressing above all to a target of children and young people of age to play and study. His proposal aims to reposition the interest of a younger target audience to exercise game skills related to the direct assembly of pieces, without the need for decoration with paintings, because the parts are already pre-painted, and without the need for glue, all with in order to guarantee quick fun. It is a more playful concept that the brand will continue to develop to this day with various initiatives, of course, without abandoning its usual model-making audience.

With this strategy, *Revell* decides not to focus so much on the classic model designed for a more adult audience but on fun based on quick assembly and simple instructions aimed at a segment of children from 6-8 years old. To start the change of course, several avenues are developed, among them the implementation of the concept of "Make´n Take", an entertainment proposal released for the first time on January 2, 2005, which consisted of the dispensing of special packages or batches with models to be used on special days in different circles (such as schools, workshops, outdoor camps, etc.), taking children of those ages as the main recipients, and supervised by teachers , monitors, etc., even within specific workshops aimed at implementing manual skills and teamwork.

In the last two decades, between 2009 and 2023, *Revell* intensifies its strategy of combining simple assembly kits (more for playing than for collecting or doing model work) with also novelties in the field of classical modeling. To reinforce the promotional aspects, and encourage the child to be interested in these types of products, *Revell* introduces very prominently in the packaging, that is, in the box, in addition to attractive illustrations of the kit, claims such as "Easy Click", or "First Construction", very similar ideas that report that, inside, the kit found is simple to assemble, without glue, and contains parts already painted and even with stickers on that fit perfectly without the need to follow complex instructions, in short, a very realistic technical toy.

In any case, and slipping into different types of products to this day, Revell's insight remains largely focused on a family entertainment advertising message.

Figure 6. Up: Banner of a Turkish educational online toy store. Source: Adoreoyuncak.com.

Figure 7. Down: Video of radio-control models for summer 2023. Pictures and claims reinforce the message of family entertainment. Source: Revell.de.

14. DISCUSSION

It is not usual to find a research like this. The results must be valued from their own unprecedented and unusual character, also, due to the fact that the academic literature is scarce on the subject in particular. As mentioned in the introduction, publications that focus on analysis of classic model brands such as *Revell* (for example, books and articles that explore the milestones of brands such as *Airfix, Esci, Matchbox* or *Heller* are known) stop in aspects such as the design of the products and the artistic design of their boxes, the historical evolution of their launches, the economic progression and curious facts about their partners, and almost no occasion are ads and analytics linked to them mentioned in depth. For this reason, this study, although limited by the extension allowed in this book, can be the basis for other much more extensive and in-depth approaches that include a greater number of graphic examples.

15. CONCLUSIONS

This article has focused on a summary review of the advertising argumentation of the model brand *Revell* over a period of more than half a century (1957-2023), through the study of some copies, images and other communicative resources intrinsic to the codes of the advertising, from the usual channels in the mid-twentieth century, essentially printed, to the present, with digital communication in full swing.

What is truly important about the diagnosis of *Revell*'s advertising discourse, and its exclusivity with respect to other brands that at that time project their specific commercial messages, lies in its educational and didactic intentionality, objectives that increase the value of other communication purposes sought by other brands in simultaneous, such as the knowledge of how technological advances have progressed in transport, and in other inventions of the human race (vehicles, airplanes or ships of different historical periods, from antiquity to the present moment, including artifacts from both world wars) housing, engineering projects, etc.

The uniqueness of *Revell's* advertising message also lies in associating some of its marketing and communication strategies to the connection of this hobby with the construction of scale models to better understand some milestones in history.

The brand has also directed its marketing strategies to highlight ideas such as promoting family entertainment between parents and children in times when there were still no mobile phones and parents spent much more time with their children sharing games.

16. REFERENCES

Associated Press (May 9th, 2020). Assembling model kits gets a boost from pandemic shut-ins. *Usa Today.* https://cutt.ly/9wu3UesG

Azara Nicolás, P. y Esparza, V. (2006). Maquetas en el mundo antiguo: entrevista con Pedro Azara. *D. C. Revista de Crítica Arquitectónica*, 15-16, 55-62. https://cutt.ly/ywu3USme

Bassett-Lowke, W. J., & Mann, P. B. (1940). *Marvelous Models, and models to make*, Puffin Picture Book, number 19. https://cutt.ly/jwu3U3DP

Buck, D. (2018). Super (Small) Models. *Tedium.* https://cutt.ly/xwu3AvpW

Bussie, A. (2007). A Brief History of Revell Plastic Model Kits. *Old Model Kits.* https://cutt.ly/ywu3SQIi

Bryce, D. M. (1996). *Plastic injection molding: manufacturing process fundamentals,* 1. Society of Manufacturing Engineers. https://acortar.link/ju6B1g

Carbonel, J. C. (2014). *The Story of Esci: 1968-1999. Models and Figures.* Histoire & Collections.

Carbonel, J. C. (2011). *1973-2010 The Story of Matchbox Kits.* Casemate Publishers.

Chick, R. (1945). *First Book of Model Aircraft.* The Studio.

Channick, R. (May 4th, 2020). Plastic model kits get boost as coronavirus shut-ins turn to old-school hobby for 'something to do'. *Chicago Tribune.* https://cutt.ly/9wu8ZIAg

Daguerre, L. J. M. (1839). *An historical and descriptive account of the various Processes of the Daguerréotype and the Diorama.* American Photographic Historical Society. https://catalogue.nla.gov.au/Record/2373488

Dun & Bradstreet Data Cloud (2022). Revell GmbH. https://cutt.ly/Vwu39p1C

Graham, T. (2008). *Remembering Revell Model Kits.* Schiffer Publishing.

Pask, T. (2011). *Airfix Kits.* Shire Publications.

PR Newswire (2021). Carrera of America and Revell Merge to Become Carrera Revell of Americas, Inc. *Revell of Americas, Inc.* https://cutt.ly/kwu8jtcM

Toy World (2019). *Revell owner Quantum acquires Carrera.* https://cutt.ly/3wu8EQ1d

Revell (2019). *The Story of a Great Passion.* Official website of Revell. https://carrera-revell-toys.com/revell/about-revell

Statista (2023). Toys & Games – Worldwide. https://cutt.ly/kwu8AOwi

Taubert, U., & Berse Andreas, A. (2018). *The Revell Story a model of success.* Delius Klasing.

Tunnicliffe, S. D., & Scheersoi, A. (2015). *Natural History Dioramas. History Construction and Educational Role.* Dordrecht. https://cutt.ly/zwu8Fkg8

Ward, A. (2004). *Classic kits: Collecting the greatest model kits in the world, from Airfix to Tamiya.* HarperCollins.

Wilton-Ely, J., & Caballero Quiroz, A. J. (trad.) (2006). La maqueta arquitectónica: Barroco inglés. *DC. Revista de Crítica Arquitectónica*, 15-16, 29-40. https://hdl.handle.net/2099/9403

COMUNICACIÓN ESTRATÉGICA Y *BRANDING* CONTRA LA DESPOBLACIÓN RURAL

Ana Castillo Díaz[1], Belén Moreno Albarracín[1]

El presente texto nace con la financiación del Ministerio de Universidades del Gobierno de España a través de las Ayudas para la Formación del Profesorado Universitario (FPU19/02532).

1. INTRODUCCIÓN

El fenómeno de la despoblación rural en España viene siendo especialmente acusado desde la segunda mitad del siglo XX. Según datos del Instituto Nacional de Estadística (INE), la población de España se redujo en 72.007 personas durante la primera mitad del año 2021, situándose en 47.326.687 habitantes. En dicho período la población se redujo en 13 comunidades autónomas, así como en las ciudades autónomas de Ceuta y Melilla.

De acuerdo con la Unión Europea, el riesgo alto de despoblación de un municipio se establece cuando su densidad es inferior a 12,5 habitantes por km^2. En España hay 4.997 municipios con menos de 1000 habitantes y casi un 40% de la población total vive en municipios de más de 100.000 habitantes (INE, 2021). La situación descrita da como resultado un número creciente de municipios rurales cuya supervivencia se podría ver comprometida a largo plazo (Banco España, 2020).

En estas zonas, el envejecimiento de la población, la emigración de los jóvenes, la baja densidad demográfica, el descenso de la natalidad, las deficiencias e incluso la desaparición del transporte público y la escasez de servicios públicos son factores que impulsan la despoblación (Camarero, 2020, Ruiz-Pulpón y Ruiz-González, 2021).

Frenar el éxodo desde las áreas rurales y su consecuente abandono constituyen uno de los principales retos demográficos de la sociedad en la actualidad (Brooks, 2021; Ubels, *et al.*, 2020).

El acusado desequilibrio entre la demografía y el territorio que ocupan los municipios de la España rural ha desencadenado el nacimiento del término "España Vacía", (del Molino, 2016), aunque más recientemente se ha popularizado el uso de la variante "La España Vaciada". Uno y otro aluden al problema de la despoblación, que ha alcanzado en España la magnitud de un problema de Estado.

---

1. Universidad de Málaga (España)

Ante este escenario, los territorios se pueden observar cómo marcas que se presentan al mundo con identidades propias que pueden fortalecer la presencia del territorio y proyectan una imagen favorable a su desarrollo. En este contexto empiezan a surgir conceptos como el place *branding* y, más concretamente, el *branding* rural, en el que se centra la presente investigación. Se trata de una estrategia comunicativa destinada a la puesta en valor de los territorios. No obstante, ¿Cómo se lleva la teoría a la práctica en el caso de la España Vacía? Las investigaciones hasta el momento se han centrado más en la vertiente sociodemográfica que en la comunicativa.

1.1. La despoblación en España. La España Vacía

Como medida para combatir la despoblación rural, diversas instituciones plantean iniciativas públicas. En 2013, ocho comunidades españolas (Galicia, Castilla y León, Aragón, Asturias, Castilla-La Mancha, Extremadura, Cantabria y La Rioja) constituyeron el Foro de Regiones Españolas con Desafíos Demográficos (FREDD). En su conjunto representan más del 60% del territorio nacional y en ellas apenas reside el 25% de la población. Su objetivo fundamental es el de atender de forma específica los problemas derivados del cambio demográfico.

En concreto, su trabajo se articula en cinco ejes, establecidos para abordar la Estrategia Nacional frente al Reto demográfico: favorecer un envejecimiento saludable y activo; crear entornos que sean favorables a las familias facilitando cuestiones relacionadas con la educación, vivienda, políticas empresariales; propiciar un mayor número de oportunidades para la juventud en relación al empleo y la formación; promover condiciones favorables para atraer a nueva población, como programas de viviendas, conectividad y banda ancha; y favorecer un desarrollo sostenible en términos sociales y económicos, basado en el aprovechamiento de recursos naturales.

Al margen de esta unión existen otras iniciativas para impulsar el desarrollo rural, como es el caso de la Red Rural Nacional (RRN), una plataforma integrada por las administraciones (estatal, regional y local), agentes sociales y económicos, representantes de la sociedad civil y organizaciones de investigación vinculadas al medio rural.

De manera particular, la Federación Española de Municipios y Provincias (FEMP, 2017, p. 9) señala las siguientes áreas sobre las que intervenir para combatir la despoblación rural en España: medidas institucionales y modelo territorial, economía y empleo, servicios públicos e infraestructuras, comunicación y transporte, vivienda, cultura, identidad y comunicación e incentivos demográficos.

1.2. La comunicación como recurso revitalizador

La comunicación es una pieza clave en el proceso de difusión de las posibilidades que una determinada zona ofrece, tanto a las personas que pudieran ser objeto de instalarse en ella como a los residentes efectivos. Predominantemente, desempeña un doble papel para fortalecer esa faceta relacionada con la cultura, la identidad y la comunicación señalada por la FEMP (2017). Por un lado, la gestión de las marcas-territorio, planteadas para divulgar las identidades idiosincráticas como recurso revitalizador de zonas despobladas. Y, por otro, la comunicación online de las marcas-territorio, posicionando el territorio en las webs para una transmisión identitaria sin fronteras.

Esas acciones se asocian al place *branding*, entendido como la estrategia promocional en la que se incluyen todas las actividades con posibilidad de incrementar el atractivo de un área como lugar de trabajo, ocio y vivienda (van Ham, 2001). Por ende, esta definición se aleja del propósito turístico con el que a menudo se asocia el place *branding*, planteándose también como herramienta para combatir la despoblación.

Se trata de una técnica que ha visto incrementada su relevancia académica en las dos últimas décadas, aunque aún no pueda considerarse una disciplina "madura" (Fernández-Cavia, Kavaratzis, 2018). La pregunta "¿Cómo el *branding* puede aplicarse a un territorio?" ha sido abordada por diversos autores (Kavaratzis, 2004; Skinner, 2008; Braun, 2012) desde dos enfoques predominantes: como herramienta promocional y desde una dimensión simbólica.

Más recientemente se ha establecido una diferenciación teórica entre el *place promotion* y el *place branding* (Boisen, 2018). Mientras el primero tiene como propósito incrementar la atención que el territorio recibe por parte del público objetivo, el segundo se centra en su identidad, difundiéndola a través de narrativas propias del lugar en cuestión.

Asimismo, aparecen conceptos derivados, como el *branding* nacional (Fan, 2010), el *branding* de ciudad (Kalandides *et al.,* 2011) o el *branding* regional (Messely *et al.*, 2010). Este último es el que concuerda en mayor medida con el presente objeto de estudio: las zonas despobladas. La idiosincrasia del territorio se toma como base para construir la marca, y tienden a basar la estrategia comunicativa en la comodidad que ofrece el lugar.

En el *branding* regional se han concretado diferentes corrientes (Messely *et al.*, 2010): La región escoge un elemento natural o cultural presente en el territorio y construye en torno a él su marca identitaria; opta por una estrategia de desarrollo cooperativo basada convencionalmente en el incremento de la economía rural, el fortalecimiento de infraestructuras y la conservación de la personalidad rural; o pone en valor ideas, símbolos y prácticas territoriales que derivan en la construcción de una identidad propia (Rastoin, 2012).

A pesar de la concreción de diversas variantes, no existe un manual para la ejecución de estrategias de *branding* regional, sino que cada territorio ha de construir una identidad propia atendiendo a sus necesidades y características geográficas, sociales y culturales.

De este modo, el *branding* regional se considera una faceta del nuevo paradigma rural (Horlings y Marsden, 2014), abordado en algunas publicaciones dedicadas al estudio de zonas como el norte de Portugal (Oliveira, 2016), las islas Shetland, en Escocia (Horlings y Kanemasu, 2015) u Holanda (Horlings, 2012). Mención aparte merece el estudio dedicado al análisis del *branding* regional de cuatro zonas rurales de Europa: Bretaña, el sur de Francia, West Cork, en Irlanda; y la Selva Negra, en Alemania (Donner *et al*, 2016). De esas cuatro marcas-territorio, dos tenían como objetivo último la atracción de residentes para paliar la despoblación.

No obstante, la comunicación de las marcas resultantes no es objeto de estudio en ellos, centrándose en mayor medida en los elementos definitorios de la personalidad del territorio, en las políticas rurales formuladas, en la necesidad de fortalecimiento económico o en la implementación de medidas de desarrollo sostenible.

Cabe destacar que, vinculado al *branding* regional, algunos autores han acuñado el *branding* rural (Gulisova *et al.*, 2021; Vuorinen y Vos, 2013). En él se incluyen aquellas estrategias de marca que las zonas rurales diseñan para favorecer la población (Florida, 2014; Lee, Wall y Kovacs, 2015). A este respecto, estudios previos hallan una relación entre la implementación de acciones de marca-territorio en las áreas rurales y un aumento de su sostenibilidad (Gulisova *et al.*, 2021; Dempsey *et al.*, 2011).

Así, el *branding* rural se configura como una herramienta para el desarrollo (de San Eugenio-Vela y Barniol-Carcasona, 2015; Martin y Capelli, 2017), aunque mucho más compleja que el *branding* nacional o el de ciudad, dada la frecuente escasez de recursos y la poca concreción de las fronteras físicas y administrativas del territorio (Chan y Marafa, 2013; Acharya y Rahman, 2016; Gulisova, 2021).

Desde un punto de vista fundamentalmente turístico se localizan estudios que observan la utilidad de las herramientas de comunicación online al servicio del *branding* territorial (Ebrahimi *et al.*, 2020) o incluso al servicio del *branding* rural (Srikanth y Liping, 2001; Kavoura y Bitsani, 2013). Sanz-Martos (2018) señala la despoblación como una oportunidad para los profesionales de la información y de Sola (2021) estudia la despoblación en España desde la perspectiva de los periodistas rurales. Sin embargo, no se ha identificado ningún estudio que analice la comunicación online de las propias entidades que tratan de combatir la despoblación en la España Vacía.

2. OBJETIVOS

Para abordar la cuestión desde el punto de vista comunicativo, y teniendo presente que las comunicaciones digitales constituyen la principal herramienta de difusión para las organizaciones que tratan de combatir la despoblación rural, este estudio tiene como objetivo general analizar la comunicación online de las asociaciones registradas por el grupo de investigación Geovacui (https://www.ucm.es/geovacui/). Este grupo se centra en el estudio de esa España vacía a través del tejido asociativo presente en cada territorio. De ese fin principal, se derivan cuatro objetivos específicos (OE):

OE1: Determinar el tipo de asociación.

OE2: Concretar sus intereses.

OE3: Estudiar el uso de su web.

OE4: Evaluar su empleo de redes sociales como canales de comunicación.

3. METODOLOGÍA

Dada la inexistencia de un registro institucional, el estudio toma como referencia el listado del grupo de investigación Geovacui, que desde 2019 desarrolla sendos proyectos de investigación nacional que constituyen una fuente de información oportuna y solvente, enfocada en el estudio del vaciamiento que sufren numerosas áreas de España. En total, se registran 70 asociaciones que actúan en buena parte del territorio nacional.

Teniendo en cuenta los objetivos establecidos se aborda un estudio mixto, de carácter exploratorio y descriptivo. En primer lugar, se procedió a identificar la misión y área de actuación de cada entidad. Posteriormente, se delimitaron los canales de comunicación digitales propios empleados, observando que las webs corporativas y las redes sociales (destacando Facebook) fueron las herramientas con un uso prioritario por parte de la muestra observada.

Los medios digitales dan lugar a la generación de diversos métodos de observación, que son valorados como auditorías cuando se trata de estudios sistemáticos y evidencian la efectividad de las estrategias comunicativas (Tourish y Hargie, 2017). Con la finalidad de observar el funcionamiento y la utilidad de dichos canales como recursos para lograr la misión que las asociaciones persiguen, se procedió a llevar a cabo un análisis de los contenidos publicados y de las interacciones establecidas en cada uno de ellos. Esta técnica permite valorar la objetividad del instrumento, así como la fiabilidad de los codificadores y la relación entre variables (Igartúa, 2006).

Para el análisis de las sedes webs, adaptando el modelo establecido por López-Alonso & Moreno López (2019), se determinaron unas categorías de análisis que incluían la transmisión, desde el punto de vista formal y de contenidos, de la identidad corporativa y la comunicación (actualización de la información y opciones de participación). Además, se añadió la observación de la información relativa a las medidas de la FEMP (señaladas en el marco teórico) como áreas en las que intervenir prioritariamente para combatir la despoblación rural. Para cada una de ellas se establecieron indicadores y sus escalas de evaluación particulares (tabla 1).

IDENTIDAD CORPORATIVA	
INDICADOR	ESCALA DE EVALUACIÓN
Incluye logotipo	0: No 1: Sí
Incluye credo fundacional (misión, visión y valores)	0: No 1: Sí, pero no información completa 2: Sí
Coherencia en cuanto a color y tipografía	0: No 1: Sí, pero con limitaciones 2: Sí
¿Se insertan fotografías/imágenes en el diseño?	0: No 1: Sí, pero escasas 2: Sí
¿Es un diseño web responsive?	0: No 1: Sí, pero con limitaciones 2: Sí
COMUNICACIÓN	
INDICADOR	ESCALA DE MEDICIÓN
¿La información está actualizada?	0: No 1: Sí, pero hace más de tres meses 2: Sí
¿Hay enlaces a redes sociales?	0: No 1: Sí, pero no enlazan 2: Sí
¿Se incluyen elementos participativos?	0: No 1: Sí, pero no están actualizados 2: Sí

¿Hay secciones específicas para residentes?	0: No 1: Sí, pero no están actualizados 2: Sí
¿Incluyen salas de prensa virtuales?	0: No 1: Sí, pero no están actualizados 2: Sí
INFORMACIÓN LÍNEAS FEMP	
INDICADOR	ESCALA DE MEDICIÓN
¿Hay información detallada sobre el propósito?	0: No 1: Sí, pero está incompleta 2: Sí
¿El propósito se corresponde con alguna de las medidas de la FEMP?	0: No 1: Sí

Tabla 1. Ficha de análisis sedes web. Fuente: Elaboración propia.

Al observar las redes sociales se comprobó que Facebook es la prioritaria, ya que la usan 54 asociaciones. Considerando la alta obsolescencia del soporte, el análisis de Facebook se ha centrado en los posts publicados entre enero y abril de 2022. De acuerdo con estudios con características similares (Cervi *et al.*, 2022; Agostino, 2013), se ha procedido a realizar un análisis mixto que incluye: número de seguidores, temática de las publicaciones y frecuencia de publicación/actualización. Además, desde el punto de vista de las interacciones se han observado las reacciones de los usuarios, el número y el sentido de los comentarios, así como la cifra de posts compartidos.

4. DESARROLLO DE LA INVESTIGACIÓN

4.1. Análisis web

De las 69 asociaciones incluidas en el listado de Geovacui, son 36 (52,17%) las que tienen webs operativas, en las que se centrará esta parte del análisis, y 33 (47,83%) las que no disponen de ella, bien porque no existe (78,79%), bien porque lleva más de un año sin ser actualizada (15,15%). Mención aparte merecen el colectivo Vive Cameros y la Coordinadora Rural de Zamora, cuyas páginas están en proceso de construcción (6,06%).

El estudio de la transmisión de la identidad organizacional a través de las webs comienza por la existencia de un logo que identifique visualmente a la asociación. Esto ocurre en la mayoría de la muestra (81,08%). No obstante, no se le otorga la misma relevancia a la cultura organizacional, ya que la misión, la visión y los valores se incluyen eminentemente de forma incompleta o desorganizada (38,89%) y bajo otros términos, como objetivos, principios o propósitos. Esta información se halla íntegra y ordenada en 11 casos (30,56%);

cifra idéntica a la de asociaciones que no hacen alusión alguna a su credo fundacional. Estos resultados derivan en un promedio de 1 según la codificación de variables empleada.

Ocurre algo similar cuando se analizan la coherencia formal (p= 1,57), el uso de imágenes (p= 1,39) y el diseño web adaptativo (p= 1,19), para los que en todo caso se registran promedios superiores al 1 pero que nunca llegan al dos. Se observan, por lo general, webs que cumplen con los requisitos de transmisión identitaria pero que no logran perfeccionar la transmisión del contenido, ya sea porque la estética visual de la página no presenta un diseño estable (en el caso de la Plataforma para el Ferrocarril Directo Madrid-Arganda-Burgos incluso se ha publicado la plantilla editable de la web de programación), porque la interfaz se distorsiona cuando la consultamos desde un móvil o por la insuficiencia de imágenes en el contenido (Figura 1). Esto último se considera especialmente relevante, atendiendo a que las asociaciones de la muestra tienen como propósito último lograr que la atención del público se dirija a sus territorios, que los conozcan de primera mano.

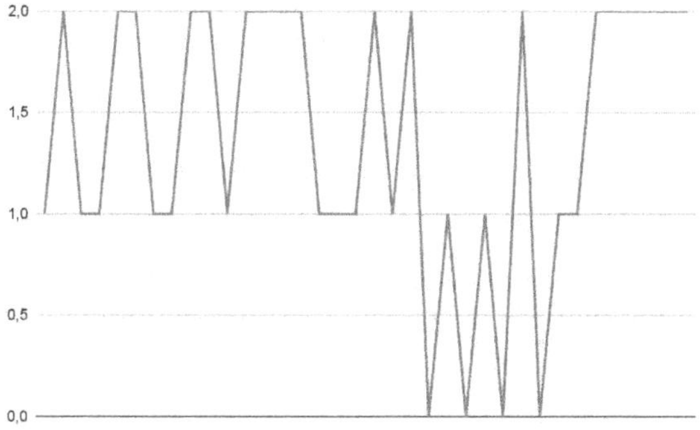

Figura 1. Histograma del uso de imágenes en las asociaciones de Geovacui.

Fuente: Elaboración propia.

En cuanto al contenido, la transmisión del propósito organizacional sigue la misma línea que la cultura, ya que se registra un promedio de 1,25. Esto se traduce en una predominancia de información incompleta sobre la actividad de la asociación.

No obstante, esa información proporcionada sí es suficiente para relacionar las asociaciones con las líneas acotadas por la FEMP. Solo cinco de ellas no se asocia con ninguna, resultando un promedio de 0,94. En cuanto a los ejes de actuación asociados (figura 2), se halla una predominancia de asociaciones implicadas en la consecución de todas ellas (28,2%). Por el contrario, los servicios públicos e infraestructuras, las comunicaciones y transportes, la vivienda y los incentivos demográficos solo constituyen el propósito principal de dos asociaciones (5,1%).

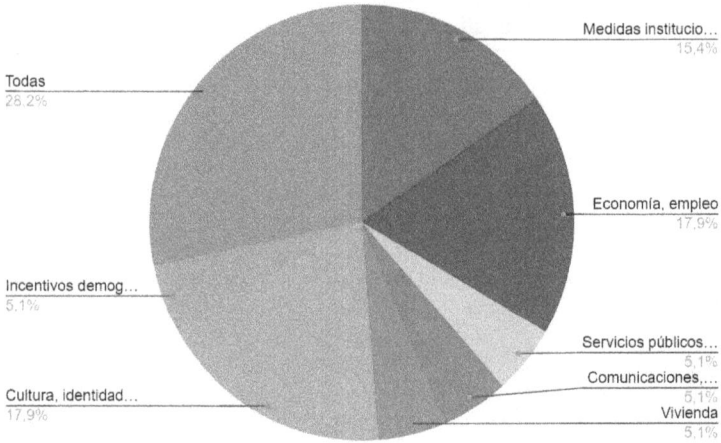

Figura 2. Clasificación de líneas FEMP por asociación. Fuente: Elaboración propia.

Cabe destacar la presencia de asociaciones centradas en la cultura, identidad y comunicación (17,9%), muy vinculadas con la marca-territorio y el *branding* rural. Destacan la Asociación Montaña y Desarrollo, dedicada a la recuperación y puesta en valor de la cultura campesina; o la Asociación Gaya Nuño, que fomenta la transmisión idiosincrática mediante concursos literarios y otras actividades culturales.

En cuanto al uso de la web como canal de comunicación, se observa que no todas las asociaciones tienen como prioridad la actualización, a pesar de que la mayoría de ellas, 19, las mantienen al día. El promedio asciende a 1,28 considerando las 10 organizaciones que no suben nueva información desde hace entre tres meses y un año, y las seis que llevan sin hacerlo más de tres meses. Esto se traduce en el mantenimiento de la tendencia observada hasta ahora: las asociaciones emplean sus webs para comunicarse pero no siguen un calendario de publicaciones estratégico. El promedio asciende hasta 1,38 en lo que respecta a la inclusión de links que enlazan con los perfiles de las organizaciones en redes sociales. Sin embargo, vuelve a decrecer hasta el 1,11 si se atiende al empleo de las webs como canales participativos para la población.

Las webs no se emplean como fuentes de recursos personalizados para habitantes del territorio, ya que en su mayoría ofrecen la misma información a autóctonos y foráneos, tal y como evidencia el promedio registrado, de 0,56. Tampoco se usan como fuentes informativas para los medios de comunicación, ya que 22 de las 36 asociaciones con web operativa (61,11%) no utilizan ninguna sección como sala de prensa. En cambio, las que dedican un apartado a *clipping* lo hacen bajo otras denominaciones: "Actualidad", "Noticias", "Comunicación" o fórmulas propias, como "Ven y si te gusta, quédate", en el caso de la red Castellanomanchega de Desarrollo Rural. En esos apartados del menú web suelen agruparse las publicaciones periodísticas sobre el territorio en el que opera la asociación, sin incluir contenido o recursos propios.

4.2. Análisis de Facebook

Facebook es la red de uso prioritario. Hay 54 casos de entidades que han hecho algún uso de esta red, si bien de ellas hay 11 que se consideran no actualizadas al no registrarse actividad entre enero y abril de 2022.

El número de seguidores es bastante variable. Incluso, en algunos casos, se trata de grupos que no ofrecen la información de manera abierta. Las cantidades pueden llegar a ser muy heterogéneas, yendo desde los 47 seguidores de la Coordinadora Rural de Zamora hasta los más de 18.000 de Jaén merece más. Debido a la dispersión de los valores se considera que el dato más representativo podría ser la mediana. En este caso se trata de 1.605 seguidores.

De las plataformas observadas se ha comprobado que 10 no tienen cuenta en Facebook y que 3 figuran como parte de un grupo público, pero no gestionado de manera propia. Además, se han registrado 12 que no se han actualizado ninguna vez durante el año 2022, incluso se localizan casos en los que la página está desactualizada desde 2016 (Colectivo acción solidaria), desde 2017 (Pasarón Merece, Plataforma para la defensa del ferrocarril en Teruel) o desde 2018 (Asociación Bureba es futuro, Comarca Guadix por el tren). A ellos se suma el caso de la Coordinadora Rural de Zamora que, aunque publicó un post en febrero de 2022, el registro de actividad anterior nos lleva a noviembre de 2021. Un caso similar es el de la plataforma Milana Bonita, que únicamente cuenta con 4 post en febrero y 2 en enero, pero que no ha sido actualizada en los meses de marzo y abril.

Del total de 54 páginas de gestión propia detectadas, hay un total de 40 que podría decirse que tienen un funcionamiento más o menos activo. Dos de ellas (Asociación Gaya Nuño y Asociación Montaña y Desarrollo) cuentan con perfiles personales. Más allá de este matiz, se identifican 12 desactualizadas y 2 que, aunque han hecho alguna actualización en 2022, su nivel de publicación es tan limitado que no podrían considerarse como activas.

Entre esas páginas activas, también se registra un nivel de actividad variable, que oscila entre las 2 ó 3 publicaciones mensuales hasta aquellas que tienen una periodicidad de publicación diaria, incluso llegando a publicar más de un post diario.

Las asociaciones más activas en este sentido son la Coordinadora de la España Vaciada, la Red de Desarrollo Rural, Teruel Existe, la Red Rural Nacional, la Asociación Comarcal don Quijote de la Mancha, la Confederación de Centros de Desarrollo Rural (COCEDER), la Coordinadora de Desarrollo Norte de Segovia (Codinse), Cuenca Ahora, Jaén Merece Más, la Asociación Segovia Sur y la Asociación Montaña y Desarrollo. Las primeras seis llegan a publicar incluso más de un post diario. Y las 5 últimas también tienen una frecuencia de actualización que, en término medio, alcanza el post diario.

En lo que respecta a las temáticas abordadas destacan el empleo, la formación y la cultura, seguidas por las medidas institucionales, el transporte y la infraestructura. En algunos casos, las páginas son empleadas como soporte para difundir contenidos publicados en otros medios (prensa fundamentalmente).

Como temáticas abordadas de manera transversal destacan cuestiones relacionadas con la juventud (como elemento clave para abordar la despoblación), la mujer (la igualdad) y también hay algunos casos de plataformas centradas en propuestas políticas (Soria ya, Teruel existe). Las páginas son asimismo aprovechadas para difundir información sobre actividades recreativas y, de manera muy limitada, hay dos en las que se identifica contenido de orientación religiosa.

En el análisis de las páginas se observa una interacción bastante limitada. De manera particular, la participación incrementa cuando el contenido difundido son ofertas de empleo, movilizaciones o contenido de carácter político. La forma de participación prioritaria son las reacciones, principalmente en forma de "me gusta" o "me encanta" (aunque también se registran reacciones negativas en posts de denuncias o reivindicaciones). En término medio, el número de reacciones no llega a la decena, aunque según el contenido y la plataforma se llegan a registrar casos que superan las 50, incluso la centena en un post de Apadrina un olivo (en relación con un premio). Las comparticiones y los comentarios son más escasos que las reacciones. Las primeras, en la línea con lo indicado, suelen ser más frecuentes en los casos de ofertas de empleo, formación o reivindicaciones y, a pesar de su escasez, suelen ser mayores que los comentarios, que en la mayoría de las ocasiones no existen y, cuando se publican, suelen ser una reacción de apoyo al contenido publicado en el post.

En el análisis desarrollado llama la atención que no existe una correlación entre las páginas con una mayor actualización y aquellas que mayor número de reacciones obtienen. Tampoco se aprecia entre aquellas con mayor número de seguidores y las más actualizadas. En este sentido se encuentra la página de la Asociación Milana Bonita, que cuenta con casi 20.000 seguidores, pero su nivel de actualización es muy limitado y sus publicaciones tienen una interacción comparativamente elevada con respecto a otras entidades. Además, se localizan páginas con un número moderado de seguidores, pero con niveles de actualización y de participación bastante más activos (es el caso de Apadrina un olivo, la Asociación Comarcal don Quijote de la Mancha o, en menor medida, la plataforma reivindicativa de la Autovía del Duero, A 11 Pasos). La plataforma Jaén Merece Más sí que guarda una relación entre el elevado número de seguidores, su actualización y el índice de participación.

5. CONCLUSIONES

Las asociaciones observadas no siguen una estrategia común a la hora de comunicar los problemas y retos de la España vaciada. Se ha observado que sus canales de difusión principales son la web y Facebook. No obstante, no todas las priorizan como eje central de su estrategia organizacional. Hay tantas asociaciones con webs operativas como inactivas y, aunque la mayoría se muestra activa en la red social, no todas publican con una frecuencia uniforme.

Puede concluirse que las asociaciones de la España vacía invierten recursos en construir identidades diferenciadoras, basadas en símbolos reconocibles y estables, pero no les otorgan tanta relevancia a los conceptos teóricos asociados a la construcción de la identidad organizacional, como el credo fundacional o la coherencia formal.

Es cierto que el contenido publicado tanto en la web como en Facebook tiende a ajustarse a las líneas de la FEMP, con especial incidencia en la cultura, la identidad y la comunicación. Esto va en línea con el discurso difundido, marcado por la información sobre empleo, formación y cultura. Esos tres asuntos se abordan desde una perspectiva local, acercando el territorio a las personas y fomentando su integración en él. Además, se ha comprobado que existe una relación directamente proporcional entre la proximidad del contenido y la implicación de las personas con él. Así, mientras más alta sea la primera, más interacciones se registran en los posts. No obstante, cabe destacar que es mayor el grado de interacción que el de compromiso, y eso se refleja en una cifra de reacciones superior a la de comparticiones y comentarios.

También puede concluirse que, más que como canal de comunicación propio, tanto las webs como los perfiles de Facebook se emplean predominantemente como plataformas de *clipping*, otorgando el protagonismo a la difusión de piezas periodísticas relacionadas con el propósito organizacional.

En cuanto a la frecuencia de publicación, en la web es tan variable como en Facebook. Asimismo, resulta reseñable el hecho de que las cuatro asociaciones que más actividad registran en la red social tienen cobertura nacional, alejándose de la idiosincrasia de un territorio concreto para enfocar la despoblación desde una perspectiva más centralista.

6. REFERENCIAS

Agostino, D. (2013). Using social media to engage citizens: A study of Italian municipalities. *Public Relations Review*, *39*(3). http://dx.doi.org/10.1016/j.pubrev.2013.02.009

Archarya, A. y Rahman, Z. (2016). Place branding research: a thematic review and future research agenda. *International Review on Public and Nonprofit Marketing*, *13*(3), 289-317. https://doi.org/10.1007/s12208-015-0150-7

Banco de España (2020). Eurosistema. Informe anual. https://n9.cl/vew0n

Boisen, M., Terlouw, K., Groote, P. y Couwenberg, O. (2018). Reframing place promotion, place marketing, and place branding - moving beyond conceptual confusion. *Cities*, 80, 4-11. https://doi.org/10.1016/j.cities.2017.08.021

Braun, E. (2012). Putting city branding into practice. *Journal of Brand Management*, *19*(4), 257- 267. https://doi.org/10.1057/bm.2011.55

Brooks, M. M. (2021). Countering Depopulation in Kansas: An Assessment of the Rural Opportunity Zone Program. *Popul Res Policy Review*, 40, 137–148. https://doi.org/10.1007/s11113-020-09572-0

Camarero, L. (2020). Despoblamiento, baja densidad y brecha rural: un recorrido por una España desigual. *Panorama Social*, 31, 47-73 https://www.funcas.es/wp-content/uploads/2020/09/Luis-Camarero.pdf

Cervi, L., Marín-Lladó, C. y Oliveras-Vila, C. (2022). La comunicación de los ayuntamientos en las redes sociales: participación ciudadana, información de servicio público y campaña permanente. *adComunica. Revista Científica de Estrategias, Tendencias e Innovación en Comunicación*, 23, 275-299. http://dx.doi.org/10.6035/adcomunica.6180

Chan, C. y Marafa, L. M. (2013). A review of place branding methodologies in the new millennium. *Place Branding and Public Diplomacy*, *9*(4), 236-253. https://doi.org/10.1057/pb.2013.17

De San Eugenio Vela, J. y Barniol Carcasona, M. (2015). The relationship between rural branding and local development. A case study in the Catalonia's countryside: Territoris Serens (El Lluçanès). *Journal of Rural Studies*, 37, 108-119. http://dx.doi.org/10.1016/j.rurstud.2015.01.001

De Sola, J. (2021). Informar sobre la despoblación desde la mirada de los periodistas rurales. *Estudios sobre el Mensaje Periodístico*, *27*(3), 825-832. https://dx.doi.org/10.5209/esmp.70958

Del Molino, S. (2016). *La España vacía. Viaje por un país que nunca fue*. Turner

Dempsey, N., Bramley, G., Power, S. y Brown, C. (2011). The social dimension of sustainable development: Defining urban social sustainability. *Sustainable Development*, *19*(5), 289-300. http://doi.org/10.1002/sd.417

Donner, M., Horlings, L., Fort, F. y Vellema, S. (2016). Place branding, embeddedness and endogenous rural development: four european cases. *Place Branding and Public Diplomacy*, *13*(4), 273-292. https://doi.org/10.1057/s41254-016-0049-z

Ebrahimi, P., Hajmohammad, A. I. y Khajeheian, D. (2020). Place branding and moderating role of social media. *Current Issues in Tourism*, *23*(14), 1723-1731. https://doi.org/10.1080/13683500.2019.1658725

Fan, Y. (2010). Branding the nation: Towards a better understanding. *Place Branding and Public Diplomacy*, *6*(2), 97–103. https://doi.org/10.1057/pb.2010.16

FEMP (2017). Documento de acción Comisión de Despoblación. Listado de medidas para luchar contra la despoblación en España. https://n9.cl/a8inx

Fernández Cavia, J., Kavaratzis, M. y Morgan, N. (2018). Place branding: A communication perspective. *Communication & Society*, *31*(4), 1-7. https://doi.org/10.15581/003.31.4.1-6

Florida, R. (2014). *The Rise of the Creative Class Revisited*. Basic Books.

Gulisova, B. (2021). Rural place branding processes. A meta-synthesis. *Place Branding and Public Diplomacy*, *17*(4), 368-381. https://doi.org/10.1057/s41254-020-00187-y

Gulisova, B., Horbel, C. y Noe, E. (2021). Place branding and sustainable rural communities: qualitative evidence from rural areas in Denmark. *Journal of Strategic Marketing*, 1-22. https://doi.org/10.1080/0965254X.2021.2006274

Horlings, L. G. (2012). Place branding by building coalitions; lessons from rural–urban regions in the Netherlands. *Place Branding and Public Diplomacy*, *8*(4), 295-309. http://dx.doi.org/10.1057/pb.2012.2

Horlings L. G. y Marsden, T. K. (2014). Exploring the 'New Rural Paradigm' in Europe: Eco-economic strategies as a counterforce to the global competitiveness agenda. *European Urban and Regional Studies*, *21*(1), 4-20. https://doi.org/10.1177%2F0969776412441934

Horlings, L. G. y Kanemasu, Y. (2015). Sustainable development and policies in rural regions; insights from the Shetland Islands. *Land Use Policy*, 49, 310-321. https://doi.org/10.1016/j.landusepol.2015.07.024

Igartúa, J. J. (2006). *Métodos cuantitativos de investigación en comunicación*. Bosch.

INE (Instituto Nacional de Estadística). Demografía y población 2021. https://n9.cl/2bks

Kalandides, A., Kavaratzis, M., Lucarelli, A. y Olof, P. (2011). City branding: A state-of-the-art review of the research domain. *Journal of Place Management and Development*, *4*(1), 9–27. https://doi.org/10.1108/17538331111117133

Kavaratzis, M. (2004). From City Marketing to City Branding: Towards a Theoretical Framework for Developing City Brands. *Place Branding and Public Diplomacy*, *1*(1), 58-73. https://doi.org/10.1057/palgrave.pb.5990005

Kavoura, A. y Bitsani, E. (2013). E-branding of rural tourism in Carinthia. Austria. *Tourism: An international Interdisciplinary Journal*, *61*(3), 289 - 312.

Lee, A. H. J., Wall, G. y Kovacs, J. F. (2015). Creative food clusters and rural development through place branding: Culinary tourism initiatives in Stratford and Muskoka, Ontario, Canada. *Journal of Rural Studies*, 39, 133–144. https://doi.org/10.1016/j.jrurstud.2015.05.001

López-Alonso, E. y Moreno-López, B (2019). La web corporativa como herramienta estratégica para la construcción de la identidad municipal: análisis de los municipios rurales en España. *El profesional de la información*, *28*(5). https://doi.org/10.3145/epi.2019.sep.25

Martin, E. y Capelli, S. (2017). Region brand legitimacy: towards a participatory approach involving residents of a place. *Public Management Review*, *19*(6), 820-844. https://doi.org/10.1080/14719037.2016.1210908

Messely, L., Dessein, J. y Lauwers, L. (2010). Regional identity in rural development: three case studies of regional branding. *Applied Studies in Agribusiness and Commerce*, 4, 3-4. https://doi.org/10.19041/APSTRACT/2010/3-4/3

Oliveira, E. (2016). Place branding as a strategic spatial planning instrument: A theoretical framework to branding regions with references to northern Portugal. *Journal of Place Management and Development*, 9(1), 47–72. https://n9.cl/0jg4vk

Rastoin, J. L. (2012). The Concept of Terroir as the Basis of Corporate Strategy in Agribusiness: The European Social, Economic and Institutional Model. En L. Augustin-Jean, H. Ilbert and N. Saavedra-Rivano (Eds.), *Geographical Indications and International Agricultural Trade: The Challenge for Asia* (pp. 117-137). Palgrave Macmillan.

Ruiz-Pulpón, A. y Ruiz-González, F. (2021). Procesos de despoblación en la España Interior. La provincia de Ciudad Real como ejemplo. *Revista de Estudios sobre Despoblación y Desarrollo Rural*, 183-213. https://doi.org/10.4422/ager.2021.15

Sanz-Martos, S. (2018). Despoblación, la nueva oportunidad de los profesionales de la información. *Anuario ThinkEPI*, 15. https://doi.org/10.3145/thinkepi.2021.e15b05

Skinner, H. (2008). The emergence and development of place marketing's confused identity. *Journal of Marketing Management*, 24(9-10), 915-928. https://doi.org/10.1362/026725708X381966

Srikanth, B. y Liping A. C. (2006). An Exploratory Evaluation of Rural Tourism Websites. *Journal of Convention & Event Tourism*, 8(1), 69-80. https://doi.org/10.1300/J452v08n01_04

Tourish, D. y Hargie, O. (2017). Communication Audits. En C. R. Scott, J. R. Barker, T. Kuhn, J. Keyton, P. K. Turner, & L. K. Lewis (Eds.), *The International Encyclopedia of Organizational Communication*. John Wiley & Sons. https://doi.org/10.1002/9781118955567.wbieoc031

Ubels, H., Bock, B. y Haartsen, T. (2020). Non-engagement of Mid-aged and Elderly Residents in Rural Civic Livability Initiatives. *Rural Sociology 85*(3), 730–756 https://doi.org/10.1111/ruso.12318

Van Ham, P. (2001). The rise of the brand state: the postmodern politics of image and reputation. *Foreign Affairs*, 80, 2–6. https://doi.org/10.2307/20050245

Vuorinen, M. y Vos, M. (2013). Challenges in joint place branding in rural regions. *Place Branding and Public Diplomacy*, 9(3), 154-163. https://doi.org/10.1057/pb.2013.18

LA RELACIÓN ENTRE LA COMUNICACIÓN DE BOCA EN BOCA ELECTRÓNICA, LA IMAGEN DE MARCA, LA ACTITUD Y LA INTENCIÓN DE RESERVAR UN HOTEL: PLANTEAMIENTO DE UN MODELO DEL GÉNERO COMO VARIABLE MODERADORA

Daniel Ángel Corral de la Mata, José Ramon Sarmiento Guede,
María García de Blanes Sebastián[1]

1. INTRODUCCIÓN

En los últimos diez años, el sector hotelero español está experimentado grandes cambios originados principalmente por el desarrollo de las Tecnologías de la Información y Comunicación (las TIC) y, en particular, por el creciente uso de los medios sociales, lo que los está convirtiendo en una excelente herramienta de comunicación para interaccionar con su público objetivo.

Dada la accesibilidad a Internet como la de que disponemos en la actualidad, la comunicación de boca en boca electrónica se ha convertido en una especie de comunicación mediante la que los consumidores pueden compartir opiniones o facilitar a los consumidores información sobre productos, servicios o marcas. El objeto de centrar nuestro estudio en la comunicación de boca en boca electrónica se justifica por el hecho de ser la comunicación más consumida y por ser a la que más crédito de veracidad otorgan los consumidores (Alrwashdeh *et al.*, 2019). Así Alrwashdeh *et al.*, (2019) argumentan que esta clase de comunicación es más influyente que las herramientas tradicionales de comunicación como son las relaciones públicas, la publicidad o la venta personal.

En el campo del comportamiento del consumidor, la comunicación de boca en boca electrónica puede influir significativamente en la actitud, en la intención de reservar un hotel o en la imagen de marca, como lo han demostrado estudios recientes (Vallejo *et al.*, 2015; Sarmiento-Guede *et al.*, 2018; Sánchez Torres *et al.*, 2018; Alrwashdeh *et al.*, 2019; Sarmiento-Guede *et al.*, 2021; Moise *et al.*, 2021). Sin embargo, todavía son muy pocos los estudios que se han ocupado de investigar si el género como característica demográfica modera las relaciones entre la comunicación de boca en boca electrónica, la imagen de marca, la actitud hacia una marca y la intención de reservar un hotel (Wang *et al.*, 2018; Simona *et al.*, 2021).

---

1. Universidad Rey Juan Carlos (España)

2. OBJETIVOS

Una vez revisada toda la literatura existente sobre la comunicación de boca en boca electrónica, la imagen de marca, la actitud y la intención de reservar un hotel, podemos plantear las preguntas de investigación siguientes:

- ¿Existen estudios previos de investigación que relacionen la comunicación de boca en boca electrónica, la imagen de marca, la actitud y la intención de reservar un hotel?

- ¿Los estudios disponibles sobre la relación entre la comunicación de boca en boca electrónica, la imagen de marca, la actitud y la intención de reservar un hotel tratan el género como variable moderadora?

Una vez planteadas las preguntas de investigación, es necesario definir los objetivos que den respuesta a las cuestiones planteadas, y son los siguientes:

- Identificar los trabajos de investigación que relacionen la comunicación de boca en boca electrónica, la imagen de marca, la actitud y la intención de reservar un hotel.

- Plantear un modelo de investigación con sus hipótesis para relacionar la comunicación de boca en boca electrónica, la imagen de marca, la actitud y la intención de reservar un hotel

- Investigar si el género puede moderar la relación entre estas dimensiones de estudio.

3. METODOLOGÍA

La metodología empleada en el presente trabajo se basa en la Revisión Sistemática de la Literatura, en inglés *Systematic Literature Review*. Según García de Blanes *et al.*, (2022, p. 17), por la Revisión Sistemática de la Literatura se puede entender "la revisión de contribuciones científicas de estudios primarios con la finalidad de resumir la información de un tema en particular". Este método identifica, selecciona y evalúa la investigación para responder a una pregunta claramente formulada y debe seguir unas fases muy bien definidas antes de empezar con la recopilación de la información a través de las bases de datos seleccionadas (García De Blanes *et al.*, 2022).

Las bases de datos electrónicas seleccionadas para realizar la Revisión Sistemática de la Literatura fueron Web of Science (WOS) y Scopus. El hecho el cual han sido seleccionadas dichas bases de datos está justificado principalmente por ser, como indican Zhao *et al.*, (2021), las bases de prestigiosas en el mundo científico. Y, para que tal selección resultara fiable y de calidad, se procedió a aislar las palabras clave, o *keywords,* que, como indican Quinto *et al.*, (2021), permiten identificar y clasificar las entradas en los sistemas de indexación y recuperar la información sobre un tema concreto.

En una primera fase, se identificaron 184 artículos, pero, dado que resultaba una muestra muy grande, se siguió el método de Zhao *et al.*, (2021) y se descartaron los trabajos menos relevantes. En este sentido, los criterios de inclusión aplicados para ello fueron los siguientes: que los artículos seleccionados hubieran sido publicados entre los años 2015 y 2022; que los artículos estuvieran escritos solo en inglés; que los artículos hubieran pasado una revisión por pares; que los artículos tuvieran una estructura adecuada según el método de investigación, y, por último, que los artículos fueran accesibles en abierto o a través de la suscripción de nuestra universidad. Una vez aplicados estos criterios, la muestra final quedó reducida a 36 artículos.

Palabras clave o keywords	Word of mouth communication; electronic word of mouth; Attitude toward hotel; Booking intentions; Brand Image; Social media; Gender (Género)
Bases de datos seleccionadas	Web of Science (WOS) Scopus
Método	Cualitativo
Técnica	Revisión Sistemática de la Literatura
Muestra	36 artículos

Tabla 1. Descripción de la metodología empleada. Fuente: Elaboración propia.

4. DESARROLLO DE LA INVESTIGACIÓN

La comunicación de boca en boca es una de las formas más antiguas de intercambiar información entre personas (Dellarocas, 2003) y se ha definido de muchas maneras. Y la primera de ellas fue la de Arndt (1967, p. 3) quien la definió como "la comunicación oral entre dos o más personas en la que el receptor no percibe el mensaje como publicidad de una marca, producto o servicio". La comunicación de boca en boca es considerada como la forma de comunicación que más influye en el comportamiento del consumidor, especialmente en el sector turístico y hotelero, debido a que los servicios intangibles que ofrecen son difíciles de evaluar antes del consumo (Daugherty y Hoffman, 2014: Sarmiento *et al.*, 2021).

Con la llegada de Internet, la forma de comunicarse entre los consumidores cambió radicalmente, transformando la comunicación de boca en boca en la comunicación de boca en boca electrónica. Esta última la podemos definir como "la percepción que el consumidor tiene de la información emitida por otros usuarios y que está disponible en un sitio web, por ejemplo, conversaciones disponibles en el apartado de foros de una discusión del sitio web" (Belanche *et al.*, 2013, p. 32). La comunicación de boca en boca electrónica es considerada en la actualidad como una de las fuentes de información más influyentes de Internet, sobre todo en el sector turístico (Yang, 2017).

Hay estudios previos como el de Huete-Alcocer (2017) en el que se afirma que existe una serie de diferencias sobre ambos conceptos que se explican a continuación. Por ejemplo: la comunicación de boca en boca se desarrolla de forma presencial, mientras que la comunicación de boca en boca electrónica se desarrolla en Internet; la comunicación de boca en boca es bidireccional, en tanto que la comunicación de boca en boca electrónica es multi-direccional; la comunicación de boca en boca electrónica puede ser anónima, mientras que la comunicación de boca en boca no puede serlo; la comunicación de boca en boca puede ser percibida con mayor credibilidad por ser conocida la fuente, mientras que en la comunicación de boca en boca electrónica la credibilidad puede quedar reducida por provenir la información de una fuente anónima; en la comunicación de boca en boca la información se trasmite más despacio en comparación con la comunicación de boca en boca electrónica por difundirse la información rápidamente por Internet; el acceso a la información de la comunicación de boca en boca es más limitado, mientras que en la comunicación de boca en boca electrónica el acceso a la información es más fácil y sin limitaciones (Sarmiento, 2015).

En el sector hotelero, la comunicación de boca en boca electrónica es una forma de comunicación llena de ventajas en comparación con la de boca en boca tradicional, ya que permite monitorizar los motivos que llevan a los consumidores a compartir información y la posible influencia que pueda ejercer esa información en otros consumidores (Salvi, 2015). Entre las principales motivaciones, en estudios previos queda constatado que la información compartida en los medios sociales es resultado de la satisfacción o, de la insatisfacción y se hace altruistamente (Hennig-Thurau *et al.*, 2004). De hecho, algunos autores como Öz (2015) afirman que los consumidores de hoteles suelen compartir más información cuando quedan satisfechos. Y, por el contrario, la información negativa sobre un hotel está motivada más por la búsqueda de una recompensa que por una experiencia insatisfactoria (Wei *et al.*, 2013). Otra de las motivaciones que pueden tener los clientes para compartir información es la de los vínculos sociales que han desarrollado en torno a un medio social (Chan y Ngai, 2011). Sin embargo, el uso de los medios sociales que hacen los usuarios para compartir opiniones sobre productos, servicios o marcas puede convertirse en algo negativo para las cadenas hoteleras por ser un medio de comunicación cuya información no controlan estas cadenas (Serra-Cantallops *et al.*, 2018). Para contrarrestar esta carencia, las cadenas hoteleras están aumentando más cada año su presencia en los medios sociales y creando comunidades virtuales en sus sitios web para poder interaccionar y crear vínculos sociales con sus clientes o clientes potenciales. En consecuencia, esta forma de comunicación influye en la elección de la marca de un hotel y en su reputación, y este efecto es más acusado en hoteles más pequeños o desconocidos (Sparks y Browning, 2011).

Una vez analizada la información, esta investigación se propone plantear un modelo para futuras investigaciones. Para ello, nos hemos basado en el modelo S-O-R (Estímulo-Organismo-Respuesta) originalmente inventado por Mehrabain y Russell (1974). Estos autores entendían que un estímulo ambiental (S) da como resultado una respuesta emocional (O), fomentando así una respuesta conductual. El modelo S-O-R se aplica para la construcción del marco teórico de esta investigación por dos razones: la primera de ellas es un modelo que se ha aplicado en varios sectores y áreas confirmando la relación entre la respuesta emocional y de intención (Lucia-Palacios *et al.*, 2016); la segunda de ellas se basa en que el modelo S-O-R explica muy bien el comportamiento de los consumidores estimulado por entornos externos (Zhou, 2022).

En este estudio, el estímulo refleja las herramientas de comunicación externas y no controladas por el sector hotelero (la comunicación de boca en boca). El organismo refleja las emociones y estados cognitivos de los consumidores (la imagen de marca y actitud hacia el hotel) y estos actúan como intermediarios para producir resultados conductuales (intención de reservar un hotel). Por lo tanto, el modelo S-O-R podría usarse para explicar la relación entre la comunicación de boca en boca electrónica, la imagen de marca, la actitud y la intención de reservar, como se puede observar en la figura 1.

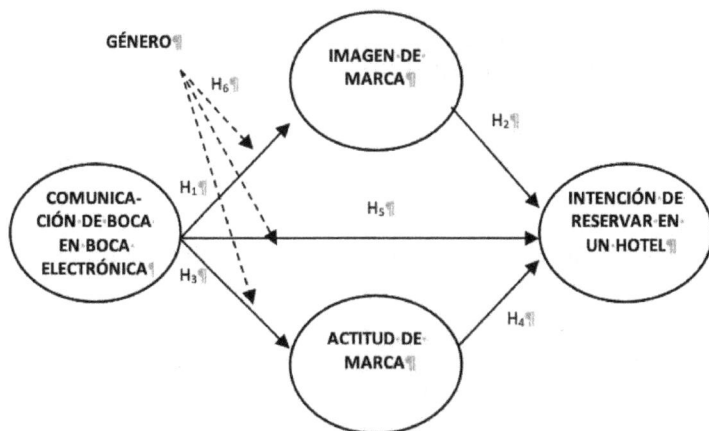

Figura 1: Propuesta del modelo de investigación. Fuente: Elaboración propia.

A continuación, se desarrolla cada una de las relaciones y se proponen diferentes hipótesis de investigación.

4.1. La relación entre la comunicación de boca en boca electrónica y la imagen de marca

La comunicación de boca en boca electrónica debe ser considerada como un proceso de influencia social en el que el intercambio de información entre el emisor y el receptor puede cambiar la actitud y el comportamiento del receptor hacia una determinada marca. La imagen de marca la podemos definir como "un conjunto de representaciones mentales, ya sean cognitivas o ya afectivas sobre una determinada marca" (Ansary y Hashim, 2018, p. 937). Sarmiento *et al.* (2018) afirma que la imagen de marca es un factor crítico en la construcción de relaciones y que tener una imagen positiva de una determinada marca puede simplificar el proceso de toma de decisiones de compra.

La comunicación de boca en boca electrónica se ha convertido en una parte indispensable del marketing mix online que contribuye significativamente a la toma de decisiones sobre la marca y que puede aumentar la confianza de un consumidor sobre un determinado producto o servicio (Cheng y Ho, 2015). Dado que uno de los objetivos fundamentales de una marca es desarrollar confianza entre sus consumidores, la comunicación de boca en boca electrónica puede ser considerada como una forma de comunicación importante para minimizar la incertidumbre y para facilitar información que pueda ayudar a dirigir los procesos de toma de decisión de los consumidores (Ansary y Hashim, 2018). La comunicación de boca en boca electrónica resulta más efectiva que la comunicación de boca en boca tradicional debido a su accesibilidad (Dalman *et al.*, 2020). Por tanto, Internet y, especialmente, los medios sociales han permitido a los usuarios influir en otros a través de una variedad de herramientas sobre la imagen de marca (Fine *et al.*, 2017).

En el sector servicios (Hennig-Thurau *et al.*, 2015; Sijoria *et al.*, 2019), hay estudios previos que demuestran que la comunicación de boca en boca electrónica puede tener un efecto positivo en la imagen de marca. Lien *et al.* (2015) indicaron que la imagen de marca es un factor clave con influencia positiva en las intenciones de compra de reservas de hotel en línea. Kim y Lee (2018) demostraron que la correcta gestión de la comunicación de boca en boca electrónica influye positivamente en la elección de marca de un destino turístico. Liu y Lee (2016) desarrollaron una investigación en el sector aéreo y probaron que las acciones llevadas a cabo a través de la comunicación de boca en boca electrónica ejercen influencia en la imagen y en el conocimiento de marca. Ante este contexto, planteamos la primera hipótesis de investigación:

H_1. La comunicación de boca en boca influye en la imagen de marca de los hoteles.

H_2. La imagen de marca de los hoteles influye en la intención de compra.

4.2. La relación entre la comunicación de boca en boca electrónica y la actitud de marca

La actitud es una dimensión psicológica con capacidad de anticiparse y de influir en la conducta del consumidor. Además, la actitud la podemos medir a través de dimensiones cognitivas basadas en las creencias y opiniones y a través de dimensiones afectivas basadas en emociones y sentimientos (Mercade *et al.*, 2019). La actitud hacia una marca hemos de entenderla, pues, como la evaluación que los consumidores en función de su percepción realizan sobre una determinada marca (Fine *et al.*, 2017).

En la revisión de la literatura, hemos podido identificar que estudios previos demuestran que la comunicación de boca en boca electrónica tiene un efecto positivo en la actitud hacia una determinada marca (del Río y Vizcaino, 2020). A su vez, otros estudios indican que la actitud positiva hacia una determinada marca puede influir en el comportamiento de compra de los consumidores (Yen y Tang, 2019). Por tanto, la información distribuida a través de los medios sociales, si es positiva, puede influir en la actitud de un consumidor y, a su vez, puede traducirse en la reserva de una habitación de un hotel (Ahn y Back, 2018). Dado que los estudios reseñados muestran que la información trasmitida influye en la actitud de los consumidores, las respuestas a dicha información también podrían modificar la actitud de los consumidores (Fine *et al.*, 2017).

El trabajo de investigación de Ahn y Back (2018) demostró que existe una relación positiva entre la comunicación de boca en boca electrónica y la actitud hacia la marca y la intención de comportamiento en cadenas hoteleras. El estudio de Sijoria *et al.,* (2019) probó la existencia de una relación entre la comunicación de boca en boca electrónica y la actitud y comportamiento de marca en el sector hotelero. Asimismo, constataron que una correcta gestión de la comunicación de boca en boca electrónica puede ayudar a que los consumidores paguen más por una habitación de hotel. Los resultados empíricos del trabajo de Jalilvand (2017) confirmaron que la comunicación de boca en boca electrónica en los medios sociales ejerce una influencia significativa en la imagen de un destino, en la actitud hacia dicho destino y en la intención de viajar a tal destino. A la vista de estos estudios analizados, se plantean las hipótesis de investigación siguientes:

H_3. La comunicación de boca en boca influye en la actitud hacia la marca de los hoteles.

H_4. La actitud positiva hacia la marca influye en la intención de compra.

4.3. La relación entre la comunicación de boca en boca electrónica y la intención de reservar un hotel

En la actualidad, la comunicación de boca en boca electrónica ha de ser considerada como la forma más influyente en la planificación de un viaje (Yang, 2017). La de boca en boca electrónica ayuda a los viajeros a evaluar un producto, servicio, destino o marca sin haberlo consumido, contribuye a generar confianza en los potenciales clientes y posibilita la reducción de riesgo (Sarmiento-Guede *et al.*, 2021).

Los medios sociales en el sector hotelero son considerados como un medio de comunicación idóneo para que los consumidores intercambien información a través de reseñas, comentarios, imágenes o vídeos y para que influyan en la intencion de reservas de los usuarios que las leen (Erkan y Evans, 2016). Existen muchos estudios previos han demostrado que la comunicación de boca en boca electrónica ejerce una influencia significativa en la intención compra (Mauri y Minazzi, 2013).

La intención de compra o la intención de reserva de una habitación en un hotel es considerada por muchos investigadores como una de las más importantes variables (Ladhari y Michaud, 2015). La intención de compra en el sector hotelero, primeramente, se ve influenciada por el precio, por la ubicación o por el tipo de establecimiento, pero, posteriormente, el consumidor suele contrastar esa percepción con los comentarios disponibles en Internet y, en concreto, a través de los medios sociales (Liang *et al.*, 2018). Por tanto, la comunicación de boca en boca electrónica influye en la intención de reservar una habitación (Erkan y Evans, 2016). Y, en este sentido, los usuarios expuestos a comentarios positivos pueden tener más probabilidades de reservar una habitación que los usuarios que han leído comentarios negativos (Ladhari y Michaud, 2015). De hecho, según el estudio de Liang *et al.* (2018), los comentarios negativos a través de los medios sociales son el factor más determinante para no reservar una habitación de hotel. Otros estudios como el de Kim *et al.* (2015) señalan la importancia de contestar a esos comentarios negativos, ya que en su estudio observaron que, cuando la tasa de respuestas a comentarios negativos era mayor, tenía una influencia positiva en la intención de compra de los consumidores. Gavilan *et al.* (2018) argumentan que el momento en el que se han publicado los comentarios negativos o positivos también influye en la intención de compra: concretamente, si los comentarios negativos son antiguos, no influyen significativamente, pero, si son recientes, influyen más. Otro aspecto relevante es que las mujeres son más propensas a leer los comentarios de los hoteles. La causa radica en que ellas son más sensibles a los detalles. A la luz de los estudios analizados, procedemos a plantear la siguiente hipótesis de investigación:

H$_5$. La comunicación de boca en boca influye en la intención de reservar en un hotel.

4.4. La relación entre el género, la comunicación de boca en boca electrónica, la imagen de marca, la actitud hacia un hotel y la intención de reservar en un hotel

Las características sociodemográficas como variables moderadoras en los modelos de investigación de marketing y, en concreto, en los modelos de comunicación son cada vez más utilizados. En este sentido, una de las variables sociodemográficas más investigadas es la del género (Moise *et al.*, 2021).

En la actualidad, existen muchos trabajos de investigación en los que resaltan la importancia del género en las comunicaciones online. Autores como Kimbrough *et al.*, (2013) y Ang (2017) afirman que las mujeres interaccionan y utilizan más los medios sociales que los hombres. Hay estudios indican que los hombres suelen utilizar los medios sociales de forma utilitaria, mientras que las mujeres lo suelen hacer de forma práctica. En la misma línea, Chan, Cheung, Shi, and Lee (2015) han constatado ciertas diferencias en el uso que hacen los hombres y las mujeres de esas opiniones en los medios sociales. Otros estudios como el Simona *et al.*, (2021) afirman que las mujeres tienen más influencia en los consumidores que los hombres, por lo que el género es una variable para considerar en el desarrollo de las estrategias de marketing digital. Y, por el contrario, los resultados obtenidos por Sevilla *et al.* (2019) permiten afirmar que, a la hora de elegir un hotel específico, las cuestiones relacionadas con la dimensión ambiental de la Responsabilidad Social Corporativa del hotel tienen igual importancia para ambos géneros. Ante este contexto, queda probado que el género puede desempeñar un papel fundamental como variable moderadora en las relaciones de las hipótesis.

H_6. El género modera la relación entre la comunicación de boca en boca y la intención de reservar un hotel.

5. CONCLUSIONES

El presente trabajo aporta suficientes evidencias para responder a las preguntas y objetivos de investigación planteados con anterioridad. En primer lugar, los resultados obtenidos de la revisión sistemática de la literatura han identificado una muestra significativa de trabajos de investigación que nos han permitido relacionar las variables de comunicación de boca en boca electrónica, la imagen de marca, la actitud de marca y la intención de comportamiento. También hemos podido identificar trabajos de investigación que incluyen el género como variable moderadora para analizar si existían diferencias significativas.

En segundo lugar, una vez identificados los trabajos de investigación, se ha procedido a plantear un modelo de investigación y sus respectivas hipótesis. En concreto, se ha planteado el modelo gracias a la revisión de la literatura para poder desarrollar las hipótesis.

En tercer lugar, queda constatado que el género puede actuar como variable moderadora de la relación en las distintas dimensiones analizadas. Los trabajos de investigación reseñados demuestran la existencia de diferencias en función de si la comunicación de boca en boca electrónica la realiza un hombre o la realiza una mujer.

La comunicación de boca en boca electrónica desempeña un papel importante en la creación de una imagen positiva de las empresas y también puede afectar a la actitud y a la intención de reservar un hotel que tienen los consumidores, por lo que los departamentos de marketing deben utilizar los medios sociales para personalizar el mensaje en función del género.

Finalmente, destacaremos ciertas limitaciones que pueden considerarse como futuras líneas de investigación. En concreto, nuestro trabajo de investigación se ha limitado a una revisión de la literatura y a un planteamiento teórico de un modelo de investigación,

Como futuras líneas de investigación, el modelo planteado podría llevarse a la práctica mediante la realización de ecuaciones estructurales para la constatación de las hipótesis. Además, se podría aplicar a diferentes países o a distintos sectores para hacer un análisis comparativo de ellos. El modelo relaciona la comunicación de boca en boca electrónica, la imagen de marca, la actitud hacia una marca, la intención de reservar un hotel y sobre cómo puede actuar el género como variable moderadora. En él se puede observar cómo la comunicación de boca en boca electrónica actúa como antecedente o estímulo y cómo las variables de la imagen de marca y la actitud actúan como desarrollo del modelo, variables que normalmente suelen ser afectivas y conativas. Por último, la intención de reservar un hotel actúa como respuesta o consecuente del modelo.

6. REFERENCIAS

Ahn, J. y Back, K. J. (2018). Influence of brand relationship on customer attitude toward integrated resort brands: a cognitive, affective, and conative perspective. *Journal of Travel & Tourism Marketing, 35*(4), 449-460. https://doi.org/10.1080/10548408.20 17.1358239

Alrwashdeh, M., Emeagwali, O. y Aljuhmani, H. (2019). The effect of electronic word of mouth communication on purchase intention and brand image: An applicant smartphone brands in North Cyprus. *Management Science Letters, 9*(4), 505-518.

Ang, C. S. (2017). Internet habit strength and online communication: Exploring gender differences. *Computers in Human Behavior,* 66, 1-6. https://doi.org/10.1016/j. chb.2016.09.028

Ansary, A. y Hashim, N. M. H. N. (2018). Brand image and equity: The mediating role of brand equity drivers and moderating effects of product type and word of mouth. *Review of Managerial Science, 12*(4), 969-1002.

Arndt, J. (1967). *Word of Mouth Advertising: A Review of The Literature,* Advertising Research Foundation.

Belanche Gracia, D., Ariño, L. V. C. y Blasco, M. G. (2013). Comunicación comercial y boca-oído electrónico en sitios web corporativos: un análisis desde la perspectiva del marketing de relaciones. *Investigaciones Europeas de Dirección y Economía de la Empresa, 19*(1), 31-41.

Chan, T. K. H., Cheung, C. M. K., Shi, N. y Lee, M. K. O. (2015). Gender differences in satisfaction with Facebook users. *Industrial Management & Data Systems, 115*(1), 182. https://doi.org/10.1108/imds-08-2014-0234

Chan, Y. Y. Y. y Ngai, E. W. T. (2011). Conceptualising electronic word of mouth activity: An input-process-output perspective. *Marketing Intelligence & Planning, 29*(5,) 488-516. https://doi.org/10.1108/02634501111153692

Cheng, Y. H. y Ho, H. Y. (2015). Social influence's impact on reader perceptions of online reviews. *Journal of Business Research, 68*(4), 883-887.

Dalman, M. D., Chatterjee, S. y Min, J. (2020). Negative word of mouth for a failed innovation from higher/lower equity brands: Moderating roles of opinion leadership and consumer testimonials. *Journal of Business Research,* 115, 1-13.

Daugherty, T. y Hoffman, E. (2014). eWOM and the importance of capturing consumer attention within social media. *Journal of Marketing Communications, 20*(1-2), 82-102. https://doi.org/10.1080/13527266.2013.797764

del Río, C. M. y de Jesús Vizcaino, A. (2020). eWOM y toma de decisiones del consumidor en el mercado hotelero: análisis bibliométrico. *Mercados y Negocios, 1*(42), 93-118.

Dellarocas, C. (2003). The digitization of word of mouth: Promise and challenges of online feedback mechanisms. *Management science, 49*(10), 1407-1424.

Erkan, I. y Evans, C. (2016). The influence of eWOM in social media on consumers' purchase intentions: An extended approach to information adoption. *Computers in Human Behavior,* 61, 47-55. https://doi.org/10.1016/j.chb.2016.03.003

Fine, M. B., Gironda, J. y Petrescu, M. (2017), "Prosumer motivations for electronic word-of-mouth communication behaviors", *Journal of Hospitality and Tourism Technology, 8*(2), 280-295. https://doi.org/10.1108/JHTT-09-2016-0048

García De Blanes Sebastián, M., Artonovica, A. y Sarmiento Guede, J. R. (2022). Why do users accept the information technology? Description and use of theories and models of their acceptance. *HUMAN REVIEW. International Humanities Review / Revista Internacional De Humanidades, 15*(7), 1–15. https://doi.org/10.37467/revhuman. v11.4366

Gavilan, D., Avello, M. y Martinez-Navarro, G. (2018). The influence of online ratings and reviews on hotel booking consideration. *Tourism Management*, 66, 53-61. https://doi.org/10.1016/j.tourman.2017.10.018

Hennig-Thurau, T., Gwinner, K. P., Walsh, G. y Gremler, D. D. (2004). Electronic word-of-mouth via consumer-opinion platforms: what motivates consumers to articulate themselves on the internet? *Journal of interactive marketing*, *18*(1), 38-52. https://doi.org/10.1002/dir.10073

Hennig-Thurau, T., Wiertz, C. y Feldhaus, F. (2015). Does Twitter matter? The impact of microblogging word of mouth on consumers' adoption of new movies. *Journal of the Academy of Marketing Science*, *43*(3), 375-394.

Huete-Alcócer, N. (2017) A Literature Review of Word of Mouth and Electronic Word of Mouth: Implications for Consumer Behavior. *Frontiers in Psychology*, 8, 1256. https://doi.org/10.3389/fpsyg.2017.01256

Jalilvand, M. R. (2017). Word-of-mouth vs. mass media: Their contributions to destination image formation. *Anatolia, 28*(2), 151-162.

Kim, H. K. y Lee, T. J. (2018). Brand equity of a tourist destination. *Sustainability, 10*(2), 431. https://doi.org/10.3390/su10020431

Kim, W. G., Lim, H. y Brymer, R. A. (2015). The effectiveness of managing social media on hotel performance. *International Journal of Hospitality Management*, 44, 165-171. https://doi.org/10.1016/j.ijhm.2014.10.014

Kimbrough, A. M., Guadagno, R. E., Muscanell, N. L. y Dill, J. (2013). Gender differences in mediated communication: Women connect more than do men. *Computers in Human Behavior, 29*(3), 896-900. https://doi.org/10.1016/j.chb.2012.12.005

Ladhari, R. y Michaud, M. (2015). eWOM effects on hotel booking intentions, attitudes, trust, and website perceptions. *International Journal of Hospitality Management*, 46, 36-45. https://doi.org/10.1016/j.ijhm.2015.01.010

Liang, L. J., Choi, H. C. y Joppe, M. (2018). Understanding repurchase intention of Airbnb consumers: perceived authenticity, electronic word-of-mouth, and price sensitivity. *Journal of Travel & Tourism Marketing*, *35*(1), 73-89. https://doi.org/10.1080/10548408.2016.1224750

Lien, C. H., Wen, M. J., Huang, L. C. y Wu, K. L. (2015). Online hotel booking: The effects of brand image, price, trust and value on purchase intentions. *Asia Pacific Management Review*, *20*(4), 210-218. https://doi.org/10.1016/j.apmrv.2015.03.005

Liu, C. H. S. y Lee, T. (2016). Service quality and price perception of service: Influence on word-of-mouth and revisit intention. *Journal of Air Transport Management*, 52, 42-54.

Lucia-Palacios, L., Pérez-López, R. y Polo-Redondo, Y. (2016). Cognitive, affective and behavioural responses in mall experience: A qualitative approach. *International Journal of Retail & Distribution Management*, *44*(1), 4-21. https://n9.cl/thbdh

Mauri, A. G. y Minazzi, R. (2013). Web reviews influence on expectations and purchasing intentions of hotel potential customers. *International journal of hospitality management*, 34, 99-107. https://doi.org/10.1016/j.ijhm.2013.02.012

Mehrabian, A. y Russell, J. A. (1974). *An approach to environmental psychology*. The MIT Press.

Mercade Mele, P., Molina Gomez, J. y Garay, L. (2019). To green or not to green: The influence of green marketing on consumer behaviour in the hotel industry. *Sustainability*, *11*(17), 4623.

Moise, M. S., Gil-Saura, I. y Ruiz Molina, M. E. (2021). The importance of green practices for hotel guests: does gender matter?. *Economic Research-Ekonomska Istraživanja*, 1-22. https://doi.org/10.1080/1331677X.2021.1875863

Öz, M. (2015). Social media utilization of tourists for travel-related purposes", *International Journal of Contemporary Hospitality Management, 27*(5,) 1003-1023. https://doi.org/10.1108/IJCHM-01-2014-0034

Quinto, N. M. D., Villodas, A. J. C., Montero, C. P. C., Cueva, D. L. E. y Vera, S. A. N. (2021). La inteligencia artificial y la toma de decisiones gerenciales. *Revista de Investigación Valor Agregado, 8*(1), 52-69.

Salvi, F. (2015). Nuevo comportamiento del consumidor: La influencia del ewom (Electronic Word-of-Mouth). En relación a la lealtad de los clientes en el sector hotelero (Doctoral dissertation, Universitat de les Illes Balears).

Sánchez Torres, J. A., Moro, M. L. S. y Irurita, A. A. (2018). Impact of gender on the acceptance of electronic word-of-mouth (eWOM) information in Spain. *Contaduría y administración, 63*(4), 10.

Sarmiento Guede, J. R., Esteban Curiel, J. D. y Antonovica, A. (2018). Word-of-mouth communication as a consequence of relationship quality in online environments. *Palabra Clave, 21*(4), 1075-1106.

Sarmiento-Guede, J. R. (2015). *Marketing de relaciones: aproximación a las relaciones virtuales.* Editorial Dykinson, 1-486.

Sarmiento-Guede, J. R., Antonovica, A. y Antolín-Prieto, R. (2021) The Green Image in the Spanish Hotel Sector: Analysis of Its Consequences from a Relational Perspective. *Sustainability*, 13, 4734. https://doi.org/10.3390/su13094734

Serra-Cantallops, A., Ramón-Cardona, J. y Salvi, F. (2018). The impact of positive emotional experiences on eWOM generation and loyalty. *Spanish Journal of Marketing-ESIC. 22*(2), 142-162. https://doi.org/10.1108/SJME-03-2018-0009

Sevilla-Sevilla, C., Mondéjar-Jiménez, J. y Reina-Paz, M. D. (2019). Before a hotel room booking, do perceptions vary by gender? The case of Spain. *Economic research-Ekonomska Istrazivanja, 32*(1), 3853–3868. https://doi.org/10.1080/1331677X.2019.1677487

Sijoria, C., Mukherjee, S. y Datta, B. (2019). Impact of the antecedents of electronic word of mouth on consumer based brand equity: a study on the hotel industry. *Journal of Hospitality Marketing & Management, 28*(1), 1-27.

Simona Moise, M., Gil-Saura, I. y Ruiz Molina, M.E. (2021): The importance of green practices for hotel guests: does gender matter?, *Economic Research- Ekonomska Istraživanja,*1-22. https://doi.org/10.1080/1331677X.2021.1875863

Sparks, B. A. y Browning, V. (2011). The impact of online reviews on hotel booking intentions and perception of trust. *Tourism management, 32*(6), 1310-1323.

Vallejo, J. M., Redondo, Y. P. y Acerete, A. U. (2015). Las características del boca-oído electrónico y su influencia en la intención de recompra online. *Revista Europea de Dirección y Economía de la Empresa, 24*(2), 61-75. https://doi.org/10.1016/j.redee.2015.03.002

Wang, J., Wang, S., Xue, H., Wang, Y. y Li, J. (2018). Green image and consumers' word-of-mouth intention in the green hotel industry: The moderating effect of Millennials. *Journal of Cleaner Production*, 181, 426-436.

Wei, W., Miao, L. y Huang, Z. J. (2013). Customer engagement behaviors and hotel responses. *International Journal of Hospitality Management*, 33, 316-330.

Yang, F. X. (2017). Effects of restaurant satisfaction and knowledge sharing motivation on eWOM intentions: the moderating role of technology acceptance factors. *Journal of Hospitality & Tourism Research, 41*(1), 93-127. https://doi.org/10.1177/1096348013515918

Yen, C. L. A. y Tang, C. H. H. (2019). The effects of hotel attribute performance on electronic word-of-mouth (eWOM) behaviors. *International Journal of Hospitality Management*, 76, 9-18. https://doi.org/10.1016/j.ijhm.2018.03.006

Zhao, Y., Wang, L., Tang, H. y Zhang, Y. (2021). Electronic word-of-mouth and consumer purchase intentions in social e-commerce. *Electronic Commerce Research and Applications*, 41, 100980. https://doi.org/10.1016/j.elerap.2020.100980

Zhou, J. (2022). The effects of syntactic awareness to L2 Chinese passage-level reading comprehension. *Frontiers in psychol5ogy*, 12, 783827.

AYUNTAMIENTOS ASTURIANOS Y PUBLICIDAD ACTIVA MEDIANTE DATOS ABIERTOS

Ricardo Curto Rodríguez[1]

1. INTRODUCCIÓN

La transparencia y el gobierno abierto se han consolidado como el resultado de la aplicación de los principios democráticos que colocan al ciudadano en el epicentro de los asuntos públicos. A tal efecto, es necesario habilitar el libre acceso a la información pública lo que permitirá saber cómo se están gestionando los recursos comunes y facilitar que la ciudadanía pueda formarse opiniones al respecto. Parece lógico, ya que estamos en la era de los datos, no conformarse con que la divulgación de la información se realice de cualquier modo, por lo que debemos exigir que el suministro se realice de manera adecuada en cuanto a su fácil localización, el empleo de licencias y formatos abiertos que favorezcan su reutilización, así como la existencia de información complementaria que añada valor (organismo responsable, frecuencia de actualización, etc.).

Este estudio pretende valorar la comunicación de información asociada a la transparencia realmente reutilizable en una comunidad autónoma española: el Principado de Asturias y al nivel de gobierno más cercano al ciudadano, esto es, sus entidades locales. Asturias tiene una superficie de 10.604 Km^2 y una población ligeramente superior al millón de habitantes.

Dicha población se encuentra desigualmente repartida ya que tan solo dos ciudades acumulan prácticamente el 50% de sus habitantes (Gijón con 270.000, y Oviedo con 220.000). El siguiente municipio más poblado es Avilés con 76.000 ciudadanos censados, seguido por Siero con poco más de 50.000 y Langreo con unos 40.000 habitantes. Estos serían los cinco mayores municipios por tamaño poblacional (y por superficie) que serán analizados por de nuestro estudio ya que entendemos que disponen del tamaño suficiente para tener implementadas iniciativas de transparencia en general, y de datos abiertos en particular.

Con el citado cometido hemos estructurado este trabajo del siguiente modo: tras esta breve introducción mostramos, en el segundo apartado, los objetivos de la investigación, A continuación, en el apartado tercero, vamos a presentar la metodología empleada, que será seguido por el desarrollo de la investigación (epígrafe cuarto). El trabajo finaliza explicando las principales conclusiones alcanzadas y mencionando las referencias bibliográficas empleadas en la elaboración de esta investigación.

---

1. Universidad Internacional de La Rioja (España)

2. OBJETIVOS

Con el objetivo de averiguar la información que se debería estar divulgando procede revisar, en primer lugar, la Ley nacional 19/2013 de Transparencia, Acceso a la Información Pública y Buen Gobierno. Esta ley, calificada por muchos como "de mínimos" establece en su disposición final novena que tanto las comunidades autónomas como las entidades locales dispondrán de dos años para suministrar de oficio lo mencionado en el artículo 8, esto es, diversa información de carácter económico, los presupuestos formulados y su ejecución, así como varios datos de los cargos públicos.

Por su parte la Ley del Principado de Asturias 8/2018, de 14 de septiembre, de Transparencia, Buen Gobierno y Grupos de Interés, que desarrolla la Ley 19/2o13 en la región, señala que los datos públicos se deben suministrar prioritariamente por medios electrónicos, de manera estructurada, de fácil acceso, multiformato, interoperable, y con información adicional que ayuden a su comprensión. Esta normativa, que en su capítulo segundo se ocupa de la transparencia activa, reserva una serie de artículos para indicar la información a suministrar: artículo 6, información institucional, organizativa y de planificación; artículo 7, información de relevancia jurídica; artículo 8, información económica, presupuestaria y estadística y artículo 9, otras informaciones.

En base a esas normativas hemos procedido a seleccionar la información que consideramos como asociada el gobierno abierto. A la hora de buscar dónde se está depositando observamos que la web institucional (página generalista donde las administraciones públicas depositan información de todo tipo) ha sido desplazada por dos herramientas más específicas que son los portales de transparencia y los portales de datos abiertos.

Pero estas dos iniciativas, que ya han sido implementadas a nivel autonómico por todas las comunidades españolas, son diferentes y tienen distintos objetivos. Según indican García-García y Curto Rodríguez (2019), el cometido de los portales de transparencia es favorecer la visualización de la información allí alojada ofreciendo, generalmente, formatos poco reutilizables calificados con el nivel básico en la escala *five star data* según Berners-Lee (2009) como son los pdf o html. Por el contrario, los portales de datos abiertos u *open data portals,* si bien no contienen en exclusiva información asociada a la transparencia, utilizan licencias libres y formatos reutilizables favoreciendo el uso más sencillo de la información tanto por investigadores, empresas infomediarias, o por la ciudadanía en general.

Es obvio, como indica Galdámez Morales (2019) que sin el acceso a la información sobre el funcionamiento de los asuntos públicos, es complicado valorar la gestión que ha sido realizada. Por ello, entendemos que la transparencia es una llave de vital importancia para facilitar la rendición de cuentas y posibilitar el control (Sánchez de Diego y Sierra Rodríguez, 2020), estimulando la confianza en las instituciones (Cari, 2020). Pero para ello es necesario además, como señala Ballester-Espinosa (2015) que la información pueda usarse, de manera que si los datos son suministrados en formatos variados van a poder ser utilizados por distintos perfiles de usuarios, y si se hace en formatos abiertos van a permitir alimentar aplicaciones informáticas (*apps)*que permitan aumentar su valor.

En España existen múltiples iniciativas de *open data* que son muy diferentes entre sí, configurando lo que Garriga-Portolá (2013) califica como el Frankestein español de los datos abiertos, pero a pesar de ello, todas tienen algo en común, ser el reflejo de un movimiento a nivel internacional favorable a la apertura de información en manos de las administraciones públicas de todos los niveles.

Y este es el interés de nuestro estudio, localizar datos asociados a la rendición de cuentas que sean efectivamente reutilizables que pertenezcan a alguno de los cinco municipios anteriormente mencionados (Gijón, Oviedo, Avilés, Siero y Langreo) según las orientaciones metodológicas indicadas en el siguiente apartado.

3. METODOLOGÍA

El trabajo de campo de la investigación se desarrolló en dos pasos: en primer lugar localizar los portales municipales de datos abiertos existentes, y en segundo lugar, analizar el contenido de estos portales en cuanto a información relacionada con la rendición de cuentas.

El proceso de búsqueda de los ayuntamientos con portal de datos habilitado, comenzó con el acceso al portal nacional datos.gob.es, que tenía identificadas en el momento de la elaboración de esta investigación (mayo 2023), 45 portales de la Administración del Estado, 19 iniciativas de carácter autonómico, 17 de Universidades, 1 de otras instituciones y 231 de administraciones locales. De estas últimas, datos.gob.es solo tenía localizadas la de Langreo y Gijón dentro del territorio Astur. Como nos pareció extraño que solo dos ayuntamientos asturianos estuvieran indexados en el nacional, decidimos realizar una búsqueda manual para los municipios restantes: Oviedo, Avilés y Siero.

Posteriormente, hemos procedido a seleccionar la información asociada a la transparencia activa allí albergada. Si bien es cierto que inicialmente nos habíamos planteado utilizar una lista de comprobación inspirada en lo exigido por la ley 19/2013 elaborada por Curto-Rodríguez (2017), la visita a los portales *open data* nos hizo decantarnos por un análisis de tipo más descriptivo (en lugar de uno cuantitativo que se ocupara de totalizar el número de ítems atendido por cada repositorio).

4. DESARROLLO DE LA INVESTIGACIÓN

La recogida de datos se realizó a lo largo del mes de mayo de 2023. Para cada uno de los ayuntamientos señalados se ha descrito brevemente el portal (el continente de la información), así como con más en detalle, el contenido, es decir, los *datasets* o conjuntos de datos analizando características tales como licencias, formatos, frecuencia de actualización, etc. Los resultados se ofrecen a continuación por orden alfabético de cada municipio.

4.1. Avilés

Como hemos comentado anteriormente, Avilés no aparece como iniciativa municipal en datos.gob.es, por ello, hemos realizado la búsqueda del portal de forma manual. Al introducir los términos Avilés y Open Data en Google observamos que nos sugiere la dirección https://aviles.es/observatorio. Dentro de esa página web existe un espacio reservado denominado transparencia que nos dirige a https://aviles.es/transparencia donde se ofrece, a modo de portal de transparencia, información institucional, organizativa y de planificación, información de relevancia jurídica e información económica, presupuestaria y estadística.

Obviamente esta información está relacionada con la rendición de cuentas, pero se ofrece de una manera donde prima la visualización de los datos a su descarga y reutilización, por lo que no puede ser considerada por esta investigación.

4.2. Gijón

El portal de *open data* de Gijón se denomina Datos Abiertos y se encuentra en la dirección web: https://www.gijon.es/es/datos. El continente (el propio portal) es un repositorio de diseño bastante avanzado que incorpora varios buscadores de datasets en la parte superior de la página (uno que permite introducir texto libre, otro según el sector al que pertenecen los datos, y otro en función de su frecuencia de actualización).

En la parte central de la página web se ofrecen los 709 conjuntos de datos que alberga. Dichos datasets pueden consultarse de dos formas distintas: modo detallado, que ofrece una visualización de 100 en 100 y modo ficha, que si bien solo muestra tres campos de cada conjunto de datos, los ofrece todos a la vez.

En la parte inferior de la página se ofrecen distintos accesos directos para la solución de dudas: ¿Necesitas datos para desarrollar tu aplicación?, ¿Quieres que difundamos tu aplicación que usa nuestros datos?, ¿Tienes alguna incidencia con el uso de datos abiertos?, ¿Nos quieres dejar un comentario?, ¿Tienes una idea que quieres que te ayudemos a poner en marcha?, ¿Tienes algún conjunto de datos que quieras que difundamos? y ¿Quieres estar al día de las actualizaciones y de los nuevos conjuntos de datos de Gijón?

Una vez ha sido descrito de manera general el formato del portal de datos abiertos, pasamos a analizar su contenido, esto es los *datasets* que se encuentran disponibles. Como era de esperar nos hemos encontrado varios conjuntos de datos que no están directamente relacionados con la rendición de cuentas como calidad del aire, calles de Gijón, resultados de elecciones, padrones, etc.

A pesar de ello, los conjuntos de datos relacionados con el fomento de la transparencia son numerosos, destacando varios estados de ejecución de gastos (desagregados por programa y también por capítulo) y de ingresos (solo por capítulo) dentro de una serie temporal que comienza con el primer trimestre de 2013 y finaliza en el último trimestre de 2015. Esta información hace referencia individual a distintas instituciones (FMCEUP, Ayuntamiento, PDM, FMSS) y tienen frecuencia de actualización anual. Es destacable que estos *datasets* y el resto de los analizados, son publicados bajo licencia creative commons de reconocimiento 4.0 (CC-BY), que es la menos restrictiva de las licencias. La amplitud formativa de la ejecución del presupuesto es adecuada ya que se ofrecen varias opciones de descarga: texto plano, xhtml, xml, csv, excel, html, json, y pdf.

Además de la ejecución presupuestaria, se ofrecen los presupuestos para cada una de las instituciones anteriormente comentadas en *datasets* individuales (igualmente, de manera separada para los ingresos y para los gastos). Los ficheros se refieren a un ejercicio completo y están disponibles desde el 2013 al 2022. La frecuencia de actualización es anual y los formatos disponibles son los mismos que los de los conjuntos de datos de ejecución presupuestaria.

También existe otra información relacionada con el gasto público, en concreto cuatro conjuntos de datos que son ofrecidos en los formatos habituales. Los contratos menores (más de 40 000 líneas de fichero csv), los contratos mayores del ayuntamiento (1 892 líneas), y la información sobre subvenciones y documentación asociada presentadas por diferentes entidades presentan actualización diaria, mientras que la información relativa a las convocatorias de ayudas, becas y subvenciones gestionadas por el Ayuntamiento de Gijón (que especifica el objeto de la ayuda, el modelo de solicitud, la dotación presupuestaria y el enlace a las bases de la convocatoria) lo hace semanalmente.

Finalmente encontramos datos relativos al desempeño del personal en el gobierno. En primer lugar, se ofrece la agenda institucional que se actualiza en tiempo real y está disponible en los formatos habituales (mas tsv, es decir, valores separados por tabulaciones). En segundo lugar encontramos el conjunto de datos "sesiones del pleno" que recoge las sesiones, órdenes del día, actas y acuerdos del Ayuntamiento de Gijón, también en tiempo real y que añade a la oferta formativa "Chart" (formato que describe un conjunto relacionado de recursos).

4.3. Langreo

El portal de datos abiertos de Langreo (www.ayto-langreo.es/participa/langreo-open-data) se encuentra dentro de una sección llamada "participa", y se denomina: *"Participa Langreo Open Data"*.

En su página principal se muestran un total de veintisiete ofertas de información ordenadas alfabéticamente. No obstante, es necesario señalar que no todas ellas tiene conjunto de datos asociados (entendemos que se trata de ítems que están en desarrollo). Con información completa existen quince entradas que se ofrecen en los formatos excel, xml, json y csv. Además existen dos conjuntos de datos que añaden a la oferta formativa kml, un lenguaje para representar datos geográficos en tres dimensiones lo que está en clara sintonía con la naturaleza de la información contenida (dependencias municipales y servicios municipales).

Hemos observado, que en general, el título de·cada conjunto de datos era muy breve y no excesivamente evocador (no quedaba claro su contenido). Por ello hemos procedido a descargar los ficheros en formato excel comprobando que en el proceso fue requerida la cumplimentación de un capcha lo que parece no estar alineado del todo con los principios de los datos abiertos gubernamentales ya que dificulta la descarga de la información.

Como la información a analizar no es muy numerosa repasamos, en orden alfabético, el contenido de cada *dataset*. Comenzamos con *"Agenda Telefónica"* que muestra el listín telefónico (y en ocasiones el mail de diversos organismos, museos, polideportivos, etc.), al igual que lo hace "Asociación" que incluye datos de 270 agrupaciones y clubes deportivos.

A continuación observamos que "Contenido general-global-" no está bien codificado lo que impide averiguar su objetivo, aunque parece ser un índice del contenido del portal. Por su parte "Convenio" recoge información en una línea de la firma de un convenio con una protectora de animales, mientras que "Corporación Municipal-Global" muestra información de la alcadesa y concejales en activo incluyendo su nombre completo y partido político y un teléfono o el correo electrónico del grupo al que pertenece. La localización, información de contacto y horario de apertura de las principales instituciones municipales se ofrecen en "Corporación municipal"

No entendemos la utilidad de "Estructura páginas" ni de "Grupo político-global", ambos con una única línea de información. Por su parte el *dataset* "Junta de Gobierno", contiene datos de los órdenes del día de las juntas de gobierno de los últimos años si bien no es posible acceder a la información detallada porque no existe ningún enlace operativo. Algo similar sucede con "Normativa Municipal" que contiene diversas ordenanzas así como "Noticia-Global" con tan solo nueve líneas y con "Plenos". Sin utilidad también parece "Redes Sociales-global" con una única línea de contenido.

Para finalizar debemos referirnos a "Servicios municipales", que muestra información de contacto del centro de servicios sociales de Sama, de la oficina de Urbanismo, de la oficina de información juvenil y del centro municipal de juventud, y a "Subvención" que contiene 94 registros de convocatoria de subvenciones y su enlace al BOPA.

4.4. Oviedo

La capital del Principado de Asturias tampoco aparece en la lista de entidades locales de datos.gob.es, por lo que hemos tenido que recurrir a realizar su búsqueda de manera manual.

Tras apoyarnos en el buscador Google hemos localizado una página web dentro de la sección transparencia llamada Open Data que mantiene en su cabecera accesos a diferentes secciones de la página de transparencia (Organización y servicios, Normativa e informes, Información económica y Urbanismo y medio ambiente). No obstante, como es habitual en este tipo de portales, la información no se suministra de manera óptima para su explotación.

Sin embargo la parte central de la página es más propia de un portal de datos abiertos. Con una apariencia similar a la del Ayuntamiento de Langreo, se ofrece información descargable en excel, xml, json y csv de un total de 19 ítems agrupados en las siguientes secciones: callejero, contratación, economía, equipamientos, medio ambiente y población.

Por su interés para la investigación, debemos detenemos en la sección de contratación que ofrece un conjunto de datos denominado "contratos obras más importantes" pero que no hemos podido descargar en ninguno de los formatos disponibles. Lo mismo nos ha sucedido con "presupuesto gastos" y "presupuesto ingresos" ambos dentro de la categoría economía.

Afortunadamente la página ofrece en su parte final unos accesos directos que brinda la posibilidad de obtener información relevante, Hablamos, en primer lugar de contratos que permite visualizar, descargar como excel, xml, json y csv o imprimir, los contratos menores efectuados desde marzo de 2018 por el ayuntamiento, o, de la fundación municipal de cultura, si bien para este último organismo no se especifica el periodo disponible.

Poco más abajo se encuentran otra serie de *gadgets* destinado a los presupuestos. Se ofrecen una serie temporal que comienza en 2010 mediante dos accesos directos diferentes (uno para el presupuesto de gastos y otro para el de ingresos) tanto para el ayuntamiento de Oviedo como para la fundación municipal de cultura. Al acceder a esta información comprobamos que se puede visualizar información agregada a nivel de capítulo tanto en diagrama de sectores como en diagrama de barras o descargar la información en png, excel, xml, csv, json. Haciendo click en cualquier elemento del gráfico se puede navegar a un mayor nivel de detalle (a nivel de artículo concretamente).

4.5. Siero

No dispone de portal de datos abiertos. De hecho, cuanto estábamos buscando la iniciativa lo que encontramos fue el informe *Dinamic Transparency Index,* que otorga a Siero un cumplimiento de un tercio de sus indicadores, pero menciona expresamente que no cumple ningún parámetro en cuanto a los datos abiertos.

5. CONCLUSIONES

Una virtud de la transparencia es que permite vislumbrar el interior de las administraciones así como su desempeño. Esta ventaja se ve mejorada cuando la divulgación se realiza mediante datos abiertos, ya que facilita su reutilización por todo tipo de usuarios.

Esta investigación pretende valorar la información asociada a la rendición de cuentas que están suministrando los principales ayuntamientos asturianos (Gijón, Oviedo, Avilés,

Siero y Langreo) mediante *open data.* A tal efecto, se ha realizado la búsqueda de portales de datos abiertos analizando tanto el continente como su contenido.

Los resultados no pueden ser más heterogéneos. Gijón ofrece un portal moderno y funcional y atiende, con un gran número de *datasets,* hasta cuatro categorías de información: presupuestos, ejecución presupuestaria, destino del gasto público y labor política, por su parte Oviedo dispone de uno más básico (no exento de errores) que ofrece los contratos menores e información presupuestaria más limitada. Avilés y Siero no disponen de portal de datos abiertos, mientras que Langreo sólo divulga un conjunto de datos asociado a la transparencia denominado subvenciones, pero que es incompleto al no incorporar la lista de beneficiarios.

Por tanto, y con la excepción de Gijón, debemos señalar que las iniciativas de las entidades locales de datos abiertos en Asturias en cuanto al fomento de la transparencia son incipientes y muy limitadas. Se trata de una conclusión sencilla pero evidente, por lo que el margen de mejora es amplio y esperemos mejoría en el futuro. Debemos señalar como una de las limitaciones de este estudio, lo que es a su vez una posible línea de investigación a realizar, la necesidad de extender el análisis a la totalidad de las entidades locales asturianas si bien no esperamos resultados muy positivos según lo observado.

6. REFERENCIAS

Ballester Espinosa, A. (2015), Administración electrónica, transparencia y Open Data. Generadores de confianza en las Administraciones Públicas. *Telos: Revista de Pensamiento sobre Comunicación, Tecnología y Sociedad,* 100, 120-126.

Berners-Lee, T. (2009). *Linked Data.* World Wide Web Consortium. www.w3.org/DesignIssues/LinkedData.html

Cari, B. C. (2020). Las leyes de transparencia como vector de la ciudadanía: estudio comparativo de Brasil y España. *Gestión y Análisis de Políticas Públicas*, 24. 44-62.

Curto-Rodríguez, R. (2017). Los portales autonómicos de datos abiertos y la información relacionada con la rendición de cuentas. Punto de partida y situación tras la entrada en vigor de la Ley 19/2013 de transparencia, acceso a la información pública y buen gobierno. *Revista Española de la Transparencia,* 5, 80-93.

Galdámez Morales, A. (2019). Posverdad y crisis de legitimidad. *Revista española de la transparencia*, 8, 25-44.

Garriga Portolà, M. (2013). El Frankenstein español del *Open Data*: avances importantes, lagunas clamorosas. *Telos: Cuadernos de Comunicación e Innovación*, 94, 68-73.

García-García, J. y Curto-Rodríguez, R. (2019). El ejercicio de la rendición de cuentas mediante portales de datos abiertos en las comunidades autónomas españolas. *IDP. Revista de internet, derecho y política*, 29, 1-15.

Ley 8/2018, de 14 de septiembre, de Transparencia, Buen Gobierno y Grupos de Interés. *Boletín Oficial del Principado de Asturias, 222*, de 24 de septiembre de 2018. https://www.boe.es/eli/es-as/l/2018/09/14/8/con

Ley 19/2013, de 9 de diciembre, de transparencia, acceso a la información pública y buen gobierno. *Boletín Oficial del Estado, 295,* de 10 de diciembre de 2013. https://www.boe.es/buscar/act.php?id=BOE-A-2013-12887

Sánchez De Diego, M. y Sierra Rodríguez, J. (2020). Retos para una agenda de la transparencia. En M. Sánchez de Diego y J. Sierra Rodríguez (Eds.) *Transparencia y participación para un Gobierno Abierto,* (pp. 21-48). Wolters Kluwer.

METODOLOGÍA APLICADA EN LA INVESTIGACIÓN SOBRE EFECTOS DE LA PUBLICIDAD INSTITUCIONAL: UNA REVISIÓN SISTEMÁTICA

Óscar Díaz-Chica[1]

1. INTRODUCCIÓN

El estudio de los efectos de la publicidad ha tenido una significativa relevancia en la producción científica española del ámbito publicitario en las dos últimas décadas del siglo XX y los primeros lustros del siglo XXI. La temática con mayor protagonismo en este periodo en los trabajos de la citada disciplina claramente destacada respecto al resto es en los trabajos de la citada disciplina es la creatividad y el mensaje publicitario, seguida por la teoría de la publicidad y la cultura. A continuación, se encuentran los estudios centrados en medios publicitarios y planificación de medios y, en cuarto lugar, con una producción que representa algo más del 8% de los artículos, los estudios sobre efectos de la publicidad y *targets* (Baladrón-Pazos, *et al.*, 2014; Baladrón-Pazos, *et al.*, 2017). Si ampliamos el foco a la investigación sobre comunicación en España, la presencia de trabajos que aborden los efectos de la comunicación se reduce claramente en el periodo 1990-2014 (su representación oscila entre el 1% y el 5% en dicho tramo) (Martínez, *et al.*, 2019).

La investigación sobre la producción científica en publicidad en el contexto español también ofrece datos sobre el tipo de publicidad del que se ocuparon los artículos en el tramo temporal inicialmente mencionado. En este sentido, más de una cuarta parte de los estudios se centraron en la publicidad comercial (28,7%) y únicamente casi 6 de cada 100 artículos se dirigieron a la publicidad institucional (5,7%). Es destacable que estos últimos trabajos tuvieran un alcance más regional que los estudios sobre publicidad comercial (donde los contextos nacionales e internacionales tenían mayor presencia), además de ser más genéricos (exceptuando los estudios centrados en derecho de la publicidad) y sin especializarse en medios concretos (como Internet o el exterior). Es así mismo reseñable que no se hayan desarrollado trabajos sobre educación y publicidad institucional (Baladrón-Pazos, *et al.*, 2014; Baladrón-Pazos, *et al.*, 2017).

Cortes, tras una revisión teórica del concepto y valorando en especial medida el rol de la publicidad institucional como agencia de socialización y creadora de actitudes, la define como:

> *una forma de comunicación de las Administraciones Públicas emitida a través de cualquier medio de comunicación, en los espacios donde se inserta la publicidad*

---

1. Universidad Europea Miguel de Cervantes (España)

> *comercial, cuya finalidad es educar positivamente o lograr la aceptación de un código de conducta y/o valores orientados a la mejora de las relaciones sociales de los individuos y de los ciudadanos con el entorno social, físico y natural (Cortes, 2008, p. 234).*

Otros autores enfatizan el papel relacional de la publicidad institucional, señalando que representa un proceso de comunicación a través del cual los ciudadanos se comuniquen con objeto de comprender los problemas de su tiempo para buscar soluciones de manera participativa (Rodríguez y Álvarez, 2016).

En el ámbito legislativo también se delimita la publicidad institucional. La Ley 29/2005, de 29 de diciembre, de Publicidad y Comunicación Institucional, señala en su exposición de motivos que tanto la publicidad como la comunicación institucional deben estar al "estricto servicio de las necesidades e intereses de los ciudadanos, facilitar el ejercicio de sus derechos y promover el cumplimiento de sus deberes", así como que "no deben perseguir objetivos inadecuados al buen uso de los fondos públicos". Además, las campañas de este tipo deben "responder a los principios de eficacia, transparencia, austeridad y eficiencia" (2005, p. 42902). El texto legal también define concretamente la publicidad institucional como "toda actividad orientada y ordenada a la difusión de un mensaje u objetivo común, dirigida a una pluralidad de destinatarios, que utilice un soporte publicitario pagado o cedido y sea promovida o contratada" por la Administración General del Estado y por el resto de entidades integrantes del sector público estatal (organismos públicos dependientes de la Administración General del Estado, autoridades administrativas independientes, sociedades mercantiles estatales, etc.) (Ley 29/2005, 2005, p. 42903).

De acuerdo a los objetivos que persigue el emisor de la comunicación, resulta posible establecer una tipología de la publicidad institucional: educativo-social (trata de propiciar cambios en la manera de entender el mundo de los ciudadanos, introduciendo nuevos valores y argumentos sobre la vida en sociedad), comercial (buscar atraer clientes y mercados para el país, comunidad autónoma o municipio que es gobernado por una administración concreta), informativa (traslada información sobre trámites y plazos con la administración y aporta directrices a los ciudadanos sobre cómo actuar en determinadas situaciones) y electoralista (persigue ganar votos y autobombo para el partido del gobierno; realmente está prohibida en el ámbito español y debe diferenciarse de la publicidad electoral, permitida en tiempo de campaña) (Cortés, 2011).

Resulta asimismo interesante ofrecer observaciones específicas sobre el protagonismo de las nuevas tecnologías en el ámbito de la comunicación por su posible repercusión en la mejora de la eficacia de la comunicación institucional. Este aspecto se evidencia en cómo las redes sociales están cambiando la comunicación política, la movilización y la organización de las protestas colectivas (Saura *et al.*, 2017). En el entorno actual ha adquirido realmente relevancia la comunicación a través de los *social media*, situación que ha generado desorden informativo debido al crecimiento exponencial de la información y ha supuesto poner en tela de juicio la veracidad de las fuentes informativas (Estrada-Cuzcano, *et al.*, 2020). Ante la falta de rigor informativo existente en este aluvión de comunicaciones se ha denunciado que los poderes públicos, en su afán por controlar los efectos nocivos de la desinformación, están limitando la libertad de expresión (Sánchez-Beato, 2022).

Los jóvenes, usuarios paradigmáticos de este nuevo entorno mediático, señalan que el estilo lingüístico utilizado en las redes sociales influye en la credibilidad con la que perciben al emisor e, indirectamente, también puede motivar comportamientos asociados a dichos mensajes (Alvídez y Franco-Rodríguez, 2016). Este segmento poblacional no solo tiene predilección por contenidos audiovisuales, sino que también siente preferencia particular por las fuentes sonoras con especial protagonismo de la música. Resultado que se destaca en la literatura como una oportunidad para trasladar mensajes publicitarios institucionales a los jóvenes (Perona, *et al.*, 2014). Se trata de un grupo poblacional que valora especialmente la música de los anuncios por lo que les hace sentir, motivo por el que tienen predilección por canciones emotivas, sensibles y con cierta profundidad (Rubio-Romero, *et al.*, 2019).

Dado el contexto actual, con exceso de información y protagonismo de nuevos medios, y con objeto de favorecer, dada su relevancia, la eficacia de la publicidad institucional, se propone esta revisión sistemática orientada al conocimiento de la metodología utilizada en los estudios empíricos sobre efectos de la publicidad institucional.

2. MATERIALES Y MÉTODO

2.1. Búsqueda bibliográfica

Esta revisión sistemática tiene como objetivo principal conocer el tipo de metodología de investigación que se aplica en el estudio de los efectos de la publicidad institucional. Con este fin, se adoptó una metodología cualitativa de identificación sistemática, análisis y síntesis de contenidos relevantes de publicaciones científicas. Se realizó una búsqueda estructurada en las siguientes bases de datos científicas de acceso abierto: Google Scholar, Dialnet, DOAJ y Redalyc. A la hora de articular la búsqueda documental, el protocolo de trabajo se inspiró en la declaración PRISMA (*Preferred Reporting Items for Systematic reviews and Meta-Analyses*), particularmente en la lista sobre resúmenes (Page *et al.*, 2021). La selección de elementos considerados en el análisis se realizó a partir de la consideración conjunta de las etiquetas de búsqueda «publicidad», «institucional» y «efectos».

2.2. Criterios de inclusión y exclusión

Los criterios de inclusión aplicados son los siguientes:

a) Tipo de estudios: estudios empíricos escritos en español publicados entre los años 2013 y 2023, ambos inclusive.

b) Tipo de resultados: las investigaciones ofrecen resultados sobre efectos de la publicidad institucional.

Se excluyeron estudios teóricos, revisiones teóricas y meta-análisis. Así mismo, también se omitieron las investigaciones empíricas que centran sus resultados sobre efectos en campos próximos pero distintos del objeto de esta revisión sistemática: la comunicación institucional, la publicidad política y la propaganda.

2.3. Codificación y extracción de datos

La selección de los estudios se realizó en diferentes etapas, como puede observarse en la Figura 1, durante el mes de mayo de 2023. La etapa de identificación se limitó a trabajos publicados entre el 2013 y el 2023, que contenían los tres parámetros de búsqueda establecidos y que estaban realizados en español. En el repositorio Redalyc se aplicaron también dos filtros de disciplina, "comunicación" y "ciencias de la información", con objeto de afinar el amplio número de trabajos inicialmente ofrecidos por la plataforma (la salida de resultados se redujo de 165027 a 4393). Por otra parte, en Google Scholar se revisaron 250 trabajos, momento en que se paralizó la revisión en esta base de datos pues las últimas páginas de resultados consultados se alejaban en exceso del sentido asociado a la intersección temática de los tres términos utilizados como etiquetas en la búsqueda. Del conjunto de esta exploración inicial, se obtuvieron 5314 documentos.

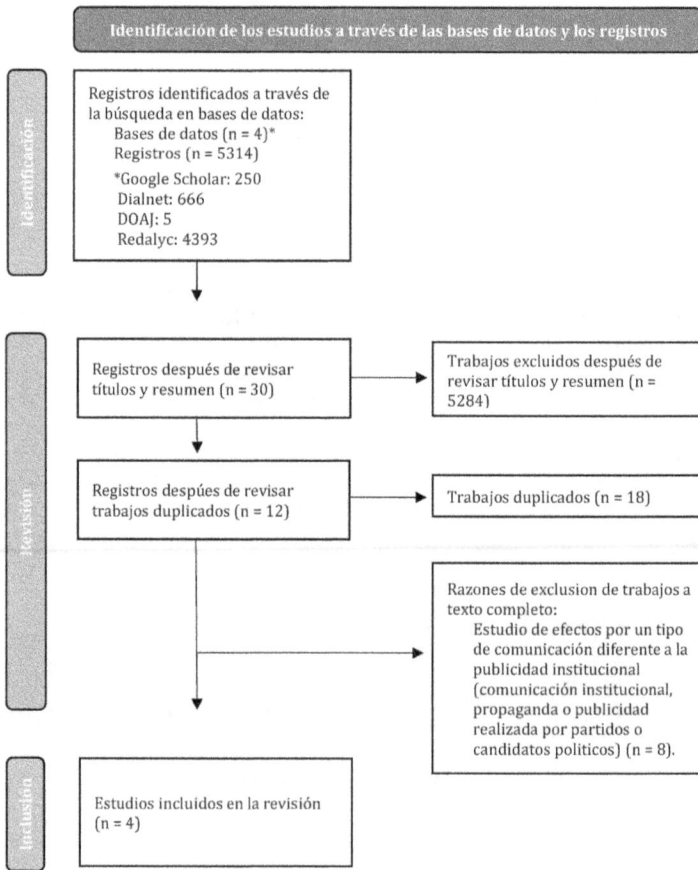

Figura 1. Diagrama de flujo del proceso de muestreo. Fuente: Elaboración propia, 2023.

Posteriormente, a partir de la revisión del título y el resumen de cada trabajo, se filtraron los estudios empíricos que, de manera particular o junto con otros tipos de comunicación, ofrecían resultados relacionados con efectos de la publicidad institucional. Muy puntualmente, cuando existió cierta ambigüedad sobre la pertinencia del trabajo para la revisión sistemática, se observaron de manera ágil aspectos concretos en los apartados de metodología y de resultados. En los casos en los que, aun así, siguieron presentes dudas razonables sobre su pertinencia para el estudio, los trabajos se mantuvieron dentro de los textos inicialmente seleccionados (30).

Finalmente, se llevó a cabo una evaluación a texto completo en la que tras descartar 18 documentos duplicados se seleccionaron 12 trabajos. La lectura detallada de estos estudios evidenció que 8 de los documentos no ofrecían resultados sobre efectos de la publicidad institucional realizada por organismos públicos que integran la Administración General del Estado sino, más bien, presentaban resultados de efectos derivados de la propaganda, la comunicación política o la publicidad política realizada por determinados partidos o candidatos. La muestra final de estudios incluidos en la revisión sistemática se compuso de 4 trabajos.

3. RESULTADOS

En este trabajo se ha revisado el tipo de metodología aplicada en los estudios en español que tratan los efectos de la publicidad institucional (Tablas 1, 2, 3 y 4).

	Hernández y Paz, 2016
Fundamentación teórica sobre efectos de la comunicación	*Information Retrieval*: se consideran los procesos cognitivos y los aspectos socioculturales como elementos determinantes en la aceptación de los usuarios ante una oferta o producto diseñado centrado en el usuario.
Tipo de documento	Artículo.
Objetivos	Identificar las características del diseño gráfico cubano para la prevención de las infecciones de transmisión sexual (ITS); diseñar una propuesta de bien público basado en nuevos criterios estéticos para contribuir a la campaña de prevención nacional.
Enfoque metodológico	Cualitativo.
Técnicas de investigación aplicadas en la evaluación de efectos	Entrevista no estructurada.
Muestra en la que se evalúan efectos	Profesionales competentes que se desarrollan en el ámbito del diseño gráfico y la comunicación.
País	Cuba.
Principales resultados asociados a efectos de la publicidad institucional	Se presupone una mayor eficacia en el diseño del cartel dirigido a la prevención de las ITS-VIH/sida a través de la participación del público objeto en su decodificación así como mediante su identificación en el mismo. Dicha eficacia también se ve propiciada por la evaluación de la pieza por parte de expertos en el diseño y la comunicación que favorecen el acierto en la mezcla de elementos culturales (como el uso del doble sentido característico de la cultura cubana), comunicativos (como la claridad y la accesibilidad del público objetivo a la idea comunicada) y visuales (como el uso de una tipografía asociada a la guerra y al ámbito militar).

Tabla 1. Características descriptivas del estudio incluido nº 1.

Fuente: Elaboración propia, 2023.

	Michaletto-Belda, et al., 2022
Fundamentación teórica sobre efectos de la comunicación	Las redes sociales con destacando alcance, como Tiktok, poseen potencial para concienciar a la población.
	Machine learning: algunas plataformas, como Tiktok, persiguen ofrecer mediante su algoritmo una experiencia única a cada usuario a partir del registro de sus gustos y hábitos de consumo.
	Los jóvenes actuales utilizan los medios sociales para construir y proyectar una determinada imagen mediante la difusión de contenidos originales con objeto de generar impacto.
	La publicidad actual ve afectada su eficacia por la multiplicidad de canales informativos y de entretenimiento actuales, en los que la audiencia se sumerge y omite los mensajes persuasivos, y por la proliferación de mensajes publicitarios, que dificulta la capacidad receptiva de la audiencia.
Tipo de documento	Artículo.
Objetivos	Evaluar la percepción del botón Covid-19 y sus recursos para TikTok, sección desarrollada en colaboración con el Ministerio de Sanidad de España y la Organización Mundial de la Salud, para ofrecer información de interés general sobre el coronavirus a usuarios de esta plataforma.
Enfoque metodológico	Cualitativo y cuantitativo.
Técnicas de investigación aplicadas en la evaluación de efectos	Encuesta en línea (cuestionario semiestructurado con preguntas abiertas y cerradas).
Muestra en la que se evalúan efectos	95 usuarios de la plataforma TikTok de 18 a 23 años y estudiantes de grados relacionados con la comunicación y la comunicación digital en concreto.
País	España.
Principales resultados asociados a efectos de la publicidad institucional	El acceso a los contenidos (información que los usuarios consideran útil) sería mayor si el botón Covid-19 que conduce a los mismos tuviera más protagonismo en la pantalla del móvil.
	La frecuencia de consulta de los contenidos digitales asociados al botón Covid-19 de TikTok sería mayor si los contenidos estuvieran más adaptados al código audiovisual característico de la plataforma (vídeos cortos editados en vez de información escrita con legibilidad y maquetación mejorables).
	Según usuarios concretos, se ofrece una información escasa (solo se resuelven algunas cuestiones) y unidireccional (no pueden formular sus propias preguntas).

Tabla 2. Características descriptivas del estudio incluido nº 2.
Fuente: Elaboración propia, 2023.

	Quispe-Juli, *et al.*, 2020
Fundamentación teórica sobre efectos de la comunicación	Hay poca evidencia disponible sobre las mejores maneras de interactuar con las audiencias de salud pública en las redes sociales.
Tipo de documento	Artículo.
Objetivos	Explorar la percepción de los usuarios de las redes sociales del Ministerio de Salud del Perú sobre un video que promueve la alimentación para reducir el riesgo de anemia infantil; estimar el alcance y la interacción que consiguió el vídeo a través de las redes sociales.
Enfoque metodológico	Cualitativo y cuantitativo.
Técnicas de investigación aplicadas en la evaluación de efectos	Análisis de contenido (comentarios en Facebook) y registro cuantitativo de indicadores (reproducciones, comentarios, reacciones y número de veces compartido).
Muestra en la que se evalúan efectos	Usuarios de las redes sociales Facebook, Twitter y Youtube.
País	Perú.
Principales resultados asociados a efectos de la publicidad institucional	La utilización de la música (villancico) en un contexto asociado al estilo de la canción (Navidades) para ofrecer recomendaciones nutricionales vinculadas con la anemia infantil a través de las redes sociales es percibido positivamente por la audiencia. El mayor número de reproducciones se produjo en la primera semana (de los cuatro meses en los que se obtuvieron registros) y la tasa de interacción (calculada a partir de comentarios, número de veces compartido y número de reacciones) fue baja en las diferentes redes.

Tabla 3. Características descriptivas del estudio incluido nº 3.
Fuente: Elaboración propia, 2023.

	Teruel, 2014
Fundamentación teórica sobre efectos de la comunicación	Las comunicaciones de masas no constituyen, normalmente, causa necesaria y suficiente de los efectos que producen sobre el público, sino que actúan dentro y a través de un conjunto de otros factores e influencias. Desde una visión optimista, los niños obtienen por medio de la televisión conocimiento acerca de diversos aspectos del mundo con los que no tienen un contacto directo; de este modo, aprenden cómo se hacen y realizan determinadas actividades. Desde una visión pesimista, la televisión puede ofrecer también información incorrecta sobre actitudes y valores que refuerce estereotipos negativos. Para evitar los posibles efectos perjudiciales del consumo de la televisión, en parte asociados a la vulnerabilidad de los menores, resulta vital el rol del contexto. La familia debe estar presente en el consumo del medio con una comunicación activa. Y tanto la familia como la escuela deben fomentar una visión crítica en el consumo del medio orientada no solo a la televisión sino también las nuevas tecnologías.
Tipo de documento	Tesis.

Objetivos	Evaluar la influencia de la televisión (y concretamente de la publicidad televisiva) como elemento esencial en el proceso de socialización de los menores; analizar los modelos y técnicas que usa la publicidad televisiva dirigida a los niños para la configuración de hábitos culturales; identificar los valores que transmite la publicidad televisiva; y medir los efectos sociales, psicológicos y culturales que la televisión, y, particularmente la publicidad televisiva actual, ejerce sobre la audiencia infantil.
Enfoque metodológico	Cualitativo y cuantitativo.
Técnicas de investigación aplicadas en la evaluación de efectos	Análisis de contenido, encuestas (a menores) y entrevistas en grupo (a menores y padres).
Muestra en la que se evalúan efectos	832 menores de 7 a 11 años (encuestas), niños de 7 a 9 años (integrantes de dos *focus group*), padres y madres (integrantes de un *focus group*).
País	España.
Principales resultados asociados a efectos de la publicidad institucional	Los anuncios resultan ser un vehículo eficaz para transmitir valores y estilos de vida a los niños.
	El único anuncio correspondiente a la publicidad institucional emitido en franja infantil a los menores y considerado en el estudio es de Ayuda en Acción. Representa una excepción en los valores de paz, tolerancia o solidaridad, que tienen apenas cabida en los mensajes publicitarios dirigidos a los niños (por no incitar al consumo, arguyen los autores del estudio).
	La publicidad dirigida a menores, al contrario que la institucional, no persigue educar por lo que no resalta valores como el esfuerzo, la familia o la realización personal (en el estudio solo se detecta una excepción, un anuncio de Cola Cao, que transmite afán de superación y esfuerzo).
	Los valores que más se repiten en la publicidad comercial dirigida a niñas son belleza, seducción, moda y magia. En los anuncios dirigidos a niños, los valores más frecuentes son el éxito, la aventura, el poder y la seguridad. Los valores que pueden ser considerados comunes a ambos sexos en la publicidad comercial son placer, disfrute y diversión.

Tabla 4. Características descriptivas del estudio incluido nº 4.
Fuente: Elaboración propia, 2023.

3.1. Descripción general de los estudios

Se trata de 3 artículos de investigación y una tesis, 2 de los cuales se han realizado en España, otro en Perú y otro en Cuba.

3.2. Fundamentación teórica relacionada con efectos de la comunicación

En dos de los trabajos se sostiene que la incidencia de los medios de comunicación considerados está condicionada por aspectos personales y sociales. En el trabajo centrado en menores, más vulnerables, se defiende que el medio televisión puede incidir tanto positiva (a través del aprendizaje) como negativamente (sobre actitudes y valores) en los niños, por lo que estos precisan el filtro de familiares mientras se consumen. Además, los menores también necesitan desarrollar una visión crítica en el consumo de la televisión y los nuevos medios tecnológicos con el apoyo de la familia y la escuela.

En relación con estos nuevos medios, concretamente con las redes sociales, otro trabajo señala que tienen capacidad para concienciar a la población y ofrecer una experiencia única al usuario. Aspecto donde, según otro de los trabajos contemplados, hay poca evidencia sobre cómo la salud pública puede interactuar de manera efectiva con sus públicos a través de estos canales. Finalmente, en uno de estos estudios también se indica lo que buscan los jóvenes en los *social media* (construir y proyectar una determinada imagen para generar impacto), así como lo que provoca en la comunicación publicitaria la proliferación de la misma (perjuicio en la capacidad receptiva de la audiencia) y la gran cantidad de canales informativos y de entretenimiento existente (omisión de los mensajes persuasivos).

3.3. Objetivos de los estudios

Los trabajos seleccionados no se centran exclusivamente en efectos de la publicidad institucional (en realidad solo hay dos casos orientados únicamente al estudio de la recepción de este tipo de contenidos: el de Michaletto-Belda y sus colaboradores, y el Quispe-Juli y sus colegas). En relación con la publicidad institucional (indicar que el estudio de Teruel sólo se ocupa de manera muy marginal de este aspecto), detectamos seis objetivos en las investigaciones : dos relacionados con la evaluación de la percepción de piezas asociadas a la publicidad institucional (cartel de prevención y botón Covid-19); uno sobre efectos de la publicidad infantil televisiva en el proceso de socialización de los menores; otro sobre los efectos sociales, psicológicos y culturales de este tipo de publicidad en los menores; otro sobre la mejora de un anuncio institucional; y otro sobre el impacto (número de reproducciones e interacción) de una pieza difundida de publicidad institucional.

3.4. Enfoque metodológico, técnicas de investigación aplicadas en la evaluación de efectos y muestras

El enfoque metodológico de los trabajos ha sido cualitativo en uno de los casos y mixto (cuantitativo y cualitativo) en los otros tres. En cuanto a las técnicas de investigación aplicadas en la evaluación de efectos, la entrevista, la entrevista en grupo (*focus group*) y el registro cuantitativo de indicadores se utilizan únicamente una vez en los documentos seleccionados. Mientras en dos de los trabajos se aplica el análisis de contenido (en un caso sobre comentarios de la audiencia y en otro sobre anuncios sobre los que, gracias a otras técnicas, el estudio particular asocia efectos) y la encuesta (en ambos casos con cuestionarios que incorporan tanto preguntas abiertas como cerradas).

Respecto a las muestras que evalúan la recepción de la publicidad son, en tres de los casos, público destinatario o personas cercanas a este público (público en general que usa redes sociales, 95 jóvenes de 18 a 23 años, cerca de 850 niños de 7 a 11 años y padres) y, en otro, un grupo de expertos en comunicación (profesionales del diseño gráfico y la comunicación).

3.5. Resultados relacionados con efectos de la publicidad institucional

Uno de los estudios anticipa eficacia en la pieza publicitaria dirigida a la prevención de enfermedades de transmisión sexual al conjugarse con acierto aspectos culturales del público al que se dirige el anuncio junto con elementos comunicativos y visuales. Otro de los trabajos señala que la presencia de elementos en pantalla que permitan acceder a información relevante (en el caso del estudio, el botón Covid-19) para los usuarios de las redes (en la investigación revisada, TikTok) deben tener protagonismo con objeto de facilitar la consulta de los contenidos. Además, indica que la frecuencia de consulta de este tipo de acciones en los *social media* sería mayor si se adaptaran al código comunicativo habitual de cada plataforma con objeto de resultar más naturales en cada red social en particular.

Otra investigación concluye que la utilización de la música en la publicidad institucional, emitida en un contexto que sintoniza con el estilo musical seleccionado (en el estudio, un villancico en Navidades), se percibe positivamente por la audiencia. Además, apunta que el mayor alcance de la publicidad institucional a través de las redes sociales (en el estudio contemplado se obtienen estos datos de la emisión de una única pieza publicitaria) se produce durante los primeros días de la emisión y con una reducida interacción derivada. La última investigación establece que los anuncios representan un vehículo adecuado para trasmitir valores y estilos de vida a los niños. También evidencia que la publicidad institucional dirigida a los menores resulta necesaria pues valores como paz, tolerancia o solidaridad u otros relevantes desde un prisma educativo (como la familia o el esfuerzo), apenas tienen cabida, por motivos comerciales, en los anuncios dirigidos a este segmento poblacional.

4. DISCUSIÓN Y CONCLUSIONES

Un primer aspecto que llama poderosamente la atención al realizar una valoración crítica sobre los resultados obtenidos es la reducida producción que se ocupa de analizar los efectos de la publicidad institucional. Siendo un tipo de comunicación tan importante, no en vano cumple un rol educativo y socializador en la población (Cortés, 2011), resulta llamativo que de los 5312 documentos arrojados por las bases de datos seleccionadas en la búsqueda asociada a efectos de la publicidad institucional en el periodo 2013-2023, solo cuatro (y en un caso de modo muy marginal) se hayan ocupado empíricamente de este aspecto. Resultado que sugiere, apoyándonos en las revisiones de estudios consultados en el marco teórico (Baladrón-Pazos, *et al.*, 2014; Baladrón-Pazos, *et al.*, 2017; Martínez, *et al.*, 2019), que la gran mayoría de investigaciones sobre efectos de la publicidad se centran en la esfera comercial.

Aunque el número de trabajos incluidos finalmente en la revisión es escaso, nos animamos a realizar algunas consideraciones sobre los mismos. El enfoque metodológico cualitativo está presente en todos estudios, orientación que calificamos como esencial en un tipo de comunicación vinculada con valores, actitudes y conductas específicas (Cortés, 2008). No obstante, en dos de los estudios incluidos no se alcanza un grado de representatividad suficiente, algo idóneo para ofrecer resultados robustos. Al respecto quizá fuera preciso disponer de mayores recursos en este tipo de estudios con objeto de satisfacer los criterios de representatividad con muestras más amplias.

Los resultados de los estudios ofrecen aportaciones interesantes. Con vistas a facilitar la eficacia en las campañas de comunicación institucional, resulta aconsejable buscar la participación activa del público objetivo en la decodificación de los mensajes así como utilizar el contexto cultural del propio receptor para favorecer su identificación en estas piezas publicitarias. En la esfera de las redes sociales también se ofrecen algunas pautas para impulsar la eficacia de estas comunicaciones : mayor protagonismo en la pantallas de los dispositivos para favorecer la visibilidad de las acciones de publicidad institucional, adaptar las campañas al código comunicativo característico de cada plataforma, incluir música para trasladar mensajes en la publicidad institucional - lenguaje recomendado en la literatura para dirigirse a los jóvenes a través de este tipo de comunicación (Perona, *et al.*, 2014) - y tener presente que el mayor alcance en estos canales se registra en los primeros días de difusión de las acciones de publicidad institucional. Respecto a los menores, también se concluye que siendo la publicidad en general un canal adecuado para trasladar valores a este colectivo, la publicidad institucional dirigida a los niños resulta necesaria para que asuman valores relevantes que faciliten su vida en sociedad.

En lo que respecta a las técnicas de investigación, quizá podría haber mayor riqueza o validez en los resultados revisados si las técnicas se utilizaran de manera combinada, triangulando, para medir la misma variable o conjunto de variables (estrategia que solo se adopta en dos de los estudios seleccionados). Una mayor profundidad o eficacia en los resultados sobre efectos de la publicidad institucional quizá también pudiera alcanzarse si se incluyeran experimentos de laboratorio entre las técnicas utilizadas, así como si los destinatarios finales fueran incorporados en los estudios de evaluación de las propuestas antes de su difusión.

Finalmente, es preciso señalar algunas debilidades del estudio que conviene tener presentes en la valoración de sus resultados. Aunque las bases de datos de acceso abierto consultadas han ofrecido muchos resultados, no se han contemplado estudios en otros idiomas (especialmente en inglés) que quizá pudieran matizar los hallazgos. En cualquier caso, no centrar la búsqueda documental exclusivamente en artículos de investigación entendemos que respalda nuestra afirmación de que los efectos de la publicidad institucional apenas se estudian. Por otra parte, solo se contemplaron tres etiquetas en la búsqueda de trabajos y no sinónimos de alguna de ellas, lo que quizá pudo suponer alguna merma en el número de trabajos localizados.

5. REFERENCIAS

Alvídrez, S. y Franco-Rodríguez, O. (2016). Estilo comunicativo súbito en Twitter: efectos sobre la credibilidad y la participación cívica. *Comunicar, 47* (34), 89-97. http://dx.doi.org/10.3916/C47-2016-09

Baladrón-Pazos, A. J., Correyero-Ruiz, B. y Manchado, B. (2014). Tres décadas de investigación sobre publicidad en España. Análisis de las revistas científicas de comunicación (1980-2013). *Communication & Society, 27*(4), 49-71. http://doi.org/10.15581/003.27.4.sp.49-71

Baladrón-Pazos, A. J., Manchado-Pérez, B. y Correyero-Ruiz, B. (2017). Estudio bibliométrico sobre la investigación en publicidad en España: temáticas, investigadores, redes y centros de producción (1980-2015). *Revista Española de Documentación Científica, 40*(2): e170. http://dx.doi.org/10.3989/redc.2017.2.1411

Cortés, A. (2008). Conceptualización de la publicidad institucional en su dimensión socializadora y educativa. *Espacios públicos, 11*(22), 226-237. www.redalyc.org/articulo.oa?id=67602212

Cortés, A. (2011). La publicidad institucional en España. Una década en perspectiva. *Razón y palabra, 75.* https://upto.site/64b92

Estrada-Cuzcano, A., Alfaro-Mendives, K. y Saavedra-Vásquez, V. (2020). Disinformation y Misinformation, Posverdad y Fake News: precisiones conceptuales, diferencias, similitudes y yuxtaposiciones. *Información, cultura y sociedad: revista del Instituto de Investigaciones Bibliotecológicas*, 42, 93-106. https://doi.org/10.34096/ics.i42.7427

Hernández, A. E. y Paz, L. E. (2016). La publicidad de bien público y la educación sexual en Cuba. *grafica, 4*(8), 105-115. https://n9.cl/j1stv7

Ley 29/2005, de 29 de diciembre, de Publicidad y Comunicación Institucional. Boletín Oficial del Estado, núm. 312, de 30 de diciembre de 2005, pp. 1 a 8 https://www.boe.es/buscar/pdf/2005/BOE-A-2005-21524-consolidado.pdf

López, M. R. y Álvarez, D. R. (2016). La Publicidad Institucional en España: análisis de las campañas contra la Violencia De Género del Gobierno (2006-2015). *Vivat Academia, 19*(134), 86-104. http://dx.doi.org/10.15178/va.2016.134.83-104

Martínez. M., Saperas, E. y Carrasco-Campos, Á. (2019). La investigación sobre comunicación en España en los últimos 25 años (1990-2014). Objetos de estudio y métodos aplicados en los trabajos publicados en revistas españolas especializadas. *Empiria. Revista de Metodología de las Ciencias Sociales*, 42, 37-69. https://doi.org/10.5944/empiria.42.2019.23250

Micaletto-Belda, J. P., Martín-Ramallal, P. y Merino-Cajaraville, A. (2022). Contenidos digitales en la era de Tiktok: percepción de los usuarios del botón Covid-19 en España. *Revista de comunicación y salud*, 12, 1-23. http://doi.org/10.35669/rcys.2022.12.e290

Page, M. J., McKenzie, J. E., Bossuyt, P. M., Boutron, I., Hoffmann, T. C., Mulrow, C. D., Shamseerf, L., Tetzlaffg, J. M., Aklh, E. A., Brennana, S. E., Choui, R., Glanvillej, J., Grimshawk, J. M., Hróbjartssonl, A., Lalum, M. M., Lin, T., Lodero, E. W., Mayo-Wilsonp, E., McDonalda, S., McGuinness, L. A., Stewart, L. A., Thomas, J., Tricco, A. C., Welch, V. A., Whiting, P. y Mother, D. (2021). Declaración PRISMA 2020: una guía actualizada para la publicación de revisiones sistemáticas. *Revista Española de Cardiología, 74*(9), 790-799.

Perona, J. J., Barbeito, M. L. y Fajula, A. (2014). Los jóvenes ante la sono-esfera digital: medios, dispositivos y hábitos de consumo sonoro. *Communication & Society, 27*(1), 205-224. https://upto.site/13cd8

Quispe-Juli, C. H., Sánchez-Huamash, C. M. y Gozzer, E. (2020). Redes sociales del Ministerio de Salud del Perú en la lucha contra la anemia: estudio cuali-cuantitativo de un video preventivo promocional. *Revista Cubana de Información en Ciencias de la Salud (ACIMED), 31*(2), 1-11. https://upto.site/2e50f

Rubio-Romero, J., Perlado-Lamo de Espinosa, M. y Ramos-Rodríguez, M. (2019). La música en la publicidad que atrae a los jóvenes Anuario Electrónico de Estudios en Comunicación Social. *Disertaciones, 12*(2), 97-124. https://doi.org/10.12804/revistas.urosario.edu.co/disertaciones/a.6537

Sánchez-Beato, E. J. (2022) Control de la desinformación versus libertad de expresión en un estado democrático. *Revista de Derecho, 11*(II), 97-135 https://doi.org/10.31207/ih.v10i1.237

Saura, G., Muñoz-Moreno, J. L., Luengo-Navas, J. y Martos, J. M. (2017). Protestando en Twitter: ciudadanía y empoderamiento desde la educación pública. *Comunicar, 53*(25), 39-48. https://doi.org/10.3916/C53-2017-04

Teruel, S. (2014). *Influencia de la publicidad televisiva en los menores. Análisis de las campañas de "Vuelta al cole" y "Navidad"* (tesis doctoral, Universidad de Málaga, Málaga]. Repositorio Institucional RIUMA. https://upto.site/0ea8e

THE SILENT PERSUASION OF FASHION ADVERTISING

Helena Figueiredo Pina[1]

1. INTRODUCTION

There is scientific evidence that the images broadcasted by the media have a negative effect on young people, particularly regarding their body image satisfaction (Grogan, 2021; Hurst *et al.*, 2016). The consequences more frequently pointed out are body dissatisfaction and low self-esteem, besides the increased risks of depression and eating disorders (Brechan & Kvalem, 2015; Sohn, 2009; Holmström, 2004; Agliata & Tantleff-Dunn, 2004; Nezlek, 1999; Botta, 1995; Newman & Dodd, 1995; among others).

Because this is a complex phenomenon, we believe that a multitude of converging influences coexists. As underlined by Karazsia *et al.* (2013), it is likely that this phenomenon has a 'constellation of variables' moderating the relationship between the influence of society and body dissatisfaction.

The central theme of this research is the identification of a meaning structure in fashion advertising addressed to young people, likely to be able to influence them, and the point of possible explanations of the underlying mechanisms by which this influence effect is produced. The dissonance between the 'ideal' body and the 'real' body leads to discrepancies of the self. Especially for young people, dealing with the construction of their identity, the perception of these discrepancies has emotional reflexes in the self-esteem as well as in global body dissatisfaction.

Social theories of media's influence are the background of this research, primarily Dittmar's 'Impact of Media Exposure Model' and its developments (Dittmar & Howard, 2004; Halliwell & Dittmar, 2006; Dittmar, 2008, Dittmar *et al.* 2009a; Dittmar *et al.* 2009b; Dittmar, 2009; Bell & Dittmar, 2011). The main theoretical support of Dittmar's model is 'Self-discrepancy Theory' (Higgins *et al.*, 1985; Higgins *et al.*, 1986; Strauman & Higgins, 1988; Strauman, 1989). This discrepancy between the ideal/real self-image stems from the process of social comparison, which has a central importance in the lives of individuals, both at the level of social reality construction, as regarding the dimensions of identity (Buunk & Gibbons, 2007).

Exposition to media images effects studies prove that advertising negatively influences the self-esteem and self-concept in promoting body dissatisfaction. However, the results of many studies to identify the causal relations of this influence do not fully explain the

---

1.   Instituto Politécnico de Lisboa (Portugal).

impact force of these messages, even if some of the variables that intervene in the process have been identified, most researchers agree on the harmful nature of their influence.

However, the focus of the previous research to explain advertising images influence has been placed on the existence of unrealistic body standards that act as strong social and cultural pressure for young people and increasingly younger children. Most of the studies under the receiver's perspective explore the exposure factor to fashion and beauty advertisements focused on the existence of human models showing the unreal body ideal (thinness in the case of women and musculature in the case of men).

Moreover, the studies carried out in the emitter view, which analyse advertising messages produced, have privileged the identification of stereotypes and stereotyped gender roles that put women in a lower social position from men. The form and persuasion power of these advertisements are not yet been fully explained.

Advertising is persuasive and always intentional due to its very nature, nothing in the construction of the messages is random. By exhaustively studying these fashion advertising messages (which are the most used in the impact studies) starting from the premise that the messages itself, in terms of persuasive mechanisms, will also contribute to the effects observed, our investigation is contributing effectively to the better understanding of the mechanisms used by the persuasive advertising.

The characterization of the advertising messages aimed at young people of both sexes and the attempted explanation of the possible fashion advertising persuasion mechanisms, through the identification of salient aspects of the message, were key issues for the design of this investigation. Scientific research has tried to understand the processes triggered among young people and have suggested several explanatory hypotheses, to which we add the possibility of persuasive mechanisms used by the advertising acting as a variable moderating the impact of these messages.

The identification of new moderating variables is a useful contribution to the explanatory of the 'Impact of Media Exposition Model' proposed by Dittmar and its collaborators (Dittmar & Howard, 2004; Dittmar & Halliwell, 2005; Dittmar, 2008, Dittmar *et al.*, 2009a; Dittmar *et al.* 2009b; Dittmar, 2009; Bell & Dittmar, 2011). The deconstruction of fashion advertising promotes the understanding of possible mechanisms used in advertising persuasion, helping to demystify the influence of these messages on young people, in order to increase media literacy levels.

2. RESEARCH QUESTION AND OBJECTIVES

The central aim of our research is to understand the influence of the advertising message among young people, particularly with respect to the effects on body image. This question leads us to the following initial research question, the starting point to our research: How do fashion advertising messages exert its influence on the young people of both genres? To explain the existing persuasion mechanisms, it is necessary to distinguish the characteristics of the different types of messages and analyse the possible main attention factors, suggesting an explanation of their psychological and social determinants.

3. THEORETICAL FRAMEWORK

Fashion plays an important role in the social integration of young people. Offers them reference models of their time and a wide variety of aesthetic styles linked to their aspirational lifestyles. In search of his identity, the modern individual composes his personal 'body portrayal'. The body is a space of transformation and performance. Young people especially value the *body tuning*, using commercial brands and all kinds of adornments, hairstyles, clothes, gestures, and language in a stylized, individual and unique way and build what we call the new *deco-identities* (Pina, 2008).

Advertising is a reference system for complex and rich social symbolic universes. To build its discourse and promote consumer goods and commercial brands, advertising relay on consumer research to understand consumer's aspirations, values, beliefs, and underlying attitudes to their behaviour. At the same time, while amplifies and expands them, giving them status and relevance. The advertising message is *always* intentional, seeking to draw public attention and influence consumer decisions, through impact and establishing a communication relationship. Today, with the existing context of advertising saturation, advertising effectiveness rest on the persuasion capacity of the messages, more than on the repetition factor or on the advertising pressure. Therefore, the current advertising challenge involves attention and persuasion strategies and creativity, which are carefully thoughtful, designed and implemented (Pina, 2006).

In the 'Impact of Media Exposition Model' (Dittmar & Howard, 2004; Halliwell & Dittmar, 2006; Dittmar, 2008; Dittmar *et al.*, 2009a; Dittmar *et al.* 2009b; Dittmar, 2009; Bell & Dittmar, 2011), applied to both, women and men, the social comparison concept is a central factor related to body image. The theoretical support of this model is 'Self-discrepancy Theory' (Higgins, 1987), a process of social comparison with negative self-evaluation that can cause an 'acute activation' of self-discrepancies in vulnerable people. That is, the perception of major differences between the ideal self and the actual real self with the consequent negative effects on body image.

Social comparison is fundamental to human life (Buunk & Gibbons, 2007). The process of social comparison plays an important role in the socio-cultural adaptation of individuals. Research indicates that social comparison causes the discrepancy between actual and ideal self and that this is the result of increased involvement and motivation to reduce the discrepancy (Buck *et al.*, 1995; Botta, 2000; Richins, 1991). Therefore, the effect of social comparison has been identified as a mediating variable between exposure to advertising images of ideal models and negative body perceptions (Bessenoff, 2006; Tiggemann & McGill, 2004).

The literature has also suggested that such images affect self-concept satisfaction in the same way through the social comparison process (Richins, 1991). The effects of social comparison may lead to the adoption of healthier behaviors (abandonment of sedentary habits and overeating) or to obsessive body control behaviors (typical of eating disorders) (Brodie & Slade, 1988; Brown *et al.*, 1989).

Although, the negative impact of exposure to the media seems to decrease with the use of realistic body models, considered as norm (Dittmar & Howard, 2004) and the effectiveness of advertising does not depend on the type of body of the human models represented in the messages (Halliwell & Dittmar, 2004).

Given the importance of appearance in modern's societies, people can more often internalize the cultural ideal of beauty as a normative standard that become an individual normative pattern. Internalization is then the integration of beauty ideals mediatised in the personal belief system (Dittmar & Howard, 2004).

There are several moderating factors of the media exposition effects identified by the research. Two of the main moderators are the internalization of bodily ideals conveyed by the media and the tendency of comparison with the media models, with more negative emotions (Dittmar & Howard, 2004; Dittmar, 2008; Schaefer *et al.*, 2019). Experimental research was already verified the moderating role of internalization (Karazsia *et al.*, 2013).

The activation of self-discrepancies is a determinant of the causal link, and that internalization is a (pre-existing independent) moderating factor of media exposure. The activation of discrepancies is related to the thin body ideal for women and to the muscular body ideal for men (Dittmar, 2009; Dittmar *et al.*, 2009a).

Research on the effects of media exposure has focused mainly on the receiver. Thus, there are not many studies from the broadcast perspective (the messages to which the receiver is exposed) that attempt to identify possible mechanisms of advertising persuasion, as well as confirming the presence of body ideals common to most media messages. We are also interested in showing the regularities of latent patterns of behaviour, of ritualization, socially acquired and tactically accepted.

Advertising messages are designed for a specific target audience. Advertisements are placed in the various media according to their audience and the brands' interest in meeting a specific type of public. The corpus recollection, by identifying the origin of the advertisements, has made it possible to distinguish between advertisements aimed at women and those aimed at men. This is a fundamental aspect, as we wanted to verify the gender differences in the research, as in previous studies (Lafky *et al.*, 1996; Plous & Neptune, 1997; Baker, 2005; Royo-Vela *et al.*, 2005).

4. METHOD

The research strategy selected was the combined and sequential strategy, because it is an option that increases the research consistency (Creswell, 2009; Creswell & Zhang, 2009). Regarding the study object and the research objectives, this investigation requires a comprehensive approach and a *corpus* with a suitable size for quantitative analysis. We focused our study universe on press and, in a set of magazines (with gender differentiation), which emphasize youth as main target audience. Ad sample began to be collected in May 2005 and lasted until May 2010, with intervals. Specifically, we chose two periods for collecting ads: May 2005 to May 2007 and May 2008 to May 2010. Altogether were selected (50 female editions and 48 male editions).

Thus, an exhaustive categorical thematic content analysis was used to reveal the structure of the explicit and implicit messages of the *corpus* and planned for the subsequent application of statistical tools that allow to describe, explore, and identify latent patterns. The data from the first phase (content analysis) are used in the second phase (statistical analysis) integrating a database.

We built a content analysis grid for the categorical thematic analysis. This grid includes both the form and the content of advertising messages, in what concerns the synchronic periods mentioned previously, aiming to capture the structures, and meaning of these messages. This analysis follows the methodology suggested by Bardin (1995).

A total of 62 variables composes the analysis grid. The overwhelming majority (59) of the variables was previously closed (with specific response options) and only 3 are open variables (brand name, sub brand, and brand original geographic continent) whose alternatives were post coding.

4.1. Content Analysis

736 advertisements were collected, relating to categories of *clothing* (which includes clothing, lingerie, and swimsuits), *footwear* e *accessories* (including glasses, watches, jewellery, and bags). From this initial set, were excluded repetitions, according to Bardin (1995) methodological recommendation. Final *corpus* consists of 545 different ads. For the latent content dimensions analysis relating to human models and to nonverbal language dimensions, inclusion criteria were all ads whose characters are real people (identity reference models) and among them only ads that presented a layout containing a full body image whose image represented a real person, to avoid doubts during the coding phase. Thus, the sample concerning the nonverbal analysis is 269 ads.

Entire corpus transversal observation allows to intuitively capture the main emerging traits of advertising messages and their latent structures (Neuendorf, 2011). We found that a special attention to non-verbal language of the people portrayed in the ads was required and it than justified a more exhaustive body language analysis (emerging variables).

In order to describe manifest content of fashion advertising, fulfilling systematic and quantitative research criteria, the analysis categories or registration units were defined, respecting the assumptions principles of homogeneity, completeness, exclusivity, objectivity, and relevance (Bardin, 1995). The classification of registrations units was determined by semantic approximation. As a support tool, a content analysis manual was created, containing the comprehensive, objective, and operational description of categories, also using a set of illustrative pictograms, when appropriate. This manual is a fundamental instrument to ensure the proper classification of registration units by independent judges and constitutes an important aspect in judge's specific training sessions (Neuendorf, 2011).

Were selected two independent judges, with no specialization in advertising studies area and no previous coding practice. Judges acquired analytical skills in intensive training sessions. To measure the concordance between judges, at the end of the last training session an inter-judge's test was conducted (*Cohen's Kappa* coefficient of agreement). Codification was registered in a form, whose codes are then inserted into a *Microsoft Excel* database and subsequently exported to a statistical program database.

4.2. Quantitative Analysis

For quantitative data analysis was used a statistical program suited for social sciences (Software Package for Social Sciences – IBM SPSS Statistics 21). Was used descriptive statistic and multivariate statistical tools, such as multiple correspondence analysis (MCA) and clusters analysis. Using descriptive statistic tools, we began by characterizing the ads sample (N = 545) and crossing variables, considered most relevant for the understanding ads sample. Then, with the aim of revealing different ad profiles, we used multivariate techniques. In this final analysis only the variables replicable to most ads (criterion: common to at least 80% of ads) were considered as well as those with major discriminatory power. Bearing in mind these criteria, the multivariate analyses considered the following 12 variables: type of magazine/audience gender, brand origin continent, product type, product category, staging style, character presence, character type, characters represented, dominant gender, character apparent age, character role represented, and character activity developed. The different profiles identification was based on MCA application (which is a qualitative factorial analysis) to determine the relation between variables and to identify relevant dimensions for the summary of data information. Then in the dimensions identified on previous analysis, a cluster analysis was applied to assess the identification of different kinds of items, as proposed by Carvalho (2003).

5. MAIN RESULTS

In this article, we will limit ourselves to the results that stood out the most in our research. The multivariate analysis of the data yielded interesting results in terms of message typologies differentiated according to the gender of the target audience. This makes it possible to distinguish clearly between the three profiles of advertising in terms of content, shedding light on the different constructions of the advertising messages and allowing conclusions to be drawn on the most salient aspects of attention that are part of the persuasion mechanisms of these advertising messages.

a) Undifferentiated Messages

In this kind of undifferentiated message, some features are highlighted, the first of which is the absence of characters (96%). They are messages that focus on the product and use a style of realistic scenario (65%) or that underlines an aesthetic-artistic style (30%). The products advertised are mainly footwear and watches, mostly of North American origin brands (about 50%) and the ads are published mainly in men's magazines (75%).

b) Messages addressed to Women

They are mainly messages in the clothing category, published in women's magazines, which prioritise a realistic style of staging and have characters. They present images of young women, users of the product, in situations of non-activity or rest. In terms of verbal content, these ads tend not to have a slogan or any other type of information about the product's characteristics. However, the brand site is a rule.

The rhetoric of the image favours American or full-length shots (in terms of distance) and uses a frontal angle. In terms of characteristics, white, light-skinned women stand out, with brown or blonde hair, straight or slightly wavy, long, or medium in length. The body types portrayed range from normal to moderately slender, and the figures have a natural appearance and are dressed casually or intimately (in the case of underwear). The bodies appear clothed or partially clothed, showing skin and appearing in full-length images. Although they appear to be in a state of inactivity, the women are in a straight posture or in a position of rest or relaxation, with their hands touching themselves or resting on an object. Their pose is frontal, and their visual gaze is specifically directed at the viewer. The facial expression is serious, with half-open lips, and the position of the head can be either straight or tilted to one side.

c) Messages Addressed to Men

They are mainly messages about accessories and favour a realistic style of acting, are published in men's magazines and contain characters. They show images of adult men, the users of the product, alone or in groups, active and in social situations or doing sports.

The verbal component of the message is scarce but refers to the brand's website. The type of background of the messages, although it also uses neutral backgrounds, mainly uses outdoor settings, either in nature or in urban environments, and portrays daytime environments. The rhetoric of the image, as far as the human figure is concerned, emphasises the American or medium shots and the frontal angle. In the few situations in which the perspective uses vertical angles, which have connotations linked to the power or status of the characters, it is precisely here that masculine messages emerge. Moreover, the men who appear are, in terms of physical characteristics, predominantly of white ethnicity and light complexion. However, although a clear minority, the black race is more represented in male advertising. Hair tends to be brown, straight, or slightly wavy, short, or shaved. The images shown frame the whole or half of the body.

The bodies depicted are almost exclusively of the normal type, and although it is rare to see a male body that is not of normal size, the most advantageous are those of men. In terms of presentation, the men are dressed, with a predominantly simple and natural look, wearing casual clothes. The analysis of the non-verbal language of the characters is characterised by a straight or bent posture, often immobile, but also often moving. The posture is mainly frontal or 3/4 and the hands are either not visible or clutching an object. The facial expression is serious, the lips are closed, the gaze is averted or rather indifferent to the observer and the head is straight or tilted downwards.

6. KEY CONCLUSIONS

Our results confirm the specific charge of fashion advertising messages. These messages follow a very distinct pattern, being mainly visual messages that do not require elaboration based on rational argumentation. Their meaning is particularly implicit, and they are processed automatically (Messaris, 1997). By using the emotional pathway, such messages penetrate the minds of recipients in a powerful way, regardless of the need for individual cognition (O'Keefe, 2002). There is no doubt that the results confirm the existence of differentiated patterns in the construction of the message, which differ according to the gender of the target audience. The main latent structures identified relate to the implicit dimensions of non-verbal language.

Fashion advertising images seem to rely on the non-verbal communication and body language of the human models in the advertisements to influence consumers. They use a silent but effective type of persuasion, as the ability to interpret non-verbal communication signals is intrinsic to the human species. Moreover, it is a decoding that uses emotional mechanisms in an automatic way. In most cases, it is unconsciously processed information that is deeply rooted in social interaction (Becchio, *et al.*, 2012).

Thus, fashion advertising seems to use the principles of interpersonal communication and turns what would be an indirect communication (typical of the media) into a form of direct communication between the people observing and "the people on paper". This use of non-verbal communication codes in fashion advertising is intentional. Persuasive influence is created by the body language of the people in the advertising images. Facial signals, especially the set formed by the gaze and the expression of the mouth, are the most prominent points of attention. Such a general attitude is likely to activate the process of social comparison, especially among young people who are already in the habit of making such evaluative comparisons and who internalise media ideals of beauty as socially desirable ideas (Dittmar & Howard, 2004; Dittmar, 2009; Ashikali & Dittmar, 2012). The importance of the gaze and its role in human relationships has long fascinated the most diverse fields of art and science (Kleinke, 1986).

This type of advertising does not appeal to empathy, but to an idea of competition. Fashion itself is conducive to social comparison. However, these ads subtly, but powerfully, reinforce the outcome of this process. By triggering the process of social comparison, such advertisements will trigger conscious and/or unconscious cognitive processes.

Advertising messages addressed to women and men have a completely different body language. The visual gaze and latent gestures give a particular and differentiated meaning to female and male messages.

The 'paper women' directly challenge their human rivals. They challenge them directly with their intensely deep gaze, their head tilted sideways in an evaluative attitude and their serious half-open mouth. They have an arrogant air, and their attitude is one of defiance and superiority. Because of this, the natural reaction of observant women is to make an increasing comparative evaluation, i.e., to compare themselves with someone who is superior to them (in appearance, in implied power). Moreover, everything is complemented by their attitude of manifest superiority to initiate this increasing comparison. The elegance of the slender bodies and the flattering clothes, the beauty of the immaculate skin, whose perfection is mainly due to the make-up (natural in style, but impeccable); to the photographic lighting and Photoshop; to which we can add the illusion of life that these "paper women" have. It is, in fact, a reproduction of such a familiar female confrontation, the difference being that one of the women is just a young human and the other a 'goddess' from the enchanted world of fashion advertising.

The feelings associated with this interaction are obviously negative. The arrogant, contemptuous attitude is in the family of the universal emotion of aversion. Aversion is an emotional response of repulsion and alienation; contempt is the emotion of rejection between people, especially in relationships with strangers.

In contrast to the women, the male characters in the ads appear in settings that are more masculine (mostly outdoors) appealing to contact with nature or urban symbolism. The men in the ads ignore the viewer and simply allow themselves to be observed. Their visual gaze is averted, their posture submissive, reassuring, automatically placing the viewer on a higher level. With a disinterested, distracted air, they do not challenge the viewer. They do not seek confrontation or rivalry. They seem to be there by chance and often seem unaware of the presence of the camera lens. Their physical appearance does not show too much of a muscular structure, corresponding to a somatotype of the "normal" type, and their bodies are usually covered. These men are usually advertising fashion accessories and pretend not to know that they are being observed. Their air is serious, their gaze seems indifferent to the observer, their posture is leaner, their head is often bowed, and their gestures are instrumental.

The "paper man" comes in peace. He pays homage to the real man watching him. His posture is slightly submissive. It is the posture of a non-dominant male entering the human "alpha" male's territory, showing respect. The advertising message may encourage upward comparison as far as it represents ideal people, but the effects are likely to be less pronounced. As a result, the natural reaction of the male viewer is one of absolute comfort, as the comparative evaluation tends to be more horizontal (similarity matching). The feelings associated with this interaction are neutral or positive, which reinforces self-esteem.

The differences between the type of advertising aimed at women and the type of advertising aimed at men reveal a mastery of the use of human and social psychological principles in fashion advertising messages. In conclusion, the attentional factors highlighted relate mainly to the body language of the characters and there is a silent persuasion of these messages. If future research confirms the reappearance of this nonverbal rhetoric in fashion advertising, we may be able to identify the factors that influence the quality of exposure.

Curiously, in the advertising messages in our corpus, the smile, as the universal form of interaction as a sign of cooperation, is not part of the usual codes of fashion advertising. On the contrary, the intention of competition seems to underlie it, either directly and through female confrontation, or by avoiding such confrontation, as in the case of men.

The evidence from our study supports the hypothesis that in fashion advertising, the body language of the human models in the ads may be a moderating factor in the pattern of effects of media exposure. Negative reinforcement is particularly on the side of women, as direct challenging messages promote upward social comparison in the face of unattainable patterns. The contribution of our study is depicted in Figure 1.

IMPACT OF MEDIA EXPOSITION MODEL

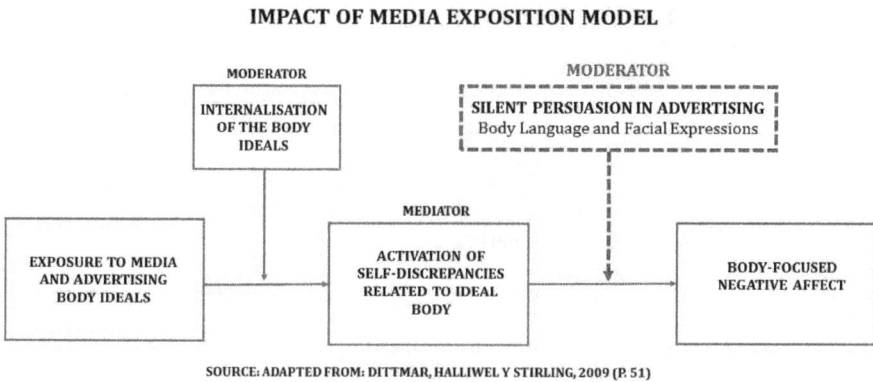

SOURCE: ADAPTED FROM: DITTMAR, HALLIWEL Y STIRLING, 2009 (P. 51)

Figure 1. – Contribution to the 'Impact of Media Exposition' Model.
Source: Author's own reinterpretation and elaboration.

The body language of the characters in the advertisements may act as a moderating variable in the impact of exposure to images in fashion advertising on young people, reinforcing or accentuating the effects of exposure.

Promoting media literacy, so important in the age of fake news, also means demystifying, deconstructing, and exposing all the tricks of the image with which the media fills our lives. Our research goes a step further in demystifying these images, revealing their strategies of persuasion, and contributing to the understanding of the mechanisms of influence they use.

7. REFERENCES

Agliata, D. & Tantleff-Dunn, S. (2004). The Impact of Media Exposure on Males' Body Image. *Journal of Social and Clinical Psychology*, *23*(1), 7-22. https://doi.org/10.1521/jscp.23.1.7.26988

Ashikali, E.M. & Dittmar, H. (2012). The Effect of Priming Materialism on Women's Responses to Thin-ideal Media. *British Journal of Social Psychology*, *51*(4), 514-533. https://doi.org/10.1111/j.2044-8309.2011.02020.x

Baker, C. N. (2005). Images of women's sexuality in advertisements: A content analysis of black- and white-oriented women's and men's magazines. *Sex Roles*, 52(1-2), 13–27. https://doi.org/10.1007/s11199-005-1190-y

Bardin, L. (1995). *Análise de Conteúdo*. Ed.70.

Becchio, C., Manera, V., Sartori, L., Cavallo, A. & Castiello, U. (2012). Grasping intentions: from thought experiments to empirical evidence. *Frontiers in Human Neuroscience*, 6,117-127. https://doi.org/10.3389/fnhum.2012.00117

Bell, B. T., & Dittmar, H. (2011). Does media type matter? The role of identification in adolescent girls'media consumption and the impact of different thin-ideal media on body image. *Sex Roles*, 65(7-8), 478-490. https://doi.org/10.1007/s11199-011-9964-x

Bessenoff, G. R. (2006). Can the media affect us? Social comparison, self-discrepancy, and the thin ideal. *Psychology of Women Quarterly*, 30(3), 239–251. https://doi.org/10.1111/j.1471-6402.2006.00292.x

Botta, R. (1995). Television images and adolescent girls' body image disturbance. *Journal of Communication*, 49(2), 22-41. https://doi.org/10.1111/j.1460-2466.1999.tb02791.x

Botta, R. (2000). The mirror of television: A comparison of Black and White adolescents' body image. *Journal of Communication*, 50(3), 144-1 59. https://doi.org/10.1111/j.1460-2466.2000.tb02857.x

Brechan, I., & Kvalem, I. L. (2015). Relationship between body dissatisfaction and disordered eating: Mediating role of self-esteem and depression. *Eating behaviors*, 17, 49-58. https://doi.org/10.1016/j.eatbeh.2014.12.008

Brodie, D. & Slade, P. (1988). The relationship between body-image and body-fat in adult women. *Psychological Medicine*, 18(3), 623–631.https://doi.org/10.1017/S0033291700008308

Brown, T., Cash, T. & Lewis, R. (1989). Body image disturbances in adolescent female binge-purgers: A brief report of the results of national survey in the USA. *Journal of Psychology and Psychiatry and Allied Disciplines*, 30(4), 605–613. https://doi.org/10.1111/j.1469-7610.1989.tb00272.x

Buck, R., Chaudhuri, A., Georgson, M. & Kowta, S. (1995). Conceptualizing and Operationalizing Affect, Reason, and Involvement in Persuasion: The ARI Model and the CASC, *Advances in Consumer Research*, 22(1), 440-447. https://www.acrwebsite.org/volumes/7785/volumes/v22/NA-22

Buunk, A. P. & Gibbons, F. X. (2007). Social comparison: The end of a theory and the emergence of a Field. *Organizational Behavior and Human Decision Processes*, 102(1), 3–21. https://doi.org/10.1016/j.obhdp.2006.09.007

Creswell, J. W. (2009). *Research design: Qualitative, quantitative, and mixed methods approaches*. Sage.

Creswell, J. W. & Zhang, W. (2009). The Application of Mixed Methods Designs to Trauma Research. *Journal of Traumatic Stress*, 22(6), 612-621. https://doi.org/10.1002/jts.20479

Dittmar, H. (2008). *Consumer Culture, Identity and Well-being: the searche for "good life" and the "body perfect"*. Psychology Press

Dittmar, H. (2009). How Do 'Body Perfect' Ideals in the Media have a Negative Impact on Body Image and Behaviors? Factors and Processes Related to Self and Identity. *Journal of Social and Clinical Psychology*, 28(1), 1-8. https://doi.org/10.1521/jscp.2009.28.1.1

Dittmar, H., Halliwell, E., Phillips, M. & Bond, R. (2009a). Domain-specific self-discrepancy activation mediated men's body dissatisfaction after exposure to media ideals. In

Association for Psychological Science, 21th Annual Convention, São Francisco, EUA, 22-25 Maio 2009. http://eprints.uwe.ac.uk/7604

Dittmar, H., Halliwell, E. & Stirling, E. (2009b). Understanding the Impact of Thin Media Models on Women's Body-Focused Affect: The Roles of Thin-Ideal Internalization and Weight-Related Self-Discrepancy Activation in Experimental Exposure Effects. *Journal of Social and Clinical Psychology, 28*(1), 43-72. https://doi.org/10.1521/jscp.2009.28.1.43

Dittmar, H. & Howard, S. (2004). Thin-Ideal Internalization and Social Comparison Tendency as Moderators of Media Model's Impact on Women's Body-Focused Anxiety. *Journal of Social and Clinical Psychology, 23*(6), 768-791. https://doi.org/10.1521/jscp.23.6.768.54799

Grogan, S. (2021). *Body image: Understanding body dissatisfaction in men, women and children.* Routledge.

Halliwell, E. & Dittmar, H. (2004). Does size matter? The impact of model's body size on women's body-focused anxiety and advertising effectiveness. *Journal of Social and Clinical Psychology, 23*(1), 104-122. https://doi.org/10.1521/jscp.23.1.104.26989

Halliwell, E., & Dittmar, H. (2006). Associations between appearance-related self discrepancies and young women's and men's affect, body satisfaction, and emotional eating: a comparison of fixed-item and participant-generated self-discrepancies. *Personality & Social Psychology Bulletin, 32*(4), 447-458. https://doi.org/10.1177/0146167205284005

Higgins, E. T. (1987). Self-discrepancy: A theory relating self and afect. *Psychological Review, 94*(3), 319- 340. https://psycnet.apa.org/doi/10.1037/0033-295X.94.3.319

Higgins, E. T., Bond, R. N., Klein, R. & Strauman, T. (1986). Self –discrepancies and emotional vulnerability: how magnitude, accessibility and type of discrepancy influence affect. *Journal of Personality and Social Psychology, 51*(1), 5-15. https://doi.org/10.1037/0022-3514.51.1.5

Higgins, E.T., Klein, R. & Strauman, T. (1985). Self-Concept, Discrepancy Theory: A Psychological Model of Distinguishing amoung Different Aspects of Depression and Anxiety. Social Cognition, 3(1), 51-76. https://doi.org/10.1521/soco.1985.3.1.51

Holmström, A. J. (2004). The Effects of the Media on Body Image: A Meta-Analysis. *Journal of Broadcasting & Electronic Media, 48*(2), 196-217. https://doi.org/10.1207/s15506878jobem4802_3

Hurst, M., Dittmar, H., Halliwell, E., & Diedrichs, P. C. (2016). Does size matter? Media inuences and body image. In *Routledge International Handbook of Consumer Psychology* (pp. 250-267). Routledge. https://doi.org/10.4324/9781315727448

Karazsia, B. T., van Dulmen, M. H.., Wong, K. & Crowther, J. H. (2013). Thinking meta-theoretically about the role of internalization in the development of body dissatisfaction and body change behaviors. *Body Image, 10*(4), 433-441. https://doi.org/10.1016/j.bodyim.2013.06.005

Kleinke, C. L. (1986). Gaze and eye contact: a research review. *Psychological Bulletin, 100(1),*78-100. https://doi.org/10.1037/0033-2909.100.1.78

Lafky, S., Duffy, M., Steinmaus, M. & Berkowitz, D. (1996). Looking through gendered lenses: Female stereotyping in advertisements and gender role expectations. *Journalism & Mass Communication Quarterly, 73*(2), 379-388. https://doi.org/10.1177/107769909607300209

Messaris, P. (1997). *Visual Persuasion: The Role of Images in Advertising.* Sage.

Neuendorf, K. A. (2011). Content analysis: A methodological primer for gender research. *Sex Roles, 64*(3-4), 276-289.

https://doi.org/10.1007/s11199-010-9893-0

Newman, L. & Dodd, D. (1995). Self-esteem and magazine reading among college students. *Perceptual and Motor Skills, 81*(1), 161–162. https://doi.org/10.2466/pms.1995.81.1.161

Nezlek, J. (1999). Body image and day-to-day social interaction. *Journal of Personality, 67*(5), 793–817. https://doi.org/10.1111/1467-6494.00073

O'Keefe, D. J. (1991). *Persuasion: Theory and Research.* Sage.

Pina, H. F. (2006). Pressão, Memorização e Eficácia Publicitária. Para além da repetição: a criatividade como factor potencial de eficácia da comunicação publicitária. *Comunicação Pública, 2*(4), 163-176. https://doi.org/10.4000/cp.8703

Pina, H. F. (2008). Deco-identidades: a composição da aparência como expressão da identidade pessoal. *Trajectos,* (13-14), 97-102. http://hdl.handle.net/10400.21/837

Plous, S. & Neptune, D. (1997). Racial and gender biases in magazine advertising. *Psychology of Women Quarterly, 21*(4), 627-644. https://doi.org/10.1111/j.1471-6402.1997.tb00135.x

Richins, M. (1991). Social comparison and idealized images of advertising. *Journal of Consumer Research, 18* (1), 71–83. https://doi.org/10.1086/209242

Royo-Vela, M., Küster-Boluda, I. & Vila-López, N. (2005). Roles de género y sexismo en la publicidad de las revistas españolas: un análisis de las tres últimas décadas del siglo XX. *Comunicación y Sociedad, 18*(1), 113-152. https://doi.org/10.15581/003.18.36325

Schaefer, L. M., Burke, N. L., Anderson, L. M., Thompson, J. K., Heinberg, L. J., Bardone-Cone, A. M., Neyland, M. K. H., Frederich, D. A., Andersen, D.A., Schaumberg, K., Nerini, A., Stefanile, C., Dittmar, H., Klump, K.L., Vercellone, A.C. & Paxton, S. J. (2019). Comparing internalization of appearance ideals and appearance-related pressures among women from the United States, Italy, England, and Australia. *Eating and Weight Disorders-Studies on Anorexia, Bulimia and Obesity, 24,* 947-951. https://doi.org/10.1007%2Fs40519-018-0544-8

Sohn, S. H. (2009). Body Image: Impacts of Media Channels on Men's and Women's Social Comparison Process and Testing of Involvement Measurement. *Atlantic Journal of Communication, 17*(1), 19-35. https://doi.org/10.1080/15456870802505670

Strauman, T. J. & Higgins, E. T. (1988). Self-discrepancies as predictors of vulnerability to distinct syndromes of chronic emotional distress. *Journal of Personality, 56*(4), 685-707. https://doi.org/10.1111/j.1467-6494.1988.tb00472.x

Strauman, T. (1989). Self-discrepancies in clinical depression and social phobia: Cognitive structures that underlie emotional disorders. *Journal of Abnormal Psychology, 98*(1), 14-22. https://doi.org/10.1037/0021-843X.98.1.14

Tiggemann, M., & McGill, B. (2004). The role of social comparison in the effect of magazine advertisements on women's mood and body dissatisfaction. *Journal of social and clinical psychology, 23*(1), 23-44. https://doi.org/10.1521/jscp.23.1.23.26991

NEUROTRANSMISORES Y NEURONAS ESPEJO: EFECTO COMO REGULADORES DE LA CONDUCTA DESDE LA PERSPECTIVA DEL NEUROMARKETING

Miguel Ángel García Bravo, Juan José Blázquez Resino[1]

1. INTRODUCCIÓN

En los últimos años se ha observado una evolución en el patrón de consumo, donde los aspectos afectivos se van imponiendo sobre los racionales. Disciplinas como la neurociencia permiten entender cómo los neurotransmisores influyen sobre la conducta del individuo. Dichas moléculas son protagonistas claves en las emociones y en el comportamiento que adopta el consumidor. La función de transmitir información de una neurona a otra mediante el proceso de sinapsis conlleva la producción de respuestas fisiológicas, las cuales condicionan, a través de las emociones, elementos conductuales entre los que se enmarca el proceso de decisión de compra del consumidor, implicando la posibilidad de un área de estudio en desarrollo de gran potencial.

El conocimiento del proceso sináptico y de la comunicación neuronal, así como el estudio enfocado a la interacción sobre este a través de herramientas como el marketing sensorial, representa un área de estudio con gran potencial de desarrollo cuyos resultados pueden ser determinantes a la hora de entender la conducta del consumidor. Asimismo, no es menos importante el papel de las neuronas espejo, que representan uno de los más importantes descubrimientos en el campo de la neurociencia y cuya activación pueden motivar la repetición de conductas por observación.

Por lo tanto, el presente estudio tiene como objetivo realizar un análisis de los principales neurotransmisores, así como de las neuronas espejo, desde la perspectiva del neuromarketing y prestando especial atención al marketing sensorial, basándose en una metodología de análisis de elementos teóricos combinada con estudio de casos concretos.

2. METODOLOGÍA

Para el estudio de la importancia de los neurotransmisores y neuronas espejo, en el presente trabajo se realiza un análisis sobre las diferentes publicaciones científicas existentes en el área de las neurociencias, enfocado hacia el estudio de los diferentes neurotransmisores y la vinculación de sus aspectos fisiológicos con diferentes implicaciones en el área del Neuromarketing y el marketing sensorial. Además, se analiza la importancia de las neuronas espejo, manifestando aspectos teóricos y sus implicaciones en el proceso de

---

1. Universidad de Castilla-La Mancha (España)

decisión de compra y su importancia para la investigación de mercados. El desarrollo de este texto se ha sustentado en el análisis de artículos académicos publicados en bases de datos de referencia.

A partir de estas bases de datos se procedió a la búsqueda, lectura y análisis de los diferentes artículos que se adecuasen a la temática objeto de estudio, para ello se tuvieron en cuenta como criterios de inclusión la selección de otras revisiones, así como de estudios analíticos experimentales. Entre los criterios excluyentes, fueron descartados de la revisión aquellos artículos cuya temática no se ajustase al tema objeto de estudio, artículos incompletos y resúmenes que no permitiesen la profundización necesaria.

El objetivo perseguido en este análisis es plasmar en conjunto la interpretación del Neuromarketing desde el punto de vista de la acción de los diferentes neurotransmisores, neuronas espejo y la inferencia del marketing sensorial sobre estos, así como sus implicaciones en el proceso de compra del consumidor y la modulación de sus emociones.

3. NEUROTRANSMISORES, NEURONAS ESPEJO Y MARKETING SENSORIAL: ASPECTOS TEÓRICOS

La actividad cerebral se basa en un intercambio constante de información entre neuronas, separadas físicamente entre sí, aunque conectadas mediante redes, sirviéndose de los neurotransmisores para establecer comunicación entre ellas, de forma que estos actúan como mensajeros químicos capaces de transportar señales entre las diferentes neuronas y desencadenar el efecto pretendido (Esco E-Universitas, 2018). Glover (2020) alude a los neurotransmisores como sustancias químicas producidas en el organismo, que cumplen la función de transmitir información de una neurona a otra a través de un proceso llamado sinapsis, de forma que el neurotransmisor se libera a través de las vesículas mediante un impulso nervioso para atravesar el espacio presináptico e interactuar a continuación con la neurona postsináptica, produciendo la respuesta fisiológica pretendida. En este sentido, Brailowsky (1995) define los neurotransmisores como sustancias producidas por una célula nerviosa capaces de alterar el funcionamiento de otra célula mediante la ocupación de receptores específicos o valiéndose de la activación de mecanismos iónicos y/o metabólicos.

Sinek (2014) realiza una interesante clasificación de los neurotransmisores diferenciando entre neurotransmisores interesados y desinteresados. De esta forma, dentro de los interesados se incluyen la dopamina y las endorfinas, produciendo su liberación sensaciones positivas. No obstante, la liberación repetida y excesiva de estos neurotransmisores pueden favorecer adicciones, por ejemplo, productos como el tabaco, el alcohol o las drogas, así como experiencias como el juego, liberan importantes cantidades de dopamina. En relación con los neurotransmisores desinteresados, Sinek (2014) clasifica bajo este grupo la serotonina y la oxitocina que favorecen la confianza, la cooperación y que en combinación con otros neurotransmisores pueden generar sinergias positivas para el individuo.

El conocimiento del funcionamiento de los neurotransmisores y su influencia e interacción en el proceso de decisión de compra dota de importancia a la aplicación del marketing sensorial en el desarrollo de estrategias comerciales, donde se pone en valor la percepción de los sentidos y la persuasión, y su interacción sobre el cerebro.

Por este motivo, también es importante el desarrollo de un análisis sobre la importancia de las neuronas espejo desde el punto de vista del neuromarketing. Dichas neuronas representan uno de los descubrimientos más importantes en el campo de la neurociencia, de gran valor para la investigación neurocientífica (Madé-Zabala, 2019), por lo que resulta de especial relevancia su análisis desde el punto de vista teórico y del estudio de casos.

4. NEUROTRANSMISORES, MARKETING SENSORIAL Y NEURONAS ESPEJO: FUNCIONAMIENTO E INFLUENCIA SOBRE EL CONSUMIDOR

Los principales neurotransmisores que se encuentran relacionados con el proceso de compra y que, por tanto, son especialmente interesantes en el área de estudio del Neuromarketing son la dopamina y la serotonina, por lo que se expone un análisis detallado de ambos.

4.1. Dopamina

Se trata de un neurotransmisor fundamental, que tiene importantes implicaciones en el aprendizaje y la atención. La dopamina se libera en el cerebro cuando experimentamos situaciones estrechamente relacionadas con el bienestar, placer o relajación, de forma que está muy presente no solo en las situaciones evidentemente generadoras de satisfacción, sino en procesos de decisión de compra como, por ejemplo, la compra por impulso, que produce importantes liberaciones de este neurotransmisor. Además, la liberación de dopamina es responsable, en gran medida, de la toma de conductas adictivas, no solo ante sustancias concretas, sino también ante experiencias, llegando incluso a la pérdida de control por parte del individuo, como es el caso de los compradores compulsivos (Esco E-Universitas, 2018). La liberación de dopamina y la estimulación del sistema de recompensa tiene una especial implicación en la fidelidad por determinados productos.

Para entender la utilización de la dopamina en Neuromarketing tenemos que referenciar el sistema de recompensa y el concepto de gamificación (Esco E-Universitas, 2018). La gamificación se define como el empleo de aspectos relativos al diseño de juegos aplicados en contextos diferentes no lúdicos (Deterding *et al.*, 2011), siendo de aplicación en las diferentes áreas de marketing, y muy especialmente en aspectos del marketing relacional, tratando de influir sobre el comportamiento del consumidor en el uso de productos y servicios, para lo que se apoya en elementos del juego (Robledo *et al.*, 2013). Se ha consolidado como una herramienta con gran potencial ante la motivación del consumidor por el alcance de logros y la obtención de recompensas. De esta forma, la fidelidad a la marca es un objetivo cuyo alcance puede depender de la asociación de la marca a repetidas generaciones de dopamina en el consumidor potencial (Esco E-Universitas, 2018).

Dávila (2013) presenta una relación de productos y servicios no farmacológicos con los que se puede influir positivamente sobre un consumidor con niveles bajos de dopamina, de forma que, mediante determinados productos alimentarios como los alimentos saludables o el chocolate, se puede favorecer la producción de este neurotransmisor. Además, existen determinados suplementos vitamínicos, conocidos por las empresas, lo que lleva al mercado a ofrecer productos sofisticados en esta línea, capaces de mejorar los niveles de dopamina. Finalmente, el deporte permite aumentar el flujo sanguíneo al cerebro y se incrementa el nivel de dopamina aportando sensaciones de bienestar.

4.2. Serotonina

Los efectos más inmediatos de la liberación de serotonina en el organismo están relacionados con la relajación y la atenuación del dolor y se libera en acciones de la vida diaria como dormir o comer, estando además involucrada en determinadas funciones cognitivas como la memoria (Esco E-Universitas, 2018). Además, la serotonina cumple una función como hormona; se encuentra en diferentes secciones del sistema nervioso central y tiene la capacidad de regular la actividad de otros neurotransmisores (Glover, 2020). La serotonina es la hormona y el neurotransmisor responsable de la sensación de felicidad, ya que los efectos de su liberación son capaces de transmitir al cerebro emociones que tienen que ver con el bienestar personal y psicológico, así como con el equilibrio emocional siendo, además, capaz de regular otro tipo de sentimientos como la agresividad o la ansiedad (Pradas Gallardo, 2018).

La liberación de serotonina produce un incremento de la empatía y la confianza en los sujetos, de forma que, garantizar importantes niveles de confianza en el consumidor minimizando el riesgo al que este se expone cuando decide acerca de un producto son estrategias de venta fundamentales basadas en este neurotransmisor. Según Esco E-Universitas (2018), herramientas como los testimonios de clientes satisfechos, que permitan al cliente potencial identificarse con experiencias de terceras personas, o presentar al consumidor cuanta información sea posible sobre el producto, así como ofrecerle herramientas para obtener información adicional, producirán confianza, algo que en simbiosis con otras herramientas enfocadas a la reducción del riesgo, como el empleo de pasarelas de pago seguro, fomentarán la producción de serotonina y, a su vez, favorecerá la decisión de compra.

Pradas Gallardo (2018) plantea que desajustes en la segregación de serotonina, tanto por exceso como por defecto, están vinculados con la aparición del trastorno de ansiedad o fobia sociales. Además, Saavedra (1996) refleja en sus conclusiones que resulta innegable la implicación del sistema serotoninérgico en la ansiedad. Los efectos que conllevan la falta de serotonina influyen sobre el estado anímico de la persona y, en consecuencia, dicha carencia actúa sobre la predisposición del consumidor a adquirir determinados productos o servicios.

Existen además una serie de aspectos no farmacológicos que pueden mejorar los niveles de serotonina. Dávila (2013) expone que los artículos deportivos facilitan la liberación de serotonina en su uso, al igual que las actividades al aire libre y en contacto con la naturaleza o la música. También hace referencia a la comida y el entorno en que se consume como atenuador de sensaciones desagradables en la persona, mejorando los niveles de serotonina.

4.3. Otros neurotransmisores de interés

A continuación, se describen otros neurotransmisores que son importantes a la hora de estudiar su efecto sobre el comportamiento del consumidor:

- **Endorfinas:** Las endorfinas cumplen la función de enmascarar el dolor físico (Sinek, 2014). Las endorfinas son un neurotransmisor fundamental, cuya carencia produce efectos negativos como depresión, desorden obsesivo-compulsivo, cambios bruscos en el estado de ánimo, migrañas, dolor de cabeza y ansiedad (Dávila, 2013). Las endorfinas son liberadas por el organismo cuando existen situaciones de placer y está directamente relacionado con la estabilidad anímica del sujeto, al igual que la serotonina. Cuando se libera este neurotransmisor, que también actúa como hormona, se produce una mayor comprensión y cercanía hacia el estímulo que produce su liberación. Las endorfinas están muy relacionadas con el efecto placebo al producir placer, calma y capacidad de atención (Sarasty, 2012). Los niveles de endorfinas pueden incrementarse de forma no farmacológica con productos como el cacao, actividades de relajación, esparcimiento y ocio, lo que mantiene una especial vinculación con la serotonina (Dávila, 2013).

- **Oxitocina**: La oxitocina se vincula con las interacciones sociales, que potencia la consecución de la confianza y amistad; tiene efectos similares a la serotonina al producir alivio de las sensaciones de estrés, reforzar las relaciones con otros sujetos y favorecer conductas protectoras hacia el resto (Sinek, 2014). Su liberación promueve la liberación de dopamina en el cerebro produciendo sensación de placer (Bale *et al.*, 2001). Tinoco-Egas (2016) presenta un análisis interesante que vincula la liberación de oxitocina con los niveles de confianza del consumidor y argumenta que la liberación de oxitocina activa el "*human oxytocin mediate empathy*", un circuito cerebral que causa empatía. Por su parte, Zak y Barraza (2013) afirman que la empatía es fundamental para la generación de acciones colectivas, lo que representa un enfoque en la investigación de la neuroeconomía y el comportamiento social. Una la investigación desarrollada por Alexander *et al.* (2015), se observó que ofrecer un cupón descuento ante una experiencia de compras on-line produjo liberación de oxitocina y fomentó la fidelización de marca por parte del consumidor. La liberación de oxitocina se derivó de la sensación de ahorro económico, la influencia de quien ejerce de prescriptor y la compra inteligente, además de evidenciarse una reducción de la adrenocorticotropina, estrechamente vinculada con el estrés.

- **Ácido Gamma Aminobutírico (GABA)**: Se trata de un neurotransmisor directamente relacionado con la inhibición de otros neurotransmisores excitatorios, cuyo objetivo es modular las reacciones de ansiedad excesivas y el miedo (Glover, 2020). Es por tanto responsable de la alteración que sufren las ondas cerebrales, de forma que es capaz de incrementar aquellas que están involucradas en el control de la ansiedad. Este neurotransmisor está implicado en los mecanismos reductores de los niveles de estrés y ansiedad y se activa para reducir la probabilidad de que aparezcan otros problemas de salud. Además, es regulador del tono muscular e influye en el sueño (Luque, 2020). El déficit de GABA se ha relacionado con patologías como el autismo, el trastorno bipolar, depresión, esquizofrenia, ciertas demencias y epilepsia.

- **Adrenalina o Epinefrina:** La adrenalina presenta importantes similitudes como neurotransmisor con la noradrenalina, y tiene como función el desarrollo de mecanismos de supervivencia ante situaciones de riesgo real, aunque también está relacionada con reacciones fisiológicas sobre la tensión arterial o la respiración (Glover, 2020). Los efectos que ocasiona la falta de adrenalina recogen alteraciones de la tensión arterial, alteración del ritmo cardiaco o sensación de malestar. La liberación natural de este neurotransmisor puede producirse en la práctica de determinados deportes, particularmente deportes extremos o turismo aventura (Dávila, 2013).

- **Noradrenalina o Norepinefrina:** Al igual que la serotonina, la noradrenalina ejerce tanto funciones de hormona como de neurotransmisor, y se encarga de activar el sistema nervioso simpático, estando asociada con la atención y las respuestas ante situaciones de estrés (Glover, 2020). Dávila (2013) manifiesta en su estudio que la eliminación de la noradrenalina del cerebro produce una disminución de la motivación en el sujeto, lo que se relaciona directamente con cuadros depresivos y disminución del impulso para realizar diferentes actividades.

- **Histamina**: La histamina como neurotransmisor está relacionada directamente con el control del sueño y los niveles de ansiedad, así como el desarrollo de la memoria, además de tener otras funciones relacionadas con el sistema inmunitario (Glover, 2020).

- **Glutamato:** El glutamato se caracteriza por sus propiedades excitatorias sobre el sistema nervioso central siendo fundamental en los procesos cerebrales relacionados con la memoria (Glover, 2020).

- **Acetilcolina:** Este neurotransmisor se encarga de la estimulación de los músculos y la activación de las neuronas motoras, además, está implicado en favorecer los procesos de memoria y asociación (Glover, 2020). Los niveles insuficientes de acetilcolina pueden provocar demencia senil, problemas de memoria, fatiga, debilidad muscular, falta de concentración y dificultad de aprendizaje (Dávila, 2013).

4.4. Marketing sensorial y persuasión: reacciones fisiológicas

La persuasión es una herramienta de comunicación capaz de transformar ideas y creencias, e incluso comportamientos. La persuasión se puede alcanzar a través de dos grupos de técnicas: por un lado, las racionales, como es el caso de la argumentación o la lógica; y por otro las emocionales, como son la publicidad, la fe, la seducción, etc. La persuasión siempre se alcanza a través de los sentidos, por tanto, el marketing sensorial es fundamental para alcanzar este objetivo, representando una estrategia enfocada a reforzar emociones o sensaciones que pueda experimentar el consumidor.

El marketing sensorial busca reforzar emociones positivas y generar experiencias de compra únicas. Pero debemos tomar en consideración aquellos aspectos fisiológicos que son responsables de las emociones, sin olvidar que la liberación de determinados neurotransmisores, o la inhibición de la recaptación de algunos de ellos son responsables directos de las sensaciones que el sujeto experimenta.

Un aspecto al que atender lo encontramos en la brecha existente entre la intención de compra y la acción de compra, de forma que sujetos que muestran una predisposición favorable hacia un producto, finalmente no lo adquieren. Braidot (2010) achaca este hecho a que la información que se recibe en el cerebro a través de los sentidos se suma a las experiencias pasadas y al aprendizaje del sujeto, estimulando conexiones sinápticas.

Cuando se atiende al sentido de la vista, se localizan principalmente dos estímulos visuales: el color y la luz. Una de las principales aportaciones sobre el color fue el Test de Colores de Lüscher (1999), quien descubrió que el color se percibe de forma objetiva y compartida por parte de todos los individuos, siendo capaz de analizar hasta ocho colores específicos en base a esta percepción homogénea y plantea, por ejemplo, que el color azul motiva el descanso, que los colores rojizos son óptimos para momentos de fatiga, o que los colores anaranjados, amarillos o dorados revitalizan el organismo.

La teoría modernista del color diferencia entre tonos cálidos vinculándolos a un público masculino, y los colores fríos que se orientan al público femenino. Dentro de esta clasificación, se recogen diferentes respuestas fisiológicas, de forma que colores amarillos o rojos incrementan la presión sanguínea, al contrario que con los colores azules, que producen una disminución de esta. A continuación, se plantean los aspectos concretos de los colores y de la psicología del color para entender su utilización y como condicionan al consumidor.

- El color blanco se asocia con la perfección, la bondad, pureza e inocencia, teniendo siempre connotaciones positivas, asociándose al mercado hospitalario, de la limpieza o de las ONG, por su asociación mística con los ángeles y la pureza.
- El color amarillo está estrechamente vinculado con la alegría, felicidad, energía e inteligencia, además, sugiere el efecto de entrar en calor y genera energía muscular. Es un color que en exceso puede resultar perturbador y que se asocia con la cobardía, no es un color apto para sugerir estabilidad.
- El color naranja representa una combinación entre la energía del rojo y la felicidad del amarillo, siendo un color relacionado con el entusiasmo, la felicidad, la atracción, creatividad, determinación, ánimo y estímulo. El color naranja se trata de un color cálido que infunde calor sin ser agresivo y tiene un efecto vigorizante, es decir, genera un mayor aporte de oxígeno al cerebro. Se trata de un color enfocado a la gente joven.
- El color rojo se asocia al peligro y la guerra, pero también a la energía, la fortaleza, determinación, amor y pasión, siendo un color adecuado para comunicaciones sugerentes. Es un color emocionalmente intenso que puede provocar el aumento de la presión sanguínea y de la frecuencia respiratoria.
- El color púrpura aporta la estabilidad del azul y la energía del rojo por lo que se asocia a realeza, poder, lujo o ambición y está vinculado con la sabiduría, creatividad, dignidad o independencia. Es un color que representa la magia y el misterio.
- El color azul se asocia a la estabilidad y la profundidad, representando lealtad, confianza, sabiduría, inteligencia y verdad. Se caracteriza por producir efectos relajantes retardando el metabolismo. Es un color adecuado para el público masculino que entre otros efectos puede ser supresor del apetito.
- El color verde aporta armonía, crecimiento, frescura y una fuerte sensación de seguridad. Tiene propiedades curativas, es relajante y sugiere estabilidad.
- El color negro simboliza el poder y la elegancia, pero también el misterio y el miedo. Es un color que denota autoridad, fortaleza, intransigencia, prestigio o seriedad. Se desaconseja combinarlo con colores vivos (amarillo, rojo, etc.) ya que produce agresividad.

El segundo estímulo visual se encuentra en la luz, que afecta directamente a la sensación de bienestar. A modo de ejemplo, una luz tenue y cálida evoca comodidad y es óptima para crear un ambiente hogareño mientras que una luz fría y fuerte produce incomodidad. La luz es un elemento con el que puede captarse la atención de forma estratégica y además, la luz natural es fundamental para tener consciencia del paso del tiempo, favoreciendo con su privación la presencia del consumidor en el establecimiento.

Si se atiende al sentido del oído y a la planificación de una estrategia de marketing auditivo, se debe tomar en consideración una serie de aspectos fundamentales. Siguiendo la enumeración planteada por Holgado Solano (2019) los elementos sustentadores de dicha estrategia son:

- La identidad musical es un factor determinante para la adecuación de la estrategia de marketing auditivo con los principios de la marca. Idrovo-Zambrano (2017) expone que la identidad musical debe basarse en los valores que pretenda transmitir la marca y, además, debe enfocarse al público objetivo al que la empresa quiera dirigirse.

- El paisaje musical está conformado por una serie de elementos que en simbiosis crean la música, y que deben ser perfectamente analizados para lograr el objetivo de captar la atención. Povedano (2017) analiza la percepción de la melodía por parte del individuo y concluye que las respuestas de dos individuos ante una misma melodía pueden ser completamente diferente, lo que dificulta el diseño de la estrategia de marketing auditivo.

- Respecto al ruido, se trata de un factor clave pero difícilmente controlable. Es un elemento negativo que las organizaciones deben tratar de paliar en su estrategia de marketing auditivo, ya que puede alterar el comportamiento de compra del consumidor.

- En relación con la voz humana, es importante tomar en consideración el tono de voz en el diseño de la estrategia, ya que este tiene una importante influencia sobre el cerebro. Estudios como el expuesto por Santuy (2018), plantea la mejor aceptación hacia la marca de una voz femenina sobre una masculina.

- El estilo musical puede presentar unas características determinadas en función de su elección y se debe prestar atención a la hora de tomar decisiones en este sentido. A modo de ejemplo, la elección de un hilo musical u otro condiciona notablemente al consumidor, reflejo de ello es lo expuesto por Yalch y Spangenberg (1990), que concluyen que cuando se expone a los consumidores a música que escuchan frecuentemente, estos perciben que el tiempo que han permanecido en el establecimiento es menor.

Si atendemos al olfato, encontramos un sentido que se puede estimular de forma inconsciente, y que puede provocar diferentes emociones y reacciones en el consumidor. A través de este sentido se pretende mejorar la experiencia del cliente, la permanencia del consumidor en el establecimiento, la identificación de una marca con un aroma, o incluso, incidir en la percepción positiva de un producto a través de una determinada fragancia.

El marketing olfativo ha sido sometido a multitud de estudios que avalan su eficiencia y conveniencia. Uno de los estudios más llamativos lo realizó la cadena *Dunking Donuts* en Corea del Sur, cuando instaló dosificadores de fragancias con el aroma del café en el transporte público, y los configuró para ser activados en el momento en que sonara en radio un anuncio de *Dunkin Donuts*, combinándose además con publicidad gráfica en el transporte público; gracias a ello, en aquellos establecimientos de la marca próximos al transporte público se incrementaron las ventas en un 29 % (R&C Team, 2012).

Las estrategias de marketing olfativo pretenden acceder de forma inconsciente a la mente del consumidor y provocar un efecto emocional, por lo que la asociación de los olores con experiencias pasadas y su vinculación con determinadas emociones hacen de este tipo de estrategias una herramienta imprescindible. Entre los ejemplos de olores y sus reacciones fisiológicas, mencionar que existen aromas relajantes como la lavanda; aromas que ayudan a minorar la sensación de ansiedad como los cítricos; las fragancias florales, útiles para atenuar la tristeza; el aroma a romero, canela o manzanilla son estimulantes y favorecen la concentración; el aroma a menta es energizante; el aroma a vainilla genera nostalgia o también el aroma a café para generar descanso y familiaridad.

El sentido del gusto tiene como particularidad que, para ser estimulado, antes se debe pasar por el resto de sentidos. Una vez se estimula este sentido, se atiende a diversas variantes como el sabor, la forma, la textura o la temperatura. De Garcillán (2015) se refiere al sentido del gusto como el único que requiere de una predisposición activa y consciente por parte del individuo. El sentido del olfato está estrechamente vinculado con el sentido del gusto, ya que según el olor percibido se genera una idea preconcebida y aceptación o rechazo a probar el producto. La existencia de rasgos generales sobre la aceptación o rechazo de sabores está determinada por la anatomofisiología, además de por otros aspectos (experienciales, culturales, etc.). Es comúnmente aceptado que el sabor amargo se aprecia como desagradable mientras que el dulce que se interpreta como complaciente. En el caso del sabor salado, dependiendo de la intensidad puede despertar agrado o desagrado y los sabores ácidos no suelen ser aceptados.

El sentido del tacto permite al consumidor descubrir las características físicas del producto que desea adquirir y proporciona una primera información sobre el mismo, siendo necesaria una predisposición del consumidor a tocar el producto. Se debe considerar que un producto puede adquirirse sin necesidad de emplear el tacto, pero el contacto directo con el producto genera confianza en el consumidor a través de una primera impresión, de hecho, como defiende De Garcillán (2015), el consumidor buscará de forma automática aquellos puntos de venta en que sea posible un contacto directo e ilimitado con el producto y rechazará aquellos en los que no exista este contacto, ya que le infundirán desconfianza.

La evolución histórica en los modelos de venta ha progresado desde un modelo basado en la prescripción hacia un concepto en que el consumidor está en contacto directo con el producto a través de modelos de muestra, por lo que las características físicas de los mismos han ido adquiriendo mayor importancia.

Todas las acciones enfocadas a intervenir sobre los sentidos a través del marketing sensorial pretenden generar una respuesta a través de las emociones enfocada a alcanzar los objetivos perseguidos en el diseño de las diferentes campañas de marketing.

4.5. Neuronas Espejo

Es imprescindible detenerse, por su importancia, en las neuronas espejo, también llamadas neuronas especulares o neuronas cubelli. Estas se activan en el momento de realización de una acción e igualmente cuando se observa la realización de una acción en una tercera persona, siendo capaces de reflejar el comportamiento de otros (Badia, 2019). En este sentido, Aguilera (2012) añade que el cerebro reacciona al observar cualquier actividad de la misma forma que si fuera autor de la actividad percibida. Otros autores, como Obradors *et al.* (2007) identificaron este fenómeno por el cual la imaginación de una acción activa las mismas áreas cerebrales que la realización de esta, pudiendo producirse también mediante la observación de la acción realizada por otra persona.

Las neuronas espejo favorecen el aprendizaje e influyen además en la percepción de estímulos, la capacidad motora, el lenguaje y las relaciones interpersonales. Dentro del aprendizaje de las personas es fundamental el aprendizaje por imitación, lo que convierte a las neuronas espejo en una parte elemental del proceso al activarse tanto en el momento en que se realiza una acción como cuando vemos a otra persona realizarla. Igualmente, son fundamentales a la hora de facilitar la comunicación no verbal (Badia, 2019). Finalmente, estas neuronas son capaces de interpretar las expresiones de otras personas proporcionándonos información sobre sus sentimientos, de forma que al interpretar dichas expresiones nos permite desarrollar una sensación de empatía con esa tercera persona, es decir, nos permite entender lo que está sintiendo. En este proceso cobra especial importancia el sistema límbico, que es el responsable de las emociones y que está estrechamente conectado con áreas cerebrales donde abundan las neuronas espejo, entre las que destacan el lóbulo parietal y la circunvolución frontal inferior, de forma que se permite la captación del estado mental de otras personas, y a su vez, mejorando la capacidad social del individuo (Aguilera, 2012; Badia, 2019).

Uno de los objetivos hacia los que se podrían enfocar diferentes estrategias de marketing es la manipulación de esta capacidad de interacción social conduciéndola al consumo (Madé-Zabala, 2019), para ello, se podría analizar el nivel máximo de sensibilidad de estas neuronas espejo a la hora de diseñar determinados productos y a partir de ahí desarrollar y diseñar productos más subjetivos (Boto, 2005). Por su parte, Moya-Albiol *et al.* (2010), argumentan que las neuronas espejo explican y justifican la capacidad de acceso a la mente de otras personas, su entendimiento y la intersubjetividad, que a su vez facilita la conducta social.

Las acciones enfocadas a la interacción con las neuronas espejo se han integrado recientemente en las estrategias comerciales de las empresas, ejemplo de ello lo encontramos en las estrategias de visual merchandising, el escaparatismo o la colocación de los lineales en los comercios; estas acciones se han diseñado sin dejar de lado la existencia de estas neuronas, ya que uno de los objetivos principales consiste en provocar un efecto de imitación gracias a ellas, por ejemplo, acceder a un comercio tras ver un escaparate de manera prácticamente inconsciente. Estas neuronas espejo, localizadas en el cerebro, se activan motivadas por los comportamientos de terceros de forma que se producen comportamientos sociales y empáticos, como defiende García Cerdán (2018). Tal es la importancia con que se dota a la interacción sobre estas neuronas, que, enfocado a ello, en el ejemplo concreto de la empresa *Zara*, se diseñan al año 150.000 escaparates, modificados cada quincena, lo que ejemplariza la magnitud de dichas acciones.

El marketing como ciencia en el día de hoy abarca una serie de factores metodológicos basados en estudios científicos que persiguen impactar en los individuos, con el objetivo de hacerlos más susceptibles al consumo de determinados productos (Madé-Zabala, 2019). Estas nuevas tendencias están estrechamente vinculadas a técnicas de neurociencia y neuromarketing. Palacio y Giraldo (2016) presentan un estudio por el cual pretenden determinar la incidencia de las neuronas espejo en los consumidores de Coca Cola acotando la investigación a la ciudad de Manizales en Colombia. Para analizar este aspecto emplearon como herramienta el electroencefalograma en combinación con encuestas de percepción sensorial. Para el desarrollo de la investigación emplearon dos grupos, por un lado, un grupo control y por otro un grupo experimental, de forma que expusieron a estímulos al grupo experimental, entre los que se encontraba la acción de ver a otro individuo consumiendo bebidas. De esta forma se puede establecer una comparativa entre ambos grupos para determinar la influencia de las neuronas espejo en el proceso de decisión de compra. Entre las conclusiones esperadas del estudio desarrollado por Palacio y Giraldo (2016) se buscaba analizar la diferencia entre ambos grupos y vincularlas al efecto de las neuronas espejo, de forma que el estudio permitió observar la influencia notable de estas neuronas en el proceso de toma de decisiones en el momento de adquirir un determinado producto por parte de los consumidores.

Por otro lado, Madé-Zabala (2019) analiza la influencia de las neuronas espejo en diferentes estrategias promocionales llevadas a cabo por organizaciones no gubernamentales (ONG) que persiguen provocar sensibilidad emocional en el consumidor a fin de involucrarlo en su causa, de forma que se asocian las reacciones que se persiguen al comportamiento que caracteriza dichas neuronas espejo, por ejemplo, mediante la búsqueda de la empatía o la comprensión. Ejemplo de ello es la presentación de determinadas imágenes en campañas promocionales que persiguen la activación inmediata del cerebro y la reacción empática del individuo frente a la causa que se presenta en el soporte publicitario. El funcionamiento de las neuronas espejo se puede apreciar en otras áreas como las religiones o las empresas. En el caso de las religiones, se ha demostrado que cuentan con una potente capacidad para lograr la atención de los sujetos pudiendo, las neuronas espejo, tener cierta responsabilidad en el comportamiento de sus seguidores. En el caso de las empresas, los departamentos de marketing han motivado la utilización de estrategias como el empleo de mensajes subliminales o la participación en campañas humanitarias que relacionan la empatía por determinadas causas con ciertas marcas publicitarias (Madé-Zabala, 2019).

Las neuronas espejo representan un área fundamental en el estudio de las neurociencias aplicadas al marketing, ya que entender su funcionamiento implica la capacidad de desarrollar estrategias comerciales que incidan directamente sobre el cerebro de los consumidores, algo que, empleado de forma ética, supondría un área de análisis fundamental que puede condicionar el éxito de determinadas estrategias comerciales.

5. DISCUSIÓN

Mediante el presente estudio se ha analizado en profundidad la importancia de los neurotransmisores y su influencia en la toma de decisiones. La sinapsis abre una ventana a la posibilidad de condicionar de forma premeditada una respuesta en el consumidor mediante influencias externas.

Dentro de las clasificaciones de los neurotransmisores ha sido importante resaltar la importancia de los neurotransmisores interesados que producen sensaciones positivas evidentes en el organismo cuya influencia se aprecia más notable sobre los procesos de decisión. La capacidad de influencia sobre los neurotransmisores se basa en los condicionantes expuestos por Samper (2011), y reafirmados por Luque (2020), y particularmente sobre la teoría expuesta que manifiesta que su aplicación exógena en concentraciones similares a las existentes en las neuronas debe imitar la acción del neurotransmisor liberado endógenamente, teoría que desde el punto de vista farmacológico está consolidada.

Además, la liberación condicionada de determinados neurotransmisores puede realizarse, como se ha ido analizando progresivamente en el estudio, mediante acciones que no requieren de manipulación química y cuya liberación se produce mediante procesos fisiológicos habituales, si bien, motivados por dichas acciones.

Los principales neurotransmisores aportan datos relevantes, como la influencia de la liberación de dopamina en situaciones vinculadas con el placer o el bienestar, y particularmente en procesos de decisión como la compra por impulso o en la fidelidad de marca. También se ha analizado la relación de la liberación de la serotonina con la relajación y su responsabilidad sobre la sensación de felicidad y sobre el incremento de la empatía y la confianza, fundamental en el proceso de compra.

Existen otros neurotransmisores que influyen, en mayor o menor medida sobre las diferentes estrategias comerciales, como las endorfinas, oxitocina o la adrenalina, entre otros, y que junto a los anteriores completan un campo científico objeto de estudio de especial relevancia para la evolución del neuromarketing. Además, siguiendo los postulados de Braidot (2010), se refuerza la teoría de que la toma de decisiones no solo está influenciada por el efecto anatomofisiológico de la información que recibe el sujeto, principalmente a través de los sentidos, sino también por las experiencias y el aprendizaje.

Analizada la importancia de los neurotransmisores para el desarrollo de estrategias comerciales, es relevante estudiar la influencia del marketing sensorial y su vinculación con estos, de forma que se ha abarcado cada uno de los sentidos y los efectos que producen.

Finalmente, el análisis de las neuronas espejo, capaces de activarse cuando se observa la realización de una acción por una tercera persona, desarrollando sensaciones de empatía y entendimiento de los sentimientos que proyecta esta, abre una posibilidad sobre la capacidad de influencia sobre el consumidor y permite el desarrollo de estrategias comerciales.

6. CONCLUSIONES

El neuromarketing se ha consolidado como uno de los pilares más importantes sobre los que se sustentan las diferentes estrategias comerciales y de investigación de mercados enfocadas al consumidor. Por otro lado, la evolución del modelo de consumo actual ha propiciado cambios en la actitud del consumidor, de forma que, los aspectos afectivos adquieren una importante relevancia en los procesos de decisión, llegando a imponerse sobre aspectos racionales. Además, estos cambios del modelo de consumo y la progresiva pérdida de efectividad del marketing tradicional permiten a las empresas establecer nuevas líneas estratégicas de acción comercial a fin de persuadir al consumidor.

El desarrollo de acciones publicitarias supone importantes inversiones que no están exentas de riesgo. Un riesgo cuyo nivel, tradicionalmente, ha dependido de la capacidad del consumidor para describir sus sensaciones ante los diferentes estímulos publicitarios. Las nuevas tendencias, herramientas y medios de recogida de información, sustentados sobre la neurociencia y el Neuromarketing, ponen a disposición de las empresas la capacidad de recoger datos objetivos para la toma de decisiones enfocada a la minimización del riesgo, ya que el Neuromarketing agrupa procedimientos innovadores capaces de obtener información de la mente del consumidor sin ser necesaria su participación consciente.

Las emociones y su implicación sobre el comportamiento del consumidor tienen su base en la actividad cerebral, que implica el intercambio continuado de información entre neuronas, para lo que adquieren una gran importancia los neurotransmisores, que tienen la capacidad de modular el estado emocional del sujeto y cuyos desajustes tienen importantes implicaciones sobre la salud y también sobre las pautas de consumo. De esta forma, se aprecian importantes implicaciones de los neurotransmisores como la dopamina y la serotonina sobre el proceso de decisión de compra o las diferentes pautas de consumo y comportamiento. Además, existen otra serie de neurotransmisores con importantes implicaciones fisiológicas que, a su vez, tienen determinada relación con el comportamiento del consumidor. La posibilidad de regular los niveles de los diferentes neurotransmisores en el sujeto se puede alcanzar mediante regulación farmacológica o también a través de determinadas acciones propias de la vida diaria capaces de influir, indirectamente, sobre los niveles de estos, lo que representa una ventana objeto de estudio para el desarrollo de estrategias comerciales.

El marketing sensorial engloba todas las acciones diseñadas con el objetivo de intervenir directamente sobre los sentidos para generar una respuesta a través de las emociones. Existen estrategias capaces de influir en el proceso de decisión a través de diferentes aspectos que pueden ser captados por cada uno de los sentidos, produciendo en la mayoría de los casos una respuesta homogénea en todos los sujetos, de ahí la importancia de considerar el marketing sensorial como uno de los ejes fundamentales en el diseño de la estrategia de marketing. Las neuronas espejo, su funcionamiento, su capacidad de generar empatía y el condicionamiento de las pautas de consumo basadas en la observación de terceros abren nuevas líneas de investigación enfocadas al desarrollo de estrategias para el control de la interacción social que estas producen y, por ende, a su capacidad de influencia sobre el individuo.

7. REFERENCIAS

Aguilera, S. (2012). *Neuromarketing: herramienta de nueva generación para entender mejor al cliente*. [Tesis de licenciatura]. U. Veracruzana: Xalapa-Enríquez, Veracruz.

Alexander, V., Tripp, S. y Zak, P. J. (2015). Preliminary Evidence for the Neurophysiologic Effects of Online Coupons: Changes in Oxytocin, Stress, and Mood. *Psychology and Marketing, 32*(9), 977–986. https://doi.org/10.1002/mar.20831

Badia Llobet, A. (2019); Qué son las neuronas espejo y cuál es su función. *Psicología-Online.* http://bit.ly/3JHyB2o

Bale, T. L., Davis, A. M., Auger, A. P., Dorsa, D. M. y McCarthy, M. M. (2001). CNS region-specific oxytocin receptor expression: importance in regulation of anxiety and sex behavior. *Journal of Neuroscience, 21*(7), 2546–2552. https://doi.org/10.1523/JNEUROSCI.21-07-02546.2001

Boto, A. (2005, octubre 19). Entrevista a GIACOMO RIZZOLATTI | NEUROBIÓLOGO | «Las neuronas espejo te ponen en el lugar del otro». *El País.* https://bit.ly/44zv66r

Braidot, N. (2010). Neuromarketing aplicado. *Science, 311*(5763), 935. https://bit.ly/3NCjWXK

Brailowsky, S. (1995). Las sustancias de los sueños: Neurofarmacología. *Edit. SEP-Fondo de Cultura Económica*, México.

García Cerdán, A. (2018). *Todo sobre las neuronas espejo. La imitación, una poderosa herramienta de aprendizaje*. CogniFit. https://blog.cognifit.com/es/neuronas-espejo/

Dávila Carrera, V. V. (2013). *Neuroresearch, Neurociencias y Marketing* [Trabajo Fin de Máster]. Universidad Nacional de La Plata; Argentina.

De Garcillán López-Rua, M. (2015). Persuasión a través del marketing sensorial y experiencial. *Opción, 31*(2), 463-478. redalyc.org/pdf/310/31045568027.pdf

Deterding, S., Dixon, D., Khaled, R. y Nacke, L. (2011). From game design elements to gamefulness: Defining Gamification. *Proceedings of the 15th International Academic MindTrek Conference: Envisioning Future Media Environments*, 9–15. https://doi.org/10.1145/2181037.2181040

Esco E-Universitas (2018). Neurotransmisores y Neuromarketing. https://www.escoeuniversitas.com/neurotransmisores-Neuromarketing/

Glover, M. (2020). ¿Qué son los neurotransmisores?. *Psicología On-Line.* https://cutt.ly/sbxX9vN

Holgado Solano, A. (2019). *Percepción del marketing auditivo en el punto de venta* [Trabajo Final de Grado]. U. Sevilla. Sevilla. https://hdl.handle.net/11441/93838

Idrovo-Zambrano, R. (2022). Audio Branding: Aplicación de la música, la voz y los sonidos como herramientas de comunicación corporativa. *COMUNICACIÓN. Revista Internacional De Comunicación Audiovisual, Publicidad Y Estudios Culturales, 1*(15), 47–57. https://doi.org/10.12795/comunicacion.2017.v01i15.04

Luque, Z. (2020). ¿Qué es el GABA y para qué sirve?. *Psicología On-Line.* https://www.psicologia-online.com/que-es-el-gaba-y-para-que-sirve-4901.html.

Lüscher, M. (1999). *El Test de los Colores, Test de Lüscher*. Paidós.

Madé-Zabala, M. (2019). Las neuronas espejo en el neuromaketing: una estrategia peligrosa cuando no se aplican normas éticas. *Ciencia y Sociedad, 44*(3), 25-31. https://doi.org/10.22206/cys.2019.v44i3.pp25-31

Moya-Albiol, L., Herrero, N. y Bernal, M. C. (2010). Bases neuronales de la empatía. Neurología de la conducta. *Revista de Neurología, 50*(2), 89-100.

Obradors, C., Sahím, I., Gallego, X., Amador-Arjona, A., Arqué, G., Martínez de Lagrán, M. y Dierssen, M. (2007). *El sistema nervioso, una ventana a los misterios de la mente.*

Unidad didáctica: Viaje al universo neuronal. Madrid, España: Fundación española para la ciencia y la tecnología (FECYT).

Palacio Marulanda, E. y Giraldo Flórez, J. L. (2016). Influencia de los videos publicitarios en las neuronas espejo y su incidencia en la toma de decisiones de consumidores de Coca Cola en la ciudad de Manizales. *NOVUM*, 6, 108-122. www.redalyc.org/journal/5713/571360692009/movil/

Pradas Gallardo, C. (2018). ¿Qué es la serotonina y para qué sirve?. *Psicología On-Line.* www.psicologia-online.com/que-es-la-serotonina-y-para-que-sirve-3899.html

Povedano Jiménez, M. Á. (2017). *La música barroca en la sala de espera como herramienta de marketing en Odontología.* [Doctoral dissertation], Universidad Europea de Madrid.

Robledo, J. L. R., Lucena, F. N. y Arenas, S. J. (2013). Gamification as a strategy of internal marketing, *Intangible Capital*, 9(4), 1113-1144. https://doi.org/10.3926/ic.455.

R&C Team (2012). *Dunkin Donuts Interactive Bus Ad. This is Retail.* http://thisisretail.com.au/blog/dunkin-donuts-interactive-bus-ad/

Saavedra, J. (1996). Serotonina y ansiedad. *Revista de Neuro-Psiquiatría*, 59(3), 130-141. https://doi.org/10.20453/rnp.v59i3.1382

Samper, L. (2011). Neuroquímica cerebral: "Las moléculas y la conducta". *Biosalud. Revista de CC. Básicas.* http://biosalud.ucaldas.edu.co/downloads/Revista%201_4.pdf

Santuy Cerrada, A. (2018). *Evolución del Marketing. Marketing Sensorial en el Sector Textil.* [Trabajo Fin de Grado]. U. Valladolid. http://uvadoc.uva.es/handle/10324/35036

Sarasty Quintero, S. (2012). *Neuromarketing, dando sentido a los sinsentidos.* [Trabajo Fin de Grado]. CESA. Colombia. http://hdl.handle.net/10726/355

Sinek, S. (2014). *Executive Book Summary: Leaders Eat Last.* UK: Penguin Books.

Tinoco-Egas, R. (2016). Fundamentos del neuromarketing desde la neurociencia del consumidor para la generación de confianza. *Redmarka. Revista De Marketing Aplicado*, 1(16), 29-40. https://doi.org/10.17979/redma.2016.01.016.4870

Yalch, R. y Spangenberg, E. (1990). Effects of Store Music on Shopping Behavior. *Journal of Consumer Marketing*, 7(2), 55-63. https://doi.org/10.1108/EUM0000000002577

Zak, P. J. y Barraza, J. A., (2013). The neurobiology of collective action. *Frontiers in Neuroscience*, 7, 211. https://doi.org/10.3389/fnins.2013.00211

HERRAMIENTAS PROMOCIONALES DIGITALES DE LAS PRODUCTORAS TELEVISIVAS ESPAÑOLAS

Silvia García-Mirón[1]

1. INTRODUCCIÓN

El audiovisual es un sector estratégico, con un gran potencial y favorecedor del desarrollo económico y cultural del país, así como factor coadyuvante de la marca España (cfr. Tribaldos Macía, 2013). Con esta finalidad, en 2021 el Gobierno de España presentaba la creación del *Spain Audiovisual Hub* y se plantea en 2023 una serie de medidas para dar impulso al sector que, obviamente, ayudarán a su internacionalización.

No obstante, también desde las comunidades autónomas se venían desarrollando, desde inicios de los 2000, diversas estrategias para el fortalecimiento del sector audiovisual local: una nueva ordenación sectorial, ayudas a la producción y a la financiación de las obras audiovisuales, promoción de las obras en el exterior y apoyo por parte de las televisiones autonómicas; una serie de ejes que generó importantes resultados en el campo televisivo, sin embargo, en la producción cinematográfica parece que seguían sin darse los esfuerzos necesarios (Casado, 2005), por lo que era necesario un apoyo a nivel nacional más completo y con una mayor inversión económica.

Este proceso de internacionalización se ha experimentado también a través de las compañías audiovisuales españolas, con un proceso que Badillo (2013) denomina "transnacionalización", que afectó tanto en la distribución como en la exhibición -salas- y difusión -televisión libre y de pago- de los contenidos. Estrategias empresariales que pretendían alcanzar ventajas competitivas en el mercado (Artero *et al.*, 2006) pero que, sin embargo, no pareciera haber producido sus frutos o hacerlo de forma especialmente lenta. Badillo (2013) apuesta por las políticas públicas como verdaderos factores de crecimiento e internacionalización del sector -presencia internacional en festivales y mercados audiovisuales- y así ha sido la apuesta del Gobierno con el *Hub* Audiovisual.

Se observa que el sector experimentó en los últimos años un auge en términos de producción y distribución de contenidos, concretamente aquellos de carácter televisivo y de *streaming*, derivado de la situación provocada por la covid-19. Así, la industria de E&M (Entretenimiento y Medios) se convierte en un ecosistema que "cada año atrae más atención -e ingresos- en todo el mundo" (PWC, 2021, p. 7).

Durante la declaración del estado de alarma y el posterior confinamiento se produjeron cambios en los hábitos de consumo y se asentaron ciertas tendencias. Entre otros

---

1. Universidade de Vigo (España)

comportamientos, se observó un crecimiento del consumo en internet y, en especial, el audiovisual, y no exclusivamente de los grupos poblacionales más jóvenes; un aumento de las suscripciones a las plataformas de contenido en *streaming*; y un incremento de consumo de contenidos producidos en España como *La casa de papel*, *Las chicas del cable* o *Valeria*, no solo en España si no a nivel internacional. Una vez finalizado el confinamiento, si bien el consumo se ha reducido, ciertas tendencias se mantienen como el tipo de visionado: personalizado, inmediato y a demanda.

Por otra parte, de acuerdo con el *Digital Report Spain* realizado por *We are social* y *Meltwater* (cfr. We are social, 2023), casi el 95% de la población tiene acceso a internet. De este porcentaje, cerca del 85% son activos en redes sociales. Además, el usuario medio pasa casi 6 horas diarias en internet, y otras 3 consumiendo televisión. Siguiendo las tendencias recogidas en este informe se advierte que, si bien TikTok ha pasado a ser la preferencia de la industria, la red social más utilizada —sin contar las plataformas de mensajería— sigue siendo Instagram (74,9% de usuarios de internet), que es la apuesta para hacer colaboraciones y generar otro tipo de estrategia de contenido y campañas promocionales, seguida de Facebook (72,4%), Twitter (47,7%) y TikTok (47,3%) (We are social & Meltwater, 2023). Ya por último también resulta reseñable que el gasto en publicidad digital ha subido un 9,2%, hasta los 4.800 millones de dólares (We are social, 2023) lo que confirma la apuesta de la industria por el contexto digital para realizar campañas de comunicación en forma de contenido propio y mediante publicidad pagada.

Por todo ello, entendemos que resulta imprescindible prestar especial atención a la comunicación digital y las estrategias planteadas por los agentes del sector audiovisual, puesto que en el actual contexto de "cambios de poder y desestabilización, solo aquellos que mejor sepan adaptarse a los cambios, analizar los datos y obtener un conocimiento profundo de sus clientes, empleados y colaboradores, podrán mantener el equilibrio y asegurar su cuota en este crecimiento futuro" (PWC, 2021, p. 9), a lo que sumamos, sepan plantear las correctas estrategias comunicativas con sus potenciales clientes con la finalidad de determinar si están apostando por una promoción propia como creadores de contenidos, buscando la internacionalización de los mismos.

Advertimos que, si bien la academia lleva años abordando desde una perspectiva tanto teórica como aplicada la promoción de los productos audiovisuales (Carabantes, 2000; Linares Palomar, 2008; Calvo Herrera, 2011; Herbera *et al.* 2015; Kerrigan, 2017; Villanueva-Mansilla, 2018; García Santamaría y Rodríguez Pallarés, 2023), el análisis de la comunicación realizada por parte de los actores del sector audiovisual no está siendo abordado desde el ámbito investigador actual, por lo que resulta de interés por su papel como responsables de los contenidos que representan al sector audiovisual español.

Teniendo en cuenta las ideas expuestas, se presenta, por tanto, esta investigación, centrada en realizar un análisis de la presencia digital de las principales productoras audiovisuales españolas, concretamente, de contenidos televisivos emitidos en abierto, identificando las plataformas sociales en las que tienen presencia, así como el tipo de contenido que generan para promocionarse a sí mismas y promocionar sus productos.

2. OBJETIVOS

La finalidad de la investigación reside en analizar la presencia comunicativa en el contexto digital de las principales productoras televisivas españolas en base a las horas de emisión en la televisión en abierto.

Como objetivos específicos se atiende a los siguientes: 1. Conocer las principales productoras televisivas españolas de acuerdo con las horas producidas y emitidas -en estreno y en datos totales con las redifusiones- de ficción y de entretenimiento; 2. Identificar el uso de medios sociales realizado por las principales productoras televisivas españolas; 3. Analizar el contenido de las páginas web de las productoras televisivas españolas; 4. Conocer el uso que realizan de las redes sociales a través de sus perfiles en Instagram, principal red social en términos de usuarios en España (We are Social & MeltWater, 2023).

3. METODOLOGÍA

El diseño metodológico se centra en el análisis de la presencia digital de las principales productoras televisivas que han estrenado o han tenido redifusión de contenidos emitidos en la televisión en abierto, de acuerdo con el ranking publicado por Geca en su estudio *La producción en televisión. Año 2022*. Por televisión en abierto hablamos de canales generalistas nacionales, junto con los canales propios de la Televisión Digital Terrestre (TDT) y los primeros canales autonómicos en términos de audiencia.

Siguiendo este ranking compuesto por 50 productoras, se han tomado para la muestra las 20 primeras: 1. Mediapro; 2. Contubernio; 3. Unicorn Content; 4. Molinos de papel; 5. Globomedia; 6. La fábrica de la tele; 7. Mandarina; 8. Digytal; 9. Zanskar Producciones; 10. Plano a plano; 11. Índalo y media; 12. Cuarzo Producciones; 13. Warner Bros España; 14. Freemantle; 15. Factorí Henneo; 16. Proima Zebrastur; 17. Tex45 Producciones; 18. Secuoya Producciones; 19. Aruba; y 20. Miramón Mendi.

Por otra parte, la investigación se configura en torno a la observación directa de la presencia digital, atendiendo a si las productoras que conforman la muestra del estudio disponen de página web y redes sociales e identificando cuáles. Para delimitar el análisis de plataformas sociales se tiene en cuenta los datos de We are social (2023), centrándonos en las principales plataformas sociales en función del número de usuarios, a saber, Instagram, Facebook, Twitter, Tik Tok y Linkedin -se excluye del análisis las plataformas de mensajería instantánea como es el caso de Whatsapp, Telegram y Facebook Messenger- junto con un análisis de contenido de la información ofrecida en su página web y las estrategias de contenido creadas para sus medios sociales.

	Productora	Horas emitidas 2022	%	Nº produc-ciones	Horas emitidas 2021	Dif. % horas emitidas
1	Mediapro	5.246	7,4	32	4.481	17
2	Contubernio	4.230	5,9	2	3.921	8
3	Unicorn Content	3.683	5,2	17	3.468	6
4	Molinos de papel	2.342	3,3	12	3.907	-40
5	Globomedia	2.307	3,2	16	2.691	-14
6	La fábrica de la tele	2.235	3,1	16	2.433	-8
7	Mandarina	1.782	2,5	8	1.430	25
8	Digytal	1.641	2,3	3	1.416	16
9	Zanskar Producciones	1.556	2,2	5	2.035	-24
10	Plano plano	1.422	2,0	4	1.273	12
11	Índalo y media	1.392	2,0	2	1.384	1

12	Cuarzo Producciones	1.241	1,7	9	1.617	-23
13	Warner Bros.	1.188	1,7	10	758	57
14	Freemantle	1.161	1,6	5	1.566	-26
15	Factoría Henneo	1.122	1,6	11	677	66
16	Proima Zebrastur	1.018	1,4	8	1.136	-10
17	Tex45 Producciones	881	1,2	3	770	14
18	Secuoya Producciones	857	1,2	6	802	7
19	Aruba	855	1,2	2	820	4
20	Miramon Mendi	853	1,2	1	874	-2

Tabla 1. Ranking de productoras por horas de emisión (estreno + redifusión).
Fuente: Elaboración de GECA a partir de datos de Kantar Media.

A partir de aquí, se utiliza el análisis de contenido para delimitar el contenido que se incorpora en las páginas web corporativas de las productoras televisivas que componen la muestran, así como la estrategia de contenido que se sigue en los perfiles de sus redes sociales, técnica de investigación relevante en las ciencias sociales que "procura comprender los datos, no como un conjunto de acontecimientos físicos, si no como fenómenos simbólicos, y abordar su análisis directo. (Krippendorf, 1990, p. 7)

Teniendo en cuenta que tras una primera fase de exploración se ha comprobado que el contenido que se publica en redes sociales es, en la mayor parte de las publicaciones, duplicado de una de las redes que se considera principal, se ha tomado la decisión de realizar este análisis a partir de las publicaciones de las productoras en sus perfiles en Instagram, siendo la principal red social en España en términos de usuarios, si no tenemos en consideración la plataforma de mensajería instantánea Whatsapp.

4. DESARROLLO DE LA INVESTIGACIÓN

El mercado de la producción televisiva en España se encuentra concentrado en grandes grupos audiovisuales, al igual que sucede con el sector de la emisión. Así, productoras que ofrecían contenido se han ido fusionando y formando grupos cada vez más competitivos y con mayor poder en términos internacionales gracias a la diversificación y al lanzamiento de potenciales formatos exportables a otros países (Tabla 2).

Grupo	Productoras
The Mediapro Studio	Mediapro, Globomedia, 100 Balas, Big Bang, El Terrat, K2000, vitv, Hostoil Produkzioak, Media Sur
Mediterráneo (Mediaset España)	Alea Media, Bulldog TV, Unicorn Content, La fábrica de la tele, SuperSport, Mandarina, Telecinco Cinema, Fénix Media, Alma Productora Audiovisual
Banijay	Cuarzo Producciones, Dlo Magnolia, Shine Iberia, Gestmusic, Tuiwok Estudios, Diagonal, Zeppelin, Funwood Media, Ima
Vocento	EuroTV Producciones, Proima Zebrastur, Boca Boca Producciones, Videomedia, Verallia

Secuoya	Secuoya Contenidos, Cbm, New Atlantis
Buendía Studios	Atresmedia Studios, Movistar
Grupo BTV	Boomerang TV, Portocabo, Veranda

Tabla 2. Grupos audiovisuales de productoras televisivas en España.
Fuente: Elaboración propia a través de las páginas web corporativas de los grupos, 2023.

En cuanto a la producción de estos grupos audiovisuales, en 2022 ha liderado el mercado The Mediapro Studio -cuyos contenidos suponen el 12,8% de horas de televisión emitidas en abierto-, seguida de Mediterráneo y Banijay (Geca, 2023).

4.1. La producción en televisión en 2022

En primer lugar, debemos prestar atención a las productoras que destacan en base a los estrenos realizados en el año 2022. En este sentido, Mediapro es la productora con más horas de estrenos, creciendo con respecto al año anterior y alcanzando el 9,6% de horas producidas en abierto (Geca, 2023). Le sigue Unicorn Content, con un 9,1% del total y La fábrica de la tele con un 6,0% (que desciende un 0,7). Consiguen incluirse en este top 5 Índalo y Media y Factoría. Vemos que los datos de estreno difieren de los datos totales de horas de emisión, contabilizando estrenos y redifusiones. El incorporar los datos de redifusión de contenidos —especialmente los de ficción— hace que Contubernio (*La que se avecina, El pueblo*), Molinos de papel (*Callejeros, Wild Frank*) o Globomedia (*Aída, Los Serrano*) pasen a ocupar estos primeros puestos en el *ranking* (Geca, 2023).

Si se pone el foco en el macrogénero ficción, nuevamente se observan diferencias en las principales productoras. Diagonal (perteneciente al grupo Banijay) ocupa el primer puesto en horas de estreno gracias a la producción seriada *Amar es para siempre*; seguida de Plano a plano (*Desaparecidos, la serie; Servir y proteger*); Zenith Televisión en el tercer puesto (*L´alqueriaBlanca; Sabadeando*); Trevisión (coproductora de *L´alqueriaBlanca*) y Alea Media (*Entrevías; Madres: amor y vida*) (Geca, 2023). Puede comprobarse cómo las productoras de contenidos ofrecidos para las emisoras autonómicas consiguen hacerse con un hueco más que significativo en las horas de ficción producidas y estrenadas.

Sin embargo, si se tienen en cuenta las redifusiones, las cinco productoras que encabezan el ranking consiguen sus puestos gracias a las redifusiones de sus series de éxito: 1. Contubernio (*La que se avecina; El pueblo*) con el 35,2% de las horas de emisión de ficción (4.230 horas); 2. Plano a plano (*Allí abajo; Servir y proteger; Desaparecidos. La serie*) con el 11,6% (1.299 horas); 3. Globomedia (*Aída; Los Serrano*) con el 10,8% del total (1.303 horas); 4. Miramón Mendi (*Aquí no hay quien viva*) con el 7,1% del total de horas de ficción emitidas; y 5. Ganga producciones (*Cuéntame cómo pasó*) con el 4,3%.

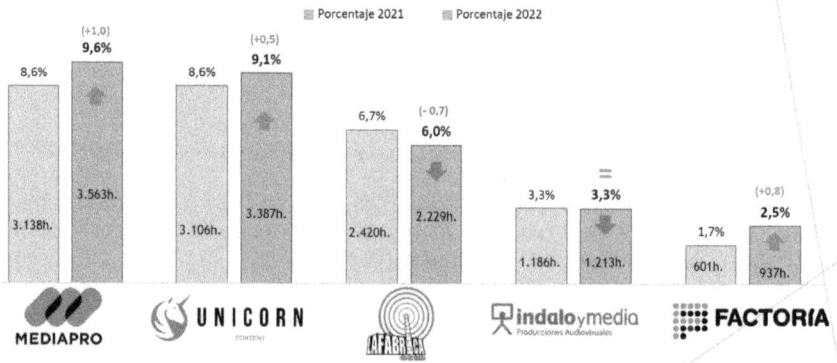

Figura 1. Top 5 de las productoras de TV en abierto por horas de estreno. Fuente: Geca (2023)

En entretenimiento, la productora Unicorn Content es la que sigue manteniendo el liderazgo en el ranking debido a su oferta diaria con *El programa de AR* y *Ya es mediodía*, ambos espacios emitidos en Telecinco, y *Cuatro al día* en Cuatro, la otra emisora generalista del grupo Mediaset. Todas las productoras del Top 5 consiguen un elevado porcentaje en horas de producción como consecuencia de la oferta de contenidos emitidos con una frecuencia diaria (de lunes a viernes). La novedad en 2022 viene de la mano de Nova producciones, que se abre hueco en el Top 5 de 2022 con el magacín de actualidad de tira diaria *5 Dies* (con más de 800 horas de producción) emitido en el canal autonómico IB3 Televisió (de las Illes Balears).

Si se tienen en cuenta las repeticiones, Unicorn Content se mantendría en el primer puesto con más de 3.500 horas producidas, llegando al 7% de horas emitidas gracias a las reposiciones de *En el punto de mira* y *Gipsy Kings* en las cadenas temáticas en abierto. Le siguen Mediapro (*Atrápame si puedes*; *Bestial*; *Pelopicopata*); Molinos de papel (*Callejeros viajeros*; *Callejeros*; *Wild Frank*); y La fábrica de la tele (*Sálvame*; *Todo es mentira*; *Socialité by Cazamariposas*). Por otra parte, Mandarina, con *Viajeros Cuatro* y *¡Toma Salami!*, consigue entrar en este ranking, desbancando de su puesto con respecto a 2021 a Zanskar producciones (Geca, 2023).

	Productora	%	Horas	Contenidos
1	Unicorn Content	11,0	3.387	Cuatro al día; Ya es mediodía; El programa de AR
2	La fábrica de la tele	7,2	2.229	Sálvame; Todo es mentira; Socialité by Cazamariposas
3	Mediapro	7,2	2.229	Atrápame si puedes; El golazo de Gol
4	Índalo y media	3,9	1.213	La tarde de aquí y ahora; En compañía
5	Nova Producciones	2,7	855	5 Dies

Tabla 3. Top 5 de las horas de estreno de entretenimiento de las
productoras de TV en abierto. Fuente: Geca (2023)

En cuanto a los datos totales (Tabla 1) se observa que se mantienen con respecto al año anterior Mediapro, Contubernio y Unicorn Content; mientras que bajan de forma significativa las productoras Molinos de papel (-40% de horas emitidas en 2022 frente a 2021), Globomedia (-14%), Zanskar Producciones (-24%) y La fábrica de la tele (-8%). Factoría Henneo y Warner Bros son dos de las cinco productoras que más incremento han experimentado, gracias a *Aquí y ahora* y *First Dates*, respectivamente.

Por otra parte, sobresale Nova producciones, que con una única producción (*5 Dies* en la autonómica IB3), crece un 48% consiguiendo el vigésimo segundo puesto del ranking con 832 horas de producción emitidas en televisión.

En este sentido, resulta significativo destacar como algunas productoras se cuelan en el ranking (Top 20) a través de muy pocas producciones, con un único formato (Miramón Mendi) o menos de 5 -Contubernio (segundo puesto), Digytal, Zanskar Producciones, Plano a plano, Índalo y media, Freemantle, Tex45 Produción o Aruba-; mientras que otras, como es el caso de Mediapro (primer puesto del ranking), tienen hasta 32 producciones diferentes en emisión. Es decir, el número de producciones emitidas no es un indicativo de mayor o menor presencia en horas de producción en televisión.

4.2. La presencia digital de las productoras televisivas españolas

Partiendo de las 20 productoras televisivas que componen la muestra (Tabla 1) se elabora, a continuación, un análisis de su presencia digital en términos comunicativos. Para ello se contempla en la Tabla 3 las productoras con página web propia y perfiles en las principales redes sociales (Facebook, Instagram, Twitter, Youtube o Vimeo y Linkedin). Si disponen de perfil en otras redes (por ejemplo, Tik Tok) también se indica, aunque no se recoja en esta tabla.

De esta primera fase de recogida de información se observa que el 90% de las productoras (18 de 20) disponen de una página web propia a modo de presentación de la empresa, sus servicios y sus productos.

	Productora	Web	FB	IG	TW	YTB/VIM	IN
1	Mediapro	✓	✓	✓	✓	✓ (Y)	✓
2	Contubernio	*2	NO	✓	✓	NO	✓
3	Unicorn Content	✓	NO	✓	NO	NO	✓
4	Molinos de papel	✓	✓	NO	✓	✓ (Y)	✓
5	Globomedia	✓	✓	✓	✓	✓ (Y)	✓
6	La fábrica de la tele	✓	✓	✓	✓	NO	✓
7	Mandarina	✓	NO	✓	✓	✓ (Y)	✓
8	Digytal	✓	✓	NO	NO	✓ (Y/V)	NO
9	Zanskar Producciones	✓	✓	✓	✓	NO	✓
10	Plano a plano	✓	✓	✓	✓	✓ (V)	✓
11	Índalo y media	✓	NO	NO	NO	NO	✓

---

2. La página web de Contubernio (www.contuberniofilms.com), referenciada en sus propios perfiles de redes sociales (Linkedin), así como en distintas páginas web de datos empresariales (iberinform. es) o páginas web especializadas en el sector audiovisual (por ejemplo, en las fichas de agentes del sector audiovisual creadas por Formula TV), se encuentra inoperativa en el momento de la recogida de datos.

12	Cuarzo Producciones	✓	✓	✓	✓	✓ (V)	✓
13	Warner Bros.	✓	✓	✓	✓	✓(Y)	✓
14	Freemantle	✓	✓	✓	✓	✓ (Y)	✓
15	Factoría Henneo	✓	✓	✓	✓	✓(Y/V)	✓
16	Proima Zebrastur	✓	✓	✓	✓	✓(Y)	✓
17	Tex45 Producciones	✓	✓	✓	✓	✓(V)	✓
18	Secuoya Producciones	✓	✓	✓	✓	✓(Y)	✓
19	Aruba	NO	NO	NO	NO	NO	✓
20	Miramon Mendi	NO*	NO	NO	NO	NO	NO

Tabla 4. Medios sociales con presencia (perfil) de las productoras televisivas españolas. Fuente: Elaboración propia, 2023.

Por otra parte, en cuanto a la presencia en redes sociales, Linkedin es la que sobresale por encima del resto (el 90% dispone de perfil), seguida de Instagram y Twitter (15 de las 20 productoras analizadas), Facebook (14 de las 20) y, en último lugar, se realiza un menor esfuerzo en ofrecer contenido en las plataformas que, de entrada, pudieran parecer aquellas más favorables a una productora televisiva, como es el caso de las plataformas de vídeo. Así, el 65% de las productoras analizadas disponen de perfil en Youtube o Vimeo, mostrándose una clara preferencia por Youtube. Sólo 4 productoras tienen un canal propio en Vimeo. Por último, en cuanto a otras plataformas, destacan cinco productoras con perfil en TikTok: Freemantle (@freemanteleespana), Zanskar Producciones (@somoszanskar), Warner Bros. España (@wbspain), Factoría Henneo (@factoriaplural) y Secuoya Studios (@secuoyastudios), por lo que empieza a verse un interés en esta red social al igual que ya está sucediendo en otros sectores (moda, por ejemplo).

Adentrándonos en una segunda fase del estudio, abordado mediante un análisis de contenido, observamos el tipo de páginas web que se generan. En primer lugar, todas disponen de un apartado con una presentación de la productora (Quiénes somos, Equipo, etc.). En segundo lugar, todas ofrecen un catálogo o listado de los productos televisivos producidos en España. En tercer lugar, la gran mayoría (solo advertimos la excepción de dos productoras) ofrecen el enlace directo a sus perfiles en redes sociales. No obstante, en este punto resulta reseñable el hecho de que no todas los tienen actualizados o completos. En cuarto lugar, el contacto, ya sea mediante una página en la que se reseña dirección postal con teléfono y correo electrónico de la empresa o ya sea mediante un formulario online, también se muestra como un contenido presente en las páginas web de las productoras televisivas españolas, a excepción de Digytal.

Productora	Quiénes somos	Catálogo	RRSS	Contacto	Otros
Mediapro	✓	✓	✓	✓	Empresas grupo Idiomas: ESP, ING, CAT Servicios Portal corporativo
Unicorn Content	✓	✓	✓	✓	NO

Molinos de papel	✓	✓	✓	✓	Premios Buscador
Globomedia	✓	✓	✓	✓	Noticias Idiomas: ESP, ING
La fábrica de...	✓	✓	✓	✓	Trabaja con nosotros
Mandarina	✓	✓	✓	✓	NO
Digytal	✓	✓	NO	✓	NO
Zanskar Produc.	✓	✓	✓	✓	Idiomas: ESP, ING
Plano a plano	✓	✓	✓	✓	Actualidad Idiomas: ESP, ING
Índalo y media	✓	✓	NO	✓	Instalaciones Servicios Buscador
Cuarzo Producc.	✓	✓	✓	✓	Noticias Servicios
Warner Bros.	✓	✓	NO	✓	Idioma: ESP, ING Enlaces a formatos
Freemantle	✓	✓	✓	✓	Noticias Otros servicios
Factoría Henneo	✓	✓	✓	✓	Blog Buscador
Proima Zebrastur	✓	✓	✓	✓	Servicios Actualidad
Tex45 Produc.	✓		✓	✓	Idiomas: ESP, GALL
Secuoya Produc.	✓	✓	✓	✓	Noticias Idiomas: ESP, ING

Tabla 5. Benchmarking del contenido de las páginas web de las productoras televisivas españolas. Fuente: Elaboración propia, 2023.

En cuanto a otros contenidos ofrecidos en las páginas web, la posibilidad de cambio de idioma (principalmente inglés) es lo más habitual, junto con un apartado detallando los servicios o un apartado para la actualidad de la productora (premios, rodajes, estrenos, etc.). Sin embargo, tan solo Factoría Henneo ofrece un blog vinculado con la web, siendo esta propuesta de formato de contenido para medios sociales una de las fórmulas con más eficacia para redirigir el tráfico a la web, para potenciar la comunidad de usuarios online y también permite mejorar el posicionamiento en los buscadores. Además, el blog es la única plataforma de contenido totalmente bajo el control de la empresa, frente al contenido de redes sociales que depende de su exposición de las propias plataformas sociales; y es una herramienta que puede ejercer un impacto positivo en la empresa. "Son un poderoso componente clave de cualquier estrategia de marketing digital, pudiendo aumentar los clientes potenciales en un 67% y hasta conseguir un 97% más de enlaces en tu web". (VEZA Digital en Puro marketing, 2023)

Figura 2. Imagen representativa de las páginas web Globomedia (arr. izq.), Mediapro (arr. der.), Digytal (aba. izq.) y La fábrica de la tele (aba. der.). Fuente: Elaboración propia a partir de las páginas web corporativas de las productoras Globomedia, Mediapro, Digytal Audiovisuales y La fábrica de la tele.

Más allá de este contenido, se observan diferencias en cuanto a la preocupación estética por la presentación de la página web. Desde un planteamiento más sobrio (Globomedia) a otras propuestas más dinámicas (Mediapro), e incluso otras que se muestran "en construcción" durante semanas (La fábrica de la tele) o que muestran errores sin aplicar cambios en la plantilla de creación de la web (Digytal Audiovisuales) (Figura 2).

Productora	Inicio	Verif.	Segui-dores	Siguiendo	Publi-caciones	Info perfil	Desta-cados
Mediapro Studio	2019	NO	16.400	367	718	✓	✓
Contubernio	2023	NO	194	77	0	✓	✓ (1)
Unicorn Content	2018	✓	9.243	591	448	✓	✓
Globomedia	2012	NO	29.100	335	988	✓	✓
La fábrica de la tele	2012	NO	110.000	695	1.206	✓	NO
Mandarina	2017	NO	2.385	195	34	✓	✓ (1)
Zanskar Produc.	2017	NO	27.100	245	725	✓	✓ (1)
Plano a plano	2016	NO	20.000	732	356	✓	✓
Cuarzo Produc.	2019	✓	12.900	122	289	✓	✓

Warner Bros. [3]	2018	✓	25.700	314	120	✓	✓
Freemantle	2016	✓	24.800	942	903	✓	✓
Factoría	2023	NO	236	241	48	✓	✓
Proima Zebrastur	2021	NO	614	352	103	✓	✓
Tex45 Produc.	2017	NO	771	8	32	✓	NO
Secuoya Produc.	2021	NO	10.100	196	319	✓	✓

Tabla 6. Benchmarking de Instagram de las productoras televisivas españolas
(datos recogidos a día 06/07/2023). Fuente: Elaboración propia, 2023.

Atendiendo al análisis de las redes sociales, concretamente de Instagram, se extraen varias ideas clave. En primer lugar, encontramos cuentas no verificadas en la gran mayoría de la muestra. Con la excepción de Unicorn Content, Cuarzo Producciones, Warner Bross. y Freemantle, el resto no disponen de la verificación. En segundo lugar, advertimos que la mayoría de los perfiles fueron creados entre el 2016 y el 2019, con excepciones (Factoría Henneo y Contubernio en 2023 o Secuoya Producciones en 2021). En tercer lugar, todos los perfiles ofrecen información a modo de breve presentación de la productora en el perfil y el uso de los *highlights* es una práctica promocional también habitual. Todas, a excepción de La fábrica de la tele y Tex45 Producciones, disponen de estas carpetas con contenido publicado previamente en formato de historias. No obstante, en el caso de Contubernio, Mandarina y Zanskar Producciones se comprueba que solo disponen de una única carpeta de destacados, por lo que el contenido resulta reducido en este sentido y no se entiende como una estrategia comunicativa planificada.

En cuanto a los seguidores, destaca muy por encima del resto con 110.000 seguidores La fábrica de la tele, muy probablemente por el éxito de sus contenidos: *Sálvame*, *Deluxe* o *Socialité*, entre otros. A partir de ahí, un grupo de productoras se encuentran entre los 20.000 y los 30.000 (Globomedia, Zanskar Producciones, Plano a plano, Warner Bros. y Freemantle). Debe aclararse que no se corresponden estas cifras más significativas con los primeros puestos del ranking. Se asocia el número de seguidores al éxito de formatos concretos. En relación con el número de cuentas que se siguen, acostumbran a ser cifras muy bajas en comparación con el número de seguidores. Así, en ningún caso sobrepasan las 1.000 cuentas seguidas. El caso más llamativo es el de Freemantle con 942.

En relación con las publicaciones, puede observarse que los mayores esfuerzos en términos de creación de contenido para redes sociales y, por tanto, de comunicación -en cuanto a número de publicaciones desde su creación, no considerando estrategia o creatividad-, se dan en el caso de las productoras La fábrica de la tele (1.206 publicaciones), Globomedia (988 publicaciones) y Freemantle (903).Por último, se realiza un análisis del contenido de las publicaciones de Instagram, como representativo del contenido generado para redes sociales. Se atiende a las publicaciones del *feed* durante el mes de junio de 2023.

En primer lugar, debemos hacer constar que varias productoras no disponen de publicaciones durante el mes objeto de estudio. De hecho, no disponen de publicaciones en el año 2023. Es el caso de Contubernio (sin ninguna publicación en su perfil en el momento

---

3. En el caso de la productora Warner Bros. se incluye el contenido español en el perfil internacional de Reino Unido @wbitvp.com (Warner Bros International Television Production).

de realizar la investigación), Mandarina o Proima Zebrastur. También incorporaríamos en este grupo a Warner Bross, cuyas publicaciones durante este mes no contemplan promoción de ningún formato televisivo español, por lo que no se han tenido en cuenta para el análisis.

Un segundo grupo de productoras serían aquellas centradas únicamente en contenido de carácter promocional. Tal es el caso de Globomedia (con imágenes sobre sus últimas propuestas: *UPA Next* y *Usted está aquí* presentado por Wyoming); Plano a plano (con las producciones seriadas *Valeria* y *Cuento perfecto*); Factoría Henneo (*Por la cara*, *Vigilants*, *La gastroneta en ruta*, *Un, dos, tres*) o La fábrica de la tele, que se ha centrado en el mes de junio en poner en valor un único contenido, *Sálvame*, debido a su cancelación en Telecinco y su nueva propuesta de formato para la plataforma Netflix. Zanskar Producciones ofrece un contenido más informal en el que se trabaja con el formato *Volando voy* y con su principal protagonista, Jesús Calleja. Muestra una constante ambientación de montaña en prácticamente todo el contenido. Incluiríamos también en este grupo a Tex45 Producións, si bien su contenido es de carácter corporativo, centrándose únicamente en mostrar las nuevas instalaciones de la productora.

En un tercer grupo dispondríamos a aquellas productoras que ofrecen contenido en redes más allá del promocional de sus formatos. Es el caso de Cuarzo Producciones (*Falso amor*; *Baraja*; *¿Te lo vas a comer?*; *¡Vaya vacaciones!*; *Así es la vida*) y Freemantle (*Mask Singer*; *Got talent*; e *Isabel Preysler*, primer formato generado por la productora para una plataforma, concretamente para Disney Plus), que se centran en ofrecer contenido promocional, así como mostrar su implicación con el Día del Orgullo.

Mediapro Studio, por su parte, pone sus esfuerzos en mostrar imágenes tanto de rodajes como imágenes promocionales de producciones ya finalizadas o de aquellas de las que ya se presenta su fecha de estreno; pero también ofrece videos corporativos de la productora e incluso otras propuestas del grupo fuera del ámbito televisivo (por ejemplo, presentación del *Barça Inmersive Tour*, nuevo museo del FC Barcelona desarrollado conjuntamente con Mediapro Exhibitions o la exposición "Sorolla a través de la luz").

Unicorn Content muestra principalmente imágenes de carácter promocional de sus contenidos, con fechas de estreno y fragmentos de video de las emisiones, pero también publica algún contenido (menor) más corporativo, de noticias sobre la productora (ranking productoras) y premios a su equipo (Ana Rosa Quintana galardonada como Mejor Presentadora de Televisión en la XVIII edición de los Galardones La Alcazaba).

Por último, Secuoya Producciones publica contenido promocional (*PornoXplotación*, *La caza*, *La bandera*, *Campamento Newton* y el rodaje de la nueva edición de *Españoles en el mundo*), implicación con el Día del Orgullo, pero también contenido participativo con la comunidad (por ejemplo, "Confiesa aquí la peli clásica que todo el mundo ha visto pero tú no. Para tirarse de los pelos", publicación realizada el 23 de junio).

5. CONCLUSIONES

La presente investigación se ha centrado en ofrecer una radiografía de la presencia en medios sociales de las principales productoras televisivas españolas, a través del contenido de sus páginas web corporativas y de sus perfiles en las principales redes sociales en términos de usuarios, centrándonos posteriormente en la estrategia de contenido planificada para Instagram.

Las conclusiones del estudio muestran una presencia poco trabajada en el ámbito digital, con páginas web corporativas principalmente de carácter informativo (todas ofrecen una presentación de la empresa y/o de su equipo, así como la forma de contacto); sin promoción de sus contenidos más allá de un catálogo a modo de ficha de los formatos desarrollados por la productora; y estáticas -solo seis disponen de un apartado de noticias o actualidad incorporando novedades de la productora o del sector-; a través de las que vagamente consiguen promocionarse en el mercado nacional y menos en el internacional. En este sentido, solo seis de las veinte productoras ofrecen su página web en inglés, considerado el idioma principal para la comercialización y distribución de contenidos en el sector audiovisual. La estrategia comunicativa en base a los contenidos y posibilidad de atracción de tráfico a la web por parte de potenciales clientes o colaboradores (otras productoras del mercado) es prácticamente nula, puesto que se observa que tan solo una productora (Factoría Henneo) ofrece un apartado de blog vinculado, si bien se presenta como un contenido recientemente incorporado con una única entrada disponible.

En cuanto a las redes sociales, si bien es cierto que la mayoría dispone de perfiles en las principales plataformas, la gestión del contenido resulta desigual en las productoras, en algunos casos con baja o nula actualización (sin publicaciones en 2023 o, en algún caso, incluso sin actualizar Instagram desde 2020), centrándose únicamente en promocionar los contenidos propios, y pocas las que realmente generan algún tipo de interacción con su comunidad o implicación con la realidad de su entorno. Entendemos, por tanto, que resulta una asignatura pendiente para las productoras, si bien sería interesante plantear una investigación futura con un análisis de contenido con mayor profundidad y más prolongado en el tiempo con la finalidad de valorar cambios o evolución en este sentido.

6. REFERENCIAS

Artero, J. P., Medina, M. y Sánchez-Tabernero, A. (2006). Ventajas competitivas en el sector audiovisual español. *Comunicación y Pluralismo,* 0, 13-34.

Badillo, A. (2013). La internacionalización del audiovisual español. *Comentario Elcano,* 70, 1-7. https://cutt.ly/Wwa0XMM5

Calvo Herrera, C. (2011). Marketing cinematográfico off line y on line. *Derecom,* 6. https://n9.cl/ycpoq

Carabantes Alarcón, D. (2000). Distribución y márketing cinematográfico. *Cuadernos de documentación multimedia,* 9.

Casado, M. A. (2005). Nuevas estrategias para el desarrollo del sector audiovisual en las comunidades autónomas. *Revista Ámbitos,* 13-14, 109-131. http://dx.doi.org/10.12795/Ambitos.2005.i13-14.08

Contubernio (s./f.). Página web corporativa. https://www.contuberniofilms.com

Cuarzo Producciones (s./f.). Página web corporativa. https://www.cuarzotv.com/es/

Digytal audiovisuales (s./f.). Página web corporativa. https://www.digytal.tv/

Factoría Henneo (s./f.). Página web corporativa. https://factoriahenneo.es/

Freemantle (s./f.). Página web corporativa. https://fremantle.es/

García Santamaría, J. V. y Rodríguez Pallarés, M. (2023). *Marketing cinematográfico y de series.* Editorial UOC.

GECA (2023). *La producción en televisión. Año 2022.* https://acortar.link/fQOqYH

Globomedia. página web corporativa. https://globomedia.es/

Herbera, J., Linares, R. y Neira, E. (2015). *Marketing cinematográfico. Cómo promocionar una película en el entorno digital.* Editorial UOC.

Índalo y media. página web corporativa. http://indaloymedia.com/

Kerrigan, F. (2017). *Film marketing.* Routledge.

Krippendorff, K. (1990). *Metodología de análisis de contenido. Teoría y práctica*. Paidós Comunicación.

La fábrica de la tele (s./f.). Página web corporativa. https://lafabricadelatele.com/

Linares Palomar, R. (2008). *El uso del marketing cinematográfico en la industria del cine español*. [Tesis doctoral] Universidad Rey Juan Carlos.

Mandarina (s./f.). Página web corporativa. https://www.mandarina.com/#/

Mediapro (s./f.). Página web corporativa. https://www.mediapro.tv/es/

Molinos de papel (s./f.). Página web corporativa. http://molinosdepapel.es/

Plano a plano. página web corporativa. https://planoaplano.es/

Proima Zebrastur. página web corporativa. https://proima-zebrastur.com/

Puro marketing (8 de junio de 2023). *El blog: una herramienta imprescindible para la estrategia de contenidos de tu marca*. https://acortar.link/O3bdTw

PWC (2021). *Entertainment and Media Outlook 2021-2025 España*. https://acortar.link/XEYPyn

Secuoya Contenidos (s./f.). Página web corporativa. https://secuoyastudios.com/

Tex45 Producións (s./f.). Página web corporativa. https://tex45.es/es/

Tribaldos Macía, E. (2013). *El audiovisual español como factor coadyuvante de la marca España*. [Tesis doctoral] Universidad Complutense de Madrid.

Unicorn content (s./f.). Página web corporativa. https://unicorntv.es/

Villanueva-Mansilla, E. (2018). Las redes sociales nos harán felices: marketing cinematográfico en los tiempos de Facebook. *Ventana Indiscreta*, 19, 24-29. https://doi.org/10.26439/vent.indiscreta2018.n019.2070

Warner Bros. (s./f.). Página web corporativa. https://www.wbitvp.com/Espana/

We are social (13 de febrero de 2023). *Reporte digital España 2023*. https://acortar.link/uxcqLM

Zanskar producciones (s./f) Página web corporativa. https://zanskar.es/es/

COMUNICACIÓN NO VERBAL EN POLÍTICA, CUANDO UN GESTO ES TODA UNA DECLARACIÓN DE INTENCIONES

María Concepción Gordo Alonso[1]

El presente texto nace en el marco de la línea de investigación sobre "comunicación no verbal" de la tesis doctoral con el título "La influencia de la comunicación no verbal del profesorado en la atención y la motivación del alumnado" que desarrolla la autora.

1. INTRODUCCIÓN

No podemos no comunicar. Así lo indica el primer axioma de la Teoría de la Comunicación Humana formulada por Watzlawick *et al.* (2011). De esta forma, todos nosotros, ya sea de forma consciente o inconsciente, siempre estamos emitiendo información, es decir, la comunicación sin palabras es constante y permanente. Nuestra imagen y aspecto, nuestra expresión corporal, posturas, gestos, la simbología externa, por supuesto la gestión de las distancias y obviamente nuestra expresión facial reflejo, entre otras muchas cosas de emociones, comunican y mucho. A diferencia de las palabras, que son reflejo de nuestro pensamiento y por tanto son racionales, estructuradas, inconstantes y totalmente voluntarios, la comunicación no verbal revela lo más profundo, lo irracional, lo ilógico, y en gran medida, lo inconsciente.

La comunicación no verbal es inherente al ser humano, y forma parte de nuestra propia naturaleza y esencia biológica, ya que llevamos millones de años donde especies que precedieron lo que somos y de las que somos resultado, han vivido, convivido, y también se han cuidado y protegido sin una sola palabra, su emoción se ha reflejado a lo largo de la historia de la evolución humana de forma no verbal, pero también sus decisiones prácticas. Así lo reflejan Rulicki y Cherny (2012) en su análisis de la expresión de la Inteligencia Emocional a través de la historia evolutiva, donde enfatizan en la idea de que la expresión corporal y el lenguaje no verbal importan e impactan mucho más que las palabras en la reacción que provocamos y nos provocan los demás, y además mucha más influencia en un aspecto fundamental de la relación entre personas, el feedback, aspecto que evidencia la aprobación o desaprobación, es decir, la valoración positiva o negativa de otras personas, que sirve para modular nuestro comportamiento.

En esta misma línea de pensamiento se expresa Lázaro (2009) quien considera vital el papel de la comunicación no verbal en el desarrollo de las sociedades y en la formación

---

1. Universidad Antonio de Nebrija y Universidad Autónoma de Madrid (España)

de la estructura sociológica que hoy conocemos y en la que convivimos. Durante mucho tiempo se ha dedicado mucho esfuerzo a la comunicación verbal, que en ningún caso es menos importante que la no verbal ya que transmite ideas razonadas que deben ser trasladadas ordenada y coherentemente. Pero el ámbito no verbal, ofrece un campo de actuación mucho más amplio y sin duda más impactante personal y emocionalmente.

Si para todas las personas nuestra imagen es importante, para los políticos/as mucho más. Su imagen es la proyección visible de sus ideas y también de sus intenciones, es la parte que llega a sus electores y con la que tienen que mostrar seguridad, eficacia, capacidad y la piedra angular para generar ese bien tan preciado llamado confianza.

La presencia de políticos/as en nuestra vida es cada vez más patente y permanente, nos llegan de muchas formas y de modos diversos a través de vías cada vez más novedosas; ocupan espacio en televisiones donde vemos y escuchamos sus propuestas, en entrevistas de prensa escrita y emisoras de radio, pero cada vez se potencian más en espacios tanto digitales como presenciales con formatos mucho más personales que dan a conocer a la persona que hay detrás del político/a. Conocemos no sólo su trabajo, sino que vemos también su vida, a veces la más privada y familiar en fotos y vídeos. Además, su imagen también ocupa las calles en periodo electoral con un aspecto y puesta en escena milimétricamente estudiada. A veces, especialmente las mujeres forjan tendencias estilísticas y son incluso iconos de estilo, y todo ello se aprovecha cada vez más y de forma exhaustiva para llegar a sus votantes.

Sin duda somos seres emocionales, y eso debe trasladarse al ámbito político para lograr la más que ansiada conexión emocional con las personas que deben elegir y mantener a los/as candidatos/as y para ello nada mejor que el cuerpo, el rostro, como recuerda Gutiérrez-Rubí (2023) elementos como la sonrisa, la mirada, el contacto son instrumentos claros para conseguir esa conexión emocional y ambiental. El autor destaca que los discursos robóticos no son eficientes, aunque el contenido sea brillante, los políticos/as deben permitir a sus votantes experiencias, capacidad de imaginar, soñar e imaginar, y en eso el cuerpo es mucho más poderoso que la palabra.

Y en este contexto es fácil entender la importancia de todo lo no verbal en la esfera política, personas que aspiran o son servidores públicos, reflejo de la sociedad a la que representan y a la que gestionan, y con un altísimo grado de exposición, y cada vez más con un impacto altísimo debido al papel de los medios de comunicación, y especialmente a la amplificación que producen las Redes Sociales, cada una de sus decisiones, cada palabra, sus intervenciones, pero sobre todo cada imagen, cada movimiento, gesto, se analiza con un nivel de detalle como nunca antes en la historia. Cada intervención se difunde de forma inmediata, pero también se recrea a través de las plataformas, distorsionándose vía meme como nunca hemos visto antes. Mancera (2019) destaca la evidencia del impacto de la comunicación no verbal en ámbito político, su gran relevancia y su trascendencia en la visión que tienen los ciudadanos de las personas que les gobiernan, y la enorme importancia de todos los elementos que acompañan al lenguaje para conseguir esa conexión que da lugar a la persuasión, más que una simple capacidad, el bien preciado de todo político/a.

Ahondando en este aspecto, Laguna-Platero (2011) analiza uno de los elementos clave de un político: el liderazgo, ese aspecto tan personal, más allá de partidos, siglas e incluso de ideas o propuestas; algo inherente a la persona y que se gesta desde la imagen, esa que es capaz de crear notoriedad y llegar a acuñar una marca personal. En el liderazgo es fundamental la capacidad de transmitir no sólo verbalmente, sino muy especialmente de forma no verbal, la habilidad de trascender en cada gesto, en sus posturas, en el manejo de la distancia y de los matices de la voz, y, por supuesto, con su aspecto, tanto que como destaca el autor, la figura del líder es el principal elemento en la decisión de voto.

Para Alies y Kraushar (2001) no hay duda de que la comunicación no verbal es determinante en el mensaje a transmitir, incluso es más que un medio para transmitir información, determina y condiciona la misma. Desde su papel de asesores políticos (y en el caso de Ailes director de un medio de comunicación puntero en Estados Unidos), estos destacan un elemento a potenciar: el carisma, ese poder de atracción y encanto natural que tiene una persona y que potencia su poder de atracción e influencia. El carisma se tiene obviamente, pero también se puede trabajar y por supuesto potenciar, y en esto también es fundamental la imagen personal, la capacidad de acercarse a los demás, la naturalidad en la expresión y el fomento de la empatía, y en todos estos aspectos contribuye un buen manejo del lenguaje no verbal.

Tal es la importancia de lo no verbal en el ámbito político, que en los últimos tiempos casi se ha "profesionalizado", expertos, asesores, analistas y un campo cada vez más en auge, el marketing político como herramienta para construir la imagen de un aspirante y para cambiar la imagen pública de un político/a ya ejerciente. Así lo destacan Rosales y Alvarado (2023) donde se pone de manifiesto la necesidad de que los candidatos y candidatas ya no sigan sólo su instinto, sino que sean capaces de aprender nuevas técnicas, tácticas para conectar con su electorado, métodos para acercar su imagen, para hacer natural lo que obviamente está muy preparado. Y donde son fundamentales las herramientas de transmisión, los medios tradicionales, y también tener una buena comunidad online, una buena conexión con sus seguidores vía plataformas sociales, capaz de generar gran interacción sobre los contenidos del político/a. Destacan la idea de contratar agencias especializadas que ayuden a preparar sus intervenciones, no sólo sus discursos, sino cómo pronunciarlos, trabajando todos los aspectos no verbales de la voz y explotando al máximo todo el potencial no verbal.

En este sentido, Moyá-Ruiz (2016), describe un programa específico de entrenamiento en habilidades sociales para políticos/as encargado por la Diputación de Valencia (España), donde durante cinco años se trabajó con una muestra de 387 personas dedicadas a la vida pública, que recibieron formación específica de comunicación política donde entrenaron habilidades no verbales para mejorar sus competencias comunicativas generales. Este programa se exportó a América Latina adaptando el contexto, pero con resultados satisfactorios similares a los aplicados en Valencia.

Por su parte, Hernández-Herrarte y Rodríguez-Escanciano (2009), reforzando las líneas de pensamiento descritas anteriormente, destacan cómo cada vez somos más conscientes socialmente de que el impacto de los mensajes políticos depende cada vez de los elementos no verbales, siendo cuidados hasta el más mínimo detalle para conseguir mayor aceptación social y se conviertan en un vehículo fundamental para conseguir los fines que persiguen, transformándose en elementos persuasivos.

Este artículo pretende ahondar de forma detallada mediante revisión de literatura científica en todos estos aspectos, pero sobre todo en su aplicación específica, qué y cómo ha impactado la parte no verbal de la interacción política en la valoración, consideración y resultados de políticos/as españoles. En el desarrollo del presente trabajo se analiza cómo ha influido en la esfera política los cuatro grandes campos de estudio de la comunicación no verbal: Kinesia, Proxémica, Paralingüística y Simbología Diacrítica, en concreto cómo se han aplicado en la política española de los últimos años a través de ejemplos concretos, por personas que iniciaron o afianzaron sus trayectorias con claros elementos no verbales como punto de apoyo y disrupción.

2. OBJETIVOS

El objetivo general de este trabajo es comprobar la importancia de la comunicación no verbal con todos sus campos de estudio en el ámbito político. Entre los objetivos específicos de la investigación, sobresalen:

1. Destacar el poder de la imagen, del gesto y la postura en la política actual como vía de conexión con sus votantes.
2. Poner de manifiesto la trascendencia del uso de los espacios y del contacto físico y visual como instrumentos de comunicación política.
3. Resaltar el papel fundamental del Paralenguaje como instrumento al servicio de las palabras. Cuando el cómo se dice importa más que el qué en la esfera política.
4. Valorar la trascendencia del aspecto físico de los políticos/as cada vez más analizado e incluso seguido.

3. METODOLOGÍA

Esta investigación cualitativa, consiste en una revisión bibliográfica de libros y artículos de investigación de ámbito científico publicadas ente los años 2000 a 2023 donde se analiza la comunicación no verbal de políticos/as españoles y que desarrollan su ámbito de competencia en España con relevancia estatal, autonómica y municipal, así como la Jefatura del Estado. El análisis se centra en los últimos 45 años de vida política española correspondiente al periodo democrático.

Dentro del campo de estudio de la comunicación no verbal se examinan y analizan las cuatro disciplinas que la componen:

- Kinesia. Con sus tres grandes bloques: Posturas, Gestos y Expresiones faciales.
- Proxémica. Distancia física y con los objetos y contacto físico y visual.
- Paralingüística o Paralenguaje. Los matices de la voz: tono, ritmo, volumen, prosodia, silencios o pausas.
- Simbología diacrítica o aspecto físico general. Vestuario, complementos, cabello...

4. DESARROLLO DE LA INVESTIGACIÓN

Como punto de partida no se pretende el detrimento del lenguaje verbal, que sin duda, es fundamental al aportar un mensaje e ideas mentales razonadas que deben ser trasladadas ordenada y coherentemente, sino de ensalzar la importancia del estudio de la comunicación no verbal, campo cada vez más explorado pero con mucha mayor amplitud de acción y que genera sin duda más impacto personal y emocional.

La política española no escapa a la profesionalización descrita anteriormente y a la evolución exponencial de este campo de trabajo. Cada vez candidatos y partidos son conscientes de su importancia y de la necesidad de trabajar estos elementos de forma concienzuda. En este sentido. Souto *et al.* (2020) analizan mediante una investigación cualitativa, valorando los diferentes ítems de lenguaje no verbal, la comunicación de los dos principales líderes políticos españoles en 2020: el presidente del Gobierno Pedro Sánchez y el líder de la oposición Pablo Casado, comparando los diferentes parámetros de comunicación no verbal cuando fueron elegidos líderes de sus formaciones y con los exhibidos por ellos en marzo de 2020 en el debate de defensa del primer estado de alarma a raíz de la pandemia provocada por la covid-19. En ambos casos hay un trabajo postural, gestual, con gestos marcados, gestos ilustradores y emblemas potenciando su imagen, mayor seguridad en su estructura corporal y un dominio mucho mayor del espacio físico e interpersonal y de la cronémica, un estudio exhaustivo de la imagen y del vestuario. Además de un trabajo vocal importante, énfasis, manejo de tono, volumen y prosodia que mejoran la transmisión y comprensión de los discursos.

Esto contrasta con un estudio de Orzáiz (2009), a penas unos pocos años antes, donde se analiza la comunicación no verbal en los debates électorales entre el Presidente del Gobierto Jose Luis Rodríguez Zapatero y el líder de la oposición Mariano Rajoy durante la campaña electoral de 2008. El estudio concluye que el 80% de la capacidad de interacción entre los participantes fue no verbal, pero en ese momento no supieron aprovechar ese potencial. Se centraron en cifras, datos, a veces excesivas, con una modulación de voz, tono y volumen poco adecuada para que el espectador pudiera comprenderlos realmente. Igualmente no explotaron la enorme capacidad de comunicación de su propia imagen, gestos poco medidos, posturas poco trabajadas y expresiones faciales demasiado evidentes. Muchas razones pero pocas emociones en sus rostros y en su cuerpo que hicieron que conectaran poco con los televidentes. Los equipos de campaña trabajaron mucho las palabras, obviando el resto.

Si nos fijamos en la Jefatura del Estado, Bedoya-Cabrera (2020) analiza el mensaje anual más importante de la Corona, el mensaje de Navidad de Su Majestad el Rey. En este caso, el análisis se centra en la comunicación no verbal en los seis primeros mensajes del Rey Felipe VI como monarca entre 2014 y 2019. La autora realiza un análisis exhaustivo de cada uno de ellos, destacando las diferencias de espacio entre ellos. Salvo los últimos, los primeros se ubican en espacios distintos, desde un sillón que parece de su propia casa o su despacho, hasta el Salón del Trono del Palacio Real. Excepto en este caso, siempre aparecen fotos familiares -tradición del anterior monarca que se mantiene- y colores vivos, claros en un ambiente con bastante luz. En cuanto a gestos destaca la poca naturalidad del monarca, la monotonía, como a veces, cuando realiza gestos ilustradores del mensaje son poco certeros o muy forzados ; su tono de voz es monónoto, con poco énfasis, concluyendo que en ocasiones hay poca integración entre la parte verbal y la no verbal. Un aspecto a destacar es cuando el Monarca se refiere a causas que abandera personalmente donde la gestualidad es más natural y más enfática : los jóvenes, el tema de Cataluña, la violencia de género o la Constitución. En estos casos, los gestos están coordinados con la voz que enfatiza y eleva el tono y las expresiones faciales también se marcan dejando entrever su propia emoción.

García Pujol (2015) ha comparado la comunicación no verbal en el discurso de Navidad de Felipe VI en 2014 con el último del Rey Juan Carlos I en 2013. Las conclusiones del trabajo reflejan que el anterior monarca da más importancia a las palabras, enfatizándolas de forma viva y el ambiente de su despacho es mucho más ocuro, planos de enfoque corto hacia sí mismo y menos hacia la estancia. En cuanto a gestos, pocos con las manos, sí hay una expresión claramente marcada de sus emociones en el rostro, enfado con arrugas verticales en el entrecejo, ira contenida, angustia con ojos muy abiertos y boca tensa o incluso tristeza con cejas arqueadas hacia arriba por su interior y comisuras de los labios ligeramente arquedas hacia abajo. Sí hay una foto que cada año es reveladora y todo un hito para la Corona, pero pocas fotos familiares.

Un tema interesante es la comunicación no verbal según los diferentes roles, intervenciones previas a la elección de un cargo de responsabilidad frente a sus intervenciones cuando ocupa un cargo relevante. La pregunta clave es: ¿cambia el código gestual ? Caramelo-

Pérez (2020) analiza una figura de la política española, Pablo Iglesias, con una repercusión muy mediática y un ascenso meteórico al poder. La investigación sigue su trayectoria prepolítica y política analizando sus gestos, posturas y expresiones faciales en roles diferentes: profesor de Universidad, tertuliano y líder de Podemos. El estudio arroja como principal conclusión que en la fase en la que no ocupaba cargos de responsabilidad su gestualidad era más desenfadada, gestos más expansivos, más relajados, más abundantes y reiterados, mientras que fueron siendo cada vez más comedidos y rígidos cuándo su relevancia política aumentó. Incluso manteniendo su imagen desenfadada hay cierta adaptación a la de un político convencional a medida que aumentaba su responsabilidad. Su para-lingüística o para-verbalidad también se ha ido adaptando, más moderado en tono, más pausado, interviniendo menos y con expresiones más cortas.

4.1. Kinesia en la comunicación política

La Kinesia es el campo de estudio más extenso de la comunicación no verbal, que engloba posturas, gestos, expresiones faciales, y hasta estructura corporal, el mensaje a descubrir. Responde a las preguntas: ¿qué dice el cuerpo de la persona y momento qué vemos? y ¿es coherente y consistente con las palabras que acompañan el gesto? La política se mueve en el ámbito de los gestos, esos que buscan positividad, acercamiento, esos que reafirman y confirman discursos e ilustran mensajes. No siempre escuchamos y a veces ni comprendemos todo lo que dice un político, pero sí solemos fijarnos en qué hace mientras lo dice y cómo lo hace.

Una de las principales conclusiones tras el análisis gestual realizado por Alabat- Mascarell y Carrió-Pastor (2022) de la campaña electoral a las elecciones generales de 2016 fue que los líderes políticos de los cuatro partidos analizados PP, PSOE, Cs y Podemos en sus discursos de campaña, repetían y compartían entre ellos gestos muy similares, es decir que había un código gestual común independientemente del partido al que representaban, más allá del estilo de cada persona y de otros elementos simbólicos propios de cada partido. En todos ellos predominaron los gestos pragmáticos que son los que se relacionan con el contexto concreto, en detrimento de los gestos semánticos o con significado específico.

En el ámbito específico de un partido concreto, destaca en análisis de la comunicación no verbal de la campaña para la Secretaría General del PSOE, en concreto el análisis de los candidatos Alfredo Pérez Rubalcaba y Carmen Chacón en el 38º Congreso del partido. Marín Dueñas (2014) destaca como ante un mismo escenario y público hubo muchas diferencias entre los candidatos, más allá de sus personalidades e ideas y trascendieron de su código gestual dos aspectos la actitud y la conexión con la emoción. Rubalcaba destacó por sus gestos cercanos, gestos de integración con manos y brazos rodeando su cuerpo con ellos, su prosodia vocal emotiva con besos y abrazos a los participantes. Chacón, por su parte, se mostró más distante, mucho más seria tanto en sus intervenciones como en su presencia durante el Congreso, con un acercamiento mucho más medio, ella representaba el cambio y la ruptura, pero quizá su frialdad no la benefició en el resultado final.

En la esfera de la política autonómica, en España tan relevante, Hernández-Herrarte y Zamora-Martínez (2020) analizan la comunicación no verbal en las elecciones a la Junta de Andalucía de 2018, en concreto el debate entre Susana Díaz y Teresa Rodríguez en Radio Televisión Española, dos líderes femeninas con una oratoria muy diferente, además de ideas políticas muy distantes. Este estudio cuantitativo centrado fundamentalmente en el análisis gestual concluye que Susana Díaz fue la más convincente y persuasiva según 282 variables de comunicación eficaz, las claves fueron una postura de acercamiento con el cuerpo inclinado hacia su interlocutora, la mirada firme y sostenida, con gestos con las manos hacia arriba y gestos positivos tanto con las manos como con dedos.

También en esta misma esfera, aunque en un momento histórico diametralmente diferente, Fernandez-Holgado *et al.* (2022) analizan un caso con gran repercusión: el uso del vídeo en la campaña electoral a la Comunidad de Madrid de 2021, unas elecciones anticipadas en plena pandemia, donde los actos presenciales masivos estaban muy limitados y eso generaba más dificultad para llevar el mensaje a un gran número de personas. El PP, partido que aspiraba a revalidar mandato, utilizó un vídeo que se volvió viral de su candidata Isabel Díaz Ayuso en movimiento constante, corriendo por Madrid y mostrando cómo sigue la vida diaria pese a la pandemia y los esfuerzos por recuperarla. Un vídeo, llamado "Libertad", donde la presidenta en funciones se acercaba en primera persona a la gente con planos cortos, gestos directos -miradas y saludos-, mostrando su rostro, especialmente sus ojos con mirada fija y directa a la cámara, sus manos, sus pies y piernas corriendo con mascarilla (en ese momento, obligatoria) con la bandera de la Comunidad de Madrid grabada en la esquina superior izquierda, una simbología utilizada por la presidenta de forma habitual durante toda la pandemia y donde el sonido de fondo eran voces de ambiente, de personas en tiendas, mercados, parques y en la calle.

Sobre la gestualidad como apoyo a la comunicación de crisis, Fernández-Hoya y Cáceres-Zapatero (2022) estudian los gestos y posturas que apoyaron los discursos del presidente del Gobierno de España durante la pandemia de la Covid-19, comenzando por la declaración del Estado de Alarma y las seis prórrogas posteriores. El estudio realizado fundamentalmente mediante una sistematización cuantitativa del lenguaje kinestésico arroja como principal conclusión que el uso de gestos no ayudó a comprender mejor los discursos, ya que fueron demasiado forzados y a veces no correspondían en tiempo y significado con las palabras. Tanto en las fases de escalada como de desescalada se detecta una reiteración de gestos idénticos que no ayudó a la credibilidad del discurso y a su poder persuasivo. La postura más usada fue la erguida, a veces excesivamente, cabeza ladeada no frontal, con elevación de cejas en el rostro.

4.2. Proxémica en la comunicación política

La proxémica es la disciplina de la comunicación no verbal que analiza la gestión de espacios físicos de la persona (cómo se ubica), así como el contacto físico y visual. Nos aproximamos a aquello que nos gusta, nos atrae y con lo que consciente o inconscientemente queremos vincularnos. En política es imposible imaginarse una campaña electoral con mítines masivos y los candidatos saludando y abrazando a sus simpatizantes, con una cercanía muy estrecha. También los saludos son importantes como forma de contacto formal entre políticos sean del mismo partido o de contrarios y entre políticos y ciudadanos, y no todos los saludos son iguales. Podemos decir que la proxémica es un poderoso generador de vínculo personal.

La proxémica es contacto físico, pero también visual, la mirada de un político/a debe ser firme, franca, directa y siempre orientada a la persona receptora del mensaje o a la audiencia. Wen, (2022) realiza un análisis de la comunicación no verbal del presidente del Gobierno Pedro Sánchez en algunos momentos cruciales de su trayectoria política, como la moción de censura de 2018 contra el entonces presidente Mariano Rajoy o su investidura en enero 2020. Entre otros ítems de su comunicación no verbal, destaca la mirada al frente, el apoyo con la mirada que busca durante las intervenciones a su grupo político, al que mira con reiteración en busca de respaldo, la mirada atenta a las réplicas de los portavoces, señal de atención y seguridad, y la gestión de los discursos con miradas hacia el papel muy sutiles ya que la gran fuerza estuvo en la conexión con el auditorio.

Peitiby (2019) analiza la importancia de ese acercamiento de los políticos a sus simpatizantes y a sus potenciales seguidores. La conclusión de su estudio es que el acercamiento corporal es fundamental para ganar confianza, el contacto físico con el votante aumenta un 20% su propensión de voto; un leve apretón de manos, roce en brazos u hombros consiguen un efecto potente y poderoso. En este mismo sentido y en el análisis de figuras concretas de la política española, Caramelo-Pérez (2020) también destaca la evolución del contacto físico en la figura de Pablo Iglesias, al principio inexistente, con distancias más sociales que cercanas entre sus interlocutores y que evoluciona hacia un contacto mucho más estrecho y un contacto mucho más fluido, natural y habitual.

Hernández-Herrarte y Rodríguez-Escanciano (2009) destacan en el análisis de la comunicación no verbal política el efecto positivo que generan las distancias cortas y el enorme poder del contacto suave, leve y sutil con el ciudadano. En este sentido, destaca, por ejemplo, cómo una palmadita en la espalda es además de una felicitación universal un gesto de consuelo, apoyo, amistad y de buen humor.

4.3. Paralingüística en la comunicación política

El paralenguaje es el conjunto de elementos que componen la voz: tono, volumen, ritmo, prosodia y los silencios, que por supuesto, también comunican. Viene a dar respuesta y poner énfasis en cómo decimos lo que decimos y en comunicación política es muy importante.

Estamos acostumbrados a ver cómo cambia el tono y el volumen de un político en un acto masivo; un mitin de campaña no se entiende sin ese tono elevado de voz, esas ideas tan enfatizadas en tono y volumen, y a veces esa prosodia que conecta con la emoción y llega tanto al ciudadano. Para Serafim (2022) los elementos de la voz son un campo de trabajo de los candidatos/as y, sin duda alguna, son la vía de conectar con el auditorio. El autor recuerda la creación de la oratoria y la retórica y constata que no han cambiado tanto los recursos usados desde la Grecia Antigua hasta los tiempos actuales, donde la voz suscita emociones y es la vía para generar, tanto elementos de discusión, como puntos de armonía y acuerdo.

González-Ruíz (2008) reflexiona sobre los elementos vocales en un discurso parlamentario. Entre ellos destaca la necesidad de conectar con la emoción, de buscar la adhesión del destinatario aun sacrificando a veces las técnicas lingüísticas más puras. Otro aspecto a destacar es la resonancia, ese aspecto vocal que dota al discurso de contundencia y rotundidad auditivas.

Los elementos no verbales del discurso le dan sentido y le dotan no sólo de la coherencia necesaria, también de la fuerza necesaria para crear identidad y para conectar emocionalmente. Un caso de estudio en este sentido es el de VOX, un partido político de nueva creación cuya identidad ideológica va unida a la de su líder Santiago Abascal y a su forma muy personal y marcada de interactuar en sus intervenciones públicas. Fernández-Hoya y Cáceres-Zapatero (2022) analizan su comunicación no verbal atendiendo entre otros aspectos a la importancia del paralenguaje para que su mensaje impacte, con una expresión verbal muy vehemente y enfática que promueve la conexión con su electorado, la movilización y facilita el sentido del mensaje. Y destacan el marcado efecto prosódico del lenguaje que conecta fácilmente con la emoción y dos elementos claros: el tono muy marcado, el uso del volumen al servicio de la efectividad.

4.4. Simbología diacrítica en la comunicación política

Entendemos por signos diacríticos todas aquellas señales que no son corporales pero que comunican y mucho y que, sobre todo, ayudan a dar contexto al resto de aspectos de la comunicación y, sin duda, a entender mucho mejor determinadas situaciones y a comprender mejor a las personas. Como recuerdan Davis y Mourglier (1996), si queremos conocer el significado debemos atender al contexto; en el entorno es donde se construye la puesta en escena.

Desde el punto de vista antropológico, Abélès (2004) resalta que la política es campo de estudio desde origen inmemorial. En la construcción de dominio y autoridad es fundamental lo que llaman la escenificación del poder, esas señales de supremacía del líder y ese proceso por el que un ciudadano más se convierte en alguien con poder y esos símbolos y ritos que forman parte del poder en las sociedades. Esa ritualidad e identificación con un puesto, con un partido a través de signos y símbolos muy visibles, banderas, escudos, etc...., ese ceremonial del nombramiento que siempre lleva elementos asociados que distinguen a esa persona y a ese momento y ayudan a contextualizar su posición frente a los demás. Esos aspectos externos tan influidos por la cultura concreta que son inseparables del ascenso de alguien común a un puesto de mando.

La puesta en escena siempre es importante, sitúa, ubica y da sentido. Forcada y Lardiés (2015) describen uno de los momentos más importantes y trascendentes de la historia reciente de España, la abdicación como Rey de Juan Carlos I y la sucesión de la corona, un momento sin duda histórico, puesto que en España era la primera vez en 300 años que se producía una abdicación pacífica. Los autores destacan la enorme simbología del momento en el que el Rey Juan Carlos desde su despacho se dirige a los españoles para comunicar su renuncia y los motivos de la misma, más allá de las palabras, la imagen puede considerarse ya icónica, a su lado dos fotos, una de su padre y la otra de su hijo, el futuro Rey, representando la esencia de la monarquía: la continuidad.

Y a nivel electoral, los debates han ganado protagonismo con los años. La expectación mediática ha ido creciendo exponencialmente y todo lo que rodea a los candidatos, antes, durante e inmediatamente después del debate adquiere especial trascendencia. Muchos dicen que son la vía de captar indecisos, esos que no votan a un partido concreto que les simpatiza, sino que utilizan el voto útil para elegir al que consideran mejor candidato. En 2019 vivimos el debate con más expectación y puesta en escena desde que este formato existe con una audiencia millonaria, en la primera convocatoria electoral de ese año en abril 2019. Un plató de televisión supervisado por los equipos de campaña, retransmisión en directo de la llegada de los candidatos, impresiones iniciales y finales, todo un despliegue técnico y humano para seguir al milímetro la intervención de los candidatos, y una repercusión masiva tanto la noche del debate como los días sucesivos en Redes Sociales. Díaz *et al.* (2020) analizan en detalle el impacto como factor decisivo en el electorado. Su investigación determina que efectivamente la percepción del candidato más convincente en los debates influye significativamente en el voto.

Un tema fundamental y muy simbólico es el de los carteles electorales, esa imagen proyectada de los candidatos como seña de identidad de sus partidos que estará presente en plazas y calles, en buzoneo en nuestras casas y en espacios audiovisuales durante toda la campaña electoral. Cabrera García-Ochoa y Llorca Abad (2019) analizan los carteles electorales a las elecciones generales de 2019, poniendo especial detalle en el aspecto semiótico y de identificación entre su propia identidad y la pertenencia y representación de su partido político. El análisis se centra en las imágenes de los candidatos al Congreso de los Diputados de los grupos políticos PP, PSOE, Cs, VOX y Unidas Podemos. Las conclusiones son las siguientes:

Partido Popular. Se reparte entre el candidato Pablo Casado sonriente, se le ven los dientes, con una apertura de ojos que no delata según Ekman (1999) sonrisa auténtica, sino más social, al no producirse arrugas laterales en el contorno del ojo, fondo neutro donde destaca el candidato en una foto cortada a la altura del hombro donde se puede ver la corbata con color azul corporativo. La otra mitad del cartel es el *claim* de campaña con # haciendo un guiño a las Redes Sociales y el logo del partido muy colorido.

Partido Socialista. La mitad superior del cartel es una foto en blanco y negro con la imagen de Pedro Sánchez similar a la utilizada en la portada de su libro publicado poco antes, un primer plano que se centra en el rostro que se corta a la altura del mentón, mirada al frente y muy leve sonrisa, la otra mitad es el lema de campaña y el logo del partido, fondo rojo sobre letra blanca buscando el corporativismo y el sentimiento de pertenencia.

Ciudadanos (Cs) muestra el cartel más arriesgado y menos convencional muestra a su candidato Albert Rivera con casi todo el cuerpo, se corta a la altura de la rodilla, caminando, avanzando hacia adelante con seguridad, manos firmes, rostro fijo con mirada penetrante, en traje, pero sin corbata y tapando su imagen en blanco el *claim* de campaña y el logo del partido, uniendo candidato, programa y partido.

VOX. Presenta un cartel muy unido a su esencia e imagen de marca, con dos grandes banderas de España y dos veces las palabras "por España". La imagen de su candidato Santiago Abascal, al que sólo se le ve la cabeza de perfil, está flanqueada por las banderas que son las que toman todo el protagonismo. El logo forma una V de victoria, un simbolismo muy utilizado por su líder en sus actos de campaña, en concreto con los dedos antes, durante y después de cada intervención.

Unidas Podemos. Es un caso peculiar, ya que, al no mostrar en el cartel al candidato, es por tanto, un cartel electoral atípico y novedoso. Aunque según destacan los autores del estudio, puede deberse a las polémicas en elecciones anteriores por el uso excesivo de la imagen de Pablo Iglesias en los materiales. El cartel dividido en dos mitades presenta la gente por un lado y el partido por otro con su logo como eje conductor y su *claim* de campaña sobre la imagen de las personas anónimas, simbolizando una manifestación, algo muy unido a la esencia de este movimiento político.

La simbología diacrítica es el poder de la imagen externa, de lo visible, de las señales, un estudio interesante que ayuda a comprender ese entorno simbólico es el de las felicitaciones de Navidad de los Reyes, en España. Gómez de Travesedo-Rojas *et al.* (2021) analizan este simbolismo en la Monarquía española. Destacan que hay un cambio importante desde la llegada de Felipe VI al trono, los monarcas eméritos usaban pocas veces fotos personales o familiares, salvo en contadas ocasiones, y aprovechaban la felicitación pública para exhibir alguno de los cuadros de Patrimonio Nacional relacionado con motivos navideños. El actual monarca siempre utiliza fotos personales y familiares, sobre todo de sus hijas la Princesa de Asturias y su hermana la Infanta de España o de la familia a completo, fotos en actitud normalmente cariñosa, en entornos cercanos, muchas veces su casa o en viajes que podemos identificar, siempre se busca la cercanía, la comodidad en el vestuario, el entorno reconocible y la transmisión familiar tan propia de la Navidad, buscando la similitud con las felicitaciones de cualquier familia española con hijos.

5. CONCLUSIONES

1. La comunicación no verbal es fundamental en la esfera política constituyendo una herramienta útil y necesaria para transmitir y reforzar mensajes.
2. Los gestos son recursos a utilizar por los políticos/as para conectar y construir su imagen personal y son una vía imprescindible de expansión de su imagen pública.
3. El contacto es la cercanía del que tiene poder pero se acerca a la ciudadanía como uno más.
4. Los políticos son lo que dicen pero lo que llega a los votantes es cómo lo dicen, su voz es el eco de su mensaje y es lo que se graba en la mente, y sobre todo en la emoción de sus destinatarios.
5. La simbología ayuda a construir contexto y dar sentido al hilo conductor del mensaje, ayuda a potenciar y amplificar la esencia del discurso.
6. Cada vez el lenguaje no verbal en el ámbito político está más profesionalizado, siendo un campo de estudio actual y un elemento indispensable en estos tiempos para consolidar a un candidato/a que empieza en política o bien para reorientar trayectorias, estamos en un momento histórico donde ya no se entiende un político/a con relevancia que no esté asesorado en este terrero.
7. La comunicación no verbal en la esfera política ayuda a construir, integrar, y generar un entorno que integre al político/a con sus ideas y el partido que lo sustenta a través de un hilo conductor coherente y consistente.
8. La comunicación no verbal en política es un instrumento para generar confianza, credibilidad y una vía que contribuye a la transmisión no sólo de ideas, sino también de valores y a la generación de emociones mediante la creación de vínculos.

6. REFERENCIAS

Abélès, M. (2004). La antropología política: nuevos objetivos, nuevos objetos. En *El ayer y el hoy: lecturas de antropología política* (pp. 51-72). Universidad Nacional de Educación a Distancia.

Ailes, R. y Kraushar, J. (2001). *Tú eres el mensaje: la comunicación con los demás a través de gestos, la imagen y las palabras.* Grupo Planeta.

Albalat-Mascarell, A. y Carrió-Pastor, M. L. (2022). Marcadores de implicación en los discursos de campaña para las elecciones generales de 2016 en España. *Spanish in Context, 19*(3), 537-562. https://doi.org/10.1075/sic.20019.car

Bedoya-Cabrera, C. I. (2020). *Análisis de la comunicación no verbal en el mensaje de Navidad del Rey Felipe VI en los últimos seis años.* Universidad de Sevilla.

Cabrera García-Ochoa, Y. y Llorca-Abad, G. (2019). La imagen de los candidatos en las Elecciones Generales de 2019 en España. *Redmarka. Revista de Marketing Aplicado, 23*(3), 29-45. https://doi.org/10.17979/redma.2019.23.3.5875

Caramelo-Pérez, L. M. (2020). Comunicación no verbal y comunicación política. Análisis y evolución del comportamiento no verbal de Pablo Iglesias. En G. A. Corona-León (Eds.). *Comunicación emergente en el ámbito Institucional y Político.* Egregius.

Davis, F. y Mourglier, L. (1996). *El lenguaje de los gestos.* Emece Editores.

Diez, N. L., Gulías, E. J. y Martínez, P. C. (2020). La percepción de los debates como factor de decisión en el comportamiento electoral en las Elecciones Generales de abril de

2019. *Revista Latina de Comunicación Social*, 76, 39-58. https://doi.org/10.4185/RLCS-2020-1436

Ekman, P. (1999). *Facial expressions. Handbook of cognition and emotion, 16*(301). Guilford Publications. https://doi.org/10.1002/0470013494.ch16

Fernández-Holgado, J. A., Puentes-Rivera, I. y Fontenla-Pedreira, J. (2022). Relaciones Públicas, Comunicación Política y Narrativa Audiovisual. Estudio de caso, el spot electoral del Partido Popular en las elecciones a la asamblea de Madrid de 2021. *Revista de Ciencias*, 27, 93-108. https://doi.org/10.35742/rcci.2022.27.e253

Fernández-Hoya, G. y Cáceres-Zapatero, D. (2022). *The Non-Verbal Communication of Santiago Abascal, President of VOX.* Universidad Complutense de Madrid.

Fernández Hoya, G. y Cáceres Zapatero, M. D. (2022). La comunicación no verbal del presidente del Gobierno de España, Pedro Sánchez, durante la pandemia de la COVID-19. *Círculo de Lingüística Aplicada a la Comunicación*, 89, *155-170*. https://doi.org/10.5209/clac.73658

Forcada, D. y Lardiés, A. (2015). *La corte de Felipe VI: amigos, enemigos y validos: las claves de la nueva monarquía.* La Esfera de los Libros.

García-Ochoa, Y. C. y Llorca, G. (2019). La imagen de los candidatos en las Elecciones Generales de 2019 en España. Redmarka. *Revista de Marketing Aplicado, 23*(3), 29-45. https://doi.org/10.17979/redma.2019.23.3.5875

García Pujol, A. (2015). *Comunicación no verbal y mensajes de Navidad: Juan Carlos I (2013) y Felipe VI (2014).* Universidad de Sevilla.

Gomez-de-Travesedo-Rojas, R., Gil-Ramírez, M. y Castillero-Ostio, E. (2021). Estudio de caso de las felicitaciones navideñas de don Felipe y doña Letizia. En VV.AA. Libro de actas del CUICIID 2021. https://n9.cl/e0rn3

González Ruiz, R. (2008). *Una cala en el lenguaje político español: análisis lingüístico de un discurso parlamentario.* Cauce.

Gutiérrez-Rubí, A. (2023). *Gestionar las emociones políticas.* Gedisa.

Hernández-Herrarte, M. y Rodríguez-Escanciano, I. (2009). Investigar en comunicación no verbal: un modelo para el análisis del comportamiento kinésico de líderes políticos y para la determinación de su significación estratégica. *Enseñanza & Teaching: Revista interuniversitaria de didáctica.*

Hernández-Herrarte, M. y Zamora Martínez, P. (2020). La comunicación no verbal en las elecciones andaluzas de 2018. Comparativa de Susana Díaz y Teresa Rodríguez en el debate de RTVE. *Ámbitos: Revista internacional de comunicación*, 49, 158-176. https://dx.doi.org/10.12795/Ambitos.2020.i49.10

Laguna Platero, A. (2011). Liderazgo y Comunicación: la personalización de la política. *Anàlisi: quaderns de comunicació i cultura.* 43. https://raco.cat/index.php/Analisi/article/view/248754

Lázaro, M. R. (2009). La importancia de la comunicación no verbal en el desarrollo cultural de las sociedades. *Razón y palabra*, 70 www.redalyc.org/articulo.oa?id=199520478047

Mancera, A. M. C. (2019). *Comunicación no verbal. In Guía Práctica de Pragmática del Español*, pp. 206-215. Routledge. https://doi.org/10.4324/9781351109239

Moyá Ruíz, M. T. (2016). *Habilidades comunicativas y comunicación política.* Universidad Miguel Hernández.

Orzáiz, O. (2009). Comunicación no verbal y paraverbal en el debate político entre Zapatero y Rajoy. *Tonos Digital*, 18, 1-17.

Peytibi, X. (2019). *Las campañas conectadas: comunicación política en campaña electoral. Las campañas conectadas*, 1-218. UOC.

Rulicki, S. y Cherny, M. (2012). *CNV comunicación no-verbal: cómo la inteligencia emocional se expresa a tráves de los gestos.* Ediciones Granica SA.

Rosales, K. M. Z. y Alvarado, E. M. A. (2023). *Marketing político como herramienta para construir y corregirla imagen pública.* Centro Universitario Tecnológico CEUTEC. https://repositorio.unitec.edu/xmlui/handle/123456789/10517

Serafim, A. (2022). Paralingüística, comunidad y la retórica de la división en la oratoria ática. *Circe de clásicos y modernos, 26*(2), 123-152. http://dx.doi.org/https://doi.org/10.19137/circe-2022-260205

Souto, A. B. F., Rivera, I. P. y Gestal, M. V. (2020). Evolución de la comunicación no verbal de los protagonistas de los debates electorales. En: *Comunicación y Diversidad. Libro de comunicaciones del VII Congreso Internacional de la Asociación Española de Investigación de la Comunicación.* Asociación Española de Investigación de la Comunicación.

Watzlawick, P., Bavelas, J. B. y Jackson, D. D. (2011). *Teoría de la comunicación humana.* Herder.

Wen, Q. (2022). Análisis comparativo de la comunicación no verbal en un corpus de discursos políticos del presidente Pedro Sánchez. *Universitat Politècnica de València.*

BRAND EXPERIENCE: THE PHYSICAL, DIGITAL, AND PHYGITAL FORMATS

Aleksandra Krtolica-Lukic, Marcos Polo López [1]

1. INTRODUCTION

This study explores brand experiences and the way these have been defined and studied in the marketing field. The interest in this topic arouses from the changes in the brand experiences after 2020 when the interaction between brands and customers has changed in many ways due to the COVID-19 lockdowns that have been one of the main reasons for consumer behavior change (Kotler, 2020; Lindstrom, 2020).

The research is approached by taking into account the experience as a separate economic offering and clearly different from the service offering (Pine & Gilmore, 1998). Although it addresses the different definitions and approaches to the brand experiences one of the first aims of the paper is to scope the concept, to focus later on its formats. These experiences now can be staged by the brands in three different formats - physical, digital, or phygital, which is the simultaneous combination of the other two formats -. These alternatives must be taken into account in the way the brands offer their experiences. The review aims to establish a theoretical approach, based on a systematic literature review, as a qualitative approach, to state the debate on how the brands stage the experiences and how the new format alternatives suggest further studies. The new ways customers relate to the brands through digital and phygital experiences change the options available and thus require broader research on how these different formats will affect both brand's offerings and consumers' choices.

The analysis aims to deliver both managerial and academic implications. It aims to be used in marketing management as insights on the brand experience alternative formats and how these can be better offered and delivered to the customers now. It also pretends to address the incipient definitions and approaches in the academic literature on the recent term 'Phygital experience' (Moravcikova & Kliestikova, 2017). It is a relatively new terminology that seems to be more than just a trend (Del Vecchio *et al.*, 2023) and must be linked with the other brand experience theoretical approaches, while it opens new questions and future research needs. Since brand experience in its different formats represents an enormous field of research, it is important to insist on the unique scope of this study. When using the term brand experience, it does not pretend to cover the broad 'user experience' terminology, nor the wide consumer experience terminology and

1. Ramon Llull Univeristy (Spain)

marketing experiences involved in service offerings such as retail, transport, or banking. This review focuses on brand experiences, as experiential events staged by the brands that involve customer participation. It is so, in preference to cultural or natural experiences, since the marketing and brand perspective are prioritized. The findings, therefore, will not be directly extrapolated to all kinds of experiences, but will surely point to further research in these fields.

2. THEORETICAL FRAME

2.1. Experience Economy

The experience-based economy was not yet a clear tendency 25 years ago when Pine and Gilmore first wrote about it in a Harvard Business Review article (Pine and Gilmore, 1998). Joseph II Pine, with his partner J. Gilmore then also wrote 'Experience Economy', a very revealing book, that has recently been reedited (Pine & Gilmore, 2019). During the first decades of 2000, their theory became an easily identified trend influencing both brands and customers (Chang *et al.*, 2010) and it is only now that their innovative theory of progress of the economic offerings reveals almost evident.

The theory explains that the economy has switched from the extraction of raw materials to the economy of products in the industrial age, and then has been replaced by the service economy period, where services are the major offering of both developed and developing world economies (Pine & Gilmore, 2014). Every time the economy progresses, the former offering does not disappear but only gets commoditized, or considered as basic and thus less valuable. The authors' great contribution was the definition of the next most valuable economic offer and the most personalized one: the experiences. The experience economy is where we are heading right now, and then it even expands further to transformations. The transformation is the offering where customers not only live an experience that is enjoyable and memorable, but that experience also transforms them. This review approaches the experiences, by defining them as a different economic offering valued and relevant for the customers and staged by the brands. It is also an offering that differs from a service because the value of experiences resides in customers investing time in something pleasant, righter than saving time as happens with any service. Righter than wrapping products and services in experiential marketing, according to the authors of this theory: companies should think about what they would do differently if they charged admission to their experience.

2.2. Brand Experience in Humans

Yanina Chevtchouk in a systematic review of the term brand experience *(Chevtchouk et al.*, 2021a) reviews all the different approaches and definitions. One of the findings is that the experience terminology has very different approaches in academic literature, and the word 'experience´ is usually used in combination with other terms like brand, customer, service, and product, but in the literature, there are not so many clear definitions of it and the authors use the same terms about different subjects.

Brakus defined the brand experience as 'subjective, internal consumer responses (sensations, feelings, and cognitions) as well as behavioral responses evoked by brand-related stimuli that are part of a brand's design and identity, packaging, communications, and environments' (Brakus *et al.*, 2009 p.52). This amplifies the role of the branding from only identifying the brand to also providing experiences as a result of brand exposure through its product, media, shopping, events, or interaction with staff (Schmitt *et al.*, 2015). They consider the experience to include all and every interaction of the customers with the brand, similar to the final definition created by Chevtchouk of the brand experience: 'a combination of memorable, subjective esoteric impressions, varying in polarity and amplitude, in humans triggered from brand interactions which occur at various stages of contact with a brand' (Chevtchouk *et al.*, 2021 p.1306). These definitions could be considered all including, making this singular term extend to all marketing experiences. Other authors address most of these interactions under the name of customer experience (Novak *et al.*, 2000). It's impossible to deny or elude the importance of this experiential perspective, but this review's need is to define the scope of a term, that could be considered a specific and observable experiential unit to be studied to deepen the research in this field.

On the contrary, social psychologists Gilovich and Van Boven define experiences more specifically through their research. They postulate that consumers should switch from consuming material goods to experiences, because these provide them more satisfaction, according to the evidence they presented (Van Boven & Gilovich, 2003). These experiential purchases are the intangible experiences or events that consumers live through or do (which could be anything from going to a movie, gym membership, or travel) in contrast with material purchases, which are tangible and of which the customers have possession. In the review from 2020 (Gilovich & Gallo, 2020) the authors confirm their proposition of the 'experiential advantage' of intangible purchases, of something people live or do, that is superior to the tangible product purchase of what they can possess, with the following traits of experiences: foster social connection; contribute more to people's identity, are evaluated on their own terms, not easily comparable. This affirmation of experiences as a different kind of purchase or offer is also included within the Experience Economy theory. In this research, the brand experience term used will respond to this unique experience offering that is lived by the customers and staged by the brands. The importance, therefore, resides in the term experience, as experiential and memorable staged event that is lived by the customers. Brand term in this study refers only to the origin of these memorable events, that are staged and designed by brands.

The experiences can be staged through different platforms, and places – digital, physical, or both, which would be phygital. But where the experiences really must happen is in humans. As Morgan expresses it after a qualitative study on various experiences in a festival: 'The visitors are not a passive audience for the performances staged by the management, they are part of the performance' (Morgan, 2006 p.311). The experiences depend on someone being the subject and experiencing them. If a brand wants to stage any experience, either an online game or a physical workshop, or a phygital activity, the experience will not exist if nobody shows up.

2.3. Experiential Marketing

Schmitt provided a new strategic framework for marketing in his 1999 article calling it Experiential Marketing (Schmitt, 1999). He not only recognized the customers as rational and emotional human beings that want to enjoy experiences, as just mentioned in the previous paragraph but pointed out what considers that are the differences between the Experiential Marketing strategic framework from the traditional marketing: the focus on Customer Experience and on how they use the products righter than the features of the same; the methods are eclectic because new frameworks are needed; the consumption is a holistic experience; the categories of human minds are much wider and more complex than the shelves in a supermarket; and the customers are rational and emotional animals. According to this theory, there are five different types of experiences depending on how the customers are involved or interacting with the experiential offering called SEM (Strategic Experiential Modules):

(SENSE) Sensory experience - Appeals to senses through sight, sound, smell, and touch

(FEEL) Affective Experience - From affecting the customer's mood to creating strong emotions like joy or happiness.

(THINK) Creative and cognitive experience - Aim to make the customer think through surprise, intrigue, or provocation.

(ACT) Physical experiences, behaviors, and lifestyle - Proposing alternative ways of doing, lifestyle, or interaction.

(RELATE) Social-identity experiences of a group or culture - A to what customers want to relate to as an ideal or a peer in a broader social system forming an engaging bond with other customers and the brand.

The latter two modules are the most engaging, through actions and relations, and are linked to the concept of participatory culture and focused on subjective and active participation. Most of the marketing actions, that Schmitt calls experience providers (ExPro) should combine and use more than one of the SEM to achieve better results from the customer experience. This tool and approach are very extensively used in brand experience evaluations. Janine Chevtchouk uses it to classify the revised literature, and other authors on various themes like the Expo 2012 in Korea to technology, food service, fashion, or bicycle tourism (Chevtchouk *et al.*, 2021a; Guo *et al.*, 2021; Song *et al.*, 2015).

3. METHODOLOGY

The study of the main debates around the brand and its formats requires a qualitative research methodology as an adequate approach to the subject. The proliferation of new digital and very recent phygital experiences supposes a vast area of research that evolves rapidly and should constantly be updated.

This study's methodologies include a systematic literature review (Booth *et al.*, 2016) that frames the debates and terminology around the brand experience and then specifically its formats. It provides a throughout and transparent process, that can be replicated for literature search and analysis, providing a final synthesis of the areas of interest and further research questions. The following process was applied: Topic Formulation, Search Design, Data collection, Analysis, Results, and Limitations.

3.1 Topic Formulation and Theoretical Framework

The methodology used was to first scope and update the existing theoretical framework for the main subject of research: the 'brand experience' and the different approaches and tools around it, used in the marketing field of knowledge. The first phase consisted in establishing the research questions and scoping the subject framing a specific definition of Brand Experiences based on the Experience Economy theory. This framing of a theory before conducting a systematic review is called a 'Theory-based review paper' as defined by Robert W. Pelmatier *et al.* in his article on business research literature reviews (Palmatier *et al.*, 2018).

The Theoretical Frame was composed following a wide and holistic traditional literature research, trying to address the topic formulation questions:

- What theories and definitions of 'brand experience' match a specific offering by the brands to be studied further?
- What were and are the main frameworks used to study brand experience in its different formats?

This topic framing was essential to understand the different interpretations of the brand experience terminology in the literature and also to establish the elimination criteria with the meanings that might not be useful in a further systematic review of literature on the digital, physical, and phygital formats.

3.2. Search Design

Once the theoretical framework provided a clear sense of what will be considered 'brand experience', the systematic literature review is the methodology chosen to study its three different formats: digital, physical, and phygital. The systematic literature review is 'an excellent way of synthesizing research findings to show evidence on a meta-level and to uncover areas in which more research is needed' (Snyder, 2019, p.333).

To obtain the relevant literature results about brand experience formats, two main databases have been used: the Web of Science (WoS) database and Scopus. The research query used in both databases was: Brand (and) experience (and) digital (and) physical.

These four elements were a must in all relevant articles which means their title, abstract, and/or keywords included the mentioned terms. The lack of any of these terms, or if some of them are used with a different meaning (for example brand – as in 'brand new') were considered eliminatory criteria. The 'term phygital' was purposely avoided since it is the combination of the other two terms: digital and physical. Also, the term is very recent and most articles that suggest the possibility of its existence still name it differently like 'physical-digital' (Bertola *et al.*, 2020) or 'interactivity' (Lydekaityte & Tambo, 2020) or more recently 'mixed reality'.

The period selected was from January 1998, since it is the year that the first article about Experience Economy appeared, until April 2023 when the query was done. The other limitation given is that the document type was restricted to 'articles'.

3.3. Data Collection

The WOS gave 52 and Scopus delivered 40 results, out of which there were 24 articles shared by both databases. The Scopus database added a total of 16 articles, and this summed up to a total of 68 articles before the exclusion criteria were applied. The exclusion criteria used, to only address the relevant articles, was that all four terms must be present in the title, abstract, and/or keywords. Also when some of the terms had a completely other meaning like, for instance, in one article related to fashion consumption after covid, the term 'physical' referred to physical and mental health (Khair & Malhas, 2022) then this article was also excluded. In cases where the brand experience terminology used was specifically corresponding to the UX or user experience of a product, the article was also excluded. Applying the mentioned criteria, 20 articles were excluded from the review and the final number of articles analyzed in the systematic review was 48, out of these: 18 were found only in WOS, 10 only in Scopus and 20 were shared references.

4. ANALYSIS AND RESULTS

The 48 articles were used to answer the following research questions:

- What are the main thematic areas around the brand experience formats?
- What areas are specifically linked to digital or physical brand experience formats?
- When is phygital appearing as an alternative format and linked to what thematic areas?

The results of the systematic review and analysis identified and related the following main thematic areas of interest that are transversal to all three formats of brand experience: omnichannel, metaverse, digitalization, and gamification. The digital brand experience format was related specifically to the following technologies and concepts: NFT, VR (virtual reality), and Social media, while the physical brand experience format pointed to retail and QR codes. It can be observed in Table 1 that classifies the 48 reviewed articles per thematic areas and formats.

Formats	Thematic Areas	REFERENCES
TRANSVERSAL	DIGITALIZATION	(Alebaki *et al.*, 2022; Hamilton *et al.*, 2016; Huber, 2019; Jeannot *et al.*, 2022; Kiburu & Mungai, 2022; Lissette Suescun-Valero, 2020; Loftis, 2021; Oliveira & Cunha, 2019; Williams & Williams, 2020)(Mulcahy & Riedel, 2020)
	GAMIFICATION	(Merhabi *et al.*, 2021; Park & Chun, n.d.)
	METAVERSE	(Dwivedi *et al.*, 2022; Joy *et al.*, 2022; Weiss, 2022; Wongkitrungrueng & Suprawan, n.d.)
	OMNICHANNEL	(Blom *et al.*, 2017; Bodhani, 2012; Frasquet-Deltoro *et al.*, 2021; Huang & Guo, 2022; Lawry & Bhappu, 2021; Loupiac & Goudey, 2019; Oncioiu *et al.*, 2023; Soliman & Erakat, n.d.; Vidushi & Kashyap, 2023; Zaware *et al.*, 2020)
PHYGITAL	PHYGITAL	(Banik, 2021; Banik & Gao, 2023; Batat, 2022; Bertola *et al.*, 2020; Lawry, 2022; Pangarkar *et al.*, 2022; Pusceddu *et al.*, n.d.; Weiss, 2022)
	AUGMENTED REALITY	(Durdevic *et al.*, 2018; Lydekaityte & Tambo, 2020; Merhabi *et al.*, 2021; Scholz & Smith, 2016)
	IOT	(Yerpude & Singhal, 2022)
PHYSICAL/ PHYGITAL	QR	(Durdevic *et al.*, 2018; Hamzah *et al.*, 2023)
PHYSICAL	RETAIL FORMATS	(Angel Moliner-Tena *et al.*, 2019; Gauri *et al.*, 2021; Kumagai & Nagasawa, 2022; Mulcahy & Riedel, 2020; Pantano & Gandini, 2018; Vázquez Sacristán *et al.*, 2022)

DIGITAL	SOCIAL MEDIA	(Ho & Wang, 2020; Holmqvist *et al.*, 2020; Javadian Sabet *et al.*, 2021; Morgan-Thomas *et al.*, 2020)
	VR	(Dwivedi *et al.*, 2022; Vázquez Sacristán *et al.*, 2022; Wongkitrungrueng & Suprawan, n.d.)
	NFT	(Joy *et al.*, 2022)(Weiss, 2022)

Table 1. 48 articles from Scopus and WOS about physical and digital brand experiences, arranged per thematic areas and formats. Source: Own elaboration, 2023.

Although the period established was from January 1998 to April 2023, the results were found to start in the year 2012, and most of them were published in the last 4 years. This suggests the two digital and physical formats started to be contrasted mostly after 2012.

The more recent term 'phygital', appeared linked to the brand experiences, in articles right after COVID-19, in 2021. Even though the term was purposely excluded from the review's initial query, it was the main subject in 16% of the articles, and present in 29%. This suggests it is becoming a significant alternative to the other two formats. Phygital appears related to the technologies that allow the coexistence of digital and physical layers like the QR codes, IOT (Internet of the things), and AR (augmented reality).

5. CONCLUSIONS

This research responds to genuine interest and implications in how the brand experiences have evolved due to the proliferation of the different formats. There is nothing more physical than an experiential event, but once it opens up to digitalization and hybridization the possibilities are very interesting and yet underexplored. Digitalization is just starting to include brand experiences with the metaverse, two transversal thematic area for all three formats. And the phygital is this new format that everybody identifies as a possible future but still has to be fully developed.

Although this is an academic literature review and therefore it is academy oriented, it has some managerial implications. For marketing management, it can be useful to establish the brand experience alternative formats and it provides some academic evidence about the phygital alternative format, being more than a trend and a new and interesting way of staging experiences in order to engage customers. The articles reviewed, and classified per thematic areas and technologies related to the formats, can be a useful start for the brand managers clarifying what format and technological options are available and how they relate.

The academic implications are on one side due to the methodology used, the theory-based systematic review (Palmatier *et al.*, 2018) starting with a topic framing that happened to be a very useful way of connecting different approaches and facilitated the further systematic review and possible replications. It was essential to establish the brand experiences, as separate economic offerings and tools for a brand through major theoretical approaches like the Experience Economy, and Experiential Marketing or the other broader systematic literature reviews (Chevtchouk *et al.*, 2021b; Pine & Gilmore, 2019; B. Schmitt, 1999). Analyzing all the relations among the said theories and the resulting thematic areas related to brand experience formats are some of the necessary further research identified as this article is limited to scoping the theories and the formats literature.

The timing, of the articles' systematic review, marks the appearance of the format alternatives, confronting first the digital and physical formats in the early 2010s, and introducing phygital after the COVID-19 lockouts. One of the goals was to find out more about this new phygital experience that consists of experiences occurring both online and offline (Batat, 2022). The high presence of phygital terminology, even though excluded from the main query, evidences its importance. But it also reveals a limitation of this review pointing to further research about phygital brand experiences that could become a way of reformulating and substituting the physical formats, by enriching them with the digital layers.

6. BIBLIOGRAPHY

Alebaki, M., Psimouli, M., Kladou, S., & Anastasiadis, F. (2022). Digital Winescape and Online Wine Tourism: Comparative Insights from Crete and Santorini. *Sustainability*, *14*(14). https://doi.org/10.3390/su14148396

Angel Moliner-Tena, M., Monferrer-Tirado, D., & Estrada-Guillen, M. (2019). Customer engagement, non-transactional behaviors and experience in services A study in the bank sector. *International Journal of Bank Marketing*, *37*(3), 730–754. https://doi.org/10.1108/IJBM-04-2018-0107

Banik, S. (2021). Exploring the involvement-patronage link in the phygital retail experiences. *Journal of Retailing and Consumer Services*, 63. https://doi.org/10.1016/j.jretconser.2021.102739

Banik, S., & Gao, Y. (2023). Exploring the hedonic factors affecting customer experiences in phygital retailing. *Journal of Retailing and Consumer Services*, 70. https://doi.org/10.1016/j.jretconser.2022.103147

Batat, W. (2022). What does phygital really mean? A conceptual introduction to the phygital customer experience (PH-CX) framework. *Journal of Strategic Marketing*. https://doi.org/10.1080/0965254X.2022.2059775

Bertola, P., Colombi, C., Iannilli, V. M., & Vacca, F. (2020). From Cultural Branding to Cultural Empowerment through Social Innovation: I Was a Sari-A Design-Driven Indian Case Study. *Fashion Practice - The Journal of Design Cretive Process & The Fashion Industry*, *12*(2), 245–263. https://doi.org/10.1080/17569370.2020.1769354

Blom, A., Lange, F., & Hess Jr., R. L. (2017). Omnichannel-based promotions' effects on purchase behavior and brand image. *Journal of Retailing and Consumer Services*, *39*, 286–295. https://doi.org/10.1016/j.jretconser.2017.08.008

Bodhani, A. (2012). Shops offer the e-tail experience. *Engineering and Technology*, *7*(5), 46–49. https://doi.org/10.1049/et.2012.0512

Brakus, J. J., Schmitt, B. H., & Zarantonello, L. (2009). Brand Experience: What is It? How is it Measured? Does it Affect Loyalty? *Journal of Marketing*, *73*(3), 52–68. https://doi.org/10.1509/JMKG.73.3.052

Chang, W. L., Yuan, S. T., & Hsu, C. W. (2010). Creating the experience economy in e-commerce. In *Communications of the ACM*, (pp. 122–127). https://doi.org/10.1145/1785414.1785449

Chevtchouk, Y., Veloutsou, C., & Paton, R. A. (2021). The experience – economy revisited: an interdisciplinary perspective and research agenda. *Journal of Product & Brand Management*, *30*(8), 1288–1324. https://doi.org/10.1108/JPBM-06-2019-2406

Del Vecchio, P., Secundo, G., & Garzoni, A. (2023). Phygital technologies and environments for breakthrough innovation in customers' and citizens' journey. A critical literature review and future agenda. *Technological Forecasting and Social Change*, 189, 122342. https://doi.org/10.1016/J.TECHFORE.2023.122342

Durdevic, S., Novakovic, D., Kasikovic, N., Zeljkovic, Z., Milic, N., & Vasic, J. (2018). NFC Technology and Augmented Reality in Smart Packaging. *International Circular of Graphic Education and Research*, 11, 52–65.

Dwivedi, Y. K., Hughes, L., Baabdullah, A. M., Ribeiro-Navarrete, S., Giannakis, M., Al-Debei, M. M., Dennehy, D., Metri, B., Buhalis, D., & Felix, R.(2022). Metaverse beyond the hype: Multidisciplinary perspectives on emerging challenges, opportunities, and agenda for research, practice and policy. *International Journal of Information Management*, 66. https://doi.org/10.1016/j.ijinfomgt.2022.102542

Frasquet-Deltoro, M., Molla-Descals, A., & Miquel-Romero, M. J. (2021). Omnichannel retailer brand experience: conceptualisation and proposal of a comprehensive scale. *Journal of Brand Management*, 28(4), 388–401. https://doi.org/10.1057/s41262-021-00233-x

Gauri, D. K., Jindal, R. P., Ratchford, B., Fox, E., Bhatnagar, A., Pandey, A., Navallo, J. R., Fogarty, J., Carr, S., & Howerton, E. (2021). Evolution of retail formats: Past, present, and future. *Journal of Retailing*, 97(1), 42–61. https://doi.org/10.1016/j.jretai.2020.11.002

Gilovich, T., & Gallo, I. (2020). Consumers' pursuit of material and experiential purchases: A review. *Consumer Psychology Review*, 3(1), 20–33. https://doi.org/10.1002/arcp.1053

Guo, R., Liu, X., & Song, H. (2021). Structural Relationships among Strategic Experiential Modules, Motivation, Serious Leisure, Satisfaction and Quality of Life in Bicycle Tourism. *International Journal of Environmental Research and Public Health 2021*, 18(23), 12731, https://doi.org/10.3390/IJERPH182312731

Hamilton, M., Kaltcheva, V. D., & Rohm, A. J. (2016). Hashtags and handshakes: consumer motives and platform use in brand-consumer interactions. *Journal of Consumer Marketing*, 33(2), 135–144. https://doi.org/10.1108/JCM-04-2015-1398

Hamzah, M. I., Ramli, F. A. A., & Shaw, N. (2023). The moderating influence of brand image on consumers' adoption of QR-code e-wallets. *Journal of Retailing and Consumer Services*, 73. https://doi.org/10.1016/j.jretconser.2023.103326

Ho, C. W., & Wang, Y. B. (2020). Does Social Media Marketing and Brand Community Play the Role in Building a Sustainable Digital Business Strategy? *Sustainability*, 12(16). https://doi.org/10.3390/su12166417

Holmqvist, J., Wirtz, J., & Fritze, M. P. (2020). Luxury in the digital age: A multi-actor service encounter perspective. *Journal of Business Research*, 121, 747–756. https://doi.org/10.1016/j.jbusres.2020.05.038

Huang, X., & Guo, S. (2022). Pricing and Assortment Decision of Competitive Omnichannel Selling Strategy: Considering Online Return Cost. *Mathematical Problems in Engineering*. https://doi.org/10.1155/2022/9145983

Huber, R. (2019). Consumer Attention: Corporeality, Surveillance and the Attention Enclosure. In W. Doyle & C. Roda (Eds.), *Communication in the Era of Attention Scarcity*. https://doi.org/10.1007/978-3-030-20918-6_8

Javadian Sabet, A., Brambilla, M., & Hosseini, M. (2021). A multi-perspective approach for analyzing long-running live events on social media. A case study on the "Big Four" international fashion weeks. *Online Social Networks and Media*, 24. https://doi.org/10.1016/j.osnem.2021.100140

Jeannot, F., Damperat, M., Salvador, M., Maalej, M. E. E., & Jongmans, E. (2022). Toward a luxury restaurant renewal: Antecedents and consequences of digitalized gastronomy experiences. *Journal of business Research,* 146, 518–539. https://doi.org/10.1016/j. jbusres.2022.03.092

Joy, A., Zhu, Y., Pena, C., & Brouard, M. (2022). Digital future of luxury brands: Metaverse, digital fashion, and non-fungible tokens. *Strategic Change-Briefings in Entrepreneurial Finance, 31*(3), 337–343. https://doi.org/10.1002/jsc.2502

Khair, N., & Malhas, S. (2022). Fashion-related remedies: Exploring fashion consumption stories during Covid-19. 'Nostalgia overpowering, Old is the new me.' *Journal of Global Fashion Marketing,* 77–92. https://doi.org/10.1080/20932685.2022.2085604

Kiburu, L., & Mungai, E. (2022). Equity bank: repositioning as a fintech. *Emerald Emerging Markets Case Studies, 12*(4), 1–37. https://doi.org/10.1108/EEMCS-03-2022-0069

Kotler, P. (2020). The Consumer in the Age of Coronavirus. *Journal of Creating Value, 6*(1), 12–15. https://doi.org/10.1177/2394964320922794

Kumagai, K., & Nagasawa, S. (2022). Hedonic shopping experience, subjective well-being and brand luxury: a comparative discussion of physical stores and e-retailers. *Asia Pacific Journal of Marketing and Logistics, 34*(9), 1809–1826. https://doi.org/10.1108/APJML-04-2021-0256

Lawry, C. A. (2022). Blurring luxury: the mediating role of self-gifting in consumer acceptance of phygital shopping experiences. *International Journal of Advertising, 41*(4), 796–822. https://doi.org/10.1080/02650487.2021.1903742

Lawry, C. A., & Bhappu, A. D. (2021). Measuring Consumer Engagement in Omnichannel Retailing: The Mobile In-Store Experience (MIX) Index. *Frontiers in Psychology,* 12. https://doi.org/10.3389/fpsyg.2021.661503

Lindstrom, M. (2020). Buyology for a Coronavirus World. In *Lindstrom Company* (Issue 1). www.LindstromCompany.com.

Lissette Suescun-Valero, I. (2020). Brand management in the digital age. *Vision Gerencial, 19*(2), 296–304.

Loftis, L. (2021). Data and decisioning: It takes two to tango in customer experience. *Applied Marketing Analytics, 7*(1), 58–64. https://n9.cl/4cg39

Loupiac, P., & Goudey, A. (2019). How website browsing impacts expectations of store features. *International Journal of Retail & Distribution Management, 48*(1), 92–108. https://doi.org/10.1108/IJRDM-07-2018-0146

Lydekaityte, J., & Tambo, T. (2020). Smart packaging: definitions, models and packaging as an intermediator between digital and physical product management. *International Review of Retail Distribution and Consumer Research, 30*(4), 377–410. https://doi.org/10.1080/09593969.2020.1724555

Merhabi, M. A., Petridis, P., & Khusainova, R. (2021). Gamification for Brand Value Co-Creation: A Systematic Literature Review. *Information, 12*(9). https://doi.org/10.3390/info12090345

Moravcikova, D., & Kliestikova, J. (2017). Brand Building with Using Phygital Marketing Communication. *Journal of Economics, Business and Management, 5*(3), 148–153. https://doi.org/10.18178/joebm.2017.5.3.503

Morgan-Thomas, A., Dessart, L., & Veloutsou, C. (2020). Digital ecosystem and consumer engagement: A socio-technical perspective. *Journal of Business Research,* 121, 713–723. https://doi.org/10.1016/j.jbusres.2020.03.042

Morgan, M. (2006). Making space for experiences. *Journal of Retail & Leisure Property, 5*(4), 305–313. https://doi.org/10.1057/palgrave.rlp.5100034

Mulcahy, R. F., & Riedel, A. S. (2020). "Touch it, swipe it, shake it": Does the emergence of haptic touch in mobile retailing advertising improve its effectiveness? *Journal of Retailing and Consumer Services,* 54. https://doi.org/10.1016/j.jretconser.2018.05.011

Nagasawa, S. (2008). Customer experience management: Influencing on human Kansei to management of technology. *TQM Journal, 20*(4), 312–323. https://doi.org/10.1108/17542730810881302/

Novak, T. P., Hoffman, D. L., & Yung, Y. F. (2000). Measuring the customer experience in online environments: A structural modeling approach. *Marketing Science, 19*(1), 22–42. https://doi.org/10.1287/mksc.19.1.22.15184

Oliveira, N., & Cunha, J. (2019). Co-design and footwear: Breaking boundaries with online customization interfaces. *International Journal of Visual Design, 13*(1), 1–26. https://doi.org/10.18848/2325-1581/CGP/v13i01/1-26

Oncioiu, I., Priescu, I., Banu, G. S., & Chirca, N. (2023). Green Consumers' Responses to Integrated Digital Communication in the Context of Multichannel Retail. *Sustainability, 15*(2). https://doi.org/10.3390/su15021419

Palmatier, R. W., Houston, M. B., & Hulland, J. (2018). Review articles: purpose, process, and structure. *Journal of the Academy of Marketing Science, 46*(1), 1–5. https://doi.org/10.1007/s11747-017-0563-4

Pangarkar, A., Arora, V., & Shukla, Y. (2022). Exploring phygital omnichannel luxury retailing for immersive customer experience: The role of rapport and social engagement. *Journal of Retailing and Consumer Services, 68*. https://doi.org/10.1016/j.jretconser.2022.103001

Pantano, E., & Gandini, A. (2018). Shopping as a "networked experience": an emerging framework in the retail industry. *International Journal of Retail & Distribution Management, 46*(7), 690–704. https://doi.org/10.1108/IJRDM-01-2018-0024

Park, J., & Chun, J. (n.d.). Evolution of Fashion as Play in the Digital Space. *Fashion Practice - The Journal of Design Creative Process & The Fashion Industry,* https://doi.org/10.1080/17569370.2022.2149837

Pine, B. J. II, & Gilmore, J. H. (1998). Welcome to the experience economy. *Harvard Business Review, 76*(4), 97–105.

Pine, B. J. II, & Gilmore, J. H. (2014). A leader's guide to innovation in the experience economy. *Strategy and Leadership, 42*(1), 24–29. https://doi.org/10.1108/SL-09-2013-0073/FULL/XML

Pine, B. J. II, & Gilmore, J. H. (2019). *The Experience Economy, With a New Preface by the Authors : Competing for Customer Time, Attention, and Money* (Revised ed). Harvard Business Review Press.

Pusceddu, G., Moi, L., & Cabiddu, F. (n.d.). Do they see eye to eye? Managing customer experience in phygital high-tech retail. *Management Decision.* https://doi.org/10.1108/MD-05-2022-0673

Schmitt, B. (1999). Experiential Marketing. *Journal of Marketing Management, 15*(1–3), 53–67. https://doi.org/10.1362/026725799784870496

Schmitt, B. H., Brakus, J., & Zarantonello, L. (2015). The current state and future of brand experience. *Journal of Brand Management, 21*(9), 727–733. https://doi.org/10.1057/bm.2014.34

Scholz, J., & Smith, A. N. (2016). Augmented reality: Designing immersive experiences that maximize consumer engagement. *Business Horizons, 59*(2), 149–161. https://doi.org/10.1016/j.bushor.2015.10.003

Snyder, H. (2019). Literature review as a research methodology: An overview and guidelines. *Journal of Business Research, 104*(August), 333–339. https://doi.org/10.1016/j.jbusres.2019.07.039

Soliman, K. S., & Erakat, A. T. (n.d.). Assessing the impact of Omni-Channel Engagement strategy on physicians' prescribing behaviour in specialty pharmaceutical industry in emerging market. *Journal of Pharmaceutical Health Services Research,* https://doi.org/10.1093/jphsr/rmad004

Song, H. J., Ahn, Y. J., & Lee, C. K. (2015). Structural Relationships among Strategic Experiential Modules, Emotion and Satisfaction at the Expo 2012 Yeosu Korea. *International Journal of Tourism Research, 17*(3), 239–248. https://doi.org/10.1002/JTR.1981

Van Boven, L., & Gilovich, T. (2003). To Do or to Have? That Is the Question. *Journal of Personality and Social Psychology, 85*(6), 1193–1202. https://doi.org/10.1037/0022-3514.85.6.1193

Vázquez Sacristán, I. A., Rodríguez Hernández, M., & Liberal Ormaechea, S. (2022). Physical and Digital Retail: Through the Case of Dior Parfums Boutique in Champs-Élysées . *TECHNO Review. International Technology, Science and Society Review / Revista Internacional de Tecnología, Ciencia y Sociedad, 11*(1), 29–40. https://doi.org/10.37467/gkarevtechno.v11.3089

Vidushi, & Kashyap, R. (2023). Reconfigure the apparel retail stores with interactive technologies. *Research Journal of Textile and Apparel, 27*(1), 54–73. https://doi.org/10.1108/RJTA-07-2021-0085

Weiss, C. (2022). Fashion retailing in the metaverse. *Fashion Style & Popular Culture, 9*(4), 523–538. https://doi.org/10.1386/fspc_00159_1

Williams, R., & Williams, R. (2020). Fandom, Brandom and Plandom: Haptic Fandom, Anticipatory Labour and Digital Knowledge. In *Theme Park Fandom: Spatial Transmedia, Materiality and Participatory Cultures.* https://doi.org/10.5117/9789462982574_CH03

Wongkitrungrueng, A., & Suprawan, L. (n.d.). Metaverse Meets Branding: Examining Consumer Responses to Immersive Brand Experiences. *International Journal of Human-Computer Interaction.* https://doi.org/10.1080/10447318.2023.2175162

Yerpude, S., & Singhal, T. K. (2022). Digital customer order management enabled by the internet of things - an empirical validation. *International Journal of Public Sector Performance Management, 9*(1–2), 71–89. https://doi.org/10.1504/IJPSPM.2022.119826

Zaware, N., Pawar, A., Samudre, H., & Kale, S. (2020). Omnichannel consumer buying behavior: Apprehending the purchasing pattern for mobile buyers in India. *International Journal of Advanced Science and Technology, 29*(3 Special Issue), 1086–1101. https://doi.org/10.2139/ssrn.3819243

HUMOR NA PUBLICIDADE: ANÁLISE DO COMPORTAMENTO DAS DIFERENTES GERAÇÕES

Marlene Loureiro[1]

1. INTRODUÇÃO

Para além de libertador de endorfinas, o humor é uma característica inerente ao ser humano. O humor é usado em diversas situações do dia a dia, e a comunicação estratégica não é exceção. No contexto publicitário, o humor é frequentemente usado dada a sua capacidade de captar atenção, aliada à facilidade de tornar um anúncio publicitário mais eficaz na forma mais eficiente como transmite a mensagem. Em 2018, a média de humor utilizada numa escala global foi de 47% em anúncios publicitários (Nuñez-Barriopedro *et al.* 2019, 8). Na América do Norte, os valores médios circundam os 53% e na Europa 40%.

Por se tratar de uma distorção saudável das mensagens, o impacto do humor na publicidade tem recebido especial atenção na literatura. No contexto publicitário, o humor começa a ganhar visibilidade e a ser percebido como fundamental quando a publicidade deixa de ser só informativa e ganha a necessidade de ser acerca de interagir e persuadir (Olivetto 2003, p. 29).

Todavia, o recurso a uma abordagem humorística na publicidade pode não se traduzir sempre em resultados positivos. O tipo de humor utilizado tem que se ajustar ao *background* dos recetores, sendo que indivíduos diferentes podem percecionar diferentes mensagens humorísticas através da publicidade (Hoffmann *et al.* 2014, p. 95). Efetivamente, diferentes grupos de pessoas possuem diferentes atributos, desejos e preferências (Díaz *et al.* 2017, p. 193). Desse modo, as ações publicitárias devem ser orientadas e desenhadas de acordo com essas características de maneira a garantir que a comunicação é eficiente. Ou seja, as ações publicitárias devem ser direcionadas a segmentos específicos de consumidores, o chamado público-alvo ou *target*, e elaboradas em conformidade. Em consequência, o público-alvo vai estar mais recetivo às mensagens, uma vez que vai reconhecer fatores nos produtos ou serviços comunicados que se ajustam aos seus interesses (Rossiter & Percy 1996, p. 413).

Assim, o discurso humorístico na publicidade possui uma série de peculiaridades que são importantes de abordar. O humor tem a qualidade e a capacidade de captar a atenção, mas é preciso respeitar certos estilos criativos, estruturas temporais que equilibrem a informação e sedução, e as tendências do mercado, que atualmente apontam para a predominância da imagem em detrimento do conceito (Abeja 2002, p. 335-336).

---

1. Universidade de Trás-os-Montes e Alto Douro (Portugal)

Neste contexto, esta investigação centra-se na relação entre humor e publicidade, mais concretamente na eficácia do primeiro relativamente à segunda em diferentes parâmetros: orientação humorística, sexo, habilitações literárias, compreensão da mensagem e idade, esta última com foco no comportamento das diferentes gerações: X, Y Z e *Baby Boomers.*

2. MARCO TEÓRICO

2.1. Humor

Entende-se como "humor" a "faculdade mental de descobrir, expressar ou apreciar o absurdo ou absurdamente incongruente: a capacidade de ser engraçado ou de se divertir com coisas engraçadas" (Merriam-Webster, 2021). O humor é um fenómeno universal que se relaciona com todos os aspetos da vida humana. No entanto, não é fácil defini-lo como termo (Raskin 2008, p. 303).

Humor é visto como um «termo guarda-chuva»: possui uma conotação geralmente positiva e socialmente desejada, referente a qualquer coisa que uma pessoa diga ou faça que seja considerada engraçada e que provoque regozijo, ou riso, nos outros (Martin 2007, p. 20). Enquanto fenómeno, é um dos temas mais estudados no âmbito das ciências sociais e humanas (Mulder 2002, p. 3).

O humor, e o riso dele proveniente, chegam a transcender a humanidade em alguns estudos. Poe exemplo, um estudo testou o efeito de cócegas em ratos – concluindo que estas fazem com que os animais produzam "barulhos alegres" semelhantes ao riso (Mayer, 2019). Também o som similar a gargalhadas que certas espécies de hienas emitem "provavelmente" carregam uma ampla gama de mensagens, não perfeitamente confiáveis, mas suficientemente informativas para desempenhar um papel nas interações sociais intraespecíficas destes animais (Mathevon *et al.* 2010, p. 14).

O humor exercita a mente, tornando-nos "melhores alunos e professores" e ajuda-nos a transmitir as nossas ideias em qualquer lado, seja "na sala de audiências ou no mercado do peixe" (Weems 2016, p. 24). Este faz permear a informação de uma maneira muito mais eficiente nas pessoas, e pode ser usado como importante ferramenta a informar o público sobre assuntos que prepararão melhor os indivíduos para viver em sociedade, enquanto se "divertem" no processo. Um tipo de humor afiliativo contribui para reduzir a tensão interpessoal intrínseca nas relações humanas, e leva a comportamentos psicológicos e sociais construtivos (Weems 2016: 28).

2.2. Humor na Publicidade

Em anúncios publicitários, o humor facilita a compreensão da mensagem a transmitir, e permite um mais célere processamento da informação (Weinberger & Gulas 1992, p. 57). Contudo, autores como Zhang e Zinkhan (1991, p. 814), sugerem que o recurso à vertente humorística pode constituir uma barreira à total compreensão de um anúncio. Beard (2008, p. 108), afere que essa dicotomia entre alguns autores acaba por desaparecer, havendo maior consenso na ideia de que desde que seja aplicado em termos de menor complexidade, e em relação com o produto a promover, o humor terá um efeito positivo cognitivamente.

Adicionalmente, quando comparados a anúncios não humorísticos, anúncios publicitários humorísticos são mais eficientes em extrair uma intenção comportamental de resposta por parte da audiência (Griese *et al.* 2018, p. 40).

O processo humorístico serve como estímulo para chegar ao consumidor e começar a "conversar com ele" (Rossi 2003, p. 148). Com o recurso ao humor na publicidade, as marcas obtêm uma linguagem mais informal, descontraída e consequentemente mais próxima dos consumidores. O mesmo pode ser uma arma para persuadir de forma subtil e emocional vários públicos pelo diálogo (Lourenço *et al.* 2015, p. 11), potenciando o relaxamento e a mitigação da tensão, o que ajuda a criar uma relação positiva entre quem comunica e quem recebe a mensagem (Larsson & Olsson 2005, p. 6). Tal relação entre emissor e recetor pode variar em ambas as partes, e também há que ter em conta a predisposição do recetor para "aceitar o humor" (Capinha 2016, p. 27).

Torna-se, assim, necessário atentar à quantidade e ao *timing* das referências humorísticas a serem utilizadas em relação ao produto a publicitar, pois estas podem fazer esquecê-lo. Não é conveniente a marca e/ou produto aparecer imediatamente após o "ápice" ou clímax de um anúncio, pois o espectador está ainda a refletir sobre as experiências anteriores (Chiminazzo 2007, p. 448).

Para além de perguntar "quando", é necessário perguntar "se" o humor é eficaz na publicidade, pois este pode criar distanciamento entre o recetor e o produto, ao afastar a publicidade da sua principal finalidade (Chattopadhyay & Basu 1990, p. 466-467).

A empresa de otimização publicitária Ace Metrix, em 2013, concluiu que apesar de não existirem indícios de que o humor influencia diretamente o sucesso de um anúncio publicitário, ele certamente possui influência positiva em parâmetros como os índices de atenção, a *likeability* (quão facilmente um anúncio agrada ao consumidor), e a *watchability*, que consiste na "substância" contida no anúncio que faz com que o consumidor o queira ver novamente. No entanto, o aumento desses parâmetros reflete-se apenas nos anúncios, e não na marca (Ace Metrix, 2013).

O humor no contexto publicitário começou a ganhar brilho, visibilidade e a ser percebido como fundamental quando a publicidade deixou de ser apenas informativa e ganhou a necessidade de ser acerca de persuadir (Olivetto 2003, p. 29). O humor consiste num recurso de expressão essencial no que diz respeito às circunstâncias precárias dos processos de comunicação publicitários da atualidade, bem como na definição estratégica de agendamento comercial (Camilo 2008, p. 5).

Com base nos estudos bergsonianos, foram identificados tipos de humor na publicidade. São eles físico, onde a ação é o foco; verbal, quando a escrita e oralidade estão em evidência; romântico, quando existe um mais profundo envolvimento e narrativa de prazer partilhado; satírico, onde reina o ridículo como estratégia de persuasão (Capinha 2016, p. 28).

2.3. Gerações

Num prisma sociológico, define-se "geração" como um conjunto ou grupo de pessoas dentro de uma população que experimenta os mesmos eventos significativos num determinado período temporal (Pilcher 1994, p. 483).

Atualmente, convivem entre si a geração *Baby Boomers* (nascidos entre 1945 e 1960); a geração X (entre 1961 e 1982); a geração Y (entre 1983 e 2000); a geração Z, (entre 2000 e 2009); e a geração Alfa, (nascidos após 2010), mas tudo varia bastante conforme os autores (Fava 2014, p. 14).

Esta terminologia para designar as gerações deve-se a vários processos sociológicos. Segundo Peter Francese, especialista em consumo e demografia, tudo terá começado quando as autoridades de recenseamento dos Estados Unidos chamaram "*Post War Baby*

Boom" aos anos entre 1946 e 1964, onde se registou um grande crescimento na natalidade no pós-guerra. As pessoas dessa faixa etária cresceram, tornaram-se consumidores, e a partir daí as agências publicitárias começaram a fazer o *marketing* dos seus produtos tendo em conta as características dos *"baby boomers"* (Keyser 2018).

O termo "Geração X", por sua vez, surgiu precisamente a partir da incógnita "X", que ilustrava as características indeterminadas pelas quais os indivíduos a seguir aos *baby boomers* viriam a ser conhecidos (Kasasa 2021). Não se sabe exatamente o momento em que o termo se cimentou no vocabulário quotidiano, mas as maiores influências recaem sobre Billy Idol, que teve uma banda com esse nome, e o escritor Douglas Coupland, que escreveu um livro com esse título em 1991 (Smith 2018).

Depois da Geração X, seguiu-se por ordem alfabética. A geração seguinte, a Y, ficou a ser conhecida por *"millenials"*. Esse termo foi cunhado em 1989 pelos autores Neil Howe e William Strauss, numa altura em que o virar do milénio começou a ser relevante na consciência cultural da sociedade. Pela mesma lógica, surgiu a geração Z (Kasasa 2021).

Os autores que pesquisaram os perfis das gerações X, Y, Z e *Baby Boomers*, no entanto, nem sempre apresentam exatamente os mesmos números para distinguir cada um dos grupos. Porém, convergem de forma significativa na descrição das características das pessoas que compõem essas três gerações (Veloso *et al.* 2008, p. 92).

3. METODOLOGIA

O impacto do humor tem recebido especial atenção na área do *marketing* e, consequentemente, na publicidade. No entanto, as descobertas são divergentes e muitas vezes inconsistentes (Cline *et al.* 2003, p. 32). Para Scott *et al.* (1990, p. 501), por exemplo, o recurso ao humor numa campanha publicitária pode traduzir-se em resultados bastante positivos, desde que esse uso seja considerado relevante pelo público-alvo – cenário que se inverte quando o público-alvo da mensagem publicitária considera que o recurso a uma abordagem humorística não acrescenta qualquer valor.

Já De Pelsmacker e Geuens (1999, p. 126), concluíram que é mais provável obter resultados positivos de um anúncio publicitário quando, na mensagem a comunicar, são combinados altos níveis de cordialidade e humor. Ainda que as descobertas difiram, comum a todas é a máxima de que as iniciativas publicitárias devem efetivamente estar alinhadas com as características do seu público-alvo. (Rossiter & Percy 1997, p. 413).

Assim, quando é que se justifica recorrer a uma abordagem humorística na publicidade? Será sempre viável? Ora, diferentes grupos de pessoas, em resultado dos momentos e períodos históricos que viveram, mas também do contexto sociocultural e demográfico onde se desenvolveram (Reis & Braga 2016, p. 106), possuem características diferentes (Díaz *et al.* 2017, p. 193). É neste paradigma que surgiu a questão de investigação: De que forma se comportam as diferentes gerações face a uma abordagem humorística na publicidade?

Em consequência, os objetivos passaram por verificar se características como 1) a orientação humorística, 2) o sexo dos indivíduos, 3) as habilitações literárias, 4) a idade, e, por fim, 5) a compreensão da mensagem, influenciam a eficácia e justificam o uso de uma iniciativa publicitária com recurso a uma abordagem humorística.

Para alcançar estes objetivos, foi elaborado um estudo experimental através da análise de 15 anúncios publicitários humorísticos, selecionados por terem sido premiados nas edições dos Prémios SAPO entre 2015 e 2020, por uma amostra de 56 indivíduos – esta obtida por conveniência, mas com ênfase dada à diversidade exata entre sexos e faixas etárias, e, consequentemente, gerações. Esta amostra respondeu a um questionário que permitiu fazer a sua caraterização sociodemográfica, bem como obter uma escala para aferir a orientação humorística de cada um, e a parte da análise/avaliação dos anúncios e compreensão da sua mensagem.

Os resultados do questionário, realizado *online*, foram de seguida tratados em base de dados no programa informático SPSS. Os dados foram cruzados de modo a concretizar o modelo conceptual de investigação (ver figura 1). A partir deste desenho de investigação, identificadas as relações e correlações entre as variáveis desta investigação, traçaram-se as seguintes hipóteses de investigação:

H1: A eficácia de uma abordagem humorística na publicidade varia de acordo com a orientação humorística dos indivíduos.

H2: A eficácia de uma abordagem humorística na publicidade varia de acordo com o sexo dos indivíduos.

H3: A eficácia de uma abordagem humorística na publicidade varia de acordo com as habilitações literárias dos indivíduos.

H4: A eficácia de uma abordagem humorística na publicidade varia de acordo com a idade dos indivíduos (e consequentemente de acordo com as gerações).

H5: Uma abordagem humorística na publicidade potencia a compreensão da mensagem do anúncio.

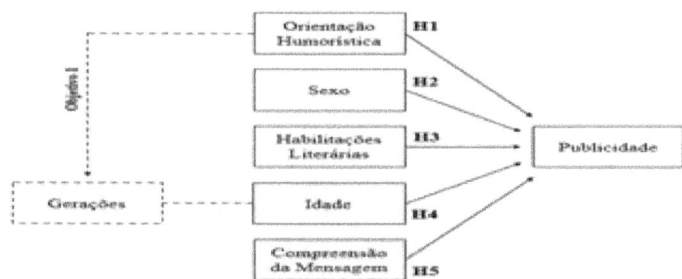

Figura 1 - Modelo Conceptual. Fonte: elaboração própria.

Para a recolha de dados essencial para a investigação, recorreu-se a um inquérito de questionário fechado (ver tabela 1).

Foco das Questões	Nº de Questões
Dados Sociodemográficos	3
Orientação Humorística	24
Perceção do Humor nos Anúncios	6 (x15)
Compreensão da Mensagem	1 (x15)
Total	36 (132)

Tabela 1 - Resumo da Estrutura do Questionário. Fonte: elaboração própria.

Por fim, compete ainda dizer que para medir a orientação humorística se adotou o Modelo de Thorson e Powell (1993). Em teoria, o que entendemos como "sentido de humor" é constituído por diversos elementos (Thorson & Powell 1993, p. 14) e a sua utilização individual, para além de diferir de pessoa para pessoa, também muda consoante a disposição, personalidade, nível de atenção a uma situação e inteligência de cada um. A escala usada é designada de MSHS – *Multidemensional Sense of Humor Scale.*

Com objetivo de medir a perceção dos indivíduos do humor presente em anúncios publicitários, recorreu-se ao estudo de Chattopadhyay e Basu, concluído em 1990. Este estudo veio levantar a necessidade de os investigadores precisarem de perguntar "quando" o uso do humor na publicidade é eficaz, em vez da mais comum questão de "se" o humor melhora a eficácia publicitária (Chattopadhyay & Basu 1990, p. 467). Neste estudo, os autores procuraram verificar e analisar o papel da *prior brand evaluation* (perceção/avaliação favorável da marca) na eficácia de uma abordagem humorística na publicidade. Com esse propósito, mediram a *ad attitude* (atitude da publicidade), *brand attitude* (atitude da marca), *purchase intent* (intenção de compra), e *choice behavior* (comportamento de escolha) junto de 80 participantes (Chattopadhyay & Basu 1990, p. 468).

Para a compreensão da mensagem, adotou-se o estudo de Hoang (2013). Este estudo defende que quatro estilos de humor - personificação, surpresa, *silliness* ("maluquice"), e exagero - têm mais valor de entretenimento. Consequentemente, anúncios que contenham tais características captam mais facilmente a atenção da audiência, tornando a mensagem viral e mais compreensiva (Hoang 2013, p. 52).

O inquérito e as escalas são então aplicadas depois da visualização de uma seleção de quinze anúncios, todos eles galardoados pela cerimónia anual dos Prémios SAPO entre 2015 e 2020.

4. ANÁLISE DOS RESULTADOS

Com o objetivo de garantir a confiabilidade e a robustez dos instrumentos deste estudo, primeiramente serão apresentados os resultados das suas análises da consistência interna. Seguidamente, serão apresentados os testes às diversas hipóteses de investigação.

4.1. Análise da Consistência Interna

A análise da consistência interna foi testada com o intuito de garantir o grau de fiabilidade desta investigação. A fiabilidade de um instrumento refere-se à precisão do método de medição e avalia a razão entre a variância de cada item com a totalidade da escala (Marôco & Garcia-Marques 2006, p. 67-68). Os seus valores oscilam entre 0 e 1, não assumindo valores negativos (Hill & Hill 2002, p. 146), e considera-se uma consistência quase perfeita quando o valor é superior a 0,81 (Landis & Koch 1977, p. 165). Nesta investigação recorreu-se ao coeficiente de alfa de Cronbach.

A escala de orientação humorística proposta por Thorson e Powell (1993) apresenta um valor de alfa de Cronbach de 0,961, pelo que se garante um excelente nível de consistência interna (Landis & Koch 1977: 165).

O mesmo processo foi repetido para a todos os itens da perceção do humor, segundo a escala de Chattopadhyay e Basu (1990), referentes a cada um dos anúncios. Todos os valores de alfa de Cronbach são superiores a 0,81 pelo que se garantem excelentes níveis de confiabilidade (Landis & Koch 1977, p. 171). Os valores surgem discriminados na tabela 2.

Anúncio	Alfa de Cronbach
1	0,924
2	0,951
3	0,922
4	0,955
5	0,901
6	0,952
7	0,951
8	0,913
9	0,939
10	0,810
11	0,892
12	0,894
13	0,861
14	0,934
15	0,948

Tabela 2- Confiabilidade dos Anúncios. Fonte: elaboração própria.

4.2. Verificação das hipóteses

H1: A eficácia de uma abordagem humorística na publicidade varia de acordo com o sentido de humor dos indivíduos.

Depois de calculadas as pontuações da orientação humorística dos indivíduos, como referido anteriormente, um teste que mensura em parte o sentido de humor dos indivíduos, recorreu-se a um teste-t (*unpaired t-test*) Entre 2 grupos: aqueles com uma orientação humorística baixa e alta.

Primeiramente, calcularam-se valores estatísticos das respostas dos indivíduos da amostra. A pontuação máxima foi de 84, e a mínima de 12. A pontuação média ficou se pelos 52,5 valores e a mediana, correspondente ao valor da distribuição central, pelos 53, como podemos ver na tabela 6. Assim, consideraram-se os indivíduos com alta orientação humorística/sentido de humor aqueles com pontuação maior ou igual a 53, e de baixa orientação humorística/sentido de humor os com pontuação inferior a esse valor.

Estatísticas

TOTAL_H

N	Válido	56
	Omisso	0
Média		52,4464
Mediana		53,0000
Modo		46,00ª
Variância		381,924
Intervalo		72,00
Mínimo		12,00
Máximo		84,00

Tabela 3 - Frequências estatísticas descritivas relativas à Hipótese 1 (Orientação Humorística).

Fonte: elaboração própria.

De seguida, verificaram-se os pressupostos de normalidade e homogeneidade das variáveis em estudo. No teste de normalidade, e tendo em conta que N›30, cumpriram se os pressupostos em todas para as variáveis exceto em "anúncio_3", "anúncio_4", "anúncio_7", "anúncio_8" e "anúncio_15". Contudo, as variáveis referidas cumprem o pressuposto da homogeneidade, em que p≥0,05.

Verificou-se ainda a ausência de diferenças significativas na eficácia de uma abordagem humorística na totalidade dos anúncios (p›0,05), com a exceção do anúncio 8. Neste, não só p<0,05, como a diferença média tem um valor negativo, ou seja, os indivíduos com baixa orientação humorística reagiram de forma mais positiva a este anúncio.

H2. A eficácia de uma abordagem humorística na publicidade varia de acordo com o sexo dos indivíduos.

De maneira a testar a hipótese 2, procedeu-se novamente à utilização de um Teste-T para duas amostras independentes (*unpaired t-test*), após a qual houve confirmação do cumprimento dos pressupostos relativamente à homogeneidade e/ou normalidade. Cumpriu-se o primeiro em todas as variáveis exceto em "anúncio_14".

De acordo com os resultados obtidos, verificou-se que não existem diferenças significativas na perceção de uma abordagem humorística (p›0,05), pelo que se confirmou a hipótese nula (H0), significando que, face aos respetivos anúncios, o sexo dos indivíduos não condiciona a eficácia da sua abordagem humorística.

H3. A eficácia de uma abordagem humorística na publicidade varia de acordo com as habilitações literárias dos indivíduos.

À semelhança da hipótese anterior, certos pressupostos tiveram de ser cumpridos, nomeadamente a homogeneidade e normalidade das variáveis. Cumpriu-se o pressuposto da homogeneidade das variáveis dependentes "anúncio_1" a "anúncio_14" e o pressuposto da normalidade da variável dependente "anúncio_15".

Verificou-se que não existem diferenças significativas na perceção do humor (p›0,05), pelo que se corrobora a hipótese nula (H0). Ou seja, face aos respetivos anúncios, a eficácia da abordagem humorística não varia de acordo com as habilitações literárias dos indivíduos.

O mesmo não se verificou no que diz respeito aos "anuncio_2" e "anuncio_12", uma vez que $p < 0,05$. Rejeita-se, assim, a H0, e conclui-se que, nestes, as habilitações literárias condicionam a eficácia da abordagem humorística. Relativamente ao "anuncio_2" destacaram-se diferenças significativas entre os indivíduos com o 9º ano e 12º ano de escolaridade, sendo que os últimos demonstraram uma maior perceção do humor. Face ao "anuncio_12", as diferenças significativas assinalaram-se entre os indivíduos com o 9º ano de escolaridade e Mestrado. Observou-se uma maior perceção do humor por parte dos últimos.

H4. A eficácia de uma abordagem humorística na publicidade varia de acordo com a idade dos indivíduos (e consequentemente de acordo com as gerações).

Verificou-se que não existem diferenças significativas na perceção do humor ($p > 0,05$), pelo que se corrobora a hipótese nula (H0). Ou seja, face aos respetivos anúncios, a idade dos indivíduos não condiciona a eficácia da sua abordagem humorística.

H5. Uma abordagem humorística na publicidade potencia a compreensão da mensagem do anúncio.

Ao contrário dos procedimentos relativos às hipóteses anteriores, a quinta hipótese deste estudo seguiu uma linha estatística mais simplificada. Nomeadamente, e uma vez que esta variável é meramente observacional e não de natureza comparativa, os aspetos estatísticos passaram pelo cálculo da média, mediana, e moda das respostas dadas pelos indivíduos da amostra, bem como o desvio-padrão.

As 5 opções de resposta presentes na escala de Hoang (2013), que vão de "muito má, pouco clara, e difícil de compreender" até "muito boa, clara, e fácil de compreender" foram primeiramente recodificadas de 1 a 5 valores, e de seguida foram calculadas as frequências descritivas já mencionadas no parágrafo anterior. De acordo com os resultados listados na tabela 4, verificou-se que todas as médias de resposta aos anúncios foram positivas (maior ou igual a 3). O maior valor ocorreu na mensagem do anúncio 10, e o mais baixo na do anúncio 2. Quanto à mediana, que elucida o valor da distribuição central, só foi distinta do valor "4" em duas ocasiões: novamente, no anúncio 10 (valor "5") e anúncio 2 (valor "3"). A propósito da moda, um indicador também bastante importante e elucidativo, foi de "5" em 4 ocasiões: nas mensagens dos anúncios 4, 10, 11, 15. Nos restantes, a resposta que mais vezes se verificou entre os indivíduos da amostra foi referente ao valor "4". Mesmo tendo em conta as oscilações referidas, atendendo aos resultados obtidos, corrobora-se H1, ou seja, é expectável que uma abordagem humorística na publicidade potencie a compreensão da mensagem do anúncio.

		mensagem1 1_rec	mensagem1 2_rec	mensagem1 3_rec	mensagem1 4_rec	mensagem1 5_rec
N	Válido	56	56	56	56	56
	Omisso	0	0	0	0	0
Média		4,2857	3,8750	4,0179	3,8750	4,3036
Mediana		4,0000	4,0000	4,0000	4,0000	4,0000
Modo		5,00	4,00	4,00	4,00	5,00
Erro Desvio		,77961	,85413	,92424	,83258	,73657

Tabela 4 - Média, Mediana, Moda e Desvio-Padrão das Mensagens dos Anúncios 1-15. Fonte: elaboração própria.

5. DISCUSSÃO DOS RESULTADOS

Os resultados obtidos   na hipótese 1 - *a eficácia de uma abordagem humorística na publicidade varia de acordo com o sentido de humor dos indivíduos* - mostraram que diferentes níveis de orientação humorística (seguindo o modelo de Thorson e Powell, 1993) podem gerar diferentes reações a uma abordagem humorística na publicidade. Ou seja, a orientação humorística, ou, de forma mais simplificada, o "sentido de humor" dos indivíduos pode influenciar a eficácia de uma abordagem humorística na publicidade. Embora seja um dado relativamente difícil de medir, e não haja muitas escalas para esse efeito, poderá ser um aspeto a considerar pelas organizações numa definição mais eficiente a nível do *target* que pretendem atingir com um determinado anúncio publicitário.

No que concerne à hipótese 2, os resultados foram desfavoráveis à hipótese esperada, na medida em que não se notaram diferenças significativas entre as respostas dos indivíduos do sexo masculino e feminino. Dada essa informação, os dados estatisticamente obtidos chocam com investigação já realizada, nomeadamente Tosun *et al.* (2018), que concluiu que, em 3 amostras de indivíduos de diferentes países – Estados Unidos, Irão e Turquia (países com significativas diferenças culturais) – os atributos humorísticos ideais de homens e mulheres são bastante diferentes. Por exemplo, na amostra relativa aos EUA, os autores concluíram que o sarcasmo é uma característica mais apreciada por indivíduos do sexo feminino do que masculino (Tosun *et al.* 2018, p. 6). Mesmo de um ponto de vista mais psicológico, há autores que defendem que homens e mulheres respondem de forma diferente a diferentes tipos de humor conversacional em publicidade. No entanto, Hoffmann *et al.* (2020) apesar de apontar para a existência de diferenças no caso de tipos de humor mais sexuais e "hostis" (mais agressivo), no que diz respeito a humor mais *nonsense*, neutro ou de histórias da vida real, as diferenças entre géneros são escassas (Hoffman *et al.*, p. 6). Tendo em conta que tipologias humorísticas mais agressivas e sexuais raramente fazem parte do discurso publicitário, que, como é natural, faz por evitar temas chocantes ou polémicos, acaba por ser compreensível a inexistência de diferenças entre os sexos na interpretação dos anúncios.

Assim, os resultados afetos à segunda hipótese de investigação, de um ponto de vista organizacional, permitem concluir que não existem grandes diferenças na interpretação e apreciação humorística de um anúncio publicitário entre sexos. Contudo, a narrativa poderá mudar caso o humor presente no anúncio for de cariz sexual ou considerado agressivo e/ou "tabu".

Os resultados relativos à hipótese 3 transmitiram-nos que, na maior parte dos anúncios, as habilitações literárias dos indivíduos da amostra não condicionaram a abordagem humorística aos mesmos. Não obstante, é expectável que a eficácia de uma abordagem humorística na publicidade varie de acordo com as habilitações literárias dos indivíduos, sendo recomendado às marcas e/ou organizações que tenham esse aspeto em consideração aquando da seleção do público-alvo a que se pretendem dirigir.

No atinente à hipótese 4, a mais relevante do propósito deste trabalho, os resultados obtidos não foram de todo os expectáveis, uma vez que não se registaram diferenças significativas relativamente à idade e, consequentemente, às gerações dos indivíduos da amostra. Esperavam-se diferentes interpretações consoante a faixa etária relativamente à abordagem humorística nos anúncios. Seria expectável, a título de exemplo, a existência de diferenças intergeracionais principalmente da Geração Y (*millenials*) e Geração Z para as mais velhas. Isto porque o mundo atual, em constante evolução e com um ritmo alucinante de bombardeamento de informação, não tem sido simpático com os *millenials*, que hoje em dia padecem de instabilidade económica e sentem desconfiança nas instituições tradicionais como a religião, o casamento e a política. Isto "obrigou" os indivíduos dessas gerações a refugiarem-se numa perspetiva absurdista da vida, em que um sentido de humor mais irónico é utilizado para combater os fatores stressantes da vida, o que não se regista em gerações predecessoras às suas (Koltun 2018, p. 102-103). Não obstante, os nossos resultados não corroboraram as teorias de muitos autores, que defendem que as gerações Y e Z são muito mais difíceis de captar do ponto de vista de um publicitário. É que, sendo nativos digitais, têm um tempo de atenção (*attention span*) muito curto para a comunicação publicitária (Munsch 2021, p. 11-12). Por sua vez, os *millennials* tendem a acreditar que a publicidade é toda acerca de "rodeios", e não "autêntica". Estes tendem a utilizar mais as redes sociais para visualizar conteúdos como análises de produtos e ferramentas sociais para a partilha de opiniões antes de se comprometerem com uma compra, através do chamado *influencer marketing*, que usa personalidades ou figuras públicas para passar aos consumidores uma imagem de confiança (Munsch 2021, p. 12).

No entanto, isso não significa que gerações mais velhas, como os *baby boomers*, não tenham nenhum sentido de humor, pelo contrário. Apesar de mais "tradicionalistas", nestes há bastante tendência para a apreciação humorística, mas manifesta-se mais intensamente sob um ponto de vista positivista. Para eles, o mero conceito de "brincadeira" pode ajudá-los a lidar com enfermidades mentais e físicas, bem como dificuldades em relacionamentos profissionais e pessoais resultantes do processo de envelhecimento (Berk 2015, p. 44).

Como a generalidade da literatura científica regista diferenças significativas entre as tipologias humorísticas e estímulos recebidos por diferentes gerações, especialmente devido ao impacto das transformações sociais como o advento de novos canais de comunicação, o facto da amostra do presente estudo ter convergido em interpretações e avaliações pouco díspares dos anúncios não era algo que se esperava verificar.

Por último, os resultados relativos à hipótese 5, corroboraram a ideia de que uma abordagem humorística na publicidade auxilia os espectadores na compreensão da mensagem de um anúncio. As respostas a este item mostraram uma tendência clara de que, de um modo geral, todos os anúncios de características cómicas conseguiram passar a sua mensagem correta e eficazmente, estando em concordância com a maior parte da literatura científica. De facto, a utilização do humor na publicidade geralmente afeta de forma positiva a atenção dada ao anúncio, reduz sentimentos irritativos e aumenta a ligação e apego a um produto. O humor aumenta a atenção do público, cria influências positivas e estimula as emoções. Além disso, o humor torna a publicidade mais divertida e agradável e é considerado como uma garantia para os anúncios serem eficazes (Djambaska *et al.* 2016, p. 15).

Resumidamente, pode-se concluir que, de facto, a utilização correta de humor em anúncios publicitários potencia a compreensão da Mensagem dos mesmos por parte de quem os vê, sendo este um aspeto importante para as organizações "angariarem" não só consumidores, como relações importantes com os mesmos.

6. CONCLUSÃO

Em termos sucintos, os resultados obtidos, de uma maneira geral, comprovaram a existência de aspetos positivos aquando de uma abordagem humorística num contexto publicitário. Tal como postula Weinberger e Gulas (1992), este estudo permitiu concluir que, na publicidade, o humor atrai atenção, não afeta a compreensão e pode contribuir para o aumento do "gosto" ("*liking*") por um anúncio ou marca, mas não permitiu concluir com força suficiente que um anúncio humorístico tem um impacto mais natural que um não-humorístico. Este trabalho também esteve em concordância com o argumento de que a orientação humorística dos indivíduos desempenha um papel influenciador na eficácia do humor na publicidade (Riecken & Hensel 2012, p. 35).

Por outro lado, do ponto de vista das organizações, importa ter em conta as várias características do público-alvo ou *target* a atingir, e também a maneira como a marca pretende difundir o seu bem e/ou serviço nos diversos canais de comunicação.

Posto isto, numa perspetiva de investigações futuras, tornar-se-á importante olhar para o humor na publicidade, efetuar estudos e pesquisas, e consequentemente recolher dados que possam não só servir para efeitos antropológicos, como de estudo, para as organizações otimizarem as suas ferramentas persuasivas, recorrendo a uma correta utilização do humor em anúncios publicitários.

7. REFERÊNCIAS

Abeja, G. (2002). Publicidad de tono humorístico: una seria apuesta por el espot divertido. *Revista Internacional de Comunicación Audiovisual, Publicidad y Estudios Culturales, 1*, 333-340.

Ace Metrix (2013). Is funny enough?. *Ace Metrix*. Internet. https://www.acemetrix.com/insights/blog/things-that-make-you-go-lol/

Berk, R. A. (2015). The Greatest Veneration: Humour as a Coping Strategy for the Challenges of Aging. *Social Work in Mental Health, 13*(1), 30–47.

Beard, F. K. (2008). *Humour in the Advertising Business: Theory, Practice, and Wit*. Rowman & Littlefield.

Camilo, E. J. M. (2008). Fazendo rir para conseguir vender. Apontamentos sobre o humor na mensagem de publicidade. *Investigar la Comunicación. Congreso Internacional da Asociación Española de Investigación de la Comunicación*. Vigo.

Capinha, J. I. F. (2016). *O contributo do humor para a publicidade social: o caso da sociedade ponto verde*. Dissertação de mestrado. Escola Superior de Comunicação Social.

Chattopadhyay, A., & Basu, K. (1990). Humour in Advertising: The Moderating Role of Prior Brand Evaluation. *Journal of Marketing Research, 27*, 446 – 476.

Chiminazzo, R. (2007). Tendências e novos formatos das peças publicitárias. *Perez, C. & Barbosa, I. S.: Hiperpublicidade* (parte 2: *tendências da publicidade*). Cengage Learning.

Cline, T. W., Altsech, M. B., & Kellaris, J. J. (2003). When does humor enhance or inhibit ad responses? The moderating role of the need for humor. *Journal of Advertising, 32*, 31-45.

De Pelsmacker, P., & Geuens, M. (1999). The advertising effectiveness of different levels of intensity of humour and warmth and the moderating role of top-of-mind awareness and degree of product use. *Journal Of Marketing Communications, 5*, 113–129.

Díaz, S. C., López, L. M., & Roncallo, R. L. (2017). Entendiendo las generaciones: una revisión del concepto, clasificación y características distintivas de los baby boomers, X y millenials. *Revista Clío América, 22*(11), 188-204.

Djambaska, A., Petrovska, I., & Bundaleska, E. (2016). Is Humour Advertising Always Effective? Parameters for Effective Use of Humour in Advertising. *Journal of Management Research, 8*(1), 1-19.

Fava, R. (2014) *Educação 3.0: Aplicando o PDCA nas Instituições de Ensino (1ª Edição)*. Saraiva Educação SA.

Griese, K. M., Alexandrov, A., Michaelis, C., & Lilly, B. (2018). Examining the effect of Humour in environmentally-friendly advertising. *Marketing Management Journal, 28*(1), 30-47.

Hill, M. M., & Hill, A. (2002). *Investigação por Questionário*. Edições Sílabo.

Hoang, A. T. (2013). *Impact of Humour in Advertising on Consumer Purchase Decision*. Thesis. Saimaa University of Applied Sciences.

Hoffmann, S., Schwarz, U., Dalicho, L., & Hutter, K. (2014). Humour in Cross-cultural Advertising: A Content Analysis and Test of Effectiveness in German and Spanish Print Advertisements. *Procedia - Social and Behavioural Sciences*, 148, 94-101.

Hofmann, J., Platt, T., Lau, C., & Torres-Marín, J. (2020). Gender differences in humour-related traits, humour appreciation, production, comprehension, (neural) responses, use, and correlates: A systematic review. *Current Psychology*, 1, 1-14.

Kasasa (2021). "Boomers, Gen X, Gen Y, and Gen Z Explained. *Kasasa*. Internet. https://kasasa.com/articles/generations/gen-x-gen-y-gen-z

Keyser, H. (2018). How Do Generations Get Their Names? *Mental Floss UK*. Internet. https://www.mentalfloss.com/article/59963/how-do-generations-get-their-names (consultado em 12 de Fevereiro de 2021).

Koltun, K. (2018). Rick, Morty, and Absurdism: The Millennial Allure of Dark Humour. *The Forum: Journal of History*, 10(1), 99-128.

Landis, J. R., e Koch, G. G. (1977). The Measurement of Observer Agreement for Categorical Data. *Biometrics*, 33, 159-174.

Larsson, V., & Olsson, A. (2005). *Humour in Advertising*. Lulea University of Technology.

Marôco, J., & Garcia-Marques, T. (2006). Qual a fiabilidade do alfa de Cronbach? Questões antigas e soluções modernas? *Laboratório de Psicologia*, 4(1), 65–90.

Martin, R. A. (2007). *The psychology of humour: An integrative approach*. Elsevier.

Mathevon, N., Koralek, A., Weldele, M., Glickman, S. E., & Theunissen, F. E. (2010). What the hyena's laugh tells: Sex, age, dominance and individual signature in the giggling call of Crocuta Crocuta. *BMC Ecology*. Internet. https://www.bmcecol.biomedcentral.com/articles/10.1186/1472-6785-10-9

Mayer, J. (2019). The Origin Of The Word 'Humour': From pseudoscience to Shakespeare, it's no laughing matter". *Science Friday*. Internet. https://www.sciencefriday.com/articles/the-origin-of-the-word-humor/

Merriam-Webster (2021). Humour. *Merriam-Webster.com dictionary*. https://www.merriam-webster.com/dictionary/humor (consultado em 19 de fevereiro de 2021).

Mulder, M. P., & Nijholt, A. (2002). *Humour Research: State of Art*. University of Twente. Centre for Telematics and Information Technology (CTIT).

Munsch, A. (2021). Millennial and generation Z digital marketing communication and advertising effectiveness: A qualitative exploration. *Journal of Global Scholars of Marketing Science*, 31(1), 10–29.

Núñez-Barriopedro, E., Klusek, K. G., & Tobar-Pesántez, L. (2019). The effectiveness of humor in advertising: Analysis from an international scope. *Academy of Strategic Management Journal*, 18(4), 1-11.

Oliveira, S. (2009). *Geração Y: Era das Conexões, tempo de Relacionamentos*. Clube de Autores.

Olivetto, W. (2003). *O Humor Abre Corações. E Bolsos*. Elsevier, Campus.

Pilcher, J. (1994). Mannheim's Sociology of Generations: an undervalued legacy. *British Journal of Sociology*, 45(3), 481-495.

Raskin, V. (2008). *The primer of humor research*. Mouton de Gruyter.

Reis, G. G., & Braga, B. M. (2016). Employer attractiveness from a generational perspective: Implications for employer branding. *Revista de Administração da Universidade de São Paulo* 51(1), 103-116.

Riecken, G., & Hensel, K. (2012). Using Humour in Advertising: When Does it Work? *Southern Business Review, 37*(2), 27-37.

Rossi, C. A. V. (2003). *O humor e o comportamento do consumidor.* Campus.

Rossiter, J. R., & Percy, L. (1997). *Advertising Communications and Promotion Management (second edition).* McGraw-Hill.

Thorson, J. A., & Powell, F. C. (1993). Development and validation of a multidimensional sense of humour scale. *Journal of Clinical Psychology, 49*(1), 13–23.

Smith, M. (2018). Why is the New Generation Called «Gen Z»? And Why Did We Start With «Gen X»? Who gives these names, anyway? *Willamette Week.* Internet. https://n9.cl/pq0t3

Thorson, J. A., & Powell, F. C. (1993). Development and validation of a multidimensional sense of humour scale. *Journal of Clinical Psychology, 49*(1), 13–23.

Tosun, S., Faghihi, N., & Vaid, J. (2018). Is an Ideal Sense of Humour Gendered? A Cross-National Study. *Frontiers in Psychology,* 199, 1-8.

Veloso, E. F. R., Dutra, J. S., & Nakata, L. E. (2008). Percepção sobre carreiras inteligentes: diferenças entre as gerações Y, X e Baby Boomers. *REGE - Revista de Gestão, 23*(2), 88-98.

Weems, S. (2016). *Ha! A Ciência do Humor: Quando Rimos e Porquê.* DVS Editora.

Weinberger, M. G., & Gulas, C. S. (1992). The impact of humour in advertising: A review. *Journal of Advertising,* 21(4), 35-59.

Wickberg, D. (1998). *The Senses of Humour: Self and Laughter in Modern America.* Cornell University Press.

Zhang, Y., & Zinkhan, G. M. (1991). Humour in Television Advertising: The Effects of Repetition and Social Setting. *Advances in Consumer Research,* 18, 813-818.

POPULISMO Y COMUNICACIÓN POLÍTICA: EL CASO DEL PARTIDO POPULAR Y VOX EN EL CICLO ELECTORAL DE 2019

Pedro Pablo Marín-Dueñas, Diego Gómez-Carmona, Rafael Cano-Tenorio, Antonio Mateo-Toscano[1]

1. INTRODUCCIÓN

La comunicación política, que ha utilizado siempre los medios disponibles como una herramienta para lograr sus objetivos, ha aprovechado la aparición de internet para crear espacios donde generar vínculos comunicativos con sus audiencias. Esto ha supuesto el desarrollo de nuevos canales de comunicación que facilitan la participación ciudadana (redes sociales, blogs, aplicaciones, correo electrónico, etc.), a los que los actores políticos han tenido que adaptar sus estrategias comunicativas a esta nueva era digital (Apolo, Guerrero y Jiménez, 2015).

Para Izurieta, Perina y Arterton (2003) esto no solo ha permitido una mayor interacción entre los diferentes actores políticos, sino que también permiten una mayor transparencia. Los nuevos medios permiten que los políticos pongan a disposición de su público una enorme cantidad de información relacionada no únicamente con sus programas o propuestas, sino también con su vida privada.

Pese a esta vehiculización de una comunicación más directa por parte de los nuevos medios de comunicación digitales, la academia defiende que los políticos no hacen uso del potencial que le brindan estos nuevos medios. Autores como Campos-Domínguez (2017) o Marín, Simancas y Berzosa (2019) consideran que los políticos no aprovechan la bidireccionalidad que brindan las redes sociales centrándose en mantener una presencia online continúa, pero no en interactuar con otros actores políticos y gestionar los debates en sus plataformas digitales y afirman que la comunidad política centra sus esfuerzos principalmente en la difusión de información, dejando de lado la creación de diálogo.

Las redes sociales han puesto en tela de juicio el papel de los medios de comunicación tradicionales y se han vuelto una herramienta casi insustituible a la hora de llevar a cabo una campaña electoral transformando la forma de producir, distribuir y consumir los mensajes políticos (Casero-Ripollés, 2018). De hecho, autores como Chadwick (2017) afirman que esta implementación de las redes sociales como un nuevo medio emergente configura un "sistema híbrido digital", en el que los diferentes medios (incluidas las redes sociales) compiten entre ellos y con los actores políticos al compartir espacios, temas y estilos comunicativos. De una forma similar, Pérez-Curiel y García-Gordillo (2020) hacen

---

1. Universidad de Cádiz (España)

referencia a este fenómeno, justificándolo con que las nuevas narrativas digitales pueden ir más allá de replicar la labor de los medios tradicionales, como puede ser un debate televisivo, añadiendo otras experiencias e intensificando las preexistentes, así como las emociones, los conflictos y los escándalos. Y de todas las posibilidades, los agentes políticos dedican gran parte de sus esfuerzos comunicativos en Twitter, sobre todo durante las campañas electorales (Enli, 2017), desplazando a los medios convencionales como los únicos agentes transmisores de la comunicación política. El poder de Twitter radica en que los usuarios son esenciales para que se transmita el mensaje, sin necesidad, además, de un gran esfuerzo por parte del actor político para darles voz o responder a sus comentarios.

Por otro lado, el contexto político español ha cambiado produciendo una ruptura de la coyuntura política a la que estábamos acostumbrados. En mayor o menor medida, los partidos políticos tradicionales se han ido fragmentando y han perdido votantes en favor de otros nuevos. Este proceso que se pensaba natural solo de la izquierda, sorprendió al Partido Popular (PP) en el año 2019, cuando tras las elecciones del 28 de abril, pasó de contar con 137 escaños en el congreso a 66, siendo un nuevo partido, VOX, el gran beneficiado de esta debacle electoral, que ya había llamado la atención de la opinión pública por su comunicación, especialmente en Twitter, con una estrategia y un discurso muy distinto al del resto de actores políticos, articulando su mensaje de forma que este tenga el mejor alcance y calado entre su público objetivo. A esto se une la mala gestión del PP durante la campaña de abril, cuando los populares se centraron en tratar de evitar la fuga de votos hacia Vox, imitando el tono más agresivo de su discurso. Tras los resultados obtenidos, el PP volvió a apostar por la moderación en la campaña para las elecciones del 10 de noviembre del 2019.

Sea como fuere, la comunicación que hicieron ambos partidos durante las dos convocatorias de elecciones del año 2019 (otro hecho que nunca se había dado en España) generaron un gran número de portadas y comentarios, tanto en los medios convencionales como en los medios digitales, por lo que este estudio pretende conocer si realmente el PP y Pablo Casado igualaron tanto su comunicación a la de Vox y Santiago Abascal.

2. OBJETIVOS

La llegada de Vox al panorama político español tuvo como consecuencia un cambio en la comunicación del PP y muchos titulares se dedicaron a comentar las diferencias internas en el partido respecto al endurecimiento del discurso. De esta idea surge la investigación que nos ocupa y que trata de responder a la siguiente pregunta: ¿Fueron similares las estrategias comunicativas del PP y Vox en su camino hacia las convocatorias electorales celebradas en 2019 en España?

Partiendo de esta cuestión se plantea como objetivo general analizar la comunicación desarrollada por Vox y PP en la red social Twitter durante la campaña para las elecciones generales del 28 de abril y el 10 de noviembre del 2019.

Derivado de este objetivo, se definen como objetivos específicos los siguientes:

- Determinar las temáticas sobre las que giró la comunicación y analizar cuáles generaron más interés entre los usuarios.
- Definir el tono utilizado en la comunicación y establecer sus objetivos comunicativos.

- Analizar las similitudes y las diferencias comunicativas entre las distintas campañas.

Además, para complementar el estudio se han planteado una serie de preguntas de investigación que nos servirán para indagar más en el objeto de estudio y profundizar en las conclusiones:

PI1: ¿Cuáles fueron las características comunes de ambos partidos durante la campaña del 28A? ¿Hay diferencias con respecto a las del 10N?

PI2: ¿Qué tipo de mensajes generaron un mayor número de interacciones?

PI3: ¿Pueden considerarse las estrategias de comunicación política de Vox y el Partido Popular populistas?

3. METODOLOGÍA

La técnica de investigación escogida para la realización de este trabajo es el análisis de contenido desde una perspectiva mixta —enfoque cualitativo y cuantitativo—. Esta técnica permite analizar al mismo tiempo tanto los significados como los significantes posibilitando describir las características de los mensajes e identificar relaciones entre los mismos (Riffe, Lacy y Fico, 1998), dotando a la investigación de una mayor objetividad y alejándola de interpretaciones subjetivas (López-Noguero, 2002). Bardin (2002) lo define como "un conjunto de técnicas de análisis de comunicación tendente a obtener indicadores (cuantitativos o no) por procedimientos sistemáticos y objetivos de descripción del contenido de los mensajes, permitiendo la inferencia de conocimientos relativos a las condiciones de producción/recepción (variables inferidas) de estos mensajes" (p. 32). Ampliamente utilizada en los estudios de comunicación y más específicamente en el análisis de la comunicación política digital (Vicente y Soria, 2023) esta técnica es la más adecuada para analizar contenidos textuales con un considerable volumen de información. En palabras de López Noguero (2002) "con esta técnica no es el estilo del texto lo que se pretende analizar, sino las ideas expresadas en él, siendo el significado de las palabras, temas o frases lo que intenta cuantificarse" (p. 173).

3.1. Muestra y marco temporal del estudio

La muestra del estudio está conformada por los tuits propios (los retuits no se tienen en cuenta) publicados en los perfiles de las cuentas oficiales en Twitter de Vox (@vox_es) y PP (@populares) y de sus correspondientes candidatos, Santiago Abascal (@Santi_ABASCAL) y Pablo Casado (@pablocasado).

En cuanto al espacio temporal, se analizan dos períodos de tiempo diferentes. Por un lado, en las elecciones del 28 de abril del 2019, el calendario de la campaña electoral marcaba su inicio el día 12 de abril, con la habitual duración de dos semanas. Por otro lado, la campaña para las elecciones del 10 de noviembre duró sólo ocho días, del 1 al 8 de noviembre.

Para la investigación resulta interesante saber si los partidos políticos respetaron la jornada de reflexión, qué uso hicieron de la red social durante el día de las elecciones y cómo trataron los resultados al día siguiente. De esta forma, el primer espacio temporal de análisis abarcaría del 12 al 29 de abril del 2019 y el segundo del 1 a 11 de noviembre del mismo año.

El estudio analiza, por tanto, los tuits publicados en las cuentas oficiales de los dos partidos y sus candidatos durante 29 días, estando formado el corpus de estudio final por un total de 1.770 tuits propios.

3.2. Variables de estudio

Para llevar a cabo el análisis de las publicaciones se definieron un total de 5 variables y 27 indicadores seleccionados a partir de los trabajos de García y Zugasti (2014) y Marín y Díaz (2016 y son las siguientes (tabla 1).

Interacciones	Comentarios	
	Retuits	
	Me gustas	
Recursos utilizados	Texto	
	Menciones	
	Hashtags	
	Iconos o emojis	
	Imágenes	
	Vídeos	
	Tuit insertado	
	Enlaces	
Temáticas	Temática principal sobre la que gira la publicación	
Contenido del tuit	Acusaciones	tuits en los que se acusa a personas, partidos políticos o institucionesde hechos que los partidos o candidatos consideran reprobables.
	Opinión	consideraciones propias de los candidatos o partidos queson vertidas en twitter.
	Apelación a las emociones	tuits que buscan una respuesta emotiva de losusuarios.
	Ataque	tuits en los que se ataca a un rival, ya sea este otro candidato, otro partido, un medio de comunicación...
	Cita	tuits en los que se cita a otras personas. Pueden contener pequeñoscomentarios sobre la misma.
	Información	tuits que buscan informar a los usuarios sobre eventos oactualidad.
	Propaganda	aquellos tuits que contienen propaganda política de cara a las elecciones.
Finalidad del tuit	Ánimos propios	tuits que buscan convencer a los votantes de la futura victoria.
	Cobertura a los votantes	aquellos tuits en los que se muestran mensajes o acciones de los votantes.
	Cobertura actos candidato	aquellos tuits que buscan dar difusión a los actos delcandidato de cada partido.
	Cobertura actos partido	contenido en el que se muestran los actos o acciones llevados a cabo desde el partido.
	Cobertura medios	tuits en los que se comparte con los usuarios enlaces al contenido de algún medio de comunicación
	Cobertura medios propios	aquellos tuits en los que se comparte contenido desdela web u otras redes sociales
	Denuncia	tuits que tratan de poner de manifiesto el malestar del partido o candidato sobre una acción o evento que haya tenido lugar y que puede ser con respecto al partido o ajeno a él.
	Difusión de pensamientos o ideas	tuits en los que se difunde la opinión o cualquier tipo de pensamiento del partido o el candidato con respecto a ciertas temáticas.

Tabla 1. Variables e indicadores de análisis. Fuente: Elaboración propia.

4. DESARROLLO DE LA INVESTIGACIÓN

4.1. Análisis de las elecciones celebradas en abril

Al analizar el engagement generado destaca la diferencia de interacciones totales entre las publicaciones de VOX (un 205,04% más de interacciones que el perfil del PP) y la de Santiago Abascal (un 283,86% más que Pablo Casado). Al calcular la media de interacciones VOX consiguió (de media) 159,55 comentarios por tuit, 1148,11 retuits y 2.211,88 me gusta, y Abascal 344,55 comentarios, 2.429,27 retuits y 5.189,56 me gusta. Muy lejos quedan las cifras alcanzadas por el PP y Pablo Casado (de media 43,16 comentarios, 179,56 retuits y 261,54 me gusta y 271,56 comentarios por tuit, 536,68 retuits y 1.062,54 me gusta respectivamente)

	PP	VOX	Casado	Abascal
Comentarios	23.651	36.697	30.415	34.800
Retuits	98.401	264.064	60.108	245.356
Me gusta	143.322	508.734	119.005	524.146
Total	265.374	809.495	209.528	804.302

Tabla 2. Engagement generado por las publicaciones para el 28A.
Fuente: Elaboración propia.

Figura 1. Tuits con mayor número de interacciones.
Fuente: Twitter

Analizando el uso de los recursos utilizados en las publicaciones (figura 2) el texto es el más utilizado en todos los perfiles. Todos los tuits enviados durante la campaña, a excepción de un tuit de VOX, eran textuales. En cuanto a empleo de iconos y emojis, son mucho más habituales en las cuentas oficiales de los partidos políticos que en las de los candidatos. La cuenta de Santiago Abascal solo incluyó este tipo de recurso en el 15,8% de sus tuits; si bien utiliza un mayor porcentaje de imágenes que de vídeo.

Los enlaces son, de media, el recurso menos utilizado por las cuentas analizadas siendo el PP (18,6%) el que mayor frecuencia de enlaces publicados hizo. Del mismo modo, no publicó ni un solo tuit insertado, algo en lo que destacaron Santiago Abascal con un 16,8% y VOX con un 11%.

Con respecto a las menciones, usadas para generar diálogo etiquetando directamente a una persona en cierta publicación, existe una gran diferencia entre los perfiles de los partidos políticos (más del 50% de sus publicaciones mencionan a alguien) y los candidatos (15,2% en el caso de Casado y 39,6% Abascal.

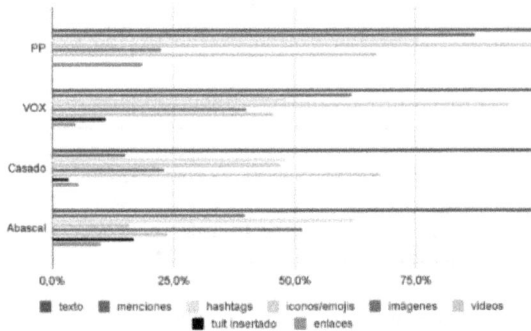

Figura 2. Recursos utilizados en la campaña del 28A.

Fuente: Elaboración propia

VOX menciona principalmente a sus principales líderes: a Santiago Abascal en 102 de las 210 menciones, a Ortega Smith en 23 y 13 menciones a Iván Espinosa y Rocío Monasterio. El resto son dirigidas hacia medios afines o en los que se realizó alguna intervención durante la campaña.

En el caso del PP, este también dedica el mayor número de menciones al candidato del partido, seguido de Teodoro García y Cayetana Álvarez. En su top 10 hay menos menciones a los medios y más a otros miembros del partido.

La principal diferencia entre los hashtags y las menciones es que los primeros indexan y los segundos invitan al diálogo. Los hashtags más usados hacen referencia a lemas de campaña. El más utilizado por las cuentas del PP y Casado fue el hashtag #ValorSeguro (27,87% y 32,98% respectivamente). En el caso de VOX fue #EspañaViva (36,26%) mientras que en la cuenta de Santiago Abascal fue el hashtag #PorEspaña (27,77%).

En la tabla 2 se comprueba el tema más recurrente es el de las elecciones/campaña, que aparece en más del 50% de los tuits, excepto en el caso de Casado, para quien representa el 37,50%. En el caso de VOX y Abascal otro tema recurrente es el de vida personal/backstage (12,17% y 8,91% respectivamente). Abascal dedica el 16,83% de sus tuits a tratar el tema "enemigos de España y del partido" y un 6,93% a publicaciones sobre "inmigración/multiculturalismo", algo en lo que destaca respecto a las demás cuentas.

Por su parte, el PP y Pablo Casado (15,33% y 16,07%) pubican sobre "otros partidos/candidatos". Pablo Casado dedica un 7,14% de sus tuits para "vida personal/backstage".

En cuanto a temáticas no tratadas, en el caso de VOX no se encuentran referencia a los temas "política exterior", "ETA/terrorismo", "estado del bienestar" y "ciencia, tecnología y medio ambiente". En el caso de Abascal destaca por ser el que más concentra sus tuits en ciertas temáticas y por tanto es la cuenta que más temas deja sin tratar. En plena campaña electoral, es el único que no dedica ni un solo tuit al tema "programa/propuestas". Por su parte, en la cuenta del PP no se publica contenido de temática "medios de comunicación/fake news" y "ciencia, tecnología y medios ambiente". Y Pablo Casado no trata las temáticas "nacionalismo", "defensa y seguridad ciudadana" y "cultura y deporte".

TEMÁTICAS	VOX	ABASCAL	PP	CASADO
Ciencia, tecnología y medio ambiente	0,00%	0,00%	0,00%	0,89%
Cultura y deporte	0,43%	0,00%	0,36%	0,00%
Defensa y seguridad ciudadana	1,30%	0,99%	0,36%	0,00%
Economía/empleo	0,87%	0,00%	4,01%	8,04%
Elecciones/campaña	51,74%	56,44%	57,30%	37,50%
Enemigos de España y del partido	4,35%	16,83%	1,46%	1,79%
España rural/tradiciones	3,04%	0,99%	1,46%	5,36%
Estado del bienestar	0,00%	0,00%	1,46%	1,79%
Eta/terrorismo	0,00%	0,00%	0,91%	1,79%
Feminismo/derechos reproductivos	1,74%	0,00%	1,09%	0,89%
Inmigración/multiculturalismo	2,61%	6,93%	0,36%	2,68%
Medios de comunicación/fake news	8,70%	1,98%	0,00%	1,79%
Modelo territorial/conflicto catalán	3,04%	0,00%	5,11%	4,46%
Nacionalismo	2,17%	0,99%	1,82%	0,00%
Okupas	0,43%	0,00%	0,73%	0,89%
Otros partidos/candidatos	3,48%	0,99%	15,33%	16,07%
Política exterior	0,00%	0,99%	0,55%	0,89%
Programa/propuestas	2,61%	0,00%	4,38%	4,46%
Vida personal/backstage	12,17%	8,91%	1,82%	7,14%
Otros temas	1,30%	3,96%	1,46%	3,57%

Tabla 3. Temáticas tratadas en las publicaciones del 28A. Fuente: Elaboración propia.

De este análisis se desprende la respuesta a la PI2: ¿Qué tipo de mensajes generaron un mayor número de interacciones? En el perfil de VOX, los temas que lograron más interacciones fueron "defensa y seguridad ciudadana", "enemigos de España y del partido" y "otros partidos/candidatos". En el caso de Abascal fueron "medios de comunicación/fake news", "inmigración/multiculturalismo" y "vida personal/backstage". En las publicaciones del PP alcanzaron, de media, un mayor número de interacciones los tuits que trataban las temáticas "okupas", "feminismo/derechos reproductivos" y "defensa y seguridad ciudadana"; mientras que en el perfil de Casado los temas con más interacciones (de media) fueron "España rural/tradiciones", "ETA/terrorismo" y "modelo territorial/conflicto catalán".

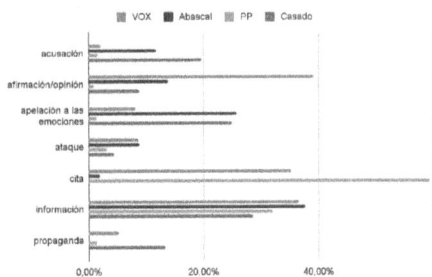

Figura 3. Contenido de los tuits. Fuente: Elaboración propia

En cuanto al tipo contenido (figura 3) ofrecer información a los usuarios es uno de los fines clave de las publicaciones. Los candidatos destacan en publicar tuits apelando a las emociones del público, mientras que las cuentas de los partidos, especialmente el PP, usan una gran cantidad de citas. Por su parte, en el perfil de VOX se pueden encontrar un gran número de mensajes con afirmaciones/opiniones propias que lanzan a los usuarios. Abascal no lanza ni un solo mensaje de propaganda política, algo en lo que destaca Pablo Casado que, por su parte, es el único que no incluye en sus tuits ninguna cita de otras personas.

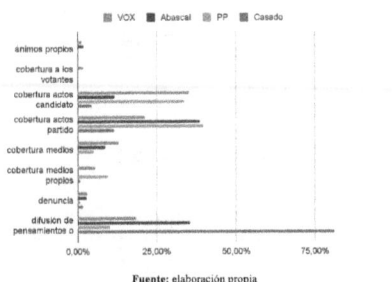

Figura 4. Finalidad de los tuits. Fuente: Elaboración propia

Con respecto al fin último de las publicaciones, el objetivo de dar cobertura a los actos de los candidatos y partido es muy relevante. Concretamente, las cuentas de los partidos difunden los actos de sus candidatos, mientras que las cuentas de Abascal y Casado, informan sobre los actos de sus partidos. Además, los candidatos usan sus perfiles para trasladar a los seguidores sus pensamientos o ideas propias. Por su parte "Denuncia", "ánimos propios" y "cobertura a los votantes" son los fines menos utilizados. El único que da algo de cobertura a los votantes es VOX, algo que se comprueba también en sus menciones y en sus contenidos compartidos, donde se pueden encontrar respuestas directas a sus seguidores.

4.2. Análisis de las elecciones celebradas en noviembre

La campaña electoral de noviembre es, hasta ahora, la más corta de la democracia y eso se refleja también en un menor número de mensajes enviados en los perfiles analizados durante este periodo respecto a las elecciones del 28A.

De nuevo se observa una gran diferencia entre las interacciones recibidas en las cuentas de Vox y Abascal y las del PP y Casado. Las publicaciones de los primeros generaron mucho más engagement. Vox alcanzó, de media, 147, 57 comentarios por tuit, 1.265,11 retuits y 2.748,85 "me gusta". Por su parte, Abascal aumentó su media de comentarios por tuit respecto a la campaña anterior, alcanzando una media de 396,59. Además, obtuvo una media de 2.496,24 retuits y 6.128,26 "me gusta". Las publicaciones de la cuenta del PP tuvieron de media 14,3 comentarios, 115,74 retuits y 169,18 "me gusta", emperando su engagement bastante respecto a la campaña del 28A. La cuenta de Casado logra una media de 100,30 comentarios por tuit, 403,57 retuits, ambas cifras más bajas que en el 28A, si bien los me gustas mejoran (1.148,97).

	PP	VOX	Casado	Abascal
Comentarios	6.551	27.891	8.626	18.243
Retuits	53.010	239.107	34.707	114.827
Me gusta	77.483	519.533	98.811	281.900
Total	137.044	786.531	142.144	414.970

Tabla 3. Engagement generado por las publicaciones para el 10N.

Fuente: Elaboración propia.

Al igual que en campaña del 28A, en la figura 5 se observa como la totalidad de cuentas utiliza en más del 99% de sus tuits el texto. La cuenta de Abascal destaca en el uso de imágenes (43,45%) si bien es la que menos uso hace del vídeo, utilizado en por el resto de cuentas en más del 65% de los tuits publicados.

Los enlaces y los tuits insertados son los recursos menos implementados por todas las cuentas durante esta campaña. El PP no subió ni un solo tuit insertado, pero encabeza el uso de enlaces con un 13,97%.

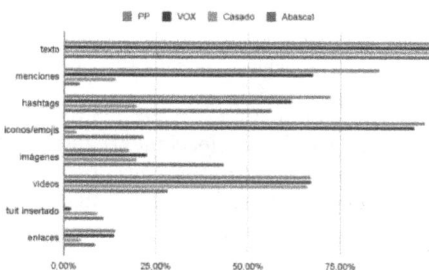

Figura 5. Recursos utilizados en la campaña del 10N.

Fuente: Elaboración propia

En el caso de las menciones y los hashtags, son las cuentas de los partidos las que más emplean estos recursos siendo la de Abascal la que menos uso hace de las primeras, con un

4,35%, y Casado de los segundos (19,77%). En este caso, Abascal hace un uso intensivo de los hashtags, estando presentes en el 50% de sus publicaciones. La cuenta de Vox dedica estas menciones, al igual que durante la campaña del 28A, a sus líderes Santiago Abascal, Ortega Smith e Iván Espinosa. Respecto a la anterior campaña, en ésta se observan menos referencias a medios y más a otros compañeros del partido. Por su parte, la cuenta del PP mantiene las menciones a su candidato, seguido de Teodoro Garcia y Cayetana Álvarez.

En cuanto a los hashtags, durante las elecciones del 10N, Vox y Abascal usaron el hashtag #EspañaSiempre, un lema de campaña que no usaron durante las elecciones del 28A, pero que está en línea a los anteriores. Por su parte, los hashtags más usados en las cuentas del PP y Casado hacen referencia a lemas de campaña. En esta ocasión, todas las cuentas a excepción de la de Santiago Abascal utilizaron el hashtag #ElDebate4N, debate de ATRESMEDIA que, según los datos de Kantar Social TV Ratings, fue la emisión televisiva más comentada del año en Twitter, colocándose por delante del Debate Decisivo (emitido el 23 de abril de ese mismo año con motivo de las elecciones del 28A).

TEMAS	VOX	ABASCAL	PP	CASADO
Ciencia, tecnología y medio ambiente	0,53%	0,00%	0,87%	4,65%
Cultura y deporte	0,00%	0,00%	0,22%	0,00%
Defensa y seguridad ciudadana	0,53%	0,00%	0,00%	0,00%
Economía/empleo	4,76%	0,00%	7,42%	3,49%
Elecciones/Campaña	41,80%	54,35%	52,40%	30,23%
Enemigos de España y del partido	7,41%	8,70%	1,09%	1,16%
España rural/Tradiciones	1,06%	0,00%	0,87%	1,16%
Estado del bienestar	0,53%	0,00%	2,18%	2,33%
Eta/Terrorismo	0,00%	0,00%	0,00%	1,16%
Feminismo/Derechos reproductivos	1,06%	0,00%	0,00%	0,00%
Inmigración/Multiculturalismo	7,94%	4,35%	0,00%	0,00%
Medios de comunicación/Fake news	9,52%	2,17%	0,22%	0,00%
Modelo territorial/Conflicto catalán	6,35%	2,17%	8,52%	8,14%
Nacionalismo	2,12%	2,17%	0,44%	0,00%
Okupas	1,59%	0,00%	0,00%	0,00%
Otros partidos/Candidatos	7,41%	8,70%	22,27%	34,88%
Política exterior	0,00%	2,17%	0,22%	1,16%
Programa/Propuestas	3,70%	0,00%	1,75%	6,98%
Vida personal/Backstage	3,70%	10,87%	1,09%	2,33%
Otros temas	0,00%	4,35%	0,44%	2,33%

Tabla 4. Temáticas tratadas en las publicaciones del 10N. Fuente: Elaboración propia.

En la tabla 4 se observa que, al igual que en la campaña del 28A, uno de los temas más utilizados por todas las cuentas es el de "elecciones/campaña". PP y Casado dedican, además, una gran cantidad de sus tuits a la temática "otros partidos/candidatos", que también es tratado por Vox y Abascal aunque en menor medida.

En el caso de Abascal otro tema recurrente vuelve a ser el de "vida personal/backstage", mientras que para Vox los temas más tratados son "medios de comunicación/fake news" e "inmigración/multiculturalismo". Además, ambas cuentas vuelven a publicar mucho contenido con el tema "enemigos de España y del partido".

En cuanto a los temas menos tratados, la cuenta de Abascal concentra su discurso en temas con un componente más ideológico que en presentar propuestas concretas sobre economía, empleo o la sociedad del bienestar. En la cuenta del PP destaca una constante alusión al candidato socialista Pedro Sánchez y sus políticas.

Atendiendo a los temas que obtuvieron una mayor media de interacciones y respondiendo a la PI2, en el caso de Vox, durante esta campaña dichos temas fueron "feminismo/derechos reproductivos", "otros partidos/candidatos" e "inmigración/multiculturalismo". Sin embargo, el tuit que consiguió un mayor número de interacciones hace referencia a la campaña y fue publicado el mismo día de las elecciones una vez conocidos los resultados. En el caso de Abascal estas temáticas con mayor número de interacciones fueron "medios de comunicación/fake news", "nacionalismo" y "política exterior". El tuit con mayor número de interacciones denuncia un trato de favor por parte de RTVE hacia Pedro Sánchez a la hora de publicar una noticia y critica la imagen elegida para él en la misma.

Al contrario que Vox y Abascal, en este caso, el PP y Pablo Casado obtuvieron unos resultados totalmente distintos a los obtenidos durante la campaña de las elecciones del 28A. Esta vez el PP obtuvo, de media, un mayor número de interacciones en los tuits que tocaban las temáticas "medios de comunicación/fake news", "programa/propuestas" y "enemigos de España y del Partido"; mientras que en el perfil de Casado los temas con más interacciones (de media) fueron "otros partidos/candidatos", "otros temas" y "elecciones/campañas". En el caso del PP, el tuit con mayor número de interacciones coincide con su temática con mayor media de comentarios, retuits y me gusta, y se trata de Cayetana Álvarez de Toledo durante una de sus intervenciones en el debate celebrado el 5 de noviembre en la TV3 con motivo de las elecciones del 10N. Por último, el tuit con mayor número de interacciones de Pablo Casado también coincide con la temática con mayor media de interacciones y hace referencia a la decisión de Albert Rivera de dimitir como líder de Ciudadanos tras los pésimos resultados obtenidos por este partido tras las elecciones del 10N.

En el contenido de los tuits hay diferencias respecto a las elecciones del 28A. La información ya no es tan relevante en las publicaciones de los partidos, que se centran más en citar a sus respectivos candidatos y compañeros de partido. Casado, por su parte, se dedica a hacer acusaciones dirigidas mayoritariamente hacia el PSOE de Pedro Sánchez, mientras Abascal es quien destaca esta vez por la cantidad de contenido informativo que generó durante esta campaña. En la cuenta de Pablo Casado no hay ni una sola cita ni un solo ataque durante esta campaña, y Abascal de nuevo no lanza ni un solo mensaje con contenido de propaganda política.

En cuanto a la finalidad de los tuits publicados no varía significativamente respecto a los resultados obtenidos en la campaña del 28A, pero se pueden encontrar algunas diferencias. Así Vox aumenta su porcentaje de tuits dedicados a dar voz a sus votantes, y menos a dar cobertura a los actos de su candidato. Por su parte, Abascal no publica contenido con el objetivo de dar ánimos propios y limita la difusión de sus propios actos generando mayor cobertura a los actos del partido. Además, destaca el aumento de publicaciones que buscan denunciar el malestar del candidato sobre determinadas acciones o eventos.

Pablo Casado, durante estas elecciones, evita prácticamente cualquier finalidad que no sea dar difusión a sus pensamientos o ideas propias, dedicando a esto más del 80% de los tuits publicados.

5. CONCLUSIONES

A modo de conclusiones, se va a dar respuesta a las preguntas de investigación planteadas al inicio del trabajo. En cuanto a si fueron similares las estrategias comunicativas del PP y Vox en su comunicación electoral en Twitter, se puede afirmar que sí en cuanto a forma, pero no en cuanto a fondo. Se encuentran numerosos elementos comunes como pueden ser el uso de los recursos, las interacciones recibidas o la finalidad principalmente informativa y de cobertura, pero las temáticas planteadas y la manera de expresarse son diferentes, más allá de la obviedad de que durante la campaña el tema más repetido sea la propia campaña.

Si bien Vox y Abascal usan un tono más agresivo, con tuits que contienen ataques directos a otras formaciones, líderes o grupos, PP y Casado basan su campaña en acusaciones que tratan de poner en evidencia la mala gestión y, en general, la figura de Pedro Sánchez. En las elecciones del 10N, a pesar del mal resultado obtenido durante el 28A, esto se incrementa y desde la cuenta del PP se centra el discurso en denunciar las gestiones del PSOE y tratan de posicionarse en la mente de los votantes como la única alternativa posible y como los históricos salvadores de la economía española.

Por otro lado, Vox y Abascal centran su mensaje en promover un sentimiento patriótico y destacan la necesidad de un Estado unido socialmente y centralizado territorialmente, además de excluyente respecto a la cuestión migratoria y cultural. Además, hacen mucho hincapié también en la temática "enemigos de España y del partido", característica de la comunicación populista, que trata de crear un discurso y un sentimiento del "nosotros", de la unidad, contra "ellos", los enemigos comunes, utilizando, en ocasiones, un tono incluso bélico.

En este mismo sentido, en las publicaciones de las cuentas de Vox y Abascal se observa un exagerado uso de símbolos explícitos que apelan al nacionalismo español. Esto que también está presente en las publicaciones del PP y Casado, aparece en menor medida y dotándolo de menor protagonismo. En este sentido, un tema candente como es el del conflicto catalán es muy tocado por las cuentas del PP y Casado y mucho menos en las de Vox y Abascal, en cuyas publicaciones se considera una mayor amenaza para la unidad la inmigración y el multiculturalismo.

Otro punto en el que ambas formaciones se diferencian es en el hiperliderazgo que se observa en Abascal y que no logra alcanzar Casado. El líder de Vox es, con diferencia, el que mayor número de interacciones logra de todas las cuentas estudiadas, a pesar de ser el que menos tuits propios envió durante las campañas.

Todo lo analizado permite afirmar que si bien el PP de Pablo Casado utilizó un tono más agresivo al que tenía acostumbrado, su comunicación no puede considerarse populista, al contrario de la de Vox y Abascal, en el que se observan numerosas características comunes a este tipo de comunicación. La alusión constante al pueblo, la crítica a las élites culturales, a la clase política y a ciertos aspectos del funcionamiento del sistema democrático español, y su enemistad con los medios de comunicación convencionales y el liderazgo carismático de Santiago Abascal, por ejemplo.

6. REFERENCIAS

Apolo, D., Guerrero, S. y Jiménez, X. (2015). Comunicación digital y política: aproximaciones para su gestión. *REDMARKA, Revista Digital de Marketing Aplicado, 1*(15), 3-22. https://doi.org/10.17979/redma.2015.01.015.4874

Bardin, L. (2002). *El análisis de contenido*. Ediciones Akal.

Campos-Domínguez, E. (2017). Twitter y la comunicación política. *El profesional de la información, 26*(5), 785-793. https://doi.org/10.3145/epi.2017.sep.01

Casero-Ripollés, A. (2018). Research on political information and social media: Key points and challenges for the future. El *Profesional De La Información, 27*(5), 964–974. https://doi.org/10.3145/epi.2018.sep.01

Chadwick, A. (2017). *The hybrid media system: Politics and power.* Oxford University Press.

Enli, G. (2017). Twitter as arena for the authentic outsider: exploring the. *European Journal of Communication, 32*(1), 50-61.

García Ortega C. y Zugasti Azagra, R. (2014). La campaña virtual en twitter: análisis de las cuentas de Rajoy y de Rubalcaba en las elecciones generales de 2011. *Historia y Comunicación Social,* 19, 299-311.

Izurieta, R., Perina, R. y Arterton, C. (2003). *Estrategias de comunicación para gobiernos.* La Crujía

López Noguero, F. (2002). El análisis de contenido como método de investigación. *XXI. Revista de Educación,* 167-179.

Marín-Dueñas, P. P. y Díaz, A. (2016). Uso de Twitter por los partidos y candidatos políticos en las elecciones autonómicas de Madrid 2015. *Ámbitos: Revista Internacional de Comunicación,* 32, 1-15.

Marín-Dueñas, P. P., Simancas-González, E. y Berzosa-Moreno, A. (2019). Uso e influencia de Twitter en la comunicación política: el caso del Partido Popular y Podemos en las elecciones generales de 2016. *Cuadernos.info,* 45, 129-144. https://doi.org/10.7764/cdi.45.1595

Pérez-Curiel, C. y García-Gordillo, M. (2020). Del debate electoral en TV al ciberdebate en Twitter. Encuadres de influencia en las elecciones generales en España (28A). *El Profesional de la información, 29*(4). https://doi.org/10.3145/epi.2020.jul.05

Riffe, D., Lacy, S. y Fico, F. (1998). Analyzing media messages. *Using quantitative content analysis in research.* Lawrence Erlbaum Associates.

Vicente, P. y Soria, M. M. (2023). Marca personal y política: análisis de la comunicación de Isabel Díaz Ayuso y Yolanda Díaz en Facebook. *Revista Prisma Social,* 40, 327–357.

CUANDO TODO VALE CON TAL DE VENDER: TÉCNICAS DE MANIPULACIÓN EN LA VENTA POR TELÉFONO

Alicia Mariscal Ríos[1]

1. INTRODUCCIÓN

Si, como dice la cita atribuida al humorista Will Rogers (1879-1935), «la publicidad es el arte de convencer a gente para que gaste el dinero que no tiene en cosas que no necesita», habría que preguntarse si, para dicho convencimiento, los vendedores recurren a la persuasión, o más bien a la manipulación, como estrategia de venta.

Según el *Cambridge Dictionary* (2023), *persuadir* supone «to make someone do or believe something by giving them a good reason to do it or by talking to that person and making them believe it»[2]. Las técnicas de persuasión serían «limpias» *a priori*, pero también pueden ser empleadas para manipular, dependiendo de las intenciones del emisor, que el destinatario del mensaje desconoce. La manipulación, por el contrario, sí presenta connotaciones negativas, pues su definición conlleva «to control something or someone to your advantage, often unfairly or dishonestly»[3].

En el terreno de la venta telefónica, el lenguaje se puede convertir, por tanto, en un peligroso instrumento de manipulación, donde algunos agentes consideran, tal como apuntaba el título de este trabajo, que «todo vale con tal de vender», aunque para ello pongan en práctica estrategias poco éticas, que afectan negativamente a la toma de decisiones.

Partimos de la hipótesis de que, para este tipo de ventas, muchas de las técnicas concebidas *a priori* como «limpias» se ponen al servicio del engaño y de la manipulación para el «lavado de cerebro», *mind control* o *brainwashing* (Van Dijk, 2006) de los clientes potenciales, con el fin de que construyan modelos mentales distorsionados.

Nuestro objetivo es mejorar la educación del consumidor, poniendo de relieve en qué modo los teleoperadores abusan de la confianza que los clientes depositan en ellos, mediante, por ejemplo, las mentiras, la silenciación de las propias debilidades y el énfasis

---

1. Universidad de Cádiz (España) y miembro del Instituto de investigación en Lingüística Aplicada (ILA).

2. Hacer que alguien haga o crea algo, dándole una buena razón para ello o hablando directamente con la persona implicada para conseguir que lo crea (traducción propia).

3. Controlar algo o a alguien a tu antojo, a menudo de una forma injusta o deshonesta (traducción propia).

de sus puntos fuertes, la descortesía hacia la competencia, el exceso de información para aumentar la confusión, la escasez de tiempo para decidir y el uso de falacias. Para ello, se analizarán ejemplos de lenguaje real, aprendidos gracias a nuestra experiencia como teleoperadora de ventas en una empresa multinacional de telecomunicaciones.

2. MARCO TEÓRICO

En la sociedad de las Tecnologías de la Información y la Comunicación (TIC), es habitual recurrir a las ventas a distancia, dado que, como afirma Álvarez Sánchez (2005, p. 1), «la evolución de las nuevas tecnologías en el campo del marketing ha desembocado en el telemarketing». Este último podría definirse como «el marketing que se hace a distancia» (Cámara Ferrez, 2011, p. 13), una forma de *marketing* directo[4] «asociado a los elementos de la telecomunicación» (Álvarez Sánchez, 2005, p. 5).

En el caso de la «televenta», constituye un tipo de *telemarketing*, que consiste en la «venta a distancia o a través del teléfono» (Cámara Ferrez, 2011, p. 15). Con respecto a las llamadas telefónicas, es preciso diferenciar entre su «recepción» y su «emisión» por parte de los teleoperadores, según sea el propio interesado quien establezca contacto con el *call center* (recepción) o, por el contrario, se encargue de ello el propio agente de ventas (emisión). La emisión de llamadas puede ser «en frío» (*cold calls*) o «en caliente» (*warm calls*), dependiendo de si van dirigidas a clientes ya conocidos (*warm calls*), o bien a nuevos clientes (*cold calls*) con los que nunca se ha mantenido ningún contacto previo (Vaj y Kumavat, 2012).

En la actualidad, si bien se mantienen las ventas telefónicas, cada vez se recurre más a las «interacciones digitales» (Steinhoff *et al.*, 2019) para los intercambios comunicativos entre vendedor-comprador, en un mundo marcado por la conectividad (Bharadwaja y Shipleyb, 2020). Una de las razones por las que los clientes son ahora más reacios a recibir llamadas telefónicas es el incremento de las llamadas comerciales no solicitadas (De Leeuw y Hox, 2004), conocidas como *spam* o «correo basura».

Aunque existen diferencias culturales en el ámbito empresarial (Holliday *et al.*, 2017), Spiro y Weitz (1990, p. 61) destacan la importancia de la venta personal para ser adaptada al destinatario de los mensajes y a sus necesidades específicas:

> *[...] the selling process consists of collecting information about a prospective customer, developing a sales strategy based on this information, transmitting messages to implement the strategy, evaluating the impact of these messages, and making adjustments based on this evaluation. Thus, salespeople have an opportunity to develop and implement a sales presentation tailored to each customer. In*

---

4. El *marketing directo*, como su propio nombre indica, es aquel que se basa en construir y explotar la relación directa entre el vendedor y el cliente (Varghese y Jerin, 2019, p. 18). Para establecer dicha relación, se puede recurrir a diferentes canales, como el correo postal o el electrónico, el teléfono o la comunicación cara a cara.

addition, salespeople can make rapid adjustments in the message in response to their customers' reactions (Spiro y Weitz, 1990, p. 61)[5].

Estos autores definen la técnica de venta basada en la adaptación al cliente (*adaptive selling*) como «the altering of sales behaviors during a customer interaction or across customer interactions based on perceived information about the nature of the selling situation»[6] (Spiro y Weitz, 1990, p. 62). Sin embargo, a veces, cuando los teleoperadores detectan una falta de compatibilidad entre lo que pueden ofrecer y las verdaderas demandas del cliente, recurren a una serie de técnicas que, en muchas ocasiones, van más allá de la persuasión y entran a formar parte del peligroso terreno de la manipulación.

Entre las ventajas del *telemarketing* enumeradas por Álvarez Sánchez (2005, p. 5), se encuentran estas tres: (1) su adaptabilidad al cliente y una atención más personalizada, conforme vamos recogiendo información sobre sus características y necesidades; (2) la obtención de resultados, al facilitar las actuaciones un *feedback* sobre el éxito o el fracaso de ciertas técnicas de venta, y (3) su instantaneidad, pues el vendedor ha de ir adaptándose a las demandas del cliente.

De acuerdo con este mismo autor, sus desventajas, estarían ligadas al hecho de que (1) requieren una selección más específica de los clientes potenciales (*target*) que otras técnicas de *marketing*; (2) existe una distancia social y espacial entre el emisor y el destinatario de los mensajes, y (3) la comunicación virtual que lo caracteriza permite un nivel de vinculación menor con el cliente potencial que en otro tipo de interacciones de carácter presencial (Álvarez Sánchez, 2005, p. 6).

Según Spiro y Weitz (1990, pp. 63-64), existen determinados rasgos de la personalidad que mejoran la competencia del vendedor a la hora de adaptarse al cliente y convencerlo de que adquiera algún producto o contrate un determinado servicio:

1. *self-monitoring* («automonitorización»): Estaría asociada a la capacidad para adaptar nuestro comportamiento a las distintas situaciones que se nos presentan. En la venta telefónica, supone emplear diferentes estrategias dependiendo del cliente y de sus reacciones u objeciones.

2. *empathy* («empatía»): Ligada a la «inteligencia interpersonal» (Gardner, 1983), la empatía permite al vendedor ponerse en el lugar de los clientes y detectar sus necesidades y preocupaciones, lo cual le facilita una valiosa información para ofrecerles lo que desean.

3. *androgyny* («androginia»): Etimológicamente, procede del griego ἀνδρόγυνος, que reúne simultáneamente los significados de «hombre» y «mujer». Aplicado a las ventas, conllevaría la flexibilidad necesaria para afrontar el reto de atender a todos los clientes, independientemente de su sexo o género.

---

5. [...] el proceso de venta consiste en: recoger información del cliente potencial; desarrollar una estrategia de ventas basada en dicha información; transmitir mensajes para implementar esa estrategia; evaluar el impacto de tales mensajes, y llevar a cabo los ajustes necesarios a partir de la evaluación realizada. De este modo, los vendedores tienen la oportunidad de desarrollar y poner en práctica una presentación de sus productos o servicios adaptada a las características de cada cliente. Además, los vendedores pueden ir haciendo los ajustes necesarios conforme vayan detectando la reacción de sus clientes (traducción propia).

6. «La modificación de los comportamientos del vendedor durante las interacciones con los clientes, basada en la información percibida y la naturaleza de la venta» (traducción propia).

4. *being an opener*: son personas que logran que otros se «abran» con ellos y les den información personal de un carácter más íntimo y privado (Miller *et al.*, 1983).

5. *internal locus of control* («locus de control interno»): el locus de control (Rotter, 1966) estaría relacionado con nuestra responsabilidad de lo que nos ocurre en la vida. Una persona con un locus de control *interno* atribuye el éxito o el fracaso a su propia actuación, mientras que el locus *externo* asigna dicha responsabilidad a otras personas, a las circunstancias o a factores como la suerte o el azar. El locus de control interno favorece el aprendizaje y la capacidad para resolver las situaciones adversas que se nos presenten, mientras que el externo lo dejaría todo en manos del destino.

Como explica Pope (1988, p. 139), las llamadas relacionadas con el *telemarketing* incluyen siempre un «guión guía», para que el teleoperador cuente con «un patrón bien planificado y pensado para sus llamadas, que a la vez sea lo suficientemente flexible para amoldarse al estilo de los distintos representantes y a las respuestas de sus posibles clientes». Además, ha de disponer de cierta «astucia telefónica, esto es, la capacidad para proyectar el carácter y la personalidad a través del teléfono» (Pope, 1988, p. 36).

El problema surge cuando las estrategias de venta basadas en la persuasión acaban convirtiéndose en técnicas que manipulan al cliente para lograr cerrar las ventas, como, por ejemplo, mintiendo, dando demasiada información para confundir el cliente o expresándola de un modo poco claro, con lo que se romperían las cuatro máximas de Grice (1989): *cantidad* (dé la información necesaria), *cualidad* (no aporte información falsa o que no pueda probar), *pertinencia* o *relevancia* (añada únicamente los datos más relevantes) y *modo* o *manera* (exprésese con claridad y evite tanto la oscuridad como la ambigüedad).

3. METODOLOGÍA

Como ya indicábamos al inicio, el objetivo de este trabajo es arrojar algo de luz sobre la manipulación a la que puede ser sometido el ciudadano durante la venta telefónica. Para ello, partiremos de nuestra experiencia personal, acumulada durante el año que trabajamos como teleoperadora de ventas para un *call center* ubicado en España, pero contratado por una importante empresa multinacional del sector de las telecomunicaciones.

En nuestro caso, no teníamos permiso para emitir llamadas, sino que debíamos limitarnos a su recepción. Estas llamadas eran realizadas por los clientes bien a través de un número gratuito ofrecido por la compañía, o bien por medio de otro de pago, con el prefijo de tarificación especial 902, donde atendíamos a las personas que contactaban con nosotros por la página web.

Aunque no pretendemos justificar, en ningún caso, las conductas poco éticas de algunos teleoperadores que basan su actuación en artimañas, con el objetivo de ganar comisiones, no hay que olvidar que, en estos empleos, normalmente se trabaja bajo mucha presión, con coordinadores que obligan a completar un número determinado de ventas por hora. Además, si bien existen escuchas ocultas para controlar la calidad de las llamadas, estas son aleatorias y algunos pueden verse tentados a romper las normas.

También habría que diferenciar entre la «recepción» y la «emisión» de llamadas, puesto que las primeras tienen la ventaja de que los clientes potenciales que establecen el contacto inicial tienen interés por conocer las ofertas y, en su caso, contratarlas. Esto presenta también desventajas, porque el teleoperador que los atiende no puede volver a contactar con dichos clientes, algo que puede despertar su miedo a ser atendido por otro teleoperador en una futura ocasión.

Hemos de destacar, por último, que no hemos encontrado trabajos centrados exclusivamente en las técnicas de manipulación aplicadas a la venta telefónica, por lo que los recursos que enumeraremos a continuación no proceden de ninguna obra específica sobre *telemarketing*, sino de estudios sobre diversas técnicas y estrategias lingüísticas aplicadas a la comunicación.

4. ANÁLISIS

A lo largo de las siguientes líneas, describiremos algunas técnicas que, pese a no ser manipuladoras *per se*, sí pueden ser usadas para tal fin en el contexto de la venta telefónica:

- *Apuntar al corazón* (Kennedy *et al.*, 1986), *afinidad* (Llantada, 2013) y *reciprocidad* (Cialdini, 2006): A veces los agentes de ventas tratan de convencer a los clientes potenciales evocando emociones, como al referirse a sus hijos o nietos mediante la utilización de la *pregunta retórica* «¿Sabe usted lo felices que serían sus hijos si contrata el paquete completo de internet, telefonía móvil y televisión?». En este caso, la técnica del *incentivo* o *recompensa* (Llantada, 2013) es empleada también como «cebo» para apelar a sus sentimientos, a modo de recompensa, de la que se beneficiarán los miembros de su familia. Otra forma de influir en el cliente es hacer que sienta una identificación «interna de valores» (Cámara Ferrez, 2011, p. 40) con la persona que le atiende (*afinidad*), diciéndole, por ejemplo, que también tiene hijos, sobrinos o nietos, para incrementar su simpatía con la técnica que Cialdini (2006) denomina *like-ability*, y darle a entender que le explicará todo detalladamente, de modo que ambos se beneficiarán (*reciprocidad*) de esa transacción comercial, algo que puede no ser fiel a la verdad, sino una *mentira por falsificación* (Martínez Selva, 2005).

- *Apelación al miedo* o falacia *ad terrorem* (Mariscal, 2020)*, creación de un problema y aportación de una solución* (Timsit, 2002): Consiste en recalcar algún aspecto negativo del que el cliente no era consciente, aumentar su preocupación y luego ofrecerle una solución a dicho problema. Imaginemos que el cliente no desea contratar ningún seguro para su nuevo teléfono móvil y entonces el teleoperador, para cerrar la venta lo manipula, en primer lugar, por medio de una pregunta indirecta basada en la *apelación al miedo* y, en segundo lugar, con una *pregunta trampa, falso dilema* o *complex question* (Tindale, 2007), como sucede en el siguiente ejemplo: «No sé si sabe usted que últimamente ha habido muchos robos. ¿Quiere contratar el seguro o prefiere que le roben el teléfono y lamentarse después por no haberlo contratado?».

- *Descortesía* y *contraste* con la competencia (Llantada, 2013)*, falacia ad hominem* (Tindale, 2007) y *mentiras por omisión* o *falsificación* (Martínez Selva, 2005): La *descortesía* puede ser dirigida hacia otras empresas (*falacia ad hominem*), a lo que se une con frecuencia el *contraste* con la propia compañía, a base de enfatizar los defectos del otro y silenciar (Timsit, 2002) los propios (*silenciación y mentiras por ocultación*), todo con el objetivo de «asociar al adversario con hechos negativos» y «atacar su credibilidad» (Fernández García, 2017). Se puede recurrir también a *mentiras por falsificación* para presionar al cliente e insistirle en la supuesta falta de existencias o de tiempo de la oferta (*escasez*; Cialdini, 2006). Un ejemplo de ello sería «Nosotros somos formales, no como X, que solo piensa en su propio beneficio. Usted se lo puede pensar, claro, pero decídase pronto o se quedará sin el rúter gratis» (*apelación al miedo* e *incentivo*).

- *Falta de autoridad* (Kennedy *et al.*, 1986): A pesar de que en los cursos de formación se nos dice que no debemos mentir a los clientes, en ciertas ocasiones ocurre que los teleoperadores se excusan, aludiendo a su falta de autoridad para no llevar a cabo gestiones que, en realidad, sí tienen permiso para realizar y culpando de ello a otras personas o a factores externos. Por ejemplo, normalmente se ha de ofrecer el producto más caro, pese a que los clientes prefieran otros más económicos, ante lo que los agentes pueden llegar a responder así: «Tendría que consultar con mi supervisor si le podemos ofrecer ese otro producto, aunque tardaría tiempo (*expectativas negativas de futuro*; Llantada, 2013) y se perdería la oportunidad de adquirir nuestro producto estrella a este precio (*escasez*; Cialdini, 2006)».

- *Diferir* (Timsit, 2002): Cuando el cliente quiere contratar algún producto para el que no tiene cobertura, a veces se recurre a afirmar, sin pruebas de ello (*falacia ad ignorantiam*; Tindale, 2007; Allen, 2017), que con el tiempo sí irán mejorándole la oferta (*expectativas positivas de futuro*; Llantada, 2013) de una forma progresiva (*gradualidad*; Timsit, 2002). Se puede combinar también con la técnica del *ancla* (Kennedy *et al.*, 1986) en aquellos casos en los que el cliente se muestra reacio a contratar un producto bastante inferior a lo que quería, avisándole de que podría esperar años (*apelación al miedo* o falacia *ad terrorem*; Mariscal, 2020) hasta poder contratarlo, o bien empezar a disfrutar de él desde ya (*efecto de inmediatez* o *topos of urgency*; Žagar, 2010).

- *Falsa autoridad* o falacia *ad verecundiam* (Cialdini, 2006; Tindale, 2007) y técnica de «*lo precedente sirvió*» (Llantada, 2013): Para manipular al cliente, los agentes de ventas pueden decir que el producto en cuestión es bueno porque ellos mismos lo tienen contratado (*falsa autoridad*) y les funciona muy bien, con lo cual apoyan sus argumentos en falacias, al dar a entender que si ellos están satisfechos, el cliente también lo estará (técnica de *lo precedente sirvió* y *falacia ad consequentiam*; Tindale, 2007).

- *Coherencia y compromiso* (Cialdini, 2006), *halago* y *expectativas sobre el cliente* (Llantada, 2013): Si bien el *halago* no siempre funciona con todos los clientes, puede resultar efectivo si se utiliza de forma conjunta con las técnicas basadas en la *coherencia* y el *compromiso* que estos deberían manifestar en sus comportamientos, así como con las *expectativas* que tenemos de ellos y de sus decisiones. Por ejemplo, si un cliente llama para solicitar una baja, el teleoperador podría responderle así: «Estoy seguro/a de que usted es una persona responsable y sabe lo que hace, por eso seguirá con nosotros y no se dejará engañar por otras empresas» (*falacia ad consequentiam*; Tindale, 2007).

- *Prueba social* (Cialdini, 2006), *falacia ad populum y generalización ilegítima* (Tindale, 2007): El empleo de falacias basadas en las generalizaciones suele ser muy común en este tipo de contextos, en los que se intenta convencer al cliente de que la mayoría prefiere el producto que le ofrecemos (*prueba social y generalización ilegítima*) y que todo el mundo piensa lo mismo que nosotros (*falacia ad populum*). Un ejemplo de ello sería «Esto que le digo no solo lo pienso yo, sino todo el mundo. ¿Sabe que la mayoría de los clientes de su ciudad está satisfecho con nuestra empresa ?», donde se recurre también a la *falacia ad ignorantiam* y a la *mentira por falsificación* si dicha afirmación carece de pruebas que confirmen ese dato.

Estos son tan solo algunos ejemplos de cómo algunas técnicas lingüísticas pueden ser puestas al servicio de la manipulación para lograr cerrar las ventas telefónicas, pese a que ello implique conductas poco éticas, que no perjudican únicamente al cliente, sino a la propia imagen de la compañía.

5. CONCLUSIONES

En este trabajo, con el que esperamos contribuir a la mejora de la educación del consumidor, hemos empleado nuestra propia experiencia como teleoperadora de ventas para sacar a relucir la posibilidad de que se lleven a cabo determinados comportamientos ilícitos, en los que el lenguaje se destina al engaño, con la intención de influir en decisiones que suponen ganancias para unos a base del perjuicio de otros.

En nuestra opinión, al igual que las nuevas tecnologías no son ni buenas ni malas en sí mismas, sino que todo depende del uso que se haga de ellas, sucede lo mismo con las técnicas de venta telefónica, ya que incluso aquellas inicialmente «limpias», concebidas para persuadir, acaban convirtiéndose en un instrumento de manipulación.

Las empresas destinan cursos a la formación inicial de los teleoperadores (Paniagua López, 2021) y les indican las normas que hay que seguir a la hora de atender al cliente y cerrar las ventas, pero lo cierto es que, en muchas ocasiones, resulta imposible controlar, mediante las escuchas selectivas, la actuación de todos y cada uno de los trabajadores.

Si a esto le sumamos que, en este tipo de trabajos, se exige un número de ventas determinado para poder cobrar comisiones y evitar la reprimenda de los coordinadores de la plataforma, algunos pueden verse tentados a debatirse entre «la pillería de los teleoperadores y la ética de las empresas» (Masa, 2015) y a recurrir a otras estrategias más «sucias», aunque hemos de aclarar que, en ningún caso, pretendemos generalizar ni aplicar estas actuaciones irregulares a todos los teleoperadores de ventas.

En los centros educativos, se insiste en la necesidad de que el alumnado desarrolle el espíritu crítico, para que sea capaz de tomar decisiones basadas en la reflexión. Sin embargo, nuestra pregunta es: ¿es posible ser críticos y decidir lo que más nos conviene si no disponemos de la suficiente información para ello?

En este sentido, si uno de los rasgos que caracterizan a la manipulación es precisamente el ocultamiento de las verdaderas intenciones del emisor, nos parece bastante difícil reconocer cuándo estamos siendo manipulados. Por eso, es fundamental que analicemos estos usos deshonestos del lenguaje y ayudemos a formar a ciudadanos que sean capaces de detectarlos en sus comunicaciones diarias.

6. REFERENCIAS BIBLIOGRÁFICAS

Allen, S. (2017). *Falacias lógicas*. CreateSpace.

Álvarez Sánchez, J. M. (2005). *Telemarketing: la Red como soporte de marketing y comunicación*. Ideas Propias.

Bharadwaja, N. y Shipleyb, G. M. (2020). Salesperson communication effectiveness in a digital sales interaction. *Industrial Marketing Management*, 90, 106-112. https://doi.org/10.1016/j.indmarman.2020.07.002

Cámara Ferrez, V. (2011). *Telemarketing: Reducir Costes y Vender Más*. Fundación Confemetal.

Cambridge University Press (2023). *Cambridge Dictionary* (versión electrónica). https://dictionary.cambridge.org/

Cialdini, R. B. (2006). *Influence: The Psychology of Persuasion*. HarperBusiness.

De Leeuw, E. D. y Hox, J. J. (2004). I am Not Selling Anything: 29 Experiments in Telephone Introductions. *International Journal of Public Opinion Research*, *16*(4), 464-473. https://doi.org/10.1093/ijpor/edh040

Fernández García, F. (2017). *La descortesía en el debate electoral cara a cara*. Universidad de Sevilla.

Gardner, H. (1983). *Frames of Mind: The Theory of Multiple Intelligences*. Basic Books.

Grice, P. (1989). *Studies in the Way of Words*. Harvard University Press.

Holliday, A., Kullman, M. y Hyde, J. (2017, 3ª ed.). *Intercultural Communication*. Routledge.

Kennedy, G., Benson, J. y Macmillan, J. (1986). *Cómo negociar con éxito*. Deusto.

Llantada, Á. (2013). *The Black Book of Persuasion: 23 laws that drive your will*. The Persuasion Institute of the Americas.

Mariscal, A. (2020). El miedo como estrategia de persuasión y disuasión durante la crisis sanitaria originada por la COVID-19. En M. Gil, F. J. Godoy, y G. Padilla (eds.), *Comunicando en el siglo XXI: nuevas fórmulas* (pp. 289-301). Tirant Lo Blanch.

Martínez Selva, J. M. (2005). *La psicología de la mentira*. Paidós.

Masa, R. (21/11/2015). Secretos de un *call center*: entre la pillería de los teleoperadores y la ética de las empresas. *Sabemos Digital*. https://n9.cl/jfmp4

Miller, L. C., Berg, J. H. y Archer, R. L. (1983). Openers: Individuals who elicit intimate self-disclosure. *Journal of Personality & Social Psychology*, 44, 1234-1244. https://doi.org/10.1037/0022-3514.44.6.1234

Paniagua López, J. (2021). Actores clave y formación en el sector del telemarketing. Un estudio de caso aplicando el análisis de redes sociales. *Vivat Academia, Revista de Comunicación*, 154, 321-341. http://doi.org/10.15178/va.2021.154.e1354

Pope, J. (1988). *Telemarketing: comercialización por teléfono*. MAEVA.

Rotter, J. B. (1966). Generalized expectancies for internal versus external control of reinforcement. *Psychological Monographs: General and Applied*, *80*(1), 1-28. https://doi.org/10.1037/h0092976

Spiro, R. L. y Weitz, B. A. (1990). Adaptive Selling: Conceptualization, Measurement, and Nomological Validity. *Journal of Marketing Research*, *27*(1), 61-69. https://doi.org/10.2307/3172551

Steinhoff, L., Arli, D., Weaven, S. y Kozlenkova, I. (2019). Online relationship marketing. *Journal of the Academy of Marketing Science*, *47*(3), 369-393.

Timsit, S. (2002). *Stratégies de manipulation*. https://www.syti.net/Manipulations.html

Tindale, C. W. (2007). *Fallacies and Argument Appraisal*. Cambridge University Press.

Vaj, J. R. y Kumavat, P. P. (2012). 'Cold calling': The strategic way of selling to unknown potential prospect. *Allana Management Journal of Research* (núm. de julio-diciembre), 46-50.

Van Dijk, T. A. (2006). Discourse and manipulation. *Discourse & Society*, *17*(3), 359-383. https://doi.org/10.1177/0957926506060250 (fecha de consulta: 12/07/2023).

Varghese, A. y Jerin, J. (2019). An empirical study on direct marketing as the most effective form of marketing in the digitalized marketing environment. *International Journal of Research Science & Management*, *6*(1), 18-24. https://doi.org/10.5281/zenodo.2536255

Žagar, I. Ž. (2010). Topoi in Critical Discourse Analysis. *Lodz Papers in Pragmatics*, *6*(1), 3-27. https://doi.org/10.2478/v10016-010-0002-1

COMUNICACIÓN ESTRATÉGICA EN POLÍTICA EXTERIOR: UNA COMPARACIÓN ENTRE DONALD TRUMP Y KIM JONG-UN

Alejandra Márquez Cabrera[1]

El presente artículo se basa en una de las temáticas abordadas en la tesis: "Guerra comunicacional entre Estados Unidos y Corea del Norte en el período de Donald Trump y Kim Jong-un: Agresividad discursiva y prevalencia de la agenda nacional 2017-2021" del programa de Doctorado en Estudios Americanos de la Universidad de Santiago de Chile. Se agradece el financiamiento de la Beca Doctorado Nacional ANID.

1. INTRODUCCIÓN

El presente artículo tiene como propósito analizar la comunicación estratégica desde el ámbito de la política exterior, en la cual el Estado busca comunicar sus objetivos (interés nacional) mediante una estrategia o un plan. El interés al que apuntan los países es un instrumento de acción política que permite justificar o proponer políticas (García, 2011). Este estudio se enfocará en dos casos. Por un lado, Donald Trump y el uso de la *Twiplomacy* y, por otro lado, Kim Jong-un y sus discursos públicos. Lo interesante de esta investigación es que analiza los mensajes en materia de política exterior de cada líder considerando la agresividad discursiva que mantuvieron entre sí. De esta manera, este tipo de retórica en materia de política exterior les ha servido para manifestar sus agendas propias, dando a conocer sus principales intereses con estilos personalistas. Los medios utilizados son igualmente importantes para trasmitir información a los ciudadanos y a la opinión pública, de manera directa y concreta, en busca de legitimar sus regímenes y mostrar superioridad a nivel internacional. Por tanto, la comparación que se realiza en los discursos de los mandatarios permite comprender que la agresividad que los caracterizó fue útil para los propósitos que tienen a nivel nacional e internacional. Por lo tanto, como hipótesis principal se plantea que ambos líderes mantienen una idéntica estrategia comunicacional para fines de consumo interno y externo.

2. OBJETIVOS

Se especifican como objetivos seleccionar y caracterizar los mensajes públicos, comparar las equivalencias de los discursos y demostrar el significado que tienen las

---

1. Universidad de Talca y Universidad de Santiago de Chile (Chile)

estrategias comunicacionales para ambos líderes respecto a sus propósitos nacionales e internacionales como parte de su política exterior. Este estudio pretende analizar la agresividad discursiva entre ambos mandatarios, y cómo esto les ha permitido establecer sus objetivos.

3. METODOLOGÍA

Para lo anterior, se utilizará una metodología cualitativa, de carácter interpretativo. Como señala Canales (2006) las teorías interpretativas detallan que los individuos se encuentran inmersos en redes de significaciones, proyectándose hacia conexiones de sentido. Con respecto a la muestra, se analizarán casos individuales, que serán representativos por sus cualidades. Además, la naturaleza de los datos se basa en narraciones y textos con la finalidad de comprender a los individuos (Hernández *et al.*, 2014). Los métodos que se planean utilizar son el análisis documental (hermenéutica) y bibliográfico. Otro método corresponde al análisis de discurso considerando como fuentes los mensajes de cada jefe de gobierno. El análisis de discurso permitirá estudiar las ideas de cada mandatario de acuerdo a sus agendas políticas nacionales e internacionales.

4. DESARROLLO DE LA INVESTIGACIÓN

La comunicación permite expresar contenido de una visión en particular donde se transmiten ideas y opiniones (Gómez, 2016). La comunicación estratégica y la política exterior tienen una relación directa con respecto a lo que se pretende dar a conocer. En específico, los intereses nacionales. Como sostiene Álvarez (2017) la comunicación estratégica sirve como herramienta para la política exterior. Para este estudio, se analizará la comunicación estratégica que han empleado dos mandatarios, debido a que sus mensajes y estilo de retórica buscan plasmar diferentes objetivos en materia de política exterior. Lo anterior, se podrá evidenciar mediante la agresividad discursiva que tuvieron, lo que les sirvió para demostrar sus agendas personales a nivel exterior.

4.1. Donald Trump y *Twiplomacy*

Con la llegada de Donald Trump al poder el 2017, Estados Unidos se convirtió en una nación representada por un líder con un particular modo de expresión, a diferencia de sus antecesores. Más allá de sus rasgos de personalidad que pudiesen tener relación con sus decisiones políticas (Hudson y Day, 2020), destaca el medio por el cual dio a conocer las principales decisiones en materia de política exterior. Twitter se convirtió en la plataforma usual para enunciar directrices e incluso dar mensajes directos a sus homólogos en el extranjero.

Es necesario comprender la importancia de la web en el proceso comunicativo, siendo internet un espacio donde todos pueden participar (Baamonde, 2011, en González, 2016). Por tanto, las herramientas digitales pueden ser aprovechadas por los líderes al querer transmitir mensajes políticos, siendo mediáticos, con el propósito de influir a otros. De esta forma, "lo que no trasciende a los medios no existe, no tiene repercusión, en la opinión pública" (Lluch, 2015, p. 115).

Asimismo, como sostiene Reshetnikova (2018), la diplomacia pública es parte de la política exterior, donde internet es un medio para promover ideas, para influir en la opinión pública, con propaganda informativa. La diplomacia digital (igualmente conocida como e-diplomacy), es parte de la diplomacia pública. Así, "that is the interaction of individual groups and the interests of one country and another" (Reshetnikova, 2018, p. 1). Internet constituye una plataforma para este tipo de diplomacia, donde se transmite la imagen del país, siendo más actores los destinatarios de sus mensajes.

De esta manera, es necesario comprender lo que es la "diplomacia digital" que constituye la "promoción de las agendas diplomáticas en los servicios digitales que generan redes sociales como el caso de Twitter, en donde la comunicación se produce en el ámbito público, provocando reacciones inmediatas en los usuarios" (Guadamarra, 2022, p. 36). Para otros autores corresponde a un modelo de diplomacia de la actualidad para visibilizar información, potenciando los objetivos, además se pueden transmitir mensajes a la sociedad (Rodríguez, 2015; Sotiriu, 2015, en Guadamarra, 2022).

Con respecto a la *Twiplomacy* corresponde a la diplomacia desarrollada en Twitter mediante cuentas de los jefes de Estado y otros actores (Guadamarra, 2022). Las palabras y frases constituyen sus discursos en intenciones "con el fin de detectar nuevas áreas de oportunidad en la opinión pública, así como de reforzar los niveles de aceptación y obtener las reacciones positivas por parte de los votantes [...]" (Guadamarra, 2022, p. 38). Dentro de la diplomacia pública se encuentra el medio *Twiplomacy,* donde Twitter es utilizado como herramienta de diplomacia pública, que permite, dentro de variadas cosas dar a conocer la imagen del país y las decisiones en materia de política exterior (Dumčiuvienė, 2016).

En el caso de Trump, lo realiza para atacar a sus enemigos o hacer avisos públicos reiterados. A su vez, busca llegar a la opinión pública nacional e internacional desligándose de otros aparatos e instituciones del Estado y concentrando en su persona los objetivos. De esta manera, logra "definir la agenda nacional a su alrededor con deterioro de los muchos problemas que aquejan al país y al orden internacional" (De Ojeda, 2018, p. 35). El mandatario ha traspasado un mensaje nacionalista a sus votantes y ciudadanos destacando su slogan de "America first", enfatizando su interés por el país y denigrando a instancias multilaterales e incluso desligándose de grandes acuerdos (como, por ejemplo, el Acuerdo de París o el Acuerdo nuclear con Irán) (De Ojeda, 2018).

Ahora bien, es necesario recordar los mensajes de la cuenta de Twitter de Donald Trump en 2017 en materia de política exterior, debido a que este año fue el inicio de su mandato y generó las principales polémicas en este ámbito. Para este caso, se analizarán los Tweets y declaraciones destinadas a Kim Jong-un, donde se evidencia la agresividad discursiva constante en este periodo. Si bien, se podrían identificar todos los mensajes emitidos por parte de Donald Trump, para esta investigación se consideraron los principales textos que hacen alusión a su enemigo histórico y cómo se incrementó el conflicto entre ambos en este periodo.

El objetivo es identificar lo que ocurre detrás de esta retórica, y cómo sus mensajes sirven para promocionar y establecer el interés nacional de su país, que suele coincidir con el objetivo de su agenda personal.

Destaca el 3 de julio del 2017 el Tweet del mandatario estadounidense señalando: "Corea del Norte acaba de lanzar otro misil. ¿Este tipo tiene algo mejor que hacer con su vida?" (@realDonaldTrump, 2017), refiriéndose directamente no solo a la amenaza de Kim, sino que lo ataca a nivel personal. El 8 de agosto Trump lanza una advertencia a Corea del Norte de acuerdo a su programa nuclear señalando que no amenazara a su país, de lo contrario se encontraría con fuego y furia nunca antes visto. Esto ocurre luego de que Pyongyang señalara que tomaría medidas estratégicas despiadadas en respuesta a las sanciones económicas en su contra aprobadas por el Consejo de Seguridad de Naciones Unidas (BBC Mundo, 2017)

Posteriormente, el 11 de agosto, Trump hace alusión a las acciones militares por parte de Corea del Norte y al impedimento de estas: "Las soluciones militares ahora están completamente en su lugar, bloqueadas y cargadas, en caso de que Corea del Norte actúe imprudentemente. Ojalá Kim Jong Un encuentre otro camino" (@realDonaldTrump, 2017). El 30 de agosto el mandatario estadounidense define que el diálogo no es una opción, lo que ilustra una actitud más agresiva frente al líder norcoreano: "Estados Unidos ha estado hablando con Corea del Norte y pagando el dinero de extorsión durante 25 años. ¡Hablar no es la respuesta!". El 17 de septiembre Trump hace referencia a la situación que ocurre al interior de Corea del Norte que aqueja a su población, y al diálogo que tuvo al respecto con su aliado, el Presidente de Corea del Sur: "Anoche hablé con el presidente Moon de Corea del Sur. Le pregunté cómo estaba el Hombre Cohete. Se forman largas líneas de gas en Corea del Norte. ¡Demasiado!". Llama la atención que no solo se pronuncia sobre la situación con Corea del Norte, sino también inicia un intercambio de palabras que suponen aspectos peyorativos de su homólogo, denominándolo *Rocket Man* -hombre cohete- (@realDonaldTrump, 2017).

Cabe señalar las declaraciones que Trump emitió dentro de su primer discurso en septiembre de 2017 ante la Asamblea General de las Naciones Unidas refiriéndose a la capacidad de Estados Unidos para la defensa de su territorio aludiendo a Corea del Norte: "Estados Unidos tiene mucha fuerza y paciencia, pero si se ve obligado a defenderse o a defender a sus aliados, no tendremos más remedio que destruir totalmente a Corea del Norte". Asimismo, agregó que la desnuclearización es su camino como futuro responsable. Es interesante señalar, que, en esta instancia internacional, apela al líder norcoreano de una forma peyorativa frente a sus homólogos, tildándolo nuevamente como *Rocket Man*. Igualmente, se refirió a los países que ayudan a Corea del Norte, enfatizando su postura en contra y aludiendo a un peligro internacional: "Es indignante que algunas naciones no sólo comercien con esa nación, sino que les proveen armas y apoyan financieramente a un país que pone en peligro al mundo" (Liptak y Diamond, 2017).

El 22 de septiembre, Trump publica un Tweet acusando a Kim por su precaria gestión con respecto a su población finalizando con una amenaza: "Kim Jong Un de Corea del Norte, quien obviamente es un loco al que no le importa morir de hambre o matar a su gente, será puesto a prueba como nunca antes". El 11 de noviembre el presidente estadounidense hace referencia a aspectos de carácter más personales frente a su homólogo, mediante mensajes irónicos y en respuesta a palabras de Kim, quien lo tilda de "viejo lunático": "¿Por qué Kim Jong-un me insultaría llamándome "viejo", cuando yo NUNCA lo llamaría "bajito y gordo"? Oh, bueno, me esfuerzo tanto por ser su amigo, ¡y tal vez algún día eso suceda!". Previo a la cumbre que ambos mandatarios tuvieron en Singapur en junio de 2018, Trump aún se refería en duros términos a su homólogo, debido a una declaración por parte de Kim sobre la posibilidad de llevar a cabo una acción nuclear mediante un botón nuclear. Frente a esto, Trump compara su situación declarando que es más poderoso: "El líder norcoreano, Kim Jong Un, acaba de declarar que el «botón nuclear está en su escritorio en todo momento». ¿Podría alguien de su régimen agotado y hambriento informarle que yo también tengo un botón nuclear, pero es mucho más grande y más poderoso que el suyo, y mi botón funciona» (@realDonaldTrump, 2017; Abc, 2017).

4.2 Kim Jong-un, el líder supremo

El régimen norcoreano se ha caracterizado por su hermetismo. No obstante, las instancias claves en las que se pueden extraer mensajes en los ámbitos políticos, militares y económicos son sus declaraciones públicas. Destacan diferentes apariciones en público, pero, sobre todo, los discursos de año nuevo que realiza Kim Jong-un, en los que da cuenta de los éxitos logrados, así como de los objetivos que se propone en el año. Por tanto, se seleccionaron las principales ideas en materia de política exterior de los discursos realizados desde el 2012 al 2018. Se escogió este periodo debido a que Kim llega al poder en 2011 y hasta el 2018 se presenta el intercambio de palabras con Trump.

El primer discurso pronunciado por Kim Jong-un lo emitió el 2012 de manera televisada en el marco de la celebración del centenario del nacimiento de su abuelo Kim il-Sung. En este discurso destacó la relevancia que le otorga al sector militar (BBC Mundo, 2012). Se percibirá a continuación, que esta materia es la que ocupa gran parte de su discurso cada año.

También destaca el discurso de año nuevo pronunciado el 2013 (el primero en diecinueve años) que hace alusión a la dinastía marcada por sus antecesores, pero igualmente le otorga un rol relevante a las Fuerzas Armadas, así como a la política económica. Con respecto al aparato militar como un papel ideológico -mediante la idea Jogn-un que pone énfasis en los asuntos militares dentro de la sociedad norcoreana- y como elemento de defensa de la nación (Boltaina, 2013 y 2022).

En 2014, Kim Jong-un pronunció su discurso con motivo del año nuevo en el que recalcó diversos asuntos, haciendo énfasis al triunfo por elevar la capacidad de la defensa de la nación y su confrontación con el imperialismo. Asimismo, destacó al Ejército Popular y de Seguridad Interior del Pueblo por su lucha con el enemigo (La Información, 2014).

Con respecto al discurso de año nuevo del 2015, Kim plantea directrices de actuaciones para próximos años. El ámbito militar constituye una parte fundamental del régimen mediante el poder que se les otorga a las Fuerzas Armadas, por lo que tienen un lugar especial en su discurso nuevamente. El aspecto económico igualmente es un elemento esencial de su discurso en el caso de presentarse buenas cifras para la mejora de la población. Asimismo, se emiten frases como "levantaremos el paraíso del pueblo" y enfatiza la "independencia" en frases de esta índole, lo que se relaciona con la Idea *Juché* (que alude a la independencia en términos económicos y políticos frente a lo internacional, exaltando el nacionalismo y la defensa del estado) y destaca al Partido del Trabajo como centro de la política del país (Boltaina, 2015).

Para el discurso de año nuevo de 2016, emitido por la televisión estatal KCTV, el líder norcoreano se refiere ante una posible guerra o invasión exterior, señalando que estaría preparado para cualquier confrontación de este tipo. Además, se pronunció acerca de su enemigo histórico, destacando que Corea del Sur debía evitar actos que afectaran una posible conciliación (DW, 2016).

En 2017 se presenta el quinto discurso de año nuevo destacando las etapas finales de desarrollo de misiles de largo alcance que transportarían ojivas nucleares y que podría realizar un ensayo con un misil balístico intercontinental que constituiría una amenazada para Estados Unidos (Shin y Moon, 2018; Espinosa, 2017).

El mensaje por el año nuevo 2018 igualmente hace referencia a los oficiales y soldados del Ejército Popular, así como al Partido del Trabajo de Corea. Se refiere a su vez a los ensayos de cohetes balísticos intercontinentales, armas termonucleares, alcanzando, en sus palabras, con éxito las metas estratégicas de la nación, con poderosos disuasivos.

Asimismo, hace referencia a Estados Unidos, recordando que el líder norcoreano cuenta con el "botón nuclear" en su despacho (refiriéndose a la polémica generada por el intercambio de palabras con Donald Trump). Cabe destacar el mensaje sobre la capacidad de defensa estatal para salvaguardar la soberanía nacional, y la necesidad de reforzar la capacidad de autodefensa. Además, Kim declara que su país tiene una responsabilidad como potencia nuclear, utilizando sus armas en caso de violación de soberanía e interés del Estado, frente a cualquier acción que amenace la paz y la seguridad de la Península (Kfa-eh, 2018).

Al analizar las declaraciones públicas del líder norcoreano, se evidencia que los mensajes sobre las pruebas de misiles balísticos intercontinentales están dirigidas a su principal enemigo en el exterior, y por tanto tensionan las relaciones con Estados Unidos. Lo anterior, ocasiona la reacción del mandatario estadounidense amenazando al régimen de Kim Jong-un (Novak y Namihas, 2018). Por tanto, Donald Trump publicó mensajes con una retórica agresiva al líder norcoreano (los cuáles se ejemplificaron anteriormente), y Kim responde mediante declaraciones públicas.

Ejemplo de ello son los comunicados que emite Kim Jong-un los cuales son transmitidos por la Agencia Estatal de Corea del Norte, KCNA. En septiembre de 2017, respondiendo a las declaraciones de Donald Trump en la ONU, recalca los agresivos comentarios que aumentan la tensión, considerando su comportamiento como totalmente trastornado y de su voluntad de destruir totalmente un estado soberano, lo que confirma las acciones que pretende tomar el líder norcoreano. Kim considera las declaraciones de Trump como mensajes de guerra contra el país, amenazando directamente al mandatario estadounidense (Koreaherald, 2017).

4.3 Comparación entre Donald Trump y Kim Jong-un

Las estrategias discursivas de Donald Trump y Kim Jong-un dieron a conocer sus objetivos en el ámbito internacional e igualmente nacional. Es interesante realizar una comparación entre ambos líderes y no analizarlos por separados, ya que, dentro de sus propósitos, el conflicto entre ambos fue uno de los temas más relevantes dentro de la agenda de política exterior.

Además, mantuvieron una equivalente agresividad discursiva. Lo anterior, permite dar cuenta que este tipo de estrategia comunicacional les permitió plasmar sus propias agendas en el ámbito de la política exterior.

De acuerdo a las declaraciones descritas, se puede realizar un análisis considerando la agresividad retórica donde las amenazas entre ambos líderes son constantes (entre el 2017 e inicios de 2018) y que la escalada en el conflicto aumentó mediante un intercambio de palabras (Shin y Moon, 2018).

Al analizar los discursos, mensajes y declaraciones de Donald Trump y Kim Jong-un se evidencia que Corea del Norte quiere demostrar su capacidad nuclear en pos de la seguridad de su régimen y su nación. El medio Nknews (2017) dio a conocer diferentes visiones de analistas que dan cuenta sobre los discursos de Kim. Tal como señala el experto Toloraya (2017), Corea del Norte está utilizando su retórica como propaganda, más allá de una intención (Toloraya, 2017). Junto con ello, Easley (2017) sostiene que las pruebas nucleares "están impulsadas por una decisión estratégica de desarrollar y desplegar capacidades de misiles balísticos intercontinentales nucleares lo antes posible al servicio de los objetivos militares y la legitimidad interna del régimen de Kim" (Easley,

2017). Esto da cuenta del objetivo que pretende lograr Kim, no solo a nivel exterior sino nacional.

Es decir, el propósito de Kim no es solo el demostrar una situación de superioridad a nivel internacional, mediante su arsenal nuclear, sino también dotar a su población de seguridad para lograr mantener su legitimidad (ya sea entre los ciudadanos o entre la cúpula política y militar). Su potencial armamentístico es una herramienta que el líder norcoreano suele evidenciar no solo en los desfiles públicos, sino en cada discurso de Año Nuevo donde se da a conocer muchas veces la hoja de ruta para cada año.

Como se señaló, la importancia en los asuntos militares y las Fuerzas Armadas ocupan gran parte del contenido de los discursos del líder norcoreano. Además, el mensaje que se observa en algunos años sobre la necesaria defensa ante una invasión extranjera demuestra la necesidad de fortalecerse y, sobre todo, continuar con el desarrollo de misiles. El propósito de salvaguardar la soberanía nacional es un aspecto importante que Kim traspasa a sus compatriotas y hacia el exterior como intereses nacionales.

La retórica del mandatario estadounidense alude principalmente a enemigos en el exterior, ridiculizando o acusando de manera pública (Gallant, 2021). Esto lo diferenció de sus antecesores que tomaron una estrategia sin confrontación verbal. Lo anterior, se evidenció en su primer año de gobierno donde demostró una agresividad discursiva permanente contra su principal enemigo a nivel internacional mediante mensajes peyorativos y amenazantes.

Además, cabe recordar que, en la campaña presidencial, Trump llegó a su electorado con un discurso nacionalista, desvinculándose de estilos convencionales anteriores y generando en su persona la atención para llevar a cabo un gobierno con una diplomacia no tradicional. Por tanto, Trump debe mantener la legitimidad de su gobierno, posicionando a Estados Unidos como un actor importante a nivel internacional, capaz de contener de manera concreta a su principal enemigo histórico.

Igualmente, Trump puede tomar esta estrategia en vista de un segundo mandato, por lo que debe actuar acorde a su discurso. Asimismo, el mandatario podría aprovechar sus redes sociales para generar atención permanente e inmediata. El estilo propio que lo caracterizó tiene directa relación con su estrategia comunicacional, apuntando al escenario internacional como un país grande y superior al resto.

Se debe considerar que el medio usual para comunicar nuevas informaciones fue Twitter, y como se señaló anteriormente es un medio relevante para poder influir en la población y la opinión pública. Por lo que no llama la atención que haya recurrido a esta nueva forma de comunicar sus políticas, para poder generar más impacto en la población de manera más concreta donde todos pudiesen tener acceso. Uno de los aspectos claves en sus mensajes fue aludir a sus enemigos en el exterior, marcando una pauta en su agenda con un interés de conflicto (más que negociación) con sus principales oponentes. En el caso de estudio, se evidencia que, con las amenazas y respuestas dadas por el mandatario norteamericano, trata de mostrar preponderancia.

De esta manera, ambos líderes aprovechan el conflicto retórico para plasmar sus objetivos e intereses dando mensajes en el exterior, como por ejemplo la supervivencia del régimen mediante capacidades y desarrollo nuclear, en el caso de Corea del Norte, y superioridad en el escenario internacional, sin dependencia de otros actores, de acuerdo a Estados Unidos. Y en el ámbito nacional, ambos mandatarios buscan la legitimidad de su régimen, ya sea para la permanencia en él (como Kim Jong-un) o para una posible reelección (en el caso de Donald Trump). Por tanto, los intereses nacionales que buscan priorizar en sus agendas de política exterior tienen relación directa con sus agendas personales.

5. CONCLUSIONES

Cada país tiene intereses nacionales que son el componente de la política exterior (Tomassini, 1988). La política exterior alcanza una posición relevante en los asuntos estratégicos de un Estado que comunica sus intereses y objetivos, y permiten desarrollar una propaganda para construir una imagen (Álvarez, 2017). Por tanto, la estrategia comunicacional en materia de política exterior busca manifestar los intereses nacionales y personales de líderes en diferentes contextos, acordes a una agenda propia, lo cual tiene una utilidad para comprender la política internacional de mandatarios con similares estrategias y propósitos.

En este trabajo se seleccionaron algunos de los más importantes mensajes, declaraciones y discursos de Kim Jong-un y Donald Trump en su primer año de mandato, debido a que en esa etapa se llevó a cabo el más álgido periodo de intercambio de palabras entre ambos líderes. En dichos mensajes, se evidenciaron grandes hallazgos referidos a la relación entre la comunicación estratégica y la política exterior.

Por un lado, se mostró la importancia que juegan los medios en la opinión pública, y como, en el caso de Donald Trump, Twitter fue un medio clave para transmitir mensajes y llegar a los ciudadanos de una manera más llamativa, concreta e inmediata. En el caso de Kim, los mensajes se extraen de sus discursos públicos, mediante canales nacionales o por medio de fuentes del gobierno. Ambos mandatarios buscan llegar a la opinión pública local e internacional, e incluso haciendo alusión de manera indirecta a los conflictos que mantienen.

Por otra parte, el tipo de comunicación que ambos mandatarios emplearon permitió dar cuenta de cómo comunicar sus intereses y objetivos que apuntan a la legitimidad de sus gobiernos, demostrando una superioridad frente al otro y fortaleciendo aspectos como el militar sobre otros. Junto con ello, las agendas propias de cada líder se relacionan con dichos propósitos, debido a su intento de mantener un estatus dentro del territorio como una imagen frente a sus enemigos.

En conclusión, los principales hallazgos dan cuenta de la importancia que tienen los medios para la opinión pública nacional y para la internacional. Por lo tanto, la comunicación estratégica en materia de política exterior es clave para entender lo que pretenden establecer los líderes políticos en el exterior e interior de sus gobiernos. Los mensajes extraídos de las declaraciones de ambos mandatarios evidenciaron que, mediante una agresividad retórica, plasmaron sus intereses en materia de política exterior. Asuntos como la soberanía nacional, el desarrollo armamentístico, superioridad militar, entre otras, constituyen parte de los objetivos que desean trasmitir. Trump y Kim se utilizaron mutuamente para generar opinión, mediante su conflicto, y lograr una agenda propia con estilos diferentes.

6. REFERENCIAS

ABC Internacional (12 de noviembre 2017). Guerra de insultos entre Trump y Kim Jong-un: de «viejo lunático» a «gordo y bajo». *ABC*. https://n9.cl/yduhq

Álvarez, R. (2017). *La Estrategia Comunicacional de la Política Exterior de China hacia América del Sur: entre la hegemonía y la cooperación. Los casos de Brasil, Argentina y Chile (2008-2012)*. Ediciones Universidad Finis Terrae.

BBC Mundo (15 de abril 2012). El nuevo líder de Corea del Norte pronuncia su primer discurso. *BBC*. https://n9.cl/mh97r

BBC Mundo (8 de agosto 2017). Trump advierte que responderá con "fuego y furia" si Pyongyang amenaza a EE.UU. con armas nucleares y Pyongyang dice que estudia atacar Guam. *BBC*. www.bbc.com/mundo/noticias-internacional-40870537.

Boltaina, X. (2013). *Discurso de año nuevo de Kim Jong un: ¿una hoja de ruta para el cambio en Corea del Norte? Documento de Opinión 10/2013*. Instituto Español de Estudios Estratégicos.

Boltaina, X. (2015). *El discurso de Kim Jong-un en el tercer aniversario de su ascenso al poder: claves y perspectivas políticas, militares y económicas para Corea del Norte en el 2015. Documento Marco 8/2015*. Instituto Español de Estudios Estratégicos.

Boltaina, X. (2022). El régimen de Kim Jong Un y la constitución de Corea del Norte. El derecho constitucional al servicio de la supervivencia y consolidación del sistema. *Portes, Revista Mexicana sobre la Cuenca del Pacífico. Tercera época, 16*(31), 119-163.

Canales, M. (2006). *Metodologías de investigación social. Introducción a los oficios*. Lom Ediciones.

De Ojeda, J. (2018). Una nueva y distorsionada visión del mundo. *Política Exterior, 32*(185), 34-39. www.jstor.org/stable/27045817

Deutsche Welle (2016). *"Kim Jong-un habla de paz y unificación"*. *Deutsche Welle*. www.dw.com/es/kim-jong-un-habla-de-paz-y-unificaci%C3%B3n/a-18953597

Dumčiuvienė, A. (2016). Twiplomacy: the Meaning of Social Media to Public Diplomacy and Foreign Policy of Lithuania. *Lithuanian Foreign Policy Review*, 35, 92-118. http://doi.org/10.1515/lfpr-2016-0025

Easley, L. E. (20 de septiembre 2017). Trump amenaza con „destruir" Corea del Norte: los expertos reaccionan. *NkNews*. https://n9.cl/p07o6

Espinosa, J. (1 de enero 2017). Kim Jong Un dice que tendrá listo muy pronto un misil que puede alcanzar EEUU. *El Mundo*. https://n9.cl/91nc9

Gallant, K. (2021). Trump Plays the Devil – the Devil Plays Trump. En M. Demant e I. Harboe (Eds.) *Modern Folk Devils*. Helsinki University Press.

García, C. (2011). El interés nacional en el estudio de la política exterior. *Escenarios XXI. II*(10), 49-64.

Gómez, J. y Fedor, S. (2016). La comunicación. *Salus, 20*(3), 5-6. www.redalyc.org/articulo.oa?id=375949531002

González, M. A. (2016). Opinión pública y web 2.0. Las redes digitalizan el barómetro político en España. *Revista Mexicana de Opinión Pública, 21*, 95-113. https://doi.org/10.1016/j.rmop.2016.07.004

Guadamarra, H. A. (2022). La diplomacia digital en Twitter: el caso de México y Estados Unidos. *Investigación bibliotecológica, 36*(92), 33-57. https://doi.org/10.22201/iibi.24488321xe.2022.92.58572

Hernández, R., Fernández, C. y Baptista, M. (2014) *Metodología de la investigación* (sexta edición). McGraw-Hill.

Hudson, V. y Benjamin, S. D. (2020). *Foreign policy analysis: classic and contemporary theory*. Rowman & Littlefield.

Kfa-eh. (1 de enero 2018). *Mensaje íntegro de KIM JONG UN por el año nuevo 2018. Korearekiko Laguntasun Elkartea*. https://n9.cl/q7969

Koreaherald (22 de septiembre 2017). Texto completo de la respuesta de Kim Jong-un a Trump. *The Korea Herald*. www.koreaherald.com/view.php?ud=20170922000478

La Información (1 de enero 2014). Texto íntegro del discurso de Año Nuevo del dictador norcoreano Kim Jong-un. *La Información*. https://n9.cl/y3q9h

Liptak, K. y Diamond, J. (2017). Trump en la ONU: "El hombre cohete está en una misión suicida. *CNN español*. https://n9.cl/7l40c8

Lluch, P. (2015). Podemos: nuevos marcos discursivos para tiempos de crisis. Redes sociales y liderazgo mediático. *Dígitos. Revista de Comunicación Digital,* 1, 111-125. http://dx.doi.org/10.7203/rd.v0i1.6

NkNews (20 de septiembre 2017). Trump amenaza con "destruir" Corea del Norte: los expertos reaccionan. *NkNews.* https://n9.cl/p07o6

Novak, F. y Nahmias, S. (2018) *La política exterior de Donald Trump y su impacto en América Latina.* Instituto de Estudios Internacionales, Pontificia Universidad Católica del Perú. Konrad Adenauer Stiftung.

Reshetnikova, L. (2018). E-Diplomacy as Instrument for establishment of Interethnic Relations. *CILDIAH. SHS Web Conferences,* 50, 01144.

Shin, G. W. y Moon, R. J. (2018). North Korea in 2017: Closer to being a nuclear state. *Asian Survey, 58*(1), 33-42. https://doi.org/10.1525/AS.2018.58.1.33

Toloraya, G. (20 de septiembre 2017). Trump amenaza con „destruir" Corea del Norte: los expertos reaccionan. *NkNews.* https://n9.cl/p07o6

Tomassini, L. (1988). *Relaciones Internacionales: teoría y práctica.* PNUD-CEPAL. Documento de Trabajo nº 2.

EXPLORANDO LOS JUEGOS DE ROL COMO ESPACIOS CREATIVOS PARA LAS MARCAS

Magdalena Mut Camacho, María Flores Chapa[1]

1. INTRODUCCIÓN

Las marcas buscan continua y tenazmente nuevas formas de mostrarse al público de forma natural en un mundo cada vez más digitalizado con diversidad de canales. Así, en la búsqueda de formatos menos intrusivos para alcanzar al público objetivo, los videojuegos surgen como una de las opciones ideales debido a su bajo coste y su capacidad para lograr un alcance elevado con un público muy específico. Si revisamos las acciones comunicativas que las marcas emplean actualmente en los videojuegos, encontramos originales formas de conectar la marca con el público a través de una interacción más directa y personalizada. Así, hallamos acciones donde las marcas diseñan personajes, misiones o eventos especiales dentro de los juegos que involucran a los jugadores, los *streamers* y los espectadores, brindándoles una experiencia más relevante y entretenida, y vinculando esta emocionalidad a la marca.

En concreto, los servidores de *role-play*, también conocidos como servidores de juegos de rol en línea, están revelándose como innovadores escenarios publicitarios que permiten a las marcas interactuar con los usuarios de manera creativa y envolvente. Por otra parte, encontramos en la plataforma Twitch a un facilitador de la estrategia de comunicación, uno de los principales medios de consumo de contenido relacionado con videojuegos y un canal de preferencia para los *streamers* y para los espectadores. Entre los juegos más retransmitidos está Grand Theft Auto V (GTA V), un juego de rol de gran éxito y uno de los videojuegos más retransmitidos y más visualizados en la plataforma. Además, se añade que existen momentos de alta audiencia en esta categoría de videojuegos cuando se emiten series de *streamers* dedicadas a este videojuego en su versión *role-play*. Los elevados números de audiencia que se consiguen en estas series ha despertado el interés de las marcas por integrar mensajes publicitarios en los servidores, lugares donde cientos de jugadores pueden jugar a la vez a GTA V en modo *role-play*.

Por tanto, partimos de la hipótesis de que realizar una acción comunicativa en los videojuegos de *role-play* supone para la marca conseguir la participación activa y un grado de lealtad hacia la marca desde una relación nueva, más en sintonía con el público que la observa. La marca trabaja la afinidad con su público al conectar de forma positiva con sus

---

1.   Universitat Jaume I de Castellón (España)

predilecciones, al mostrar que conoce sus intereses y que los comparte al contribuir en el entretenimiento y, por tanto, añadiéndole valor emocional a la marca.

Por otra parte, la publicidad en servidores de *role-play* puede generar un boca a boca positivo, ya que los jugadores suelen compartir sus experiencias y recomendar productos o servicios dentro de la comunidad.

De esta manera, el objetivo del siguiente trabajo de investigación es adentrarse en la valoración que hacen las comunidades ligadas al mundo del *role-play* sobre la posibilidad de integrar a las marcas en el videojuego y cuál es el formato idóneo para hacerlo. Asimismo, mediante técnicas cualitativas se reflexiona acerca de qué marcas podrían adentrarse en estos servidores y de los factores a tener en cuenta durante la elaboración de una acción de comunicación en este tipo de juego.

2. LOS JUEGOS DE ROL COMO RELATOS TRANSMEDIA

Los juegos de rol tradicionales constituyen un tipo de actividad lúdica y de ocio donde varios jugadores interactúan presencialmente (Asensio, 2015). El objetivo principal de estos juegos consiste en desarrollar y concluir la historia en colaboración con el resto de los jugadores. Para ello, deberán enfrentarse a diferentes desafíos y tomar una serie de decisiones (Peña, 2018) haciendo uso de la creatividad y de la imaginación (Beneddito, 2013), las cuales repercutirán positiva o negativamente en la historia, y también sobre la experiencia de juego a nivel individual y colectivo (Jiménez, 2015).

Internet ha permitido la creación de mundos virtuales disponibles durante las 24 horas del día (González, 2010), donde se concentra una gran cantidad de usuarios (Alfonso y Maya, 2016) y cuyas interacciones se producen en tiempo real (Contreras, 2015). Una de sus principales características es que son mundos verosímiles en sus escenarios y en las acciones que los jugadores pueden realizar. Otro aspecto a tener en cuenta es que los mundos abiertos MMORPG (*Massively multiplayer online role-playing game*) han instaurado la tendencia entre los jugadores de dejar de lado el relato que propone el videojuego y actuar libremente (Santamera, 2014). Así, algunos MMORPG suprimen estructuras de misiones y objetivos a completar de forma ordenada (Yee, 2006) y, con el fin de proporcionar la libertad que buscan los jugadores, se plantea una menor rigidez en las normativas de los servidores. Toda esta nueva forma de participar en el juego más individualizada y única, ha creado unas narrativas más complejas en el *role-play* que acaban siendo las preferidas por los jugadores y por el público de los *streamers*, ya que, mejoran la propuesta los juegos de rol tradicionales (Santamera, 2014).

Consecuentemente, la identificación de los juegos de rol como narrativas transmedia ha implicado una nueva manera de nombrar a la audiencia, dado que el papel de los espectadores no se limita al consumo de contenidos audiovisuales, sino que también crean y comparten contenido, convirtiéndose en un prosumidor del videojuego. En sus manifestaciones creativas este prosumidor toma como propios los mundos narrativos sobre los que se ha construido el relato para presentar nuevas perspectivas o extender la historia, dando lugar a tramas y escenas novedosas, no canónicas, incluso a nuevos personajes que no forman parte del relato real. Entre las diversas formas de representar sus creatividades, las más habituales son el *fan-art* y el género de escritura *fan-fiction*, desde donde los prosumidores tienen un perfil creativo y participativo (Asensio, 2015).

Además de esta faceta creativa de los prosumidores también participan como prescriptores del rol, lo que implica que los expectadores son los encargados de gestionar toda aquella información relevante ligada al mundo narrativo en el que se desarrolla la historia y de aproximar a nuevas audiencias a ella (Asensio, 2015).

3. MUNDOS VIRTUALES DE ROL-PLAY EN GRAND THEFT AUTO V

Los mundos virtuales constituyen espacios de socialización en el entorno online donde sus participantes interactúan y se relacionan de diferentes maneras haciendo uso de un avatar (Bastidas, 2020). Grand Theft Auto V (GTA V) es un juego perteneciente a la compañía RockStar que combina la acción, la aventura y la simulación. Sus principales características residen en el concepto abierto de juego que permite al jugador moverse libremente por el mapa para explorar los diferentes espacios que lo componen, así como interactuar con elementos del entorno y realizar diferentes actividades (Bastidas, 2020). El mundo virtual que se presenta en el videojuego se desarrolla en una ciudad ficticia denominada Los Santos, la cual se inspira en la ciudad de Los Ángeles.

El modo *role-play* en GTA V es una versión modificada del videojuego original. Para acceder a esta versión del juego se debe entrar en un servidor, entendiéndose este como espacio donde se encuentra el mundo virtual en el que el jugador interpretará a su personaje y mostrará su historia. Todos los servidores de *role-play* están sujetos a una normativa que todos los jugadores deben acatar, con el fin de garantizar una experiencia positiva y un rol de calidad (Márquez, 2022). Este reglamento incluye comandos que los usuarios deben conocer y que son de uso obligatorio. En caso de incumplimiento, los jugadores pueden enfrentarse a una sanción, que puede implicar una expulsión de forma parcial o permanente. Por tanto, conocer las características de los servidores en los que residen los mundos virtuales de GTA V, así como su funcionamiento, es fundamental para crear acciones comunicativas coherentes con la normativa y con la ambientación del mundo virtual de cada servidor, así como para la selección del servidor.

En los videojuegos existe una dualidad en su consumo, por un lado, puede ser adquirido para ser jugado y, por otro lado, puede consumirse como contenido de entretenimiento a través de las plataformas de *streaming* (Mut, 2022). Actualmente, la plataforma Twitch se ha convertido en la plataforma preferida de los usuarios para consumir retransmisiones en directo, especialmente contenido relacionado con videojuegos (Tirado, 2021). Esto se debe principalmente al grado de interacción directa que existe tanto entre los espectadores y el *streamer*, de este modo se conforman las comunidades en torno al creador de contenido (Soto, 2022).

Un punto de inflexión importante en el consumo de contenido sobre videojuegos fue la pandemia, Twitch experimentó un crecimiento exponencial haciendo que muchos *streamers* de la plataforma vivieran su momento de máxima audiencia en sus directos y en las visualizaciones posteriores (Mut, 2022). La tendencia siguió en alza durante el 2021, multiplicando la cantidad de horas vistas respecto al año anterior (Tirado, 2021) y se mantuvo constante hasta en noviembre del año 2022, momento en el que se dio una caída de audiencias hasta la actualidad que se ha ido estabilizando.

Grand Theft Auto V se encuentra en el tercer puesto en la categoría de juegos más vistos por los espectadores durante el año 2020 y 2021 (Sullygnome, s.f.), mientras que en el año 2022 ha ocupado el quinto puesto. Entre el contenido preferido de los espectadores se encuentran las series de Twitch (Soto, 2022), éstas son proyectos en torno a un videojuego, lideradas por un o una *streamer* que invita a otros y otras *streamers* a participar, de modo que los creadores de contenido crean una gran audiencia juntando sus seguidores (Soto,

2022). Un ejemplo de series exitosas de *role-play* ha sido Marbella Vice (2021) y London Eye (2022).

4. OBJETIVOS DE LA INVESTIGACIÓN

Teniendo en cuenta que los servidores de rol en GTA V no habían sido estudiados anteriormente desde una visión centrada en la comunicación y la publicidad, este trabajo se presenta como una primera base teórica que estudia estos espacios como propuesta para tener en cuenta por las marcas.

Por ello se ha establecido como objetivo principal identificar las ventajas que puede proporcionar a las empresas introducir publicidad en este modo de juego. Por tanto, se pretende dar respuesta a la siguiente pregunta: ¿Constituyen los servidores de GTA V *role-play* una oportunidad para la comunicación de las empresas?

Para dar respuesta a esta incógnita, se han planteado los siguientes objetivos:

- Estudiar las características de los servidores de *role-play* para poder analizar en profundidad las posibilidades para las marcas, teniendo presente la existencia de Twitch como portal que da visibilidad a este modo de juego.
- Determinar el conocimiento que existe sobre los servidores de *role-play* en el mundo profesional publicitario.
- Conocer la opinión de los usuarios de *role-play* (jugadores y espectadores) a la entrada de publicidad en estos.

5. METODOLOGÍA

De acuerdo con los objetivos que guían la investigación, se propuso el siguiente diseño de investigación desarrollada en dos fases: en primer lugar, se realizó una encuesta a usuarios de servidores de *rol-play* para obtener información sobre la acogida de la publicidad en ellos y sobre qué formatos consideran preferibles. En segundo lugar, se analizó el discurso de los propósitos enunciados en dichas webs y, finalmente, se contrastaron los resultados hallados con una serie de entrevistas en profundidad a profesionales expertos en la materia.

Para el cumplimiento de los objetivos planteados, se usó la siguiente metodología:

- Encuesta a consumidores de contenido *role-play* a través de las plataformas de *streaming* y encuesta a jugadores de *role-play* para conocer su postura ante la entrada de publicidad en estos mundos virtuales.
- Entrevista en profundidad a profesionales de la publicidad para conocer su opinión sobre los servidores de *role-play* como espacios publicitarios.

6. DESARROLLO DE LA INVESTIGACIÓN

6.1. Fase cuantitativa: encuestas

Con el cuestionario se obtuvo información de los consumidores de contenidos sobre el videojuego acerca de la acogida que tiene la publicidad en los servidores de GTA V *role-play*, sobre cuáles son los formatos que consideran preferibles para futuras acciones comunicativas y si introducir publicidad es una propuesta de interés para las marcas y para los jugadores y *streamers*.

El segundo cuestionario tuvo como muestra a los consumidores de GTA V *role-play* en Twitch, personas pertenecientes a los servidores de GTA V *role-play* miembros de Infames RP, Origen RP y NoPixel RP (los espacios de rol más importantes de habla hispana). Con el fin de alcanzar a la mayor cantidad posible de personas pertenecientes a los grupos de población escogidos, la encuesta fue creada y difundida de forma online a través de canales de Discord donde se concentran las personas que consumen el contenido.

6.1.1. Resultados del cuestionario

Una vez creado el cuestionario y difundido a través de los canales mencionados anteriormente, se obtuvieron un total de 75 respuestas distribuidas de la siguiente manera: un 73,3% son consumidores de GTA V *role-play*, un 24% pertenecen a la comunidad de roleadores en servidores de GTA V *role-play* y un 2,7% de los encuestados manifestaron no consumir ni conocer el tema. Por lo que, se han descartado y se ha trabajado con un total de 73 respuestas válidas.

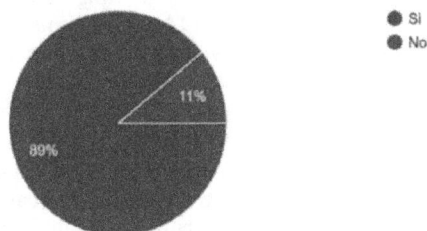

Figura 1. Percepción positiva (sí) o negativa (no) sobre la participación de las marcas en los servidores de GTA V role-play. Fuente: Elaboración propia, 2023.

La mayoría de los usuarios (89%) afirman que las marcas ofrecen un aspecto positivo para los servidores y la comunidad de miembros que los conforman (figura 1). Las motivaciones más mencionadas fueron porque sirven para generar nuevos roles en torno a la marca y, por tanto, se crearán nuevas experiencias e interacciones. También porque son ingresos que ayudan a mejorar el servido y, por tanto, tener una experiencia de juego más buena. Otros comentaron que serviría para atraer a más personas a participar en el servidos, ya sea jugando o como espectador de un *streamer*.

¿Qué tipo de publicidad consideras que es preferible para los servidores de GTA V Role-Play?
65 respostes

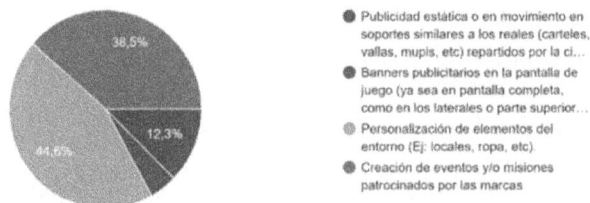

- Publicidad estática o en movimiento en soportes similares a los reales (carteles, vallas, mupis, etc) repartidos por la ci...
- Banners publicitarios en la pantalla de juego (ya sea en pantalla completa, como en los laterales o parte superior...
- Personalización de elementos del entorno (Ej: locales, ropa, etc).
- Creación de eventos y/o misiones patrocinados por las marcas

Figura 2. Acción publicitaria preferida. Fuente: Elaboración propia, 2023.

Preguntados sobre qué tipo de actuación de las marcas prefieren dentro del videojuego (figura 2), encontramos respuestas como que el tipo ideal sería la publicidad que personalice elementos del entorno del juego (44,6%). Asimismo, el 38,5% señala que la presencia de la marca preferible sería en eventos o misiones patrocinadas por ellas. En menor medida, con un 12,3% se señala que es preferible un tipo de publicidad estática en soportes que se asemejan a los utilizados en la vida real y con un 4,6% prefieren la aparición de banners publicitarios en algún punto de la pantalla de juego.

Los que manifestaron estar en contra de la participación de marcas en el videojuego se justificaron con argumentos como que la entrada de las marcas puede suponer cambios en la normativa del servidor que puede repercutir sobre la flexibilidad de los roles y en que esta participación podría interferir negativamente en la experiencia de los jugadores en el servidor.

Se les cuestionó sobre las ventajas o desventajas para las marcas a participar en este tipo de videojuego. Los encuestados, conocedores del funcionamiento de los servidores, así como de las posibilidades que ofrecen, consideran que estos son el soporte ideal para alcanzar eficazmente a un público joven e interesado en el mundo del *gaming*. También se afirmó que, "siempre y cuando la marca proporcione una buena experiencia para los usuarios, esta participación repercutirá positivamente sobre la marca". Asimismo, se mencionó que este tipo de comunicación puede servir a las marcas para afianzar su identidad sobre valores relacionados con la modernidad, la creatividad y la innovación. Por último, los usuarios creen que son una buena opción porque se tratan de un medio menos intrusivo frente a otros más convencionales.

Las desventajas que se mencionaron fueron que este tipo de actuación es aún un terreno inexplorado, lo que implica que no haya datos sobre cuál puede ser el impacto que se puede conseguir con ellos. En segundo lugar, también se consideraba que estas acciones no las ven indicadas para todas las marcas por ciertos tipos de roles habituales en los servidores, como es el caso de tramas ligadas al tráfico de drogas, uso de armas, mafias y asesinatos. Finalmente, otros afirman no ser una buena propuesta pues las personas que juegan y consumen contenidos de GTA V *role-play* tienen características muy concretas, lo que reduce las posibilidades de que las acciones de la marca tengan un gran alcance.

6.2. Fase cualitativa: entrevistas

La investigación continuó con 12 entrevistas a profesionales que sirvieron para conocer el punto de vista de los expertos del sector de la comunicación y la publicidad una vez extraídas las conclusiones de las encuestas.

En la entrevista se trataron las temáticas sobre las posibilidades y opciones de realizar una campaña publicitaria en los servidores de GTA V *role-play* haciendo distinción entre los servidores exclusivos para *streamers* y aquellos abiertos a jugadores anónimos. Además de comprobar si las plataformas de retransmisiones en *streaming* son imprescindibles para el funcionamiento de estas campañas.

El modelo de entrevista utilizado fue semiestructurada para facilitar que el entrevistado respondiese de forma abierta a las cuestiones planteadas. Este tipo de estructura también brinda la posibilidad al entrevistado de tratar otras temáticas ligadas a las preguntas, así como da libertad para que profundice lo que considere en sus contestaciones (Diaz-Bravo, Torruco-García, Martínez-Hernández y Varela-Ruiz, 2013). Se efectuó la selección de profesionales a través de LinkedIn centrándose en aquellos profesionales que trabajan el tipo de contenidos *gaming* que interesaban para la investigación.

6.2.1. Resultados de las entrevistas

Una de las principales ideas que se extrajo de las entrevistas es que decantarse por un servidor exclusivo para creadores de contenido o por un servidor abierto para jugadores desconocidos es un aspecto que dependerá de la marca y de las características de esta, pero que la experiencia ha demostrado que desde servidores para *streamers*, las marcas se garantizan un número de impactos muy elevado, dada la cantidad de *streamers* reconocidos con audiencias que alcanzan los millones de espectadores. Por otra parte, una de las ventajas que proporcionan los servidores pequeños es que las marcas locales con bajos presupuestos podrían acceder a hacer publicidad en ellos y también lograrían impactar, ya que en estos también hay jugadores que hacen retransmisiones en *streaming*. Asimismo, se comenta la importancia de conocer el perfil de los participantes del juego con el fin de conseguir cierta seguridad en cuanto a las interacciones del juego entre jugadores y los jugadores con la marca. Aunque es cierto que es más fácil conocer el perfil de creadores de contenido famosos, también es posible investigar acerca de jugadores no tan conocidos. Así pues, se añade que es preferible hacerlo en un servidor privado para evitar vincular a la marca con comportamientos negativos, los cuales son muy frecuentes por el tipo de roles que se dan en el juego, aunque es cierto que hay marcas en las que pueda interesar las realidades que se dan en estos mundos virtuales.

También se destacó que aquellas marcas que se están planteando introducir publicidad en un servidor (exclusivo para *streamers* o abiertos al público) deben tener cuidado con el tipo de acción publicitaria que se elabora y que se debe tener presente el entorno sobre el que está creado dicho servidor y si la entrada de la marca procede. De este modo, se asegurarán de que su reputación no se vea afectada negativamente.

En cuanto al tipo de anunciantes se remarca que son acciones para marcas que buscan al público joven. Así pues, estas deben tener una buena reputación entre esos jóvenes, que la tecnología no suponga una limitación para esa marca y que sean atrevidas. También se menciona que es preferible que no sea una marca demasiado grande, sino una marca pequeña o mediana que tenga mucho que ganar con este tipo de campaña.

Asimismo, con respecto a los aspectos fundamentales en la elaboración de una acción publicitaria en un servidor de *role-play*, se afirma que la coherencia es el elemento más importante, tanto con la marca como con el público objetivo. En el caso de dirigirse a servidores exclusivos para *streamers* se debe tener muy presente cómo serán las interacciones de estos con la marca. Así pues, también se debe tener en cuenta qué otras marcas pueden participar en estos servidores, por lo que hay que evitar adentrarse en proyectos donde participan otras marcas con las que puede haber un conflicto.

Además, se pone el foco sobre la importancia de tener una buena conexión con el público objetivo y decantarse por este tipo de videojuegos en función de las características de su público. Especialmente, refiriéndose a aquellas marcas tradicionales o que buscan modernizarse pues, en caso de no hacer una buena acción de comunicación, puede generar una percepción negativa. Se pone especial énfasis en que la acción que se efectúe en el videojuego sea una acción que aporte a ese entorno con su presencia y que debe ser una activación viva que vaya más allá de colocar el logotipo.

Finalmente, se considera que la acción de comunicación debe plantearse de forma que la marca cobre protagonismo sobre los roles que se crean y que debe plantearse de forma transversal, de modo que la acción no se limite al propio servidor, sino que se complemente con las redes sociales y se creen otro tipo de acciones con las fomentar la participación del espectador.

En general, los entrevistados hacen una valoración positiva sobre estos servidores por las posibilidades infinitas que ofrecen para las marcas, pues están pueden acompañar y enriquecer la historia de los jugadores, siendo estos los verdaderos protagonistas y no siendo intrusiva o molesta. Se recuerda que siempre es momento para hacer uso de nuevos soportes para evitar la saturación publicitaria.

7. CONCLUSIONES

Tal y como se ha expuesto, la pandemia dio visibilidad al videojuego Grand Theft Auto V en su versión modificada apta para hacer *role-play* en servidores, convirtiéndose en una de las categorías preferidas de la audiencia en Twitch (Sullygnome, s.f). Este fenómeno que mostró como el número de espectadores de los *streamers* aumentaba exponencialmente durante las retransmisiones realizadas durante ese periodo de tiempo, así como la creación de series de contenido específico en este juego, ha despertado el interés de las marcas por adentrarse en este videojuego como una forma de innovar en sus estrategias de comunicación.

Esta investigación ha demostrado que los servidores de GTA V *role-play* constituyen una oportunidad para la comunicación de las empresas por variados motivos.

En primer lugar, se ha comprobado como el público espectador de la publicidad y los profesionales creativos del sector de los videojuegos consideran que las acciones publicitarias de las marcas son positivas ya que éstas ofrecen nuevas experiencias de juego.

Además, sumado a los beneficios que las marcas ofrecen directamente a los jugadores del servidor, se debe tener presente que, gracias a la creación de contenido en *streaming*, las tramas que se generan en estos mundos virtuales se convierten en narrativas transmedia. Esto implica que los jugadores pueden difundir contenido ligado a los roles y estos ser consumidos por un público que, además, genera nuevos contenidos a partir de aquello que ve (Asensio, 2015). Con lo cual, cuando las marcas deciden adentrarse en los servidores de rol, deben ser conscientes de que se dirigen a prosumidores que crean contenido relacionado con su activación tras entrar en contacto con ella.

Una de las conclusiones más significativas que se ha extraído del estudio es que el tipo de publicidad preferida por los consumidores del videojuego, tanto *gamers* como espectadores del *streamer*, es la acción de la marca sobre la personalización de elementos del entorno y la creación de eventos y/o misiones patrocinadas. De ambas formas las marcas se perciben de forma positiva, siempre y cuando aporten valor a la experiencia virtual.

En otro orden de cosas, de las respuestas negativas a la acción publicitaria de las marcas se extraen las diferentes preocupaciones de las comunidades que participan de estos servidores. Estos consideran que todo aquello que altere negativamente los roles, la experiencia de inmersión o el estado del servidor a nivel administrativo será considerado como intromisión de la marca en el mundo virtual.

Asimismo, las entrevistas realizadas a profesionales del sector han arrojado una serie de datos que permiten conocer algunas de las peculiaridades de estos espacios desde el punto de vista publicitario y otros aspectos sobre los que se deben tener conocimiento antes de adentrarse en este videojuego. En primer lugar, para la selección del tipo de servidor sobre el que se insertará publicidad, la marca debe llevar a cabo una fase de investigación sobre sus características. Las posibilidades de las marcas se regirán en gran medida por su presupuesto, ya que, hay una amplia variedad de servidores que hacen que unos sean más accesibles a grandes marcas y, a la vez, para pequeñas marcas con presupuestos más reducidos.

Otro aspecto que debe ser investigado por las marcas es el perfil de los jugadores del servidor escogido para determinar cómo serán sus interacciones con la marca, así como de otras marcas que participen en él. En definitiva, las empresas deben evitar que la marca se vea vinculada a malas conductas por parte de los jugadores y otros conflictos que puedan afectarle.

La participación de *streamers* famosos en un servidor es garantía de un impacto superior, en comparación con otros servidores donde conviven jugadores anónimos y pequeños creadores de contenido. Desde este punto de vista, Twitch y otras plataformas *streaming* se convierten en portales que participan en el proceso de difusión de las piezas publicitarias. Por tanto, el alcance de una campaña publicitaria en estos servidores depende en gran medida de la presencia de los creadores de contenido y del alcance que ellos mismos tengan.

Tras la fase de investigación es importante que la marca sea conocedora de las motivaciones y objetivos con los que se rige el servidor, el entorno en el que los jugadores desarrollan sus roles y la normativa del servidor. Teniendo estos aspectos en cuenta, los publicitaros deben ser capaces de encontrar un hueco donde la marca encaje y, además, aporte algo nuevo a la experiencia de los jugadores. Así, se comprueba como se está abriendo un mundo lleno de posibilidades creativas para las marcas.

En conclusión, se puede afirmar que los servidores de rol en Grand Theft Auto V son una propuesta innovadora para las marcas por su accesibilidad, su visibilidad y el alcance que se puede conseguir gracias a las plataformas de *streaming*. Todo ello sumado a la importante repercusión que se puede obtener gracias a las interacciones de sus participantes con la marca y sobre un público objetivo que consume y recrea contenidos de lo que ve. Además, la clave estratégica de una campaña publicitaria en este videojuego es aportar valor a la experiencia de los jugadores y de sus seguidores e integrarse en el entorno y no interferir en su cultura ni en las estructuras sobre las que los servidores están construidos.

8. REFERENCIAS

Adelantado, E. y Martí, J. (2021). El fenómeno fan y los videojuegos publicitarios: Un caso de estudio de modding aplicado a los advergames. En I. Bort, S. García, y M. Martín (Eds.), *Nuevas tendencias e hibridaciones de los discursos audiovisuales en la cultura digital contemporánea*. Universitat Jaume I.

Acevedo Merlano, A. A. y Maya Soto, N. (2016). Difusión de realidades: comunidades virtuales presentes en los videojuegos de rol en línea. (Caso Aguabrial-Dofus - Periodo 2012-2013). *Education in the Knowledge Society (EKS), 17*(2), 133–148. https://doi.org/10.14201/eks2016172133148

Arteneo (2023, 25 marzo). *Fan Art, el Arte hecho por fans* (2016). Arteneo. https://www.arteneo.com/blog/fan-art-arte-hecho-por-fans/

Asensio Duarte, P. (2015). El jugador de rol en el entorno digital: Una nueva audiencia para las narrativas transmedia. *Sphera Publica*, 15, 34–56. https://sphera.ucam.edu/index.php/sphera-01/article/view/250

Bastidas, K. A. y Sánchez, R. D. (2020). *Comunidad, interacción, membresía y videojuegos. Un análisis centrado en las formas de interacción en el videojuego GTAV* (Trabajo final de grado). Universidad Central del Ecuador, Ecuador. http://www.dspace.uce.edu.ec/handle/25000/22201

Beneditto, G (2013). *Los juegos de rol online, la identidad de juego*. file:///D:/01Descargas%20Internet/Los_juegos_de_rol_online_la_identidad_en.pdf

Contreras, R. (2014). Juegos de rol multijugador masivos: la importancia de los personajes en el aprendizaje colaborativo. En J. E. Gonzálvez, y M. Valderrama, *Comunicación actual. Redes sociales y lo 2.0 y 3.0*. McGraw-Hill.

Díaz-Bravo, L., Torruco-García, U., Martínez-Hernández, M. y Varela-Ruiz, M. (2013). La entrevista, recurso flexible y dinámico Investigación. *Educación Médica, 2*(7), 162-167. Universidad Nacional Autónoma de México.

Sullygnome. (2023, 4 abril). *Espectadores de Twitch entre el lunes 6 de enero (2020) y el viernes 30 de diciembre (2022)* (español). https://sullygnome.com/2022?language=es

Sullygnome. (2023, 3 de marzo). *Espectadores diarios promedio/pico de Grand Theft Auto V, entre el lunes 1 de enero (2018) y el martes 27 de diciembre (2022)* (español). https://sullygnome.com/game/Grand_Theft_Auto_V/2018

Sullygnome (2023, 23 marzo). *Canales hispanohablantes que retransmiten GTA V en Twitch*. Grand Theft Auto V. https://sullygnome.com/game/Grand_Theft_Auto_V/2018

Fanjul-Peyró, C., González-Oñate, C. y Peña-Hernández, P. (2019). eGamers' influence in brand advertising strategies. A comparative study between Spain and Korea. [La influencia de los jugadores de videojuegos online en las estrategias publicitarias de las marcas. Comparativa entre España y Corea]. *Comunicar*, 58, 105-114. https://doi.org/10.3916/C58-2019-10

García, A. (2020). GTA Roleplay o cómo triunfar en Twitch. *El Plural*. https://www.elplural.com/esports/influencers/gta-roleplay-triunfar-

Garro, J. (2020). El fascinante mundo de los servidores roleplay de GTA V: Cuando jugar implica "interpretar" a tu personaje. *Xataka.com*. https://n9.cl/t3ddnv

Gil, E. (2006). *La Web 2.0*. https://studylib.es/doc/7133646/la-web-2.0

Gómez, C. (2018). *Técnicas de investigación social cuantitativas*. Digibug.

González Herrero, A. (2011). La convergencia de los videojuegos online y los mundos virtuales: situación actual y efectos sobre los usuarios. *ZER: Revista De Estudios De Comunicación = Komunikazio Ikasketen Aldizkaria, 15*(28). https://doi.org/10.1387/zer.2352

Jiménez-Rangel, M. (2015). *Los Juegos de Rol, herramienta comunicativa generadora de narrativas hiperreales interactivas.* (Conferencia). Encuentro Nacional AMIC. Universidad Autónoma de Querétaro, México.

Márquez-Pareja, P. (2022) *Identidad digital: La ideología de género en la realidad virtual a través del roleplay* (Trabajo fin de grado). Universidad de Huelva. España.

Mut Camacho, M. (2022). Los videojuegos, un territorio narrativo para las marcas: caso Tortillaland. *Visual Review. Revista Internacional de Cultura Visual, 10*(4), 1–10. https://doi.org/10.37467/revvisual.v9.3618

Peña, J. (2018). *El juego de rol como protagonista del aprendizaje en la educación plástica* (Trabajo de Fin de Grado). Universitat Jaume I de Castellón. España.

Rhoton, S. (s.f). *Cómo jugar GTA Roleplay en PC: qué necesitas, reglas y servidores.* LigadeGamers. https://www.ligadegamers.com/gta-roleplay-pc/

Santamera, S. (2014). *Las características narrativas en los videojuegos de rol entre 1990 y 2000 y su evolución en los juegos MMORPG* (Trabajo de fin de grado). Universidad Carlos III. Madrid, España.

Soto, M. (2022). *Twitch como medio de consumo de contenido audiovisual* (Trabajo de Fin de Grado). Universidad de Sevilla. España.

Tirado, H. (2021). *Twitch: análisis de tendencias y de los streamers más populares en España (2021)* (Trabajo de Fin de Grado). Universitat Jaume I de Castellón. España.

Vargas, I. (2012). La entrevista en la investigación cualitativa. *Calidad en la Educación superior, 3*(1), 119-139.

Vicent, J. (2021). *Qué es y para qué sirve Steam.* https://www.trecebits.com/que-es-y-para-que-sirve-steam/

Yee, N. (2006). The Psychology of Massively Multi-User Online Role-Playing Games: Motivations, Emotional Investment, Relationships and Problematic Usage. En R. Schroeder, y A. S. Axelsson (eds.). *Avatars at Work and Play. Computer Supported Cooperative Work, 34,* Springer. https://doi.org/10.1007/1-4020-3898-4_9

EL ESPECTADOR DE PLATAFORMAS VOD COMO CREADOR DEL BRANDED CONTENT EN REDES SOCIALES

Silvia Nistal García[1]

El presente texto nace en el marco de un proyecto CONCILIUM (931.791) de la Universidad Complutense de Madrid, "Validación de modelos de comunicación, empresa, redes sociales y género".

1. INTRODUCCIÓN

El presente texto se plantea como una evaluación del impacto que producen las estrategias de contenido que las plataformas audiovisuales activan a través de las redes sociales con el fin de dar a conocer sus productos y redirigir tráfico a sus portales.

El estudio del contenido que crean y comparten los usuarios pretende entender el comportamiento de los espectadores y cómo sus actividades en el contexto social contribuyen a la creación de un significado compartido y una identidad alineada con los valores que identifican a la comunidad.

En esta investigación se incluye una introducción a la evolución de las plataformas de VoD (*Video on Demand*) y al lugar que ocupan las redes sociales en la actualidad para poder comprender cómo se establecen sus sinergias.

A continuación, se realiza un estudio de caso sobre la estrategia de marketing de contenidos que Netflix pone en marcha para la promoción de la serie *Miércoles*. Gracias al análisis exhaustivo de la interacción, durante la primera semana de emisión a través del *hashtag* usado por la plataforma, podemos observar cómo se cultiva una audiencia que se mantiene activa durante meses, visualizando y creando nuevo contenido y, en definitiva, contribuyendo a la efectividad de la estrategia transmedia.

2. OBJETIVOS

Este estudio pretende analizar y examinar los procesos de interacción, el alcance de los nuevos formatos y su impacto en las industrias culturales y las comunidades digitales. Se trata de responder a cuestiones tales como cuál es el proceso de interacción que se produce entre comunidades gracias a las narrativas digitales, cómo los mensajes se ven condicionados por el tipo de plataforma y cuál es el rol de las industrias para favorecer

---

1. Universidad de Alcalá (España)

procesos de mediación. Es necesario conocer en qué medida estos productos culturales, dirigidos o espontáneos, son complementarios y cuál es el rol de las industrias para favorecer los procesos de mediación, lo que permitiría tener una aproximación a las nuevas oportunidades que se abren.

El objetivo es estudiar y conocer el papel de las narrativas digitales y cómo estas acciones influyen en el consumo de los productos. Se trata también de delimitar cómo estos contenidos, enmarcadas dentro del contexto cultural, suponen la representación colectiva elaborada a partir de los mensajes creados y/o transmitidos por el usuario.

Por otra parte, se analizan los procesos de interacción que nacen dentro de los núcleos culturales gracias a los contextos multiplataforma: canales que dan soporte a los discursos multimodales de las potenciales audiencias de las plataformas VoD.

3. MARCO TEÓRICO

La aparición de las redes sociales ha conseguido que las audiencias puedan ejercer un papel activo y desarrollar interacciones dentro de comunidades de seguidores, es decir, la audiencia pasa a ejercer un papel activo. Los modelos de los medios de comunicación convencionales eran de caracter unidireccional, en él solo creaban contenido los profesionales de la industria audiovisual. El paradigma cambia con la aparición de las redes sociales que han dotado a la figura del espectador de un enfoque más participativo ya que la audiencia además de consumir crea, comparte y recomienda.

Hay diferentes estudios que analizan este contexto como la teoría de la participación ciudadana, que sostiene que las redes sociales han cedido poder a las audiencias y, tal y como afirma Shirky (2008), éstas han democratizado la producción y distribución de información dando a la audiencia la capacidad de influir en los procesos de toma de decisiones. Las redes sociales han facilitado la comunicación bidireccional, tal y como sostiene McQuail (2010), pues en el escenario actual, la audiencia puede interactuar directamente con los creadores de los contenidos facilitando retroalimentación y la multiplicación de audiencia, efecto que, según Papacharissi (2010), supone un crecimiento exponencial de la audiencia potencial gracias a la viralización e interacción a través de las redes sociales.

Los diferentes tipos de redes sociales permiten un enfoque y características que se adaptan a las inquietudes del usuario, pero también a las marcas, en este caso plataformas VoD que elaboran estrategias de comunicación adaptadas a cada canal con el fin de captar audiencias y motivar la conversación social que repercutirá en tráfico hacia la web, suscripciones, reputación o colaboraciones comerciales.

Los tipos de redes sociales son variados en función del formato o el contenido. Así, Linkedin es una red de perfiles profesionales, o plataformas como Reddit, Goodreads o Quora son comunidades y foros especializados, con ellas conviven blogs como Blogger o Wordpress, y las bitácoras de contenido visual como Pinterest o Snapchat.

Las redes sociales generalistas como Twitter, Instagram o Facebook permiten una interacción entre marcas de todo tamaño y sus audiencias. Otros canales son exclusivamente de video como YouTube y TikTok, plataforma de la que nos hacemos eco en este estudio debido a su altísimo crecimiento y a la potente sinergia que establecen las plataformas VoD con las comunidades a través de sus canales oficiales.

Como comentábamos, la revolución del contenido audiovisual ha sido propiciada por el desembarco de las plataformas VoD que permiten al usuario elegir cómo y cuándo practican el consumo de los productos en *streaming*.

Las plataformas de visualización bajo demanda son servicios que permiten el consumo de contenido audiovisual en el lugar y momento que el espectador desea. Hay plataformas que asocian el servicio a una suscripción mensual que da acceso a todo el contenido, otras permiten el alquiler y compra eventual de un contenido determinado, y hay también una tercera modalidad que ofrece un sistema mixto, es decir, unos contenidos ofrecidos en catálogo y otros que se adquieren bajo coste añadido. Las primera plataforma de VoD comenzó a operar en 2006 y fue Amazon Prime Video, Netflix lo hizo tan solo un año después aunque a España no llegó hasta 2015. Actualmente la oferta es extensa y variada con otros servicios como Apple TV, Disney+, HBO Max, Filmin, Movistar, Atresplayer entre muchos otros.

El crecimiento de las plataformas VoD se debe a que han supuesto "alternativas más baratas, más dinámicas y competitivas a las infraestructuras gubernamentales o cuasi gubernamentales de corte monopolista a cambio de la transferencia de riqueza y de responsabilidad a empresas privadas" (Plantin *et al.*, 2018, p. 306). De esta forma, el cambiante ecosistema del consumo del ocio y del entretenimiento, así como las formas y modos de su uso facilitan "el rápido surgimiento de un puñado de empresas de plataformas desafía el poder de los titulares de la industria. Los nuevos mercados de la publicidad digital, las apps, el comercio electrónico y la computación en la nube son ejemplos pertinentes del dominio digital de las empresas de plataformas" (Poell, T., Nieborg, D., & van Dijck, J. 2022, Plataformización, p. 8). Gracias al estudio de los canales sociales se pueden evaluar cómo los más jóvenes interactúan con los formatos audiovisuales, qué tipo de conversación se establece y cómo se adapta al día a día de los usuarios; "Internet ha creado una nueva cultura en la vida cotidiana de la gente joven, los fans no son una excepción". (Hutchins & Tindall, 2021; Lacasa, 2020).

Las redes sociales constituyen una herramienta clave para estos servicios ya que constituyen un canal para comunicarse y contactar con los usuarios. Las estrategias que ponen en marcha compañías como Netflix tienen como objetivo promocionar contenido, generar conversación, anunciar o promocionar productos e interaccionar con la audiencia. Es por eso que para las compañías es sumamente importante el uso de estos canales sociales para lograr dirigir tráfico a sus plataformas gracias a acciones de marketing tan importantes como las que contribuyeron al éxito de la serie de Netflix, *Miércoles*.

4. METODOLOGÍA

Para analizar los procesos de interacción que llevan a cabo en redes sociales los espectadores de plataformas VoD se ha escogido el fenómeno de la serie *Miércoles* (Burton, T. 23 de noviembre de 2022. Miércoles. Netflix).

El estudio del fenómeno y análisis de su *Branded Content* así como los resultados y motivaciones del espectador para ejecutar un papel activo y crear acciones de promoción espontanea se estructura en diferentes etapas. En esta fase inicial se ha realizado un análisis de la evolución de las redes sociales creando un mapa de canales con más relevancia y crecimiento en los últimos años. En dicho contexto se puede observar cómo TikTok adquiere una notable relevancia y aumenta sus usuarios rápidamente (actualmente tiene 1.051 millones de usuarios mensuales activos).

Posteriormente se ha procedido a analizar el alcance de las acciones en redes sociales que la propia productora, Netflix, ha puesto en marcha a través del *hashtag* #MiércolesNetflix. Con ello se pretende observar cómo una activación con pocos resultados en su fase inicial, se convierte en fenómeno nacional en redes sociales, sobre todo en TikTok, plataforma en la serie arranca con poco más de 28.000 visualizaciones para ascender a los 2.200.000 al final de su primera semana disponible en Netflix (del 23 al 29 de noviembre de 2022).

Durante esta etapa del proceso se realiza una metodología de análisis cuantitativa monitorizando los espectadores del contenido oficial en TikTok. Gracias al uso de con el programa Exolyt se ha monitorizado la conversación social para obtener las métricas en función de la interacción con el *hashtag* oficial.

En las posteriores fases de la investigación nos apoyaremos en perspectivas de investigación mixtas, realizando análisis de naturaleza cualitativa y cuantitativa.

La recopilación de los datos se apoya en la escucha y análisis cualitativo y cuantitativo en TikTok y el análisis y recogida de datos mediante cuestionarios y entrevistas a usuarios de plataformas sociales y soportes VoD:

- *Big Data*, observación y análisis: datos recopilados en las comunidades de fans de la red social que analizamos, en este caso TikTok. A través de la escucha social se evalúan los textos, las imágenes, las menciones, interacciones, el uso de *hashtags,* el uso de melodías o sonidos, productos de video, filtros e iconos. Para ello se utilizarán herramientas antes mencionadas (Metricool, monitorización de alcance; Audience, análisis de audiencia; Sensitis, análisis de datos, ANALISA.IO, análisis social y Exolyt para monitorizar *hashtags.* Gracias al análisis cuantitativo podremos saber cuál es el alcance de publicaciones relacionadas con la serie *Miércoles* y el número de interacciones (*likes*, comentarios, shares).

- Cuestionarios y entrevistas: A través de muestras exploratoria se establece una tendencia de uso y práctica entre la población joven quienes responderán a un cuestionario *online* a través del cual se elaborará un perfil de consumo e interacción en plataforma VoD (Netflix) y la comunidad social (TikTok). Las entrevistas personales que posteriormente se llevarán a cabo serán una fuente de conocimiento para entender cuáles son las motivaciones de los adolescentes para crear contenido sobre o relacionado con la serie *Miércoles*.

- *Small Data:* Tras una selección, se evalúan y observan los textos y discursos de los contenidos digitales y las aportaciones de las comunidades de seguidores. Gracias a este análisis cualitativo se pretende entender el comportamiento de los espectadores y cómo sus actividades en el contexto social contribuyen a la creación de un significado compartido y una identidad alineada con los valores que identifican a la comunidad.

4.1. El fenómeno *Miércoles*

Miércoles (Burton, 2019) es el *spin off* o serie derivada de la película *La Familia Addams* (Sonnenfel, 1991) que a su vez se inspira en la serie *The Addams Family* (Addams, 1964). Miércoles Addams es la mayor de dos hermanos que tienen como mascota una mano con vida propia llamada Cosa. Sus padres, Homero y Morticia son dos millonarios excéntricos que deciden llevarla a un internado, allí comparte intrigas con vampiros, licántropos y sirenas entre otros fabulosos personajes.

La serie fantástica con atmósfera gótica se inspira en el imaginario del poeta y escritor Edgar Alan Poe (Boston, Estados Unidos, 19 de enero de 1809-Baltimore, Estados Unidos, 7 de octubre de 1849). Las aventuras de la adolescente no están exentas de peligros, pero también de las situaciones cliché de las series adolescentes americanas como las primeras citas o el baile de fin de curso. Así, la producción sigue los pasos de una jóven cuyos intereses son antagónicos a los que suelen motivar a los jóvenes de su edad. Miércoles prefiere tocar el violonchelo o leer a mantener citas o sucumbir a ciertas frivolidades. Se convierte así en un identificador de una parte de la audiencia que, como la protagonista, huye de los convencionalismos que se atribuyen a la etapa de la adolescencia.

Pero, además, Miércoles constituye todo un fenómeno transmedia cuya capacidad de alcance es incuestionable. La serie ha sido un éxito en la plataforma Netflix con más de 1000 millones de horas visualizadas, número uno en 83 países y en redes sociales con más de 3.529 interacciones canales sociales, solo en España, durante los 12 primeros meses de emisión, especialmente en TikTok, donde los usuarios han creado sus propios contenidos, utilizando escenas de la serie y copiado una estética inspirada en su protagonista.

5. RESULTADOS

En 2021 Netflix ofrecía más de 6000 contenidos y 2400 producciones originales. Según los datos presentados por la compañía, Netflix sumó 1,75 millones de usuarios en el primer trimestre de 2023 y aumentó un 4% sus ingresos respecto al año anterior llegando hasta los 8.160 millones de dólares, según los resultados presentados por la compañía.

El éxito de Netflix se debe a un catálogo en el que se encuentran producciones de éxito mundial como Los Bridgerton (656 millones de horas de visualización), La casa de papel (792 millones de horas reproducidas), Dahmer (800 millones de horas vistas), Stranger Things (1.352.090.000 horas de reproducción en su última temporada), El Juego del Calamar (1600 millones de horas vistas) o *Miércoles (*1.237.120.000 horas de reproducción).

5.1. Uso de redes sociales en España

Las redes sociales son hoy habitual y común, tanto es así que actualmente hay más de 4.650 millones de usuarios activos en el mundo, es decir, casi el 60% de la población mundial usa estos servicios.

El uso de estas aplicaciones es tan común y su crecimiento tan importante que más del 85,6% de la población, es decir, 40,7 millones de usuarios, tiene alguna red social. (We Are Social / Meltwater, 2023).

Cada usuario utiliza de media seis canales sociales diferentes, entre ellos Linkedin, Facebook, YouTube, Instagram, Twitter y la que más rápido ha crecido: TikTok. Según el *Digital Report de 2023* (We Are Social / Meltwater, 2023). La gran mayoría de los usuarios se concentran entre los 25 y 34 años (21,8%), seguidos por usuarios entre 25 y 35 años (20%) y por perfiles de entre 30 y 45 años (18,3%).

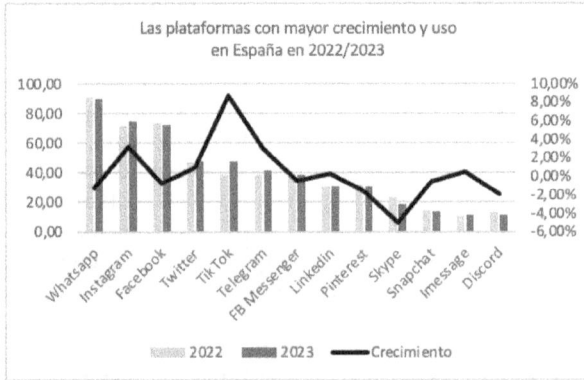

Tabla 1. Plataformas más usadas en España. Enero 2023.
Fuente: We Are Social / Meltwater

Según el portal de estadística de datos, Estatista, (Estatista.com), durante el periodo 2018-2022, la red de origen chino atrajo una media de 340 millones de nuevos miembros activos al año. Tal y como se aprecia en la Figura 1, TikTok fue la red social que más creció entre 2022 y 2023, aumentando sus usuarios en 8.7%, muy por delante de Instagram y Telegram, con un crecimiento del 3.2% y 3% respectivamente. El caso inverso sería para Skype perdiendo hasta un 5% de su cuota de usuarios.

Desde el estreno de la serie el 23 de noviembre de 2022 hasta una semana después hay una participación muy escasa con el hashtag oficial en las tres de las redes sociales más relevantes TikTok, Instagram y Twitter, esta última con una mayor repercusión con respecto a las otras.

5.2. El caso *Miércoles* en las Redes Sociales

Se estima que el gasto de publicidad en redes sociales llegue a más de 268.000 millones USD en 2023. (Insider Intelligence), no obstante, A veces, el éxito de un producto tiene más que ver con la publicidad orgánica que con la inversión realizada por la marca.

Otras veces la suma de ambas fuerzas culmina en éxito. En ocasiones, las redes sociales actúan como prescriptores de contenidos, es el caso de *Miércoles*: seis meses después del estreno, Miércoles Adams tiene 39.9M visualizaciones en plataformas como TikTok y *hashtags* como #merlinanetflix o #wednesdayadams acumulan 879.7millones y 30,9 billones de visualizaciones respectivamente. La serie es un fenómeno que trasciende del contenido audiovisual a la producción individual a través de los canales sociales.

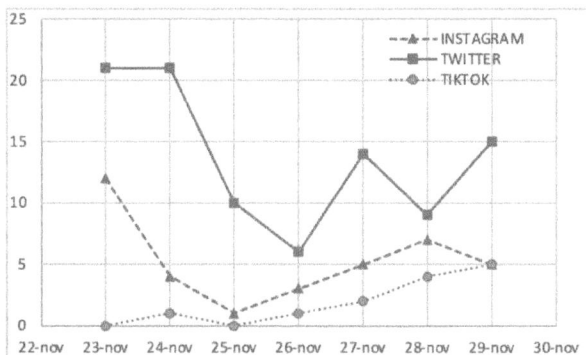

Tabla 2. Alcance en redes sociales de #MiércolesNetflix durante la primera semana de emisión
Fuente: Elaboración propia

En el caso de *Miércoles* (Burton, T. 23 de noviembre de 2022. Miércoles. Netflix), se estrena el 23 de noviembre de 2022, en su primera semana alcanza 341.230.000 de horas de reproducción. Logra mantenerse en el número uno global de la compañía durante 6 semanas y entre las más vistas durante casi veinte semanas. Éxito que también cosechó en España, pues logró el primer puesto del ranking de los más visualizados durante más de unce semanas.

Como se observa en el gráfico, no hubo una gran cantidad de contenido creado con hashtag durante la primera semana: 37 publicaciones en Instagram, 96 en Twitter y tan solo 13 en TikTok. Sin embargo, el contenido creado usado el hashtag sí consiguió un gran número de visualizaciones. Tal y como se puede apreciar en el gráfico, llegan a alcanzar 2,2 millones de espectadores al final de la primera semana de uso.

5.3. El fenómeno *Miércoles* en TikTok

El interés por el contenido creado en la red social ha sido creciente durante la primera semana, comenzando con una modesta visualización de contenido el mismo día de su estreno (23 de noviembre de 2022) pero consiguiendo una brusca subida tan solo cinco días después (27 de noviembre de 2022) alcanzando las 7.477.00 visualizaciones. A estas alturas la serie ya es un exitoso fenómeno, tanto a nivel de visualizaciones en Netflix como en su repercusión en los canales sociales (Figura 3).

Tabla 3. Evolución de la visualización del contenido de #MiércolesNetflix durante la semana posterior a su estreno oficial. Fuente: Elaboración propia.

La serie consigue mantener la conversación social durante los meses posteriores a su estreno acusando un decrecimiento paulatino en el número de visualizaciones que alcanza el hashtag oficial.

Tabla 4. Evolución de la visualización del contenido de #MiércolesNetflix durante los meses posteriores a su estreno oficial. Fuente: Elaboración propia.

Durante el mes del estreno de su primera temporada, *Miércoles* alcanzó 2.200.000 visualizaciones a través del hashtag oficial y fue repercutiendo un decrecimiento en los meses posteriores, sin embargo, el impacto alcanzado es muy significativo.

Los posteriores análisis tratarán de responder las motivaciones que despiertan el interés de los jóvenes en compartir contenido y crear tendencias en relación con los mismos. Será objeto de futura investigación analizar cómo se ha generado este fenómeno mundial y su impacto en nuestro país, cuál es el tipo de material que se comparte, bajo qué premisas se generan estas tendencias y qué valores divulgan.

6. DISCUSIÓN

Los resultados de esta investigación revelan que el papel activo de los usuarios es cada vez más relevante y que, en ocasiones, el éxito de un producto audiovisual de plataforma VoD vendrá condicionado por el resultado de la estrategia en redes sociales como TikTok y la acogida espontánea que tengan los usuarios para mantener e interactuar con la tendencia. Precisamente es TikTok la plataforma que más ha crecido, en este último año y a través de la cual se ha producido un incremento paulatino de creación e interacción de contenido sobre la serie.

El resultado de la estrategia de márquetin de Netflix para promocionar la serie *Miércoles* es que los usuarios han podido crear su propio contenido etiquetado con el hashtag que proponía la marca, generando una reacción en cadena de creación de contenido e interacción.

Pese a que las tendencias no mantienen una larga duración en redes sociales, el contenido ha ido decreciendo mes a mes de una forma escalonada, pero alcanzando un buen nivel de interacción incluso cuatro meses después. Y no muchas tendencias se mantienen o se recuerdan en redes sociales, pero, todo el contenido generado (estética, bailes, filtros...) se sigue visualizando siete meses después con miles de visualizaciones diarias.

7. CONCLUSIONES

Los resultados de esta investigación pueden ser de gran interés para los profesionales del marketing y la comunicación ya que ayudan a comprender mejor el fenómeno social y la viralización de contenidos, impulsado por los espectadores y ejecutado en redes sociales como TikTok.

Este estudio pretende clarificar cómo acciones de marketing en canales sociales planificadas por, plataformas VoD como Netflix, consiguen que sea el propio consumidor el que genere una conversación social y comunidades espontáneas de fans de gran impacto y el uso de acciones comunicativas, llamadas a la acción e interacción supone que la conversación social sea relevante y aunque no se mantenga en el tiempo.

El análisis del impacto de la primera temporada de la serie *Miércoles* en Netflix permite conocer el comportamiento de los espectadores dentro del entorno cultural y su interacción sobre aspectos de la serie con las redes sociales. De esta forma se ahonda en el papel de las narrativas digitales como mediadoras de ambos y en cómo las industrias culturales se alinean con las comunidades de fans.

8. REFERENCIAS

Addams Family (ABC-TV, 1964-1966).

Digital 2022 Global Overview_Report_en.pdf. (s. f.). https://n9.cl/ageyh

Haughey, M. T. (2022, 30 junio). Estas son las redes sociales más utilizadas en España. elEconomista.es. https://n9.cl/fp4ol

Hootsuite Inc. (s. f.). *Digital Trends - Digital Marketing Trends 2022*. Digital Trends - Digital Marketing Trends 2022. https://www.hootsuite.com/resources/digital-trends

Marketing News. (2023, 10 mayo). TikTok es la red con un mayor crecimiento, según el estudio de IAB. Mark ting News. https://n9.cl/w4kf5

McQuail, D. (2010). *McQuail's Mass Communication Theory* (6th ed.). SAGE Publications Ltd.

De Miguel, J. (2023, 19 junio). 10 estadísticas de TikTok para 2023 [+ INFOGRAFÍA]. Doofinder. https://www.doofinder.com/es/blog/estadisticas-tiktok

Papacharissi, Z. (2010). *A Private Sphere: Democracy in a Digital Age*. Polity Press.

Roa, M. M. (2022, 13 octubre). El meteórico ascenso de TikTok. *Statista Daily Data*. https://n9.cl/nwyjv

Sabin-Darget, A. (2023). Estadísticas de TikTok que tienes que conocer en 2023. *Kolsquare*. https://n9.cl/fa3tpd

Shirky, C. (2008). Here Comes Everybody: The Power of Organizing Without Organizations. Penguin Books.

We are social / Meltwater. (2023, 2 mayo). Digital 2023 - We Are Social Spain. We Are Social *Spain. https://wearesocial.com/es/blog/2023/01/digital-2023/*

DETERMINANTS OF THE ABILITY TO IDENTIFY FAKE NEWS ACROSS GENERATIONS IN PORTUGAL

Luciana Oliveira, Joana Milhazes-Cunha, Célia Tavares[1]

1. INTRODUCTION

The covid-19 pandemic has been accompanied by an exponential increase in misinformation, especially online and on social media. The World Health Organization (WHO) has classified this phenomenon as an infodemic, i.e., an overabundance of information, which includes deliberate attempts to spread misinformation to undermine the public health response, which amplifies and potentiates public health risks. In fact, according to the United Nations Educational, Scientific and Cultural Organization, "the impacts of covid-19 related misinformation are more deadly than misinformation on other issues, such as politics and democracy" (UNESCO, 2020).

This context is particularly critical in the era of online communication and information, especially social networks, as these assume an increasingly central role in the acquisition and transmission of information, recurrently in the form of news and published by unregulated individuals and entities (Delmazo & Valente, 2018). The transformations observed in the media, the diffusion of content producers, the significant growth in the flow of information, and the improvement and further development of disinformation techniques have turned fact-checking into a particularly relevant strategy and resource (Wardle & Derakhshan, 2017), which has led to the creation of networks such as the IFCN (International Fact-Checking Network), managed by Poynter, with several media and independent national organizations joining the consortium to fight misinformation (Seaton *et al.*, 2020).

Alongside, several researchers have also devoted to studying the potential determinants of the ability to detect fake news by individuals, in attempts to minimize any personal, psychological, social, cultural, economic and/or educational limitations that may lessen the impact of misinformation on specific groups. In the United States (US), Pennycook *et al.* (2018) analyzed the familiarization with news and its accuracy and concluded that prior exposure to misinformation increases the perceived accuracy of fake news. In 2019, the same author studied motivated reasoning and political ideology and concluded that susceptibility to partisan fake news is better explained by the lack of reasoning than by motivated reasoning. In 2020, he studied the roles of bullshit receptivity, overclaiming, familiarity, and analytic thinking in the ability to detect false information and concluded

---

1.   CEOS. PP, ISCAP, Polytechnic of Porto (Portugal)

that the scope and impact of repetition on beliefs is greater than previously assumed, as an "illusory truth effect" for fake news headlines occurs despite a low level of overall believability, and even when the stories are labeled as contested by fact-checkers or are inconsistent with the reader's political ideology.

Also in the US, Bronstein *et al.* (2019) concluded that belief in fake news is associated with delusionality, dogmatism, religious fundamentalism, and reduced analytic thinking. In the United Kingdom, Preston *et al.* (2021) report a significant positive relationship between individual differences in emotional intelligence and fake news detection ability, showing that show that individuals who are high in emotional intelligence and who are in receipt of a university education are less likely to fall for fake news than low EQ/School-College educated individuals.

In France, Montagni *et al.* (2021) report that the acceptance of a covid-19 vaccine is associated with the ability to detect fake news. Being "anti-vaccination" or "hesitant", rather than "pro-vaccination", was higher among individuals reporting bad detection of fake news. In this study, no interaction was found between the detection of fake news and health literacy.

In Romania, Buturoiu *et al.* (2021) report that people who perceive higher incidence of fake news, find social media platforms more useful, have lower education, and have higher levels of religiosity are more prone to believe covid-19-related misleading narratives. Also, the frequency of news consumption (regardless of the type of media), critical thinking disposition, and age do not play a significant role in the profile of the believer in conspiracy theories about the covid-19 pandemic.

Given the lack of search in Portugal, the main objective of this research is to evaluate the ability to identify false news and information considering religiosity, health literacy, trust in information sources, public trust, and awareness of the existence of fact-checkers, highlighting the generational differences.

2. THEORETICAL BACKGROUND

There are several factors that can potentially explain individuals' propensity to believe false information and act on those beliefs (Buturoiu *et al.*, 2021).

2.1. Religiosity

The degree of religiosity is one of the factors that may be associated with beliefs in conspiracy theories or false information, namely information related to the covid-19 pandemic (Kim & Kim, 2021). Robertson and Dyrendal (2018) state that a high degree of religiosity may foster a greater belief in false information, since religion and conspiracy theories have aspects in common such as esotericism, prophecy, and millenarianism. Buturoiu *et al.* (2021) found that greater assiduity in religious practice is associated with a greater tendency to believe conspiracy theories about covid-19 vaccines.

People who adopt a religious worldview tend to consider faith to be superior to reason, and therefore scientific inquiry may lead to the invalidation of religious beliefs (Hart & Graether, 2018), resulting in an overall decrease in critical thinking. According to the literature, we believe that (**H1**), higher levels of religiosity will be negatively correlated with the ability to identify fake news or information.

2.2. Health literacy

Health literacy comprises the ability of individuals to access, understand, evaluate, and apply health-related information through all communication channels (Sørensen *et al.*, 2012). An observational study conducted in Italy, which included over 2000 covid-19-related articles, revealed that those containing fake news were shared over 2 million times, accounting for 78% of the total of all articles reviewed (Moscadelli *et al.*, 2020). This high percentage highlights the phenomenon of fake news and calls for an improvement in health literacy (Montagni *et al.*, 2021).

However, in a study conducted by Montagni *et al.* (2021), which assessed the associations between intention to be vaccinated against SARS-CoV-2, detection of fake news about covid-19, and health literacy, it was observed that there was an interaction between the ability to detect fake news and health literacy. The authors assumed as a possible explanation the fact that the literacy questions were relatively easy, meaning that even individuals with a low health literacy score could provide a good answer. This is still a developing area, without definitive results, but a determining one for the elderly. According to the literature, we believe that (**H2**), higher levels of health literacy, will be positively correlated with the ability to identify fake news or information.

2.3. Trust in information sources

The concept of information sources is directly related to the reader's interest and need to obtain information, and information sources refer to all types of media or supports that encompass information susceptible to be transmitted (de Paula *et al.*, 2018). Therefore, the creator, the creation and presentation of information play a key role in reducing readers' uncertainty.

Wasserman and Madrid-Morales (2019) assessed trust in national, local, and international news organizations and social media sites, revealing that in South Africa, those who perceive that they are more exposed to fake information are also those who report lower levels of trust in the media. Therefore, we believe that (**H3**) lower levels of trust in media and social connections tend to lead to higher ability in detecting fake news, as these levels may be indicative of higher critical thinking.

2.4. Public trust

Public trust, especially at critical times, is a particularly important factor in the selection of information sources and the public's perception of the reliability of information and can help predict the degree of adherence to recommended preventive behaviors (Park *et al.*, 2019). Low levels of trust in the National Health System (NHS), for example, can lead to situations of negligence and non-compliance with guidelines, causing serious consequences for public health (Meyer *et al.*, 2008). Thus, public entities, such as the government, can be expected to help citizens make informed decisions (Gonçalves *et al.*, 2021) by receiving reliable information.

In Spain, Moreno *et al.* (2020) concluded that, although at the beginning of the pandemic Spanish citizens trusted the government more, over time their trust decreased and was transferred to prestigious people in the health field, such as epidemiologists. In the UK, Parsons and Wiggins (2020) found that Baby Boomers and Generations X individuals revealed highest levels of trust in the government contrasting their younger counterparts from Generations Y and Z.

Gonçalves *et al.* (2021), in a study conducted in Portugal, found that the Portuguese consider health entities as more trustworthy sources of information than the media or government authorities. Overall, the Portuguese showed little trust in social media and influencers as a source of information about covid-19. Thus, we believe that (**H4**) higher levels of public trust will be positively correlated with the ability to identify fake news or information, as individuals will prioritize information coming from official authorities.

2.5. Awareness of fact-checkers

As mentioned, information verification has become a recurring element of journalistic practice: first it is published and then the facts are verified(Sivek & Bloyd-Peshkin, 2019). Facing the growing pandemic of misinformation and in an attempt to respond to the obstacles caused by the constant technological evolution and the growing abundance of information (Oliveira, 2020), fact-checking projects have proliferated, in the world and in Portugal.

Mestre (2021), in an investigation about the importance of fact-checking, reveals that nowadays there is already a certain awareness about disinformation and fact-checkers, to which great importance is recognized. However, in Portugal, there is still an emerging scenario, with limited dissemination and little expression in the daily news, so it is important to assess awareness among the elderly. According to the literature, we believe that (**H5**) a greater awareness of the existence of fact checkers is positively correlated with the ability to identify false news or information, since it may indicate greater sensitivity to the phenomenon of misinformation.

3. METHODS AND PROCEDURES

Quantitative self-administered survey-based research was adopted, directed at individuals who use the Internet, particularly social media, hence exposed to the phenomenon of misinformation. A survey, conducted via Limesurvey, was made available on several regional groups on Facebook, on LinkedIn and on Instagram, meaning we worked with non-probabilistic convenience sampling. The survey was composed of 6 sections, as depicted in Table 1.

Dimensions	Measures (e.g.)	Source
Religiosity *H1: Higher levels of religiosity lead to lower ability in identifying fake news.*	Eight-point Likert scale of frequency regarding regularity of participation in religious activities.	Adapted from Buturoiu *et al.* (2021)
Health literacy *H2: Higher levels of health literacy lead to greater ability in identifying fake news.*	Dimension with five variables regarding management of health information (e.g.: "I compare health information from different sources"), measured in a five-point Liker scale of agreement.	Montagni *et al.* (2021)
Media trust *H3: Lower levels of trust in media and social connections lead to greater ability in identifying fake news.*	Set of three dimensions of trust – Media, Social connections and Health organizations and professionals, measured in a five-point Likert scale of trust.	Wasserman and Madrid-Morales (2019)

Public trust *H4: Higher levels of public trust lead to greater ability in identifying fake news.*	Set of three dimensions – Government, DGS - Direção Geral de Saúde (national board of health) and health professionals – with three variables each (e.g.: "In the management of the pandemic the government has given priority to the absolute zeal of the health of the citizens.") measured in a five-point Likert scale of trust.	Adapted from Mohammadi *et al.* (2020)
Awareness of fact-checkers *H5: A greater awareness of fact-checkers leads to greater ability in identifying fake news.*	Set of two dimensions composed of the same list of Portuguese fact-checkers – knowledge and follow-up frequency – measured in five-point Likert scales of knowledge and frequency.	Developed
Ability to identify fake news	Verification test of six true and six false news items about COVID-19, taken from the Polígrafo website (Portuguese fact-checker) randomly presented to the respondents, measured with a four-point Likert scale as follows: "Fake", "Probably fake", Probably True", "True".	Developed

Table 1. Dimensions of data collection instrument and research hypothesis.
Source: Own elaboration, 2023.

A total of 305 valid responses were collected (N = 305) and submitted to statistical analysis.

4. RESULTS AND DISCUSSION

Most respondents are female (70%), aged between 43 and 62 years (35.1%), with a university degree (42.9%), as shown in Table 2.

	N	%		N	%
Gender	283	100	Education	303	100
Female	198	70	4th grade	4	1,3
Male	85	30	6th grade	6	2
Generations (age gap)[a]	302	100	9th grade	21	6,9
Traditionalists (78-100)[b]	2	0,7	12th grade	102	33,7
Baby Boomers (63-77)	20	6,6	Degree	130	42,9
Generation X (43-62)	106	35,1	Master	36	11,9
Generation Y (Millennials) (28-42)	90	29,8	PhD	4	1,3
Generation Z (27or less)	84	27,8			

Note. [a] Five-generation division adopted from Andersen *et al.* (2021). [b] Even though we use non-parametric tests, this generation is kept in the results section for illustrative purposes, but it is not used for statistical tests, as it consists of merely two cases.

Most of the participants are Generation X, Millennials (Generation Y) and Generation Z individuals. Given that the sample of Traditionalists is too small, they are not considered in cross generational analysis.

4.1. Ability to identify fake news

To evaluate the ability to detect fake news, the participants were presented with 12 news items taken from the Polygraph website, six true news items and six fake news items, randomly presented in the questionnaire. Four answer options were provided: "false", "probably false", "probably true" and "true". Each answer was scored as follows: 1 point if totally correct, 0,5 points for partially correct (when "probably true/false") and 0 points for wrong answers. Based on the evaluation in points (max. 12 points), a general diagnosis was built, divided into ranks, from "Very insufficient" to "Very good", as shown in Table 3.

Performance scale	N	%
Very insufficient (<19%)	52	17,05
Insufficient (20% to 49%)	176	57,70
Sufficient (50% to 69%)	69	22,62
Good (70% to 89%)	5	1,64
Very good (90% to 100%)	3	0,98
Total	305	100

Table 3. Evaluation of the ability to detect fake news (N = 305).
Source: Own elaboration, 2023.

The performance is, in general, quite low, with approximately 75% of the respondents being rated as "very poor" or "poor". Graduates and especially respondents with master's degree reveal above-average scores ($H(6) = 21.818$; $p = 0.001$). Respondents with lower levels of education also have lower ability to detect fake news, except for those with PhD, who also obtained below-average scores.

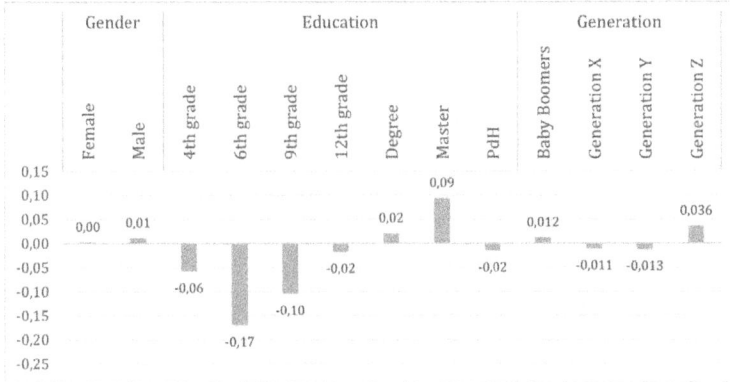

Figure 1. Score of the ability to detect fake news by gender, education, marital status and generation (standardized values) Source: Own elaboration, 2023.

Across generations, there is a slight tendency for Generation X and Generation Y to perform below average, and for Baby Boomers and Generation Z to score above average, however, with no statistically significant difference ($H(4) = 5,095$; $p = 0,278$).

In the following sections we evaluate the relationship between the ability to identify fake news and the potential determinants, for the full sample and across generations.

4.2. Religiosity

Table 4 presents the overall average for religiosity ($\bar{x} = 2,21$) and ability to detect fake news ($\bar{x} = 2,12$).

	N	Min.	Max.	$\bar{x}$	σ
How regularly do you attend or participate in religious activities?	297	1	8	2,21	1,287
Ability to identify fake news	305	1	5	2,12	0,734

Table 4. Religiosity and ability to identify fake news, averages (N = 305).

Source: Own elaboration, 2023.

Considering the full sample, we found no significant difference ($H(4) = 5,587$; $p = 0,232$) in the distribution of the degree of Religiosity among the performance scores for detecting fake news (measured by performance scales). In our sample, religiosity is not a determinant of the ability to identify fake news. We present the results across generations in Figure 2.

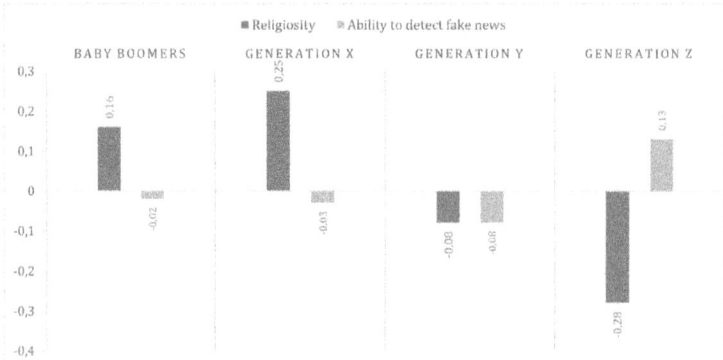

Figure 2. Religiosity Vs ability to detect fake news (standardized values)
Source: Own elaboration, 2023.

No statistical differences were found in the ability to detect fake news for the level of religiosity among Baby Boomers ($H(3) = 0,181$; $p = 0,981$), Generation X ($H(3) = 1,637$; $p = 0,651$), Generation Y ($H(4) = 3,600$; $p = 0,463$) or Generation Z ($H(4) = 3,696$; $p = 0,449$).

Although, on average, the generation with the lowest religiosity is also the one with the highest ability to detect fake news (Generation Z). No statistically significant difference was found, thus, we reject the null hypothesis, which states that higher levels of religiosity tend to lead to lower ability to identify fake news or information (**H1**). This finding is opposed to that of Robertson and Dyrendal (2018), who stated that greater assiduity in religious practice may increase beliefs in false information. It also contradicts the results pointed out by Buturoiu *et al.* (2021), who showed that a high degree of religiosity is associated with a greater predisposition to believe in conspiracy theories, namely about COVID-19 vaccines.

4.3. Health literacy

Table 5 presents the overall average for health literacy ($\bar{x} = 4.18$) and ability to detect fake news ($\bar{x} = 2.12$).

	N	Min.	Max.	$\bar{x}$	σ
Health literacy	273	1	5	4,18	0,627
Ability to identify fake news	305	1	5	2,12	0,734

Table 5. Health literacy and ability to identify fake news, averages (N = 305).
Source: Own elaboration, 2023.

A split file and a series of Kruskall-Wallis tests were used to detect differences in the distribution of religiosity and ability to detect fake news per generation (Figure 3).

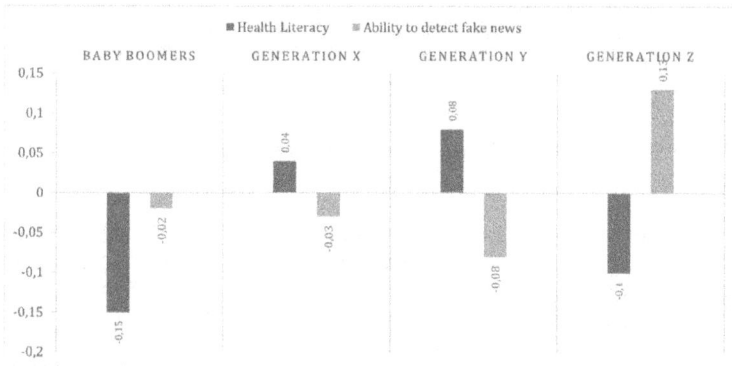

Figure 3. Health literacy Vs ability to detect fake news (standardized values) Source: Own elaboration, 2023.

No statistical differences were found in the distribution of health literacy averages in the performance scores for detecting fake news for Baby Boomers ($H(2)$ = 0,953; p = 0,621), Generation X ($H(3)$ = 2,224; p = 0,527), Generation Y ($H(4)$ = 6,219; p = 0,183) or Generation Z ($H(4)$ = 2,751; p = 0,600).

Thus, we reject the null hypothesis that higher levels of health literacy tend to lead to higher ability to identify fake news in our sample (**H2**). These results are not in line with what was stated by Apfel and Tsouros (2013), who reported that in a complex society, in which individuals are increasingly exposed to misinformation, particularly about health, health literacy assumes an increasingly important role, since, although the respondents in this study have relatively high levels of health literacy, their ability to detect false news or information is low. However, Montagni *et al.* (2021) used the same scale and stated that a possible justification may be that the health literacy questions are relatively easy, meaning that even people with low levels of literacy could provide good answers. This might also be our case.

4.4. Trust in information sources

Table 6 presents the overall average for the three dimensions of trust in information sources and ability to detect fake news.

	N	Min.	Max.	x̄	σ
Trust in media [a]	265	1	5	3,04	0,746
Trust social connections [b]	288	1	4	2,51	0,634
Trust in health organizations and professionals [c]	286	1	5	3,47	0,683
Trust in information sources (index)	243	1	4	3,01	0,507
Ability to identify fake news	305	1	5	2,12	0,734

Note. [a] Refers to television, radio, printed newspapers/magazines, newspaper/ magazines websites, mobile applications of newspapers/magazines, pages of newspapers/magazines in social networks. [b] Refers to digital influences in health, digital influencers in alternative therapies, digital influencers in other topics, social media friends and friends known in person. [c)] Refers associations of health professionals, health professionals known in person, health professionals who disseminate information on social media and prestigious personalities in the health field.

Table 6. Dimensions of trust in information sources and ability to identify fake news, averages (N = 305). Source: Own elaboration, 2023.

In general, trust in health organizations and professionals is higher, followed by trust in the media and trust in people. A series of Kruskall-Wallis tests, considering the full sample, revealed that individuals with higher trust in the media (H(4) = 16,124; p = 0,003) and higher trust in health organizations and professionals (H(4) = 18,815; p<0,001) tend to perform better in detecting fake news.

A split file and a series of Kruskall-Wallis tests were used to detect differences in the distribution of averages of trust in the three dimensions of information sources and ability to detect fake news per generation (Figure 4).

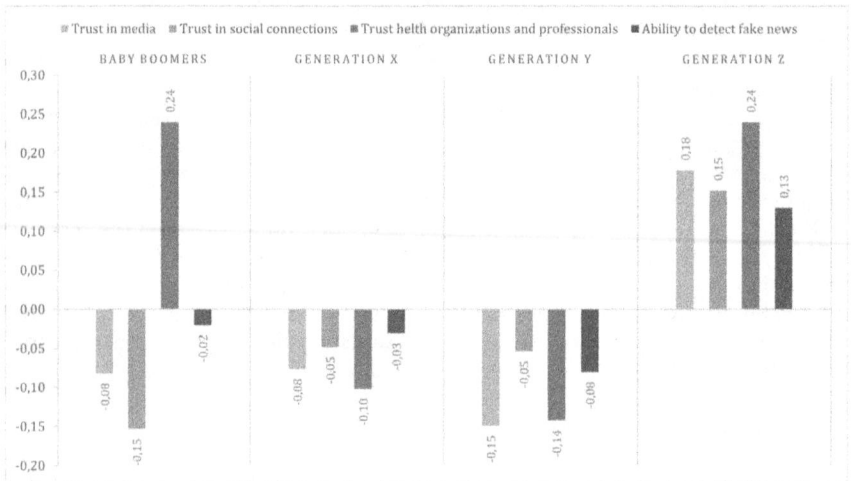

Figure 4. Health literacy Vs ability to detect fake news (standardized values) Source: Own elaboration, 2023.

Statistical differences were found in the distribution of averages of trust in information sources per detecting fake news scores for Generations X and Z. Individuals in Generation X with lower scores in the ability to detect fake news ("Insufficient" and "Very insufficient"), reveal higher averages of trust in social connections as information sources (digital influencers and friends) (H(3) = 7,457; p = 0,044). Individuals in Generation Z with higher scores in the ability to detect fake news ("Sufficient"), reveal higher scores in trust in health organizations and professionals as information sources (H(3) = 9,999; p = 0,019).

These results are in line with those obtained by Wasserman and Madrid-Morales (2019), who reported that those who perceive that they are more exposed to fake information are also those who report lower levels of trust in the media. Therefore, believe that (**H3**) lower levels of trust in media and social connections tend to lead to higher ability in detecting fake news, as these levels may be indicative of higher critical thinking.

4.5. Public trust

Table 7 presents the overall average for public trust ($\bar{x}$ = 3,40) and ability to detect fake news ($\bar{x}$ = 2,12).

	N	Min.	Max.	$\bar{x}$	σ
Trust in government	292	1	5	2,99	1,079
Trust in DGS	293	1	5	3,31	1,083
Trust in health professionals	296	1	5	3,92	0,848
Public trust (index)	284	1	5	3,40	0,881
Ability to identify fake news	305	1	5	2,12	0,734

Table 7. Public trust and ability to identify fake news, averages (N = 305).
Source: Own elaboration, 2023.

Considering the full sample, we found significant differences in the distribution of the levels of trust for all subdimensions in the ability to detect fake news. Higher trust in the Government ($H(4)$ = 23,072; $p<0,001$) leads to higher scores in detecting fake news ("Very good" and "Good"), higher trust in DGS ($H(4)$ = 22,451; $p<0,001$) as well ("Very good" and "Sufficient") and so does trust in health professionals ($H(4)$ = 14,737; p = 0,005), producing "Very good" and "Sufficient" performance scores.

Considering cross generational differences (Figure 5), public trust appears as a determinant for Generation X individuals, for whom higher levels of trust in DGS ($H(3)$ = 9,128; p = 0,028) and in government ($H(3)$ = 9,018; p = 0,029) lead to increased grades in detecting fake news ("Very good" and "Sufficient"). Generation Y scores in detecting fake news are higher for individuals with higher trust in health professionals ($H(4)$ = 10,259; p = 0,036), producing "Sufficient" and "Good" performance grades. In both cases, the levels of trust are below-average.

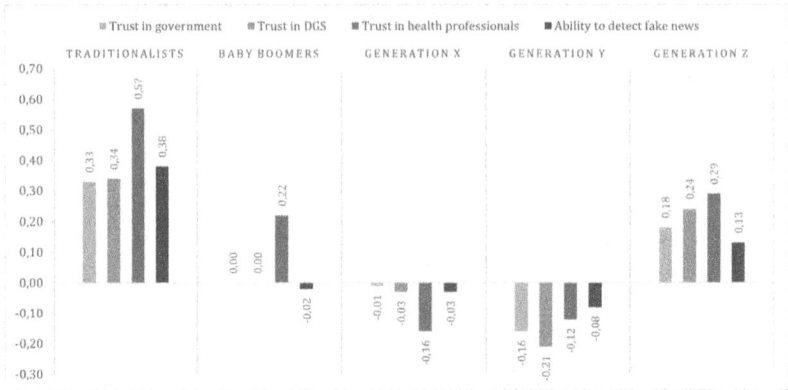

Figure 5. Public trust Vs ability to detect fake news (standardized values)
Source: Own elaboration, 2023.

Thus, the null hypothesis, that states that higher levels of public trust tend to lead to greater ability in identifying fake news (**H4**), is not rejected, particularly considering Generation X and Y. These results support the various studies showing that individuals frequently search websites of international health agencies and the Ministry of Health for credible information (Islam *et al.*, 2020), as well as the fact that public entities, such as the government, have a critical role in helping citizens make informed decisions (Gonçalves *et al.*, 2021). Our results show, however, that Generation Z individuals reveal higher public trust than previous generations, unlike in the UK, as reported by Parsons and Wiggins (2020).

4.6. Awareness of fact-checkers

Awareness of fact-checkers was evaluated using two scales – knowledge of their existence and follow-up frequency. In general, the level of awareness is low (Table 8).

	N	Min.	Max.	$\bar{x}$	σ
Knowledge of fact-checkers	266	1	5	2,32	0,766
Follow-up of fact-checkers	266	1	5	2,05	0,711
Awareness of fact-checkers	266	1	5	2,18	0,684
Ability to identify fake news	305	1	5	2,12	0,734

Table 8. Awareness (knowledge and follow-up) of fact-checkers and ability to identify fake news, averages (N = 305). Source: Own elaboration, 2023.

Considering the full sample, we did not find statistically significant differences between the distribution of fact-checkers awareness averages among the scales of the ability to detect fake news ($H(4)$ = 5,132; p = 0,274). A split file and a series of Kruskall-Wallis tests were used to detect differences in the distribution of religiosity and ability to detect fake news per generation. Results are presented in Figure 5.

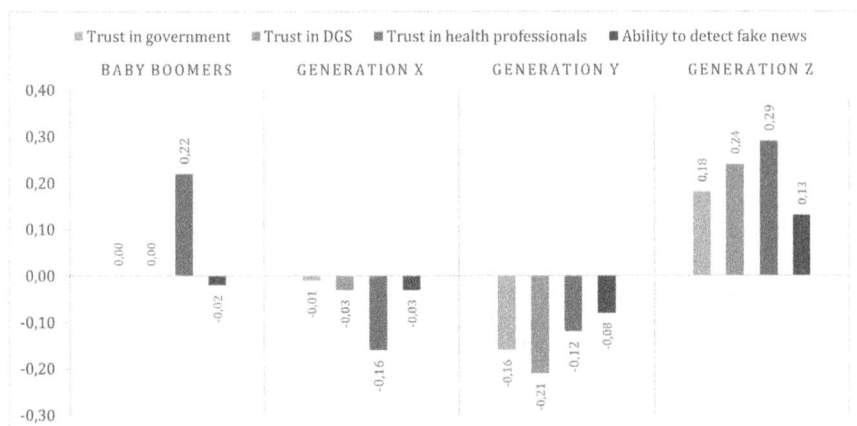

Figure 6. Awareness of fact-checkers Vs ability to detect fake news (standardized values) Source: Own elaboration, 2023.

No statistical differences were found in the ability to detect fake news for the degree of awareness of fact-checkers among Baby Boomers ($H(3) = 2,650$; $p = 0,449$), Generation X ($H(3) = 2,224$; $p = 0,527$), Generation Y ($H(4) = 3,831$; $p = 0,429$) or Generation Z ($H(4) = 5,759$; $p = 0,218$).

We reject the null hypothesis, which states that higher awareness fact-checkers tends to lead to a higher ability to identify fake news (**H5**). Although Mestre (2021), referring to the Portuguese context, states that there is already a certain awareness of fact-checkers in Portugal, this is not confirmed in our results, since knowledge is quite low. Moreover, and as noted by the author, despite knowing that there are fact-checkers, individuals do not visit their websites and do not regularly keep up with them. Therefore, it is worth remarking that, in our sample, both the ability to detect fake news and the awareness of fact-checkers are very low and this may be one of the reasons why the hypothesis is rejected in our sample.

5. CONCLUSIONS

We set out to evaluate religiosity, health literacy, trust in information sources, public trust, and awareness of fact-checkers as potential determinants of the ability to detect fake news, across generations in Portugal. Our results reveal that only public trust, trust in social connections and trust health organizations and professionals appear to determine the ability to detect fake news.

Higher public trust in government, DGS and health professionals leads to increased performance in detecting fake news in general. This is particularly critical for Generation X individuals who reveal below-average public trust. Among these, those with the highest public trust scores also perform better in detecting fake news. Trust in health professionals is particularly determinant for Generation Y individuals' performance in detecting fake news.

In our sample, higher trust in media also determines higher performance in detecting fake news. Generation X individuals perform worse on detecting fake news ("Insufficient" and "Very insufficient") when they trust more in their social connections. Generation Y individuals perform better in detecting fake news when they trust more in health organizations and professionals ("Sufficient").

The vast majority of individuals in the sample do not have sufficient ability to detect fake news, given that approximately 75% of respondents obtained a score of "Very poor" or "Poor". Moreover, there is a slight tendency for Generation X and Generation Y to perform below average, and for Baby Boomers and Generation Z to score above average, however, with no significant cross generational differences, apart from the identified.

This topic requires more investigation in national settings, with bigger samples, and in international settings, as both cross generational and cultural differences may reveal critical information regarding the ability of individuals to detect false information.

This research is not without limitations. We use convenience sampling and one of the generations was not considered for analysis (Traditionalists) as we did not obtain enough cases.

ACKNOWLEDGMENTS

This work is financed by Portuguese national funds through FCT - Fundação para a Ciência eTecnologia, under the project UIDB/05422/2020.

6. REFERENCES

Andersen, K., Ohme, J., Bjarnøe, C., Bordacconi, M. J., Albæk, E., & De Vreese, C. H. (2021). *Generational gaps in political media use and civic engagement: From baby boomers to Generation Z*. Taylor & Francis. https://doi.org/10.4324/9781003111498

Apfel, F., & Tsouros, A. D. (2013). Health literacy: the solid facts. *Copenhagen: World Health Organization*.

Bronstein, M. V., Pennycook, G., Bear, A., Rand, D. G., & Cannon, T. D. (2019). Belief in fake news is associated with delusionality, dogmatism, religious fundamentalism, and reduced analytic thinking. *Journal of applied research in memory and cognition, 8*(1), 108-117. https://doi.org/10.1016/j.jarmac.2018.09.005

Buturoiu, R., Udrea, G., Oprea, D. A., & Corbu, N. (2021). Who Believes in Conspiracy Theories about the COVID-19 Pandemic in Romania? An Analysis of Conspiracy Theories Believers' Profiles. *Societies, 11*(4), 138. https://doi.org/10.3390/soc11040138

de Paula, L., da Silva, T., & Blanco, Y. (2018). Pós-verdade e fontes de informação: um estudo sobre fake news. *Revista Conhecimento em Ação, 3*(1). https://doi.org/10.47681/rca. v3i1.16764

Delmazo, C., & Valente, J. C. (2018). Fake news nas redes sociais online: propagação e reações à desinformação em busca de cliques. *Media & Jornalismo, 18*(32), 155-169. https://doi.org/10.14195/2183-5462_32_11

Gonçalves, G., Piñeiro-Naval, V., & Toniolo, B. P. (2021). Em Quem Confiam os Portugueses? A Gestão da Comunicação Governamental na Pandemia Covid-19. *Comunicação e Sociedade, 40*, 169-187. https://doi.org/10.17231/comsoc.40(2021).3251

Hart, J., & Graether, M. (2018). Something's Going on Here: Psychological Predictors of Belief in Conspiracy Theories. *Journal of Individual Differences, 39*(4), 229-237. https://doi.org/10.1027/1614-0001/a000268

Islam, M. S., Sarkar, T., Khan, S. H., Mostofa Kamal, A. H., Hasan, S. M. M., Kabir, A., Yeasmin, D., Ariful Islam, M., Amin Chowdhury, K. I., Selim Anwar, K., Ahmad Chughtai, A., & Seale, H. (2020). Covid-19-Related Infodemic and Its Impact on Public Health: A Global Social Media Analysis. *The American Journal of Tropical Medicine and Hygiene, 103*(4), 1621-1629. https://doi.org/10.4269/ajtmh.20-0812

Kim, S., & Kim, S. (2021). Searching for general model of conspiracy theories and its implication for public health policy: Analysis of the impacts of political, psychological, structural factors on conspiracy beliefs about the COVID-19 pandemic. *International journal of environmental research and public health, 18*(1), 266.

Mestre, R. A. P. (2021). *A importância do fact-checking no mundo atual*

Meyer, S., Ward, P., Coveney, J., & Rogers, W. (2008). Trust in the health system: an analysis and extension of the social theories of Giddens and Luhmann. *Health Sociology Review, 17*(2), 177-186.

Montagni, Ouazzani-Touhami, Mebarki, Texier, Schück, & Tzourio. (2021). Acceptance of a Covid-19 vaccine is associated with ability to detect fake news and health literacy. *J Public Health (Oxf), 43*(4), 695-702. https://doi.org/10.1093/pubmed/fdab028

Moreno, Á., Fuentes Lara, C. M., & Navarro, C. (2020). Covid-19 communication management in Spain: Exploring the effect of information-seeking behavior and message reception in public's evaluation. *Profesional de la información, 29*(4). https://doi.org/10.3145/epi.2020.jul.02

Moscadelli, A., Albora, G., Biamonte, M. A., Giorgetti, D., Innocenzio, M., Paoli, S., Lorini, Ch., Bonanni, P., & Bonaccorsi, G. (2020). Fake News and Covid-19 in Italy: Results of a Quantitative Observational Study. *International Journal of Environmental Research and Public Health, 17*(16), 5850. https://doi.org/10.3390/ijerph17165850

Oliveira, F. A. G. S. (2020). *Fazer Fact-Checking em Portugal: Análise ao Observador e ao Polígrafo* (Doctoral Thesis) Universidade da Beira Interior (Portugal). http://hdl.handle.net/10400.6/11042

Park, S., Boatwright, B., & Avery, E. J. (2019). Information channel preference in health crisis: Exploring the roles of perceived risk, preparedness, knowledge, and intent to follow directives. *Public relations review, 45*(5), 101794.

Parsons, S., & Wiggins, R. (2020). Trust in government and others during the COVID-19 pandemic-Initial findings from the COVID-19 Survey in Five National Longitudinal Studies. *London: UCL Centre for Longitudinal Studies, 80*.

Pennycook, G., Cannon, T. D., & Rand, D. G. (2018). Prior exposure increases perceived accuracy of fake news. *Journal of experimental psychology: general, 147*(12), 1865. https://doi.org/10.1037/xge0000465

Pennycook, G., & Rand, D. G. (2019). Lazy, not biased: Susceptibility to partisan fake news is better explained by lack of reasoning than by motivated reasoning. *Cognition, 188*, 39-50. https://doi.org/https://doi.org/10.1016/j.cognition.2018.06.011

Preston, S., Anderson, A., Robertson, D. J., Shephard, M. P., & Huhe, N. (2021). Detecting fake news on Facebook: The role of emotional intelligence. *PloS one, 16*(3), e0246757. https://doi.org/10.1371/journal.pone.0246757

Robertson, D. G., & Dyrendal, A. (2018). Conspiracy theories and religion; superstition, seekership, and salvation. *Conspiracy Theories and the People Who Believe Them; Uscinski, JE.*

Seaton, J., Sippitt, A., & Worthy, B. (2020). Fact checking and information in the age of covid. *The Political Quarterly, 91*(3), 578-584.

Sivek, S. C., & Bloyd-Peshkin, S. (2019). Where Do Facts Matter? The Digital Paradox in Magazines' Fact-checking Processes. *Journalism Practice, 13*(8), 998-1002. https://doi.org/10.1080/17512786.2019.1643767

Sørensen, K., Van den Broucke, S., Fullam, J., Doyle, G., Pelikan, J., Slonska, Z., & Brand, H. (2012). Health literacy and public health: a systematic review and integration of definitions and models. *BMC public health, 12*(1), 1-13.

UNESCO. (2020). *Combate à desinfodemia: Trabalhar pela verdade em tempos de covid-19.* https://pt.unesco.org/covid19/disinfodemic

Wardle, C., & Derakhshan, H. (2017). Information disorder: Toward an interdisciplinary framework for research and policymaking. In: Council of Europe Strasbourg.

Wasserman, H., & Madrid-Morales, D. (2019). An exploratory study of "fake news" and media trust in Kenya, Nigeria and South Africa. *African Journalism Studies, 40*(1), 107-123. https://doi.org/10.1080/23743670.2019.1627230

INFLUENCIAS *LOBBY* EN LA ORGANIZACIÓN DE EVENTOS INTERNACIONALES

Ana Belén Oliver-González[1]

1. INTRODUCCIÓN

La licitación de eventos es un proceso mediante el cual se busca seleccionar la mejor propuesta para llevar a cabo un evento concreto, de entre todas las que están compitiendo por su organización. Generalmente, este proceso se lleva a cabo cuando se trata de acontecimientos de gran envergadura, como por ejemplo, los juegos olímpicos, los mundiales de fútbol, grandes ferias, convenciones y congresos, o conciertos con giras internacionales.

Para llevar a cabo una licitación de eventos es necesario seguir una serie de pasos. En primer lugar, se deben definir los objetivos y requisitos del evento. Antes de comenzar el proceso de licitación, se ha tener claro qué se quiere lograr con la celebración y qué requisitos deben cumplirse. Tras esto, se convocará a empresas interesadas en organizar el acto. Una vez que se tienen definidos los objetivos y requisitos del evento, se debe convocar a las empresas interesadas en participar en el proceso de licitación (Fuente Lafuente, 2007). Las empresas interesadas deberán presentar sus propuestas sobre el proyecto del evento. Cada una de ellas debe incluir información muy detallada y completa sobre cómo se organizará y gestionará todas las fases del acto, cuál va a ser su coste, cómo se obtendrá financiación para el proyecto y cuál va a ser la repercusión mediática del evento. Una vez que se han recibido todas las propuestas, se procede a evaluarlas. En esta etapa, se analizan las distintas propuestas y se selecciona la mejor opción para llevar a cabo el evento. Finalmente, se escogerá el ganador (Roche, 1994). Una vez que se han evaluado todas las propuestas, se selecciona la mejor opción para llevar a cabo el evento.

Es importante señalar que el proceso de licitación de eventos debe ser transparente y justo, para evitar cualquier tipo de favoritismo, corrupción, tráfico de influencias o cabildeo tratando de cambiar la opinión de los ofertantes o a alguien bien situado en los poderes de decisión. Para Francés (2013, p. 22), la actividad del *lobby* se ha vuelto tan poderosa que hoy en día, hay *lobbistas* en todos los engranajes de la actividad económica diaria, y por ende, en la potente industria de los eventos. Además, es necesario asegurarse de que se cumplan todos los requisitos legales y normativos que correspondan en cada caso. Por ello, el profesor Castillo Esparcia explica que para cambiar la opinión de un

---

individuo es necesario reclamar su atención ante la multiplicidad de mensajes de todo tipo de características (2011, p. 14).

2. OBJETIVOS E HIPÓTESIS

Tras una revisión exhaustiva sobre el tema de estudio; eventos internacionales y *lobby*, el objetivo principal es demostrar las influencias *lobbyying* en la adjudicación de eventos y su repercusión en las celebraciones internacionales.

Para la consecución del objetivo general se llevarán a cabo los siguientes objetivos específicos:

- Revisar la bibliografía existente sobre las actividades *lobby*.
- Estudiar la bibliografía existente sobre grandes eventos internacionales.
- Analizar la actividad *lobbying* en los eventos.

El estudio parte de la hipótesis de que existen presiones e influencias durante las licitaciones de grandes eventos y la posterior adjudicación para la organización de eventos internacionales debido al gran impacto socioeconómico que dejan estas megacelebraciones en las sedes organizadoras.

3. METODOLOGÍA

El presente estudio se ha abordado desde la combinación de distintas perspectivas: el análisis conceptual del *lobby* y la interacción del cabildeo en la licitación, adjudicación y organización de grandes eventos internacionales. Si bien es cierto que el grado de intensidad con que se ha trabajado cada una de ellas ha sido distinto, se ha procurado que ninguna quedara al margen de esta revisión sobre las actividades *lobbying* (persuasión e influencias) para la adjudicación de eventos. Para ello se ha realizado un profundo análisis sobre la literatura existente. El estudio de esta ha ayudado a definir la presente investigación sobre el *lobby*, reconociendo esta profesión aplicada a la adjudicación de grandes eventos internacionales.

El tipo de investigación es divulgativa ya que va dirigida a un público que, sin estar especializado en el campo concreto en el que se realiza el presente estudio, posee un conocimiento básico del mismo y goza de una formación media o superior gracias a la cual está familiarizado con los procedimientos de investigación académica, con el objetivo de dar a conocer los principales avances en el campo concreto de la organización de eventos. La investigación divulgativa combina el rigor en el contenido obtenido recurriendo a las investigaciones científicas y/o académicas, y la sencillez en la presentación, que le exime de llevar a cabo el desarrollo y explicación de todo el proceso metodológico que imponen dichos modelos.

El desarrollo del estudio se aborda siguiendo las premisas del método analítico ya que parte del conocimiento general de una realidad para conocer, distinguir y clasificar los distintos elementos esenciales que forman parte de ella y cuáles son las relaciones que entre ellos mantienen. El empleo de este método posibilita hallar las principales relaciones de causalidad que existen entre los sucesos o variables de la realidad del cabildeo o las actividades *lobbying*. Se convierte así en un método fundamental para esta investigación académica e imprescindible para poder realizar dos de las operaciones teóricas elementales: la interacción que ejerce el *lobbying* en la organización de grandes eventos internacionales (Calduch Cervera, s.f.).

Las búsquedas se han realizado en diversas bases de datos como *Leisure and Tourism, Google Scholar, Academic Search Complete, Redalyc, ResearchGate, Dialnet, Scopus*, utilizando los descriptores: *lobby, lobbying*, cabildeo, licitación, adjudicación y organización eventos internacionales. Para ello, se han revisado libros, revistas de divulgación e investigación científica, textos académicos, *blogs* y páginas *web*.

4. RESULTADOS

4.1. APROXIMACIÓN A LAS VARIABLES DE ANÁLISIS

4.1.1 *Lobby*

El *Lobbying* en el mundo moderno se está convirtiendo en parte de los procesos de toma de decisiones a nivel local, estatal, supranacional y global. La actividad *lobbying* se caracteriza por el uso de diversas técnicas y herramientas, por lo que existen muchas definiciones. El cabildeo es la defensa de intereses a través de la cual diferentes grupos intentan influir en el proceso de toma de decisiones. A menudo se hace referencia al *lobbying* cuando es necesario describir un proceso, evento o fenómeno político en particular que no ha llegado al público en general o ha permanecido opaco debido a su naturaleza específica.

El *lobby* no es un proceso que la ciudadanía en general entienda bien, aunque Hernández Vigueras (2013, p. 17) explica que el número de grupos de interés o *lobbies* va en fuerte aumento. Se usa mucho como concepto, pero pocos tienen una idea real de qué hacen exactamente los *lobbyistas* y por qué lo hacen. El *lobbying* es una actividad que se suele percibir como opaca, pero, aunque necesaria para el ejercicio de la democracia y los derechos, está mediada por el manejo de información –algunas veces de forma privilegiada– que reducen la maniobrabilidad democrática de actores que de por sí no han sido electos para el cargo que ocupan, es decir, son más susceptibles a las presiones de quienes fungieron como sus electores (Oliver-González, 2019, p. 94). El *lobbying* se puede analizar desde diferentes perspectivas, ya que se considera no sólo una actividad relacionada con influir en la toma de decisiones, sino también como un área de política. La regulación legal del *lobbying*, es un reto, precisamente por los diferentes marcos legales existentes en cada Estado (Robinson, 2013).

4.1.2. Eventos Internacionales

Getz (1991) definió los eventos como fenómenos temporales únicos, con un principio y un fin. Al recibir el adjetivo "especial" (*special events*) lo delimita como algo singular, único y más allá de la experiencia cotidiana. Raj *et al.*, (2009) debaten sobre el impacto económico que aportan al lugar que los alberga. En esta línea, Allen *et al.*, (2005) lo hacen acerca del papel que desarrollan en la sociedad. Las tres definiciones anteriores se adaptan perfectamente a la definición de evento internacional y al motivo de estudio del presente trabajo.

En cuanto a España, las publicaciones revisadas abordan principalmente temas relacionados con el gran impacto económico, las estrategias de comunicación y de *marketing* en los grandes eventos. Aun habiéndose celebrado grandes eventos internacionales de enorme envergadura en la década de 1980, como los mundiales de

1982, poco se escribió entonces sobre la organización, gestión y comunicación de este evento tan importante para la sociedad y economía española. Se ha encontrado la misma carencia en los dos megaeventos en la década siguiente: los Juegos Olímpicos (JJ.OO.) de Barcelona y la Exposición Universal (Expo) de Sevilla en 1992, ambos acontecimientos fueron un éxito del *marketing* aplicado a los eventos posicionando a España en el mapa mundial como exitosa sede albergadora de grandes acontecimientos; desde la perspectiva turística fueron un potencial a futuro (Oliver-González, 2022, p. 328).

Uno de los eventos más destacados a nivel internacional en España es el *Mobile Wold Congress* (MWC) que se viene celebrando anualmente en Barcelona. La feria deja un enorme impacto económico en la ciudad con casi 500 millones de euros de beneficios, aparte de superposicionar a la ciudad en la potente industria de los eventos a nivel mundial. El GSM tiene firmado un contrato con la ciudad condal hasta 2030, por ello son constantes las presiones e influencias *lobby* hacia la organización para llevarse el megaevento a otras sedes, barajando ubicaciones alternativas para trasladar el congreso de móviles y nuevas tecnologías fuera de España.

5. DISCUSIÓN

5.1. Influencias lobby durante el proceso de licitación y posterior adjudicación de grandes de eventos

El *Lobby* durante la licitación y en la posterior adjudicación de eventos son todas aquellas actividades de persuasión, presión e influencia que realizan ciertos grupos o individuos para influir en la decisión de los organizadores de eventos en la selección de la sede o la ciudad anfitriona de una celebración concreta. Esta actividad *lobbying* puede mostrar diferentes vertientes, importantes campañas mediáticas, incluyendo la realización de campañas de relaciones públicas, el cabildeo político, la presentación de ofertas o propuestas a los organizadores del evento. En muchas ocasiones, estos esfuerzos son legales, transparentes y éticos, mientras que en otras pueden ser ilegales por medio del opaco el tráfico de influencias.

En los últimos años, el *lobby* en la adjudicación de grandes eventos internacionales, en particular los deportivos, se ha vuelto cada vez más frecuente, especialmente en grandes eventos como los Juegos Olímpicos, la Copa del Mundo de Fútbol o el Campeonato Mundial de Atletismo, entre muchos otros. Los grupos de interés que realizan estas actividades legítimas de cabildeo pueden ser empresas, instituciones, cuerpos diplomáticos, federaciones deportivas, políticos, gobiernos y Estados, todos ellos con fuertes intereses por la adjudicación de la organización del evento dado el gran impacto económico y mediático que deja en las sedes organizadoras.

Es importante destacar que el *lobby* en la adjudicación de eventos deportivos puede tener consecuencias negativas para el deporte y para la sociedad en general, ya que puede generar corrupción, violar la ética deportiva y aumentar la desigualdad entre regiones y países. Por esta razón, es importante que los procesos de selección de las sedes sean transparentes, justos y basados en criterios objetivos, caso antagónico a todo ello ha sido el caso la organización de la Copa Mundial de Fútbol de Qatar 2022 con el *Qatargate.* Este claro ejemplo de influencias y *lobby* se originó cuando la revista gala *France Fooball* publicó el 29 de enero de 2013 en primera plana, un reportaje de investigación titulado *Mundial 2022 le Qatargate.* En quince páginas los periodistas Eric Champel y Philippe Auclair explicaron las irregularidades cometidas en 2010 por la Federación Internacional de Fútbol Asociación (FIFA) en la adjudicación de la candidatura de Qatar para 2022 . El informe explica como los cataríes habrían pagado sobornos para conseguir votos a favor de la candidatura de Qatar, o cómo el expresidente galo, Nicolás Sarkozy, habría supervisado personalmente un trato corrupto en beneficio de Qatar. La investigación menciona una reunión secreta celebrada en el Palacio del Elíseo, el 23 de noviembre de 2010, con Sarkozy, Michel Platiní, entonces presidente de la UEFA, Sebastián Bazin, propietario del París Saint Germain (PSG), con el príncipe heredero de Qatar, Tamin bin Hammad. En la reunión se habría acordado que Platiní votaría a favor de Qatar, por ello, Qatar ayudaría a superar la gran crisis financiera que padecía el PSG. El diario *Marca*, en su publicación del 29 de enero de 2013 explica que

> según *France Football*, otro de los implicados de la trama habría sido Ángel María Villar, el presidente de la Federación Española de Fútbol (RFEF). Villar habría apoyado a la candidatura de Qatar a cambio de recibir el apoyo de los cataríes en la candidatura de España y Portugal para el Mundial de 2018 y de un amistoso por el que se percibiría una jugosa suma de dinero. Pero el Mundial de 2018 fue para Rusia y no para la candidatura ibérica, lo que provocó el gran enfado de la Federación Española y Portuguesa tras conocer que su estrategia no había funcionado. En el informe también se mencionan los nombres de Pep Guardiola o Zinedine Zidane, que se mostraron muy activos en la promoción de la candidatura de Qatar, o el de Sandro Rosell, que tiene varios negocios en aquella parte del planeta. (Marca, 2013).

El *lobby* puede incluir la realización de campañas mediáticas, el uso de contactos políticos, la organización de actos y la presentación de argumentos a favor de una determinada ciudad o país como futura sede del evento (Oliver-González, 2018). El objetivo principal del *lobby* es conseguir que los organizadores del evento seleccionen a su candidato como sede del mismo. Sin embargo, el *lobby* puede ser objeto de críticas y controversias, ya que algunas veces puede involucrar prácticas cuestionables, como la corrupción, el soborno y el uso indebido de influencias. Estas prácticas pueden dañar la integridad del proceso de selección y la reputación del evento deportivo. Por lo tanto, es importante que el proceso de selección de la sede del evento deportivo se lleve a cabo de manera justa, transparente y sin influencias indebidas (Cook y Ward, 2011). Para lograr esto, es necesario establecer medidas efectivas de supervisión y regulación, así como una cultura de transparencia y ética en la organización y el desarrollo de los eventos deportivos.

En el caso de España, dos ejemplos de ello fueron la adjudicación de Barcelona como sede olímpica en el año 1992. No cabe duda de la persuasión e influencia que ejerció durante años y ayudó a este hito histórico, del entonces presidente del Comité Olímpico Internacional (COI), Juan Antonio Samaranch, en el Palais de Beaulie (Lausanne, Suiza) el 17 de otubre de 1986 cuando pronunció la frase con la que empezó un sueño "A la ville de... ¡Barcelona!" con un tremendo acento catalán. Unos juegos que abrieron la ciudad al mar y puso su nombre en el mapa en mayúsculas para siempre.

Caso contrario al de Barcelona sucedió en Singapur, el 6 de julio de 2005, durante el proceso de licitación la ciudad de Madrid como candidata a la futura organización de los juegos olímpicos de 2012, donde el *lobby* negativo del príncipe Alberto de Mónaco como miembro del COI, tras la presentación de la candidatura de Madrid, lanzó la pregunta envenenada a cerca de las dudas sobre la seguridad en Madrid. La delegación española reaccionó con estupor a la pregunta que dirigió el Jefe de Estado del Principado. Se acababa de cerrar el turno español y sólo faltaba comenzar las votaciones para la elección de la sede olímpica de 2012. La intervención española había sido brillante en todos los aspectos, con un discurso especialmente dirigido a los miembros del COI. Una ovación coronó el cierre español, pero inmediatamente después se produjo el anticlímax. Con un tono pausado y sereno, eligiendo muy bien las palabras, Alberto de Mónaco se preguntó por las garantías de seguridad después del estallido de un artefacto de la organización terrorista ETA. Con esta persuasión pretendía favorecer la candidatura de París 2012, principal candidata de entre las ciudades de París y Londres (Segurola, 2005). Finalmente, los JJOO de 2012 se celebraron en Londres.

6. CONCLUSIONES

El *lobby* es la actividad que defiende legítimamente los legítimos de particulares, siempre que se haga desde la transparencia y la legalidad. Cuando no es así, las actividades *lobbying* incurren en tráfico de influencias. El estudio ha cumplido con el objetivo principal que se había planteado ya que se ha demostrado las influencias *lobbyying* en la adjudicación de eventos y su repercusión en las celebraciones internacionales. A su vez, demuestra que las presiones ejercidas en la adjudicación de grandes eventos internacionales es la práctica de emplear influencias o poder para obtener beneficios indebidos en el proceso de la adjudicación final de la sede donde se celebrará el evento.

Estas actividades pueden incluir la manipulación de los criterios o requisitos de selección, el soborno, la corrupción o el favoritismo favoreciendo ciertas candidaturas que licitan por la obtención, incluso si no cumplen con los estándares establecidos. Esto puede socavar la transparencia, integridad e imparcialidad del proceso de selección y generar desigualdad de oportunidades para las candidaturas, por ello son prácticas ilegales y perjudiciales pudiendo afectar a la reputación de los mega eventos.

El *lobby* en la adjudicación de eventos internacionales son todas las actividades de presión y persuasión que realizan individuos, grupos de interés y organizaciones con el objetivo de influir en el proceso de selección de la sede para un mega evento, como el Mundial de Fútbol, tal como se ha demostrado en el caso de Qatar 2022; en la adjudicación de los juegos olímpicos de Barcelona en 1992; en la persuasión en la propuesta de la candidatura de París en 2012, así como las constantes presiones ejercidas para trasladar la feria mundial del MWC fuera de España. Por ello se valida la hipótesis planteada al inicio del presente estudio de que existen presiones e influencias durante las licitaciones de grandes eventos y la posterior adjudicación para la organización de eventos internacionales debido al gran impacto socioeconómico y mediático que dejan estas mega celebraciones en las sedes organizadoras.

7. REFERENCIAS

Allen, J., O'Toole, W., McDonnell, I. y Harris, J. (2005, 3rd ed.). *Festival and Special Event Management*. Wiley.

Calduch Cervera, R. (s. f.). *Métodos y técnicas de investigación en Relaciones Internacionales*. Curso de doctorado. Universidad Complutense de Madrid. https://www.ucm.es/data/cont/media/www/pag-55163/2Metodos.pdf

Castillo Esparcia, A. (2011). Los medios de comunicación como actores sociales y políticos. Poder, Medios de Comunicación y Sociedad. *Revista Razón y Palabra,* 75. http://www.razonypalabra.org.mx/N/N75/monotematico_75/12_Castillo_M75.pdf

Cook, I. R. y Ward, K. (2011). Redes transurbanas de aprendizaje, mega eventos y políticas de turismo: el caso de los proyectos de la Commonwealth y los Juegos Olímpicos. *Estudios Urbanos*, 48, 2519-2535. https://doi.org/10.1177/0042098011411941

Diario Marca. 29 de enero de 2013. El "Qatargate" del Mundial de 2022. https://www.marca.com/2013/01/29/futbol/futbol_internacional/1359461003.html

Francés J. (2013). *¡Qué vienen los lobbies! El opaco negocio de la influencia en España.* Destino.

Fuente Lafuente, C. (2007). Protocolo para eventos. Técnicas de organización de actos I. Ediciones Protocolo.

Getz, D. (1991). *Event Studies.* Elsevier. https://doi.org/10.4324/9780429023002

Hernández Vigueras, J. (2013). *Los lobbies financieros. Tentáculos del poder.* Clave Intelectual Madrid.

Oliver-González, A. B. (2018). Aproximación conceptual y longitudinal del concepto *lobby. Revista de Comunicación de la SEECI,* 46, 65-76. https://doi.org/10.15198/seeci.2018.46.65-76

Oliver-González, A. B. (2019). Análisis y la regulación del lobby en la Unión Europea. *Vivat Academia. Revista de Comunicación,* 149, 91-108. https://doi.org/10.15178/va.2019.149.91-108

Oliver-González, A. B. (2022). La industria de eventos: análisis conceptual y evolutivo en la organización de actos como herramienta de comunicación y marketing. ¿Comunicar es informar? *Thomson Reuters Aranzadi, 4,* 327-340.

Oliver-González, A. B. (2023). El lobby y las relaciones internacionales. *VISUAL REVIEW. International Visual Culture Review / Revista Internacional De Cultura Visual, 13*(2), 1-12. https://doi.org/10.37467/revvisual.v10.4564

Raj, R., Walters, P. y Rashid, T. (2009). *Events Management: An Integrated and Practical Approach.* Sage.

Roche, M. (1994). Mega-events and urban policy. *Annals of Tourism Research,* 21, 1-19. https://doi.org/10.1016/0160-7383(94)90002-7

Robinson, J. (2013). Arriving at the urban/urban policy: traces of elsewhere in making city futures. In O. Söderström (ed.) *Critical Mobilities* (pp. 1-28). Routledge. https://doi.org/10.1111/1468-2427.12255.

Segurola, S. (7 de julio de 2005). La pregunta envenenada de Alberto de Mónaco. *El País.* https://elpais.com/diario/2005/07/07/deportes/1120687211_850215.html

SOCIAL INTERACTION BETWEEN HUMAN NETIZENS AND ROBOT INFLUENCERS

Mónica Pérez-Sánchez[1], Javier Casanoves-Boix[2], Omar Trejoluna-Puente[1]

This text was born within the framework of the CIIC Institutional Call for Scientific Research (2023) of the University of Guanajuato.

1. INTRODUCTION

Human relationships commonly create bonds of trust from the congruence of facts and sayings between people, and over time, the interactions can be deeper and more lasting, so much so that what happens to one person can influence another. what the other lives. Social interactions between humans also happen on a virtual level. Online social interactions have happened and have been increasing since the beginning of the Internet. What is recent is the appearance of humanoids that seek the closest possible resemblance to the human being. Various creative agencies have created virtual characters that claim to be as real as a person. In less than ten years, various robots have appeared on different social networks to interact with human beings and, through their publications, gain an audience. We are referring to robot influencers or virtual influencers (VI).

This type of influencer is a relatively young phenomenon that occurs in influencer marketing, according to The Influencer Marketing Benchmark Report 2023 (*Apud* Geyser, 2023), this industry is expected to Grow to be Worth $21.1 Billion in 2023. Likewise, Investments are increasing in marketing using artificial intelligence, including the development of virtual influencers (VIs), which results in millions of US$ investments. Its social intention has been observed through the study of perception through different methods, and since its observation occurs through various disciplines, it has emerged as an interdisciplinary undertaking (Yan *et al.*, 2013, p. 86). Although various studies have focused on the observation of social reactions toward virtual beings (*v. gr.* Castell & Bickmore, 2000; Nass *et al.*, 2000; Castell *et al.*, 2002; Jung & Kopp, 2003). Regarding the human-robot interactions relationship, the studies are minor (*e.g.*, Bainbridge *et al.*, 2008; Bainbridge *et al.*, 2010).

Some recent studies (*v. gr.* Robinson, 2020; Moustakas *et al.*, 2020; Batist & Chimenti, 2021) deal specifically with Virtual influencers. According to the words of Rosenthal-von der Pütten *et al.*, (2013) before the scientific community can discuss these rather philosophical and high-level questions, it is important to first analyze how relationships with robots are formed, and how this influences the perception of the robot and the emotional reactions towards it.

And in the analysis of the human-robot interaction (HRI) perception is a crucial aspect to keep studying because robots are already in our professional and private lives. According to the Media Equation, humans react the same way to robots as they would do to other humans but form regarding ethical issues. Is well known that people react mindlessly to computers (Nass *et al.,* 1997). The Media Equation phenomenon which could apply to robots (Bartneck & Hu, 2008), and even be applicable to virtual characters as well (Rosenthal-von der Pütten *et al.,* 2013), therefore could apply to robot influencers. Appel *et al.,* (2020) recommend future research on whether there would be any difference between the virtual and the authentic influencer in the effects of consumers.

2. OBJECTIVES

The general objective of this work is to know how the relationship experience happens between humans and influencer robots, to know the strongest and most fragile links in the process, and above all, to recognize those elements that allow trust to happen between the two and contribute to the studies of digital social interactions.

2.1 Specific objectives

Analyze the composition of the posts of robot influencers.

Recognize interactions with human netizens from narratives on the posts of the robots´ influencers.

Observe the reactions of human netizens regarding the photography and narration exposed in the posts of the robot influencers.

3. METHODOLOGY

Exploratory Research Design that uses qualitative methodology through content analysis to observe the participation of netizens in social networks, specifically those who publish photographs accompanied by narrations or stories and learn about the construction of experience relationships based on the interactions that have taken place and the psychological analysis of the multidimensional construct in digital social networks.

The application of Social Media Analysis (SMA), which as Gutiérrez (2018, p. 12) explains, is the "process of obtaining information from conversations that are in digital format, and said information can be used in processes related to decision making, marketing, customer service, sales, etc."

Then it is used in multidimensional analysis, which in the words of Benzecri (1965, p. 5) "is the ability to contextualize a variable or more variables (measures) through the use of perspectives (dimensions), and that allows contextualizing one or more variables from the social perspective and collect the data in a systematic and orderly manner. Following a multi-method approach, we assessed the self-reported emotions of the participants as well as their general evaluation of the videos that included the performance of social robots and robot influencers.

The netnographic study, as Turpo (2008, p. 82) explains, is a qualitative and interpretative method designed specifically to investigate consumer behavior in the environments of communities and cultures in use on the Internet. Netnography, as a research proposal on the Internet, enriches the aspects of the innovation and social improvement approach promoted by active and participatory methods within the qualitative spectrum (methodology and social practice), integrating itself into the important transformations that the Internet has brought about. caused in our daily lives.

4. RESEARCH DEVELOPMENT

To use netnography, Turpo (2008) suggests following the determined phases that combine the artificial, provided by computers, with the natural work of interpretation of human beings.

Phase I: Data collection (automatic phase)

1. The process begins with the delimitation of the study and the choice of the online content that will be reviewed; photographs of the most popular virtual robots accompanied by text published on Instagram.

2. Instagram was chosen because it is a social network that allows connecting various audiences through creativity in images and content, and it is also one of the most recognized and used social networks worldwide (Manzaba, 2019).

3. The data collection instrument was an extended table with columns that collected the following elements:

    (1) Identification of the publication: username, access link, photograph with narration.

    (2) Blocks of the story or narration: name of the user's profile on Instagram, name of the publication, story/narration, historical data, use of emojis and hashtags, invites action, tag others.

    (3) Reactions: "likes", tag/mention of other users, text, emojis, hashtags.

    (4) The multidimensional narration and construction of the relationship experience with the user, the BASIC IDS multidimensional system was used, proposed by Cohen (1999) and used by Pera and Viglia (2016), which includes: behavior, affect, sensations, imagination, knowledge, interpersonal relationships, health and sociocultural factors.

4. Call for users of social networks of legal age to participate in the study.

5. Data collection was carried out from February 1, 2023, to March 1, 2023.

Phase II: Human interpretation (manual phase)

1. Once the data has been collected in an orderly fashion, it is filtered at the convenience of the researcher, thus the automatic phase of the process ends, and the human component comes into action.

2. Once all the messages have been read, the comments and responses are classified according to a list of established options.

3. The researcher performs the interpretation and global evaluation of the data obtained.

4.1. Influencers, first humans and now robots influencers join

Curiel and Ortiz (2018, p. 259), define influencers as "people who with a recognized digital reputation publish content on their social networks that are read by thousands of followers. Leaders who become a link and generators of consumption for a community of fans who, in many cases, show them blind trust". Fernández (2017), for his part, defines the influencer and its relationship with marketing by stating the following: "an influencer is a person who has some credibility on a specific topic, and due to their presence and influence on social networks, they can become into an interesting prescriber for a brand". Castillo-Abdul *et al.*, 2022 say that an influencer is an individual with a high number of followers and a high level of engagement, which means that they retain their followers through the creation of solid relationships.

In addition, according to Iglesias (2017, pp. 31-32), the influencer has the following 3 traits:

(1) familiarity, that is, the ability to establish a close relationship through interactions and trust with his community of followers;

(2) capacity for two-way communication, through simplicity and efficiency contained in a natural language;

(3) demonstrated experience, for being users or knowledgeable of what they mention. These aspects continue to predominate in the literature related to influencers, because Influencer marketing also happens online, as Mangold and Faulds (2009, p. 358) pointed out when indicating that influence refers to the ability of an individual or group to affect the opinions, attitudes, and behaviors of others through digital platforms.

The configuration of social networks allows consumers to become content producers and to achieve a relevant number of followers who interact through reactions, shares, and comments (Marwick, 2015). The first online influencers were bloggers and YouTube content creators who shared their opinions and product reviews with their followers. Over time, social media influence has spread to other platforms, such as Instagram, Twitter, and TikTok, where users with large audiences can use their influence to promote products and services for financial or other compensation (Hearn & Schoenhoff, 2016).

Over time, influencers have begun to be replaced by "robot influencers", also called "virtual influencers" Appel *et al.* (2020, p. 89). The «virtual influencers are designated as the future of advertising, fashion, and commerce» (Robinson, 2020, p. 3). To overcome the limitations of human influencers, more and more brands use them. Since then, in their study, Wong *et al.*, (2017) found that in the digital ecosystem, it is increasingly complex to identify and discern reliable messages from inauthentic ones. Currently, since the appearance of robot influencers, it would be necessary to determine if these aspects are preserved, or if the interaction between the virtual influencer and the human has other qualities, and if the authenticity of the published content is perceived as reliable.

We are talking about robot influencers that can emulate human appearance and behavior, and have become a trend in marketing, these "virtual robots" are "virtual influencers" also called "CGI influencers" (Batist & Chimenchi, 2021, p. 1). Virtual influencers are operated largely by humans and are created to appear and behave like humans, they were designed realistically through artificial intelligence (AI) and Computer-Generated Imagery technology (CGI) or other resources (Batist & Chimenchi, 2021) such as machine learning, self-supervision, natural language, and other attributes of artificial intelligence have developed rapidly in recent years with the Natural Language Generation (NLG).

Creative agencies create them to become influencers. When creating them, the creative agencies work on their clothing, their face, their physical appearance, their body movement, the colors, the environment in which they will perform, and the expressions they will use. So much work is done on their performance as a human that it could be said that the intention of virtual influencers is the same as that of human influencers, to influence people's choices and decisions. It is through the publication of content, the various promotional tools they use, and their online performance that they seek to have social interactions with human netizens.

4.2. Social interaction and emotions

The observation of social interactions allows us to learn from environments, to investigate social interactions between humans, a natural approach is to design human-like robots, hence the way they respond (Yan *et al.*, 2024). Social interactions can bring emotions with them, or emotions can be generated from those interactions. Human beings in their individual social and group social complexity experience emotions continuously. Emotions have been a central issue in the life of human being, since they influence how everyone interpret reality and constitute an integral part of the human experience, for this reason, an attempt has been made to understand how they happen and the effects on the life of the human being.

According to Kemper (1987, p. 267), emotions are a complex and organized predisposition to participate in certain classes of biologically adaptive behaviors, characterized by peculiar states of physiological arousal, peculiar feelings or affective states, a peculiar state of receptivity, and a peculiar pattern of expressive reactions. Denzin (2009, p. 66), says that «emotions are a living, truthful, situated, and transitory bodily experience that pervades a person's stream of consciousness, which is perceived within and running through the body, and which, during his experience, immerses the person and his companions in a new and transformed reality - the reality of a world constituted by emotional experience.

The study of emotions encompasses scientific, philosophical, and psychological perspectives. For centuries man was seen as an eminently rational being, which differentiated him from other living beings (Gordillo & Mestas, 2020) then and even now. His study covered the classical era, in which the great philosophers participated in his approach, intending to improve his understanding, such as Plato, Hippocrates, and Aristotle. Until the end of the last century, when the typologies of emotions were discussed (e.g., Kemper, 1987; Jasper, 2011). In addition, the theoretical contributions have been diverse with authors such as Brody (1999), Stets and Burke (2000), Scherer (2001), and Lawler *et al.*, (2008).

The importance of emotions is recognized, and their important intervention in social interactions, which is why their observation is sought in multidimensional studies.

5. RESULTS

The results show 106 photographs published on social networks, in which the construction of the relationship experience and the reactions of the participating people were observed. The participation of the 106 participating netizens is as indicated: 58% were women and 42% were men, all Mexican young students, their ages range from 20 to 28, centennial generation, they participate in social networks, recognize the figure of human influencer, but only 36% knew about the existence of virtual robots.

The tables presented below correspond to two randomly chosen examples of the two robot influencers with the most followers currently on Instagram, the tables are presented as an example only.

Table 1 shows the construction of the publication made by the influencer robot.

MOST POPULAR VIRTUAL INFLUENCERS		
Robot influencer		Photography
Lilmiquela 14 Link to Instagram https://www.instagram.com/p/Csy18f40966/		
Maganeluiza 8 Link to Instagram https://www.instagram.com/p/CuNZVJ3rHer/		

Table 1. Post of chosen robot influencers. Source: own elaboration.

The first column of the table, from left to right, shows the username on Instagram of each virtual robot and the number of posts observed from each virtual robot, then, in the next column, the photo with narration to analyze.

From now on, the elements to be analyzed will be presented in the first row, and in the second row the responses of the human netizen will be presented concerning the publication by @Lilmiquela chosen as an example, and the third row will present the responses of another human netizen from the @Maganeluiza's publication.

Table 2., shows the number of reactions through "likes" and the components of each publication.

Virtual Robot Publishing			
Tools to provoke interaction			
"Like"	Mentions of some other users	Text with emojies	#Hashtags
983	friendshipwithyou San & Tury	I visited this @friendswithyou piece a few weeks back. When I entered the gallery I was overcome with such joy and happiness when I was greeted with this inflatable perfection. Sam & Tury ILYYYY I've spent the past few weeks searching how to recreate this feeling again. I think I need to visit somewhere new. A new neighborhood? A new city? A new country?!?? What makes you happy?	No
1497	0	My cell phone memory is full of sky photos that I never posted Send this post to your friend who is always posting sunset stories! #BuscaNoMagalu Galaxy S23: 232853600 The post shows the following sentence at the top "Sunset: Me:" Below is Lu from Magalu, a light-skinned 3D woman with short hair and #DescriçãoDaImagem: caught in a bun. She is taking a photo of the sunset	#BuscaNoMagalu #DescriçãoDaImagem

Table 2. Robot influencer´s post. Source: own elaboration.

Table 2 allows us to observe the use of emojis, hashtags, labels, calls to action, and mentions of third parties. These elements are what will cause the reactions and interactions on the part of human netizens. If this human netizen is captivated by the publication and therefore reacts favorably to the publication's call, then engagement has already started.

Tables 3, 4, and 5 present the second part of the narrative analyzed in each post, that is, the next four dimensions of the multidimensional system. As can be seen, the components of the narration could be the most fragile links, since from these arose the participation of the human netizen, their interactions, and their reactions, therefore the success of the post.

Table 3 presents the first part of the narrative that accompanies the post of the robot influencer, that is, the first four dimensions of the multidimensional system contained in the narrative, accompanied by the textual responses issued by human netizens.

About the narration (part I)								
Behavior		Affect	Sensations		Imagination			
What is the person doing or wants to do?	What is the specific action performed by the narrator? (the breaking of a pattern, a turn, an action, is answered through the story)	What is the narrator mentally feeling or experiencing?	What are the sensations that the narrator might be experiencing?	What does the center of the narrative say, see, hear, feel, taste, or smell (in terms of touch)?	What is the dominant mental model?	Does the storyteller personalize a brand?	Looking at the narrator, what traits could you assume this personification possesses?	Do the features of the personification made by the narrator match the features of the brand if it were a person?
Nothing, she's just posing to be taken in a photograph	She is squatting smiling, holding a notebook and a pencil in his hand	She seems happy, but I don't think he feels anything	It is a work moment where you must smile, or at least it seems so	It seems to be in a fun place, with a lot of color due to an attractive inflatable that appears in the background of the photo	Consumption, promote products as soon as you click on the photo	No, it doesn't seem like it, but because of the brands mentioned, probably yes.	That tries to be fun and set trends among young people	Maybe yes, but some brands mentioned I don't know
She is focusing to take a picture with her mobile phone	It is the person (well, the virtual robot) that is taking the picture	What a human would feel would be amazement at the beauty of the sunset	Freedom, wonder, admiration is what people would feel	Mention a brand of mobile phone and even the model, promote its consumption and she or it is shown as a user of the product/ brand	Consumption	Sí, además aparentemente usa la marca y la promueve	Libertad, narrates herself as a black-haired woman with white complexion, short hair collected in a bun	It may be, but the features of the robot or the brand are not clear

Table 3. Narration of the post, part I. Source: own elaboration.

About the narration (part II)					
Cognition			Interpersonal relationships		
Are there any identifiable characters in the story?	Could you describe the characteristics of that character?	What is the verbal message emitted by the narrator (in your own words)?	How would you judge the narrator in terms of his (1) responsibility, (2) trustworthiness, (3) moral strengths and weaknesses?	What social needs does the narrator experience during his narration (belonging, recognition, affiliation, friendship, self-esteem, others)?	How can this narrator relate to people like you?
Only the protagonist herself, an artificial intelligence that they put to work as an influencer	It is not a person, but its creators want it to have a free and fresh appearance	Ven a este lugar a divertirte tanto como yo	Neither responsible nor trustworthy, it is a robot programmed to sell things and promote having a good time.	Need for affiliation or belonging I guess	In no way because the narrator is a creator, this entity does not exist
No, just her and her back	As described in the narration, she has short, dark, bun hair, a fair complexion, and appears to be of medium height.	Have a good time and have that phone so you don't miss epic sunsets like that	There is little that I can say about his responsibility, I did not know that Internet user. Reliability either, because it is not fully observed, the photo gives a profile. It does not have moral elements, neither good nor bad.	It seems that she needs recognition and promote brands to be known through them	Nothing, I don't know her, the image is fantastic and I agree, have a mobile phone

Table 4. Narration of the post, part II. Source: own elaboration.

About the narration (part III)					
Drugs			Sociocultural factors		
How healthy do you imagine the narrator is?	Looking at the image, what questions or concerns come to mind in terms of the narrator's physical health?	Looking at the image, what questions or concerns come to mind in terms of the narrator's mental health?	Which culture does the narrator best represent? Because?	What cultural group or groups is the message addressed to? Because?	Does the story represent the identity of the brand (values, characteristics, other?
Not much, I imagine it a bit perverse	Physical health, they refer to the physique of the robot, it promotes beauty stereotypes as well as products and their consumption	Why should that robot be so similar to human beings, it is so obvious that it is not a person who seems to be mocking us	I knew it was a mixture of Spanish and Brazilian, but being virtual it seems to me that it does not represent anyone	I think it is aimed at those between the ages of 12 and 25	I don't know, she promotes various brands in the same photo, in addition to promoting herself
I guess healthy, I don't know what to answer	Can you do anything other than promote products?	Is she bored for not knowing or being able to do much?	Maybe try to represent Latin American countries	To people of low-middle socioeconomic level in Latin America	The story says little, and it could be, but I don't know much about the phone model either, although the brand does.

Table 5. Narration of the post, part III. Source: own elaboration.

Tables 6, 7, 8, and 9 present the reactions to the robot influencer's post.

Reactions or "Take-away" (part I)							
Behavior				Affect			
What would you like to do while watching the narrator?	If you were planning to travel, would you like to visit that destination?	If you went to that destination, would you choose the place of the narrator?	Would you like to meet and/or meet the narrator?	What feelings, if any, does watching this video evoke in you? Why do you think it makes you feel that way?	Do you feel transported to that specific moment in history?	Were you able to enter the world of the narrator?	Did you understand the experience lived by the narrator? Describe why you did or did not empathize with the narrator
Eat candies	No, it looks like a place for very young children	Maybe just out of curiosity	No, I have seen various posts from this influencer, and I am not attracted to them	Rejection, some of your posts do not seem good to me, it seems to me that they can be perverse	No	No	No, I guess he just wants us to see that she's having a good time.

| Rest, better yet, sleep | It may be but I don't know or say where it is, I think it's still fictitious | Yes, with that sunset yes | mmm Yes, it would be interesting to know how it performs | It causes me confusion; it bothers me a little about the promotional work that someone else could have done | No | No | Maybe I empathized with the idea that I want to take a photo of the sunset, but nothing else, I have not lived any experience if everything is created virtually |

Table 6. Reactions on the post, part I. Source: own elaboration.

Reactions or "Take-away" (part II)							
Sensations	Imagination						
What sensations provoked are the ones that most attracted you?	Does the imagery evoked by the narrator remind you of someone you know?	In what ways are you similar to or different from the narrator?	Did the story activate your imagination?	During history, was the experience of reality suspended?	Can you recall any vivid images from the story?	Is the imagery evoked by the narrator related in any way to your hopes, aspirations, dreams?
Funny maybe	Yes, a little to some children I know	I am human, that is, we are not similar	No	No	The big yellow inflatable of a chicken	No, just to remember that I already had fun as a child
The feeling of freedom that a sunset could cause	Yes, I have several friends who have posted pictures of sunsets on their profile	I don't know the narrator, but it is clear that the only thing they did was promote the product and its brand, with a beautiful sunset, the rest did not attract my attention	Yes, regarding robot influencers	Just for two seconds, while I imagined that I was making a non-existent entity with a phone in a sunset, then I put my feet on the ground	No, just the sunset image	Yes, I want to travel and not miss the best sunsets

Table 7. Reactions on the post, part II. Source: own elaboration.

Reactions or "Take-away" (part III)					
Cognition					
Do you think the story is fictional or does it describe events that really happened?	Is the protagonist similar to a real consumer?	Does the video help build an opinion about the narrator?	Is the video used to obtain information considering the place it offers?	By focusing on the narrator, what rings true and what doesn't?	Is the central message of the story clear?
The story is fictitious, everything is invented	It resembles the way they dress her and her makeup, but it's too fake for her to think it's a person	About her creators, their head must be creatively ambitious, yes,	Yes, to know which place it refers to	Everything seems fake	That we should go and consume
The story is fictitious, it does not connect, it is evident that it is only to sell something	A little yes, although a little caricature	No, but to cause curiosity about the virtual entity yes	No	The sunset seems a little true, the rest is not	Yes, sell products and brands

Table 8. Reactions on the post, part III. Source: own elaboration.

Reactions or "Take-away" (part IV)							
Interpersonal relationships				Drugs		Sociocultural factors	
The narrator is the type of person you would like to have as a friend? Why or why not?	The narrator is the kind of person you would admire? Why or why not?	Is the narrator the type of person you would believe or trust? Why or why not?	Are the narrator's social needs consistent with yours?	Could the narrator's message have relevance to your own physical health?	Could the narrator's message have relevance to your own mental health?	Thinking about what you just saw and how the narrator behaves, thinks, gets emotional, how consistent is the story with your own cultural background?	Do you feel that they share or have cultural formation in common?
No, with my friends I have common tastes	No, she hasn't done anything extraordinary that I admire.	No, because it doesn't exist	No, it seems to me that their narrations have little depth	I think a bit about my weight, which is fine, but that robot seems very skinny	No	There is no consistency	No, nothing like that
Maybe yes because he might not have all the defects that we humans have, maybe we can educate him in our own way	No, it does not exist, nor does it seem to be doing anything extraordinary	No, because there is not and is not a human individual that I would approach to solve something	No, I don´t think so	No	No	It only has superficial arguments, you don't say much to get to know it, what I do know is that it promotes consumption	No

Table 9. Reactions on the post, part IV. Source: own elaboration.

Tables 6, 7, 8, and 9 correspond to the eight dimensions of the multidimensional system used to observe relationship experience. To achieve a better visualization of the data, its presentation is divided into four parts that contain the eight dimensions of the system, contained in parts I, II, III, and IV.

These examples make it possible to point out that the participation of the human netizens allows us to affirm that their positions regarding the various posts of virtual robots are not neutral, 67% said they disagreed with the proposals of robot influencers, while the rest were positive about this phenomenon and its expansion. Each of the opinions issued by human netizens allows us to observe the interactions that have taken place. The interpretation of the answers made it possible to highlight the most important feature of the interaction: the desired similarity with the human being, but this can result in a negative relationship experience, which also causes doubts, questions, or fear. The positive experiences were in the minority, and they indicated feeling amused by the robot's content, a grace that is subject to their intention to appear human without being so, thus losing credibility and preventing the generation of trust.

5.1. Discussion

We agree with the statement made by Wong *et al.,* (2017) when pointing out that, in the digital ecosystem, it is increasingly complex to identify and discern reliable messages from inauthentic ones. Work is being done on the improvement of humanoid robots, which makes it more complex to differentiate the human individual from the digital entity, in addition, the content published by the robot influencer uses natural language that questions the audience; thus, discussions take place in the community of followers of robot influencers.

Participants reacted more strongly to robots with a humanoid shape, and even more when their narrations were related to important social topics, just like the results of Rosenthal-von der Pütten *et al.,* (2013). The study of Batist and Chimenti (2021, p. 2) found that "in the eyes of many humans, non-human characters are not part of a narrative or message". The meaning of this statement is that the robot influencer is the message itself, regardless of its narrative.

We agree with Batist and Chimenti (2021, p. 21) when they express that the Robot influencer phenomenon allows multiple approaches, methods, and fields of study. As a recent topic, a lot of data is needed to understand what the best marketing practices in favor of brands would be.

6. CONCLUSIONS

The conclusions focus on the necessary observation of social networks, specifically on current social interactions where the figure of the influencer resumes prominence with the appropriation of artificial intelligence and machine learning. The interactions between influencer robots and humans do not show neutrality, all of them fall into opposite poles, or one is in favor, or one is against, so the details shown in the posted photographs must be taken care of and even more so the approaches and the constructions of the narrative that accompanies it.

The analysis of the interactions from the chosen photographs also allows us to recognize the potential of this expression of digital marketing. The rise of influencer marketing does not diminish, on the contrary, it forces us, as humans, to closely study the phenomenon of the influencer robot to decide and delimit its performance to reduce the negative effects and promote good practices of its use in favor of brands and products. The observation of photos of social media could be a limitation of the study because those can be seen as fictional material, besides participating within a group could have changed the opinion of the participants, perhaps reactions and opinions would remain more original if they would have observed in solitary the influencer robots in their phone, real-time online. Some other approaches would help to understand better the effects of interactions between humans and robots influencers in society.

7. REFERENCES

Appel, G., Grewal, L., Hadi, R., & Stephen, A. T. (2020). The future of social media in marketing. *Journal of the Academy of Marketing Science*, *48*(1), 79-95. https://doi.org/10.1007/s11747-019-00695-1

Bainbridge, W. A., Hart, J., Kim, E. S., & Scassellati, B. (2008, August). The effect of presence on human-robot interaction. In *RO-MAN 2008-The 17th IEEE International Symposium on Robot and Human Interactive Communication* (pp. 701-706). IEEE. https://doi.org/10.1109/ROMAN.2008.4600749

Bainbridge, W. A., Hart, J. W., Kim, E. S., & Scassellati, B. (2011). The benefits of interactions with physically present robots over video-displayed agents. *International Journal of Social Robotics*, 3, 41-52.

Bartneck, C., & Hu, J. (2008). Exploring the abuse of robots. *Interact Stud*, 9(3), 415–433. https://doi.org/10.1075/is.9.3.04bar

Benzécri, J. P. (1969). Statistical analysis as a tool to make patterns emerge from data. In *Methodologies of Pattern Recognition* (pp. 35-74). Academic Press.

Brody, C. J. (1999). Evaluative inquiry and the use of emotional information. *American Behavioral Scientist*, *43*(6), 1053-1067.

Cassell, J., & Bickmore, T. (2000). External manifestations of trustworthiness in the interface. *Communications of the ACM*, *43*(12), 50-56. https://doi.org/10.1145/355112.355123

Cassell, J., Stocky, T., Bickmore, T., Gao, Y., Nakano, Y., Ryokai, K., Tversky, D., Vaucelle, C., & Vilhjálmsson, H. (2002, February). Mack: Media lab autonomous conversational kiosk. In *Proc. of Imagina* (pp. 12-15).

Castillo-Abdul, B., Blanco-Herrero, D., & Muela-Molina, C. (2022). YouTubers and miracle diets: the dissemination of health content between 2020 and 2021. *Revista Latina de Comunicación Social*, 80, 475-494.

Curiel, C. P., & Ortiz, S. L. (2018). El marketing de influencia en moda. Estudio del nuevo modelo de consumo en Instagram de los millennials universitarios. *AdComunica*, 255-281. https://doi.org/10.6035/2174-0992.2018.15.13

da Silva Oliveira, A. B., & Chimenti, P. (2021). " Humanized Robots": A Proposition of Categories to Understand Virtual Influencers. *Australasian Journal of Information Systems*, 25.

Denzin, N. K. (2009). *On Understanding Emotion*. New Brunswick, NJ: Transaction Publishers

Fernández Lerma, A. (2017). *Estudio del origen de la figura del influencer y análisis de su poder de influencia en base a sus comunidades.*

Geyser, W. (2023). *The State of influencer The State of Influencer Marketing 2023: Benchmark Report*. Posted on February 7th, 2023. https://influencermarketinghub.com/influencer-marketing-benchmark-report/

Gordillo, F., & Mestas, L. (2020). Una breve historia sobre el origen de las emociones. *Revista Electrónica de Psicología, 10*(19), 20-27.

Jasper, J. M. (2011). *Emotions and identity: A theory of ethnic nationalism.* Cambridge University Press.

Hearn, G., & Schoenhoff, S. (2016). The monetization of influence: Capitalizing on social media influencers. *Journal of Media Business Studies, 13*(1), 1-18.

Iglesias, L. J. D. (2017). *Soy marca: Quiero trabajar con influencers.* Profit Editorial.

Jung, B., & Kopp, S. (2003). *FlurMax: an interactive virtual agent for entertaining visitors in a hallway.* In: T. Rist, R. Aylett, D. Ballin, & J. Rickel (eds) *IVA 2003. Lecture notes in artificial intelligence.* (pp 23–26). Springer, Berlin. https://n9.cl/qgtqy

Kemper, T. D. (1987). How many emotions are there? Wedding the social and autonomic components. *American Journal of Sociology, 93*(2), 263-289.

Lawler, E. J., Thye, S. R., & Yoon, J. (2008). Emotion and group cohesion in productive exchange. *American Sociological Review, 73*(6), 875-893.

Mangold, W. G., & Faulds, D. J. (2009). Social media: The new hybrid element of the promotion mix. *Business Horizons, 52*(4), 357-365.

Manzaba Castro, M. J. (2019). *La marca personal y el storytelling: factores claves para ser un influenciador en Instagram* (Doctoral dissertation, Quito: Universidad de Los Hemisferios, 2019).

Marwick, A. E. (2015). You may know me from YouTube: (micro-) celebrity in social media. *A companion to celebrity*, 333-350.

Moustakas, E., Lamba, N., Mahmoud, D., & Ranganathan, C. (2020, June). Blurring lines between fiction and reality: Perspectives of experts on marketing effectiveness of virtual influencers. In *2020 International Conference on Cyber Security and Protection of Digital Services (Cyber Security)* (pp. 1-6). IEEE. https://doi.org/10.22619%2FIJCSA

Nass, C., Isbister, K., & Lee, E. J. (2000). *Truth is beauty: researching embodied conversational agents.* In: J. Cassell (ed) *Embodied conversational agents.* (pp 374–402). MIT Press, Cambridge.

Nass, C. I., Moon, Y., Morkes, J., Kim, E. Y., & Fogg, B. J. (1997). Computers are social actors: A review of current research. *Human values and the design of computer technology*, 137-162.

Pera, R., & Viglia, G. (2016). Exploring how video digital storytelling builds relationship experiences. *Psychology & Marketing*, *33*(12), 1142-1150.

Sanchez, W. C., & Ortiz, P. A. (2017). La netnografía, un modelo etnográfico en la era digital. *Revista Espacios*, *38*(13).

Turpo Gebera, O. W. (2008). La netnografía: un método de investigación en Internet. *EDUCAR*, 42, 81-93.

Robinson, B. (2020). Towards an Ontology and Ethics of Virtual Influencers. *Australasian Journal of Information Systems*, 24, 1-8. https://doi.org/10.3127/ajis.v24i0.2807

Rosenthal-von der Pütten, A. M., Krämer, N. C., Hoffmann, L., Sobieraj, S., & Eimler, S. C. (2013). An experimental study on emotional reactions towards a robot. *International Journal of Social Robotics*, 5, 17-34.

Scherer, K. R., Schorr, A., & Johnstone, T. (Eds.). (2001). *Appraisal processes in emotion: Theory, methods, research.* Oxford University Press.

Stets, J. E., & Burke, P. J. (2000). Identity theory and social identity theory. *Social psychology quarterly*, 224-237.

Wong, K., Doong, J., Trang, T., Joo, S., & Chien, A. L. (2017). YouTube videos on botulinum toxin A for wrinkles: a useful resource for patient education. *Dermatologic Surgery*, *43*(12), 1466-1473.

Yan, H., Ang, M. H., & Poo, A. N. (2014). A Survey on Perception Methods for Human–Robot Interaction in Social Robots. *International Journal of Social Robotics*, 6, 85–119. https://doi.org/10.1007/s12369-013-0199-6

LAS CAMPAÑAS PUBLICITARIAS RETIRADAS EN ITALIA EN EL SIGLO XXI

Giulia Ponzone[1]

1. INTRODUCCIÓN

Este estudio es el resultado de un análisis cualitativo basado en campañas publicitarias retiradas del mercado italiano. Parte del estudio se centra en un breve excursus en la diferencia entre modernidad y posmodernidad, llegando más tarde a introducir el concepto de hipermodernidad, desarrollado por los sociólogos Paul Virilio y Gilles Lipovetsky. Con la ayuda de varios ejemplos, procederemos al análisis de las siete campañas publicitarias consideradas ofensivas hacia una etnia diferente y personas que no pertenecen al grupo hetero cis (Sassatelli, 2011).

El objetivo del trabajo es confirmar que la desigualdad de género persiste, debido a la falta de atención, sensibilidad y una sociedad cada vez más sólida formada por estructuras patriarcales (Sampson, 2015).

La metodología se basa en el análisis de las campañas publicitarias de Dolce & Gabbana, Prada, Gucci, Pandora, Molisana, Melegatti y Media World, por contenidos homofóbicos, sexistas y/o racistas, desde los años 2000 hasta 2022.

La conclusión confirma lo que se ha dicho, pero ofrece soluciones sobre las cuestiones enumeradas para contrarrestar y frenar el problema de la desigualdad.

2. ANTECEDENTES HISTÓRICOS: EL PERÍODO MODERNO, POSTMODERNO Y HIPERMODERNO

El tránsito de la modernidad a la posmodernidad estuvo marcado por una inmersión cada vez mayor en un contexto visual, al punto que las imágenes comenzaron a ser cruciales para la construcción de significados y relaciones sociales.

La modernidad y la posmodernidad representan dos periodos culturales bien diferenciados que evidencian diferencias significativas en sus concepciones del conocimiento, de la realidad, de identidad y de arte.

En historia y filosofía, el concepto de modernidad se refiere a un período de cambio cultural, social y económico caracterizado por el surgimiento de nuevas ideas. La cultura moderna se basó en la lógica lineal, y el conocimiento se transmitía mediante el lenguaje verbal y

---

1. Universidad Complutense de Madrid (España)

el texto escrito, considerados la única forma de comunicación capaz de representar ideas y conceptos.

En la posmodernidad, según la teoría de la imagen de W.J.T. Mitchell, las imágenes han reemplazado a los textos como la forma cultural dominante, llegando así a sustituir el mundo como texto por el mundo como imagen (Mitchell, 1994).

El salto entre la modernidad y la posmodernidad nació de una necesidad, a saber, la de querer distinguir y sentar las bases de un nuevo período histórico. Todos dudaban del nuevo término con el que pretendían identificar la nueva era, porque designaba una fractura histórica (Lyotard, 1981).

En el campo artístico, la gran diferencia entre los dos períodos es la representación de cómo el artista ve el mundo, a partir de este momento la pintura deja de representar lo invisible, y la realidad coincide con lo que la vista es capaz de sentir (Pierce, 1980).

Se cuestiona el sistema de la perspectiva y, gracias al impresionismo, se rompe la espacialidad tridimensional ligada al Renacimiento, ahora basada en juegos cromáticos y de claroscuro (Dorfles, 1988; De Micheli, 1997) y que abrió el camino a la revolución de espacio figurativo implantado posteriormente por el cubismo.

Así comenzó la era de lo visual: las imágenes nos abruman sin tener ningún anclaje a referentes reales, más rápidas de captar, más emotivas y mejor memorizadas que un texto, liberadas de las barreras del lenguaje, liberadas de la materialización de soportes, dinamizadas por la antena y del vínculo espacial, la imagen inunda el planeta día y noche (Debray, 1999, p. 85).

En la posmodernidad, por tanto, la imagen es pura simulación, es inmaterial, no tiene relación con la realidad, aun cuando quiera representarla. La imagen en la pantalla del televisor es una señal eléctrica, nosotros recomponemos la imagen (Faccioli, 2010)

La fotografía y el cine son ciertamente construcciones sociales y culturales, y como tales proporcionan imágenes de realidades parciales y selectivas, puntos de vista sobre el mundo. Sin embargo, contienen en sí mismos una huella de la realidad representada: nos dicen que lo que vemos existió, que hic et nunc tiene un valor particular, es el testimonio de que existió y es un momento único e irrepetible (Benjamin, 1991).

El período posposmoderno es un tema de debate entre los estudiosos y no existe un único consenso al respecto. Algunos argumentan que el posmodernismo todavía tiene un impacto en la sociedad contemporánea, mientras que otros sugieren que estamos entrando en una nueva fase más allá de la posmodernidad (Mirzoeff, 2002).

Esto se debe a algunos cambios que vieron el período en evolución sin identidad, ya no reconociendo los rasgos que lo habían caracterizado.

Fue un período marcado por el cansancio, en el que se pensaba que la posmodernidad había llegado a una especie de saturación cultural y esto llevó a la búsqueda de nuevas perspectivas y enfoques culturales.

Los sociólogos y filósofos Gilles Lipovetsky y Paul Virilio se centraron en el mundo moderno, en el que moderno no tiene el mismo significado historiográfico que el siglo XVIII, sino actualidad.

La teoría de la hipermodernidad fue desarrollada por los dos sociólogos en Francia y puede considerarse antagonista de la posmodernidad, por otra parte, designa un espacio que se abrió después de la posmodernidad, reemplazándolo por completo. En la interpretación de sus estudios, lo hipermoderno es una variante que representa una mayor aceleración, incertidumbre y complejidad del mundo contemporáneo, influenciado por la globalización, la tecnología digital y el capitalismo avanzado (Virilio, 2020).

Lipovetsky aplica el prefijo hiper por dos motivos: el primero porque fue el único término capaz de bautizar a los 2000, el segundo porque posee un superlativo que presta atención a las nuevas tecnologías, los mercados y la cultura global.

Esta hipérbole, por tanto, destaca la aceleración, una transformación en constante crecimiento en todos los sectores de la vida social, introduciendo los conceptos de hiperconsumo, hiperindividualismo o hipercine (Lipovetsky, 1983).

La década de 2000 se caracterizó por una rápida evolución, sobre todo tecnológica, en la que el hombre no pudo mantenerse siempre al día.

Por ejemplo, en un ensayo de John Berger, el autor critica la representación de mujeres y hombres en la pintura europea, argumentando que los hombres actúan, mientras que las mujeres aparecen (Berger, 1998, p.49).

La presencia depende de la promesa que él encarna, en cambio la presencia de la mujer es intrínseca a su persona y coincide con su modo de aparecer ante los demás (Ivi: 47).

La mujer, ya objeto de visión, o como diría S. Sontag, objeto de posesión, es pasiva frente al verdadero espectador, o sea, el que mira.

Hasta la fecha, como explica Berger, han cambiado los medios de representación, pero no ha cambiado la forma de ver a los hombres y mujeres, porque siempre se espera que el espectador ideal sea el varón (Berger, 1995).

3. OBJETIVOS

La cosificación de la mujer es un problema que persiste en la sociedad, a pesar de los avances en la lucha por la igualdad de género. Esto se puede atribuir a una combinación de factores culturales, sociales y económicos. La primera causa son los estereotipos anclados en la sociedad, que ven a las mujeres como objetos de posesión y explotación sexual.

El objetivo del estudio es demostrar que las imágenes publicitarias, en numerosas ocasiones, no reflejan los tiempos actuales. El estudio se centra en los estereotipos de género y en las barreras que la sociedad italiana aún no ha superado por completo.

La persistencia de los estereotipos de género crea malestar e idealiza a las mujeres, retratándolas como si fueran solo accesorios, creando estándares de belleza inalcanzables, tanto físicos como estéticos.

En parte contribuyen los medios de comunicación y la publicidad que, para vender productos o llamar la atención, pretenden explotar y capitalizar el deseo sexual y las expectativas sociales vinculadas a la imagen femenina.

El estudio se propone como objetivo analizar, reconocer y criticar las fotografías de campañas publicitarias retiradas del mercado italiano, con el fin de promover una mayor sensibilidad sobre el tema y contribuir a la lucha contra la desigualdad de género y la injusticia provocada por él. Tratando de poner fin a la lucha preexistente, educando y empujando a los que ignoran a una mayor conciencia sobre el tema.

4. METODOLOGIA

La metodología utilizada se basa en un análisis cualitativo de las campañas publicitarias retiradas en Italia, por contenido sexista y/o racista, desde la década de 2000 hasta 2022.

Los ejemplos incluyen comerciales e imágenes de marcas de ropa, entre otras, también de empresas que poseen productos comestibles y no comestibles.

La elección de cómo identificar la publicidad para el análisis se basa en:

- Empresas, productos, casas de moda en Italia e/o relativa a esa
- Mujeres y chicas vistas como objetos de mercantilización
- Campañas homofóbicas, racistas y discriminatorias que han desatado polémicas

5. RESULTADOS

5.1. Dolce & Gabbana

En noviembre de 2018, Dolce & Gabbana se vio envuelta en una controversia por un anuncio que se consideró racista. La compañía ha sido criticada por un comercial chino que se percibía como un estereotipo cultural negativo y ofensivo.

Figura. 1. Anuncio de Dolce & Gabbana. Fuente: Dolce & Gabbana.

En el comercial, una modelo china come una pizza con palillos, la mujer viste ropa tradicional china y esta es la línea narrativa seguida por la marca que, tras su publicación, fue considerada como una perpetuación de estereotipos étnicos y culturales que fueron considerados denigrantes y ofensivo.

El anuncio fue ampliamente condenado tanto en China como a nivel internacional y provocó una reacción violenta significativa contra la marca italiana.

La compañía canceló un evento de moda planeado en Shanghái luego de las protestas y emitió una disculpa oficial por el incidente, eliminando el comercial.

No es la primera vez que la empresa se ve involucrada en controversias sobre la imposición de estereotipos, además de representar un cocktail de clichés italianos.

La controversia en torno a este anuncio racista destaca la importancia de una representación respetuosa e inclusiva en las campañas publicitarias. Las empresas deben ser conscientes de las posibles implicaciones y sensibilidades culturales al crear contenido promocional y trabajar para garantizar que no se produzcan estereotipos ofensivos y discriminatorios (Gold, 1989).

5.2. Gucci

La industria de la moda siempre ha sido objeto de críticas por sus dietas bajas en proteínas y el estado de salud que sufren las chicas que optan por seguir esta carrera.

La anorexia de las modelos es un problema grave que ha asolado la industria de la moda durante varias décadas. El uso de modelos extremadamente delgados y el fomento de mantener un peso y una forma corporal poco realistas han sido objeto de fuertes críticas y preocupaciones. Gucci, en este anuncio, promociona la colección Crucero 2016 y muestra a una chica de 16 años, definida por el diario The Guardian como demasiado delgada.

La acusación la hizo la Asa, Autoridad de Normas Publicitarias, criticando el estado de salud de la niña, vista delgada de forma enfermiza y censurando la publicidad.

Figura 2. Colección crucero 2016 de GUCCI. Fuente: GUCCI.

Las fotos fueron tomadas de forma que se ocultara la forma física real de la niña, vistiéndola con ropa ajustada pero no demasiado, utilizando un maquillaje poco marcado para resaltar el rostro sin resaltar las formas demacradas.

La foto, tomada en un ángulo incómodo (Goffman, 1979), resaltaba la forma alargada de la modelo, acentuando aún más la cintura casi inexistente.

La casa de moda florentina envió un comunicado de prensa, informándoles que en realidad prestaron la máxima atención a las modelos y cómo se representan en sus campañas publicitarias.

En los últimos años, han surgido varias manifestaciones para abordar el problema. Algunas marcas y agencias de moda han adoptado políticas de "no talla cero", y sobre todo campañas para promocionar modelos con una delgadez más saludable y realista. Se han introducido pautas para la salud y el bienestar de los modelos, incluido el requisito de controles médicos regulare.

5.3. Prada

La participación de niñas muy jóvenes en la industria de la publicidad siempre ha sido un tema delicado, una de las razones es que a menudo promueve un estándar de belleza joven e inmaduro, lo que puede llevar a que las chicas sean retratadas como si fueran niñas, lo que dificulta su actuación para mirar la foto.

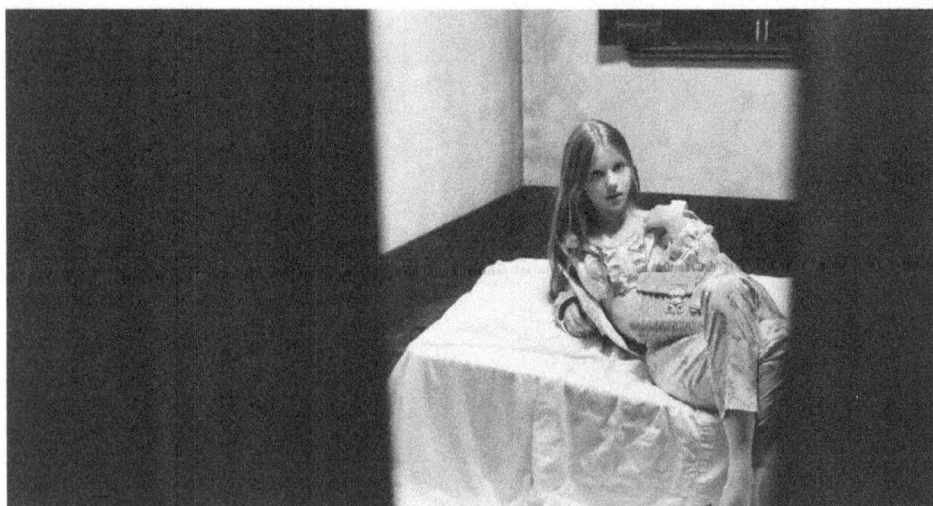

Figura 3. Comercial de Miu Miu 2015. Fuente: Prada.

Un comercial de Miu Miu, la casa de moda del grupo Prada, lanzó una campaña publicitaria en 2015 con una chica de 20 años transformada en una niña en una pose cautivadora. El comercial fue construido de tal manera que el espectador tuviera la impresión de estar espiando a la chica a través de la puerta, como si estuviera en un prostíbulo.

El anuncio fue eliminado, ya que se consideró ofensivo: en primer lugar por la apariencia de la niña, sin maquillaje, lo que da la impresión de que tiene menos de 16 años. La puerta entreabierta, desde la que se asoma, remite a un acto voyeurista (Sontag, 1978), además, su boca entreabierta y la sábana arrugada confirman la impresión percibida.

5.4. Pandora

En 2017, durante el periodo navideño, la empresa de producción y distribución de joyas ideó una campaña publicitaria en Italia, con la intención de patrocinar sus pulseras, optando por el campo minado de la publicidad de género (Grady, 2007).

Las joyas de Pandora fueron diseñadas para ser usadas por mujeres, aunque por supuesto las compran y las usan cualesquiera personas. Durante las fiestas navideñas, la marca se dirigió a todos los hombres que buscaban un regalo para regalar a su pareja. Pandora identificó un target preciso, a saber, padres, novios, hermanos, esposos, compañeros y amigos.

Figura 4. Publicidad de genero de Pandora. Fuente: Pandora.

La imagen explica "Una plancha, un pijama, un delantal, una pulsera pandora. ¿Qué crees que la haría feliz?"

El anuncio generó indignación en toda la ciudad de Milán y aparecieron comentarios contra la casa Pandora, que consideraban inapropiado el anuncio y describían el estado de una mujer que habría sido anacrónico incluso en la década de 1950.

5.5. Molisana

La Molisana es una empresa italiana especializada en la producción de pasta. Fundada en 1912 en Campobasso, una ciudad de la región de Molise, la empresa se ha convertido en una de las marcas más conocidas y apreciadas en la industria alimentaria italiana. La empresa destaca por la producción de una amplia gama de formas de pasta, además, por los nombres extraños que utiliza para identificar los diferentes paquetes de pasta.

En 2021, la fábrica de pasta fue objeto de duras críticas por parte de las redes sociales, por haber elegido voluntariamente nombrar la pasta con los nombres: Tripoline, Bengasine, Assabesi e Abissine.

Figura 5. Nombre de producto utilizado por la marca italiana Molisana.
Fuente: Molisana.

Los nombres elegidos recuerdan claramente el período del colonialismo italiano en África en los años 30, eventos importantes recordar pero no para celebrar.

Lo que enfureció aún más, fue la elección del pie de foto, citando que el sabor littorio evocaba lugares lejanos y exóticos, con un sabor colonial, una gran alusión al período fascista. La familia Ferro, corrió para cubrirse emitiendo un comunicado de prensa de disculpa oficial, comprometiéndose a revisar el nombre de la forma de la pasta.

Un error cometido por la falta de conocimiento del capítulo histórico citado, un error sin malicia, que plantea dudas sobre la ligereza de quienes no aprenden cometiendo errores (Hannerz, 1996).

5.6. Melegatti

Melegatti es una empresa italiana de confitería de Verona, fundada en 1894 y especializada en la producción de pandoro, palomas de Pascua, pasteles y croissants.

Durante el año 2000, se vio abrumada por los insultos debido a las publicaciones publicitarias homofóbicas, que patrocinaban croissants.

Figura 6. Publicida de Melegatti promocionando los croissants. Fuente: Melegatti.

El eslogan dice "ama a tu prójimo como a ti mismo, siempre y cuando sea genial y del sexo opuesto".

La gaffe homofóbica inmediatamente animó a la gente de la red y empujó a muchos usuarios indignados a volver a compartir la publicación y criticar el mensaje, casi inútil.

A las pocas horas, la empresa puso fin a la disputa, disculpándose pero explicando que la gestión de la comunicación fue confiada a una empresa externa, que no había pedido autorización para publicar. Es imposible no denunciar la recurrencia de estos incidentes, que en muchos casos nacen voluntariamente como estrategias de marketing. Pero la homofobia no puede ser un incidente de comunicación, porque esa metedura de pata puede dañar la libertad y la seguridad de muchas personas. El verdadero salto de calidad vendrá cuando la empresa en cuestión se declare a favor de la lucha contra la discriminación.

5.7. Media World

MediaMarket es una empresa italiana de Bérgamo, y es una cadena de electrónica de consumo, perteneciente al grupo alemán Metro Ag. La primera tienda se abrió en octubre de 1991, hoy Media World tiene 117 tiendas, lo que lo convierte en el segundo mercado italiano de la cadena.

Figura 7. Concurso de media world por San Valentín, 2017. Fuente: Mediaworld.

Alrededor del Día de San Valentín 2017, Media World abrió un concurso donde podías ganar 100 segundos de compras rápidas, por par. Siempre y cuando sea realizado por una pareja heterosexual, según lo que diga el flyer promocional. El resultado fue eso, bastante predecible, de polémica e insultos en las páginas sociales oficiales. La compañía registró una disminución de participantes, difícil de defender y sorprendente que una empresa de esta importancia subestimara el impacto negativo de una comunicación tan exclusiva.

6. DISCUSIÓN

Los datos recopilados muestran un problema, la empresa vende contenido pretencioso y está entrenada en un punto de vista extremadamente masculino.

Más allá de la publicidad que intenta convencer de que tenemos que comprar tal o cual producto para ser aceptado socialmente y/o para ser feliz; más allá de las imágenes de rostros y cuerpos modificados con Photoshop, o peor aún, el uso de cuerpos irreales generados por computadora; más allá de las estrategias deshonestas que se puedan utilizar, el problema es el mensaje en sí mismo: la idea de atentar contra la autoestima y manipular la imagen que la sociedad debe tener de una persona (Goffman, 1971).

Pero esto no se trata sólo de revistas para mujeres. Es una estrategia que se encuentra en todas partes: en redes sociales, en películas, series, videojuegos y en la prensa. La mentira que quieren difundir va dirigida a una exaltación desmedida de la belleza, el dinero, la fama y el consumo (Goffman, 1969). Generando necesidades innecesarias y en los casos más extremos, estos métodos de comunicación se utilizan para difundir propaganda política o ideológica y para implementar objetivos de cabildeo.

7. CONCLUSIONES

Los efectos negativos de la publicidad de género conducen a la desigualdad y la exclusión, creando o reforzando el prejuicio y la discriminación. Pueden influir en las percepciones y expectativas sociales, alimentando ideas limitantes y dañinas sobre personas de diferentes grupos.

El problema lo crean las empresas, que crean molestias por falta de sensibilidad y responsabilidad social. Existe un debate sobre la ética y el papel de las empresas para influir en las opiniones y el comportamiento a través de la publicidad y cómo deben actuar de manera responsable para evitar la perpetuación de estereotipos negativos (Scuro, 2017).

Una solución a favor de la inclusión son las numerosas campañas italianas que apoyan la diversidad, luchando contra todas las personas que se han sentido excluidas y/o discriminadas, rompiendo estereotipos y representando de manera justa a las personas de diferentes etnias, géneros, orientaciones sexuales y capacidades.

Italia, según estimaciones de Today Cronaca es el país más homófobo de la Unión Europea, el segundo más islamófobo de Europa y con un gran problema relacionado con el sexismo. Los últimos acontecimientos del gobierno de Meloni confirman la existencia de una pirámide de odio en cuya base se colocan estereotipos, falsas representaciones, insultos y discriminación. En esto momento histórico, el estado italiano se encuentra en una condición particular, también debido al nuevo gobierno, los pasos adelante conquistados con el tiempo han sido cancelados después de las leyes ideadas por el derecho de los Hermanos de Italia, que no permite el reconocimiento de los hijos de parejas homosexuales.

Un gobierno que no cree en el pueblo, que no está a favor de la unidad nacional, que no adopta políticas inclusivas seguirá acentuando la brecha de género.

Para mejorar esta condición, se necesitan esfuerzos individuales y colectivos, es necesario promover la educación y la conciencia sobre temas LGBTQIA + para combatir la homofobia. Esto podría hacerse a través de programas educativos en las escuelas, eventos de sensibilización, recursos de información y diálogo abierto.

Un paso para seguir sería promover leyes y otorgar derechos como señal de apoyo y solidaridad, como la ley del proyecto de ley Zan, que prevé medidas para prevenir y combatir la discriminación y la violencia por motivos de sexo, género, orientación sexual, identidad de género y discapacidad. Una ley no aprobada por el Senado y no bien vista por el Vaticano. Promover una sociedad más igualitaria requiere que los gobiernos adopten políticas y medidas concretas, implementen leyes protectoras, inviertan en educación y oportunidades, así como promuevan la igualdad salarial y la participación de las mujeres en el liderazgo.

8. REFERENCIAS

Berger, J. (1998). *Questioni di sguardi, Il Saggiatore.*

Berger, J. y Mohr, J. (1995). *Another Way of Telling.*

Benjamin, W. (1991). *L'opera d'arte nell'epoca della sua riproducibilità tecnica.* Einaudi.

Debray, R. (1999). *Vita e morte dell'immagine.* Il Castoro.

De Micheli, M. (1997). *Le avanguardie artistiche del Novecento.* Feltrinelli.

Dorfles, G. (1988). *Il divenire delle arti.* Bompiani.

Faccioli, P. y Losacco, G. (2010). *Nuovo manuale di sociologia visuale: dall'analogico al digitale.* Franco Angeli.

Goffman, E. (1979). *Gender Adverstisements.* Harper & Row.

Goffman, E. (1971). *Espressione e identità.* Mondadori.

Goffman, E. (1969). *La vita quotidiana come rappresentazione.* Il Mulino.

Gold, S. (1989). Ethical Issues in Visual Field Work. In G. Blank, J. L. McCartney, y E. Brent (eds.), *New Technology in Sociology*. Transaction Publishers.

Grady, J. (2007). Advertising and social Indicators: Depictions of Blacks in lifeMagazine, 1936-2000. *Visual studies*, 22.

Hannerz, U. (1996). *La diversità culturale*. Il Mulino.

Mitchell, W. J. T. (1994). *Pictures Theory*. Chicago University Press.

Mirzoeff, N. (2002). *Introduzione alla cultura visuale*. Meltemi.

Lipovetsky, G. (1987), *L'Empire de l'éphémère: La mode et son destin dans les sociétés modernes*. Editions Gallimard.

Lipovetsky, G. (1983), *L'ère du vide: essais sur l'individualisme contemporain*. Editions Gllimard.

Lipovetsky, G. y Charles, S. (2004). *Les Temps Hypermodernes*. Grasset & Fasquelle.

Lyotard, J. F. (1981). *La condizione postmoderna*. Feltrinelli.

Pierce, C. S. (1980). *Semiotica*. Einaudi.

Sassatelli, R. (2011). An Interview with Laura Mulvey. Gender, Gaze and Technology in Film. Culture. *Sage Journals*, *28*(5)

Sampson, R. (2015) Film Theory 101 – Laura Mulvey: The Male Gaze Theory. Film Inquiry. www.filminquiry.com/film-theory-basics-laura-mulvey-male-gaze-theory

Scuro B. W. (2017): Who's Afraid of Toxic Masculinity? *Class, Race and Corporate Power*, *5*(3). U.S. *Labor and Social Justice*.

Sontag, S. (1973). *Sobre la fotografía*. Debolsillo.

Virilio, P. (1989). *La macchina che vede: l'automazione della percezione*. SugarCo.

Virilio, P. (2020). *Velocità e attesa, Tecnica, tempo e controllo*. Ombre Corte.

DESIGN THINKING Y SU APLICACIÓN EN LA COMUNICACIÓN Y EN LAS RELACIONES PÚBLICAS

Miguel Ángel Poveda Criado[1]

1. INTRODUCCIÓN

La comunicación, en cualquiera de sus formas, resulta indispensable en la sociedad por su capacidad de transferencia de conocimiento y su evolución en general. La necesidad de las organizaciones y empresas por controlar su imagen y reputación frente a los públicos han provocado su especialización, creando profesionales de la comunicación y las relaciones públicas.

Los gabinetes y agencias de comunicación tienen un papel fundamental en el ámbito profesional de la comunicación y las relaciones públicas. Se ocupan principalmente de las relaciones informativas con medios de comunicación, también de las relaciones institucionales, la organización de eventos, las relaciones con la sociedad en general, y tratan de satisfacer las demandas informativas de todos los públicos de las organizaciones con las que trabaja. Es un sector consolidado en un mercado en pleno crecimiento y las relaciones públicas cada vez son más percibidas como una actividad estratégica difícil de prescindir en las organizaciones. Con la llegada de internet y las nuevas tecnologías, tocó renovarse y buscar nuevas herramientas para obtener los objetivos. Es por ello por lo que el *Design Thinking* es una metodología ya existente en otros sectores que se puede aplicar al de la comunicación y las relaciones públicas adaptando sus técnicas a las fases del proceso típicas del sector comunicacional.

El *Design Thinking* es una herramienta de diseñadores que en la actualidad se ha adaptado su metodología en distintos sectores profesionales. Propone solventar los problemas reduciendo riesgos y aumentando las posibilidades de éxito (Serrano Ortega, 2015). Esta metodología se centra en el usuario y en sus necesidades, y es capaz de conectar diversas disciplinas para llegar a soluciones interesantes para los seres humanos, rentables para las empresas y técnicamente aplicables.

Se puede encontrar la aplicación de esta metodología en ramas distintas a las de su aplicación inicial, como en la dirección de empresas, el sector bancario, en educación, etc (Bláquez Ceballos, 2015)

---

1. Universidad a distancia de Madrid, Universidad Española de Educación a Distancia (España) y Universidad Técnica de Lisboa (Portugal)

2. OBJETIVOS

Este artículo tiene como objetivos la investigación descriptiva y bibliográfica de la metodología *Design Thinking*, así como su introducción teórica en el sector profesional de la comunicación corporativa y las relaciones públicas, conociendo su posible aplicación adaptando la metodología a los procesos típicos de comunicación y relaciones públicas, así como utilizando el pensamiento de diseño en los procesos internos de las agencias.

La justificación de esta ponencia reside en el uso tan amplio que se realiza actualmente del *Design Thinking*, siendo aún una metodología poco conocida ni utilizada de manera común, pero sí con una gran capacidad de influencia, principal-mente en Estados Unidos que es el lugar donde más se ha desarrollado el *Design Thinking* fuera del sector del diseño.

El objetivo principal de este trabajo es la capacidad de adaptar el *Design Thinking* en los campos profesionales típicos de la comunicación y las relaciones públicas, así como en los procesos internos de las agencias de comunicación.

3. METODOLOGÍA

La metodología del presente trabajo se basará en dos tipos de investigaciones: la investigación bibliográfica y la investigación descriptiva.

La investigación bibliográfica aportará la documentación necesaria para realizar la posterior investigación descriptiva, utilizando fuentes secundarias tales como revistas, artículos, libros, trabajos académicos y blogs profesionales y académicos, tanto del *Design Thinking* o pensamiento de diseño, como del sector profesional de la comunicación y las relaciones públicas.

La investigación descriptiva desarrollará las características propias del *Design Thinking*, su creación, fases de aplicación, niveles de integración, ejemplos de su uso en otros sectores y la adaptación a la estrategia propia de la comunicación corporativa y las relaciones públicas. Gracias a esta investigación se persigue entender en su totalidad esta metodología, sus herramientas, procesos y formulaciones además de comprender el porqué de su existencia, sus posibilidades de adaptación y su alta capacidad resolutiva. Por ello, se podrá realizar la adaptación teórica de sus fases de trabajo a los procesos típicos utilizados en los trabajos de comunicación y relaciones públicas.

4. DESARROLLO DE LA INVESTIGACIÓN

El *Design Thinking* va más allá de ser solo un método o una herramienta, es un cambio de mentalidad y gracias a ella se institucionaliza la creatividad. Se basa en el método utilizado por diseñadores de pensar y solucionar problemas. El *Design Thinking* es el uso de la creatividad para poner soluciones a problemas y se centra en conocer lo que el usuario quiere y necesita en su vida, lo que le gusta o disgusta. Aporta nuevas formas de valor. En palabras de Tim Brown, el *Design Thinking* «usa la sensibilidad y métodos de los diseñadores para hacer coincidir las necesidades de las personas con lo que es tecnológicamente factible y con lo que una estrategia viable de negocios puede convertir en valor para el cliente y en una oportunidad para el mercado». Y este método no solo sirve para productos, sino también para procesos y servicios. Abarca todo el espectro de actividades de innovación. Requiere de una comprensión sólida gracias a la observación directa de lo que las personas quieren y necesitan en sus vidas (Brown, T. 2008, p. 2).

Una de las bases de esta metodología es que las ideas surgen de un proceso colaborativo y participativo entre trabajadores de distintos departamentos, del propio cliente, de proveedores y profesionales de distintas disciplinas creando un nuevo paradigma para las empresas. Los *Design Thinkers* no tienen que salir, necesaria-mente, de escuelas de diseño, pero suelen poseer varias características como empatía, pensamiento integrador, optimismo, experimentalismo y colaboración.

Además, el *Design Thinking* utiliza distintos tipos de inteligencia como la integral, la emocional y la experimental.

El desarrollo de esta metodología dentro de una empresa genera un gran cambio cultural y produce un impacto visible en los resultados económicos, además de aportar novedades al proceso de innovación gracias a sus inconfundibles características. Los elementos que integran el *Design Thinking* y que resultan necesarios para poder desarrollar esta metodología son la viabilidad económica y tecnológica, además del deseo de las personas. La viabilidad económica y tecnológica resulta necesaria, principalmente por parte de la empresa, para poder desarrollar el proyecto hasta el final sabiendo que todo el proceso tiene un fin real y verdadero. El deseo de las personas es el motor de la innovación; en las necesidades, gustos y deseos de las personas es donde

reside la gran motivación de mejorar, perfeccionar y solucionar. Estos principios son básicos para poder ejercer una aplicación práctica del *Design Thinking* en el mercado. Y analizando los deseos de las personas encontramos distintos tipos de innovación: innovación en los procesos, innovación emocional e innovación funcional.

El futuro del *Design Thinking* se encuentra en las aplicaciones fuera del campo del diseño, en concreto en cómo se aplicará esta metodología en la estrategia empresarial, provocando un cambio importante en la disciplina.

4.1. Etapas del *Design Thinking*

Todas las metodologías de diseño se basan en tres etapas que corresponden con la inspiración, la ideación y la implementación.

La inspiración forma parte de la primera fase en la resolución del problema: formular correctamente la problemática para centrarse en lo que de verdad importa.

La ideación como su propio nombre indica corresponde a la creación de ideas ilimitadas en relación a la problemática.

En la implementación se prototipa la idea seleccionada como posible solución al problema, generando un testeo posterior que proporcionará comentarios válidos al prototipo y acercándose así a la solución final.

Desarrolladas con mayor profundidad se pueden encontrar las siguientes cinco etapas universalmente aceptadas y aplicables a distintos sectores (Dib, M. 2018: 9).

- Empatizar: El proceso de *Design Thinking* comienza teniendo una necesidad. En esta fase es necesario el entendimiento de la problemática por lo que se debe buscar y obtener la máxima información sobre el tema a trabajar, utilizando la dimensión emocional y la observación, poniéndose en situación y estando pendiente del entorno.

Lo más importante es centrarse en los usuarios y sus comportamientos, entrando en un estado de observación externa en el que no haya influencia por nuestra parte para comprender las cosas que se hacen y el porqué. Entendiendo el uso que hacen las personas de los productos o servicios a solucionar para comprender la problemática desde el enfoque correcto (VV.AA., 2012, p. 5).

- Definir: Evaluar y dar coherencia a la información obtenida en la anterior etapa, determinando lo que realmente aporta. Trae claridad y enfoque. Crea una declaración formal y viable de la problemática y guiará todo el proceso que continúa.

Además, en esta etapa se aprovecha también para identificar los problemas que hayan ido surgiendo en el proceso de *Design Thinking* para ir solventándolos.

- Idear: Aquí comienza el proceso de diseño generando, gracias al *brainstorming*, multitud de ideas por muy inverosímiles que parezcan. Es el momento de crear coherencia entre las mejores ideas y se pueden utilizar varias herramientas como el concept poster15, croquis, *mindmaps*, prototipos y storyboards. Gracias a ellas se pueden explicar con mayor exactitud y detalle las ideas.

En esta etapa se diferencia el momento de generación de ideas y el área de evaluación de ideas, siendo un proceso posterior.

- Prototipar: Una vez establecida la solución más adecuada, se realiza uno o varios prototipos que ayuden a ver los errores, obteniendo *feedback*, y mejorando lo habido para llegar al resultado final.

Esta etapa es en la que se generan los elementos informativos con la «intención de responder preguntas que nos acerquen a la solución final» (VV.AA. 2012, p. 8). Los prototipos han de ser fáciles de realizar y económicos, y se usan con el fin de que comience la interacción con el usuario y así ir perfeccionando aún más el prototipo según avanza el proyecto. No es necesario crear un prototipo final desde el primer momento de esta etapa, pero sí comenzar con la creación para ir mejorando y así llegar al objeto o servicio final.

- *Testear*: Hacer llegar el prototipo a los usuarios finales para determinar su validez, aportando el *feedback* y las opiniones tanto de los usuarios como de los equipos, y siendo capaces de definir los fallos y carencias.

En esta fase «una buena regla es siempre hacer un prototipo creyendo que es-tamos en lo correcto, pero debemos evaluar pensando que estamos equivocados» (VV.AA. 2012, p. 9).

La evaluación se realiza dando el prototipo al usuario sin dar explicaciones, dejando que él mismo lo observe y lo entienda, y creando un espacio y ambiente adecuado para el momento. Hay que realizar una observación minuciosa de cómo actúa con el prototipo, si lo entiende o no, cómo lo utiliza o incluso el posible mal uso que haga del mismo. Posteriormente, se escucha todo lo que tenga que decir al respecto. Gracias a esta etapa se pueden captar y ver los fallos, y así refinar los prototipos.

Todas estas fases que componen el *Design Thinking* son aplicables a cualquier sector dedicado a la creación y producción de servicios, así como de manera interna en la filosofía de trabajo de cualquier organización.

4.2. Niveles de integración del *Design Thinking* en una empresa

Existe un modelo llamado *Design Ladder* elaborado por el Centro de Diseño Sueco SVID para medir el nivel de integración del *Design Thinking* en las empresas.

Este modelo sirve para determinar el protagonismo que tiene el pensamiento de diseño en una organización. Es la manera de medir la integración de la metodología en la filosofía de la empresa. Se basa en seis niveles:

1. Sin diseño. Son empresas que niegan la necesidad del diseño y desarrollan sus productos por tradición o copia.
2. Diseño como estilismo. Añaden el diseño como adorno o de manera estética a los productos.
3. Diseño como proceso. Añaden el diseño en el proceso de desarrollo del producto, pero no para creación de nuevos productos.
4. Diseño como innovación. Utilizan técnicas específicas de innovación para crear nuevos productos o servicios.
5. Diseño como estrategia. Diseño como guía en la planificación estrategia corporativa basada en la identidad de marca.
6. Diseño como filosofía. El diseño y la innovación desde una perspectiva ampliada a distintos sectores son el motor de la gestión de la empresa.

4.3. Aplicación del *Design Thinking* en otros sectores

En el blog del grupo periodístico *Digital Surgeons* se encuentran varios casos de éxito en la aplicación de la metodología *Design Thinking* en distintos sectores.

- **IBM** creó el laboratorio de innovación interno de la empresa IBM *Design Thinking* para abordar los nuevos desafíos. Tiene espacios de estudio asignados para el pensamiento de diseño donde las personas se reúnen, colocan muchas no-tas adhesivas en pizarrones y colaboran en varias ideas.

Realizaron un famoso proyecto llamado IBM Bluemix, entorno de plataforma como servicio» que sirve para «crear, ejecutar, desplegar y gestionar aplicaciones en la nube.

- **MassMutual.** Compañía de seguros. Buscaba la manera de convencer a jóvenes en la adquisición de seguros de vida. Se asociaron con la empresa IDEA especializada en la aplicación de *Design Thinking*.

Desarrollaron un programa llamado Sociedad de Adultos, proporcionando he-rramientas financieras y presupuestarias digitales, además de un plan de estudios para invertir.

- **Infosys.** Utiliza el modelo de pensamiento de diseño para ofrecer un modelo más eficiente y eficaz para aprovechar el poder creativo y potencial de la empresa. Este método sirve para aumentar las oportunidades de innovación y optimizar las habilidades de resolución de problemas para los empleados.

De manera interna aporta este método para empoderar y cambiar la mentalidad de los empleados. Es un claro ejemplo de introducción del *Design Thinking* en procesos internos de la empresa.

- **Fidelity Labs.** Los tres fundamentos de la metodología de pensamiento de diseño son: escanear para encontrar oportunidades de innovación, intentan crear prototipos y probar los productos con los clientes, e identificar oportunidades.
- **Intuit.** Utilizado en Intuit Labs, creado para entrenar a un grupo de estudian-tes y así poder romper el ciclo de pobreza y encaminarles en la vida. La metodología

llamada *Design for Delight* ayudó a los estudiantes a crear un jardín y vender después los productos que cultivaban.

Gracias a este proyecto los estudiantes consiguieron conocer el mercado agrícola, dando un valor a los productos, y además recibieron una educación práctica de cómo innovar y crear prototipos mediante el pensamiento de diseño.

Estos ejemplos demuestran que la metodología de pensamiento de diseño es factible en prácticamente cualquier sector. Lo necesario es tener la convicción de querer agregar esta mentalidad en un proyecto o en una empresa, valorar verdaderamente los beneficios que aporta la innovación y querer un cambio tanto en el trabajo como en la filosofía entre los trabajadores.

Los beneficios generados por el uso del *Design Thinking* a largo plazo se interiorizan en los trabajos diarios y en todos los miembros, creando una cultura y un cambio de mentalidad innovador, no siendo obligatoria su aplicación en todos los procesos, pero sí elegible según las necesidades, aportando unos conocimientos extrapolables a las jerarquías y estructuras más cerradas.

Además, la cultura de *Design Thinking* va más allá de las soluciones que aparentemente son más viables pues se enfoca desde distintas perspectivas, llegando más lejos y resolviendo situaciones que de primeras no eran percibidas.

4.4. Comunicación corporativa y relaciones públicas

El uso de la comunicación y las relaciones públicas de manera profesional vino dada por «una necesidad empresarial y una inquietud en general por parte de diferentes organizaciones de generar un prestigio y una aceptación hacia sus distintos públicos» (Barquero, 2009). Sirven para interconectar con sus públicos, estableciendo y sosteniendo lazos de unión. Ya no solo se busca un beneficio eco-nómico sino, además, una conexión con los públicos que propicie una relación a largo plazo, prescindiendo de la mera relación compra-venta.

Es por ello que la comunicación estratégica se enfoca en esa parte de conexión con los públicos para aumentar su valor, en términos de imagen y reputación, y así, por consiguiente, lograr los objetivos comerciales.

Carrillo Durán (2014: 35) comenta que «la comunicación estratégica es la única forma posible que permite gestionar los recursos intangibles de la organización» englobados en «la imagen, la reputación, la marca...»19. Como bien dice es una «forma de aglutinar las diferentes acciones de comunicación para la consecución de los objetivos estratégicos de la empresa».

Los inicios de la comunicación y las relaciones públicas están marcados por unas acciones basadas en la intuición y el instinto. La teoría se fue desarrollando con el paso de los años. Castillo Esparcia (2010: 15) comenta que «las relaciones públicas adolecen de una gran autocomplacencia en sus campañas y en las investigaciones de resultados. Todavía no existe una generalización de la necesidad de incrementar y mejorar la valoración y eficacia de las actividades» encontrándose un escaso espíritu crítico.

La comunicación referida a lo profesional es propia de los gabinetes de comunicación y relaciones públicas, así como los gabinetes de prensa. Ambos suelen intervenir como mediadores entre la organización y los medios de comunicación, satisfaciendo la necesidad del cliente de comunicar con el exterior sobre las actividades que realizan. Esta comunicación profesional y especializada busca dar una imagen positiva de las organizaciones, aumentando su prestigio social y revalorizando la imagen corporativa debido a la homogeneización de productos y marcas. El fin es esa fidelización con los públicos que anteriormente se nombraba, y así conseguir su identificación con la marca provocando un sentimiento positivo en los públicos.

Junto a ello hay que tener en cuenta la estrategia la cual forma parte la comunicación, aunando los objetivos a largo plazo con una toma de decisiones, previendo posibles escenarios. Conocido como *issues management* es el «proceso proactivo de anticipar, identificar, evaluar y responder a los temas de políticas públicas que afecten a las relaciones de las organizaciones con sus públicos» (Cutlip, Center y Broom). Para ello se necesitan conocer los mecanismos necesarios para anticiparse a esos riesgos potenciales y desarrollar las soluciones oportunas.

La comunicación en las organizaciones cada vez tiene mayor importancia llegando a ser uno de los ejes fundamentales en las mismas. Existe un aumento de las necesidades de comunicación por lo que también hay un incremento en la contratación de gabinetes externos especializados, ya que tener un propio departamento de comunicación supone muchos costes fijos que no todas las organizaciones, sobre todo PYMES, pueden sobrellevar.

En este sentido, Castillo Esparcia (2010: 91) indica que las relaciones públicas tienen un futuro prometedor si se consigue «superar el confusionismo acerca de sus cometidos y funciones y profundizan en determinados aspectos que mejorarán su actividad, tales como la potenciación de la investigación básica y aplicada y la concreción de lo que son sus objetivos para hacerlos más acordes con lo que son las necesidades de comunicación de las organizaciones».

Barquero Cabrero y Castillo Esparcia (2016: 18) tratan el problema de medir la eficacia de las relaciones públicas, pues se acusa esta actividad de actuar en la ambigüedad y de no concretar objetivos, tratando cuestiones demasiado genéricas. La cuestión sobre la medición de la eficacia está englobada en los instrumentos de análisis social tales como la evaluación científica del impacto, utilizando métodos cuantitativos como la encuesta y los cuestionarios; la evaluación instintiva, a partir de observaciones subjetivas; y la evaluación científica de la difusión, gracias al análisis de los medios de comunicación a través del contenido entendiendo que a una mayor presencia en medios, mayor resultado perceptivo (Barquero Cabrero y Castillo Esparcia, 2016, p.18).

Es necesario y básico medir la efectividad, pues es inviable pedir que una organización invierta en comunicación y no tengan la posibilidad de comprobar los resultados.

Grunig[2] señala claramente que «el rol de los educadores de relaciones públicas e investigadores académicos debería ser el de servir a la profesión: realizar investigaciones que hagan avanzar a la profesión y entrenen a la siguiente generación de profesionales».

4.5. *Design Thinking* y comunicación

Tim Brown[3] dice sobre el *Design Thinking* que "exactamente aquellos tipos de actividades centradas en las personas es precisamente dónde el *Design Thinking* puede hacer una diferencia importante". Es por ello que el *Design Thinking* puede resultar una técnica

---

2. Citado en CASTILLO ESPARCIA, A. (2010: 31). Investigación realizada por Grunig; «estableció la existencia de cuatro tipos de actuación de las relaciones públicas y que esos modelos se iniciaron en un momento determinado de su historia».

3. Artículo publicado en Harvard Business Review (2008).

interesante para aplicar en este sector el cual supone trabajar en equipo para aportar servicios a personas y dirigirse, también, a los consumidores finales.

Además, Tim Brown añade que "las empresas del sector de servicios a me-nudo pueden hacer importantes innovaciones en las primeras líneas de creación y la prestación de servicios". Rechazando que la aplicación del pensamiento de diseño es exclusiva para productos.

El *Design Thinking* es social y comunicativo ya que su aplicación es necesaria en equipos de trabajo generando ideas y tomando decisiones en grupo. Los factores que más protagonismo tienen son la multidisciplinariedad, la multiculturalidad y el intercambio de ideas y experiencias entre los miembros de los equipos de trabajo, enriqueciendo todo esto el proceso de creación.

Es posible integrar el *Design Thinking* tanto en procesos internos de una agencia de comunicación como los procesos propios de los equipos designados en las cuentas. El *Design Thinking* aporta valor al negocio gracias al uso de la creatividad, utilizada para solventar problemas que aparentemente se pueden solucionar sin esta metodología. La innovación que aporta es la fuente principal de diferenciación en la competencia además de aportar unas soluciones que van más allá de lo que a simple vista se puede obtener.

Según Estebecorena[4] «todas las empresas, tanto las más creativas como las menos creativas, saben que es indispensable tener capacidad de innovación y de adaptación porque estamos en un entorno que es terriblemente cambiante y no hay espacio para rigidez». Hay que evitar la estructura rígida y fomentar un entorno de innovación y propenso al cambio.

El *Design Thinking* es un proceso de innovación ya de por sí desordenado que, cuando toma contacto con proyectos en organizaciones estructuradas, ordenadas y jerarquizadas choca y provoca un desorden aún mayor, provocando un desarrollo de la metodología erróneo.

Para aplicar la metodología *Design Thinking* en procesos de comunicación y relaciones públicas el enfoque que hay que darle también es a las personas, en este caso las primeras personas que se deben tener en mente son los clientes. Primor-dialmente es el que va a poner sobre la mesa una problemática comunicacional que hay que solventar. Las segundas personas que se tendrán en mente son los usuarios finales a los que se dirigen los propios clientes de la agencia. En muchas ocasiones, las soluciones a los problemas estarán relacionados con ellos.

5. CONCLUSIONES

Como se ha podido observar a lo largo del artículo, el *Design Thinking* es una metodología creativa con un nivel de adaptación muy elevado que sirve y se utiliza en multitud de sectores. Las fases que se pueden encontrar descritas de esta metodología determinan, como grandes protagonistas, al uso de la empatía, la investigación del cliente y su contexto, así como el trabajo en equipo, la producción de numerosas ideas y el uso del ensayo y error para lograr el prototipo final que solucione la problemática.

El pensamiento de diseño ha aportado beneficios en prácticamente cualquier sector en el que se ha aplicado, adaptando todo su proceso con los procesos típicos de las nuevas empresas. Sus fases se mantienen allá dónde se apliquen y la gran diferencia reside en

---

4. Citado en Dib, M. (2015: 16).

cómo se utilizan según los distintos sectores. Habilitar las fases típicas del *Design Thinking* en las nuevas prácticas supone reformular sus principios adaptándolos a las nuevas necesidades, siempre manteniendo su esencia que la diferencia de otras metodologías. Utilizar el *Design Thinking* aporta una visión única y diferente de lo más común del mundo empresarial, dando una autonomía a los trabajadores para enfrentarse a nuevos retos de una manera nueva.

La dificultad que conlleva esta herramienta es su correcto desarrollo, y ésta se puede solventar con la implicación de los equipos profesionales dedicados en exclusiva a implementar el *Design Thinking* a lo largo y ancho del mundo, en empresas y servicios. Para minimizar al máximo los riesgos, el aprendizaje de esta metodología debería ser impartida por estos profesionales de la creatividad, pudiendo ayudar al máximo en la asimilación de los conocimientos y aportando una autonomía en el futuro para la empresa en lo que respecta al *Design Thinking*. Una vez se realiza esta inversión en innovación, los beneficios a largo plazo se transforman en una cultura empresarial añadida a todo el trabajo y a todos sus profesionales, aportando un valor de negocio y un valor añadido a los clientes.

Cuando se busca añadirla en un proceso de comunicación y relaciones públicas, la diferencia se encuentra tanto en el proceso de trabajo como en la solución a los problemas. Partiendo de la base de que en el sector comunicacional se busca sol-ventar los problemas de los clientes, siempre relacionados con su comunicación, el uso y aplicación del *Design Thinking* puede aportar una visión totalmente nueva, aportando a su vez un valor añadido al negocio y exclusividad. Su aplicación encaja con el trabajo en equipo típico del sector, en el cual se añaden nuevas creencias y formas de trabajo basadas en el diseño, estrechamente relacionadas con la creatividad aportando un nuevo enfoque de desarrollo centrado en el uso de la empatía y dando protagonismo al profundo estudio de la problemática y al contexto del cliente y/o usuario final.

La aplicación de la metodología en las agencias de comunicación va dirigida a los procesos internos de trabajo, favoreciendo las situaciones de los trabajadores y aumentando la productividad gracias a la solución de problemas centrándose, de nuevo, en la empatía por el consumidor final – en este caso centrándose en el contexto del trabajador y mejorando las características del trabajo. Por lo tanto, los beneficios del uso de esta nueva práctica van dirigidos a todos los trabajadores, sean del departamento que sean, simplemente por ofrecer una solución que se centra exclusivamente en ellos y que acaba involucrando el camino de la empresa, aumentando su valor de negocio y estableciendo la innovación como cultura empresarial.

6. REFERENCIAS

Almansa Martínez, A. (2005). Relaciones públicas y gabinetes de comunicación. *Revista Análisis*, 32, 117-132. https://n9.cl/yt7ry

Barquero Cabrero, J. D. y Castillo Esparcia, A. (2016). *Marco teórico y práctico de las relaciones públicas*. Editorial ESERP.

Brown, T. (2008). Design thinking. *Harvard Business Review*. www.ideo.com/post/design-thinking-in-harvard-business-review

Brown, T. (2020). *Diseñar el cambio: cómo el design thinking transforma organizaciones e inspira la innovación (Gestión del conocimiento)*. Empresa Activa.

Caldevilla-Domínguez, D., Barrientos-Báez, A. y Fombona-Cadavieco, J. (2020). Evolución de las Relaciones Públicas en España. Artículo de revisión. *El profesional de l a información*, 2(93). https://n9.cl/df6pd

Carrillo Durán, M. V. (2014). La comunicación estratégica y sus profesionales. *Revista Mediterránea de Comunicación, 5*(2), 22-46. http://mediterranea- comunicacion.org

Castillo Esparcia, A. (2004). Investigación sobre la evolución histórica de las relaciones públicas. *Revista Historia y Comunicación Social*, 9, 43-62. https://n9.cl/t37ed

Castillo Esparcia, A. (2009). *Relaciones Públicas. Teoría e historia*. Editorial UOC.

Castillo Esparcia, A. (2010). *Introducción a las Relaciones Públicas*. IIRP.

Castillo Vergara, M., Alvarez Marín, A. y Cabana Villca, R. (2014). *Design Thinking*: cómo guiar a estudiantes, emprendedores y empresarios en su aplicación. *Revista Ingeniería Industrial*, 35(3). https://n9.cl/5o987

Checa Godoy, A. (2008). *Historia de la comunicación: de la crónica a la disciplina científica*. Editorial Netbiblo. https://n9.cl/cl3ts

Cutlipp Scott, M., Center, A, H. y Broom, G, M. (2001) en Relaciones Públicas Eficaces. Ediciones Gestión 2000. En CASTILLO ESPARCIA, A. (2010). *Introducción a las Relaciones Públicas*. Instituto de Investigación en Relaciones Públicas.

Dib, M. (2018). *Design Thinking: Comprensión de la metodología actual para su utilización efectiva en organizaciones alrededor del mundo*. Repositorio Universidad de San Andrés. https://n9.cl/r2616

Galmés-Cerezo, M., Cristófol-Rodríguez, C. y Cristófol, F. J. (2019). Aplicación del *Design Thinking* a la creación de eventos experienciales. *Revista Interamericana de Comunicaçao Midiática*, 18(37). https://periodicos.ufsm.br/animus/article/view/38264.

Magallón, S. (2006). Concepto y elementos de las relaciones públicas. *Revista Análisis, 34,103-109*. https://ddd.uab.cat/pub/analisi/02112175n34/02112175n34p103.pdf.

Pelta Resano, R. (2013). *Design Thinking*. Universidad Oberta de Catalunya. https://n9.cl/r4plc

Sanchez Duarte, J. M. y Fernández Romero, D. (2016). Innovar para resolver problemas: el *Design Thinking* en la enseñanza de periodismo y la publicidad digital. VIII Congreso Internacional de Ciberperiodismo. https://dialnet.unirioja.es/servlet/articulo?codigo=6467815

Sánchez Duarte, J.M. y Fernández Romero, D. (2016). *La enseñanza aprendizaje de la comunicación digital a través del design thinking. TIC Actualizados para una nueva docencia universitaria*. Mc Graw Hill Education. https://n9.cl/1rddn

Serrano Ortega, M. y Blázquez Ceballos, P. (2014). *Design Thinking: Lidera el presente. Crea el futuro*. ESIC.

Simonet, G. (2013). *Modelos para la innovación. El caso de IDEO*. [tesis de maestría, Universidad Católica de Uruguay]. https://n9.cl/vj872

Steinbeck, R. (2011). El «*design thinking*» como estrategia de creatividad en la distancia. *Revista Comunicar, 9*(37)*, 27-35*.

VV.AA. (2012). *Mini guía: una introducción al Design Thinking + Bootcamp Boot-leg*. Institute of design at Standford. https://repositorio.uesiglo21.edu.ar/handle/ues21/14439

Williams, R. (2007). *Historia de la comunicación, vol.1: del lenguaje a la escritura*. S. A. Bosch.

EL SESGO INFORMATIVO EN EL DISCURSO MEDIÁTICO DEL POS-BREXIT EN LA PRENSA GENERALISTA ESPAÑOLA

Álvaro Ramos Ruiz[1]

1. INTRODUCCIÓN

El 1 de febrero de 2020, tras varios meses de negociaciones, se hacía efectiva la salida del Reino Unido de la Unión Europea (en adelante, UE). Desde sus inicios en 2016, este proceso, conocido popularmente como el Brexit, se ha convertido en uno de los fenómenos de actualidad más relevantes en las últimas décadas en el continente europeo, debido, especialmente, al gran impacto económico, político y social que ha tenido dentro de la UE (Ramos Ruiz, 2022, p. 4). Es por ello, por lo que este hecho sin precedentes en la historia continental ha tenido una repercusión mediática en Europa, incluso, una vez efectuada la salida definitiva del país británico del órgano supranacional (Ramos Ruiz, 2022, p. 589). En este sentido, los medios de comunicación han mantenido un seguimiento informativo muy de cerca, narrando todo lo que ha ido aconteciendo como consecuencia de la salida del Reino Unido de la UE.

En el caso concreto de España, dentro del espectro mediático que ha abordado la cobertura del Brexit, cabe destacar el papel desempeñado por la prensa, gracias a su capacidad periodística de narrar y comentar la actualidad ante la audiencia de masas (Borrat, 1989, p. 67). Además, este medio impreso cumple con una doble función, ya que, por un lado, satisface las necesidades informativas del público a través de la cobertura de noticias (Gomis, 2008, p. 25) y, por otro lado, contribuye a la creación de la opinión pública (Kircher, 2005, p. 116), mediante la publicación de artículos valorativos.

Pero al igual que sucede con el resto de medios de comunicación, la prensa no es un mero transmisor de la realidad, sino que encarna un papel de intermediario entre la realidad social y el espectador (Gomis, 1974, pp. 530-531). De esta forma, la prensa confecciona y difunde una visión particular del mundo, basada en unos determinados criterios editoriales, gracias al lenguaje empleado por los periodistas (Charaudeau, 2005, p. 12). Sin embargo, como explican McCombs y Evatt (1995, p. 8), los profesionales del periodismo, en ocasiones, usan palabras que no son neutras a la hora de informar sobre un fenómeno noticioso, sino que emplean términos cargados de connotación u opinión que pueden motivar la presencia de un sesgo informativo en el discurso mediático (Ramos Ruiz y Ramos Ruiz, 2022, p. 171).

---

1. Universidad Loyola Andalucía (España) Andalucía (España)

Por lo tanto, el presente trabajo parte de la hipótesis de que si los periódicos españoles presentan un sesgo informativo concreto, este podrá medirse y analizarse gracias al análisis del léxico empleado por los periodistas en el discurso mediático. Por consiguiente, para corroborar la hipótesis planteada, se proponen tres objetivos: (1) analizar el sesgo informativo que ha recibido el pos-Brexit en la prensa generalista española gracias al estudio de la prosodia semántica del término «Brexit»; (2) categorizar y evaluar las coocurrencias por categorías gramaticales; y (3) comparar los resultados obtenidos entre los diferentes periódicos objeto de estudio.

La presente comunicación se organiza de la siguiente forma. En primer lugar, se lleva a cabo una breve revisión teórica sobre el concepto de sesgo informativo en la prensa y sobre la prosodia semántica; en segundo lugar, se describe el corpus y la metodología de análisis; en tercer lugar, se presentan y discuten los resultados obtenidos de la investigación; y en cuarto y último lugar, se exponen las conclusiones del estudio.

2. MARCO TEÓRICO

En el presente apartado se realiza una breve revisión de la literatura sobre, por un lado, el concepto de sesgo informativo en la prensa y, por otro lado, una revisión teórica sobre la prosodia semántica.

2.1. El sesgo informativo en la prensa

Todo proceso informativo requiere de un tratamiento de la información por parte del periodista, que se encarga de seleccionar, jerarquizar y preparar los productos noticiosos en base a unos determinados criterios (Lippmann, 1964, p. 251). Es por ello que la elaboración de la información presente un determinado grado de subjetividad, puesto que cada medio de comunicación se ve obligado a confeccionar los productos noticiosos según sus propias necesidades (Vázquez Bermúdez, 2006, p. 260). En este sentido, Fowler (1991, p. 222) afirma que la información periodística no es un fenómeno neutro, sino que es un producto resultante de la industria mediática que guarda relaciones con los gobiernos y los grupos políticos (Hallin y Mancini, 2004, p. 98). En el caso de la prensa, la publicación de textos informativos y valorativos tiene como finalidad moldear la opinión pública, generando debates ideológicos a favor de dichos grupos de poder involucrados con los medios (De Cesare, 2018, p. 10). Por lo tanto, esta circunstancia puede dar lugar a la existencia de un determinado sesgo informativo en los textos periodísticos editados por la prensa, afín, en ocasiones, a los grupos de poder o partidos políticos anteriormente mencionados (Ramos Ruiz, 2018, p. 375).

Actualmente, son varias las definiciones que abordan la cuestión del sesgo informativo. Por ejemplo, Gunter (1997, p. 13) habla del trato diferencial y sistemático hacia un candidato, un partido o un hecho durante un periodo prolongado, lo que implica no tratar todas las voces por igual. Por otro lado, McQuail (1992, p. 191) describe el sesgo como «una tendencia para salirse del camino recto de la verdad objetiva desviándose o bien a la izquierda o bien a la derecha». Por último, Verdú Cueco (2010, p. 139-140) lo define como «la desviación o inclinación; en el caso de la información significa un alejamiento de los valores deontológicos de veracidad, imparcialidad y pluralidad, en una dirección favorable a intereses particulares, y no generales». A pesar de las diferencias palpables entre las definiciones expuestas, las tres coinciden en expresar la misma idea, es decir, «la ausencia de una buena práctica periodística dirigida a un interés concreto por parte del medio» (Ramos Ruiz y Ramos Ruiz, 2019, p. 351).

Tal práctica cobra una dimensión reseñable, ya que supone una transgresión a las normas de imparcialidad, neutralidad y objetividad a la hora del desempeño de la labor periodística, entendida esta última como el equilibrio en la presentación de las diferentes facetas de un tema o acontecimiento, neutralidad en tono y forma, contención emocional, separación entre hechos y opinión, y ausencia de segundas intenciones (Christians *et al.*, 2009; McQuail, 1998; Schudson, 2001).

2.2. La Prosodia Semántica

En los últimos años, el concepto de «prosodia semántica» ha ido gozando de un lugar destacable en los estudios de Lingüística (Zhang, 2010, p. 190). El primer autor en acuñar el concepto de «prosodia semántica» fue Louw (1993, p. 157), quien describió este fenómeno lingüístico como un aura consistente de significado con el que una forma está imbuida por sus colocaciones. Es decir, cómo el significado que adquiere una palabra se ve influido por el significado del entorno léxico en el que se enmarca (Ramos Ruiz, 2021b, p. 6). Tiempo más tarde, Stubbs (1996) propuso una redefinición de la prosodia semántica, entendiéndola como un fenómeno de colocación particular y la colocación como la concurrencia habitual de dos o más palabras (Stubbs, 1996, p. 176). La principal novedad introducida por este autor fue la clasificación de los tipos de prosodia semántica, estableciendo tres categorías: prosodia negativa, prosodia positiva y prosodia neutral, en función del valor semántico que aportan las colocaciones a la palabra nodo (Zhang, 2010, p. 192).

En cuanto a las diversas perspectivas de la prosodia semántica, Whitsitt (2005) sugiere que esta puede describirse desde diferentes puntos de vista, como son: el diacrónico (Bublitz, 1996; Louw, 1993) y el sincrónico (Sinclair, 2003), la perspectiva pragmática (Sinclair, 1996; Stubbs, 1995, 2000) y, por último, la que aborda el concepto por su conexión con la connotación (Hunston, 2002; Louw, 2000; Partington, 1998, 2004). Para el presente trabajo, se ha decidido tomar la perspectiva pragmática y el punto de vista de la connotación. En cuanto a la primera de ellas, cabe apuntar que Sinclair (1996, pp. 87-88) defiende que la prosodia semántica posee una función pragmática y actitudinal, que, habitualmente, constituye la razón del hablante para emitir un enunciado. Además, de que la prosodia semántica puede revelar la actitud del emisor hacia determinados elementos léxicos, así como su propósito comunicativo (Alcaraz-Mármol y Soto-Almela, 2016, p. 6). En cuanto a su relación a la connotación, Hunston (2002, p. 141) alude a la naturaleza encubierta de la prosodia semántica, manifestando que el término «prosodia semántica» hace referencia a una palabra que se emplea frecuentemente en un entorno concreto, adquiriendo connotaciones propias de dicho entorno. Dentro de este argumentario, la propia Hunston (2002, p. 68) redefine el concepto de «colocación», entendiéndolo como la tendencia de las palabras a estar sesgadas en la forma en que coexisten.

3. CORPUS Y METODOLOGÍA

Para este trabajo se ha compilado un corpus para fines específicos compuesto por textos de información y de opinión de los periódicos de información general más leídos en España según el Estudio General de Medios, realizado por la Asociación para la Investigación de Medios de Comunicación[2]: *El País, El Mundo, La Vanguardia, ABC* y

---

2. Estudio General de Medios (EGM). Accesible en: http://www.aimc.es/ (última consulta el 03-07-2023)

El Periódico de Cataluña. Dicho corpus está compuesto por un total de 2.036 textos y lo conforma 1.653.545 palabras. Además, abarca, prácticamente, todo el pos-Brexit, desde el 1 de febrero de 2020, primer día de la salida del Reino Unido de la UE, hasta el 31 de diciembre de 2022, fecha en la que se propone esta investigación. Para la selección de los textos, se han recuperado todos aquellos que contuvieran la palabra «Brexit».

A continuación, como se puede observar en la Tabla 1, se muestran el número de textos periodísticos y el número de palabras en cada uno de los periódicos seleccionados, así como el total del corpus.

Periódicos	Número de textos	Número de palabras
El País	459	324.408
El Mundo	336	366.988
La Vanguardia	373	239.827
ABC	594	381.241
El Periódico de Cataluña	274	341.081
Total	2.036	1.653.545

Tabla 1. Número de textos y palabras de cada periódico del corpus.
Fuente: Elaboración propia.

Para el análisis del corpus, se ha aplicado una metodología previa que adapta las propuestas de Ramos Ruiz (2020, 2021a, 2021b, 2022a, 2022b, 2022c) sobre el análisis del sesgo informativo a través del estudio de la prosodia semántica del término «Brexit» en la prensa española. Para la consecución de dicho análisis, en primer lugar, se ha procesado el corpus a través del programa informático Sketch Engine® (Kilgarriff *et al.*, 2014), lo que ha permitido localizar, de manera semiautomática, en cada uno de los periódicos, las coocurrencias junto a «Brexit». A continuación, se han seleccionado únicamente aquellas categorías gramaticales relativas a los adjetivos, los verbos y los sustantivos, ya que, según nuestro criterio, son las palabras que aportan información léxica al término «Brexit» (Ramos Ruiz, 2022a, p. 143). Seguidamente, se ha llevado a cabo una clasificación de forma manual de las coocurrencias, teniendo en cuenta el valor positivo, neutro o negativo que aportan al término «Brexit». Es importante, en este punto, indicar que se han tenido en cuenta aquellas palabras que han ido precedidas por el adverbio «no» y que, por tanto, pueden ver modificado su significado. También, para hacer un análisis más detallado, se han comparado los datos entre las tres categorías gramaticales seleccionadas. Asimismo, se han comparado los resultados obtenidos entre los diarios analizados, lo que nos ha permitido conocer las similitudes o diferencias existentes en el tratamiento periodístico por parte de cada uno de ellos. Para llevar a cabo esta comparativa, se han obtenido las frecuencias relativas.

5. RESULTADOS Y DISCUSIÓN

En el presente epígrafe se expondrán y discutirán los resultados obtenidos del análisis anteriormente detallado. En primer lugar, se comentarán los datos del corpus general, como se pone de manifiesto en el siguiente Gráfico 1.

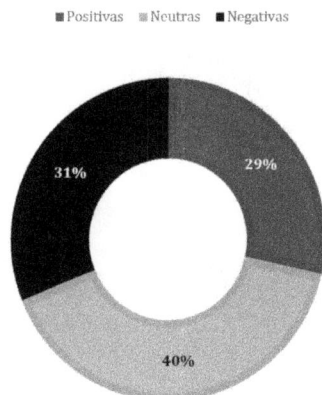

Figura 1. Porcentaje de coocurrencias positivas, neutras y negativas del corpus general. Fuente: Elaboración propia.

Como muestra el Gráfico 1, en el corpus general de la prensa española, las coocurrencias más frecuentes son las neutras, con un total de 352, lo que suponen un porcentaje del 40 % del total. Seguidamente, se encuentran las coocurrencias negativas, con 272 en total, que representan un 31 %. Por último, se sitúan las coocurrencias positivas, con 248 y un porcentaje del 29 %. Por consiguiente, estos datos demuestran que, de forma global, la prensa generalista española ha presentado un tratamiento discursivo, principalmente, neutro en relación con el Brexit, ya que en un 40 % de las veces que aparece dicho término lo hace acompañado por una coocurrencia neutra. Asimismo, gracias a estos datos se puede observar cómo las palabras con connotación (bien positiva o bien negativa) representan el 60 % de las coocurrencias totales, un dato por encima del 40 % de las neutras. Lo que quiere decir que, más de la mitad de las veces que aparece el término «Brexit» en el corpus de textos periodísticos, lo hace adquiriendo una determinada connotación, bien positiva o bien negativa. Dentro de este tipo de coocurrencias, se aprecia cómo se encuentran muy igualadas las negativas con las positivas (tan solo hay un 2 % de diferencia a favor de las primeras). Esto demuestra que la prensa ha manifestado un sesgo ligeramente más negativo hacia el Brexit una vez se ha realizado la salida de la UE. Estos datos contrastan levemente con los obtenidos en un estudio previo (Ramos Ruiz, 2022a), en el que se analizaba el periodo temporal comprendido desde el referéndum hasta la salida oficial del Reino Unido de la UE. En él se percibe una mayor diferencia entre las coocurrencias negativas (un 34 %) y positivas (22 %), mientras que, en el presente estudio, ambas se igualan mucho más. Quizás, y una vez consumado el proceso, los periódicos buscan plantear una visión más amable del nuevo periodo de separación que se presenta entre la UE y el Reino Unido.

A continuación, se comentarán los resultados, comparando los datos obtenidos de las tres categorías gramaticales analizadas, a saber, adjetivos, verbos y sustantivos que acompañan al término «Brexit». Dichos datos se muestran, a continuación, en el siguiente Gráfico 2.

■ Positivos ■ Neutros ■ Negativos

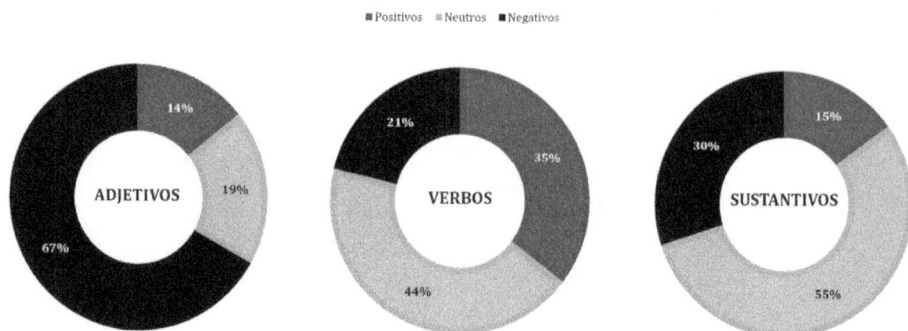

Figura 2. Porcentaje de coocurrencias positivas, neutras y negativas del corpus general en las categorías gramaticales de los adjetivos, verbos y sustantivos.

Fuente: Elaboración propia.

A la vista de los datos presentados en el Gráfico 2, se comienza a analizar los resultados relativos a la categoría de los adjetivos. Como se pone de manifiesto, las coocurrencias negativas son las más frecuentes alcanzando un 67 % del total, seguida de las neutras, con un 19 % y, finalmente, las positivas con un 14 %. Estos datos evidencian que, en la mayoría de las ocasiones en las que aparece el término «Brexit» junto a un adjetivo, este posee una connotación negativa. Por otro lado, se advierte cómo las coocurrencias con connotación (positiva y negativa) suman un 81 % del total, una cifra muy superior al 19 % de las neutras. Estos datos no tienen que sorprender si se tiene en cuenta que los adjetivos, por su propia naturaleza léxica, son «palabras que denotan cualidades o propiedades de las entidades a las que modifican» (Bosque, 1993, p. 10). Por tanto, se puede pensar que es lógico que la mayoría de ellos aporten una connotación, bien positiva o bien negativa, a «Brexit».

A continuación, se comentarán los resultados relativos a la categoría gramatical de los verbos. Como se muestra en el Gráfico 2, las coocurrencias más frecuentes en esta categoría son las neutras, que representan el 44 % del total, seguidas de las positivas, con un 35 % y, en última instancia, las negativas con un 21 %. Sin embargo, aunque las coocurrencias neutras son las más frecuentes, se observa cómo las coocurrencias con connotación (positiva o negativa) representan más de la mitad, alcanzando el 56 %. Este dato confirma que en más de la mitad de las veces que aparece «Brexit» coocurrido junto a un verbo lo hace adquiriendo una connotación. En este caso, las connotaciones más frecuentes son las positivas (35 %) con un porcentaje superior al de las negativas (21 %). Por tanto, en la categoría de los verbos «Brexit» se ha cargado semánticamente de valores principalmente positivos, frente los negativos.

En último lugar, se detallarán los datos de la categoría de los sustantivos. Como se refleja en el Gráfico 2, las coocurrencias más frecuentes son las neutras, que alcanzan la cifra del 55 % del total. Es decir, que en más de la mitad de las ocasiones en las que «Brexit» está coocurrido con un sustantivo, este posee un valor neutro, por lo que no le aportan connotación alguna al término nodo. En cuanto a las coocurrencias con connotación, se advierte cómo las negativas son las más frecuentes, con un 30 %, el doble que las positivas, que tan solo representan el 15 %.

Si se compara los datos con los resultados del estudio previo sobre el análisis discursivo del Brexit (Ramos Ruiz, 2022a), se observa que en la categoría de los adjetivos los porcentajes se han mantenido prácticamente invariables, es más, se observa cómo las coocurrencias negativas y positivas han descendido ligeramente, un 2 % y un 4 %, respectivamente, mientras que las neutras han sufrido un aumento del 6 %. Por tanto, en la categoría de los adjetivos el tratamiento que ha llevado a cabo la prensa española tras la salida del Reino Unido de la UE ha sido muy similar, manteniendo esa construcción semántica negativa del término «Brexit». Sin embargo, en la categoría de los verbos si se aprecian diferencias destacables. La primera de ellas es que las coocurrencias neutras descienden un 11 %, a favor de las negativas, que suman un 1 % y, sobre todo, de las positivas que aumentan en un 10 %. Por tanto, el empleo de los verbos tras consumarse el Brexit se ha cargado de un mayor número de connotaciones que durante el proceso de negociación. Además, estas poseen, principalmente, un carácter positivo. Por último, en cuanto a los sustantivos, también se advierten cambios reseñables. Por ejemplo, que las coocurrencias neutras superan la mitad, sumando un 16 %. Este aumento se produce en detrimento de las negativas, que pierden un 4 % y de las positivas, especialmente, que decaen un 12 %. Además, en el caso de las coocurrencias con connotación, se aprecia cómo, a pesar del descenso, las negativas son mucho más frecuentes que las positivas. Esta circunstancia nos hace pensar que los diarios españoles han recrudecido su discurso negativo en el empleo de los sustantivos tras la salida, frente al periodo de negociaciones.

Para terminar, se expondrán los datos comparando los resultados entre los cinco periódicos objeto de estudio, con el fin de conocer cómo ha llevado a cabo la construcción semántica del término «Brexit» cada uno de los diarios españoles una vez se ha consumado la salida del Reino Unido de la UE. Dichos datos quedan recogidos en el siguiente Gráfico 3.

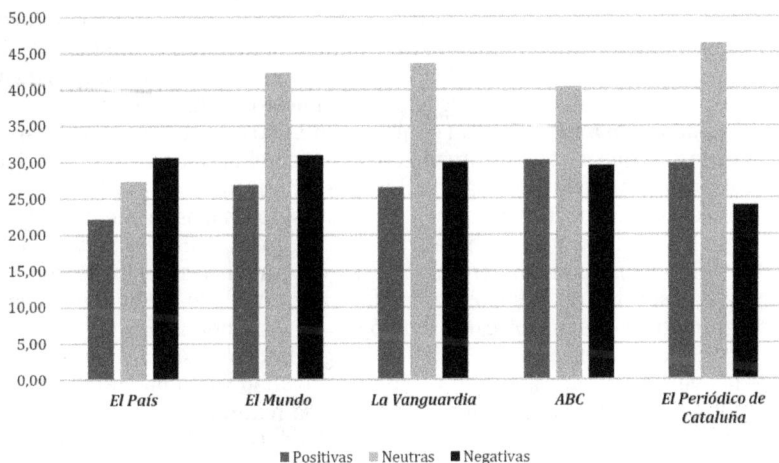

Figura 3. Porcentaje de coocurrencias positivas, neutras y negativas en cada uno de los periódicos objeto de estudio. Fuente: Elaboración propia.

Como muestra el Gráfico 3, la tendencia general de los periódicos es que las coocurrencias mayoritarias sean las neutras, siendo *El Periódico de Cataluña* el diario con un mayor porcentaje de estas, con un 46,28 %. El único diario que no sigue esta tendencia es *El País*, en el que las coocurrencias mayoritarias son las negativas. En este sentido, también es el impreso con menor porcentaje de coocurrencias neutras, con un 27,31 %, una cifra bastante baja en relación con el resto de los periódicos que oscilan en el 40 %. Por otro lado, en el caso de las coocurrencias con connotación (positiva o negativa), se aprecia diferencias reseñables entre los diferentes diarios. Por ejemplo, en *El País* (30,63 %), *El Mundo* (30,87 %) y *La Vanguardia* (29,91 %), las coocurrencias negativas superan a las positivas. Esta circunstancia demuestra que estos medios han llevado a cabo una construcción semántica de «Brexit» más negativa que positiva. Sin embargo, se comprueba cómo esta tendencia es diferente en *ABC* (29,48 %) y *El Periódico de Cataluña* (23,97 %), en el que las coocurrencias positivas se encuentran por encima de las negativas. En cuanto a las diferencias entre ambas, se observa cómo *El País* y *El Periódico de Cataluña* son los dos impresos que presentan una mayor diferencia entre las coocurrencias con connotación. En el caso de *El País*, de un 8,49 % a favor de las negativas, y en *El Periódico de Cataluña* de un 5,79 % a favor de las positivas. Por el contrario, *ABC* es el que manifiesta una menor diferencia entre ambas, de tan solo un 0,75 %, en beneficio de las positivas.

Si se compara estos datos con los resultados del estudio previo de Ramos Ruiz (2022a), se aprecia cómo los periódicos han mantenido una construcción semántica muy similar tras la salida del Reino Unido de la UE. En este sentido todos mantienen las coocurrencias neutras como las más frecuentes. Además, se aprecia que las negativas superan a las positivas, salvo en *ABC*, en el que la tendencia ha cambiado ligeramente a favor de las segundas.

5. CONCLUSIONES

El análisis realizado en este trabajo ha permitido corroborar la hipótesis de partida, ya que se ha podido detectar y analizar el sesgo informativo que los periódicos de información general españoles han presentado en los textos periodísticos durante la cobertura del pos-Brexit, gracias al estudio del léxico empleado por los periodistas en el discurso mediático. Los resultados obtenidos de la investigación han puesto de manifiesto que, de forma general, los periódicos han mostrado un sesgo informativo negativo en el tratamiento del término «Brexit», aunque no tan acentuado como fue en el periodo de las negociaciones. Asimismo, cabe señalar que dicho sesgo ha sido más enfatizado en el diario *El País*, que ha sido el único en el que las coocurrencias negativas han sido las más frecuentes, por encima de las neutras. Por el contrario, se ha advertido como *ABC* y *El Periódico de Cataluña* han sido los dos únicos impresos en los que las coocurrencias positivas superaban a las negativas, en especial, en el segundo de ellos. Por otro lado, se ha evidenciado que la categoría gramatical que mayor carga axiológica ha otorgado a «Brexit», en este caso, negativa, ha sido la categoría de los adjetivos, seguida de los sustantivos y, en último lugar, la de los verbos. Además, se han comparado los datos con un estudio previo que ha demostrado que la prensa generalista española ha mantenido durante el pos-Brexit un tratamiento ligeramente similar al que llevó a cabo durante el tiempo que duraron las negociaciones del Brexit.

Por otro lado, conviene reseñar que, aunque la construcción del discurso mediático sobre el Brexit ha sido abordada en estudios previos, la principal novedad de este trabajo reside en que se plantea una investigación que pretende conocer cuál ha sido el tratamiento que ha realizado la prensa generalista española una vez consumada la salida definitiva del Reino Unido de la UE. Todo ello, con el objetivo de saber si ha habido una continuidad en el tratamiento periodístico o si, por el contrario, una vez efectuado el Brexit los medios impresos han cambiado de postura. Por tanto, se está ante un trabajo novedoso que aborda el pos-Brexit desde una perspectiva lingüística y mediática.

En relación con el aspecto metodológico, hay que destacar que el empleo de la prosodia semántica aplicado al análisis del sesgo informativo es una herramienta que permite profundizar en el estudio de la construcción discursiva que los medios realizan sobre los fenómenos de actualidad, en este caso concreto, sobre el Brexit. Dicha metodología, que ya ha sido aplicada en investigaciones previas, ha permitido, de nuevo, analizar de una forma precisa el discurso mediático de la prensa generalista española sobre el pos-Brexit. Para finalizar, conviene subrayar que el presente estudio supone un destacado avance en el análisis del fenómeno del Brexit desde la perspectiva lingüística y mediática, con la finalidad de conocer cuál ha sido el tratamiento que ha recibido por parte de los medios de comunicación. Por tanto, también sirve de punto de partida para futuros trabajos de esta índole.

6. REFERENCIAS

Alcaraz-Mármol, G., y Soto-Almela, J. (2016). The semantic prosody of the words inmigración and inmigrante in the Spanish written media: A corpus-based study of two national newspapers. *Revista Signos, 49*(91), 145–167. https://n9.cl/xxayv

Borrat, H. (1989). El periódico, actor del sistema político. *Anàlisi*, 12, 67–80.

Bosque, I. (1993). Sobre las diferencias entre los adjetivos relacionales y los calificativos. *Revista Argentina de Lingüística*, 9, 9–48.

Bublitz, W. (1996). Semantic Prosody and Cohesive Company: Somewhat Predictable. *Leuvense Bijdragen*, 85, 1–32.

Charaudeau, P. (2005). *Les medias et l'information. L'impossible transparence du discours.* Bruxelles. Éditions De Boeck.

Christians, C. G., Glasser, T., McQuail, D. y White, R. (2009). *Normative Theories of the Media. Journalism in Democratic Societies.* University of Illinoils Press.

McQuail, D. (1998). *La acción de los medios.* Amorrortu.

De Cesare, F. (2018). *Populismo y Prensa. La construcción discursiva de la crisis griega y del Brexit en dos periódicos españoles.* Paolo Loffredo iniziative Editoriali.

Fowler, R. (1991). *Language in the News: Discourse and Ideology in the Press.* Routledge.

Gomis, L. (1974). *El medio media: La función política de la prensa.* Seminarios y Ediciones.

Gomis, L. (2008). *Teoría de los géneros periodísticos.* Editorial UOC.

Gunter, B. (1997). *Measuring Bias on Television.* University of Luton.

Hallin, D. y Mancini, P. (2004). *Comparing media systems: Three models of media and politics.* Cambridge University Press.

Kilgarriff, A., Baisa, V., Bušta, J., Jakubíček, M., Kovář, V., Michelfeit, J. y Suchomel, V. (2014). The Sketch Engine: ten years on. *Lexicography, 1*(1),7–36. https://doi.org/doi:10.1007/s40607-014-0009-9

Kircher, M. (2005). La prensa escrita: actor social y político, espacio de producción cultural y fuente de información histórica. *Revista de Historia*, 10, 115–122.

Lippmann, W. (1964). *La opinión pública.* Compañía General Fabril Editora.

Louw, B. (1993). Irony in the Text or Insin cerity in the Writer? The Diagnostic Potential of Semantic Prosodies. In E. Baker, M. Francis, y G. Tognini-Bonelli (Ed.), *Text and Technology: In Honour of John Sinclair* 157–176. John Benjamins.

Louw, B. (2000). Contextual Prosodic Theory: Bringing Semantic Prosodies to Life. In C. Heffer, H. Sauntson, y G. Fox (Eds.). *Words in Context: A Tribute to John Sinclair on his Retirement.* (pp. 48-94). ELR.

McCombs, M. y Evatt, D. (1995). Los temas y los aspectos: explorando una nueva dimensión de la Agenda-setting. *Comunicación y Sociedad, 8,* 7–32.

McQuail, D. (1998). *La acción de los medios. Los medios de comunicación y el interés público.* Amorrortu editores.

Partington, A. (1998). *Patterns and Meanings: Using Corpora for English Language Research and Teaching.* John Benjamins.

Partington, A. (2004). Utterly Content in Each Other's Company: Semantic Prosody and Semantic Preference. *International Journal of Corpus Linguistics, 9,* 131-156.

Ramos Ruiz, Á. (2018). El sesgo ideológico en la prensa económica española: un estudio de corpus. In M. González, y M. Valderrama (Eds.), *Discursos Comunicativos Persuasivos Hoy.* (pp. 375–388). Tecnos.

Ramos Ruiz, Á. (2020). La imagen del Brexit en la prensa española en la cobertura del referéndum de salida. In J. Sotelo González, y J. Gallardo Camacho (Eds.), *Comunicación especializada: historia y realidad actual* (pp. 1247–1261). McGraw-Hill Interamericana.

Ramos Ruiz, Á. (2021a). El sesgo ideológico en la cobertura del Brexit en la prensa digital española. In N. Sánchez-Gay, y M. L. Cárdenas-Rica (Eds.), *La comunicación a la vanguardia. Tendencias, métodos y perspectivas* (pp. 1981–1997). Fragua.

Ramos Ruiz, Á. (2021b). El sesgo ideológico y la prosodia semántica en la construcción del discurso mediático del Brexit en la prensa española. *Tonos Digital: Revista de Estudios Filológicos, 41*(II), 1–35.

Ramos Ruiz, Á. (2022a). *El discurso mediático sobre el Brexit: estudio léxico-semántico del sesgo informativo en la prensa española.* Universidad de Granada - Université Paris Cité.

Ramos Ruiz, Á. (2022b). El sesgo informativo en la cobertura del pos-Brexit en la prensa económica española. In M. Bermúdez Vázquez, M. L. Vadillo Rodríguez, y E. Casares Landauro, *Filosofía, tecnopolítica y otras ciencias sociales: nuevas formas de revisión y análisis del humanismo* (pp. 589–607). Dykinson.

Ramos Ruiz, Á. (2022c). Los sustantivos del discurso mediático del Brexit en la prensa económica española: estudio del sesgo informativo y la prosodia semántica. *International Visual Culture Review / Revista Internacional de Cultura Visual, 9*(4), 1 - 13. https://doi.org/10.37467/revvisual.v9.3546

Ramos Ruiz, Á. y Ramos Ruiz, I. (2019). El sesgo ideológico en el tratamiento informativo del BREXIT en la prensa anglosajona. In P. López Villafranca, J. I. Niño González, y L. F. Solano Santos (Eds.), *La nueva comunicación del siglo XXI* (pp. 347–358). Pirámide.

Schudson, M. (2001). The objectivity norm in American journalism. *Journalism, 2*(2) 149-170.

Sinclair, J. (1996). The Search for Units of Meaning. *Textus,* 9, 75-106.Hunston, S. (2002). *Corpora in Applied Linguistics.* Cambridge University Press.

Sinclair, J. (2003). *Reading Concordances.* Harlow: Pearson Education.

Stubbs, M. (1995). Collocations and Semantic Profiles. *Functions of Language, 2,* 23-55.

Stubbs, M. (1996). *Text and Corpus Linguistics.* Blackwell.

Stubbs, M. (2000). On inference theories and code theories: corpus evidence for semantic schemas. *Text,* 21, 436–465.

Vázquez Bermúdez, M. Á. (2006). Los medios toman partido. *Ámbitos,* 15, 257–267. https://doi.org/10.12795/Ambitos.2006.i15.1

Verdú Cueco, Y. (2010). El tratamiento del urbanismo y del agua en los informativos de Canal 9. *Arxiu de Ciències Socials,* 23, 137–148.

Whitsitt, S. (2005). A critique of the concept of semantic prosody. *International Journal of Corpus Linguistics,* 10, 283–305. https://doi.org/http://dx.doi.org/10.1075/ijcl.10.3.01whi

Zhang, C. (2010). An Overview of Corpus-based Studies of Semantic Prosody. *Asian Social Science, 6*(6), 190–194. https://doi.org/http://dx.doi.org/10.5539/ass.v6n6p190

LA TORMENTA GRIEGA: METÁFORAS Y DESASTRES NATURALES EN EL DISCURSO ECONÓMICO DE LA PRENSA ESPAÑOLA

Ismael Ramos Ruiz[1]

El presente texto forma parte de una investigación financiada por el grupo de investigación CLILLAC-ARP EA 3967 de Université Paris Cité.

1. INTRODUCCIÓN

Una de las temáticas periodísticas que más interés suscita es la económica, debido probablemente a su implicación social y política. La prueba de ese interés es la existencia de secciones de especialidad en los medios generalistas, así como publicaciones especializadas en temas económicos —lo que engloba también los asuntos financieros y comerciales—. A pesar de su papel destacado en el espectro mediático, el discurso económico resulta, con frecuencia, bastante técnico para la audiencia, lo que lo convierte en un discurso complejo. Por este motivo, podemos considerar el periodismo económico como un discurso semiespecializado.

Con el fin de hacer más accesible el contenido económico y facilitar su comprensión, el discurso periodístico suele emplear diferentes recursos lingüísticos, entre los que destaca la metáfora por ser el más utilizado (Backhouse *et al.*, 1993; Henderson, 1994; Koller, 2004; McCloskey, 1995, 1998; White, 2003; entre otros). La metáfora en la prensa económica ha sido bastante estudiada, como indica el gran número de trabajos publicados hasta la fecha (Arrese, 2021; Arrese & Vara-Miguel, 2016; Besomi, 2019; Bushee *et al.*, 2010; Cortes de los Rios, 2010; Cotton *et al.*, 2019; Herrera-Soler, 2008; Shie, 2011; White, 2003).

Según Charteris-Black y Ennis (2001), existen dos tipos de metáforas que destacan por ser las que se utilizan más frecuentemente: las relacionadas con la salud y la medicina, y las relativas a los fenómenos naturales. Esta afirmación ha sido corroborada en estudios posteriores (Arrese, 2015; Bickes *et al.*, 2014; Joris *et al.*, 2014; Llopis & Mar, 2009; O'Mara-Shimek *et al.*, 2015; Rojo López & Orts Llopis, 2010). En cuanto a las metáforas sobre fenómenos y desastres naturales, son varios los trabajos que han abordado este tipo de metáforas en el discurso económico (Cheng & Ho, 2017; O'Mara-Shimek *et al.*, 2015) y, más concretamente, en el discurso periodístico (Bickes *et al.*, 2014; Ho, 2019; I. Ramos Ruiz, 2023).

---

1. Université Paris Cité (Francia)

Como comentábamos anteriormente, dada su implicación social y política, el discurso periodístico económico puede llegar a marcar la agenda mediática, como ha ocurrido en los momentos de crisis económicas o financieras, por ejemplo. Uno de estos momentos fue la crisis que tuvo lugar en Grecia a partir de 2009. De hecho, esta crisis se considera uno de los sucesos más importantes en la historia de la Unión Europa e, incluso, en la historia reciente de todo el continente. Además del interés mediático que suscitó, la gravedad de esta crisis tuvo implicaciones que afectaron de manera importante a otros países de la Unión Europea, lo que provocaron una gran repercusión tanto social como política.

Por tanto, los objetivos principales de este trabajo consisten en: a) analizar la construcción discursiva de la prensa española acerca de la crisis económica griega a través de un estudio de corpus para identificar los fenómenos naturales que se emplean en la prensa económica española con valor metafórico; b) identificar qué metáforas sobre fenómenos naturales son las más frecuentes. Asimismo, se persigue analizar las combinaciones léxicas que forman estos términos metafóricos con otros términos que aparecen en el discurso.

El presente trabajo se estructura de la siguiente manera. En primer lugar, se establece un marco teórico para el estudio de la metáfora basado en la Teoría de la metáfora conceptual. En segundo lugar, se explica la composición del corpus de textos y se detalla la metodología utilizada tanto para su creación como para su posterior análisis. En el tercer lugar, se presentan los principales resultados obtenidos. En cuarto y último lugar, se exponen las conclusiones.

2. MARCO TEÓRICO

La metáfora es un recurso lingüístico presente tanto en la lengua general como en el lenguaje especializado, como es el caso del discurso económico. Si hablamos del discurso periodístico, la metáfora puede ayudar a lograr dos de los objetivos periodísticos a los que hace referencia Martínez Albertos (2007): por un lado, la captación de la atención; y, por otro lado, la comprensión de la información periodística por parte del receptor del mensaje.

El estudio de la metáfora se ha llevado a cabo, desde hace siglos, utilizando distintas perspectivas teóricas, como es el caso de la Teoría de la metáfora conceptual, que se enmarca en la lingüística cognitiva y que puede considerarse es una de las más famosas. El nacimiento de esta teoría se sitúa en el libro *Metaphors We Live By* (Lakoff & Johnson, 1980) y ha continuado desarrollándose posteriormente con otros trabajos de distintos autores (Gibbs, 2011; Grady, 1999; Kövecses, 2010, 2022; Lakoff, 1993; Lakoff & Johnson, 1999).

La Teoría de la metáfora conceptual puede resumirse en tres proposiciones principales, como afirma Geeraerts (2010). La primera es que la metáfora es un fenómeno cognitivo y no solo un recurso léxico; la segunda es que la metáfora se compone de proyecciones entre dominios conceptuales; y la tercera es que las metáforas se basan en la experiencia. En definitiva, pensamos, experimentamos y actuamos diariamente de manera metafórica, ya que nuestro sistema conceptual metafórico (Lakoff & Johnson 1980; Lakoff 1993).

Por lo tanto, como afirma Kövecses (2017), una metáfora conceptual consiste en entender un dominio de experiencia (generalmente bastante abstracto) en términos de otro dominio (normalmente más concreto, es decir, menos abstracto). Por consiguiente, se produce una proyección entre ambos dominios, de manera que el concepto fuente se entiende en términos del concepto meta (Kövecses, 2010). Veámoslo con un ejemplo, al hablar de "vendaval económico"el dominio meta, la economía, que es más abstracto, se entiende en términos de un dominio más concreto y cercano, como es el de la meteorología.

3. CORPUS

Para llevar a cabo este estudio, se ha utilizado un corpus de 6 343 549 palabras compuesto por textos periodísticos de información y opinión del ámbito económico pertenecientes tanto a periódico generalistas de tirada nacional, *El País* y *El Mundo*, como a periódicos especializados en el ámbito económico de tirada nacional también, *Cinco Días* y *Expansión*.

La elección de estas cabeceras obedece a dos criterios específicos. En primer lugar, son las cuatro cabeceras más leídas, según el *Estudio General de Medios* (EGM), publicado por la Asociación para la Investigación de Medios de Comunicación (AIMC)[2]. En el caso de los periódicos de ámbito generalista, *El País* es el segundo periódico más leído seguido, en tercera posición, por *El Mundo*. Respecto de los periódicos especializados en el ámbito económico, se puede destacar en primera posición *Expansión*, seguido del periódico *Cinco Días*.

En segundo lugar, las cuatro cabeceras seleccionadas pertenecen a dos de los grupos mediáticos más importantes de España. En el caso de *El Mundo* y *Expasión*, integran el grupo Unidad Editorial, mientras que *El País* y *Cinco Días* forman parte del Grupo Prisa (Reig García, 2011). Además, conviene señalar que ambos grupos mediáticos poseen líneas editoriales diferentes. Por otro lado, cabe mencionar que la prensa económica se suele caracterizar por emplear un discurso más aséptico y objetivo que la prensa generalista (Á. Ramos Ruiz, 2021).

Según la evolución cronológica de la crisis griega de deuda soberana, hemos establecido unos límites temporales para la creación del corpus. La crisis de deuda soberana se originó a finales de 2009, aunque la Gran Recesión se inició en 2008. Por este motivo, hemos considerado más apropiado establecer el límite temporal de estudio desde 2008. Por consiguiente, hemos dispuesto un marco temporal que abarca desde el 1 de enero de 2008 —el año que se considera el origen de la Gran Recesión— hasta el 31 de diciembre de 2018 —el año que termina la tutela de Grecia derivada de la crisis de deuda soberana—.

La selección y la extracción de los textos se ha llevado a cabo mediante el uso de Factiva®, una base de datos comercial de información de prensa que pertenece al grupo Dow Jones y que cuenta con un catálogo de noticias de más de 33 000 fuentes globales, según lo que se indica en su página web[3]. Esta base de datos ya ha sido utilizada en otros trabajos sobre el discurso perióstico económico (Bushee *et al.*, 2010; Johal, 2009; Á. Ramos Ruiz, 2022).

Asimismo, hemos establecido una serie de filtros para seleccionar únicamente aquellos textos relacionados con la temática de la crisis de deuda soberana en Grecia. Los datos sobre el número de textos, número de palabras y medios compilados aparecen con detalle en la Tabla 1.

---

2. Accesible en: <http://www.aimc.es> (última consulta el 30-06-2023).

3. Accesible en <https://www.dowjones.com/professional/es/factiva/> (última consulta el 30-06-2023).

Periódico	Número de textos	Número de palabras
El País	2 985	2 797 638
El Mundo	2 370	2 144 785
Expansión	981	774 900
Cinco Días	737	626 226
Total	7 073	6 343 549

Tabla 1. Periódicos, número de textos y número de palabras que componen el corpus. Fuente: Elaboración propia. Datos extraídos de Factiva®.

Respecto de los filtros aplicados, hemos establecido un marco temporal: 01/01/2008-31/12/2018, como hemos detallado anteriormente. En segundo lugar, hemos seleccionado el español, como la lengua elegida, y España, como el ámbito geográfico deseado. En tercer lugar, se ha seleccionado cada una de las cuatro cabeceras analizadas, realizando así, una búsqueda para cada periódico, lo que ha permitido extraer los textos de manera individualizada. En cuarto lugar, hemos utilizado una serie de palabras clave para filtrar los resultados. Estas son: "Grecia" (nos interesan únicamente textos referidos a este país), "crisis», "euro"y "economía"(centramos la búsqueda en asuntos relacionados con la crisis de deuda soberana).

4. METODOLOGÍA

La metodología de análisis utilizada para el estudio del corpus se basada en un enfoque léxico-semántico que consta de datos cualitativos y cuantitativos. Esta metodología ya ha sido aplicada en trabajos previos (I. Ramos Ruiz, 2018, 2023). Para la búsqueda de ejemplos metafóricos se ha llevado a cabo un análisis de arriba-abajo mediante el empleo de una lista de términos sobre los fenómenos naturales que se ha utilizado en un estudio previo sobre este mismo tipo de metáforas (I. Ramos Ruiz, 2023).

La lista se compone de términos sobre desastres naturales en inglés (Ho, 2019), que hemos traducido al español, y de términos extraídos de tres obras divulgativas sobre los fenómenos naturales (Andrews, 2004; Haven, 2005, 2006). Asimismo, hemos completado la lista con otras variantes denominativas, como ocurre en el caso de "terremoto" o "seísmo". Por otro lado, en la creación de esta lista, se ha aplicado el criterio de prototipicidad (Rosch & Lloyd, 1978), mediante el cual se han seleccionado los términos más representativos de cinco categorías: fenómenos atmosféricos, fenómenos astronómicos, fenómenos hidrológicos, fenómenos geológicos, fenómenos biológicos.

Posteriormente, mediante un método semiautomático basado en el Procedimiento de Identificación metafórica (en inglés, Metaphor Identification Procedure, MIP) propuesto por el grupo Pragglejaz (Crisp *et al.*, 2007), hemos buscado, analizado y clasificado los términos metafóricos encontrados en el corpus. Para lograrlo, hemos contado con la ayuda del programa informático SketchEngine® (Kilgarriff *et al.*, 2014). A través de dos aplicaciones distintas, WordList y Word Sketch, hemos obtenido tanto las frecuencias de aparición de cada término analizado, como las combinaciones léxicas que estos términos forman con otros. De este modo, podemos analizar si las metáforas constituyen unidades poliléxicas.

5. RESULTADOS

En este apartado, se presentan los principales resultados obtenidos al analizar el corpus de textos que se ha compilado para este estudio. De manera general, los términos metafóricos encontrados se corresponden con algunos de los fenómenos naturales más frecuentes, como son los huracanes, las tormentas, los terremotos o los incendios, entre otros. Asimismo, puede considerarse que estos términos metafóricos son los ejemplos más representativos de su categoría conceptual, por lo que podrían considerarse los ejemplos más prototípicos (Rosch & Lloyd, 1978), según se explicaba en el apartado anterior.

5.1. Datos cuantitativos

A continuación, presentamos los datos sobre frecuencias de aparición de los términos metafóricos que componen la lista previamente creada. En la Tabla 2, aparecen tres pares de columnas: la primera columna de cada par contiene los términos metafóricos presenten en el corpus y, en la segunda columna, se indican las frecuencias de aparición de estos términos. En ambos casos, se organizan los resultados según las cinco categorías que componen la lista previa.

Para conseguir los datos sobre frecuencias de aparición, hemos utilizado la aplicación informática Concordance de SketchEngine®. Esta aplicación nos ha permitido analizar los ejemplos en contexto, lo que ha evitado la selección de términos relativos a fenómenos naturales que no se emplean con significado metafórico. Asimismo, hay una serie de términos que habían sido incluidos en la lista previa, pero que no han dado ningún resultado o bien que los pocos ejemplos obtenidos no tienen un significado metafórico. Por consiguiente, los términos de la lista que no aparecen en la tabla de frecuencias son: aguacero, relámpago, sismo y ventisca. Así pues, estos términos no se han incluido en la Tabla 2.

Término	Frecuencias	Término	Frecuencias	Término	Frecuencias
Fenómenos atmosféricos		Fenómenos hidrológicos		Fenómenos geológicos	
Brisa	2	Alud*	18	Epicentro	93
Borrasca	1	Aluvión*	29	Maremoto	9
Ciclón	7	Avalancha*	59	Seísmo	20
Espejismo	58	Bruma	2	Sequía	45
Huracán	118	Chaparrón	15	Tectónico	14
Ráfaga	7	Desbordamiento	15	Terremoto	126
Rayo	31	Diluvio	8	Tsunami	70
Tifón	3	Inundación	17	Volcán	18
Tornado	6	Lluvia*	54		
Trueno	12	Marea*	68		
Vendaval	12	Marejada	9		
Viento	42	Neblina	1		
Fenómenos astronómicos		Niebla	18	Fenómenos biológicos	

Aurora*	39	Nieve	24	Epidemia	43
		Nube	69	Fuego	285
		Ola*	122	Incendio	115
		Oleada*	204		
		Riada	7		
		Tempestad	27		
		Tormenta*	351		
		Torrente	5		

Tabla 2. Frecuencias de aparición de las categorías sobre fenómenos naturales.
Fuente: Elaboración propia. Datos extraídos de SketchEngine®.

Cabe señalar que algunos términos de la Tabla 2 llevan un asterisco, lo que puede indicar dos cosas. Por un lado, que alguna de sus acepciones ya incorpora un significado metafórico. Por ejemplo, el término "lluvia" tiene tres acepciones: Acción de llover; agua que cae de las nubes; y abundancia o gran cantidad, según el *Diccionario de la lengua española de la Real Academia Española* en su 23ª edición. La última acepción hace referencia a un uso metafórico anterior que ha quedado fosilizado en la actualidad. Por otro lado, puesto que aparece en líneas de concordancia donde se menciona al movimiento político de extrema derecha Amanecer Dorado (en griego Χρυσή Αυγή), que también se ha traducido al español como Aurora Dorada o Alba Dorada (Dinas & Rori, 2014). Por lo tanto, tanto los usos metafóricos fosilizados como el caso del movimiento político han sido descartados para el análisis cualitativo, como veremos más adelante.

5.1. Datos cuantitativos

En esta sección, analizamos algunos ejemplos metafóricos pertenecientes a las cinco categorías: fenómenos atmosféricos, fenómenos astronómicos, fenómenos hidrológicos, fenómenos geológicos, fenómenos biológicos. Para la extracción de ejemplos, hemos empelado la aplicación Word Sketch de SketchEngine®, que permite obtener ejemplos en contexto.

La primera categoría corresponde a la de Fenómenos atmosféricos. En ella, encontramos que destacan, especialmente, cuatro términos: huracán, espejismo, viento y rayo. Cabe señalar que los términos metafóricos más frecuentes están relacionados con el viento y sus distintas manifestaciones. A continuación, mostramos unos ejemplos de esta categoría.

> 1) "Mario Draghi, calmó el huracán de la crisis de deuda con su cerrada defensa del euro, y que se acentuó con el lanzamiento del programa de compra masiva de deuda pública y privada por parte del Eurobanco" (Los costes de financiación de las empresas españolas repuntan, 09/09/2015, *Expansión*).

En este caso, se entiende la crisis de deuda soberana como si fuera un huracán, por lo que se proyecta la idea de un viento fuerte y devastador sobre la Unión Europea. Así pues, el concepto más abstracto se entiende en término de uno más concreto, como veíamos en el apartado sobre el marco teórico. Si nos fijamos en el ejemplo 2, se ha creado una combinación léxica con "borrascas" y "financieras" para referirse a los problemas de deuda y los recortes de tipos de interés. Dichos problemas serían las "borrascas financieras».

2) "El economista jefe del Berenberg Bank, Holger Schmieding, afirmó que el recorte fue demasiado tímido y que la zona euro sigue así expuesta a borrascas financieras" (Europa recortó interés para impulsar consumo, 06/07/201, *El País*).

En el siguiente ejemplo, aparece el término "viento" en referencia al contexto internacional, ya que los datos sobre el comercio mundial en aquella época no fueron buenos y Grecia estaba inmersa en una crisis tan profunda que se temía por su salida del euro. Por tanto, se emplea "viento" para hacer referencia a esos factores externos que impulsan la economía.

3) "Pero mientras los españoles estamos concentrados en el nuevo escenario de fragmentación política y los europeos con Grecia no nos hemos dado cuenta de que el viento en la economía mundial ha cambiado bruscamente de dirección" (Cambia el viento, 12/06/2015, *El País*).

Si nos fijamos en el ejemplo 4, se hace referencia al "efecto espejismo" del euro, puesto que la existencia de la moneda única parece aportar ventajas fiscales, económicas y sociales, aunque en realidad no sea así, como se demostró durante la crisis de deuda soberana.

4) "Sin embargo, nadie consiguió cambiar el efecto espejismo que supone el euro. Porque una cosa es tener una moneda común y otra, condiciones simétricas de disciplina fiscal, económica y social para que esa moneda siga representando un valor de igualdad y permita crear condiciones políticas que le den estabilidad a los sistemas" (De Tsipras al Papa,13/07/2015, *El País*)

La segunda categoría que analizamos es la de los FENÓMENOS ASTRONÓMICOS. Como señalábamos en la sección anterior, el término "aurora" aparece 39 veces en el corpus de textos, sin embargo, se utiliza fundamentalmente para referirse al movimiento político de extrema derecha. Por lo tanto, no hemos podido encontrar ningún ejemplo metafórico con este término.

5) "A pesar de todo lo relacionado con los extremistas de Aurora Dorada, cada vez es más difícil que Grecia sorprenda a los mercados" (Italia amenaza con reabrir la crisis del euro en su versión más política, 31/09/13, *El País*).

La tercera categoría, la de los fenómenos hidrológicos, es la más numerosa en cuanto a los términos que la componen y a las frecuencias de estos. Cabe señalar que un número notable de estos términos forman metáforas que ya se han fosilizado en la lengua y que recoge el *Diccionario de la lengua española de la Real Academia Española* en su 23ª edición, como indica el hecho de que lleven un asterisco. A continuación, mostramos algunos ejemplos de otros términos de la lista.

6) "[...] los inversores prefieren seguridad antes que rentabilidad en lo que atañe a sus ahorros, lo que ha llevado a muchos a refugiarse en la deuda alemana -que se mantiene en niveles históricamente bajos e inferiores a la inflación- hasta que pase el chaparrón financiero" (El 'portazo' de Stark intensifica la desconfianza hacia España e Italia, 10/09/2011, *El Mundo*).

En el ejemplo 4, se compara la inestabilidad de los mercados de deuda con una tormenta, por lo que se habla de "chaparrón financiero" para hacer referencia a la crisis. Por otro lado, en el ejemplo 7, se sigue con esa analogía climática en el uso de "nubes vecinas" para hacer referencia a los problemas financieros y económicos de otros países del entorno, como puede ser Portugal o Italia. Si esos países presentan problemas, terminarán contagiándose a España.

7) "En pleno clima preelectoral, pero también con un proceso de ajuste duro a la espalda, la economía española cruza los dedos porque las nubes vecinas no traspasen sus fronteras y pueda proseguir esa lenta y pesada digestión de su gran burbuja y posterior pinchazo" (FMI coloca a España a la cabeza del crecimiento europeo en 2015, 07/10/2014, *El País*).

La elección de "nubes" y no otros términos como "chaparrón" o "tormenta», por ejemplo, puede venir motivada por el hecho de querer expresar un menor riesgo. No es lo mismo ver unas nubes, lo que puede indicar una posible tormenta sin saber exactamente su alcance, que hablar claramente de tormenta. Por tanto, podemos observar una graduación en la intensidad de las metáforas al igual que ocurre con los fenómenos meteorológicos.

En el ejemplo 8, aparece "torrente de deuda" para expresar la gran cantidad de deuda pública existente en los mercados. Si atendemos a la fecha de publicación, nos encontramos en el año 2010 justo cuando la crisis está golpeando duramente a las economías de los Estados miembros y se lleva a cabo el primer programa de rescate a Grecia. Las ayudas a los bancos con problemas se multiplican, lo que provoca la emisión de una gran cantidad de deuda pública.

8) "Algunos estrategas y economistas han lanzado serias advertencias sobre la capacidad del mercado para absorber el torrente de deuda que se avecina en estos tres meses" (Batalla en Europa por colocar la deuda, 27/09/2010, *El Mundo*).

La cuarta categoría engloba los fenómenos geológicos. Esta categoría contiene términos que aparecen con bastante frecuencia en el corpus. Además, en muchos de los ejemplos analizados aparecen varios términos metafóricos, como se aprecia en los siguientes fragmentos.

9) "Buena parte del libro está dedicada a la crisis de Bankia, el epicentro del terremoto que casi llevó a España al rescate del país, y a la gestión realizada al frente de la entidad por Rodrigo Rato, su jefe cuando era vicepresidente económico del Gobierno de José María Aznar" (De Guindos desvela que casi pidió un "rescate light" en 2012, 11/09/2016, *Cinco Días*).

10) "El epicentro del seísmo se sitúa en la Bolsa de Atenas, cuyo principal indicador, el Ase, se desploma un 4,68%" (La crisis griega zarandea a las Bolsas y eleva la prima por la perspectiva de impago, 15/06/2015, *Cinco Días*).

11) "En este escenario, en el que el riesgo de nuevos seísmos y contagios parece evidente, la consigna es clara: ni la UE ni los gobiernos pueden dejarse llevar por la complacencia, ni cometer el error de bajar la guardia" (La crisis de deuda soberana no ha tocado fondo en Europa, 17/01/2013, *Expansión*).

Tanto en el ejemplo 9 como 10, "epicentro" va acompañado de "terremoto" o "seísmo». Por tanto, la metáfora se construye utilizando varios términos del dominio fuente. En el ejemplo 9, se hace referencia a los problemas de solvencia de una de las entidades entidad bancarias de mayor peso en el sistema financiero español que resultaba de distintas fusiones, entre ellas, Caja Madrid.

En el ejemplo 10, se tratan los problemas bursátiles griegos en un momento político delicado para el país, ya que en ese año se produjeron dos elecciones al Parlamento griego y se firmó el tercer y último programa de rescate. Por el contrario, en el ejemplo 11, se habla de "seísmos y contagios" para referirse a la crisis de deuda soberana. Por tanto, la construcción metafórica se lleva a cabo con referentes del ámbito de los fenómenos naturales y del ámbito de la salud (I. Ramos Ruiz, 2023).

Finalmente, analizamos la categoría relativa a los FENÓMENOS BIOLÓGICOS. En esta categoría encontramos dos términos que aparecen relacionados, "fuego" e "incendio». En el ejemplo número 12, se hace referencia a la desconfianza que existe en la solvencia de un banco italiano. El hecho de que el BCE solicitara una mayor provisión de capital a esta entidad financiera es lo provocó que se originara dicho "fuego" en la economía del país transalpino.

12) "La exigencia del Banco Central Europeo (BCE) a la italiana Banca Monte dei Paschi di Siena de que eleve su ratio de capital básico hasta al menos el 14,3% para garantizar su solvencia ha añadido más madera al fuego de la desconfianza" (El Ibex cae un 3,9% en su peor sesión desde la crisis soberana de 2012, 10/01/2015, *Cinco Días*).

Por otro lado, en el ejemplo 13, podemos apreciar otra variante del uso de "fuego», no con la acepción relacionada con la materia que arde, sino con la acción de disparar, en este caso un arma. Por tanto, en el ejemplo se hace referencia a los efectos que puede tener un segundo programa de rescate para Portugal.

13) "Por eso la Comisión, que preside el portugués Durão Barroso, explora un segundo rescate de Lisboa, más suave en sus formas y con mayor potencia de fuego europea, al involucrar al BCE en compras de su deuda pública" (Espiral reincidente, 08/07/2013, *El País*).

Finalmente, el ejemplo 14, nos muestra el uso de "epidemia" para referirse a la situación griega como una enfermedad que no se cura, de ahí la combinación léxica "epidemia crónica". Ocurre algo similar con el ejemplo 15, donde "epidemia" aparece acompañada de "deuda helena". La sociedad española estaba inquieta alte los acontecimientos en el país heleno, de ahí la amplia cobertura mediática, puesto que lo ocurrido en Grecia podría repercutir a España.

14) "En un bar cercano a la remozada plaza Syntagma, Lucas, un ingeniero de algo más de 40 años, explica a este corresponsal que Grecia sigue siendo el mismo caso agudo de una epidemia crónica en Europa: la evasión fiscal de las élites sigue siendo la norma, "mientras no se dejan de subir los impuestos para el resto"(Grecia pone su estabilidad política en manos de la Unión Europea, 10/01/2014, *El País*).

15) "España lleva en el punto de mira de los mercados desde 2010, cuando el paro y las poco creíbles previsiones de déficit del Estado y las autonomías empezaron a inquietar a unos inversores nerviosos por la epidemia de deuda helena" (El BCE salva a España del rescate... El banco emisor interviene después de que la prima de riesgo alcance los 500 puntos, 18/11/2011, *El Mundo*).

En resumen, los ejemplos analizados nos permiten afirmar que se cumple el principio de la Teoría de la metáfora conceptual, por la cual se entiende un concepto abstracto, en este caso de índole económica, en términos de uno más físico o concreto, como ocurre con los fenómenos naturales.

6. CONCLUSIONES

Atendiendo a los resultados obtenidos, podemos afirmar que las metáforas sobre fenómenos naturales tienen una presencia importante en el discurso económico, no solo por la riqueza de ejemplos, sino por el hecho de que muchos conceptos económicos se entienden a través de estas metáforas.

En cuanto a las cinco categorías de fenómenos naturales analizadas, podemos afirmar que una de ellas destaca sobre las demás, la de fenómenos hidrológicos, aunque conviene señalar que una parte importante de los términos que la componen forman metáforas que ya están fosilizadas en la lengua general. En segundo lugar, se encuentran los fenómenos atmosféricos y los fenómenos geológicos. Estos últimos presentan ejemplos de metáforas que emplean varias unidades léxicas en las construcciones, como "epicentro del terremoto». Finalmente, se encuentran las categorías sobre fenómenos astronómicos y fenómenos biológicos.

En cuanto a la metodología empleada, el uso de una lista previa de términos potencialmente metafóricos y el enfoque semiautomático de análisis nos ha ayudado a obtener ejemplos en contexto, lo que ha permitido descartar usos que no son metafóricos. Por tanto, el análisis realizado aporta nuevos datos sobre el uso de las metáforas en la prensa española, concretamente en el discurso económico. Asimismo, este estudio ha permitido profundizar en el análisis del discurso sobre la conocida como crisis griega, que tantas repercusiones sociales, políticas y económicas ha tenido en otros países, entre los que se encuentra España.

7. REFERENCIAS

Andrews, T. (2004). *Wonders of the Air* Libraries Unlimited.

Arrese, Á. (2015). Euro crisis metaphors in the Spanish press. *Communication & Society*, *28*(2), 19–38. https://doi.org/10.15581/003.28.35963

Arrese, Á. (2021). The use of 'bubble' as an economic metaphor in the news: The case of the 'real estate bubble' in Spain. *Language and Communication*, 78, 100–108. https://doi.org/10.1016/j.langcom.2021.03.001

Arrese, Á. y Vara-Miguel, A. (2016). Periodismo y Economía. In M. Sobrados León (Ed.), *Estudios de Periodismo Político y Económico* (pp. 47–80). Editorial Fragua.

Backhouse, R., Dudley-Evans, T. y Henderson, W. (1993). *Economics and Language*. Routledge.

Besomi, D. (2019). The metaphors of crises. *Journal of Cultural Economy*, *12*(5), 361–381. https://doi.org/10.1080/17530350.2018.1519843

Bickes, H., Otten, T. y Weymann, L. C. (2014). The financial crisis in the German and English press: Metaphorical structures in the media coverage on Greece, Spain and Italy. *Discourse and Society*, *25*(4), 424–445. https://doi.org/10.1177/0957926514536956

Bushee, B. J., Core, J. E., Guay, W. y Hamm, S. J. W. (2010). The Role of the Business Press as an Information Intermediary. *Journal of Accounting Research*, *48*(1), 1–19. https://doi.org/https://doi.org/10.1111/j.1475-679X.2009.00357.x

Charteris-Black, J. y Ennis, T. (2001). A comparative study of metaphor in Spanish and English financial reporting. *English for Specific Purposes*, *20*(3), 249–266. https://doi.org/10.1016/S0889-4906(00)00009-0

Cheng, W. y Ho, J. (2017). A corpus study of bank financial analyst reports: Semantic fields and metaphors. *International Journal of Business Communication*, *54*(3), 258–282. https://doi.org/10.1177/2329488415572790

Cortes de los Rios, M. E. (2010). Cognitive Devices to Communicate the Economic Crisis: An Analysis through Covers in The Economist. *Iberica, 20*(fall), 81–106.

Cotton, M., Barkemeyer, R., Renzi, B. G. y Napolitano, G. (2019). Fracking and metaphor: Analysing newspaper discourse in the USA, Australia and the United Kingdom. *Ecological Economics, 166*(April), 106426. https://doi.org/10.1016/j.ecolecon.2019.106426

Crisp, P., Gibbs, R., Deignan, A., Low, G., Steen, G., Cameron, L., Semino, E., Grady, J., Cienki, A., Kövecses, Z. y Group, T. P. (2007). MIP: A method for identifying metaphorically used words in discourse. In *Metaphor and Symbol, 22*(1). https://doi.org/10.1207/s15327868ms2201_1

Dinas, E. y Rori, L. (2014). Bajo el peso de la ley: una explicación del éxito de la extrema derecha durante la crisis griega. In *Grecia: aspectos políticos y jurídicos.* (pp. 328). Centro de Estudios Politicos y Constitucionales.

Gibbs, R. W. (2011). Evaluating Conceptual Metaphor Theory. *Discourse Processes, 48*(8), 529–562. https://doi.org/10.1080/0163853X.2011.606103

Grady, J. (1999). A typology of motivation for conceptual metaphor: correlation vs. resemblance. In R. Gibbs, y G. Steen (Eds.), *Metaphor in Cognitive Linguistics* (pp. 79–100). John Benjamins.

Haven, K. (2005). *Wonders of the Sea.* Libraries Unlimited.

Haven, K. (2006). *Wonders of the Land.* Libraries Unlimited.

Henderson, W. (1994). Metaphor and economics. In R. Backhouse (Ed.), *New Directions in Economic Methodology* (pp. 343–367). Routledge. https://doi.org/10.4324/9780203204085

Herrera-Soler, H. (2008). A metaphor corpus in business press headlines. *Iberica*, 15, 51–70.

Ho, J. (2019). An earthquake or a category 4 financial storm? A corpus study of disaster metaphors in the media framing of the 2008 financial crisis. *Text and Talk, 39*(2), 191–212. https://doi.org/10.1515/text-2019-2024

Johal, R. (2009). Factiva: Gateway to Business Information. *Journal of Business & Finance Librarianship, 15*(1), 60–64. https://doi.org/10.1080/08963560903372879

Joris, W., d'Haenens, L. y Van Gorp, B. (2014). The euro crisis in metaphors and frames: Focus on the press in the Low Countries. *European Journal of Communication, 29*(5), 608–617. https://doi.org/10.1177/0267323114538852

Kilgarriff, A., Baisa, V., Bušta, J., Jakubíček, M., Kovář, V., Michelfeit, J., Rychlý, P. y Suchomel, V. (2014). The Sketch Engine: ten years on. *Lexicography, 1*(1), 7–36. https://doi.org/10.1007/s40607-014-0009-9

Koller, V. (2004). Metaphor and Gender in Business Media Discourse. In *Metaphor and Gender in Business Media Discourse: A Critical Cognitive Study.* Palgrave Macmillan UK. https://doi.org/10.1057/9780230511286

Kövecses, Z. (2010). *Metaphor: A practical introduction (Second edition).* Oxford University Press. https://doi.org/10.1016/B978-0-12-391607-5.50007-8

Kövecses, Z. (2017). Conceptual metaphor theory. In E. Semino, y Z. Demjén (Eds.), *The Routledge handbook of Metaphor and Language* (pp. 13–27). Routledge.

Kövecses, Z. (2022). *Extended Conceptual Metaphor Theory.* Cambridge University Press. https://doi.org/10.1017/9781108859127

Lakoff, G. (1993). The contemporary theory of metaphor. In A. Ortony (Ed.), *Metaphor and Thought (2nd edition)* (pp. 202–251). Cambridge University Press.

Lakoff, G. y Johnson, M. (1980). *Metaphors we live by.* The University of Chicago Press.

Lakoff, G. y Johnson, M. (1999). *Philosophy in the flesh: The embodied mind and its challenge to western thought.* Basic books.

Llopis, O. y Mar, A. (2009). Metaphor framing in Spanish economic discourse: a corpus-based approach to metaphor analysis in the Global Systemic Crisis. *Journal of Pragmatics, 42*(12), 182–195.

Martínez Albertos, J. L. (2007). *Curso general de redacción periodística*. Paraninfo.

McCloskey, D. (1995). Metaphors economists live by. *Social Research, 62,* 215–237.

McCloskey, D. (1998). The rhetoric of economics. *American Economic Association, 21*(2), 481–517.

O'Mara-Shimek, M., Guillen-Parra, M. y Ortega-Larrea, A. (2015). Stop the bleeding or weather the storm? Crisis solution marketing and the ideological use of metaphor in online financial reporting of the stock market crash of 2008 at the New York Stock Exchange. *Discourse & Communication, 9*(1), 103–123. https://doi.org/10.1177/1750481314556047

Ramos Ruiz, Á. (2021). El sesgo ideológico y la prosodia semántica en la construcción del discurso mediático del Brexit en la prensa española. *Tonos Digital: Revista de Estudios Filológicos, 41*(II), 1–35.

Ramos Ruiz, Á. (2022). Los sustantivos del discurso mediático del Brexit en la prensa económica española: estudio del sesgo informativo y la prosodia semántica. *International Visual Culture Review / Revista Internacional de Cultura Visual, 89,* 1–13. https://doi.org/10.37467/revvisual.v9.3546

Ramos Ruiz, I. (2018). *La medicina como dominio fuente en las construcciones metafóricas del discurso periodístico sobre economía en la prensa española* [tesis doctoral, Universidad de Granada]. http://hdl.handle.net/10481/54453

Ramos Ruiz, I. (2023). Terremotos y epidemias: el uso de metáforas en la prensa económica española. *TECHNO REVIEW. International Technology, Science and Society Review /Revista Internacional de Tecnología, Ciencia y Sociedad, 14*(4), 1–10. https://doi.org/10.37467/revtechno.v14.4830

Reig García, R. (2011). *Los dueños del Periodismo. Claves de la estructura mediática mundial y de España*. Gedisa Editorial.

Rojo López, A. M. y Orts Llopis, M. Á. (2010). Metaphorical pattern analysis in financial texts: Framing the crisis in positive or negative metaphorical terms. *Journal of Pragmatics, 42*(12), 3300–3313. https://doi.org/10.1016/j.pragma.2010.06.001

Rosch, E. y Lloyd, B. B. (1978). *Cognition and Categorization*. Lawrence Erlbaum Associates.

Shie, J. S. (2011). Metaphors and metonymies in New York Times and Times Supplement news headlines. *Journal of Pragmatics, 43*(5), 1318–1334. https://doi.org/10.1016/j.pragma.2010.10.026

White, M. (2003). Metaphor and economics: the case of growth. *English for Specific Purposes, 22*(2), 131–151. https://doi.org/10.1016/S0889-4906(02)00006-6

LA IMPORTANCIA DEL *INSIGHT* (CREATIVO) DEL CONSUMIDOR EN LA CONTRAPUBLICIDAD DE ALCOHOL: UN LABORATORIO UNIVERSITARIO

David Roca Correa[1], Patrícia Lázaro Pernias[1]

Este capítulo describe la importancia del insight en la ideación de campañas, en concreto aquellas que buscan reducir el consumo de alcohol entre los jóvenes y cómo, a través de un laboratorio universitario, se está trabajando para buscar buenos insights. En una primera parte, a partir de los resultados de diferentes investigaciones sobre el insight (creativo) del consumidor publicadas en revistas académicas, journals anglosajones y monografías, se define el concepto, se habla del profesional encargado de hacerlo nacer y se explican sus tipologías. En la segunda parte del capítulo se recopila la experiencia universitaria de encontrar un insight a través de grupos focales, traducirlo a dos mensajes publicitarios, y testarlo experimentalmente en comparación con un anuncio control.

1. INTRODUCCIÓN: HACIA UNA DEFINICIÓN DEL *INSIGHT*

En el campo académico, las definiciones de lo que llamamos *insight* son variadas y giran alrededor del concepto "verdad" (ver la tabla 1). Así, una investigación que tomó una muestra de profesionales concluye que la definición que generaría una mayor aceptación sería: una "verdad consensuada, universal, reconocible o reveladora [...] de un sentimiento o una realidad con la que el consumidor se identifica" (Sebastián-Morillas *et al.*, 2019, p. 343). En el ámbito anglosajón, Parker *et al.* (2018) definen "la verdad humana" como:

> "(1) una expresión sociocultural de la motivación o necesidad humana que (2) contiene una tensión inherente que puede ser resuelta por el atributo o beneficio de la marca de una manera que es (3) original, porque no ha sido previamente aplicado a una categoría. [...] El *insight*, la verdad (escondida o no), es la precuela del beneficio o promesa publicitaria, que se convertirá en un mensaje como "La marca X es tu mejor primer paso"" (p. 2).

El *insight* es el inicio de la buena publicidad. Según los mismos autores, un *insight* tiene que ser: original, cercano a los consumidores, utilizable por los creativos y visionario para la marca (Parker *et al.*, 2018). Así pues, podríamos entender el *insight* del consumidor como la comprensión e interpretación de los datos, comportamientos y opiniones de los consumidores para mejorar la publicidad dirigida a ese público objetivo en particular.

---

1. Universitat Autònoma de Barcelona (España)

López (2007, p. 40)	Cualquier verdad sobre el consumidor cuya inclusión en un mensaje publicitario hace que este gane en notoriedad, veracidad, relevancia y persuasión a ojos de dicho consumidor. Necesidades, expectativas, frustraciones, que la publicidad canaliza en productos y marcas para generar satisfacciones racionales y emocionales.
Ayestarán *et al.* (2012, p. 171)	Un *insight* es una motivación profunda del consumidor que tiene gran capacidad de movilización. Los *insights* son motivaciones profundas que conectan con los consumidores como personas. Además, crean puntos de contacto, nexos relevantes de unión entre una marca y el consumidor.
Quiñones (2013, p. 34)	Los *consumer insights* o *insights* del consumidor constituyen verdades humanas que permiten entender la profunda relación emocional, simbólica y profunda entre un consumidor y un producto. Un *insight* es aquella revelación o descubrimiento sobre las formas de pensar, sentir o actuar del consumidor frescas y no obvias, que permiten alimentar estrategias de comunicación, *branding* e innovación. En otras palabras, un *insight* potente tiene la capacidad de conectar una marca y un consumidor de una forma más allá de lo evidente, y no solo vender.
Castelló (2019, p. 32)	Verdades y/o experiencias subjetivas reveladoras del consumidor y relevantes para el mismo, basadas en motivaciones profundas que, empleadas en la comunicación persuasiva, permiten reforzar el vínculo entre marca y consumidor, conectando con él como persona.
Sebastián-Morillas *et al.* (2019, p. 343)	Un acuerdo social cotidiano sobre un fenómeno, un hallazgo sobre la naturaleza humana, una verdad que tiene el poder de unir a las personas, una verdad que el consumidor no verbaliza o "*a familiar surprise*".

Tabla 1. Definiciones de *insight* (según la academia española).
Fuente: Elaboración propia a partir de diversos autores.

Desde un punto de vista práctico, el conocimiento del consumidor será traducido por los creativos en dos tipos de ejes o caminos creativos: los basados en motivaciones o los sustentados en frenos, ambos mueven a un cambio en las actitudes o el comportamiento (Ricarte *et al.*, 2000). En ese sentido, el *insight* trata de entender a los consumidores para persuadirlos. Una campaña meramente informativa no tiene *insights* del consumidor pues parte del anunciante al consumidor. Podríamos decir que se basa en *insights* del anunciante. Sin embargo, una campaña basada en *insights* parte del consumidor, sea en forma de datos reales o imaginados, hacia la agencia, y luego, transformado, retorna de nuevo al consumidor, que finalmente comprará el producto o servicio anunciado. Como ya hemos visto, hay coincidencia en definir el término como "una verdad consensuada, universal, reconocible o reveladora" (Sebastián-Morillas *et al.*, 2019, 343). Pero el uso del término verdad, resulta verdaderamente confuso, pues la verdad acostumbra a ser evidente y el *insight* a estar escondido para aparecer en forma de ajá.

La investigación se basa en hechos (ej. Tenn limpia más que ningún otro producto), el *insight* trata de responder preguntas (ej. ¿cómo puedo comprobar que ha quedado limpio?). Un *insight* de éxito penetra en la cultura popular y forma parte de ella. Tal como explica Parra (2015), son anuncios que:

> *"forman parte de la historia de la publicidad o por lo menos de la historia publicitaria más popular. De este tipo de anuncios hay uno que llegó a los corazones de los televidentes. Tanto marcó a la audiencia que posteriormente se hicieron versiones, pero nunca llegaron al éxito del original. Concretamente, se hace mención al spot del detergente Nuevo Tenn, que dicho así, lo mismo no suena a nada, pero que si se apunta que salía un mayordomo que se encargaba de hacer la prueba del algodón allá donde iba, la memoria seguramente comenzará a recordar".*

Y ¿qué ocurre cuando un cliente no permite desarrollar creativamente un *insight*? que los creativos están tentados de crear *insights* inventados, lo que en el argot publicitario se conoce como truchos (Roca *et al.*, 2017), esos anuncios que se presentan a festivales para ganar premios.

2. MATERIALES: ¿CÓMO CONSEGUIR UN BUEN *INSIGHT*?

Desde el punto de vista creativo existen dos tipos de *insights*. Aquellos que se generan con una investigación rigurosa previa (*insights* del consumidor) y aquellos que se generan con una investigación personal del creativo o equipo creativo (*insights* de los creativos).

En el caso de los *insight* del consumidor, queremos saber quién es, qué hace, qué compra, cuáles son sus hábitos de consumo de medios, etc. Además, podemos querer saber qué siente, qué piensa. Esos *insights* se obtienen habitualmente con dinámicas de grupo y entrevistas (Rossiter, 2010). Sin embargo, con el advenimiento de la *big data* o el marketing de datos (ej. herramientas que escanean conversaciones de consumidores, https://www.buzzilla.com), se abre un nuevo campo de posibilidades. Se pueden localizar *insights* cruzando diferentes variables de consumo que tomarán forma de campaña o de otros caminos creativos. Imaginemos que tenemos acceso a datos a través de una tarjeta de fidelización de un cliente, eso nos podría llevar a conocer sus consumos u otro tipo de comportamientos, que podrían ser útiles, no solo en el momento de establecer ciertas estrategias de marketing, sino en el momento de plantear las creatividades sobre la marca. Algunas ventajas de esta metodología son: reduce los costes de la investigación al automatizar el procesamiento de datos, se optimiza el tiempo acelerando la obtención de *insights*, ayuda a generar *insights* de temas delicados, etc., (Baldus, 2015). Otro ejemplo lo encontramos en la automatización de ciertos procesos creativos. Dentsu Aegis Network desarrolló un programa de redacción automatizada que genera entre 20 y 25 anuncios por segundo para Google (Beede, 2020). El advenimiento de la inteligencia artificial podría modificar el proceso creativo que hasta ahora hemos conocido.

De los diversos departamentos o áreas que puede tener una agencia de publicidad, el departamento encargado de la producción de esos *insights* es el de planificación estratégica, y su profesional bandera el planificador estratégico. Este profesional será el encargado de definir todo el proceso de extracción, y hará la propuesta al equipo creativo del *insight* de campaña, es decir, el camino o eje creativo que deberá seguir una determinada marca en un momento dado. El *planner* ha de convencer a los creativos de la idoneidad de utilizar el *insight* seleccionado en la estrategia creativa y, por ende, en la campaña de turno (Hackley, 2003).

Sin embargo, no siempre existe esa figura en las agencias de publicidad. En ese caso, el *insight* nacerá del equipo creativo. El *insight* de los creativos, o del yo creativo, utiliza tres fuentes principales: la experiencia vital, contactos con el consumidor o punto de venta e Internet. Esa forma de proceder es habitual en agencias pequeñas o que no tienen presupuesto para pagar a un *planner* o a una empresa de investigación. En estos casos, el *insight* es abierto, compartido, y construido por otros miembros del equipo creativo. El papel fertilizador del director creativo es esencial, pues toma en cierta manera el rol del *planner* al aportar el camino creativo a seguir. Ese *insight* personal utiliza diferentes expresiones: qué buena idea, qué buen concepto, qué buen *insight*, lo que en otros lugares han dado en llamar el momento Ajá: "Ajá, ya lo tengo". Ese es el instante en qué la intuición creativa se fusiona con los objetivos de la publicidad.

2.1. ¿Qué hacen los *planners*?

El *planner* deriva de los departamentos de investigación de las agencias. Inicialmente, se consideró (Pollit, 1979, en Hackey 2003, 446) y aún se considera (Zimand-Sheiner & Earon, 2019, p. 133) como la "voz del consumidor". De hecho, en un estudio basado en encuestas, 81 *planners* españoles avalaron esa función con 3.9 puntos sobre 5 (Jordán, 2016, 180). En los años 90 se definía como

> *"el estratega, que a partir de la investigación (cualitativa-cuantitativa, pautas y conductas del consumidor, y el marketing del producto) elabora la estrategia de comunicación, pues conoce profundamente y representa al consumidor en todas las actividades de la agencia; su objetivo es la dirección del esfuerzo creativo" (Soler, 1993, p. 12).*

Una acepción más actual lo sitúa dentro del proceso creativo y se encarga de "absorber información clave" externa a la agencia (Parker *et al.* 2018, p. 2). El planificador estratégico ha evolucionado de un rol pasivo, como generador de datos de consumo, a uno activo, como conocedor del consumidor como individuo. Y su principal tarea es que ese conocimiento acumulado que tiene del público objetivo sea integrado por los equipos creativos de las agencias en las campañas. Por tanto, no solo ha de ser capaz de encontrar datos, sino que ha de saber explicarlos para que formen parte de la estrategia creativa. Este proceso se ha dado en llamar "investigación creativa" (Hackley 2003). Según Parker *et al.* (2018, p. 7) existen cinco métodos para identificar el *insight*: (1) la investigación del consumidor tradicional, (2) los dominios de conocimiento personal, (3) las convenciones desafiantes, (4) las fuentes prestadas y (5) las extensiones de la narrativa central de la marca. ¿Cómo se consigue llegar a ese tipo de *insights* creativos tras consultar esas fuentes de conocimiento? El *planner* en su función creativa, o el creativo, si toma el rol de *planner*, debe ser disciplinado y seguir siete estrategias (Zaltman, 2014, p. 375): (1) ser autocrítico; (2) estar abierto a la crítica de los demás; (3) acumular hechos correctos (4) de diversos campos; (5) tener mucho tiempo; (6) tener paciencia con los colegas (de profesión); y (7) tolerar la ambigüedad, es decir, tiene que ser capaz de aplazar las recompensas e incluso arriesgarse a renunciar a ellas.

Encontrar un *insight* significa empezar de cero cada vez. Reconocer una y otra vez la propia ignorancia sobre el consumidor y la necesidad de saber. Según Zaltman (2014, p. 376) un *insight* profundo no se puede encontrar directamente con la investigación. En las dinámicas de grupo, por ejemplo, los participantes no nos dicen realmente lo que quieren. Es el creativo quien debe imaginar lo que el consumidor hubiera dicho si hubiera podido, algo que va incluso más allá de la propia conciencia del comprador. Hace un tiempo, en una charla en una clase de creatividad en nuestra facultad, Daniel Solana, Director General de DoubleYou (Barcelona), explicaba que, para crear ideas creativas, tomaba fotos del público objetivo de una determinada marca y se imaginaba que hablaba con él, le preguntaba y el consumidor le contestaba. Desde esta perspectiva, el *insight* es empatía, imaginación y emoción. Esta relación con el consumidor, la confirma una investigación reciente con cuarenta publicitarios de Chile (Aritzia, 2015).

Saraí Meléndez, una creativa de prestigio y profesora asociada que imparte la asignatura de redacción publicitaria en la UAB, nos explicaba cómo diferentes fuentes pueden contribuir al crecimiento de un *insight*:

> "A partir de datos del consumidor del Banco Popular (Puerto Rico) y diversas entrevistas, además de datos sobre la situación económica del país y un estudio de mercado del banco, con el equipo creativo llegamos al siguiente *insight*: "si los clientes no tienen dinero, el banco no tiene dinero". Y encontramos la solución a esa tensión: usamos el presupuesto publicitario del banco para que los clientes anunciaran sus negocios. En momentos de recesión económica, el banco tenía que cumplir su rol de promover la economía".

La campaña de J. Walter Thompson (JWT) de Puerto Rico obtuvo un León de bronce en Cannes en la categoría de Medios (2014) y fue finalista en la categoría de "Promociones y Activaciones" (ver figura 1).

Figura 1. Del *insight* al mensaje creativo Fuente: Agencia JWT Puerto Rico. Directores creativos: Jaime Rosado y Lixaida Lorenzo. Copywriter: Saraí Meléndez Rodríguez. Directora de arte: Margie Canales.

Los creativos no son amantes de la investigación que evalúa sus anuncios (post-tests), pero sí que dan la bienvenida a cualquier tipo de investigación que pueda ayudarles a encontrar la inspiración (Chong, 2006) y a ahorrar tiempo (Hackley, 2003). Ahí debemos situar al *insight*, como un elemento previo a la redacción del brief creativo que bebe de la investigación cualitativa y del *big data* (Zimand-Sheiner & Earon, 2019). Una investigación recogió la opinión de doce creativos portugueses (Estima, 2020), que al hablar del *insight* lo consideran como el punto más importante del proceso creativo, pues es una guía y apoyo a la inspiración creativa en un contexto de falta de tiempo para pensar. Los creativos lusos, coincidiendo con Parker *et al.* (2018, p. 7), destacan las cuatro características que todo *insight* debe tener: ser verdadero, claro (identificable), relevante y original. A pesar de todo lo dicho, en otra investigación, esta vez con publicitarios anglosajones, se critica la figura del *planner* y a sus productos, pues se perciben como un mero ejercicio intelectual o de pensamiento estratégico de la marca, que sirve para satisfacer al cliente en las presentaciones, y no como parte del proceso creativo, en lo que se ha dado en llamar "el guardián [de la esencia] de la marca" (Hackley, 2003) o el "*insight* estratégico" (Jordán, 2016). Esa crítica ya la manifestó el famoso creativo Bill Bernbach (DDB) con las siguientes palabras: "No pedimos a la investigación que haga lo que nunca debió hacer, que es hacer una idea".

Zaltman (2014, p. 376) enumera tres peligros si el creativo se deja llevar solo por las técnicas de investigación, que confirman las ideas existentes y desalientan los enfoques que ayudan a leer entre líneas el pensamiento del cliente: (1) la incapacidad de ir más allá del pensamiento superficial de los consumidores (el *insight* es profundidad); (2) la incapacidad de utilizar conocimientos de distintas disciplinas para comprender los problemas de la investigación e interpretar los hechos; (3) la ausencia de un pensamiento audaz e imaginativo sobre lo que puede captar la atención del consumidor. Por tanto, si confundimos hechos por *insights*, nuestras ideas pueden acabar fracasando.

El camino del *insight* no acaba en la agencia y sus procesos internos, sino en la decodificación que hace el consumidor. Según Aritzia (2015, p. 157), los creativos construyen los *insights* a partir de un proceso de comprensión, evaluación, destilación y simplificación del consumidor, hasta llegar a una verdad inspiradora sobre el consumidor; verdad que es maleable durante todo el trabajo creativo. El proceso, que ha ido enriquecido la visión creativa sobre el consumidor tipo, desde el *briefing* del cliente hasta las aportaciones del *planner*, acaba cuando se selecciona una cualidad determinada del consumidor que convergerá con la marca a anunciar, es decir, cuando se encuentre una conexión (un guiño) entre la marca y el consumidor a través de una experiencia personal, una anécdota, un momento de consumo, etc. El *insight* construye un espacio común de relación entre la marca y el consumidor, una verdad o, como preferimos llamarla, una evidencia compartida.

El *insight* final, el que llegará al consumidor, deberá reconocerse como de calidad cuando el receptor se esfuerce en comprender el significado que se pretende dar al anuncio. En ese momento "ajá", de comprensión, el *insight* del consumidor alcanzará, finalmente, al consumidor, es decir, este entenderá la intención creativa que hay detrás del anuncio (Shen *et al.*, 2021). Ese instante, repentino e inconsciente, es más probable que se produzca cuando el anuncio es creativo que cuando no lo es (Parker *et al.*, 2018; Shen *et al.*, 2021).

La figura 2 resume las diferentes formas que puede adoptar el *insight* en el recorrido hasta llegar al *insight* del consumidor. El ciclo empieza con el consumidor mismo, del cual el *planner*, a través de técnicas cualitativas y cuantitativas extrae el *insight* y plantea su encaje estratégico en un documento llamado *briefing* creativo. Ese documento marcará el eje creativo o concepto a comunicar. De este surgirán las ideas, y una vez elegida una, momento Ajá, ya se podrá confeccionar el mensaje creativo, que podrá ser evaluado antes del lanzamiento de la campaña. A veces, cuando la figura del *planner* está ausente, el *insight* lo genera el propio creativo a través de su experiencia y empatía; hasta el punto de llegar a inventar *insights* para ganar festivales publicitarios (allí el *insight* es idea pura). Cuando el *insight* llega al consumidor, alcanza su etapa final, al convertirse en el ajá del consumidor, que decodifica el mensaje a través de diferentes procesos cognitivos.

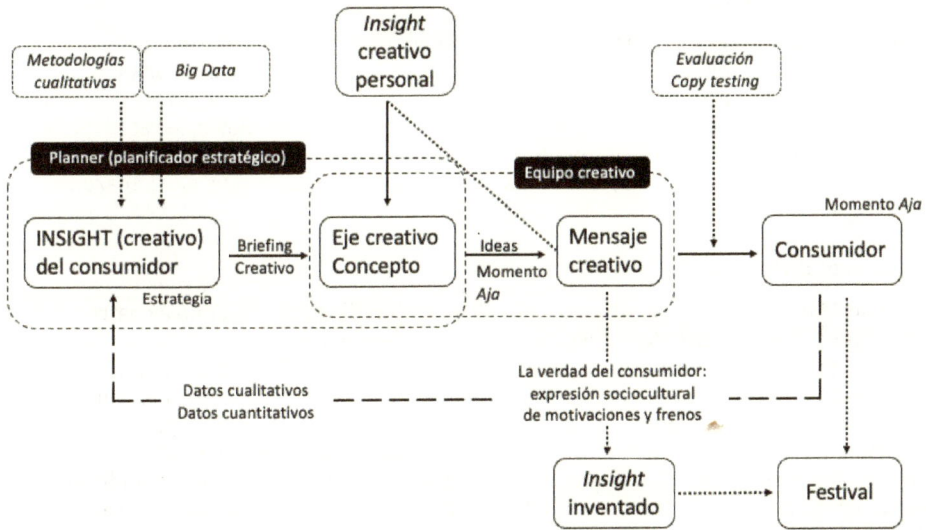

Figura 2. El *insight* en el proceso creativo. Fuente: Elaboración propia.

2.2. Clasificaciones de *insights*

Existen diferentes clasificaciones de los *insights*. Explicaremos tres: según su profundidad, según su naturaleza y según su contexto.

2.2.1. Según su profundidad

Según su profundidad podemos hablar de *insights* (en plural) o de *insight* (singular). Stone *et al.* (2000) lo explican así:

> "en primer lugar, hay *insights* (en plural): destellos de inspiración o descubrimientos penetrantes que pueden conducir a oportunidades concretas. Los estudios de mercado o las bases de datos de clientes pueden proporcionarlos, y a menudo lo hacen. Sin embargo, mucho más importante que esto, y fundamental para lo que las empresas necesitan hoy en día, es la perspicacia (en singular), definida como "la capacidad de percibir con claridad o profundidad", un conocimiento profundo y arraigado sobre nuestros consumidores y nuestros mercados que nos ayuda a estructurar nuestro pensamiento y nuestra toma de decisiones" (p. 1).

En ese sentido, el *insight* es una verdad colectiva (o de un grupo diana), una verdad de todos. En esta misma línea, Zaltman (2014) habla de *insights* profundos que emergen de los consumidores. Se trata de utilizar una metodología para obtener y codificar el pensamiento y el comportamiento consciente e inconsciente de los consumidores, y centrarse en el desarrollo de *insights* que tengan que ver con problemas confusos y mal estructurados.

2.2.2. Según su naturaleza

Sebastián-Morillas *et al.,* (2019, p. 344) proponen dividir los *insights* en dos categorías: *insights* humanos, relacionados con la naturaleza humana, como las motivaciones, miedos, esperanzas, inseguridades, autopercepciones, comportamientos, e *insights* externos, relacionados con el entorno de la persona, como la cultura, hechos concretos que estén sucediendo, el consumo, el uso de un producto, la relación con una marca. No obstante, esta clasificación no fue muy aceptada por los profesionales que participaron en su investigación.

2.2.3. Según el contexto

Castelló-Martínez y del Pino-Romero (2019, p. 254-255) distinguen entre cuatro bloques de *insights*: los *insights* del consumidor, basados en las actitudes y comportamientos de este; los *insights* del producto, basados en realidades sobre su consumo o uso; los *insights* de categoría, que aluden a verdades del consumidor relacionadas con el sector del producto; y, finalmente, los *insights* de marca, que se usan a largo plazo para el posicionamiento de esa marca. Además, estas autoras plantean que dentro de cada uno de esos bloques de *insights* es posible encontrar *insights* emocionales, cuando apelan a mecanismos afectivos o emocionales del *target*; *insights* culturales, asociados a creencias y valores culturales del consumidor; e *insights* simbólicos, que permiten entender la relación metafórica y profunda del consumidor con los productos, es decir, relaciones que no resultan evidentes.

2.2.3. El no-*insight*

Algunos autores se detienen a explicar qué no es un *insight*. Así, afirman que no es un *claim*, un *tag line*, un dato sobre un consumidor o un comentario literal del mismo (Sebastián-Morillas *et al.*, 2019, p. 339). Por su parte, Álvarez (2012) menciona como no-*insights* el posicionamiento, el beneficio, la *reason why*, el concepto creativo, la ejecución creativa, y el eslogan o *claim*. Sin embargo, un académico de renombre internacional como Rossiter (2008, p. 140), da una visión diferente del asunto: "El reclamo del beneficio clave (key benefit claim) se denomina de diversas formas, "el *insight* del consumidor", "la esencia de la marca" o "la propuesta"". ¿Podría ser el *insight* la USP de Reeves, aunque con una nueva etiqueta que justifique el papel del *planner*?

3. APLICACIÓN DE LA METODOLOGÍA DEL *INSIGHT* EN LA UAB

En este último apartado explicaremos una experiencia desarrollada en el Grado de Publicidad y Relaciones Públicas de la UAB. Hará unos cinco años, nuestro grupo de investigación, GRP (Grup de Recerca en Publicitat i Relacions Públiques), empezó a interesarse por la publicidad del "no", es decir, la publicidad que te dice: no bebas alcohol, no fumes, no te pases de velocidad, no tires el plástico en el contenedor azul, no… La publicidad del "no" es la contrapublicidad, una publicidad del bien social que anuncia comportamientos saludables que beneficiarán a la población. Desde nuestro punto de vista, este tipo de publicidad ha de superar un reto mayor que la comercial porque utiliza frenos en lugar de motivaciones, promueve la no compra en lugar de sugerir una compra, promueve el control en lugar de la libertad de hacer lo que uno quiere. Si entendemos el *insight* como la comprensión creativa de un dato que nos da el consumidor, plantear *insights* para este tipo de publicidad nos pareció un desafío muy interesante. Empezamos entonces a trabajar con alumnas brillantes del grado, gracias a tres becas de colaboración con los departamentos universitarios del Ministerio de Educación y Formación Profesional, durante los cursos 2020-21, 2021-22 y 2022-23. Estas alumnas, asesoradas por un docente miembro del GRP, han podido desarrollar su Trabajo Final de Grado (TFG) al abrigo del grupo de investigación. Cada trabajo consistió en una investigación original que versaba sobre una única temática: la contrapublicidad de alcohol. Los TFG desarrollados son *La efectividad de la creatividad en la contrapublicidad de alcohol*, de Paula Ponce Rodas y Elisa Represa Vázquez (2021); *Insights sobre el consumo de alcohol en jóvenes: una base efectiva para la contrapublicidad*, de Paula Borràs Molina y Carolina Camps i Suriñach (2022) y el recién acabado *La efectividad de la contrapublicidad de alcohol basada en insights de los conumidores jóvenes*, de Berta Pérez Granero (2023).

¿Y por qué contrapublicidad de alcohol? El alcohol se ha convertido en un problema grave en la juventud española. Según la encuesta sobre uso de drogas en Enseñanzas Secundarias en España (ESTUDES), en 2021, un 70,5% de los jóvenes entre 14 y 18 años afirmaron haber consumido alcohol en los últimos doce meses, es decir, un 67,8% de hombres y un 73,3% de mujeres. En cuanto al consumo en los últimos 30 días, la cifra se situó en el 53,6%, con la franja de edad de 14 años en un 34,1%. Son los 14 años la edad media de inicio en el consumo de alcohol y los 14,7, la de la primera borrachera. Especialmente preocupante son también las nuevas formas de consumo de alcohol, el llamado *binge drinking* o consumo en atracón, con una prevalencia entre los jóvenes que declararon haber consumido alcohol en los últimos 30 días del 52,6%.

Parece difícil luchar contra una costumbre, beber alcohol, ampliamente aceptada e integrada en la vida social, por lo que resulta imprescindible comprender las motivaciones profundas que llevan a hacerlo, pero, más aún, detectar aquellas evidencias compartidas y reveladoras que pueden ayudar a promover conductas de evitación. Necesitamos buenos *insights*. Partimos de la hipótesis que las campañas publicitarias no están funcionando suficientemente bien, y la razón parece ser que no se basaban en buenos *insights*. Así que durante tres cursos hemos deconstruido los *insights* de las campañas publicitarias, hemos buscado nuevos *insights* y, finalmente, hemos preparado piezas basadas en *insights* creativos del consumidor. A continuación explicamos este proceso y los alentadores resultados que conseguimos.

3.1. ¿Qué *insights* utiliza la contrapublicidad de alcohol?

Como hemos señalado, las campañas de contrapublicidad de alcohol parecen estar basadas en *insights* que no acaban de funcionar con los jóvenes. Uno de los TFG (Borràs & Camps, 2022) preparó diversos *focus group* con jóvenes de entre 18 y 21 años con el objetivo de valorar algunas campañas audiovisuales de algunos organismos oficiales. Los resultados mostraron que los jóvenes coincidieron en advertir que los mensajes de carácter muy negativo ("el alcohol te destroza") enfundados en un montaje impactante les generaban malestar y rechazo. En cambio, prefirieron aquellas campañas que presentaban *insights* que apelaban a situaciones que ellos percibían como reales aunque fuesen negativas y a las que algunos participantes calificaron como "verdades" (compra de alcohol siendo menor, desinhibición gracias al alcohol), porque consideraron que presentaban el problema con mayor profundidad. No obstante, se quejaron de que esas piezas les exigían mantener la atención y eso les cansaba. Tampoco las campañas sin *insight* o con un *insight* poco claro funcionaron para los jóvenes. La conclusión estaba clara: las campañas llegarán a los jóvenes si se ven realmente reflejados en ellas.

3.2. ¿Qué *insights* del consumidor funcionan?

En el trabajo desarrollado por Ponce & Represa (2021) se llevaron a cabo dos dinámicas de grupo con jóvenes de alrededor de 20 años para obtener los *insights*. Tras un análisis de las transcripciones de esas dinámicas, se determinan cuatro temas a tratar: (1) utilizar diferentes marcos positivos para los mensajes (positivo, nueva información de salud y apuntar a los padres), (2) atacar las razones del consumo de alcohol (la presión como norma, autoengaños, contra la norma, dos ritmos y masculinidad), (3) consecuencias del consumo de alcohol (a corto plazo –malas experiencias pasadas, daño emocional a seres queridos, asuntos relacionados con la memoria, y la dificultad para evitar el consumo–, a largo plazo –evitar la autodefensa-) y (4) mostrar alternativas al consumo de alcohol. De esas cuatro áreas, finalmente, se seleccionaron dos: consecuencias del consumo de alcohol a largo plazo y daño emocional a seres queridos.

A partir de esa información, el grupo de investigación, con la ayuda de una creativa profesional, trabajó dos gráficas: una basada en la posibilidad de padecer a temprana edad un cáncer de hígado y la otra el sentimiento de culpa que emergía por una situación que hería a la madre del joven. Además, se preparó una tercera pieza que actuaría como control y que consistía en un anuncio de fisioterapia (ver figura 3).

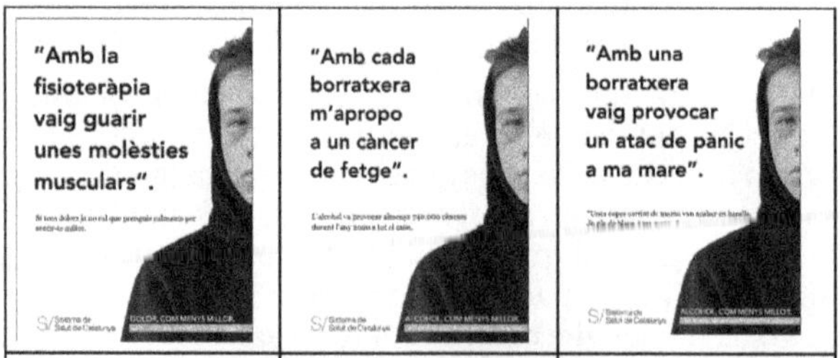

Control	*Insight* 1	*Insight* 2
"Con la fisioterapia curé unas molestias musculares". Si tienes dolor ya no hace falta que tomes calmantes para sentirte mejor. DOLOR, CUANTO MENOS MEJOR.	"Con cada borrachera me acerco más a un cáncer de hígado". El alcohol provocó al menos 740.000 cánceres durante el año 2020 en todo el mundo. ALCOHOL, CUANTO MENOS MEJOR.	"Con una borrachera provoqué un ataque de pánico a mi madre". "Unas copas saliendo de marcha acabaron en pelea. Yo lleno de moratones, y mi madre..." ALCOHOL, CUANTO MENOS MEJOR.
Si quieres saber cómo acaba la historia clica en: elpep.info S/Sistema de Salud de Cataluña		

Figura 3. Piezas del experimento. Fuente: Elaboración propia.

Notas: (1) la imagen se tomó de la página web libre de derechos de imagen www.pexels.com. (2) La url www.elpep.info es una página web creada por la Agència de Salut Pública de la Generalitat de Catalunya para difundir mensajes preventivos sobre drogas y alcohol entre jóvenes.

Con las tres piezas publicitarias se realizó un experimento con 517 sujetos para comprobar si las piezas basadas en *insights* del consumidor superaban en actitud hacia el anuncio, en actitud hacia no beber (alcohol) y en menor intención de beber, a la pieza de control (ver figura 4). Los resultados confirmaron lo que hemos dado en llamar la teoría del *insight*: aquellos dos anuncios basados en *insights* del consumidor no solo se consideraron más creativos que el de control, sino que, además, también se consideraron más efectivos en las tres variables estudiadas (mayor actitud positiva hacia la campaña, mayor actitud negativa hacia la bebida y mayor intención de beber menos). De hecho, en esta última variable el efecto del anuncio fue medio (p<0.001, η2=0.046) (ver figura 4).

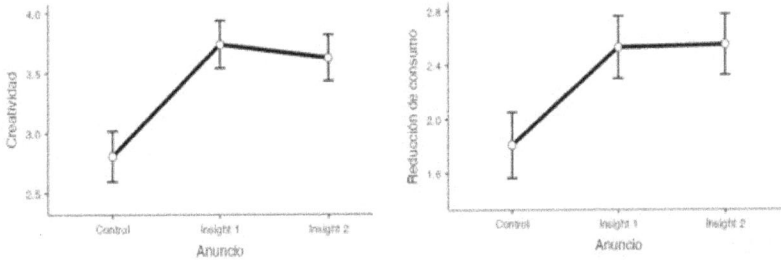

Figura 4. Nivel de creatividad percibida e intención de disminuir el consumo de alcohol: control vs. *insight*. Fuente: Elaboración propia.

En el último TFG desarrollado hasta ahora, el de Pérez Granero (2023), a partir también de un planteamiento experimental, se ha podido comprobar que tanto los *insights* del consumidor (consecuencias positivas de no consumir alcohol, "Otro domingo sin resaca") como los *insights* médicos, similares a los *insights* del producto en la publicidad comercial (consecuencias médicas negativas por consumo de alcohol, "Cuando bebes pones en riesgo tu corazón"), parecen funcionar mejor que la publicidad sin *insights* (Mic=4,41, Mim=4,58 y Mcontrol=2,31) (ver figura 5).

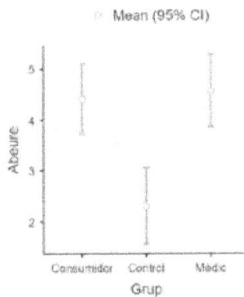

Figura 5. Actitud negativa hacia el consumo de alcohol según el *insight*. Fuente: Pérez Granero (2023, p. 40).

5. CONCLUSIONES

Las implicaciones de los resultados son claras. Tal y como se demuestra a lo largo de este artículo, es indiscutible el valor que proporciona el uso en un buen insight en publicidad, especialmente en aquellas campañas de vocación social que promueven comportamientos o actitudes saludables o positivas. No es posible plantear contrapublicidad eficaz si esta no se sustenta en un buen *insight* creativo del consumidor. De ello deberían tomar buena nota todas las instituciones y organismos públicos que invierten en campañas de sensibilización o cambio de hábitos.

Así mismo, aplicar la teoría de los *insights* desde el mundo universitario para campañas de promoción de conductas saludables funciona. La Universidad se convierte así en un excelente laboratorio experimental para testar ideas que beneficien al conjunto de la sociedad, en nuestro caso con la vocación de contribuir a reducir el consumo entre los jóvenes de una droga legal como es el alcohol, un problema de gravedad en nuestro país. Se pone de manifiesto, pues, la responsabilidad y el compromiso de las universidades con la sociedad, ya que pueden y deben contribuir a través de actividades de transferencia a dar respuesta a retos sociales.

6. REFERENCIAS

Álvarez, Antón. (2012) *La magia del planner. Cómo la planificación estratégica puede potenciar la comunicación persuasiva*. ESIC.

Ariztia, T. (2015). Unpacking insight: How consumers are qualified by advertising agencies. *Journal of Consumer Culture*, 15(2), 143–162. https://doi.org/10.1177/1469540513493204

Ayestarán, R., Rangel, C. y Sebastián, A. (2012). *Planificación estratégica y gestión de la publicidad. Conectando con el consumidor*. ESIC.

Baldus, Brian J. (2015). Insight Generation with Marketing Research Online Communities (MROCs). *Journal of Internet commerce*. 14(4), 476-491. https://doi.org/10.1080/15332861.2015.1101945

Beede, P. (2020). Tracing the evolution of advertising account planning. *Journal of Historical Research in Marketing*, 12(3), 285-303. https://doi.org/10.1108/JHRM-09-2018-0039

Boches, E. (2014, 26 de mayo). *Bill Bernbach and the beginning. Thoughts and lessons for my students*. https://n9.cl/eq0kry

Borràs Molina, P., Camps i Suriñach, C. y Lázaro Pernias, P.(dir.). (2022). *Insights sobre el consumo de alcohol en jóvenes: una base efectiva para la contrapublicidad*. [tesis de grado Universidad Autónoma de Barcelona] https://ddd.uab.cat/record/267023

Castelló-Martínez, A. (2019). Estado de la planificación estratégica y la figura del planner en España. Los insights como concepto creativo. En *Revista Mediterránea de Comunicación*, 10(2), 29-43. https://n9.cl/t0v89.

Chong, M. (2006). How do advertising creative directors perceive research? *International Journal of Advertising*, 25(3), 361-380. https://doi.org/10.1080/02650487.2006.11072974

Estima J. P. T. y Duarte, A. (dir.). (2020). *How to measure the 'inspiration' of an insight: an exploratory approach*. [tesis de maestría, Universidade Europeia] http://hdl.handle.net/10400.26/31418

Hackley, C. (2003). From consumer insight to advertising strategy: the account planner's integrative role in creative advertising development. *Marketing intelligence & planning*. 21(7), 446-452. https://doi.org/10.1108/02634500310504296

Jordán Ávila, S. y Marca, G. (2016). *La figura del account planner en la actualidad: su potencial para dinamizar la agencia de comunicación del futuro*. [Tesis doctoral, Universitat de Vic] https://www.tdx.cat/handle/10803/400195

López, B. (2007). *Publicidad Emocional. Estrategias creativas*. ESIC.

Observatorio Español de las Drogas y las Adicciones (2022). *Encuesta sobre uso de drogas en enseñanzas secundarias* (ESTUDES) (1994-2021). Ministerio de Sanidad.

Parker, J., Ang, L., y Koslow, S. (2018). The creative search for an insight in account planning: An absorptive capacity approach. Journal of Advertising, 47(3), 237-254. https://doi.org/10.1080/00913367.2018.1474146

Parker, J., Koslow, S., Ang, L., y Tevi, A. (2021). How Does Consumer Insight Support The Leap to a Creative Idea?: Inside the Creative Process: Shifting the Advertising Appeal from Functional to Emotional. *Journal of Advertising Research*, 61(1), 30-43. https://doi.org/10.2501/JAR-2020-012

Parra, M.C. (2015, 19 de diciembre). *¿Qué fue del mayordomo de "el algodón no engaña"?* Sur. https://n9.cl/1kozl

Pérez Granero, B., Roca Correa, D. y Lázaro Pernias, P. (dir). (2023) *La efectividad de la contrapublicidad de alcohol basada en insights de los consumidores jóvenes.* [trabajo de grado, Universidad Autónoma de Barcelona].

Ponce Rodas, P., Represa Vázquez, E. y Roca Correa, D. (dir). (2021) *La efectividad de la creatividad en la contrapublicidad de alcohol.* TFG Grau en Publicitat i Relacions Públiques UAB. https://ddd.uab.cat/record/248649

Quiñones, C. (2013). *Desnudando la mente del consumidor. Consumer insights en el marketing.* Planeta.

Ricarte J. M., Fajula. A. y Roca, D. (2000). *Procesos y técnicas creativas.* UAB.

Roca, D., Wilson, B., Barrios, A. y Muñoz-Sánchez, O. (2017). Creativity identity in Colombia: the advertising creatives' perspective. *International journal of advertising*, 36 (6), 831-851. https://doi.org/10.1080/02650487.2017.1374318

Rossiter, J. R. (2010). *Measurement for the social sciences: The C-OAR-SE method and why it must replace psychometrics.* Springer Science & Business Media.

Rossiter, J. R. (2008). Defining the necessary components of creative, effective ads. *Journal of Advertising*, 37(4), 139-144. https://doi.org/10.2753/JOA0091-3367370411

Sánchez-Blanco, C. (2011). L,a voz del consumidor en comunicación comercial: 40 años de evolución de la Planificación Estratégica publicitaria. *Doxa Comunicación: revista interdisciplinar de estudios de comunicación y ciencias sociales*, 12, 87-105.

Sebastián-Morillas, A., Martín-Soladana, I. y Clemente-Mediavilla, J. (2020). Importancia de los 'insights' en el proceso estratégico y creativo de las campañas publicitarias. *Estudios sobre el mensaje periodístico*, 26(1), 339. https://doi.org/10.5209/esmp.66570

Shen, W., Bai, H., Yuan, Y., Ball, L. J. y Lu, F. (2022). Quantifying the roles of conscious and unconscious processing in insight-related memory effectiveness within standard and creative advertising. *Psychological Research*, 86(5), 1410-1425. https://doi.org/10.1007/s00426-021-01572-9

Soler, Pere (1993). *La estrategia de comunicación publicitaria (el account planner).* Feed-Back eds.

Stone, M., Bond, A. y Foss, B. (2004). *Consumer insight: how to use data and market research to get closer to your customer.* Kogan Page Publishers.

Zaltman, G. (2014). Are You Mistaking Facts for Insights?: Lighting up Advertising's Dark Continent of Imagination. *Journal of Advertising Research*, 54(4), 373-376. https://doi.org/10.2501/JAR-54-4-373-376

Zimand-Sheiner, D. y Earon, A. (2019). Disruptions of account planning in the digital age. *Marketing Intelligence & Planning*, 37(2), 126-139. https://doi.org/10.1108/MIP-04-2018-0115

LAS CAMPAÑAS DE PUBLICIDAD DEL PATRONATO NACIONAL DE TURISMO

Juan Carlos Rodríguez-Centeno[1], Isabel Jorquera-Fuertes[2]

1. INTRODUCCIÓN

A finales de la década de 1920 se celebraron en España dos grandes exposiciones: la Exposición Internacional de Barcelona y la Exposición Iberoamericana de Sevilla. Los orígenes remotos de ambas muestras se encuentran en las últimas pérdidas coloniales del imperio español a finales del siglo XIX. La caída del telón imperial muestra una España atrasada en lo cultural y educativo, inestable en política, arcaica en economía e insignificante en proyección internacional. Tras unos primeros años de depresión, angustia y zozobra existencial, como plasmó la Generación del 98, surgen a mediados de la década de 1910 las primeras voces para reivindicar el orgullo nacional, su historia y «volver a meter a España en el mapa mundial». Las exposiciones de Barcelona y Sevilla tendrían que ser el culmen de ese proceso, el escaparate de la nueva España sin olvidar la grandeza del pasado. Pero estas exposiciones también debían cumplir otro objetivo relacionado con el turismo como motor económico: atraer al visitante extranjero y dinamizar el turismo local.

La actividad turística en España tuvo un primer desarrollo cuantitativo y cualitativo durante la década de 1920 por tres motivos fundamentales. El primero está relacionado con el ensanchamiento de los grupos sociales con alto poder adquisitivo, más allá de las tradicionales élites rentistas. La neutralidad española en la Primera Guerra Mundial favorece las exportaciones españolas hacia ambos ejes en combate y enriquecen a industriales, comerciantes, empresarios del transporte, empresas mineras, armamentísticas y el sector hortofrutícola. Esta bonanza económica se extiende a sectores profesionales relacionados con la judicatura, la medicina, la ingeniería, la construcción, la banca y otros muchos. Es decir, profesionales liberales, y técnicos de alta cualificación con altos ingresos y tiempo para el ocio. Un segundo motivo se incardina en la política de desarrollo de infraestructuras del transporte llevada a cabo por la dictadura de Primo de Rivera, especialmente la construcción de carreteras y las vías férreas. Tampoco podemos olvidar que estamos en los albores de la aviación que, si bien hasta entonces había estado centrado en los ámbitos militar y del trasporte de correo y mercancías, no tardaría en expandirse al transporte de viajeros (Iberia se fundó en 1927). El tercer coadyuvante

---

1. Universidad de Sevilla (España)
2. Centro Universitario EUSA de Sevilla (España)

hay que localizarlo en la mentalidad «moderna» de los felices o locos años 20. Tras una Gran Guerra calamitosa, apocalíptica y traumática, la Europa devastada y en proceso de reconstrucción se abre a la vida, la diversión, el ocio, el placer, los bailes, la alegría. La evolución de los medios de comunicación, especialmente revistas y cine, traen ecos de otros mundos, otros lugares, otras costumbres, otras formas de vida. A la España de los años veinte, todavía subsumida en parte por la nostalgia de los tiempos de grandeza perdidos, llegan los aires de modernidad a otros sectores, intelectual y profesionalmente más avanzados, urbanos, con medios económicos y ansias por conocer, por viajar, por el movimiento (no hay que olvidar que estamos en la época de las vanguardias y sus efectos sobre estos grupos sociales).

Para canalizar y potenciar esta corriente turística y preparar los fastos de Barcelona y Sevilla, la agonizante dictadura de Primo de Rivera creó el Patronato Nacional de Turismo (PNT) en abril de 1928, que sobrevivió a un cambio de régimen político en 1931 y que reactivó sus actividades durante la República, ampliando sus objetivos y funcionalidades.

Dos años después de su fundación, el PNT tenía implantadas treinta y seis oficinas de información en las principales capitales de España, así como en otras localidades de gran importancia turística: Ronda, Úbeda, las aduanas de Behovia y La Junquera, las estaciones de ferrocarril de Irún y Port Bou y hasta en Tetuán. En estas oficinas se habían distribuido más de 500.000 folletos y 15.000 carteles turísticos, y se proporcionaban servicios gratuitos de intérpretes.

A nivel organizativo, el PNT tenía una dirección general centralizada en Madrid y distintas delegaciones regionales que podían implementar planes propios con el visto bueno de la dirección central. En Andalucía, la Delegación Regional ofreció un servicio de alquileres de viviendas a turistas españoles y extranjeros para facilitar estancias de medio y largo plazo en Sevilla, Granada, Málaga, Cádiz y Algeciras.

2. OBJETIVOS

El Patronato Nacional de Turismo tenía como una de sus principales funciones la promoción del turismo nacional a través de campañas publicitarias. El objetivo de este trabajo es analizar y determinar la tipología publicitaria de estas campañas, especialmente qué tipo de productos y servicios promocionaba y si se realizaban campañas que perseguían otros objetivos que no fueran estrictamente comerciales.

3. METODOLOGÍA

Nuestra investigación se centra en el estudio de los anuncios de contenido turístico publicados en el diario *ABC de Sevilla*, desde su fundación el 12 de octubre de 1929 hasta el comienzo de la Guerra Civil en julio de 1936. Aplicamos una metodología mixta, de tipo cuantitativo y cualitativo. A nivel cuantitativo hemos seleccionado 83 anuncios distintos (hemos eliminado los reclamos repetidos). Sobre ellos hemos aplicado el análisis de contenido centrado en dos aspectos principales (aunque no únicos): productos y servicios ofertados, y tipo de mensaje. Una gran selección de estos anuncios puede consultarse en https://publicidadpnt.wordpress.com/

4. DESARROLLO DE LA INVESTIGACIÓN

Una vez analizada la selección de anuncios hemos desarrollado la siguiente tipología publicitaria en las campañas del PNT:

4.1. Campañas de concienciación

En el primer verano de la Segunda República, la nueva directiva del PNT inició una campaña de concienciación sobre la importancia del turismo para España. En un primer reclamo podemos observar:

> *Si usted no tiene un hotel, ni conduce un taxi, ni trabaja en una tienda, ni tiene interés en espectáculos públicos (teatro, cine, toros, fútbol), ni en ferrocarriles, ni en barcos, ni en banco, etc.., a ud. sin embargo le favorece el turismo: porque cuando esas empresas ganan, dan a ganar a los demás (industria y comercio, agricultura, etc.) y todas juntas son el trabajo de España; es decir: la riqueza de España; es decir, el bienestar de usted. Contribuyamos a que el turista lleve buena impresión de España (21-6-1931, p. 14).*

Este tipo de campañas constituían una novedad, ya que los últimos gobiernos de la monarquía de Alfonso XIII habían centrado sus mensajes solo en la publicidad de productos y servicios. Los nuevos dirigentes entendieron que el desarrollo turístico solo sería posible si se implicaba a la ciudadanía, que esta interiorizase que los beneficios reportaban sobre el interés de todos y no solo sobre los sectores implicados de forma directa. A mediados de agosto otro anuncio incidía en la necesidad de cuidar a los turistas:

> *Por hospitalidad, por hidalguía, por buena educación, por conveniencia, debemos ser amables y corteses con el forastero. El turismo es gran riqueza para España. Ninguna propaganda tan eficaz como dejar a cada turista satisfecho. Hoteleros, comerciantes, choferes, etc.., recordad que no se hace clientela disgustando al cliente (16-8-1931, p. 18).*

El nuevo régimen político republicano había recuperado para el uso y disfrute público grandes extensiones de zonas verdes (jardines, dehesas, parques) propiedad exclusiva hasta entonces del patrimonio de la monarquía y la aristocracia. En este caso destaca la Casa de Campo de Madrid, en poder del Patrimonio Real, que apenas un mes después de la caída de Alfonso XIII pasó a pertenecer al ayuntamiento de Madrid, que lo abrió al público. Decenas de miles de madrileños acudían todos los domingos y días festivos a pasar una jornada de ocio entre los árboles. Esta misma situación se reproducía en otras muchas localidades de España. Si bien la apertura al público tuvo innegables efectos beneficiosos también acarreó serios inconvenientes provocados por ciertas actitudes y comportamientos incívicos de una parte de los nuevos usuarios. Para combatir esto el PNT inició una campaña de concienciación con varios anuncios: «Romper botellas, tirar latas vacías, abandonar papeles y restos de comida cuando se merienda al aire libre es grave falta de cultura. El aspecto de un campo público revela el grado de educación del pueblo que lo frecuenta» (7-5-1931, p. 45). «El campo suele estar sucio y molesto, botellas rotas que hieren, latas vacías, papeles grasientos, cuando han pasado por él ciertos hombres incultos que manchan y estropean el bien común» (31-5-1932, p. 47).

4.2. Hoteles

En la década de los años veinte los ayuntamientos de las principales capitales españolas acometieron un programa de construcción y renovación de su oferta hotelera de primer nivel, en unos casos apoyando la iniciativa privada, y en otros casos como propietarios. La labor del Estado, a diferencia de albergues y paradores, se orientó en un doble sentido: por un lado, actuando como avalista y garantista hipotecario, y por otro lado difundiendo la oferta hotelera. En un anuncio podemos ver la promoción de «los grandes hoteles de España, perfectamente equiparables a los mejores de Europa» (27-4-1930, p. 18): Ritz, Palace, Nacional, Savoy, Alfonso XIII, Florida (Madrid), Reina Victoria, Grand Hotel (Palma de Mallorca), Carlton (Bilbao), Atlantic (Cádiz), Alfonso XIII (Sevilla), Oliden (León), Moya (Cuenca), Real (Santander), Gran Hotel (Zaragoza), Alhambra Palace (Granada) y Compostela (Santiago).

Uno de los primeros hoteles que el Patronato publicitó fue el hotel Atlántico de Cádiz, del que se destacaba su «espléndida situación en el Parque de Genovés, con vistas al mar. 84 habitaciones. 70 cuartos de baño. Precios módicos. Restaurant. American Bar. Terrazas. Calefacción central y por chimeneas. Tennis. Orquesta» (23-2-1930, p. 14).

4.3. Paradores

Seis meses después de haberse constituido el PNT, el rey Alfonso XIII inauguraba el Parador Nacional de Gredos, en octubre de 1928. Sería el primero de una cadena hotelera que gestiona actualmente un centenar de estancias en España y Portugal. Su origen se remonta a mediados de la década de los años veinte. El gobierno del dictador Primo de Rivera deseaba potenciar el creciente turismo en el interior de España, pero se encontraba con un gran inconveniente. Si bien en las grandes ciudades se podían encontrar alojamientos de calidad, en las pequeñas capitales de provincias y otras localidades de interés la oferta hostelera era de calidad media-baja: hoteles pequeños y anticuados, pensiones y fondas mal acondicionadas, y casas de huéspedes con poco atractivo. La tipología del turista de la época correspondía a clases acomodadas que exigían instalaciones y servicios de máxima calidad. La estrategia del Patronato consistía en seleccionar antiguos palacios, la mayoría en ruinas o deteriorados, ubicados en zonas naturales y cercanas a lugares de interés histórico, cultural y patrimonial. En la publicidad del Parador de Gredos podíamos leer:

> Está situado en el macizo central de la Sierra, y es un magnífico punto para excursiones alpinas, deportes de invierno, así como también un admirable lugar de veraneo. A 1.500 metros de altura ofrece un espléndido paisaje y un clima agradable. Tiene teléfono, telégrafo, calefacción central, baños, habitaciones para una o dos personas, comedores particulares (30-3-1930, p. 14).

Los paradores fueron las grandes estrellas publicitarias de las campañas del PNT. En un anuncio de la primavera de 1930 podemos leer su principal cometido:

> Para facilitar y hacer más grato el frecuentar lugares históricos o pintorescos más o menos distantes de los grandes centros de población y sus comodidades se han instalado, en condiciones cuya excelencia propagan ya cuantos los conocen, los paradores y hosterías que en esta página se mencionan (25-5-1930, p. 44).

En este reclamo, junto al Parador de Gredos, se publicitan el Parador de Oropesa «instalado en el castillo que perteneció a los duques de Frías», la Hostería de la Rábida instalada «en el histórico lugar de evocaciones colombinas», y la Hostería del Estudiante en Alcalá de

Henares «evocación histórica de la época del florecimiento de la Universidad de Alcalá, ofrece un aspecto retrospectivo de interés turístico por su ambiente tradicional».

Del Parador de Úbeda se destacaba su ubicación estratégica entre Madrid, Sevilla, Granada y Jaén; y se resaltaba el hecho de «estar unida por tranvía eléctrico a la estación de Baeza, empalme de la línea Madrid-Sevilla», y que la localidad jienense gozaba de «palacios e iglesias de mucho valor monumental, que atestiguan el esplendor de Úbeda en el Renacimiento» (4-1-1931, p. 26). El Refugio de Áliva se ubicaba en los Picos de Europa, en Santander, en «una de las montañas de más espectacular belleza de España. Interesantes excursiones en invierno y verano. Caza mayor» (14-3-1933, p. 48). El Parador de Enrique II se localizaba en Ciudad Rodrigo «evocadora ciudad que completa la obligada visita a Salamanca. Sugestiva instalación» (2-4-1933, p. 49). El albergue de Quintanar se situaba «en el kilómetro 120 de la carretera de Madrid a Murcia y Cartagena, y a 9 kilómetros de el Toboso, la inmortal ciudad cervantina» (20-10-1933, p. 36).

4.4. Las Playas

Desde principios del siglo XX las élites se desplazaban a las ciudades costeras del norte para mitigar los efectos del verano, en especial a Santander y San Sebastián. Las playas de las localidades de la cornisa cantábrica eran lugares de ocio y esparcimiento, sin embargo, la moral imperante y las costumbres condicionaban los baños de sol y mar, debido a los molestos y complejos trajes de baño de la época. El recato imperante hacía que incluso hubiera playas con zonas de uso masculino y femenino. El cambio en la mentalidad y las costumbres que se produjo en la década de 1920, y el ascenso social y económico de las clases burguesas revalorizó la playa como centro de ocio y diversión. Pese a la oposición del clero ultraconservador, que las tachaba de lugares pecaminosos, y una parte de la élite que arrastraba una mentalidad victoriana, la modernidad redujo y aligeró los trajes de baño, y convirtió las playas en centros de socialización e incluso de seducción.

Durante el último año que el PNT estuvo bajo control monárquico, la publicidad difundía las playas del norte, obviando las localidades del sur y el levante español. Bajo el eslogan «Veranead en España» se difundió un primer anuncio (1-7-1930, p. 36) centrado en las playas vascas: Las Arenas, Gorliz «con su magnífico sanatorio heleoterápico», Ereaga, Pedernales «aristocrática», Arrigunaga «deportes náuticos», Lequeitio, visitada «en su tiempo por la Reina Isabel II, actualmente por la Emperatriz Zita», Plencia y Ondárroa. En un anuncio (27-7-1930, p. 22) posterior se promocionaban las playas gallegas y asturianas: Alcabre, Samil y Lourido (Vigo), La Guardia, Bayona, Llanes con «buen casino», Ribadesella con «tiro de pichón y tennis», Gijón con el «Real Club de Regatas», Luarca y Salinas con «Real Club náutico». Podemos comprobar que estos destinos eran los lugares tradicionales de veraneo de las élites, una extensa corte aristocrática que disfrutaba de las regatas, el casino y los deportes exclusivos.

La República reivindicó otras zonas costeras como destinos turísticos. «El veraneo en el sur. Descubrirá a quien los ignora los encantos estivales de las playas andaluzas» proclamaba un reclamo (13-8-1933, p. 49). Además de estos anuncios genéricos, la publicidad se centró en la promoción de provincias y localidades costeras como Alicante: «Elche con sus palmeras; Busot con sus pinares; Alcoy con sus típicas masías; Orihuela con su magnífica huerta; la costa con sus deslumbrantes perspectivas» (20-1-1932, p. 46). Málaga: «en la cornisa andaluza. Estación de invierno predilecta del turismo internacional. Confort y deportes». Cádiz: «la ciudad marinera y andaluza. Azul, blanca y soleada» (16-4-1932, p. 2). Costa del Sol: «Litoral mediterráneo. Primavera perpetua que florece en pleno invierno» (26-4-1932, p. 2). La autoridad turística republicana no renegó de los destinos norteños, como Santander: «Visite el Sardinero para lograr el apetecido descanso y haga su vacación en tierra española» (16-7-1932, p. 44). También se promocionó por primera vez una localidad canaria: «Las Palmas. Un paraíso mecido por el mar. Incomparables condiciones climatológicas» (25-6-1933, p. 50).

4.5. Las ciudades de interior

La campaña publicitaria de la temporada de 1933 se centró en la promoción de ciudades de interior con gran atractivo patrimonial, arquitectónico y cultural. Esta campaña tenía como eslogan «Visitad nuestro país admirable y diverso antes de recorrer los extraños», y se incluyeron las siguientes ciudades: León «la ciudad llena de la gloria de los siglos y del arte», acompañada de una ilustración de la catedral (5-5-1933, p. 36); Zamora «la bien cercada, recuerdos del Romancero y Catedral originalísima» junto a una ilustración de dicha catedral (4-7-1933, p. 46); Zaragoza donde «lo secular y lo moderno armonizan maravillosamente en la bella ciudad» junto a una imagen de la basílica del Pilar y el río Ebro (4-10-1933, p. 43).

4.6. Albergues de carretera

La marca de bujías *Champion* publicó un anuncio (1-2-1930, p. 12) donde recogía datos de la revista Madrid Automóvil y cifraba en 237.843 los automóviles inscritos en España el 1 de enero de 1930. Tres años después la misma marca publicaba otro anuncio (8-2-1934, p. 8) donde registraba la cantidad de 308.712 vehículos. Es decir, el parque móvil nacional se había incrementado en un significativo 23%. Esta progresión se observaba desde mediados de la década de 1920, cuando los nuevos grupos con poder adquisitivo adoptan el automóvil no solo como objeto de estatus, más propio de las élites, sino como medio de transporte turístico. Ya hemos señalado que la política de obras públicas de Primo de Rivera tuvo un eje central en el desarrollo y mejora de las carreteras, para potenciar el transporte de mercancías y el incipiente turismo interior. Sin embargo, este plan adoleció de la ausencia de una red que diera cobertura logística a los automovilistas. Para suplir esta ausencia se proyectó el programa de Albergues de carretera del PNT, que debía comenzar a funcionar en otoño de 1930. Según un anuncio,

> *Los albergues de carretera del Patronato Nacional del Turismo constituyen una modalidad de alojamiento no existente aún en ningún país del mundo. Serán como un coche-cama y un vagón restorán emplazados en lugares estratégicos de las principales carreteras, y en ellos encontrará el automovilista los servicios siguientes: alojamiento (confort moderno), restorán de primer orden, teléfono, taller mecánico, piezas de recambio, gasolina, aceites, etc, información turística (21-9-1930, p. 22).*

En este primer proyecto se construyeron doce albergues de carretera ubicados en: Aranda, Almazán, Medinaceli, Triste, Quintanar, Manzanares, Bailén, Antequera, Benicarló, Lorca, La Bañeza y Puebla de Sanabria.

4.7. Publicaciones

Entre la labor divulgativa del PNT destaca la edición y difusión de publicaciones. En marzo de 1930 se publicitaban los siguiente libros: Bellezas naturales de España: La Sierra de Gredos (2 pesetas); Guía general de líneas exclusivas de transportes en automóviles (4 pesetas); Guía oficial de hoteles, pensiones, etc. (5 pesetas); Ciudades de España: Sevilla (10 pesetas); las guías de Alcalá de Henares, Sigüenza y Aranjuez (a 1,5 pesetas cada una); y la Guía del buen comer español, escrita por Dionisio Pérez, un libro que aporta «descubrimiento, en gran parte y rehabilitación de una enorme y castiza riqueza, suplantada por otras cocinas. Nacionalización del paladar español» (12-3-1930, p. 36).

El PNT y el diario ABC llegan a un «convenio» de colaboración en febrero de 1930, por el cual la cabecera publicaría todos los domingos lo que hoy conocemos como publirreportaje, es decir páginas con finalidad publicitaria, pero con apariencia periodística. Una de las primeras piezas está dedicada a la Casa de los Tiros de Granada, un histórico edificio ruinoso que el Patronato rehabilitó, y que se convirtió en su sede y Oficina de Turismo de Granada. En la Casa de los Tiros también se organizaban muestras como la Exposición Regional de Arte que exhibió más de 400 obras pictóricas, escultóricas y dibujos decorativos.

En la primavera de 1932 el PNT convocó un concurso de artículos literarios de promoción turística de España. Se ofertaban tres premios de 1.000, 750, y 500 pesetas, y el objetivo final era insertar los artículos premiados en distintas cabeceras de prensa española y extranjera.

4.8. Excursiones

Entre el 14 de mayo y el 9 de junio de 1930 se desarrolló la «Excursión turístico-musical a través de España» auspiciada por el PNT y que tenía como eje central «conciertos y exhibiciones de bailes populares y otras manifestaciones del folklore nacional». El programa se iniciaba en Barcelona (11-18 mayo), e incluía un concierto del Orfeón catalán, fiestas de danzas catalanas, concierto de la Banda municipal con composiciones de Albéniz, Granados, Turina y otros, veladas de sardanas y excursión al monasterio de Montserrat para asistir a una actuación de música sagrada por parte de la Escolanía. La segunda parada del viaje tenía lugar en Valencia (19-20 mayo), donde los viajeros serían amenizados por una orquesta local en una fiesta de bailes regionales ataviados con el traje típico valenciano. La ciudad de Granada era la siguiente anfitriona (22-24 mayo), y los actos programados tenían lugar en dos jardines de belleza extraordinaria. El primero de ellos se celebró en la Alhambra y se centró en el cante «jondo» y «danzas gitanas». El segundo se localizó en el Albaicín, y giró en torno a los cantes y bailes populares andaluces como las sevillanas, las rondeñas y los fandanguillos, entre otros. Y del este de Andalucía la comitiva se desplazó al oeste, a la ciudad de Sevilla (25-29 de mayo), donde asistió a una actuación del primer organista de la Catedral, a una sesión de bailes andaluces protagonizada por el conjunto del célebre maestro Otero, y la estancia concluía con una fugaz visita a la Mezquita de Córdoba. La siguiente etapa se desarrollaba en Madrid (1-5 junio), y el programa se abría con dos conciertos de la Orquesta Sinfónica, donde se combinaba la música clásica (Albéniz, Falla y otros) con la música moderna (Chapí, Bretón y otros). Una excursión a Toledo daba por finalizado el periplo por el centro peninsular. Las últimas paradas tenían lugar en las ciudades del norte, Bilbao (7 junio) y San Sebastián (8-9 junio) con numerosas exhibiciones del folklore autóctono, y el viaje culminaba con el concierto del celebérrimo Orfeón Donostiarra. En el anuncio (4-5-1930, p. 48), además del programa detallado podemos ver los precios: 3.350 (clase gran lujo), 2500 (clase de lujo) y 1.900 (primera clase). El precio incluía el transporte (coches-cama y «pullman»), hoteles, entradas a los espectáculos, excursiones e incluso «propinas».

La organización de excursiones (más modestas que la reseñada) fue una actividad habitual del PNT, y así podemos citar una excursión en ferrocarril a Málaga, de cinco días de duración, en la primavera de 1932, donde los excursionistas visitaron El Torcal, El Chorro, y asistieron a fiestas típicas con bailes, regatas y visita a una bodega. En esta misma temporada, el PNT tenía previstas otras excursiones de similares características a Cádiz, Salamanca, Ciudad Rodrigo, Valencia, Oropesa y Mallorca, entre otras.

4.9. Fiestas y eventos

Los festejos estivales son una característica común en la geografía española. Durante los largos meses de estío, desde las grandes ciudades a las localidades más pequeñas y aisladas celebran sus días grandes, en la mayoría de los casos en honor del patrón o patrona de la localidad, y en otros casos celebrando una gesta histórica, como las fiestas Colombinas de Huelva, que conmemoran la partida de las carabelas hacia el Nuevo Mundo el 3 de agosto de 1492. En este apartado hemos analizado dos anuncios que publicitan las Fiestas del 15 al 31 de agosto de 1930.

En el primer reclamo (3-8-1930, p. 22) solo encontramos localidades del norte de España, es decir aquellas donde habitualmente pasaban los veranos las élites tradicionales cercanas al monarca, y sus actividades habituales: San Sebastián (grandes regatas, otras solemnidades...); Santander (golf, tiro de pichón, concurso de aviación...); Bilbao (tennis, polo, golf...) ; Vigo (concurso hípico); Coruña (concurso hípico, exposiciones de avicultura y apicultura); y también se publicitan las localidades de Huesca, Gijón y La Alberca (Salamanca).

En el segundo anuncio (10-8-1930, p. 22) también aparecen algunas localidades del norte (Bilbao, Santander, San Sebastián, Vigo) y junto a ellas encontramos las fiestas de tres localidades del sur: Almería (fiesta de la aviación, grandes corridas de toros); Cádiz (carreras de caballos, corridas de toros...); Málaga (regatas, batallas de flores, corridas de toros...).

4.10. Gastronomía

Además del patrimonio artístico y arquitectónico, la gastronomía española era uno de los puntales más valorados y demandados por el turista local y foráneo. Por ello «contribuir al fomento y difusión de la clásica cocina española es labor de indirecta, pero indudable eficacia nacional». Esto podemos leer en un reclamo (22-6-1930, p. 14) de la Semana gastronómica de Madrid, donde se promocionaban platos típicos y el lugar para su degustación: el lunes era el día del cocido madrileño (Café Universal) y el cochinillo asado (Botín); el martes pote gallego (Álvarez) y Judías con chorizo y morcilla (El Segoviano); miércoles fabada asturiana (Mingo) y purrusalda (Achuri); jueves paella valenciana (Café Levante) y Asados al horno (Eladio); viernes judías estofadas (La Concha) y Bacalao a la vizcaína (Bilbaino); sábado menestra de pollo (Achuri) y callos a la madrileña (La Española) ; y domingo pote asturiano (Toto) y bartolillos (Botín).

En otro anuncio (31-8-1930, p. 20) se promocionaba la cocina vasca: en Bilbao los restaurantes Luciano (angulas, chuletas y cocido), el Suizo (bistec y bodega), La Busturiana (Bacalao a la vizcaina), la Bajacoba (alubias blancas), el Torrontegui (merluza), el Tablas Chacolí (merluza y angulas), y los cafés y bares del muelle donde saborear las tradicionales sardinas asadas. En San Sebastián se aconsejaba el Nicolasa (Asados, besugo, chipirones...), el Rodil (Kokotxas, angulas...) y el Pedro Mari (txangurro). También se recomendaban otros restaurantes en pueblos como Alegría (Molino), Fuenterrabía (Olegario Jáuregui), Hernani (Epeleko Etchéverri), entre otros.

5. CONCLUSIONES

La publicidad turística del PNT fue intensa y variada. La oferta de productos y servicios nos ofrece una visión de la diversidad y riqueza de los recursos de un país que en la década de los años veinte desarrolló la actividad turística en el contexto de una evolución económica favorable en los primeros años, fuertes inversiones en infraestructuras, el horizonte de dos grandes exposiciones que intentarían devolver el prestigio al país, una crisis económica e institucional al final de la década y la irrupción de la República que intentó ampliar y potenciar la oferta turística.

Si bien las joyas de la corona eran los proyectos de Paradores y su difusión publicitaria, hemos constatado la existencia de un turismo de interior favorecido por el desarrollo del automóvil como medio de transporte de la burguesía acomodada y la consiguiente construcción de albergues de carretera para satisfacer la logística de los automovilistas; el interés de los ayuntamientos en mejorar su oferta hotelera; y la aparición del turismo de sol y playa a nivel popular empujado por la nueva mentalidad moderna. La actividad del PNT se extendía a la edición y difusión de publicaciones que ensalzasen el patrimonio arquitectónico y cultural del país, así como la organización de excursiones y hasta la promoción de la riqueza gastronómica como foco de atracción turística.

Desgraciadamente, como en otros muchos aspectos, la terrible Guerra Civil acabaría con una actividad turística en auge que no se recuperaría hasta finales de los años 50 y principios de los años 60.

6. REFERENCIAS

Fernández Poyatos, M. D. y Valero Escandell, J. R. (2015). Carteles, publicidad y territorio: la creación de la identidad turística en España (1929-1936). *Cuadernos de Turismo, 35*, 157–184. https://doi.org/10.6018/turismo.35.221561

Lázaro Sebastián, F. J. (2015). El cartel turístico en España. Desde las iniciativas pioneras del Patronato Nacional del Turismo hasta los comienzos del desarrollismo. *Artigrama, 30*, 143–165. https://doi.org/10.26754/ojs_artigrama/artigrama.2015308099

Moreno Garrido, A. (2019). El Patronato Nacional de Turismo (1928–1932). Balance económico de una política turística. *Investigaciones De Historia Económica, 6*(18), 103–132. https://doi.org/10.1016/S1698-6989(10)70070-9

Moreno Garrido, A. (2007). *Historia del turismo en España en el siglo XX*. Síntesis.

Pellejero, C. (2002). La política turística en la España del siglo XX: una visión general. *Historia Contemporánea, 25*, 233-265.

Vallejo, R. y Larrinaga, C. (Dirs. 2018). *Los orígenes del Turismo es España. El nacimiento de un país turístico, 1900-1939*. Silex.

LA NARRATIVA VISUAL COMO FACTOR DE COMUNICACIÓN CORPORATIVA EN LA PRENSA ESPECIALIZADA. ESTUDIO DEL CASO DE LA REVISTA ¡HOLA!

Javier Rodríguez Láiz[1], Mónica Viñarás Abad[2], Juan Enrique Gonzálvez-Vallés[2], Davinia Martín Critikián[3]

1. INTRODUCCIÓN

La psicología del color es un tema recurrente sobre el que los expertos llevan preguntándose desde la antigüedad. Desde Aristóteles con su "Teoría de la secuencia lineal" hasta autores más contemporáneos como la psicóloga Eva Heller en su obra Psicología del color: cómo actúan los colores sobre los sentimientos y la razón.

El color en el *marketing* adquiere una especial importancia a partir de los años 50, cuando se instaura en la mayoría de los países desarrollados el Estado de Bienestar. Las personas comienzan a tener los primeros ahorros derivados de su trabajo, cuya inversión destinan a su tiempo de ocio. A partir de este momento, el *marketing* colocará al consumidor en el centro de sus decisiones, las empresas comenzarán a buscar nuevas formas de atraer a los clientes potenciales para que opten por sus productos o servicios antes que por los de su competencia. En este proceso, la imagen de marca y por lo tanto el uso del color tendrán un papel fundamental.

Por otro lado, es necesario tener en cuenta que la interpretación del significado que se le otorga a cada uno de los colores es diferente entre culturas. En esta ocasión, se estudiará la percepción del color de los consumidores de la cultura occidental (es decir, los asociados a los países europeos).

Precisamente en estos años de la mitad del siglo pasado nace en España la revista ¡HOLA! Un producto editorial de carácter familiar que poco a poco comienza su trayectoria ascendente hasta convertirse en un auténtico fenómeno internacional y caso de estudio. Casi ochenta años después el grupo editorial cuenta con tres ediciones propias en España, Inglaterra y México, cuenta con una veintena de ediciones en otros países, posee su propia productora audiovisual y uno de los canales de televisión por cable líderes en el mercado latinoamericano. Y todo esto con un espíritu fiel a sus orígenes tanto en lo que se refiere al concepto editorial como a determinadas pautas de diseño que, si bien se han ido modificando con los años para adaptarse a los nuevos tiempos, hacen que HOLA sea un producto fácilmente reconocible en casi cualquier parte del mundo.

1.   Universidad San Pablo-CEU, CEU Universities (España)

2.   Universidad Complutense de Madrid (España)

3.   Universidad CEU San Pablo (España)

2. OBJETIVOS

El objetivo principal que se establece en esta investigación es comprobar si "el correcto uso de la psicología del color puede ser clave en la creación y fortalecimiento de la imagen de marca, así como de la estrategia de ventas". La idea de que el color es fundamental a la hora de influir en el proceso de compra del consumidor viene avalada por los datos: el 85% de los consumidores afirman que el color del producto es lo que más influye en su decisión de compra, y que, además, el uso de forma habitual de los mismos colores aumenta el reconocimiento de una marca por parte del consumidor en un 80%. Así mismo, esta investigación trata de comprobar si estos preceptos se cumplen en el caso de la revista semanal española ¡HOLA!, una de las más conocidas e identificables por el público en general.

3. METODOLOGÍA

Para tratar de conseguir el objetivo planteado, se ha procedido a una revisión sistemática de las diferentes teorías existentes sobre la psicología del color, y su aplicación al *marketing*. Además, se ha realizado una búsqueda de los diferentes artículos académicos que relacionan el color y la creación de marca. Por otra parte, aplicándolo al caso ¡HOLA!, se ha revisado el fondo documental de la revista para tratar de encontrar la razón de la elección del color tanto en su logotipo como en la paleta de colores que utilizan en sus diseños tratando de ver si existe una intencionalidad en la misma. Finalmente se ha procedido a recabar las opiniones de las personas involucradas en el diseño de la revista y en la elección de colores tratando de establecer como estos ayudan, indudablemente, a crear y fortalecer la imagen de marca.

4. DESARROLLO DE LA INVESTIGACIÓN

Aunque el uso del color es solamente uno de los factores a tener en consideración dentro del proceso denominado "creación de marca", es indudable que juega un papel sumamente importante en este proceso. En el caso que nos ocupa, el de la revista ¡HOLA!, resulta obvio que hay multitud de aspectos y factores que, a lo largo de los años, han contribuido en mayor o menor medida a la creación de un producto original y claramente diferenciado de otras cabeceras similares que se pueden encontrar a la venta. Podríamos citar, entre otros, el concepto en si de la revista, su lanzamiento y visión de negocio. En otra dimensión, el carácter genuino de la revista desde su nacimiento y las especiales circunstancias de este. Más allá aún, se puede hablar de la forma de trabajo y su evolución, así como de su originalidad como precursora y creadora de un segmento especializado de revistas inexistente en España y en el mundo hasta entonces, conocidas es España como "prensa rosa". Y no se podría terminare de describir esta suma de factores sin mencionar el importante aspecto que supone todo lo relativo al diseño del producto. Desde sus medidas, material, tipografía y aspecto general hasta el uso de la fotografía como elemento primordial y el uso del color que poco a poco se va imponiendo desde las primeras décadas en que empezó su trayectoria la revista. Este artículo pretende, precisamente, profundizar en la importancia del color como elemento clave en la creación y fortalecimiento de marca, así como incidir en su importancia como factor en cualquier estrategia de ventas.

El uso del color es una herramienta fundamental en el *marketing*, no solo en el diseño del producto o la imagen de marca, sino también aplicado en el propio punto de venta, ya que los colores del entorno son capaces de provocar influencias muy sutiles pero poderosas. Los colores son capaces de cambiar el comportamiento y las decisiones de los consumidores, transmitiendo numerosas sensaciones: desde un incremento en las pulsaciones con el color rojo o una sensación de calma y alivio con el color azul, hasta la falta de apetito que provocan colores como el gris o el marrón.

4.1. La psicología del color

La expresión de los colores desde el punto de vista psicológico. Parece haber un general acuerdo sobre el hecho de que cada uno de los colores poseen una expresión específica. [...] Los colores cálidos se consideran como estimulantes, alegres y hasta excitantes y los fríos como tranquilos, sedantes y en algunos casos deprimentes. Aunque estas determinaciones son puramente subjetivas y debidas a la interpretación personal, todas las investigaciones han demostrado que son corrientes en la mayoría de los individuos. (Anglas, 2016, p. 30)

Los estudios que se han llevado a cabo sobre la percepción de los colores por el ser humano concluyen que, aunque cada persona perciba gracias a su sistema sensorial los colores de forma diferente, existen códigos culturales que otorgan significados concretos a cada uno de ellos. Esta asociación es la materia principal de estudio de la psicología del color, además de los efectos que derivan de la visualización de diferentes tonalidades en el comportamiento y las sensaciones del ser humano.

La psicología del color ha sido muy estudiada a lo largo del tiempo, aunque todavía se considera una ciencia inmadura. Una de las dos principales teorías sobre esta ciencia se atribuye al novelista y científico alemán Johann Wolfgang von Goethe. Al ser un escritor Romántico, era imposible que hubiera dejado atrás todo lo que aquella época provocaba en los artistas. Por ello, su teoría sobre la percepción del color, también se encuentra inevitablemente ligada a aquellos conceptos románticos como la muerte, el desengaño o la tenebrosidad. Goethe describía que: "El color en sí mismo es un grado de la oscuridad", yendo en contra de las teorías descritas por Isaac Newton, el cual defendía que la luz, al pasar por un prisma, se dividía en todos los colores existentes en el espectro. La teoría del escritor romántico finalmente quedó descartada por parte de la comunidad científica.

Sin embargo, siglos más tarde la teoría de los colores de Goethe sería la base a partir de la cual se construiría una de las teorías sobre la psicología del color que más apoyo tiene actualmente, la de la psicóloga Eva Heller. Goethe defendía que no solo vemos los colores por el tipo de materia en la que la luz incide, sino que depende también en gran parte de nuestra percepción del objeto, introduciendo la subjetividad como elemento fundamental.

A partir de esta teoría Eva Heller expuso que la unión entre los colores y las sensaciones que los primeros provocan en el ser humano no es accidental, sino que viene dada por el contexto y las experiencias del individuo. Haciendo referencia a la definición que se daba al inicio de este apartado sobre la Psicología del Color, a pesar de ser una unión accidental, se ha demostrado que existen patrones entre los colores y los sentimientos que estos provocan en los individuos que comparten una misma cultura. (Grima, 2020)

4.2. El color en el marketing

La psicología del color estudia cómo los colores afectan a las percepciones y los comportamientos. En marketing y branding, se centra en cómo los colores influyen en las impresiones de los consumidores sobre una marca y si les persuaden o no para elegir o comprar un producto. Por su parte, el *marketing* emocional:

> Explica que la emoción impulsa a la compra de manera que una empresa debe construir sus estrategias estableciendo un vínculo positivo, seguro y duradero con el cliente. Las emociones son un estado mental que influye en las personas a la hora de tomar decisiones de todo tipo, sobre todo en el campo de la publicidad en donde una emoción negativa suele dar lugar a NO compra y una emoción positiva puede influir en la decisión de compra. Las emociones deben ser fuertes en el *marketing*. (Borja, 2012, p. 59)

Antes de profundizar en el tema, se debe tener en cuenta que las emociones y los sentimientos no son lo mismo. El psicólogo clínico Nico Frijda explica que una emoción es "un proceso inconsciente e incontrolable que surge de manera espontánea" mientras que un sentimiento es "la interpretación de la propia emoción". En el siguiente gráfico, el psicólogo Manuel Escudero resume las diferencias entre emoción y sentimiento.

La emoción proviene del término en latín *emotio* que significa movimiento. Se habla de emoción cuando varía el estado de ánimo de una persona. Según el psicólogo investigador Paul Ekman, existen seis emociones universales básicas:

1. Alegría.	3. Ira.	5. Sorpresa.
2. Tristeza.	4. Miedo.	6. Asco.

El *marketing* emocional pone al cliente en el centro para conseguir que el estímulo que reciba provoque una emoción positiva, para que tenga un recuerdo positivo de la marca, servicio o producto. De la misma forma, se tratará de evitar la activación de una emoción negativa puesto que son muy difíciles de olvidar. A fin de fidelizar al cliente es preciso conocer sus necesidades, saber qué quiere y cómo lo quiere para ofrecerle un producto o servicio que responda a sus problemas y sirva como solución. Estudios demuestran que un 80% de las compras están motivadas por las emociones, por lo que estudiar las emociones para desarrollar una estrategia de comunicación efectiva es fundamental para incrementar las ventas. (Jiménez *et al.*, 2019)

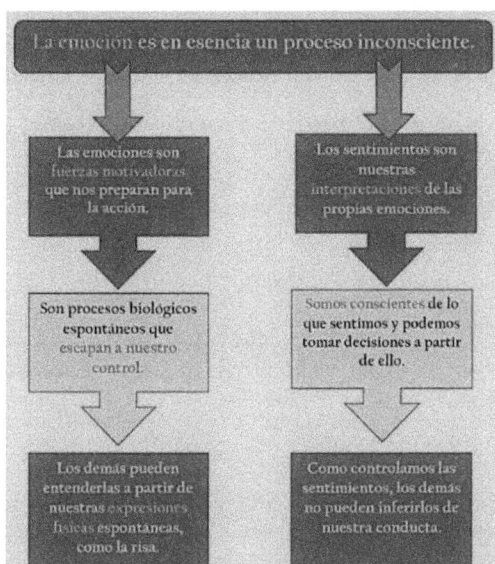

Figura 1. Diferencia entre emociones y sentimientos. Fuente: Manuel Escudero.

Considerando que la experiencia visual es determinante en el proceso de decisión de compra, escoger los colores adecuados para generar las emociones deseadas en los consumidores es imprescindible. La pregunta que surge es, ¿cuál es el color ideal para mi marca? Depende.

Aunque las respuestas de una persona a un color pueden ser tanto innatas como aprendidas por la cultura, existe un nexo común: el color tiene la función de servir a los individuos como filtro de la percepción humana.

¿Realmente es tan importante el color a la hora de comprar un producto? En un estudio titulado "El impacto del color en el marketing", los investigadores descubrieron que hasta el 90% de los juicios instantáneos que se hacen sobre los productos pueden basarse únicamente en el color. Dichas cifras indican que, si bien no es posible tener una ecuación que descifre el color ideal para una marca, el estudio de la psicología del color y su impacto en el marketing emocional es imprescindible a la hora de trabajar el *branding*.

A fin de escoger el color correcto es necesario hacerse las preguntas apropiadas. Por ejemplo, la "adecuación percibida" de un color es importante. Esto significa que: predecir la reacción del consumidor a cuán adecuado es el color elegido para el producto o servicio que ofrece la marca, es más importante que el color en sí. Resulta esencial escoger colores que apoyen la personalidad que se desea para la marca.

La psicóloga y profesora de la Universidad de Stanford Jennifer Aaker detalla las "Dimensiones de la Personalidad de Marca" asociadas a cada color y enumera 5 tipos:

Sinceridad	Emoción	Competencia	Sofisticación	Robustez
Con los pies en la tierra Orientado a la familia Ciudad pequeña **Honesto** Sincero Real **Sano** Original **Alegre** Sentimental Amigable	**Atrevido** De moda Emocionante **Animado** Fresco Joven **Imaginativo** Único **Actualizado** Independiente Contemporáneo	**Confiable** Trabajador Seguro **Inteligente** Técnica Corporativo **Éxito** Líder Seguro de sí mismo	**Clase alta** Glamour De buen ver **Encantador** Femenino Suave	**Al aire libre** Masculino Occidental **Duro** Robusto

Figura 2. Dimensiones de la Personalidad de Marca. Fuente: Elaboración propia con datos de Jennifer Aaker.

El color en publicidad sirve como técnica de diferenciación del producto o servicio. ¿Cómo? Gracias al "efecto aislamiento", que significa que es más fácil recordar aquello que destaca, aquello que se distingue de su entorno (Delgado, 2013).

El color correcto también está asociado al nombre apropiado. Es decir, para un individuo resultará más atractivo el color "moca" que el color marrón.

4.3. Preferencias de color en España

La Revista Sonda realizó en 2018 un estudio sobre la conexión emocional que la gente tiene con el color. La investigación sostiene que nos relacionamos racional y emocionalmente con los colores, y esto puede hacer que estemos a favor de algunos y en contra de otros. Aun así, hay una serie de códigos compartidos en cuanto a la forma de relacionarnos con ellos. La investigación se realizó a través de una encuesta sobre una muestra de 2064 personas (ambos sexos, 15-80 años), de todas las Comunidades Autónomas en España.

La encuesta, ¿Cuál es tu color favorito?, constaba de 8 preguntas (6 cerradas y 2 abiertas) sobre los colores más y menos "queridos" por los participantes, así como los significados y asociaciones emocionales y sentimentales con ellos. Se utilizaron 13 colores genéricos de la guía Pantone4, nombrados y no presentados visualmente (para evitar condicionar al participante y así conseguir la evocación única e individual de cada uno). La investigación tomó su base en la misma realizada sobre una población alemana por la psicóloga Eva Heller en su libro Psicología del color. Cómo actúan los colores sobre los sentimientos y la razón.

Los resultados del estudio mostraron al color azul como el gran preferido de los españoles, votado en un 32,90% como el color favorito de los participantes. ¿Que transmitía para ellos? Tranquilidad, calma, bienestar. Se asociaba con el mar, el cielo, el aire libre. Transmitía espacio, infinitud, seguridad, inteligencia, razón, reflexión, discreción, imparcialidad, profesionalidad. Todo esto coincide con lo que Heller escribe, ya que, una vez más, quedó mostrado que el color azul es aquel que representa las buenas cualidades que se adquieren con el tiempo, todos los sentimientos que no están dominados por la pasión. En cuanto a las diferencias de respuesta entre hombres y mujeres, ellos se situaron 7 puntos por encima de ellas (que optaron también por el verde y el morado). Siendo el color favorito más votado, también fue el color menos votado como el que menos gustaba. Aun así, para quien el azul era el "menos favorito", lo asociaba a la frialdad, aburrimiento e incluso al partido político PP. De todas formas, la preferencia de los españoles por este color coincide con gran parte de los estudios internacionales realizados al respecto, que lo señalan como gran favorito entre las distintas culturas.

El verde se erigía en segunda posición como color favorito en el país, con el 16,72% de los puntos. La diferencia entre los porcentajes de votación hombres frente a mujeres fue de 2,5 puntos, sin notar grandes diferencias entre rangos de edad. ¿Qué transmitía el verde, según los participantes? Naturaleza, campo, alegría, vida, serenidad, frescura, esperanza, salud y equilibrio. Se daban también asociaciones geográficas y con distintos clubes de fútbol. Con el verde, como con el azul, se pudo observar el efecto que suelen tener los colores fríos en la mente a la hora de realizar las asociaciones: se relacionan con acontecimientos o experiencias agradables, relajantes, de paz. El 1,89% de españoles de la muestra que lo votaron como el "menos favorito" lo asociaban con el frío, la monotonía, la angustia, la mediocridad y el histrionismo.

En el tercer lugar de los colores que más gustaban se colocó el rojo, con un 14,49% de los votos. De nuevo, sin diferencias notables en cuanto al género, pero esta vez se hacía aparente el empate de preferencias con el verde en la franja de edad de los 40 a los 50 años. El rojo transmitía pasión, fuerza, energía, alegría, vida, calor, amor, vitalidad, intensidad, belleza, poder, emoción, revolución, lucha y autoestima. El 2,91% votó al rojo como el color que menos les gustaba, asociándolo con la violencia, la agresividad, la ira, el estrés, el exceso, el peligro, la sangre y la maldad (Cole, 2023)

A los tres colores anteriores seguían, en la escala de preferencias de la encuesta, colores como el negro (positivamente relacionado con la elegancia, la calma, la austeridad, la sencillez y su "capacidad de combinar con todo" o por ser el color que "más adelgaza"), aunque más elegido por los participantes masculinos para el cuarto lugar; el violeta, el elegido para el cuarto lugar por la mayoría de participantes femeninas, asociado a conceptos como la belleza, la libertad, la feminidad o la espiritualidad; el amarillo, el segundo color menos querido aparte del marrón (por ser considerado como un color histérico y chillón), ligeramente más apreciado entre los más jóvenes (asociado a la diversión, al sol o al optimismo) o en comunidades como Cataluña; el naranja, en las últimas posiciones para las féminas pero en quinto lugar para los hombres, asociado a algunas frutas, a la simpatía y a la jovialidad o rechazado por ser sofocante o "pasado de moda"; el rosa ganó por goleada en el público femenino, que lo votó como su favorito en un 6,01% vs el 0,75% masculino. Predomina en la franja de menores de 25 años y los que lo votaron creyeron que representaba buenos sentimientos, buen rollo, infancia y bondad, mientras que el 7,17% que lo votaron como el que menos les gustaba afirmaron que era repipi, hortera, repelente, "de chica" y frágil; el blanco resultó ser el color más neutral en cuanto a preferencias, ni muy querido ni muy odiado, representando la paz y la pureza o siendo soso y aburrido. Las diferencias de votos más interesantes quizás fueran entre las Comunidades Autónomas (Cataluña fue, con gran diferencia, la que más rehuyó el color, por la asociación con el equipo de fútbol Real Madrid); el oro, el gris, la plata y el marrón ocuparon los últimos cuatro puestos en el ranking, éste último siendo visto como el más feo y tosco de todos por el 26,02% de la muestra.

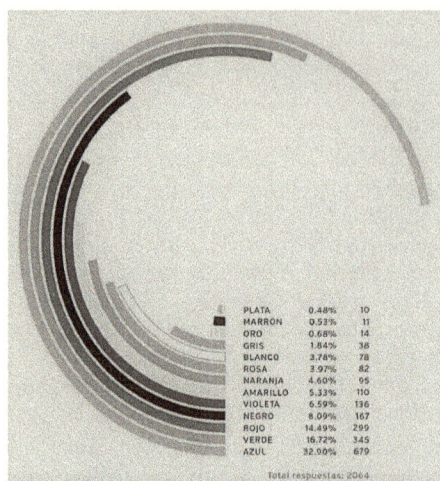

PLATA	0.48%	10
MARRÓN	0.53%	11
ORO	0.68%	14
GRIS	1.84%	38
BLANCO	3.78%	78
ROSA	3.97%	82
NARANJA	4.60%	95
AMARILLO	5.33%	110
VIOLETA	6.59%	136
NEGRO	8.09%	167
ROJO	14.49%	299
VERDE	16.72%	345
AZUL	32.90%	679

Total respuestas: 2064

Figura 3. "¿Qué color te gusta más?". **Fuente:** Encuesta de la revista Sonda.

4.4. El uso del color en marcas. Estudio del caso de la revista ¡Hola!

La revista ¡HOLA! Nació en Barcelona el 2 de septiembre de 1944. Aunque no fue la primera de su género (la revista Lecturas había nacido también en Barcelona en el año 1917 pero como revista literaria mensual), si fue la que definió una nueva forma de entender y ejercer un tipo de periodismo, el de personalidades y famosos, que con los años guio e inspiro nuevas cabeceras en todo el mundo. Las revistas de celebridades o "del corazón", como se les conoce en España, se consolidaron como un segmento de gran aceptación y proyección. Un tipo de revistas caracterizadas por ofrecer noticias ligeras, con muchas fotografías y textos breves que se pueden leer rápidamente. Una fórmula de éxito que, en palabras de su fundador, Antonio Sánchez Gómez tenía una fórmula muy sencilla:

> una revista cuyo contenido fuera ameno, muy informativo y espectacularmente gráfico, dándole a la imagen una trascendencia y protagonismo hasta entonces poco frecuentes. Lo que me proponía era una publicación más para distraer que para crear complicaciones, sin peso ni densidad en su contenido qué, con la actualidad trascendente, supiera recoger y llevar a sus páginas lo que alguna vez he dado en llamar la espuma de la vida. (Angeletti y Oliva, 2002)

Esta primera edición de ¡HOLA! constaba de 20 páginas, a un precio de 2 pesetas y una tirada de 14.000 ejemplares. Ya en este primer número se percibía lo que se convertiría en la seña de identidad de la revista: la crónica de personajes de la alta burguesía. Sin embargo, la edición resultaba caótica con un papel, tinta e impresión de muy baja calidad en una España sumida en plena posguerra. En este número la portada era una ilustración en tonos azules y sepia firmada por el artista Emilio Ferrer y la cabecera de la revista, arriba a la izquierda, en blanco y negro con la letra "O" de ¡HOLA! convertida en un globo terráqueo que saludaba a los lectores (figura 4 y 5).

Figura 4 y 5. Primer logotipo de la revista ¡HOLA! y el actual. Fuente: Cortesía ¡HOLA!

La sexta edición de la revista (7 de octubre de 1944) supuso un cambio revolucionario en el diseño. Por primera vez, y con el claro objetivo de abaratar costes, se sustituyó la ilustración de la portada por una fotografía. La actriz elegida fue la estadounidense Ginny Simms. A partir de la edición número 25 (25 de agosto de 1945) este recurso se haría norma y casi de inmediato aprovechando las fotografías, siempre en blanco y negro, que las productoras de cine americano facilitaban de forma gratuita. En estas mismas ediciones aparecen en portada el logotipo dibujado sobre un rectángulo rojo y una franja inferior en la portada siempre del mismo color rojo. Quedaban de esta forma configurados los elementos básicos del diseño de la portada de la revista ¡HOLA! para los siguientes ochenta años.

No parece que la elección del color rojo respondiera, en ese momento, a una elección de tipo estratégico. En las diferentes entrevistas ofrecidas a lo largo de su vida por el fundador de la revista, Antonio Sánchez Gómez, no hay referencias a la elección del color. De hecho, aunque en contadas ocasiones, en aquellos primeros años el logotipo y la franja de la portada aparecieron en algunos otros colores.

Según el actual director general de la revista ¡HOLA!, Eduardo Sánchez Pérez, tercera generación de la familia fundadora del medio, existieron diferentes hitos que ayudaron a la revista a posicionarse como líder en su sector y que, definitivamente, ayudaron a configurarla en el imaginario colectivo de la sociedad española, primero, y en gran parte del mundo, después (comunicación personal, enero 2023). Entre los diferentes momentos importantes de la revista se podrían citar la celebración del Congreso Eucarístico Internacional en Barcelona en 1956, lo que supuso dar a conocer la revista en toda Cataluña. Más tarde la llegada del color, en tan sólo 8 páginas de un cuadernillo central, y el salto cualitativo que supuso trasladar la redacción y oficinas de la revista a Madrid. En este caso, la capital proporcionaba acceso a mejores recursos de impresión, en off-set, y distribución para un producto que ya era conocido en toda España.

En la década de los sesenta llegarían las coberturas especiales que la revista realizaba de grandes acontecimientos de la sociedad y la realeza como la boda de Grace Kelly y el Príncipe Raniero de Mónaco (1956) o la de Fabiola de Mora y Aragón con Balduino, Rey de los Belgas (1960). Reportajes que configuraban un estilo periodístico propio y novedoso hasta la fecha con gran importancia al material gráfico por encima, incluso, de los textos escritos.

La década de los setenta trajo las primeras grandes exclusivas. El hecho de pagar por la noticia supuso una nueva revolución en el sector que disparó la popularidad y distribución de las revistas llamadas ya entonces, "del corazón". Otros hitos remarcables en la historia de la veterana revista, a punto de cumplir sus primeros ochenta años de vida, ¡fueron la llegada de ediciones internacionales como Hello! En el Reino Unido, y más tarde en México. Con la llegada del siglo XXI nace hola.com, la página web de la revista y la expansión internacional con más de treinta cabeceras en diferentes países de los cinco continentes. Hace tan sólo unos años, el nacimiento del primer canal de televisión del grupo en Latinoamérica con más de 5 millones de abonados.

4.5. Diseccionando los colores en la revista ¡HOLA!

Nuevos formatos, nuevos medios, más noticias, pero siempre con un denominador común que hacen la revista un producto claramente reconocible. Un amigable saludo en letra blanca sobre fondo rojo que se ha convertido en uno de los logotipos más reconocibles del panorama editorial en España. El "rojo hola" como lo denominan en la propia revista, actúa como una potente llamada de atención para el posible comprador. En esta `psicología del color ya mencionada anteriormente, el logotipo de ¡HOLA! capta la atención del posible comprador. Es como un anzuelo que "tira la atención" sobre sí mismo y despierta la curiosidad del que lo ve. Las grandes fotografías de portada y unos titulares cuidados al detalle hasta la última coma hacen el resto.

Una vez abierta, las páginas de la revista ofrecen al lector una sucesión de reportajes, informaciones, noticias y secciones que le abren la puerta a un mundo aspiracional siempre, como indica Eduardo Sánchez Pérez, de estilo, lujo y buen gusto. La paleta de colores, en este caso, utiliza azules, verdes, marrones y negros para los fondos de sus páginas. Una apuesta por el color armonizada en función del tipo de fotografía, pero sin despegarse de tonalidades oscuras, con brillo y que trasmitan elegancia y sofisticación. Prácticamente los fondos blancos no se utilizan. Quedan relegados a algunas pequeñas secciones donde los textos predominan sobre las imágenes (secciones como "siete días" con noticias breves o "Noticias Tv" con la actualidad de la televisión). Los grandes reportajes y las exclusivas se plantean sobre páginas con fondo de color donde destacan las fotografías, casi siempre recuadradas en blanco y los textos en pastilla para facilitar su lectura. Los colores utilizados son el negro y el azul marino principalmente. Además, se pueden encontrar tonalidades de verde oscuro, rojo y marrón muy oscuros. En cualquiera de los casos, se busca que los fondos acompañen y realcen las fotografías dando un sentido de unidad y buen gusto. El resultado debe ser un conjunto armonioso de reportajes que se suceden guiando al lector por las páginas de la revista. Nada de estridencias, de diseños que rompan bruscamente la línea editorial de la revista. Un conjunto ordenado e identificable como comenta alguno de los responsables del diseño de la revista (conversación personal enero de 2023).

El resultado es un producto editorial, muy reconocible y perfectamente testado durante décadas. En el caso del lector, una apuesta segura sobre lo que está adquiriendo. Un poco de glamour, información, estilo de vida, noticias y exclusivas perfectamente mezcladas en un cóctel llamado ¡HOLA! Un producto que, aunque evolucionado durante ocho décadas, sigue fiel a sus principios y su concepto original. Un producto, en definitiva, en el que todos los elementos suman para hacer un todo identificable, y genuino. Y el color, sin duda, es uno de los componentes determinantes de esta fórmula de éxito.

5. CONCLUSIONES

Desde que el *marketing* empieza a colocar al consumidor en el centro de todas sus decisiones, las estrategias para atraerle e inducirle a la compra o elección de marca han sido uno de los ejes más importantes de acción e investigación para las empresas. El color se ha convertido en una herramienta crucial, tanto en el diseño de producto como para la imagen de marca o para ejercer influencia en las decisiones de consumo del cliente. Desde esta función inmensamente importante del color se hace aparente, se empieza a estudiar las distintas formas de jugar con él para crear estrategias de *marketing*.

Es entonces cuando surge la Psicología del Color y su énfasis en la importancia del estudio de las diferentes interpretaciones de los significados otorgados a cada color (que, aunque son subjetivas, en su gran mayoría son compartidas por las poblaciones de cada cultura). Esta disciplina del estudio del color es una gran arma para la creación de estrategias de ventas, ya que, nuevamente, establece que el color puede llegar a influir en el comportamiento del cliente y por ello debemos saber usarlo a nuestro favor. Gracias a estudios realizados en la materia hoy contamos con datos como que el color azul es el más elegido como favorito interculturalmente, que el rojo suele relacionarse con la pasión o el verde con la naturaleza. A parte de jugar con la percepción del color también se ha de tener en cuenta el lenguaje, que mediante expresiones metafóricas como "ponerse morado" otorga, a comunidades enteras, otro significado completamente distinto al color en cuestión.

El poder del color se hace aparente en estrategias como la realizada por la revista ¡HOLA! Como se ha podido comprobar, si bien es verdad que en la primera mitad del siglo pasado la psicología del color no se aplicaba todavía desde el punto de vista del marketing, es la experiencia de décadas la que ha mostrado el uso que se debe hacer del color. Así, la revista queda configurada como un producto editorial genuino por la suma de una serie de factores que incluyen el diseño, el formato, el material empleado y, por supuesto, el color. Este se muestra como la punta de lanza para conectar con el lector. Los posibles compradores identifican la revista inmediatamente y saben, incluso sin abrirla, que es lo que van a encontrar en ella. Esta coherencia, mantenida a lo largo del tiempo, y en la que el color juega un papel destacado, es la que hacen que el de ¡HOLA! sea un caso tan particular entre las revistas que hacen e hicieron historia en el mundo editorial.

6. REFERENCIAS

Aaker, J. (1997). Dimensions of Brand Personality. *Journal of Marketing Research, 34*(3), 347-356. https://doi.org/10.1177/002224379703400304

Angeletti, N. y Oliva, A. (2002). Revistas que hacen e hicieron historia. (1st ed.). Sol.

Anglas Bayona, C. G. (2016). *Psicología del color aplicada a la espacialidad como medio de aproximación a víctimas de violencia familiar en Cafi para Moche* [tesis de maestría, Universidad Privada del Norte] Repositorio institucional. https://repositorio.upn.edu.pe/handle/11537/12564

Bazán, B. (2018). La conexión emocional con el color. Los colores que más y menos gustan en España y sus significados. *Revista Sonda. Investigación en Artes y Letras*, 7, 275-290. http://dialnet.unirioja.es/descarga/articulo/6797576.pdf

Borja Dousdebés, M. M. (2012). *Publicidad sensorial: Influencia del color en la percepción del producto, basado en experimentos de Louis Cheskin.* https://repositorio.uide.edu.ec/handle/37000/500

Colle, R. (2004). Infografía: Tipologías. *Revista Latina de Comunicación Social, 7*(58), 1. https://www.redalyc.org/pdf/819/81975801.pdf

Delgado, J. J. V. (2013). Resultados de la investigación aplicada del análisis de contenido en la comunicación publicitaria gráfica. *Revista de Comunicación de la SEECI, 32,* 41-72. https://doi.org/10.15198/seeci.2013.32.41-72

Entrepreneur (2022). *Cómo usar los colores en Marketing.* https://www.entrepreneur.com/article/262456

Ferrer Coyo, A. (2009). Neuro*marketing*: la tangibilización de las emociones. www.recercat.cat/handle/2072/39460

Goethe, W. (1820). *Zur Farbenlehre* (Teoría de los colores).

Grima, J. S. (2020). Inteligencia emocional: retrato e importancia en profesionales de la salud (trabajadores del sector fitness, cirujanos y podólogos). *Revista de Ciencias de la Comunicación e Información, 25*(2),23-40. https://doi.org/10.35742/rcci.2020.25(2).23-40

Harrell, E. (2019). Neuro*marketing*: *what you need to know.* Harvard Business Review. http://hbr.org/2019/01/neuro*marketing*-what-you-need-to-know

Heller, E. (2004). *Psicología del color. Cómo actúan los colores sobre los sentimientos y la razón.* Gustavo Gili.

Infobae (2018). *Las 11 campañas inclusivas más recordadas de Benetton que generaron polémica en el mundo.* Infobae. https://goo.su/Iqnk

Jiménez-Marín, G., Bellido-Pérez, E. y López-Cortés, Á. (2019). Marketing sensorial: el concepto, sus técnicas y su aplicación en el punto de venta. *Vivat Academia. Revista de Comunicación, 148,* 121-147. https://doi.org/10.15178/va.2019.148.121-147

Marketing Directo (2019). Marketing emocional, una nueva forma de vender. https://goo.su/ECZo2A

Oliveira, J. H. C. y Giraldi, J. D. M. E. (2017). What is neuro*marketing*? A proposal for a broader and more accurate definition. *Global Business and Management Research, 9*(2) 24. https://www.proquest.com/docview/1902418745

Plassmann, H., Venkatraman, V., Huettel, S. y Yoon, C. (2015). Consumer neuroscience: applications, challenges, and possible solutions. *Journal of Marketing Research, 52,*4, 427-435. https://doi.org/10.1509/jmr.14.0048

Rider, R. (2009). *Color Psychology and Graphic Design Applications.* Senior Honours, Liberty University.

Singh, S. (2006). *Impact of color on marketing.* Management decision.

HOW DO EMERGING LEADERS COMMUNICATE IMPLICITLY? MEASURING IMPLICIT TRAITS

Rejina M. Selvam[1]

The present work is part of a research project from the research group of PsicoSAO (2017SGR564), Serra Hunter Fellow Department of Social Psychology, Faculty of Psychology, University of Barcelona.

1. INTRODUCTION

Leaders play a fundamental role in the success of organizations; names like Steve Jobs, Bill Gates, or Mark Zuckerberg are world renowned, and their fame illustrates the way in which one person's influence can exert tremendous impact on the outputs of any given enterprise. It is not surprising that leadership is one of the main research topics in organizational psychology, as the discipline preoccupies itself with the understanding of what makes a good leader, and how do we detect these attributes. A search for the topic in the Scopus database reveals publications that date back to the late 19th century, and that they have steadily increased in numbers particularly after the 1960s.

1.1. Are Non-Aggressive Power-Seeking Individuals More Likely to Become Leaders?

The abundant literature on leadership and its exponential growth are evidence that there is much to be understood about the subject, and that there are different, sometimes opposing views pertaining leadership phenomena (Zaccaro *et al.*, 2018, Hoffman *et al.*, 2011). The discussion of this topic was in its beginnings, centered around the characteristics or traits that made an individual a leader, an approach known as the "Great Man Theory", this approach purports that superior attributes (e.g., intellect, courage, etc.) made individuals stand among their peers and have a determinant impact in the destiny of those who followed their lead (Cawthon, 1996). This approach lost popularity throughout the 20th century as psychological research fail to develop a model in which personality traits could reliably predict effective leaders, that is, there was no "typical" conglomerate of traits that were consistently found in people deemed effective leaders (Zaccaro *et al.*, 2018). The following models that sought to predict leadership were no longer focused on individual differences (i.e., traits), but instead shifted their focus to interactional models

---

1.   University of Barcelona (Spain)

based on more dynamical processes involving interactions between leaders and followers (Judge *et al.*, 2002). However, the past decade has brought about an increase in leadership theories centered around individual differences, indicating that the explanatory power of personality has yet to be exhausted (Zaccaro *et al.*, 2018). In a recent meta-analysis by Derdue *et al.* (2011) found that a combination of both leader behaviors and individual traits explain a minimum of 31% of variance in leadership effectiveness, and notwithstanding the findings that leaders' behaviors explain more variance than traits, they still warrant a more comprehensive model where leader behaviors mediate the relation between leader traits and leaders' effectiveness.

Given the emergent importance that personality traits as predictive factors in leadership theories (Zaccaro *et al.*, 2018; Derdue *et al.*, 2011; Judge *et al.*, 2002), it seems pertinent to investigate those traits that have low social desirability with tools that go beyond traditional self-reporting methods. Some traits with low social desirability (i.e. attributes that have a negative connotation) have been shown to have a degree of association with leadership emergence and effectiveness (e.g. dominance and need for power), are usually measured through self-reporting techniques (i.e. questionnaires), and therefore might be subject to social desirability response bias (Hoffman *et al.*, 2011; Wright, 2012).Therefore, it is worth investigating alternative techniques that control for dishonest responses in order to measure these types of traits, and perhaps unveil stronger relations between them and leadership results than what is currently supported by the literature on the subject.

1.2. Literature review

The main subjects addressed in the leadership literature are emergence, efficacy, and style. Leadership style refers to the type of exchange the leader maintains with the group members. For instance, one of the most popular models of leadership style in literature purports three style-types, these can be: laissez-faire, transactional, or transformational. (Eagly *et al.*, 2003). Each one of these styles is characterized by the level of involvement with team-members: laissez-faire being the least involved, characterized by absence during critical junctures; in transactional styles leaders reward goalmeeting behaviours and attend to mistakes seeking corrections in order to meet standards; and in transformational styles the leader inspires and motivates team-members in order for them to express their maximum potential (Eagly *et al.*, 2003). Effective leadership in recent literature has been associated and almost become synonymous with transformational leadership styles (Eagly *et al.*, 2003; Hogan & Kaiser, 2005; Wright, 2012). However, since the term efficacy refers to the attainment of goals, depending on what the desirable outcomes are in any given model this definition will vary across the literature. Where some models might define efficacy in terms of soft results (i.e., climate, team processes, etc.) (Quijano *et al.*, 2008), while other models are focused on more tangible results such as productivity (Cequea *et al.*, 2014). Thus, it is necessary to clarify the theoretical framework under which we are operating when using the term leadership efficacy.

Leadership emergence has a narrower definition than efficacy, despite there being a variety of different approaches to its study (Lee *et al.*, 2019; Charlier *et al.*, 2016; Cogliser *et al.*, 2012 ; Zaccaro *et al.*, 2018). It can be defined as those processes by which individuals take on the role of a leader by providing support, motivation, and exerting influence over other members of the group, even when they have not been vested with formal authority (Hoch & Dulebohn, 2017; Spark *et al.*, 2018). Nevertheless, there is a plethora of theoretical frameworks explaining this phenomenon. Some models are situationally oriented and interpret leadership emergence on a team-based level, examining communication processes, goal-setting, and political behavior (Bang & Midelfart, 2017; Scott *et al.*, 2018). Other team-level based approach focuses on idea contributions by the team-members, enactment of these ideas, and the evaluation by team-members on the degree of contributions and support (Lee *et al.*, 2019). There are models that draw from the theory of complexity and look at leadership emergence in terms of multilevel interactional processes driven by deep level cognitions and perceptions of group members, and these form a collective pattern of leader-follower interactions over time (Acton *et al.*, 2019).

Other models focus on lower levels of analysis, that is, they are centred around individual members characteristics in their explanatory framework (Norton *et al.*, 2014). Leadership implies a social dynamic between a leader and a follower, therefore even if the emphasis of the model is on individual characteristics, the way the team members perceive these characteristics is a crucial part in explaining the mechanisms by which these individual differences lead to leadership emergence (Norton *et al.*, 2014). One proposition is that composition personalities within the team will serve as an antecedent in the phenomenon of emergence, and that team members will rate each other on leadership behaviors, personality, and cognitive ability to carry on role assignment (Hoch & Dulebohn 2017). The most obvious variables to investigate when examining individual differences are personality traits, and there is plenty of research that has looked into the association between the 5-factor personality model and leadership emergence and effectiveness, out of which the most consistent result is that extraversion exhibits the highest association with leadership emergence, around r = .31 (Cogliser *et al.*, 2012; Judge *et al.*, 2002). There is also evidence supporting that introverts are less likely to emerge as leaders because they forecast experiencing higher levels of negative affect when engaging in leadership behaviors (Spark *et al.*, 2017). However, other personality traits are less consistent in the prediction of leadership emergence, for instance, emotional resilience (low scores in neuroticism) is only associated with leadership emergence in situations where there are high levels of conflict within a team (Li *et al.*, 2012).

Individual differences are not limited to personality traits, other states and traits in individual team members have been found useful to build predictive models of leadership emergence. For instance, Norton *et al.* (2014) proposed a model in which leadership fit was evaluated by the team members perceptions of the potential leader attributes that include: domain competence (relevant to the task), fluid intelligence, willingness to serve, credibility, and goal attainment. Although this model does not consider any personality traits as predictor variables, it is still based on individual differences and not on situational variables. Since the middle of the 20th century leadership theoretical frameworks based on traits had fallen out of favor; however, the last decade has seen reemergence of this perspective, and meta-analysis studies point to a broad set of personal attributes that include cognitive capacities, personality, motives and values, social skills, knowledge, and expertise, all of which possess significant predictive power (Zaccaro *et al.*, 2018; Judge *et al.* 2002; Hoffman *et al.*, 2011). Moreover, a meta-analysis study by Hoffman et al (2011) resulted in no significant differences between trait-like and state-like individual attributes. Out of the 25 constructs examined pertaining individual differences, only 7 were above ρ = .30 (dominance, creativity, charisma, interpersonal skills, management skills, problem-solving skills, and decision making). Previous research indicated that state-like attribute should exhibit a higher degree of association (Hoffman *et al.*, 2011), however, the evidence obtained from this meta-analysis fails to support that claim, indicating that trait-like attributes are still worth investigating at the individual level of analysis.

2. OBJECTIVES

The previous research on the CRT-L is focused on the prediction of leadership styles (Wright, 2012), whilst the purpose of this research is to attempt the expansion of this research by introducing the utility of the CRT-L in predicting leadership emergence and leadership efficacy. We can expect to find higher associations between leadership and traits that in the past may have yielded inconclusive results (Judge *et al.*, 2002; Judge *et al.*, 2009 ; Hoffman *et al.*, 2011), as it is our position that past research has relied too much on explicit measurements prompting murky results due to SDRB. Our proposed theoretical assumptions are as follows:

- Assumption 1: Explicit and implicit measurements will differ from each other in their characteristics.
- Assumption 2: High power and moderate/low aggression will have a positive association with leadership (task performance)
- Assumption 3: High power and moderate/low aggression, will have a positive association with emergent leadership.

3. METODOLOGY

The theoretical assumptions were analyzed using the conceptual analysis of CRT-L Scale. CRT-L scale is composed of two dimensions: the implicit power motive and implicit aggression, and each one of these contains a series of JMs that it sets out to measure (Wright, 2012; Galić *et al.*, 2021). Galić *et al.* (2021) carried out a series of studies looking into the validity of the power motive dimension of the scale by excluding the items of the scale that pertained to the JMs corresponding to implicit aggression. The result was a scale they denominated CRT-P comprised of 12 items. Given the novelty of the CRT-L and its idiosyncrasy CRT-P subscale in order to reduce the scope of our predictions to a construct that is more in combining motivation to power and aggression, opting to utilize the conventional literature (i.e., power motivation and leadership).

4. DEVELOPEMENT OF THE THEORETICAL ANALYSIS

4.1. Implicit measures vs explicit measures

The operationalization of constructs regarding personality is commonly done through psychometric tests (e.g., personality inventories), this type of measurement is referred to as an explicit measurement (Wright, 2012; Bing *et al.*, 2007). They are called explicit measurements because they rely on self-report, where participants declare their affect, beliefs, and/or their behaviors prompted by a question (Wright, 2012). One potential problem with this method of measurement is social desirability response bias (SDRB), when respondents do not provide honest responses for fear of violating social norms (e.g. measuring aggression), or perhaps because of an error in self-perception (Wright, 2012; Bing *et al.*, 2007; Poltavski *et al.*, 2018). Poltavski *et al.* (2018) carried out a study in which they found there was a significant difference between aggression responses in a self-report questionnaire and physiological responses measured with a polygraph (i.e., skin conductance).

Another way of measuring constructs is through implicit measures. Unlike explicit measurements, these instruments seek to measure states and traits in an indirect manner, bypassing conscious thoughts and avoiding judgement on the responses given during the assessment (Wright, 2012; Bing *et al.*, 2007). Some of the more classic implicit measurements are the projective techniques, such as the Rorschach inkblot and the thematic apperception test (TAT) (Bing *et al.*, 2007). They are called projective techniques because the respondent is presented with an ambiguous stimulus to which she or he must assign meaning (Bing *et al.*, 2007). In the case of the TAT the respondent is presented with a card depicting an ambiguous situation for a short period of time and they must proceed to elaborate a story that addresses who are the characters in the scene, what caused the situation, what are the characters intentions, and how will the situation resolve (Morgan & Murray, 1935). An issue that arises with these projective techniques is their low interrater reliability, and that the data being qualitative in nature, is not conductive to much statistical analysis (Wright, 2012; Bing *et al.*, 2012).

There are newer methods that have emerged since the end of the 1990s that allow for better quantitative analysis. Greenwald *et al.* (1998), proposed an implicit measurement they coined the implicit association test (IAT). This test involves pairing words with other words, or with images; the assumption being that faster reaction times imply stronger associations than slower reaction times (Greenwald *et al.*, 1998). Since this method relies on reaction times, it mitigates reliability issues that affect projective techniques. Moreover, being a ratio type of measurement (i.e., time), this type of data offers more statistical flexibility.

James (1998) developed a tool of implicit measurement called conditional reasoning testing (CRT). This test appears to be a form of logic test in which an option choice reveals a type of justification mechanism (JM). According to James (1998), JMs are reasoning processes by which people enhance the logical appeal of behavioral choices. The idea being that it is the behavior that motivates the reasoning process in order to diminish negative affect for expressing a motive that may be in violation of societal standards (Wright, 2012). The items are presented as a proposition followed by a question regarding the proposition, then the respondent must choose from a series of options, one option corresponds to a specific JM that rationalizes the expression of an unsavory motive as the most logical choice (Wright, 2012 ; Bing *et al.*, 2007). Two options in the item are presented in a way that are equally logical, and the only difference between them is that one of these logical options favours a JM for the motive they seek to rationalize; while the other two items are illogical distractors (Bing *et al.*, 2007). Therefore, a respondent who possesses a certain motive should systematically choose the responses that contain JMs for said motive over those that do not (Wright, 2012).

Since the test is presented as a logical test, it is worth investigating whether cognitive ability is related to a specific response pattern. This issue has been addressed in validation studies of the test, and no correlation has been found between CRT scores and cognitive ability criteria (e.g., SAT and ACT scores) (Lebreton *et al.*, 2007). CRTs have also exhibited higher resistance against 'faking good', that is, when participants are told what the true purpose of the test is, they do not differ in scores than in the condition where they are not disclosed the true intend of the measurement (Lebreton *et al.*, 2007; Bowler *et al.*, 2013). The internal consistency for the CRT-A has been estimated as .761 (James & LeBreton, 2012; James *et al.*, 2005), while validity coefficients range from r = .011 and r = .44 (James *et al.*, 2005; Berry *et al.*, 2010).

4.2. The conditional test for leadership (CRT-L)

Wright (2012) conducted a validation study of a CRT developed by James & Lebreton (2011), which addressed implicit aggression and implicit power motivation with the purpose of predicting effective leaders and toxic leaders. High aggression was associated with toxic leaders, while moderate and low aggression was associated with effective leadership. Power motivation is predictive of successful leadership, however, because expressing power seeking motives may be appraised in as a sinister motive, individuals may repress its expression (Wright, 2012). Therefore, given the susceptibility to SDRB in explicit measurements of this construct, an implicit measurement seems most appropriate.

4.3. Implicit aggression JMs

1. Hostile Attribution Bias: "A propensity to sense hostility and perhaps even danger in the behavior of others, The Alarm and feelings of peril engendered by this heightened sensitivity to threat triggers a concern for self-protection. Apprehension about self-preservation enhances the rational appeal of self-defense, thus promoting the self-deceptive illusion that aggression is justified" (Wright, 2012, p. 11).

2. Potency Bias: "A proclivity to focus thoughts about social interactions on dominance versus submissiveness. The actions of others pass through a perceptual prism primed to distinguish (a) strength, assertiveness, dominance, daring, fearlessness, and power from (b) weakness, impotence, submissiveness, timidity, compliance, and cowardice. Fixations on dominance versus submissiveness generate rationalizations that aggression is an act of strength or bravery that gains respect from others, failing to act aggressively shows weakness" (Wright, 2012, p. 11).

3. Retribution Bias: "A predilection to determine that retaliation is more rational than reconciliation, this bias is often stimulated by perceptions of wounded pride, challenged self-esteem, or disrespect. Aggression in response to the humiliation and anger of being demeaned is rationalized as justified restoration of honor and respect" (Wright, 2012, p. 11).

4. Victimization by Powerful Others Bias: "A bias to see inequity and exploitation in the actions of powerful others. The ensuing perceptions of oppression and victimization stimulate feelings of anger and injustice, this sets the stage for rationalizing aggression as a legitimate strike against oppression and a justified correction of prejudice and injustice. This sets the stage for rationalizing aggression as a legitimate strike against oppression and a justified correction of prejudice and injustice" (Wright, 2012, p. 11).

5. Derogation of Target Bias: "This bias consists of an unconscious tendency to characterize those wishes to make (or has made targets of aggression as evil, immoral, or untrustworthy, to infer or associate such traits with a target makes the target more deserving of aggression" (Wright, 2012, p. 12).

4.4. IMPLICIT POWER JMS

1. Agentic Bias: "When attempting to think rationally and objectively about strategic decisions, Power Oriented individuals (POs) instinctively take the perspective of

the agents or initiators of actions. Consequently, their thinking often evidences a propensity to confirm (e.g., guild logical support for) the agents; ideas, plans, and solutions. These ideas, plans and solutions are viewed as providing logically superior strategic decisions. The key to the Agentic Bias is the perspective from which people frame and reason. POs instinctively look down; that is, they identify with the people (like themselves) who reside in management positions, create strategic plans, and then lead others to carry out the plans. People with weak or nonexistent power motives, whom we will refer to as 'NPs', instinctively look up. When thinking about strategic decisions, they take the perspective of those lower in the organization, who are affected by the decisions and actions (Wright, 2012, pp. 14-15).

2. Social Hierarchy Orientation: "Reasoning from this orientation reflects implicit acceptance of hierarchical authority structures as the primary form of human organization. Reasoning is often based on the unstated, and for many POs, unrecognized premise that disproportionate influence, privilege, and distribution of resources are rational ways of organizing and leading (as opposed to egalitarian power structures). The unstated assumptions they identify are thus likely to be supportive of the premise. And assumptions such as the following is illustrative: Decisions can be made quickly without lengthy discussion or dissent. NPs on the other hand are unlikely to be supportive of the premise because they do not implicitly accept hierarchical authority structures as the primary as the primary and most natural form of human organization. In fact, they may well be disposed to reason that power structures that involve disproportionate influence, privilege, and distributions of resources often produce less than optimal decisions. The unstated assumptions the identify are thus likely to be critical of the promise" (Wright, 2012, p. 15).

3. Power Attribution Bias: "Reasoning with this bias reflects a predisposition to logically connect the use of power with positive behaviour, values, and outcomes. Acts of power are interpreted in positive terms such as 'taking initiative', 'assuming responsibility', and being 'decisive'. These same acts are logically associated with positive outcomes, such as organizational survival, stability, effectiveness, and success, the powerful are viewed as talented, experiences, and successful leaders. In like manner, successful leadership is rationally attributed to the use of power. The Power Attribution Bias stands in contrast to the tendency of society, including a great many NPs, to correlate the exercise of power with entitlement, corruption, and tyranny. More specifically, the power motive is held culpable for (a) placing the personal gain ahead of the group welfare, (b) the seeking of influence simply in order to dominate others, © the willingness to use threat and coercion in order to gain power, status, and entitlements, and (d) the building of organizations ruled by narcissistic tyrants who oppress, exploit, and victimize subordinates and employees. NPs who make attributions that those seeking power are dishonest or corrupt believe their framing and analyses are logical and rational. POs on the other hand are predisposed to infer that seeking power is necessary for the survival of the collective and the achievement of important goals. Basically, POs desire to engage in power clearly places them on the defensive in a climate that tends to frame power in derogatory terms. Justification mechanisms such as the Power Attributions Bias are needed to give POs ostensibly objective and rational reasons for engaging in acts of power" (Wright, 2012, p. 16).

4. Leader Intuition Bias: Decisions and actions appear more reasonable (to POs) when they are based on resources and strategies that confer power to the leader. POs are predisposed to intuitively think of strategies that confer power to themselves (or people like themselves). NPs will be significantly less prone to intuitively identify these same types of strategies as promising. What has likely happened here is that, over the years, POs selectively attended to patterns and decisions that were not only efficacious but that also involved resources that conveyed power to the leader. Examples of such resources include (a) receiving recognition for such things as being an expert or a first-mover, (b) being able to inflict pleasure (rewards) or pain (punishment) on subordinates, (c) being in the nexus of communication or influence structures; (d) being in control of resources; (e) functioning in hierarchical authority structures where one has personal responsibility for important decisions, and (f) working in cultures where the accumulation and exercise of power via forming alliances and coalitions is expected, even encouraged. The result of selective attention and learning is that strategies and actions that allow POs to develop base became part of their tacit knowledge, structure. This tacit knowledge is accessed automatically (without awareness), which makes it appear as experience-based intuition of how to solve strategic problems. NPs may also develop tacit knowledge structures and then rely on experienced-based intuition of how to solve strategic problems. However, these knowledge structures are unlikely to involve cognitive associations between effective leadership and resources that enhance the NPs' power" (Wright, 2012, p. 17).

5. CONCLUSIONS

The present paper sets forth to discuss the theoretical analysis of implicit measurements and explicit measurements (Wright 2012; Bing *et al.*, 2007). The prediction that scores between explicit measurements and explicit measurements can be either congruent or incongruent, that is, they are not correlated, stems from the idea that despite measuring the same phenomena, social desirability response bias among other factors, yields explicit measurements that do not correspond with the behavior predicted. Hence, some individuals less susceptible than others to suppress cognitions and motivations when responding to explicit measurements, whereas the implicit measurements purports to do away with this bias in response, that is resistant to faking (Bowler *et al.*, 2013). From the theoretical analysis we also found that low explicit power motive may tend to be associated with emergent leadership at the individual level and that low scores of IPMP may tend to yield higher scores in group level satisfaction. Hence, it appears that low power motive in individuals could be related to positive affect, which is in accordance with some of the literature on the subject (Delbecq *et al.*, 2013).

The previous literature on the CRT-L and CRT-A examines their association with leadership style, specifically, how they relate to toxic supervision (Wright, 2012), and the disruptiveness of aggressive behavior in effective group processes (Baysinger *et al.*, 2014). However, this study was intended to go beyond these associations, and attempted to examine the potential assumptions of these CRT measurements for the leadership emergence and team performance processes. The research on CRT instruments is recent and scarce in the literature, but its development shows promise. Given its novel state, it is worth carrying out replication and mild variations of studies done so far to understand the limitations and potential use of these types of instruments. In phenomena where individual differences are expected to have a small but significant influence, studies performed with large samples are important to detect these effects.

It is worth doing validation studies of CRT instruments in other languages other than English to explore their validity and reliability across different cultures. So far, all the studies utilizing these tools have been carried out in the United States and their exploration in other anglophone countries is also yet to be conducted. The field of psychology, particularly social psychology, has been reliant on self-report questionnaires for a large portion of its research activities. This practice is not inherently problematic, but it does present challenges when measuring behaviors, affections, and cognitions that possess low social desirability, therefore, it is important that the field promotes the research of tools that circumvent the problem of social desirability response bias. Berry *et al.* (2010) after conducting a meta-analysis examining the validity of the CRTA scale, concluded that despite finding the instrument's validity to be lower than reported by its authors, it is still worthwhile expanding on its research and development, due to the potential benefits these types of tools may yield. If CRT implicit measurements reach an acceptable level of reliability and validity, it would allow researchers and practitioners in the field to access what dimensions of psychological profiles (e.g., aggression) that so far have only been observed through behavior, but not through declarative means.

6. REFERENCES

Acton, B. P., Foti, R. J., Lord, R. G., & Gladfelter, J. A. (2019). Putting emergence back in leadership emergence: A dynamic, multilevel, process-oriented framework. *Leadership Quarterly, 30*(1), 145-164. https://doi.org/10.1016/j.leaqua.2018.07.002

Bang, H., & Midelfart, T. N. (2017). What characterizes effective management teams? A researchbased approach. *Consulting Psychology Journal, 69*(4), 334-359. https://doi.org/10.1037/cpb0000098

Baysinger, M. A., Scherer, K. T., & LeBreton, J. M. (2014). Exploring the disruptive effects of psychopathy and aggression on group processes and group effectiveness. *Journal of Applied Psychology, 99*(1), 48-65. https://doi.org/10.1037/a0034317

Bendell, T., & Singhal, V. (n.d.). *Organisational excellence strategies & improved*, 1-3.

Benjamin, D. J., Berger, J. O., Johannesson, M., Nosek, B. A., Wagenmakers, E. J., Berk, R., & Johnson, V. E. (2018). Redefine statistical significance. *Nature Human Behaviour, 2*(1), 6-10. https://doi.org/10.1038/s41562-017-0189-z

Bergner, S., Kanape, A., & Rybnicek, R. (2019). Taking an Interest in Taking the Lead: The Influence of Vocational Interests, Leadership Experience and Success on the Motivation to Lead. *Applied Psychology, 68*(1), 202-219. https://doi.org/10.1111/apps.12150

Berry, C. M., Sackett, P. R., & Tobares, V. (2010). A meta-analysis of conditional reasoning tests of aggression. *Personnel Psychology, 63*(2), 361-384. https://doi.org/10.1111/j.1744-6570.2010.01173.x

Bing, M. N., LeBreton, J. M., Davison, H. K., Migetz, D. Z., & James, L. R. (2007). Integrating Implicit and Explicit Social Cognitions for Enhanced Personality Assessment. *Organizational Research Methods, 10*(2), 346-389. https://doi.org/10.1177/1094428107301148

Bowler, J. L., Bowler, M. C., & Cope, J. G. (2013). Measurement issues associated with conditional reasoning tests: An examination of faking. *Personality and Individual Differences, 55*(5), 459-464. https://doi.org/10.1016/j.paid.2013.04.011

Cawthon, D. W. (1996). Leadership: The great man theory revisited. *Business Horizons, 39*(3), 1-4. https://doi.org/10.1016/S0007-6813(96)90001-4

Chan, K. Y., & Drasgow, F. (2001). Toward a theory of individual differences and leadership: Understanding the motivation to lead. *Journal of Applied Psychology, 86*(3), 481-498. https://doi.org/10.1037/0021-9010.86.3.481

Chan, K. Y., & Drasgow, F. (2001). Toward a theory of individual differences and leadership: Understanding the motivation to lead. *Journal of Applied Psychology, 86*(3), 481-498. https://doi.org/10.1037/0021-9010.86.3.481

Charlier, S. D., Stewart, G. L., Greco, L. M., & Reeves, C. J. (2016). Emergent leadership in virtual teams: A multilevel investigation of individual communication and team dispersion antecedents. *Leadership Quarterly, 27*(5), 745-764. https://doi.org/10.1016/j.leaqua.2016.05.002

Chen, F. F., Jing, Y., & Lee, J. M. (2014). The looks of a leader: Competent and trustworthy, but not dominant. *Journal of Experimental Social Psychology,* 51, 27-33. https://doi.org/10.1016/j.jesp.2013.10.008

Cogliser, C. C., Gardner, W. L., Gavin, M. B., & Broberg, J. C. (2012). Big Five Personality Factors and Leader Emergence in Virtual Teams. *Group & Organization Management, 37*(6), 752-784. https://doi.org/10.1177/1059601112464266

Delbecq, A., House, R. J., de Luque, M. S., & Quigley, N. R. (2013). Implicit Motives, Leadership, and Follower Outcomes. *Journal of Leadership & Organizational Studies, 20*(1), 7-24. https://doi.org/10.1177/1548051812467207

Derdue, D. S., Nahrgang, J. D., Wellman, N., & Humphrey, S. E. (2011). Dynamic Scene Deblurring Using Spatially Variant Recurrent Neural Networks. *Personnel Psychology,* 64, 7–52. https://acortar.link/0TLdym

DeSimone, J. A., & James, L. R. (2015). An item analysis of the conditional reasoning test of aggression. *Journal of Applied Psychology, 100*(6), 1872-1886. https://doi.org/10.1037/apl0000026

Eagly, A. H., Johannesen-schmidt, M. C., Kelly, S., Liebman, J., Jaganathan, A., & Wood, W. (2003). Transformational, Transactional, and Laissez-Faire Leadership Styles: A Meta-Analysis Comparing Women and Men. *Psychological Bulletin, 129*(4), 569-591. https://doi.org/10.1037/0033-2909.129.4.569

Galić, Z., Ružojčić, M., Bubić, A., Trojak, N., Zeljko, L., & Lebreton, J. M. (2021). *Measuring the motive for power using conditional reasoning: some preliminary findings. European Journal of Work and Organizational Psychology, 30*(2), 175–191. https://doi.org/10.1080/1359432X.2020.1745882

Greenwald, A. G., McGhee, D. E., & Schwartz, J. L. K. (1998). Measuring individual differences in implicit cognition: The implicit association test. *Journal of Personality and Social Psychology, 74*(6), 1464-1480. https://doi.org/10.1037/0022-3514.74.6.1464

Guillén, L., Mayo, M., & Korotov, K. (2015). Is leadership a part of me? A leader identity approach to understanding the motivation to lead. *Leadership Quarterly, 26*(5), 802-820. https://doi.org/10.1016/j.leaqua.2015.05.001

Hepworth, W., & Towler, A. (2004). The Effects of Individual Differences and Charismatic Leadership on Workplace Aggression. *Journal of Occupational Health Psychology, 9*(2), 176-185. https://doi.org/10.1037/1076-8998.9.2.176

Hoch, J. E., & Dulebohn, J. H. (2017). Team personality composition, emergent leadership and shared leadership in virtual teams: A theoretical framework. *Human Resource Management Review, 27*(4), 678-693. https://doi.org/10.1016/j.hrmr.2016.12.012

Hoffman, B. J., Woehr, D. J., Maldagen-Youngjohn, R., & Lyons, B. D. (2011). Great man or great myth? A quantitative review of the relationship between individual differences and leader effectiveness. *Journal of Occupational and Organizational Psychology, 84*(2), 347-381. https://doi.org/10.1348/096317909X485207

Hogan, R., & Kaiser, R. B. (2005). What we know about leadership. *Review of General Psychology, 9*(2), 169-180. https://doi.org/10.1037/1089-2680.9.2.169

James, L. R. (1998). Measurement of Personality via Conditional Reasoning. *Organizational Research Methods, 1*(2), 131-163. https://doi.org/10.1177/109442819812001

Judge, T. A., Bono, J. E., Ilies, R., & Gerhardt, M. W. (2002). Personality and leadership: A qualitative and quantitative review. *Journal of Applied Psychology, 87*(4), 765-780. https://doi.org/10.1037/0021-9010.87.4.765

Judge, T. A., Piccolo, R. F., & Kosalka, T. (2009). The bright and dark sides of leader traits: A review and theoretical extension of the leader trait paradigm. *Leadership Quarterly, 20*(6), 855-875. https://doi.org/10.1016/j.leaqua.2009.09.004

Lebreton, J. M., Robin, J., Barksciale, C. D., & James, L. R. (2007). Measurement issues associated with conditional reasoning tests: Indirect measurement and test faking. *Journal of Applied Psychology, 92*(1), 1-16. https://doi.org/10.1037/0021-9010.92.1.1

Lee, S. M., Farh, C. I. C., & Lee, S. M. (2019). Dynamic Leadership Emergence: Differential Impact of Members 'and Peers' Contributions in the Idea Generation and Idea Enactment Phases of Innovation Project Teams. *Journal of Applied Psychology, 104*(3), 411-432. https://doi.org/10.1037/apl0000384104(3)

Li, Y., Chun, H., Ashkanasy, N. M., & Ahlstrom, D. (2012). A multi-level study of emergent group leadership: Effects of emotional stability and group conflict. *Asia Pacific Journal of Management, 29*(2), 351-366. https://doi.org/10.1007/s10490-012-9298-4

McCrae, R. R., & Costa, P. T. (1992). Discriminant Validity of NEO-PIR Facet Scales. *Educational and Psychological Measurement, 52*(1), 229-237. https://doi.org/10.1177/001316449205200128

Melwani, S., Mueller, J. S., & Overbeck, J. R. (2012). Looking down: The influence of contempt and compassion on emergent leadership categorizations. *Journal of Applied Psychology, 97*(6), 1171-1185. https://doi.org/10.1037/a0030074

MORGAN, C. D., & MURRAY, H. A. (1935). A METHOD FOR INVESTIGATING FANTASIES. *Archives of Neurology & Psychiatry, 34*(2), 289. https://doi.org/10.1001/archneurpsyc.1935.02250200049005

Norton, W. I., Murfield, M. L. U., & Baucus, M. S. (2014). Leader emergence: The development of a theoretical framework. *Leadership and Organization Development Journal, 35*(6), 513-529. https://doi.org/10.1108/LODJ-08-2012-0109

Poltavski, D., Van Eck, R., Winger, A. T., & Honts, C. (2018). Using a Polygraph System for Evaluation of the Social Desirability Response Bias in Self-Report Measures of Aggression. *Applied Psychophysiology and Biofeedback, 43*(4), 3-318. https://doi.org/10.1007/s10484-018-9414-4

Ryan gust Nieminen, L. (2012). *The development and validation of a conditional reasoning test of withdrawal.* https://digitalcommons.wayne.edu/oa_dissertations

Scott, C. P. R., Jiang, H., Wildman, J. L., & Griffith, R. (2018). The impact of implicit collective leadership theories on the emergence and effectiveness of leadership networks in teams. *Human Resource Management Review, 28*(4), 464-481. https://doi.org/10.1016/j.hrmr.2017.03.005

Spark, A., Stansmore, T., & O'Connor, P. (2018). The failure of introverts to emerge as leaders: The role of forecasted affect. *Personality and Individual Differences, 121*, 84-88. https://doi.org/10.1016/j.paid.2017.09.026

Trafimow, D., Amrhein, V., Areshenkoff, C. N., Barrera-Causil, C. J., Beh, E. J., Bilgiç, Y. K., & Marmolejo-Ramos, F. (2018). Manipulating the alpha level cannot cure significance testing. *Frontiers in Psychology*, 1-7. https://doi.org/10.3389/fpsyg.2018.00699

Wright, M. A. (2012). Investigating the validity of the Conditional Reasoning Test for Leadership. *Dissertation Abstracts International: Section B: The Sciences and Engineering*, *73*(6-B), 4003. http://hdl.handle.net/1853/42939

Zaccaro, S. J., Green, J. P., Dubrow, S., & Kolze, M. J. (2018). Leader individual differences, situational parameters, and leadership outcomes: A comprehensive review and integration. *Leadership Quarterly*, *29*(1), 2-43. https://doi.org/10.1016/j.leaqua.2017.10.003

MENORES Y PUBLICIDAD COMPORTAMENTAL EN REDES SOCIALES. UN ESTUDIO DE CASO DESDE LA PERSPECTIVA DEL LENGUAJE CLARO

Blas-José Subiela-Hernández[1] *Ariana Gómez-Company*[2],
Ricardo Vizcaíno-Laorga[3]

El presente texto nace en el marco del proyecto SIC-SPAIN 3.0 "Safer Internet Centre-Spain 3.0". Proyecto financiado por la Unión Europea. No obstante, los puntos de vista y las opiniones expresadas son únicamente los del autor o autores y no reflejan necesariamente las de la Unión Europea. Ni la Unión Europea ni la autoridad que concede la subvención pueden ser considerados responsables de los mismos.

1. INTRODUCCIÓN

La publicidad comportamental es aquella que se distribuye a través de internet a partir de los datos de navegación de los usuarios. Es posible gracias a un tipo de *cookies* que, en general, son aceptadas por los usuarios antes de comenzar a navegar por primera vez en un sitio web o al crear un usuario en una red social. La información recogida por estas *cookies* permite generar un perfil específico para cada usuario, con el fin de mostrarle publicidad más adaptada a sus gustos. Según la legislación actual (art. 22 de la Ley 34/2002), las "políticas de *cookies*" deben ser transparentes y accesibles, hasta el punto de que el consentimiento del usuario debe ser previo a la navegación por el sitio, informado y voluntario. Sin embargo, la transparencia y accesibilidad de las políticas de *cookies* no han sido analizadas desde el punto de vista del lenguaje claro de una forma sistematizada.

Además, en el caso de los sitios web especialmente orientados a menores de 14 años, la normativa recuerda "la necesidad de adoptar cautelas adicionales como son una mayor sencillez y claridad del lenguaje empleado" (AEPD, 2022: 26). En este sentido, también indica la necesidad de que el menor avise a sus padres para que sean ellos los que realicen la gestión de las *cookies*.

El presente trabajo analiza las políticas de *cookies* de una selección de redes sociales utilizadas por niños y jóvenes, para identificar el nivel de claridad de sus textos y de su diseño. En concreto, se analizan dos redes sociales específicas para niños y adolescentes

---

1. Universidad Católica de Murcia (España)
2. Universidad Rey Juan Carlos (España) (Estancia investigación)
3. Universidad Rey Juan Carlos (España)

(*Lego Life* y *YouTube Kids*) y las dos redes sociales genéricas más usadas por la generación *Alpha* (entre 14 y 17 años), según el IAB: *Whatsapp* e *Instagram* (IAB, 2023).

1.1. La publicidad comportamental y su gestión a través de las cookies

La publicidad comportamental *online* se basa en "soportes y formatos digitales" y un "alto grado de interactividad con los usuarios", que la aceptan en los sitios web visitados como compensación por el acceso y utilización gratuita del servicio (Pérez Bes, 2012: 7). Entre sus retos, se observa la relación entre intereses comerciales y la protección del usuario, mediante "normas que regulan la utilización de *cookies* por parte de la industria anunciante" (Pérez Bes, 2012: 41).

El crecimiento de la inversión publicitaria en España (de un 4,7% más en 2022 respecto al año anterior; Infoadex, 2023: 8 y ss.) entraña beneficios económicos, pero incluye riesgos para los usuarios (Vilajoana, 2012). Su comportamiento en la red, registrado a través de las *cookies*, es una práctica que, en ocasiones, resulta desconocida (Martínez Pastor y Muñoz Saldaña, 2013) y plantea si la publicidad comportamental "vulnera el derecho de los usuarios respecto de la utilización de sus datos personales" o su intimidad en la navegación (p. 290). Los datos personales son un derecho fundamental y la privacidad constituye una necesidad protegida en Europa a través del Reglamento General de Protección de Datos (RGPD) (Livingstone, 2018).

Las *cookies* surgen de la necesidad de almacenar datos de usuarios para transacciones comerciales (García Ull, 2015): cuando se carga una página, el navegador responde al servidor con un "paquete de datos" y notifica la actividad, para personalizar la navegación (p. 237). Las *cookies* "son sinónimo de personalización" y adquieren tal importancia en el funcionamiento técnico de los medios digitales que, en ocasiones, estos "no permiten la navegación sin *cookies*" (García, Ull, 2015: 253).

1.2. Legislación sobre políticas de cookies y publicidad comportamental

En España, la legislación que atañe a las políticas de *cookies* son el Reglamento General de Protección de Datos (RGPD; Europa), la Ley Orgánica de Protección de Datos y Garantía de los Derechos Digitales (LOPDGDD; España), y la Ley de Servicios de la Sociedad de la Información y de Comercio Electrónico (LSSI; España)[4].

La Agencia Española de Protección de Datos sintetiza y traslada al terreno práctico las normas vigentes en su Guía sobre el uso de las *cookies*. Según la AEPD (2022), el consentimiento del usuario es una prioridad para la utilización de cookies; la información debe ser "clara y accesible" sobre sus finalidades y, en ningún caso, la actividad del usuario se entiende como consentimiento. Su validez depende de si se ha otorgado "de forma libre e informada" (p. 23) y constituye un elemento esencial de la gestión de la privacidad. La escasez de estudios centrados en el compromiso entre padres e hijos con respecto a la información requerida por las corporaciones (Keen, 2022) otorga vigencia a investigaciones sobre esta temática.

Las *cookies* y la publicidad basada en la ubicación y el comportamiento incitan a los jóvenes a ofrecer mayor información a cambio de una experiencia de comunicación más

---

4. El RGPD es el Reglamento (UE) 2016/679 del Parlamento Europeo y del Consejo, de 27 de abril de 2016. La LSSI es la Ley 34/2002, de 11 de julio, de servicios de la sociedad de la información y de comercio electrónico (atañe el art. 22, apartado segundo). Y la LOPDGDD se corresponde con la Ley Orgánica 3/2018, de 5 de diciembre, de Protección de Datos y garantía de los derechos digitales.

intensa (Livingstone, Stoilova y Nandagiri, 2019); en esta "privacidad comercial" entra en juego la comprensión del niño y el consentimiento para la recopilación de datos, así como la "necesidad de aprobación y supervisión de los padres", sobre todo en niños menores de 13 años (p. 15), cuestión que enlaza directamente con uno de nuestros objetivos.

No obstante, "el usuario debe haber realizado una acción afirmativa" y evidenciar que acepta la utilización de *cookies*: el botón "Aceptar" se considerará información suficiente. Otras acciones más complejas no implican la aceptación de consentimiento, que incluye, por ejemplo, la acción de seguir navegando por la web. Sin embargo, "[...] el usuario, en todo caso, podrá negarse a aceptar las *cookies*" (AEPD, 2022: 23) y, cuando el consentimiento explícito sea necesario, "solo podrá obtenerse mediante botones de aceptación siempre que incluya una leyenda específica con el término consiento y se facilite información completa sobre las categorías especiales de datos respecto de las que se consienten" (AEPD, 2022: 24).

Cuando se trate de portales web o servicios *online* "específicamente dirigidos a menores, es conveniente recordar la necesidad de adoptar cautelas adicionales como son una mayor sencillez y claridad del lenguaje empleado" (AEPD, 2022: 26). En menores de 14 años, el "responsable del tratamiento hará esfuerzos razonables para verificar que el consentimiento [...] fue dado por el titular de la patria potestad o tutela" (p. 26). Según el artículo 22 de la LSSI, "los prestadores de servicios podrán utilizar dispositivos de almacenamiento y recuperación de datos en equipos terminales de los destinatarios, a condición de que los mismos hayan dado su consentimiento después de que se les haya facilitado información clara y completa sobre su utilización" [...] (AEPD, 2022: 28). Utilizar las *cookies* requiere que el usuario «disponga de la información preceptiva sobre las *cookies* y la forma de obtención del consentimiento" [...] (AEPD, 2022: 28).

A pesar de todo lo anterior, la LSSI (2002, art. 22) permite también que el consentimiento del usuario a las *cookies* se configure de manera general como una preferencia del navegador: "cuando sea técnicamente posible y eficaz, el consentimiento del destinatario para aceptar el tratamiento de los datos podrá facilitarse mediante el uso de los parámetros adecuados del navegador o de otras aplicaciones". Esta circunstancia, que agiliza la navegación, puede suponer, no obstante, que el usuario olvide que ha dado su consentimiento de forma generalizada para que sus datos de navegación y de uso sean rastreados y almacenados por las webs que visita.

1.3. Comunicación clara en textos continuos para pantallas

Comunicar con claridad significa "transmitir de forma fácil, directa, transparente, simple y eficaz información relevante para la ciudadanía por cualquiera de los diferentes canales actuales [...] y adaptada a sus particularidades" (Montolío y Tascón, 2020: 166). Para ello, es necesario poner en práctica el lenguaje claro. Según la International Plain Language Federation (IPLF, 2023), "un comunicado está escrito en lenguaje claro si su redacción, su estructura y su diseño son tan transparentes que los lectores a los que se dirige pueden encontrar lo que necesitan, entender lo que encuentran y usar esa información". Por lo tanto, la comunicación clara no requiere solo de un esfuerzo a nivel lingüístico, sino que implica también las cuestiones del diseño y el formato. De hecho, el diseño de la información, desde sus concepciones más primitivas (Horn, 2000: 15) siempre se ha caracterizado por hacer comprensible lo complejo, al definirse como "el desarrollo de documentos que sean comprensibles, rápidos, precisos y fáciles de convertir en una acción efectiva".

En la actualidad, son numerosas las aproximaciones al estudio del lenguaje claro, especialmente desde el punto de vista de la lingüística, en la que destacan los trabajos de Estrella Montolío y Mario Tascón (2020) a nivel divulgativo, o de Iria da Cunha y M. Ángeles Escobar (2021) en el campo del lenguaje jurídico administrativo. Este ámbito es de especial interés para este trabajo, puesto que los textos en los que se desarrollan las políticas de *cookies* son de carácter jurídico.

Las aproximaciones académicas al lenguaje claro desde el punto de vista del diseño son mucho más limitadas (Subiela, *et al.*, 2022), aunque desde el ámbito del diseño periodístico y del diseño tipográfico sí se han realizado estudios de legibilidad, factor fundamental para un diseño claro en textos continuos como los que nos ocupan aquí (el diseño tiene muchas más posibilidades para aportar claridad en los textos discontinuos). Cabe destacar el trabajo de Suárez-Carballo *et al.*, (2018) sobre rasgos tipográficos del texto base en los diarios digitales españoles. Especialmente porque en este trabajo se analizan las características tipográficas (fuente, cuerpo, longitud de línea, interlineado, etc.) de textos continuos para pantallas desde el punto de vista de la legibilidad, lo que debe constituir la base de nuestro análisis.

2. OBJETIVOS

El objetivo es doble, siempre desde el punto de vista del lenguaje claro: En primer lugar, analizar los avisos sobre *cookies* de los sitios web desde los que se accede a las redes sociales *online* más usadas por niños y jóvenes. Y, en segundo lugar, analizar las políticas de *cookies* que se han de aceptar a la hora de crear un perfil de usuario en una red social.

Para ello, se plantea un trabajo exploratorio a partir de dos redes sociales específicas para niños y las dos redes sociales genéricas más usadas por jóvenes. ¿Entiende el menor que sus hábitos de navegación van a ser almacenados para proporcionarle publicidad ajustada a los temas sobre los que ha mostrado interés en su navegación?

El análisis se realiza desde la perspectiva del lenguaje claro y el derecho a entender. Así, los avisos y las políticas de *cookies* son estudiados no solo en cuanto a su redacción, sino también en cuanto a su diseño.

3. METODOLOGÍA

Tal y como se ha explicado anteriormente, se trata de un trabajo exploratorio a partir del estudio de caso, en el que se aborda la claridad de los avisos de *cookies* desde una doble perspectiva: lingüística y morfológica. Para el análisis lingüístico se recurre a la herramienta CLARA, desarrollada por la consultora Prodigioso Volcán[5]. CLARA analiza fragmentos de texto a partir de nueve parámetros de claridad lingüística (1. longitud del texto, 2. complejidad léxica 1 (uso de palabras comunes), 3. cantidad de referencias a textos jurídicos, 4. uso adecuado 1 (conectores), 5. uso adecuado 2 (puntuación); 6. uso de voz activa/pasiva; 7. complejidad léxica 2 (tecnicismos); 8. estructura sencilla (sujeto+verbo+predicado); y 9. complejidad léxica 3 (uso de palabras fuera del diccionario)[6] y ofrece una estimación (en porcentaje) de las probabilidades acerca de la claridad del texto. La herramienta integra en su análisis las recomendaciones identificadas

---

5. Disponible en https://clara.comunicacionclara.com/
6. Las denominaciones son de los autores, a partir de las 9 métricas lingüísticas que devuelve la herramienta.

por da Cunha y Escobar (2021) en el plano gramatical. Como la herramienta CLARA está en fase beta de desarrollo, solo acepta textos de un máximo de 120 palabras. Por ello, el análisis se ha realizado dividiendo el texto en párrafos y luego se ha calculado la media a partir de los valores de cada párrafo.

Desde el punto de vista del diseño, el análisis se centra en cuestiones básicas de composición tipográfica, fundamentales para una buena legibilidad: 1. diseño tipográfico, 2. tamaño (cuerpo) predefinido, 3. interlínea, 4. longitud de línea, 5. grosor de los trazos, 6. alineación de párrafo y 7. contraste texto/fondo. Los textos continuos, categoría a la que pertenecen los textos objeto de estudio, no ofrecen muchas más opciones desde el punto de vista del diseño, y las que podrían aplicarse (Montes y Jiménez, 2020) exceden las necesidades del presente trabajo. No obstante, otros factores de diseño que mejoran la claridad de un texto son los titulares y subtítulos para organizar y atomizar el texto y el uso adecuado de los blancos para organizar la información (Dillon y Gabbard, 1998). Por ello, a las 7 variables anteriores se añaden también las siguientes: 8. uso de blancos para separar párrafos, 9. uso de titulares y 10. uso de otros recursos gráficos (iconos, filetes, flechas...).

Los valores de las variables tipográficas que se consideran más adecuados para conseguir la máxima legibilidad proceden, fundamentalmente, del ya citado estudio de Suárez-Carballo *et al.*, (2018) y se complementan con otras referencias clásicas sobre legibilidad tipográfica.

De acuerdo con la literatura científica (Martín Montesinos y Mas Hurtana, 2001, Bernard *et al.*, 2002, Subiela-Hernández, 2012), se considera que la categoría tipográfica más apropiada para pantallas es la sans serif, ya que sus trazos más sencillos se reproducen mejor por medio de píxeles.

En cuanto al cuerpo, tamaños entre los 14 y los 19 píxeles son los más habituales en el texto base de los diarios digitales en España, siendo el valor más repetido el de 18 píxeles, por lo que este valor es el que se establece como óptimo (Suárez-Carballo *et al.*, 2018).

Con respecto a la interlínea óptima para los cuerpos antes indicados, el estudio de Suárez-Carballo *et al.*, (2018) establece como el más frecuente un incremento de entre 3 y 4 puntos sobre el cuerpo, es decir, un 20% más que el cuerpo tipográfico. Este valor coincide con los valores clásicos asignados por la tradición tipográfica para textos impresos (Zorrilla, 2002, Martín Montesinos y Más Hurtana, 2001)

La anchura de columna es otra variable con una alta influencia en la legibilidad de los textos. Aunque para cada idioma las cifras varían, la teoría clásica (Zorrilla, 2002, Martín Montesinos, 2001) considera, para el castellano, valores entre 40 y 80 caracteres por línea. No obstante, en los diarios digitales españoles estos valores oscilan entre los 70 y los 90 caracteres para pantallas de ordenador, mientras que para dispositivos móviles se identifica una gran dispersión (Suárez-Carballo *et al.*, 2018).

Desde el punto de vista de la legibilidad, la alineación de párrafo óptima para pantallas es la izquierda, aunque en textos cortos también puede ser válida la alineación al centro. La alineación a la derecha o la alineación a ambos lados presentan más problemas, por lo que no son recomendables.

Finalmente, para la identificación de las variables tipográficas se utiliza la extensión WhatFont, que permite obtener los valores de tipo de letra, cuerpo, interlineado absoluto, color y grosor del trazo.

Es preciso indicar que en este trabajo el análisis lingüístico se limita a cuestiones gramaticales y no se tienen en cuenta las variables procedentes de los estándares de la textualidad propuestas por Beaugrande y Dressler (1981). De acuerdo con Marazzato, el lenguaje claro se "basa en la atención a cinco pilares: la audiencia, el propósito, la estructura, el diseño y, especialmente, la redacción de contenido según pautas de gramaticalidad, cohesión y coherencia" (2018, p. 164). Por lo tanto, el presente análisis se limita a cuestiones de claridad gramatical y de diseño. Un análisis desde los estándares de la textualidad requiere una aproximación cualitativa que no es viable realizar con un volumen de textos tan grande como el que es objeto de estudio de este trabajo. Sin embargo, otras investigaciones han puesto de manifiesto que en determinadas ocasiones los textos no son claros a pesar de cumplir con las variables gramaticales de la claridad precisamente por incumplir los estándares de la textualidad (Subiela *et al.*, 2023)

El estudio se limita a pantallas de ordenador, en las que investigaciones previas ponen de manifiesto que existe una mayor continuidad en la composición tipográfica, frente a las pantallas móviles (teléfonos y tabletas) en las que el diseño adaptativo provoca grandes variaciones (por la variedad de tamaños de pantalla y por la opción de la orientación).

Los datos se han recogido a través de una ficha de análisis en la que se ha dividido la información en dos campos: claridad gramatical (analizada a través de CLARA) y claridad de diseño (analizada a través de las diez variables tipográficas ya presentadas).

El análisis se realiza en dos fases: en primer lugar, se estudia el aviso sobre *cookies* que aparece en la página al visitarla por primera vez.

En este nivel de análisis hay una variable específica que tiene que ver con las posibilidades de interacción del usuario (para aceptar o gestionar las *cookies*).

En segundo lugar, se analiza la página en la que se expone la "política de *cookies*". En este caso, además de las posibles interacciones, se añade otra variable específica, relacionada con la presencia de elementos multimedia más allá del texto, por su alta influencia en el nivel de comprensión de la información (Burin, 2020).

4. RESULTADOS

4.1. Lego Life

El aviso de *cookies* que aparece por primera vez al entrar al sitio web *Lego Kids* (desde el que se accede a *Lego Life*) es un texto breve (63 palabras) que desde el punto de vista gramatical es bastante probable que sea claro, con un porcentaje de ajuste a los criterios de CLARA del 80%. Desde el punto de vista del diseño este aviso cumple con todos los criterios de legibilidad excepto con tres: el de la longitud de las líneas, que excede en más de 30 caracteres el óptimo recomendado, el de la utilización de titulares (no los hay) y el de la utilización de otros recursos gráficos como iconos, flechas, etc. (que tampoco son usados). En cuanto a las posibilidades de interacción, el aviso solo ofrece la opción de aceptar. Para poder configurar las *cookies* y aceptar o rechazar las publicitarias es necesario ir al pie de página de la aplicación, una vez instalada.

Además, desde un punto de vista más cualitativo, se observa el esfuerzo realizado por la organización para utilizar en este aviso un lenguaje cercano a los niños. También hay una llamada de atención para que sean los padres los que visiten la política de *cookies* y la Política de Privacidad.

En la página en la que se desarrolla la política de *cookies* de Lego Kids el texto tiene una extensión de 962 palabras. El porcentaje de claridad que arroja es bastante menor que el del aviso, pero aun así se mantiene en un 65%, lo que hace que la herramienta CLARA siga considerando que es probable que sea un texto claro. Hay especialmente tres criterios ("utiliza palabras comunes en español", "las frases están unidas mediante conectores" y "no utiliza palabras fuera del diccionario") en los que el texto falla en todos sus párrafos. Llama la atención que la página está encabezada por un titular y un vídeo totalmente adaptados al público infantil. En el vídeo se hace una introducción clara a la política de *cookies* y a la gestión de la privacidad. El idioma original del vídeo es el inglés, pero existe la posibilidad de añadir subtítulos en diferentes idiomas (entre ellos, el español). En cuanto al diseño, el texto está organizado en párrafos encabezados por títulos y cumple con la mayoría de criterios de legibilidad. Vuelve a fallar en la longitud de las líneas, 80 caracteres por encima del óptimo y en la ausencia de recurso gráficos, de los que no se utiliza ninguna variante.

4.2. YouTube kids

En el caso de *YouTube kids*, si el usuario tiene configurado su navegador para que acepte todas las *cookies*, al entrar al sitio por primera vez no se mostrará ningún aviso. Solo cuando el navegador está configurado para bloquear las *cookies* aparece una austera ventana emergente para pedir que se permitan las *cookies* de terceros. El mensaje es tan corto (26 palabras) que no puede ser analizado por CLARA (necesita al menos 40 palabras). Pero un análisis manual permite detectar una estructura gramatical compleja y poco habitual, así como un exceso de palabras poco habituales en español. Más allá de las cuestiones gramaticales, no queda claro si es posible usar el servicio sin aceptar dichas *cookies*. No obstante, una de las opciones de interacción ("mantener la sesión cerrada") sí permite usar el servicio sin necesidad de activar las *cookies* de terceros. Este proceder atípico está amparado, no obstante, por el artículo 22 de la Ley de Servicios de la Sociedad de la Información y de Comercio Electrónico (Ley 34/2002), tal y como se ha expuesto en el marco teórico correspondiente.

En los casos más frecuentes (navegadores con *cookies* de terceros activadas) lo primero que aparece al acceder al sitio web es un mensaje con una ilustración infantil y un texto que dice "Pide a tus padres que configuren *YouTube Kids*", con tres opciones de interacción: dos con forma de botón ("soy menor" y "soy adulto") y una tercera con forma de texto ("más información"). Un menor solo podrá acceder al servicio con una cuenta de Google supervisada (al crearla se aceptaría la política de *cookies*) o con la intervención directa de un adulto. En este segundo caso, el proceso se inicia con un vídeo con una animación infantil, pero dirigido a los padres, en el que se exponen las ventajas de crear perfiles para menores (cuenta de Google supervisada). El audio se encuentra en español y se pueden activar subtítulos en el mismo idioma. El proceso continúa vinculando una cuenta de Google del adulto con el servicio. Y es aquí, cuando aparece el mensaje "Consentimiento parental", en el que se describe la información que el sitio recoge y cómo la utiliza. En todo el texto no aparece ni una sola vez la expresión *"cookies"* pero sí se habla de publicidad contextual. Se trata de un extenso texto de más de 1.700 palabras dirigido a adultos, que se debe aceptar para continuar el proceso de registro. No obstante, en él se identifica un enlace al "aviso para menores" y se anima a los padres a visitarlo junto a sus hijos. Este aviso sí está redactado para niños, pero su aceptación no es condición necesaria para el registro.

Se trata de un texto de 561 palabras con un porcentaje de claridad medio del 75%, lo que lo hace, según CLARA, un texto con bastante probabilidad de ser claro. La única variable en la que fallan todos los párrafos es la de usar conectores para unir frases. En cuanto a las variables del diseño, de las 10 analizadas, 4 de ellas se encuentran fuera de los rangos esperados. Llama la atención un cuerpo tipográfico de 20 píxeles, un poco por encima de lo recomendado, así como una interlínea que supone un 150% del cuerpo. Sin embargo, esta generosa interlínea compensa otro de los incumplimientos: la excesiva longitud de las líneas (con 35 caracteres más de los 80 considerados óptimos). Aunque se usan párrafos, títulos y blancos para estructurar el texto en pequeños bloques, no se hace uso de ningún recurso gráfico y tampoco hay presencia, aquí, de contenido audiovisual.

Estos resultados contrastan con los obtenidos en el texto "Consentimiento parental" dirigido a padres y cuya aceptación es obligatoria. En este caso, el porcentaje de claridad desciende hasta una media del 52%, lo que hace que el texto sea poco claro según la herramienta CLARA. Incluso dos de los 17 párrafos en los que ha sido dividido para su análisis obtienen valores por debajo del 40%, lo que hace que la herramienta los califique como no claros, mientras que otros 12 párrafos son considerados poco claros. Llama la atención que en 16 de los 17 párrafos se utilizan frases con estructuras gramaticales complejas. Y sólo en 3 párrafos se usan frases breves. Desde el punto de vista del diseño este texto tiene las mismas características que el anterior, por lo que, desde el punto de vista de la legibilidad, cumple con la mayoría de las variables.

4.3. Instagram

El aviso de *cookies* que muestra *Instagram* la primera vez que se accede a su sitio web es un texto largo (626 palabras) en comparación con los analizados hasta ahora (63 palabras en *Lego Life* y 26 en *YouTube Kids*), en el que se explica con detalle toda la información relevante sobre *cookies*. Según CLARA, ofrece una claridad del 70%, es decir, se considera que es bastante probable que se trate de un texto claro. No obstante, no cumple con el criterio de frases sencillas, ni con el de usar palabras comunes en español o el de unir las frases con conectores. Desde el punto de vista del diseño, cumple con todos los criterios del análisis, incluso utiliza iconos y menús desplegables para facilitar la navegación. Además, también organiza determinada información en columnas y en recuadros. En este sentido, es relevante que el aviso aparezca como una ventana emergente de anchura y altura fijas, que solo da la opción de hacer *scroll* vertical para avanzar en los contenidos. Sin embargo, más allá de los iconos, no hay recursos audiovisuales. Desde el punto de vista de la interacción, permite aceptar todas las *cookies* o rechazar las opcionales.

La política de *cookies* completa, que se ha de aceptar al crear el perfil de usuario, se puede consultar desde un enlace del aviso. Se trata de un texto de 1.000 palabras, que también ofrece una claridad media del 70%, por lo que es probable que se trate de un texto claro. Los principales errores tienen que ver con el léxico elegido: ni está en el diccionario ni es común en español. Con respecto al diseño, no se utilizan recursos visuales de ningún tipo, pero sí se fija una anchura máxima de líneas que garantiza que todas las variables de la legibilidad se cumplan. Tampoco hay recursos audiovisuales.

Como se puede apreciar, en *Instagram* la política de *cookies* completa es tan clara como el propio aviso. Pero se debe tener en cuenta que el aviso es ya muy completo y aborda, de entrada, la mayor parte de la información y las posibilidades de configuración.

4.4. Whatsapp

El aviso de *cookies* de la web de *Whatsapp* es sencillo y breve (32 palabras), por lo que no es posible analizarlo con CLARA. No obstante, parece probable que se trata de un texto claro al analizar las variables manualmente, ya que cumple con la mayoría de ellas, mientras que otras no son de aplicación precisamente por tratarse de un texto corto. En cuanto a su diseño, también cumple con la mayoría de variables para una buena legibilidad. Al tratarse de un texto tan breve, no parecen necesarios recursos visuales para ayudar a comprender. Desde el punto de vista de la interacción, ofrece la posibilidad de aceptar las *cookies* o la de configurarlas. Además, ofrece un menú en la esquina superior derecha de la ventana que contiene el aviso que permite cambiar el idioma. Las opciones de configuración de *cookies* que ofrece *Whatsapp* se limitan a las que se pueden gestionar a través de los diferentes navegadores.

La política de *cookies* no es tampoco muy extensa, pues está constituida por solo 274 palabras. El porcentaje de claridad de este texto es de un 70%, por lo que se puede considerar que es bastante probable que sea claro. Sin embargo, incumple 4 de los 9 criterios de CLARA: no utiliza palabras comunes en español, no usa conectores entre frases, no usa estructuras gramaticales sencillas y utiliza palabras que están fuera del diccionario. Con respecto al diseño, como es habitual, cumple con los criterios básicos de legibilidad, pero no hace uso de recursos gráficos ni hay contenidos audiovisuales.

4.5. Resultados globales

La extensión media de las políticas de *cookies* es de unas 1.000 palabras (972 para *Lego Life*, 1.700 para *YouTube Kids*, 1.000 para *Instagram* y 274 para *Whatsapp*). Llama especialmente la atención la brevedad del texto de *Whatsapp*.

El nivel de claridad de todos los textos ha estado en torno al 70%, por lo que, en líneas generales, se trata de textos claros. Llama la atención, sin embargo, el bajo nivel alcanzado por la política de *YouTube Kids*, que se ha quedado en un 52%.

Desde el punto de vista del diseño, todos los textos han cumplido con la mayoría de criterios de legibilidad. Sin embargo, salvo en el caso de *Instagram*, el resto de recursos del diseño no se han empleado.

Finalmente, los contenidos multimedia han estado limitados a las redes sociales infantiles, mientras que en las genéricas no han aparecido.

5. CONCLUSIONES

En general, atendiendo a los resultados de este trabajo, se puede concluir que las políticas de *cookies* de las redes sociales analizadas son claras, tanto desde el punto de vista gramatical como desde el diseño. Además, las dos redes sociales específicas para público infantil cumplen con la ley, pues emplean un lenguaje especialmente cercano a niños y les pide que avisen a sus padres para la gestión de las *cookies*.

En el caso de *YouTube Kids,* se aprecia una diferencia importante en el nivel de claridad del texto destinado a menores y el destinado a sus padres (75% para niños, 52% para adultos), hasta el punto de que el texto que se debe aceptar (el destinado a los padres) es considerado poco claro por la herramienta predictiva utilizada (CLARA). Además, esta es la única red social cuyo sitio web no muestra un aviso de *cookies* si el usuario ha configurado su navegador para que este tipo de archivos sean permitidos de forma general. Este proceder atípico, sin embargo, está amparado por la propia legislación, tal y como se ha mostrado en el texto.

En el caso de *Lego Life,* la diferencia entre el texto destinado a adultos y el destinado a los niños también es relevante, aunque no tan abultada como en *YouTube Kids* (80% para los niños y 65% para los mayores) y en ambos casos se mantiene la probabilidad de que sean textos claros.

Esta duplicidad de textos no se da en las otras dos redes sociales, las que no tienen un *target* infantil específico. En ellas, no obstante, los niveles de claridad están en torno al 70%, lo que hace que resulten textos bastante claros.

Con respecto a las variables del diseño, las cuestiones de composición tipográfica más vinculadas a la legibilidad se han cumplido en casi todos los textos. Sin embargo, salvo en el caso de *Instagram*, no se han utilizado recursos del diseño que vayan más allá de la tipografía. Insistimos en lo beneficioso del uso de iconos, imágenes, botones, estructuras reticulares y, en general, de los recursos de la composición visual para hacer más atractivo y más comprensible el texto.

Por todo lo expuesto, los principios gramaticales y de legibilidad del lenguaje claro parecen cumplirse en la configuración de las políticas de *cookies* de las redes analizadas. Sin embargo, esto no garantiza que sean leídos y comprendidos por los usuarios, para lo que se deberían desarrollar nuevas investigaciones en las que se realicen estudios del texto desde el punto de vista de los estándares de la textualidad, atendiendo a variables como el receptor o el contexto de recepción. También sería necesario abordar el estudio de percepción y comprensión desde el punto de vista de la comprensión lectora.

Por último, cabe llamar la atención sobre la confusión (incluso en las propias plataformas) en relación con las políticas de *cookies* de los sitios web y al uso de *cookies* por parte de las aplicaciones. Una vez creados los perfiles de las diferentes redes sociales no es sencillo encontrar la forma de gestionar las *cookies* de las aplicaciones y en la mayoría de los casos, las opciones se limitan a la configuración del navegador o del dispositivo. Por lo que un análisis de las políticas de privacidad y de las condiciones de uso de estos servicios también es necesario.

6. REFERENCIAS

AEPD (2022). *Guía sobre el uso de las cookies*. Agencia Española de Protección de Datos. https://cutt.ly/WwuAsTfr

Beaugrande, R. A. y Dressler, W. (1981). *Introduction to Text Linguistics*. Longman.

Bernard, M., Lida, B., Riley, S., Hackler, T. y Janzen, K. (2002). A comparison of popular online fonts: Which size and type is best. *Usability News, 4*(1). https://cutt.ly/AwuRzkI9

Burin, D. I. (Comp.) (2020). *La competencia lectora a principios del siglo XXI: texto, multimedia e Internet*. Editorial Teseo.

Da Cunha, I. y Escobar, M. Á. (2021). Recomendaciones sobre lenguaje claro en español en el ámbito jurídico-administrativo: análisis y clasificación. *Pragmalingüística*, 29, 129-148.

Dillon, A. y Gabbard, R. (1998). Hypermedia as an educational technology: A review of the quantitative research literature on learner comprehension, control, and style. *Review of Educational Research, 68*(3), 322-349.

García Ull, F. J. (2015). *Control y privacidad en el ciberespacio. Uso de las cookies por parte de los principales medios digitales* [Tesis Doctoral]. Universitat de Valencia.

Horn, R. E. (2000). Information desing: Emergence of a new profession en R. Jacobson (Ed.), *Information design*. MIT Press.

IAB (2023). V *Estudio anual de Redes Sociales*. https://cutt.ly/dwumRryQ

Infoadex (2023). *Estudio Infoadex de la inversión publicitaria en España 2023*. https://cutt.ly/zwumUPjJ

International Plain Language Federation (30 de junio de 2023). *Plain Language definitions*. https://cutt.ly/owuRuyjB

Keen, C. (2022). Apathy, convenience or irrelevance? Identifying conceptual barriers to safeguarding children's data privacy. *New media & society, 24*(I), 50-69 https://doi.org/10.1177/1461444820960068

Ley 34/2002, de 11 de julio, de servicios de la sociedad de la información y de comercio electrónico. *BOE* núm. 166, de 12/07/2002. LSSI. www.boe.es/eli/es/l/2002/07/11/34/con

Ley Orgánica 3/2018, de 5 de diciembre, de Protección de Datos Personales y garantía de los derechos digitales, *BOE* núm. 294, de 06/12/2018. LOPDGDD www.boe.es/eli/es/lo/2018/12/05/3/con

Livingstone, S. (2018). Children: a special case for privacy? *Intermedia, 46*(2), 18-23. https://cutt.ly/0wuAOdk7

Livingstone, S., Stoilova, M. y Nandagiri, R. (2019). *Children's data and privacy online: Growing up in a digital age: An evidence review.* London School of Economics and Political Science. https://cutt.ly/nwuArrpQ

Marazzato Sparano, R. (2018). Lenguaje claro, traducción e idiosincrasias del idioma. Aportes para la comprensión lectora. *Orientación y Sociedad, 18*(2), 163-177 https://cutt.ly/aNjXweL

Martín Montesinos, J. L. y Mas Hurtana, M. (2001). *Manual de Tipografía.* Campgràfic.

Martínez Pastor E. y Muñoz Saldaña M. (2013). En busca de equilibrio entre la regulación y la autorregulación de la publicidad comportamental en línea. *Estudios sobre el Mensaje Periodístico*, 19, 289-297. https://doi.org/10.5209/rev_ESMP.2013.v19.42036

Montes Vozmediano, M. y Jiménez Narros, C. (2020). Análisis formal y funcional de la mancheta y el bloque de cabecera en la prensa digital de información general en España. *Fonseca, Journal of Communication*, 21, 167-181. https://doi.org/10.14201/fjc202021167181

Montolío, E. y Tascón, M. (2020) *El derecho a entender. La comunicación clara, la mejor defensa de la ciudadanía.* Catarata.

Pérez Bes, F. (2012). *La publicidad comportamental online.* UOC.

Reglamento (UE) 2016/679 relativo a la protección de las personas físicas en lo que respecta al tratamiento de datos personales y a la libre circulación de estos datos, de 27 de abril de 2016. Reglamento General de Protección de Datos (RGPD). https://www.boe.es/douc/2016/119/L00001-00088.pdf

Suárez-Carballo, F., Martín-Sanromán, J. R. y Galindo-Rubio, F. (2018). Los rasgos tipográficos del texto base de los diarios digitales españoles. *Revista de Comunicación, 17*(2), 246-267. https://dx.doi.org/10.26441/RC17.2-2018-A11

Subiela-Hernández, B. J., Gálvez-Vidal, A. M. y Miralles González-Conde, M. A. (2023). Plain language and the right to understand in the regulated electricity bill in Spain. *Ibérica*, 45, 191–214. https://doi.org/10.17398/2340-2784.45.191

Subiela-Hernández, B. J., Sánchez-Hervás, D. y Miralles González-Conde, M. A. (2022). El derecho a entender en la nueva factura eléctrica regulada en España: análisis desde el punto de vista del diseño. *Revista española de la Transparencia*, 14, 101-130. https://doi.org/10.51915/ret.199

Subiela-Hernández, B. J. (2012). El papel simbólico de la tipografía en los nuevos dispositivos móviles. Hacia la reconciliación de letras y pantallas. *ICONO 14, Revista de comunicación y tecnologías emergentes, 10*(2), 126-147.

Vilajoana Alejandre, S. (2012). A vueltas con las 'cookies'. *COMeIN, Revista de los Estudios de Ciencias de la Información y de la Comunicación*, 11, https://doi.org/10.7238/c.n11.1231

Zorrilla-Ruiz, J. (2002). *Introducción al diseño periodístico.* Eunsa.

ENTRE EL DEBATE DE LA PRENSA CUBANA Y LA POLÍTICA DE COMUNICACIÓN RESULTANTE: REFLEJOS Y DIVERGENCIAS

Williams Enrique Tolentino Herrera[1], Liliana Hurtado Viera[2]

1. INTRODUCCIÓN

En noviembre de 2022, todavía bajo el influjo de una pandemia que modificó por completo las dinámicas de la vida social y del ejercicio de la comunicación pública en el planeta, tuvo lugar en Cuba una noticia que al margen de ciertos antecedentes pudo pasar desapercibida. Se trata de la proposición de un Proyecto de Ley de Comunicación Social, que luego de su prolongada redacción era sometido a discusión pública, fundamentalmente en la instancia del parlamento nacional. Este documento, sin embargo, constituía el fruto de un debate mucho más duradero al interior del gremio periodístico y de otros profesionales de la comunicación, del cual también había dimanado años antes la aprobación de una política nacional de comunicación, en 2018, y que acaso tuvo su primer punto de inflexión en la celebración del IX Congreso de la Unión de Periodistas de Cuba (UPEC), en 2013, como un antes y un después, respecto de una proposición sobre la necesidad de un cambio estructural y sustantivo en la prensa cubana.

2. OBJETIVOS

El propósito de este estudio consiste en examinar el grado de correspondencia existente entre las proposiciones realizadas dentro del debate periodístico cubano de los últimos diez años, acerca de la pertinencia de un cambio en la regulación de la prensa y la comunicación nacional, con relación a los contenidos de la política de comunicación social y demás documentos resultantes de la misma. Una tarea para la cual se asumen objetivos específicos como: la sistematización y síntesis de las principales ideas abordadas en la discusión del gremio periodístico a lo largo del período declarado (2013-2023), así como la evaluación cualitativa de cómo se materializaron o no dichas ideas, al interior de los documentos programáticos y jurídicos elaborados por el gobierno y otras instancias políticas del país.

1. Universidad de Concepción. Becario ANID Doctorado Nacional 2019 Folio 21190721
2. Pontificia Universidad Católica de Chile. Becaria ANID Doctorado Nacional 2023 Folio 21242480

3. METODOLOGÍA

El desarrollo del proceso analítico ligado a los objetivos de esta ponencia se basó en la asunción de una perspectiva metodológica cualitativa, orientada a resumir, en primera instancia y mediante una exhaustiva revisión documental, buena parte de la bibliografía producida al calor de los debates mediáticos y académicos cubanos, referidos a la necesidad de un cambio en la regulación de los medios y de la comunicación nacional en la última década. Tal labor se llevó a cabo bajo la guía de cinco tópicos esenciales en dichos diálogos dentro del gremio periodístico, a saber: 1) la propiedad de los medios, 2) la gestión mediática, 3) el papel de la autorregulación y de la ética en la prensa deseada, 4) la formación profesional de los periodistas y comunicadores, así como, 5) el acceso a la información pública.

La identificación de las principales ideas discutidas con relación a dichas dimensiones, se contrastó luego con una lectura detallada de los principales documentos programáticos y jurídicos concebidos por parte del gobierno y otras instancias de la política cubana, con especial énfasis en dos de ellos: la Política Nacional de Comunicación aprobada en 2018 y el Proyecto Ley de Comunicación Social enviado al parlamento cubano y sometido a discusión pública en noviembre del 2022. El análisis derivado de estas lecturas se corresponde, en ese sentido, con una comparación dedicada a enunciar las convergencias y divergencias visibles entre las ideas y soluciones propuestas por profesionales cubanos de la prensa y la manera en que las mismas aparecen o no abordadas al interior de los textos que deberán regir la regulación de la comunicación y la prensa nacional durante los próximos años.

4. DESARROLLO DE LA INVESTIGACIÓN

Un breve examen a la documentación reunida durante el proceso investigativo previo a la redacción de estas líneas, habla a las claras de un hecho puntual: la celebración del IX Congreso de la Unión de Periodistas de Cuba (UPEC), en 2013, constituyó el principal punto de inflexión en la curva ascendente tomada por el debate de los periodistas cubanos, en torno a la pertinencia de una política y de una ley de comunicación capaz de regular el ejercicio público de esta actividad, en coherencia con las transformaciones sociales y económicas implementadas en la Isla desde el año 2011. Aun cuando existe constancia de alusiones anteriores al tema, en algunos plenos y reuniones del sector[3], semejante argumento se sustenta en que dicho cónclave generó una base articulada de consensos, a partir de la cual las propuestas de cambio derivadas del debate gremial, comenzaron a posicionarse de modo gradual y sostenido en la esfera pública nacional.

Claro está que no se trató de un hecho casual o fortuito, sino condicionado por la propia realidad de la prensa y el país de entonces, resumida en una serie de condicionantes internas y externas al sector mediático como:

---

3. Una de las investigaciones académicas realizadas precisamente en el marco del IX Congreso de la UPEC, llevada a cabo por el periodista Julio Batista (2013), refiere la existencia de un debate acerca de la necesidad de un cambio normativo y estructural para la prensa cubana, durante la celebración de un pleno del gremio en 1984. Otra alusión al tema puede encontrarse, de igual manera, dentro del libro –aún inédito, aunque disponible en formato web–, del periodista Juan Marrero (s/f), sobre el periodismo revolucionario cubano, específicamente en el capítulo dedicado a las memorias del VIII Congreso de la UPEC de 2008.

Condicionantes externas	Condicionantes internas
Incremento de desigualdad social, debilitamiento del consenso nacional, falta de liderazgo y capacidad de movilización de varias organizaciones políticas y de masas, pérdida de valores culturales y educativos, éxito progresivo de canales de comunicación y de consumo cultural informal, pérdida de audiencias y de credibilidad social en los medios tradicionales (González, 2012).	Desprofesionalización en el sector mediático, falta de idoneidad en varios de sus directivos, sistema de organización salarial inoperante, falta de exigencia y compromiso para con la profesión por parte de varios periodistas. Coexistencia de avances tecnológicos en las lógicas productivas de los medios con rutinas productivas desactualizadas. (UPEC, 2013).
Ausencia de normas jurídicas que respalden la gestión editorial y económica autónoma de los medios de prensa. Obsolescencia e/o incoherencias de varias resoluciones legales con la situación y las necesidades del sistema de comunicación social y los medios (UPEC, 2013).	Superposición de agendas mediáticas, saturación mediática en el abordaje de determinados tópicos de interés nacional, existencia de vacíos informativos sobre asuntos de interés social, predominio de la función propagandística y del tono triunfalista en no pocos contenidos mediáticos (UPEC, 2013; Elizalde, 2014).
Apertura de nuevas posibilidades y de mayor autonomía en los modelos de gestión empresarial, para instituciones de propiedades social y estatal, surgimiento y ascenso de nuevos actores económicos, mayor relevancia y apoyo al desarrollo de iniciativas, actividades y soluciones locales (Tolentino, 2016).	Falta de regularidad en las inversiones, precariedad de recursos materiales y financieros, falta de políticas para el mantenimiento y la sostenibilidad de la infraestructura disponible, carencia de determinados insumos y recursos tecnológicos indispensables para la labor periodística, e insuficiencia y sobreexplotación de medios de transporte (UPEC, 2013).

Tabla 1. Condicionantes internas y externas a la prensa cubana durante el primer lustro de la Actualización del Modelo Económico Cubano (2011-2016).
Fuente: Elaboración propia.

Tal clima se complementó asimismo con la manifestación de una postura gubernamental favorable al desarrollo del debate público concerniente al tema, como lo dejaron entrever en su momento los llamamientos hechos por el entonces presidente Raúl Castro (2011) en el *Informe Central del VI Congreso del Partido Comunista de Cuba* (PCC), el texto resultante de la Primera Conferencia Nacional de dicha organización política (PCC, 2012), así como las palabras pronunciadas por el entonces primer vicepresidente y actual presidente cubano, Miguel Díaz-Canel (2013), en el propio IX Congreso de la UPEC. Amparado en estas coyunturas y en otras que después fueron apareciendo, como las exigencias planteadas por el restablecimiento de relaciones entre Cuba y los Estados Unidos a la comunicación nacional en el año 2016, floreció el debate del gremio periodístico –aunque no exclusivo a este, sino también extensivo a otros espacios del campo comunicacional–, que aquí nos ocupa.

4.1. Claves del debate gremial sobre la transformación de la prensa

En los últimos diez años, la discusión sostenida por los periodistas y comunicadores, investigadores y académicos cubanos, respecto al imperativo de transformar el sistema comunicacional del país –y en especial el ámbito mediático–, ha oscilado en lo fundamental alrededor de una primera demanda: mayor autonomía para la prensa, capaz de expresarse en una mayor autorregulación de los medios, mayor respeto a la labor profesional periodística y a la posibilidad de una autogestión económica y financiera de las propias organizaciones mediáticas. Unida a esta, aparece otra de las demandas más recurrentes: la necesidad de activar en el modelo comunicacional anhelado, el establecimiento de un ejercicio profesional y de una prensa de verdadera vocación pública.

Así lo destaca buena parte de la bibliografía académica consultada (Batista, 2013; Garcés, 2014; Somohano, 2015; Vidal, 2015; Machado, 2016; Reinoso, 2016; Tolentino, 2016; Terrero, 2018), la cual enfatiza también la vinculación dialéctica existente entre ambos reclamos y a la vez subraya la pertinencia de extender esta política favorable a la autorregulación de las instituciones mediáticas, a todo el espacio de la vida social, la comunicación pública y el ejercicio del poder en Cuba. Esto, porque con la defensa de los dos reclamos, el ideal perseguido es el de la consecución de una praxis y de un discurso periodístico activo y generador de consensos en el terreno de la discusión pública, en la articulación y el trazado del modelo socialista cubano. Cambios que según José Ramón Vidal (2015) y Darío Machado (2016), contribuirían no solo a que las agendas mediáticas sean trazadas de un modo más participativo y horizontal, sino asimismo a que los contenidos de los medios y la labor de la institucionalidad reflejada en ellos se mantengan siempre en sintonía con los temas e intereses de las agendas públicas.

El porqué de semejantes proposiciones habría que ubicarlo en una de las limitantes más observadas a lo largo de la historia del periodismo cubano posterior a 1959: la constatación de asimetrías entre una fuerte y a veces excesiva regulación externa de los medios y una autorregulación supeditada por lo general a este primer factor (García Luis, 2004). Un síntoma evidenciado no pocas veces a pesar de los llamados de la clase política a un rol más activo de los medios en el debate público nacional, que explica por qué los reclamos del gremio en los diversos debates realizados hasta la fecha, han enfatizado además, el imperativo de establecer normas jurídicas atentas a delimitar las atribuciones y funciones de los diversos actores, fundamentalmente políticos, relacionados con el sistema social de comunicación, y en especial con la gestión editorial y económica de la prensa. Cinco años más tarde respecto del IX Congreso de la UPEC, la enunciación de los dos presupuestos seguía estando vigente en los debates sobre una necesaria reinvención de la prensa cubana, como reveló entonces una investigación de la Facultad de Comunicación de la Universidad de la Habana, basada en una encuesta aplicada a 92 profesionales del sector periodístico, donde se evaluaba la autonomía de los medios en una posición de frecuencia media con tendencia a lo bajo (Terrero, 2018).

Esta limitación provocó que en no pocos de los debates gremiales, el intercambio de opiniones a menudo se centrara en el análisis de dos temas puntuales como la propiedad y gestión de la prensa. Por una parte, el recurso de dialogar acerca de la propiedad, partió por lo general del consenso de que la propiedad social establecida en la entonces vigente Constitución Cubana de 1976, sobre los medios de comunicación, era una de las fortalezas del modelo social socialista (Machado, 2016). Aun cuando esa garantía, como puntualizaron algunas opiniones emitidas por miembros del gremio, recopiladas en varias indagaciones académicas (Franco, 2016; Reinoso, 2016; Tolentino, 2016; Terrero, 2018), no ha sido suficiente en la práctica ante la mencionada regulación externa ejercida en lo fundamental desde el PCC. Fenómeno que a decir del otrora decano de periodistas en la Universidad de La Habana Raúl Garcés Corra (2014), lejos de convertir a los medios en vehículo de expresión ciudadana, delimitó su funcionamiento como "aparatos ideológicos del Estado" o como "amplificadores acríticos de la información emitida por las instituciones" (p. 55).

Como consecuencia, en el caso mediático la propiedad social declarada constitucionalmente se ha fundido y confundido con la propiedad estatal, al punto de que como expresa otro profesional e intelectual cubano, Aurelio Alonso (como se citó en Reinoso, 2016), lo que se supone teórica y jurídicamente "propiedad de todo el pueblo, el pueblo no la tiene ni la siente como tal" (p. 120). El otro motivo del cuestionamiento sobre la propiedad derivó en su momento de los nuevos medios sociales emergentes sobre todo en el espacio digital nacional, los cuales, al estar fuera del exiguo marco legal trazado en la constitución del 76, establecieron una competencia asimétrica por los públicos, con los medios de prensa tradicionales y oficiales cubanos. Otros argumentos atendieron asimismo a una evidente precariedad en la infraestructura y las finanzas de los medios, en lo general dependientes del presupuesto estatal asignado.

En cuanto a la gestión editorial, no pocos de los reclamos han subrayado esencialmente la necesidad de fomentar una mayor participación de los públicos en la conformación de las agendas mediáticas, ora a través de repensar los criterios de noticiabilidad y los valores noticia con que opera la prensa nacional, además de actualizar ciertas prácticas comunicativas, tributando a un "incremento de los espacios de análisis e intercambios de puntos de vista diferentes sobre asuntos de interés social que ayuden a fomentar la capacidad de discernimiento" en el pueblo "y activen la participación política y social" (Vidal, 2015, p. 8). A dichas ideas se sumarían otras de gran interés teórico-metodológico, resumidas por otro investigador del gremio, Yoelvis Moreno (2017), en una enumeración de pautas que deberían regir el nuevo modelo de gestión a concebir: 1) la orientación de todos los procesos "hacia el desarrollo y la consolidación de un pensamiento estratégico editorial", 2) el trabajo en equipo para la concreción de una "visión compartida entre todos los miembros de la organización [mediática]", así como al reforzamiento de la participación de estos en los procesos internos; 3) la promoción de un clima organizacional defensor de la iniciativa y creatividad de sus profesionales; 4) el fomento de "una concepción dialógica entre el medio y sus públicos", amparada incluso en el estudio de estos últimos mediante métodos, recursos y técnicas de investigación científica sistemática y multidisciplinar; 4) el establecimiento de prácticas continuas de socialización a todos los niveles organizacionales; y 5) el monitoreo sostenido de la producción periodística nacional e internacional como "base para la proyección integral del quehacer editorial" (pp. 1321-1327).

En lo concerniente a la gestión económica, algunas proposiciones han esclarecido la pertinencia de impulsar mecanismos a favor de una mayor apertura en la utilización y la diversidad de fuentes de financiamiento, ante las frecuentes restricciones del marco jurídico entonces vigente para emplear las partidas del presupuesto, en función de las necesidades logísticas, tecnológicas y materiales de cada medio. Con lo cual, la discusión entre los periodistas ha oscilado generalmente alrededor de dos transformaciones: una mayor descentralización en los procedimientos establecidos para el uso del presupuesto económico y la habilitación de nuevas vías de financiamiento complementarias al tradicional presupuesto estatal asignado (Terrero, 2018). Cabe añadir que entre las fuentes de financiamiento propuestas en los debates figuran: 1) la contratación y prestación de servicios, 2) la comercialización de la propiedad intelectual, de los contenidos y productos mediáticos, 3) la inserción regulada de publicidad y 4) la tenencia de publicaciones editoriales o canales alternativos de comunicación con los públicos (Terrero, 2018).

Del propio debate sobre la gestión y la propiedad de la prensa, de conjunto con la diatriba planteada entre los medios tradicionales y la emergente prensa digital nacida de los vacíos legales en el marco regulatorio anterior, se deriva también el interés de los periodistas por discutir el papel de la ética en el modelo social de comunicación anhelado. Tópico remarcado no solo por la competencia entre los medios, sino también por la migración de los profesionales del sector hacia la prensa emergente, de mejores incentivos y ofertas salariales, o la aún más alarmante coexistencia de varios profesionales en ambas aguas del periodismo nacional de la última década. La connotación de este divorcio no puede pasar desapercibida, toda vez que según plantea Elizalde (2014) dio paso a una escisión vista entre dos paradigmas comunicativos: el del obsoleto modelo de los medios de comunicación masiva (MCM) y el de los llamados nuevos medios sociales (NMS).

Vale acotar, sin embargo, que en el contexto de semejante separación entre paradigmas, la discusión gremial sobre la ética ha encontrado consenso en la premisa de que aun así, la ética que caracterice al modelo de prensa por construir, debería ser por principio una sola e indivisible[4]. Junto a la idea de que los textos jurídicos garantes de velar por el cumplimiento de la política comunicacional se pronuncien asimismo a favor de una mayor centralidad de la responsabilidad social de los medios y demás actores en la comunicación pública, llegando incluso a proponer la elaboración de un código deontológico común para toda la prensa y sus profesionales. Más que para censurar claras muestras de diversidad de discursos y agendas mediáticas, lo perseguido con este debate ha sido cerrar filas contra malas prácticas en las dos orillas del periodismo nacional, buscando unir, de paso, todos los espacios actuales de la comunicación pública. La preocupación por esas ideas a su vez ha surgido de la evidente desprofesionalización del sector, de la ausencia de normas relativas al uso y manejo de la propiedad intelectual de los trabajadores, y hasta de la pertinencia de pautar por escrito los principales estatutos rectores de la relación de los profesionales periodísticos con las fuentes de información.

Precisamente en medio de esta disputa sobre la relación de la prensa y las fuentes informativas, se sitúa el también discutido tópico del acceso a la información pública, de manera oportuna y veraz. Temática donde se ha destacado la centralidad de reforzar el principio de la transparencia, como un eje transversal a la política comunicacional, al proyecto ley de comunicación y al eventual origen de otros textos jurídicos o no, referidos a los procesos de participación social y fiscalización ciudadana. El porqué de semejante petición se halla en los propios problemas que con frecuencia ha atravesado el ejercicio periodístico en la Isla, debido al secretismo, como uno de los rasgos heredados décadas atrás del modelo verticalista soviético. Y que dio al traste con una relación de dependencia de la prensa para con las fuentes, dándole a estas últimas la potestad de administrar las informaciones de carácter público en función de intereses no siempre explícitos y de una tradicional mentalidad de "plaza sitiada".

El reconocimiento jurídico de este principio para los medios y la sociedad, según precisan varias de las referencias consultadas (Garcés, 2014; Somohano, 2015; Vidal, 2015; Reinoso, 2016; Tolentino, 2016), sería imprescindible para la consecución de escenarios sociopolíticos y comunicacionales cada vez más participativos y dialógicos. De ahí la importancia de su demanda en tanto precepto generador de un modelo de sociedad y comunicación democrática, a partir del aseguramiento de la transparencia

---

4. Este argumento se basa en una de las declaraciones de la Comisión Nacional de Ética de la UPEC (2015) a raíz de algunos de los fenómenos y problemáticas antes mencionadas, en la cual se afirmaba: Sin ánimo de erigirse en juez, la Comisión Nacional de Ética de la UPEC, quiere solamente llamar a la reflexión acerca de una verdad que nos parece incuestionable: la ética es una e indivisible, para todos los que participan en el proceso de confección de productos comunicativos, sean periodistas o no, sean afiliados a la UPEC o no. La ética profesional es la misma tanto en medios impresos, radiales o televisados (…), como en un blog personal y (…) las redes sociales donde se puede recibir el espejismo de que ninguna ley obliga al cuidado de la expresión respetuosa (p. 3).

como su principal resultado y objetivo. Entre las principales potencialidades de contar con semejante principio destacan las posibilidades de: activar el papel de contralor de la ciudadanía en torno a la gestión de las instituciones públicas y locales, una mejora de la participación social en los procesos de gobierno y deliberación pública, gracias a la disponibilidad oportuna y al manejo de información concisa, comprensible y verídica, mayor efectividad de los procesos de rendición de cuentas, reducción de los vacíos informativos y de las manifestaciones de autocensura mediática, entre otras.

Una discusión, en la que se han planteado demandas puntuales como: la delimitación explícita del concepto de información pública en la política y la ley comunicacional (Vidal, 2015; Tolentino, 2016), el establecimiento de una obligatoriedad de las entidades y funcionarios públicos a brindar la información concerniente a la labor que realizan en representación de los ciudadanos, la creación de una "estructura institucional independiente y autónoma" que incorpore los sujetos obligados por una ley de transparencia y velar por el cumplimiento de esta (Olivera y Rodríguez, 2017), y la inserción en la propia prensa, de mecanismos populares de control que estimulen la participación ciudadana en los diversos procesos y niveles de la comunicación pública en el país (Ronquillo, como se citó en Tolentino, 2016).

Este tópico, concebido en el debate como necesariamente extensible a todas las esferas de la vida social y del ejercicio del poder en la nación (Vidal, 2015), ha marchado asimismo a la par de los planteamientos del gremio sobre la necesidad de una mayor profesionalización de los periodistas y demás trabajadores de la prensa. Debe aclararse, no obstante, que quizás en este punto la creación de un consenso gremial alrededor de varias de las proposiciones discutidas ha resultado difícil, a causa de las propias tensiones en el campo comunicacional, entre los sectores de directivos, de los profesionales mediáticos e investigadores provenientes de la academia. Cinco años después de su noveno conclave, la UPEC enumeraría en el Informe Central de su X Congreso (2018), además de cuántas acciones había implementado de cara a la preparación de dirigentes de medios, la atención e incorporación de estudiantes de periodismo y la modificación y reducción del plan de estudios de diez a ocho semestres, cuánto faltaba también por realizar en el plano de la formación profesional, a causa de: 1) incongruencias entre las matrículas de estudiantes y las demandas de los medios, 2) la persistente "carencia de profesionales vinculados a los procesos docentes", 3) el incumplimiento en la realización del servicio social y 4) un todavía necesario fortalecimiento del claustro universitario en lo relativo a la experiencia de los docentes en el ejercicio de la profesión y una atracción mayor de los egresados de la carrera hacia la labor docente e investigativa académica, de postgrado (p.10).

Entre las propuestas realizadas por los periodistas a propósito de este asunto, se han encontrado las siguientes: 1) la oferta constante de cursos de superación para los profesionales de la prensa, 2) la promoción de iniciativas para retener el capital profesional y humano del sector, 3) la ubicación en los medios de un mayor número de directivos provenientes del periodismo o profesiones afines, 4) la conveniencia de más asociaciones entre medios, universidades e instituciones públicas de cara a fomentar la innovación y la producción de contenidos mediáticos de calidad, así como 5) la asunción del rol supervisor por parte de la UPEC, para impulsar y socializar distintas acciones de superación profesional (Terrero, 2018).

4.2. La política, la ley y el debate: convergencias y divergencias

Justo una década más tarde del congreso periodístico que abriría el camino de las demandas de la prensa para una mayor autorregulación y revitalización de sus predios, el debate continúa, ahora bajo la forma de la discusión de un Proyecto de Ley de Comunicación Social, cuya presentación en el parlamento cubano sigue estando aplazada hasta nuevo aviso. Su importancia es capital, puesto que se trata del primer documento jurídico vinculante resultante de estos diez años de debate, y que a juzgar por buena parte de sus contenidos y del espíritu de su redacción, ha sabido tomarle el pulso a no pocas de las peticiones planteadas dentro del gremio. Lo primero que llama la atención, remite al alcance de la ley: no solo destinado a regular el ejercicio de la comunicación a nivel mediático, sino también a escala organizacional y comunitaria, de los procesos comunicativos dados con fines políticos, institucionales y comerciales, ya sea en espacios físicos o digitales. Amplitud que la lleva a establecer disposiciones en múltiples direcciones: sobre la prensa, las rutinas comunicativas, productivas y la gestión de la información dentro de la institucionalidad cubana, la responsabilidad social en el ciberespacio, los derechos y deberes de la prensa extranjera acreditada en el país, etc.

Temas como la propiedad y la gestión mediática muestran, por ejemplo, una correspondencia bien grande entre el debate y los contenidos de la política comunicacional y el proyecto de ley cuya aprobación todavía está pendiente. Este último documento, reconoce en su artículo 27.2 que los medios en el nuevo sistema comunicacional por construir, son de "propiedad socialista de todo el pueblo, de las organizaciones políticas, sociales y de masas", y del mismo modo "no pueden ser objeto de otro tipo de propiedad", de acuerdo con lo establecido en la nueva constitución nacional aprobada en 2018 (*Proyecto Ley...*, 2022, p. 17). Un estatuto bastante coherente con las demandas del gremio periodístico, cuya única acotación polémica responde a una clausura legal de los medios digitales que antes habían emergido al margen de la legalidad anterior, y que por un tiempo fueron llamados medios privados, al ser fundados dentro del país, en ocasiones con capital extranjero en su financiación, y ofrecer sus espacios de publicación a no pocos profesionales del sector nacional. Si bien es cierto que el consenso en el debate gremial, no se extendió nunca hacia un reconocimiento de estos nuevos actores dentro de las normativas jurídicas anheladas, al menos no de una manera representativa, resulta curiosa dicha decisión, garante de una base legal para remarcar el carácter clandestino de estos medios que durante el período en que operaron en cierto estado de alegalidad, supieron entablar un diálogo con el público nacional y sus intereses informativos.

Otro aspecto interesante radica en la gestión económica de los medios, donde se habilitó –tal y como se había exigido– el incremento de nuevas vías de financiamiento, aunque también quedó pautado que en el caso de "los medios fundamentales de comunicación social"[5], toda vía económica será complementaria a la asignación de un presupuesto estatal como vía esencial de financiación (Artículo 37.1.). Cabe aclarar que la apertura en la gestión económica de los medios ya había sido anunciada en la política comunicacional de 2018, quedando pendiente entonces el desarrollo de su regulación conforme se redactara el proyecto de ley y demás reglamentos de los organismos y las entidades ligadas al ámbito de la comunicación pública en Cuba. Idea que se sostiene en el actual proyecto de ley y que también guarda correspondencia con varias de las vías enunciadas en el debate

---

5. El Artículo 27.1 del *Proyecto de Ley...* (2022) define como "medios fundamentales de comunicación social" a las organizaciones mediáticas que resultan estratégicas para la construcción del consenso, la gestión participativa del desarrollo de la nación, transparentan la gestión gubernamental y el ejercicio de la democracia socialista, tributan al desarrollo de valores y de la identidad nacional y movilizan la acción social para los intereses ciudadanos (Proyecto de Ley, 2022, p. 27).

gremial como posibilidades financieras, incluida la autorización de la venta de espacios de publicidad, como un hecho con muy pocos precedentes en la gestión de la prensa cubana posterior a 1959 (*Proyecto de Ley...*, 2022, pp. 23-24).

Algunas semejanzas entre el debate y los documentos se advierte asimismo en los temas de la gestión editorial de la prensa, cuya explicación en la ley recoge una serie de principios, deberes y derechos de los diversos actores de la comunicación pública nacional, encaminadas a asegurar, al menos a un nivel de discurso, la soberanía de los medios en el trazado de sus respectivas agendas, con participación únicamente de los ciudadanos. De igual modo, ambas esferas convergen en los temas del acceso a la información pública y la transparencia, donde finalmente el proyecto de ley dispone en dos artículos: la obligatoriedad de las organizaciones a proporcionar de manera clara y oportuna toda la información pública que se les solicite por parte del pueblo y la prensa (Artículo 20 en su inciso d), y la opción de que los profesionales de los medios puedan denunciar a quienes de algún u otro modo dificulten el acceso oportuno a la información pública o aporten datos erróneos (Artículo 31 en su inciso c).

Las convergencias también se extienden a la demanda gremial sobre la creación de una entidad encargada de velar por el cumplimiento de la política comunicacional y la ley que se debate, el Instituto de Información y Comunicación Social (IICS), cuyas atribuciones, sin embargo, van más allá de velar por la transparencia de la institucionalidad y la prensa cubanas, para incidir directamente en la regulación del sistema de comunicación nacional (Artículo 96); la regulación de la publicidad (Artículo 77), la alfabetización de la ciudadanía en asuntos de capacitación crítica y de participación responsable en los medios , así como interacción con las tecnologías de la información (Artículo 89 inciso b); además de regir la planificación y el desarrollo de acciones de superación profesional de conjunto con las universidades (Artículo 89 inciso d).

Por su parte, la principal divergencia se manifiesta en la ausencia de disposiciones al interior de la política y la ley, referidas a la autorización y descripción de mecanismos de control popular en los medios, tales como defensorías de los públicos y espacios de audiencias públicas; lo cual podría dar a entender, el poco desarrollo dedicado hasta ahora a delimitar con precisión el margen de actuación de los ciudadanos en el específico espacio de los medios de comunicación masiva, al tiempo que no consolida la mencionada sintonía de los medios con sus públicos, en primer lugar. Si bien dicha carencia podría solucionarse a posteriori con alguna normativa dedicada a optimizar la participación de los ciudadanos en los procesos de comunicación, deliberación pública y fiscalización del poder, su no inclusión, hasta ahora, resulta cuanto menos llamativa.

Otra disonancia entre el debate y los documentos, en apariencia nacidos de este, aunque menos relevante, se localiza en el tópico de la ética, puntualmente en la creación de un código deontológico en común para todos los profesionales de la prensa; posibilidad que el proyecto de ley no concreta, aunque sí establece en su artículo 36, la obligación de cada medio a publicar en su sitio web las normas éticas a partir de las cuales se rigen sus trabajadores. Al margen de este detalle, los documentos también enfatizan la centralidad de la ética y de la responsabilidad social de los actores comunicacionales –instituciones, periodistas y aun personas naturales mediante sus publicaciones en el ciberespacio– en el ejercicio y regulación de esa actividad humana transversal a casi todas las esferas de la vida en sociedad: la comunicación.

Tema	Demanda	Debate del gremio periodístico	Política y proyecto ley comunicacional
Propiedad mediática	Predominio de la propiedad social de los medios	✔	✔
Gestión editorial y económica	Ampliación de vías de financiamiento económico	✔	✔
	Participación de los públicos en la conformación de la agenda mediática	✔	✔
	Reforzamiento de la participación de los profesionales del medio en los procesos editoriales internos	✔	✔
Autorregulación y ética	Mayor protagonismo a la capacidad autorreguladora de los medios	✔	✔
	Elaboración de preceptos y un código deontológico en común para todos los profesionales del sector	✔	✖
Profesionalización	Oferta constante de oportunidades de superación profesional y académica para los trabajadores de los medios	✔	✖
Acceso a la información	Regular la relación de los medios de prensa con las fuentes de información en función de no obstaculizar la labor pública de los primeros	✔	✔
	Creación de un organismo autónomo ocupado de definir los tipos de sujeto obligados una ley de transparencia y velar por su cumplimiento	✔	✔
	Inserción de mecanismos de control popular en los medios de prensa	✔	✖
	Disponer la obligatoriedad de los funcionarios e instituciones públicas a proporcionar información oportuna, comprensible y veraz	✔	✔

Tabla 2. Correspondencia entre algunas de las principales proposiciones esgrimidas en el curso de los debates periodísticos y lo contenido en los documentos programáticos y jurídicos resultantes de estos procesos. Fuente: Elaboración propia.

5. CONCLUSIONES

A falta de mayor información respecto del nivel de participación de los profesionales de la comunicación y de la prensa en Cuba, en la redacción y la discusión de los documentos normativos aquí examinados, la contrastación de convergencias y divergencias entre los debates del gremio y los contenidos de la política y el proyecto de ley de comunicación, constituye cuanto menos una labor provocativa. No solo por cuanto refleja la existencia de una sintonía entre discursos relativos a un mismo período (2013-2023), sino también por la identificación de zonas de fricción, donde la materialización de las demandas del gremio periodístico tomó –para bien o para mal– un camino distinto en los contenidos programáticos y jurídicos del sistema comunicacional aspirado a erigir. Los documentos han dado cuenta, por ejemplo, de la necesidad de trascender la regulación del ámbito mediático hacia distintos niveles transversales a toda la sociedad cubana, aun cuando han procurado delimitar la silueta de un marco legal mediático centrado en tópicos como la gestión económica, los modelos de propiedad y el establecimiento de disposiciones que garanticen la responsabilidad social de las personas en el espacio público.

Hasta aquí, el estudio se propuso arrojar algo de luz mediante una comparación global, en la que, no obstante, quedó mucho por decir en cuanto a cómo este nuevo proyecto de ley para la comunicación en Cuba ha sido abordado específicamente desde espacios distintos a los de la academia y la organización que aglutina a muchos profesionales de la prensa. Ahí radicó justo su grado de utilidad y de pertinencia –en sintetizar varias de las ideas del debate periodístico–, además de su más ilustrativa limitación –puesto que por sí sola, la ponencia es incapaz de ahondar más de lo conveniente en ciertos temas. Y es precisamente por esto, que restan todavía por desarrollar otras miradas que atiendan a este asunto, desde perspectivas por explorar, aunque acaso más dialogantes y atentas al ciudadano y a otros actores de la realidad comunicacional cubana. Por lo pronto, estas líneas podrían funcionar más bien como una provocación para seguir profundizando en un tema que, pese a tener ya poco más de una década, sigue ofreciendo nuevas rutas desde donde observar el camino de estos debates periodísticos, en sus encrucijadas y sus líneas de fuga con relación a la legalidad que se construye.

6. REFERENCIAS

Batista, J. (2013). *Por una Prensa al Derecho. Dimensiones de análisis desde el debate profesional en torno a la pertinencia y construcción de un estatuto jurídico legal para el ejercicio de la prensa en el contexto cubano.* (Tesis). Facultad de Comunicación, Universidad de La Habana, Cuba.

Castro, R. (2011). *Informe Central del VI Congreso del Partido Comunista de Cuba.* http://www.granma.cu/granmad/secciones/6to-congresopcc/artic-04.html

Díaz-Canel, M. (2013). Se necesita mucho de la prensa cubana para construir un socialismo próspero y sostenible. *Enfoque* (Memorias del IX Congreso de la UPEC), 2-7.

Elizalde, R. (2014). *El consenso de lo posible. Principios para una política de comunicación social desde la perspectiva de los periodistas cubanos.* (Tesis). Facultad de Comunicación, Universidad de La Habana, Cuba.

Franco, A. (2016). *Entre la espada y la pared. ¿Cómo se gestiona la prensa en Cuba?* (Tesis). Facultad de Comunicación, Universidad de La Habana, Cuba.

Garcés, R. (2014). La actualización del modelo y la (des) actualización de la prensa: consensos, disensos y silencios mediáticos en torno a la Reforma cubana. *OSAL Observatorio Social de América Latina, 36,* 47-59.

García Luis, J. (2004). *La Regulación de la Prensa en Cuba: Referentes Morales y Deontológicos.* (Tesis Doctoral). Facultad de Comunicación, Universidad de La Habana, Cuba.

González, L. (2012). La Actualización del modelo en la prensa: el periodismo cubano en tiempos de cambio. *Temas, 72,* 20-27.

Machado, D. (2016, Marzo). *Cuba frente a la desinformación. El modelo de prensa cubano como alternativa a la desinformación de la derecha en América Latina.* Conferencia inaugural del Coloquio de Políticas Públicas de Comunicación, Instituto Internacional de Periodismo José Martí, La Habana, Cuba.

Marrero, J. (s/f). *El Periodismo en Cuba: La Revolución* (Libro inédito). http://www.cubaperiodistas.cu/wp-content/uploads/cap55.pdf

Moreno, Y. (2017). Bases teóricas, metodológicas y prácticas para una gestión editorial en organizaciones mediáticas cubanas de prensa escrita. En *Memorias del IX Encuentro Internacional de Investigadores y Estudiosos de la Información y la Comunicación* [CD-ROM] (pp. 1303-1330). La Habana: Facultad de Comunicación de la Universidad de La Habana.

Olivera, D. y Rodríguez, A. (2017). Apuntes teóricos en torno a los derechos de acceso a la información y a la comunicación de cara a un debate para el contexto cubano. *ALCANCE Revista Cubana de Información y Comunicación, 6*(13), 49-86. http://www.alcance.uh.cu/index.php/RCIC/article/view/95/94

PCC. (2012). *Primera Conferencia Nacional del Partido Comunista de Cuba. Proyecto Documento Base.* http://congresopcc.cip.cu/wpcontent/uploads/2011/10/tabloide-conferencia.pdf

Proyecto de Ley de Comunicación Social (2022). Asamblea Nacional del Poder Popular. https://n9.cl/0pkbk

Reinoso, D. (2016). *Con la adarga al brazo. Un análisis de los rasgos de la prensa cubana post-1959, a juicio de intelectuales de diversas disciplinas de las Ciencias Sociales.* (Tesis). Facultad de Comunicación, Universidad de La Habana, Cuba.

Somohano, A. (2015). Debate teórico-conceptual, confrontación histórica y supuestos de partida de una política pública de comunicación para el contexto cubano. *ALCANCE Revista Cubana de Información y Comunicación, 4*(8), 43-71. http://www.alcance.uh.cu/index.php/RCIC/article/view/52/52

Terrero, A. (2018). *Guardianes de la confianza pública. Referentes prácticos de la prensa de servicio público factibles para el ejercicio del periodismo cubano.* (Tesis). Facultad de Comunicación, Universidad de La Habana, Cuba.

Tolentino, W. (2016). *La Utopía rumbo a Cuba... Una aproximación a los presupuestos legales de las políticas latinoamericanas de comunicación en vigor que podrían tributar a la dimensión jurídica de la prensa en Cuba.* (Tesis). Facultad de Comunicación, Universidad de La Habana, Cuba.

UPEC. (2013 a). *Resumen del Trabajo de las Comisiones* (IX Congreso). La Habana: Unión de Periodistas de Cuba.

UPEC. (2015). *La ética es una e indivisible.* Declaración de la Comisión Nacional de Ética. La Habana: Unión de Periodistas de Cuba.

UPEC. (2018). Informe Central del X Congreso de la UPEC. La Habana: Unión de Periodistas de Cuba.

Vidal, J. (2015, Marzo). *Supuestos, derroteros y retos de una política pública de comunicación en el contexto de la Actualización del Modelo Económico y Social Cubano.* Conferencia inaugural del II Encuentro de Socialización de Investigaciones en Periodismo, Facultad de Comunicación de la Universidad de La Habana, Cuba.

RESPONSABILIDAD SOCIAL CORPORATIVA, VALIDACIÓN DEL INSTRUMENTO Y SU INFLUENCIA CON VARIABLES ESTRATÉGICAS EN EMPRESAS ECUATORIANAS

Mikel Ugando Peñate[1], Ángel Ramón Sabando García[1], Reinaldo Armas Herrera[2], Angel Alexander Higuerey Gómez[2,3], Elvia Rosalía Inga Llanez[2], Pierina D'Elia-Di Michele[2]

El presente texto nace en el marco del Proyecto:"Gestión del conocimiento enfocado en la vivencia de los valores cristianos y su impacto en el desempeño, la planeación y modelización financiera empresarial en las pymes de las zonas 4 (Manabí y Santo Domingo de las Tsáchilas) y 7 (Loja, Zamora Chinchipe y El Oro) de Ecuador" aprobado en la Convocatoria de Proyectos de Investigación de la Pontificia Universidad Católica del Ecuador, CP-PUCESD-2023 del Grupo de investigación PLANNING, INNOVATION AND FINANCIAL MODELING APPLIED (FINNOVAPLAN).

1. INTRODUCCIÓN

En los últimos años la responsabilidad social empresarial (RSE) está considerada como un proceso multidisciplinario que detalla la forma de actuar de las empresas, más que del objetivo en sí mismo de la organización (Gallardo *et al.*, 2013). Se describe que el proceso de la construcción de un instrumento de RSE garantiza la medición de diferentes dimensiones o actividades que realiza un empleado relacionadas con asuntos sociales, ambientales y económicos, o como percibe la empresa un usuario, por lo tanto, se genera un instrumento único que mediría cada objetivo de una empresa (Martínez, 2019).

En este contexto, la medición del nivel de RSE se realiza, mediante la técnica estadística multivariante de ecuaciones estructurales que proporciona el ajuste global del modelo con parámetros confiables, la validación del cuestionario de la responsabilidad social (Crespo Albán *et al.*, 2016 y Núñez *et al.*, 2021). Esto es posible a través de un análisis exhaustivo de los resultados empíricos, así como de una medición profunda que considere las pruebas de los diferentes tipos de validez (fiabilidad de consistencia interna, confiabilidad de ítems y constructo, análisis de convergencia y discriminante) (Arredondo Trapero *et al.*, 2018).

Antes de aplicar las ecuaciones estructurales, se debe realizar un análisis exploratorio con la finalidad de medir la consistencia interna y validez discriminante del instrumento. Inicialmente se valida la matriz de correlaciones y simultáneamente la extracción de

---

1. Pontificia Universidad Católica del Ecuador-Sede Santo Domingo, PuceSD (Ecuador)
2. Universidad Técnica Particular de Loja, UTPL (Ecuador)
3. Universidad de Los Andes (Venezuela)

factores, que deben presentar puntuaciones significativas en la variabilidad de las puntuaciones (Domínguez Lara *et al., 2019*). Los análisis factoriales exploratorios y confirmatorios y la validez convergente-discriminante, son herramientas estadísticas que miden la consistencia interna y oscilan entre 0,88 y 0,92 (González y Ibáñez, 2018).

Algunos autores han avalado el uso de las ecuaciones estructurales para medir la validación de un instrumento (Martínez Ávila y Fierro Moreno, 2018). Norabuena *et al.* (2021) determinan que los modelos de ecuaciones estructurales sirven para medir la simulación teórica y empírica, revelando que las estimaciones obtenidas en el modelo estructural presentan significancia estadística que hace factible al modelo. Además, se muestra un ajuste confiable y específicamente en los ajustes globales y de comparación, y una baja puntuación en los parámetros de los índices que miden la parsimonia del modelo (Vázquez *et al.*, 2018).

1.1 Fiabilidad individual, compuesta y de constructos

En el contexto RSE, el análisis de fiabilidad es un índice de consistencia interna. El test alfa de Cronbach y de fiabilidad compuesta se emplean para demostrar que los constructos tienen validez y consistencia interna (Bonales Valencia *et al.*, 2022). Crespo Albán *et al.* (2016), expresan que la fiabilidad interna del alfa de Cronbach para medir la RSE es alta (0,840), permitiendo evidenciar para las dimensiones social, económica y ambiental que son constructos específicos para medir la RSE. Otros autores, como Barrios y Cosculluela (2013) concluyen que la fiabilidad adecuada está en un intervalo de 0,70 y 0,95; y señalan que los valores muy cercanos a uno indican preguntas redundantes.

La prueba alfa de Cronbach es la más utilizada para medir la confiabilidad de las dimensiones de un constructo (Carrión *et al.*, 2022; Rodríguez-Rodríguez y Reguant-Álvarez, 2020). Cuando se presentan ítems que no aportan valores altos (< 0,70), se recomienda eliminar estos ítems o preguntas, mejorando la fiabilidad y validez, obteniendo mejores puntuaciones por pregunta. Este proceso se le conoce como validez de contenido (Landázuri Aguilera *et al.*, 2019). Debido a eso, si las preguntas y en los constructos tienen una puntuación por encima del 0,70, se demuestra que el instrumento es factible para su aplicación (Arévalo y Padilla, 2016). En un estudio sobre la RSE y rendimiento laboral, se demostró una confiabilidad interna de alfa de Cronbach 0,974 para la responsabilidad social y 0,925 de fiabilidad para el rendimiento laboral (Cuba Carbajal *et al.*, 2020).

Por otro lado, la confiabilidad compuesta de los ítems es una técnica estadística para medir la evidencia de precisión de los ítems que conforma un constructo (Fornell y Larckert, 1981). Puede ser entendida como una propiedad de las puntuaciones de los ítems que conforma el constructo de un instrumento, y por defecto a mayor confiabilidad menor error de medida (Ventura León *et al.*, 2017). Además, la confiabilidad compuesta debe presentar valores mayores o iguales a 0,70 para considerar que el ítem es aceptable (Angelo *et al.*, 2019). Otros investigadores permiten una confiabilidad compuesta menor que abarca hasta 0,60 (Hair *et al.*, 2018). En este mismo contexto, los valores de la confiabilidad compuesta deben ser mayores a los índices de fiabilidad de alfa de Cronbach para cada una de las preguntas o constructos en estudio (Salgado y Espejel, 2016). Angelo *et al.* (2019) destacan que en algunas investigaciones la confiabilidad compuesta presentó valores no convincentes; por lo tanto, estas preguntas deben eliminarse, mejorando la confiabilidad de los ítems.

No obstante, como menciona Moral (2019), al mantener correlaciones altas y constantes en las preguntas o ítems, el constructo va a recibir una confiabilidad más alta y de la misma forma, esta alta correlación puede ser incidida por el número de preguntas que pueda conformar el factor. Domínguez Lara *et al.* (2019) describen que en la confiabilidad de los constructos sus coeficientes fueron elevados tanto con la muestra de calibración como en la aplicación del instrumento con una muestra significativa. Por lo tanto, el índice obtenido en cada constructo es un indicador muy relevante al explicar la varianza media explicada por el instrumento con relación al constructo que se desea investigar (Puentes y Díaz, 2019).

1.2. Validez convergente de los constructos (VME), validez discriminante e índice global del modelo ajustado

Para estudiar la validez convergente de un constructo se utiliza como instrumento la varianza media extraída (Fornell y Larcker, 1981). Este índice proporciona la cantidad de varianza explicada de una dimensión, constructo o factor, índices que se obtienen de sus indicadores en función a la cantidad de varianza proporcionada por el error de medida. Mediante el análisis estructural de la varianza media extraída se comprueba una consistencia interna global excelente y buena para los constructos de un instrumento, generando una confiabilidad aceptable en el modelo (González, 2019). Por lo general, la validación del instrumento para cada dimensión o constructo de la varianza media extraída debe superar o ser igual al 0,50 de confiabilidad (Carrión Bósquez *et al.*, 2022).

Validar una escala de medida mediante el análisis factorial confirmatorio (AFC) permite mostrar de qué manera se consigue la fiabilidad y validez del modelo. En las ciencias sociales y del comportamiento, este tipo de técnicas es muy recomendable (Martínez Ávila, 2021). Moral (2019) evidenció una incidencia negativa cuando el constructo o dimensión presentan un exceso de preguntas, al generar una disminución en los valores de la varianza media extraída por cada factor. A su vez, se determinó que valores de la varianza media extraída menor a 0,50 pueden reflejar niveles aceptables de validez convergente. No obstante, Mendoza-Arvizo y Solís-Rodríguez (2022) demostraron que los parámetros de la prueba de validez convergente están correlacionados y que, conforme a los valores de la varianza media extraída, la correlación es fuerte. Conde-Mendoza *et al.* (2023) identificaron una adecuada validez convergente con índices de confiabilidad compuesta mayores de 0,70, así como de una varianza media extraída mayor de 0,50 para cada variable latente.

Durante el proceso de la validez discriminante, si la mayoría de los constructos presentan un índice de discriminación de ≥ 0,40, estos indican que discriminan positivamente; por lo tanto, este índice es aceptable y demuestra que los constructos o dimensiones no están correlacionados entre sí (Gutiérrez Mendoza *et al.*, 2019). Salessi y Omar (2019) describieron que las ecuaciones estructurales exploratorias mostraron saturaciones cruzadas inferiores a 0,30 y un adecuado ajuste del modelo. Los valores de varianza media extraída, de su raíz cuadrada y de la proporción, aportan evidencia de validez discriminante para el instrumento (Pagano y Vizioli, 2021).

En este mismo contexto, Yépez Alvarez (2022), en un estudio sobre la evaluación de la validez, demostró qué el constructo se correlacionó de forma acorde a la teoría con otras variables, evidenciando validez convergente y discriminante. En la evaluación de la confiabilidad, el instrumento obtuvo coeficientes alfa adecuados en el puntaje total. Carrión Bósquez *et al.* (2022) detallaron que, si la varianza media extraída es mayor que el cuadrado de la correlación entre constructos, la validez discriminante es determinada, cumpliéndose el principio de que los constructos sean diferentes entre ellos (Fornell y Larcker, 1981). También se calcula la validez discriminante que mide en qué medida un compuesto es verdaderamente distinto de otros compuestos (Hair *et al.*, 2018). Para su cálculo se comparan los valores de la raíz cuadrada de la varianza media extraída para cada compuesto con las correlaciones entre compuestos asociados a esa construcción (Hernández-Perlines, 2017). Mediante el índice global del modelo ajustado las dimensiones del instrumento de la responsabilidad se ajustan a los parámetros en condiciones aceptables con respecto a los diferentes contrastes que se emplean para validar este instrumento. En tal sentido, el modelo de la responsabilidad social presentó índices de ajustes aceptables con un *Comparative Fit Index* (CFI) 0,86 y un error cuadrático medio de aproximación (RMSEA) de 0,135 y un *valor p* menor a 5% (Enciso Alfaro *et al.*, 2020).

En este mismo escenario, con respecto a los contrastes de bondad de ajuste del modelo ajustado, el Chi-Cuadrado es alto y por defecto el valor de significancia es bajo (p<0,05). Sin embargo, la revisión de literatura informa que es un modelo que carece de un ajuste satisfactorio, (Arredondo Trapero *et al.*, 2018). Vázquez *et al.* (2018) mencionan que el estadístico generó un CFI equivalente a 0,932, por lo tanto, presenta un buen ajuste del modelo. De la misma manera, el índice de bondad de ajuste ajustado (AGFI) arroja un valor de 0,866, demostrando una aproximación importante al ajuste aceptable del modelo (Carrión Bósquez *et al.*, 2022). Con respecto al estadístico del ajuste incremental o comparativo, es un índice que compara el modelo generado con un modelo alternativo; por esto, son identificados como índices de ajuste comparativos (Miles y Sheylin, 2007) o también conocidos como índices de ajuste relativos (McDonald y Ho, 2002). Para este modelo comparativo la decisión consiste es que todos los ítems o preguntas que conforman los constructos no están correlacionados y por defecto generan valores cercanos a la unidad (Arredondo Trapero *et al.*, 2018).

2. OBJETIVOS

El objetivo de este trabajo es validar el cuestionario de RSE y variables empresariales en las empresas ecuatorianas. Para ello, hay que determinar la fiabilidad de los ítems mediante el alfa de Cronbach y la confiabilidad compuesta mediante la técnica multivariante que contempla el análisis estructural, así como también, la convergencia y la discriminación de constructos, además del ajuste global para los índices del modelo, mediante el ajuste comparativo y la parsimonia.

3. METODOLOGÍA

El presente estudio se basa en el uso de un análisis multivariante estructural para el cuestionario de RSE y otras variables estratégicas de la empresa (Gallardo *et al.*, 2013). En una primera fase se realizó un análisis de la fiabilidad de ítems y constructos mediante el test alfa de Cronbach para las dimensiones de RSE que corresponde a la social, económica y medio ambiental en relación a los sectores manufacturero, agrícola y sector comercio al por mayor y menor, además de las variables de estrategia empresarial. En una segunda fase se estudió la validez convergente de los constructos, con la varianza media extraída, y la validez discriminante, con el índice de discriminación. En la tercera fase, con la finalidad de validar la aceptabilidad del modelo matemático, se aplicó las medidas de ajuste absoluto, incremental o comparativo y el ajuste de la parsimonia.

Para estudiar la fiabilidad de los ítems, con el alfa de Cronbach, se empleó el software SPSS 25 (Rodríguez-Rodríguez y Reguant-Álvarez, 2020), así como también, para las dimensiones del instrumento de la RSE (Hernández y Pascual, 2018). Se utilizó el paquete estadístico AMOS 25 para el análisis de validez de contenido, convergente y discriminante para todos los ítems y constructos del RSE.

En esta investigación se empleó una muestra de 147 empresas pertenecientes a la zona 4 Ecuador, clasificadas en 34 empresas del sector manufacturero; 66 empresas del sector agrícola y 44 empresas sector comercio al por mayor y menor y tres empresas correspondientes a otros sectores (tabla 1).

Zona 4	Sector manufacturero	Sector agrícola	Sector comercio al por mayor y menor	Otros	Total
Manabí	17	43	27	2	89
	11,6%	29,3%	18,4%	1,4%	60,5%
Santo Domingo de Los Tsáchilas	17	23	17	1	58
	11,6%	15,6%	11,6%	0,7%	39,5%
Total	34	66	44	3	147
	23,1%	44,9%	29,9%	2,0%	100,0%

Tabla 1. Empresas de la zona 4 en función del sector productivo
en Ecuador. Fuente: Elaboración propia, 2023.

La aplicación del instrumento se la realizó de forma virtual con el uso de *Google Forms y* se compartió el instrumento a todas las empresas de la zona 4 del Ecuador. Inicialmente se tuvieron 200 empresas que contestaron la encuesta de RSE. Se hizo una depuración de datos los cuales presentaban valores perdidos y atípicos, obteniendo una muestra de 147 empresas del sector agro- productivo del Ecuador.

4. RESULTADOS

4.1. Fiabilidad de los ítems alfa de Cronbach

Los resultados de la prueba de fiabilidad a través del test de alfa de Cronbach presentaron probabilidades altas de fiabilidad que bordea el 0,95 en adelante para cada pregunta que conforman los constructos de las dimensiones de la RSE (Enciso Alfaro *et al.*, 2020; Landázuri Aguilera *et al.*, 2019), validando la consistencia interna para cada ítem (Bonales Valencia *et al.*, 2022).

Se validó la confiabilidad de ítems con el test alfa de Cronbach para las dimensiones de las estrategias empresariales y su relación con la RSE del cuestionario de Gallardo *et al.* (2013). Con respecto a la estrategia de innovación que comprende 13 preguntas de esta dimensión, hay valores por encima del 0,95 y cercanos a la unidad, demostrando que son ítems que comprenden específicamente a la dimensión de estrategias de innovación empresarial (Crespo Albán *et al.*, 2016). Se comprueba que los ítems son aceptables para medir esta dimensión (Rodríguez-Rodríguez y Reguant-Álvarez, 2020 y Yeo *et al.*, 2018). Cada ítem mide los indicadores de los ítems de la estrategia de innovación (Maese *et al.*, 2016). Para el caso, de la dimensión estrategias de desempeño, según el alfa de Cronbach, se demostró un índice de confiabilidad cercano a la unidad; es decir, valores muy confiables para cada pregunta de este constructo (Rodríguez-Rodríguez y Reguant-

Álvarez,2020). Los valores altos en los índices dejan claro que estas son las preguntas que influyen a este constructo (Hernández y Pascual, 2018).

Por último, la dimensión de la estrategia de éxito competitivo mostró una alta confiabilidad de consistencia interna por encima del 0,95. Por lo tanto, cada pregunta mide la fiabilidad de la dimensión del éxito competitivo (Cuba Carbajal *et al.*, 2020). El test alfa de Cronbach es el más utilizado para medir cada pregunta dentro de una dimensión o dimensiones de un instrumento (Carrión Bósquez *et al.*, 2022).

4.2 Confiabilidad de ítems o de preguntas

Se realizó el análisis de la confiabilidad por ítems de las tres dimensiones del cuestionario de la RSE (social, económica y medio ambiental). Para el caso de la dimensión social (tabla 2) se visualiza que la pregunta o ítem 1 representó una carga de 0,544, valor inferior del 0,70 que es el recomendado para medir la confiabilidad compuesta de los ítems como de los constructos. Sin embargo, las otras dimensiones presentaron cargas superiores al 0,5 al inicio de este proceso de confiabilidad de los ítems en la dimensión social, aunque existen investigadores que mencionan que los valores de confiabilidad interna deben estar por encima de 0,5 y los otros valores están cerca de 0,70 o superiores, demostrando que la dimensión social es una dimensión de confiabilidad (Vázquez *et al.*, 2018), para medir la RSE.

En la dimensión económica de la RSE (tabla 2) se visualiza una confiabilidad compuesta con cargas superiores o cercanas al 0,70; por lo tanto, se evidencia una alta confiabilidad de los ítems para esta dimensión, demostrando que las aportaciones son frutos de cada ítem y no del error. De igual forma, la dimensión medioambiental de la RSE presenta cargas de confiabilidad con valores superiores al 0,70, criterios que se comparten con Angelo *et al.* (2019). Con estos valores se llega a concluir que este instrumento genera una alta confiabilidad en cada pregunta del instrumento de la RSE (Bonales Valencia *et al.*, 2022).

Dimensión social de la RSE	Cargas (λ)	Dimensión económica RSE	Cargas (λ)	Dimensión medio ambiental de la RSE	Cargas (λ)
RSE1	0,544	RSE16*	0,835	RSE27*	0,787
RSE2*	0,744	RSE17*	0,881	RSE28*	0,720
RSE3*	0,726	RSE18*	0,825	RSE29*	0,861
RSE4*	0,664	RSE19*	0,896	RSE30*	0,905
RSE5*	0,655	RSE20*	0,872	RSE31*	0,818
RSE6*	0,534	RSE21*	0,891	RSE32*	0,844
RSE7*	0,739	RSE22*	0,904	RSE33*	0,866
RSE8*	0,840	RSE23*	0,866	RSE34*	0,859
RSE9*	0,782	RSE24*	0,697	RSE35*	0,865
RSE10*	0,760	RSE25*	0,737		
RSE11*	0,782	RSE26*	0,835		
RSE12*	0,690				
RSE13*	0,707				
RSE14*	0,826				
RSE15*	0,544				

Tabla 2. Análisis de confiabilidad por ítems de las dimensiones de RSE.
Fuente: Elaboración propia, 2023.

En la tabla 3 se evidencia la confiabilidad de los ítems de las estrategias empresariales en función de los constructos. Para el caso de las cargas de la dimensión innovación, se presentan valores de confiabilidad para cada ítem de 0,70; es decir, que cada pregunta va a dar respuesta para alcance de esta dimensión y no por caso del error. Estos índices deben ser superiores a la fiabilidad de Cronbach (Salgado y Espejel, 2016). Para la dimensión desempeño de las estrategias empresariales, obtenemos resultados similares con confiabilidad interna de cada ítem mayor a 0,7. Una mayor confiabilidad en la medición reduce el error de medida (Ventura León *et al.*, 2017). Las cargas factoriales para cada ítem de la dimensión éxito competitivo en las 10 preguntas evidenciaron una incidencia significativa para cada ítem que mide este constructo con valores superiores al 0,70 de confiabilidad, determinando que los ítems son aceptables (Hair *et al.*, 2018).

Se evidencia la precisión de las preguntas que conforman los ítems de los constructos o dimensiones de estrategias empresariales como: innovación, desempeño y éxito competitivo, de la misma manera estas dimensiones presentaron cargas globales superiores al 0,70 de confiabilidad. Este índice deja claro que la muestra calibrada y el índice de modelo ajustado la confiabilidad compuesta es alta (Domínguez Lara *et al.*, 2019 y Angelo *et al.*, 2019).

Para el caso de la confiabilidad de los constructos de las estrategias, la estrategia innovación tiene una carga de 0,783, las estrategias empresarial desempeño tiene una carga de 0,852 y la dimensión éxito competitivo una carga de 0,878, lo que demuestran una alta confiabilidad compuesta entre los constructos (Fornell y Larckert, 1981).

Dimensión estrategia de innovación		Dimensión estrategia de desempeño		Dimensión estrategia éxito competitivo	
Cargas (λ)	0,783	Cargas (λ)	0,852	Cargas (λ)	0,878
Innovación		Desempeño		Éxito competitivo	
EI1	0,790	ED1	0,837	EEC1	0,838
EI2	0,664	ED2	0,877	EEC2	0,791
EI3	0,853	ED3	0,879	EEC3	0,871
EI4	0,773	ED4	0,893	EEC4	0,830
EI5	0,833	ED5	0,884	EEC5	0,849
EI6	0,817	ED6	0,862	EEC6	0,882
EI7	0,825	ED7	0,895	EEC7	0,898
EI8	0,837	ED8	0,922	EEC8	0,882
EI9	0,822			EEC9	0,869
EI10	0,875			EEC10	0,857
EI11	0,883				
EI12	0,766				
EI13	0,849				

Tabla 3. Confiabilidad de los ítems. Fuente: Elaboración propia, 2023.

Con respecto, a la fiabilidad y confiabilidad compuesta de los constructos para el instrumento de la responsabilidad social y de estrategias empresariales (tabla 4), para la dimensión social de la RSE se evidencia una fiabilidad de alfa de Cronbach de 0,938 y confiabilidad compuesta de 0,939, demostrando este análisis la alta confiabilidad de este constructo. La dimensión económica de la RSE presentó una alta confiabilidad de alfa de Cronbach como de confiabilidad compuesta; y por defecto, esta última mostró una probabilidad más alta; en tal sentido, este constructo económico contribuye satisfactoriamente a la RSE. A partir del análisis de confiabilidad compuesta (tabla 5), se someten los constructos de la RSE y estrategias empresariales con sus respectivos datos a una VME (Fornell y Larcker 1981), evidenciándose de manera general que la dimensión social de RSE presentó una variabilidad de 0,503, un índice muy cercano al parámetro mínimo requerido (Puentes y Díaz, 2019). Sin embargo, la dimensión económica de la RSE registró una VME de 0,709 demostrando una alta certeza de confiabilidad para este factor o dimensión que es parte del instrumento de la RSE. Del mismo modo, la VME para el constructo de la dimensión medio ambiental es de 0,702, con una confiabilidad satisfactoria; es decir, el instrumento con este factor es sumamente aplicable para medir la RSE (González, 2019).

Las dimensiones de las estrategias empresariales demostraron valores superiores al 0,50. Para el caso de las estrategias de innovación reportó 0,666, de la misma forma la dimensión desempeño que plasmó 0,777 y finalmente la estrategia de éxito competitivo que otorgó un valor de 0,735, razones por las cuales, las dimensiones de estrategias empresariales miden satisfactoriamente la RSE (Carrión Bósquez *et al.*, 2022).

Constructos	Alfa de Cronbach	Confiabilidad compuesta
Dimensión social de la RSE	0,938	0,939
Dimensión económica RSE	0,962	0,964
Dimensión medio ambiental de la RSE	0,954	0,955
Innovación	0,962	0,963
Desempeño	0,965	0,965
Éxito competitivo	0,964	0,965

Tabla 4. Alfa de Cronbach y confiabilidad compuesta. Fuente: Elaboración propia, 2023.

Constructos	VME
Dimensión social de la RSE	0,503
Dimensión económica RSE	0,709
Dimensión medio ambiental de la RSE	0,702
Innovación	0,666
Desempeño	0,777
Éxito competitivo	0,735

Tabla 5. Validez convergente de los constructos. Fuente: Elaboración propia, 2023.

En la tabla 6, se visualiza el modelo sin ajustar (teórico) y modelo ajustado de RSE y estrategias empresariales. El modelo sin ajustar presenta parámetro aceptable con respecto al Chi Cuadrado 2,497, generando un ajuste poco satisfactorio. Esto se debe al presentar un número alto de individuos y de ítems de los constructos, generando índices bajos para el modelo y con respecto a la VME. Las medidas de ajuste absoluto e incremental evidenciaron parámetros que no cumplen la aceptación o excelencia del modelo de RSE. En tal sentido, se eliminan ítems que corresponde a cada constructo que presentó preguntas con una fuerte correlación, según el criterio de modificación de índices se hizo una discriminación de criterios, obteniendo un modelo ajustado. El modelo ajustado visualizó una media de ajuste absoluto aceptable, al presentar un RMSEA con un valor de 0,067; así mismo, el Chi Cuadrado y su valor probabilístico son satisfactorios. Las medidas de ajuste incremental o comparativo presentaron valores cercanos y superiores al 0,90; es así, que el CFI es de 0,946; además el (NNFI) (o Tucker Lewis index, TLI) es de 0,939, y finalmente el (NFI) es 0,876, que no hacen más que confirmar que el modelo es aceptable (Vázquez *et al.*, 2018). Este nivel de aceptación y confiabilidad se pudo obtener mediante el test máxima verosimilitud. De la validación del modelo ajustado las medidas de ajuste de la parsimonia (tabla 7), se ajustaron los coeficientes, es decir, mantuvieron un incremento en el (PCFI) de 0,827 y en el (PNFI) de 0,766, por lo tanto, son parámetros aceptables (Arredondo Trapero *et al.*, 2018). Con respecto al Criterio de Akaike, su coeficiente disminuyó considerablemente en el modelo ajustado (656,257). Por último, el Chi Cuadrado normalizado plasmó un valor de 1,656, cuyo valor es inferior al modelo sin ajustar (2,497).

Modelo	Medidas de ajuste absoluto			Medidas ajuste incremental		
Modelo RSE	X^2	p	RMSEA	CFI	TLI	NFI
Modelo sin ajustar	5153,59	0,00	0,101	0,753	0,743	0,648
Modelo ajustado	470,25	0,00	0,067	0,946	0,939	0,876
Interpretación del modelo ajustado	Aceptable			Aceptable		

Tabla 6. Modelo RSE - estrategias empresariales y su índice ajustado absoluto y ajuste incremental. Fuente: Elaboración propia, 2023.

Modelo	Medidas ajuste de la parsimonia				
Modelo RSE	X^2	PCFI	PNFI	AIC	X^2 norma-lizado
Modelo sin ajustar	5153,59	0,725	0,624	5579,5	2,497
Modelo ajustado	470,25	0,827	0,766	656,25	1,656
Interpretación del modelo ajustado	Aceptable				

Tabla 7. Modelo RSE - estrategias empresariales y su índice ajustado de parsimonia. Fuente: Elaboración propia, 2023.

En el análisis discriminante para los constructos de RSE en relación con las estrategias empresariales, según tabla 8, la confiabilidad de constructos (CR) para todas las dimensiones es excelente al presentar valores superiores al 0,70. Además, se visualiza la discriminación de los constructos para el cuestionario de la RSE. La dimensión F1 presentó una discriminación de 0,694, que es aceptable (Gutiérrez Mendoza *et al.*, 2019). Estos comportamientos se presentaron para las otras dimensiones del cuestionario de la responsabilidad social. Esto implica que cada dimensión elaborada de este instrumento está correlacionada entre sí, formando una estrecha correlación conocida como la colinealidad o multicolinealidad, hallazgos que no se comparten con Gallardo *et al.* (2013);

Pagano y Vizioli, (2021); y Yépez Alvarez *et al.* (2022), al destacar que los valores de la varianza media extraída no son mayores a la raíz cuadrada de la VME y los valores de la correlación son superiores a los índices de la raíz de la VME.

Factores	CR	AVE	MSV	MaxR(H)	F1	F2	F3	F4	F5	F6
F1	0,879	0,482	0,807	0,896	0,694					
F2	0,923	0,749	0,846	0,926	0,899***	0,865				
F3	0,922	0,703	0,846	0,935	0,893***	0,920***	0,839			
F4	0,893	0,677	0,849	0,909	0,754***	0,747***	0,813***	0,823		
F5	0,94	0,798	0,814	0,951	0,837***	0,840***	0,866***	0,831***	0,893	
F6	0,924	0,752	0,849	0,924	0,851	0,834	0,867	0,921	0,902	0,867

Tabla 8. Análisis discriminante de RSE y estrategias empresariales
en el modelo ajustado. Fuente: Elaboración propia, 2023.

5. CONCLUSIONES

El objetivo de este trabajo era validar estadísticamente un cuestionario de RSE y su relación con variables o dimensiones de la estrategia empresarial. A través del análisis multivariante se demostró una alta fiabilidad, validez convergente y discriminantes para el instrumento de RSE para las empresas de los sectores: manufacturero, agrícola y comercio al por mayor y menor de Ecuador. Los constructos sociales, económicos y medioambientales de la RSE, y las estrategias empresariales, presentaron un Alfa de Cronbach superior a 0,7 y un VME superior a 0,5, por lo que presentan una alta fiabilidad y confiabilidad. La validez discriminante se consiguió al tener valores superiores a 0,4. Las medidas del modelo que relaciona las dimensiones del RSE y las estrategias empresariales tienen valores adecuados de ajuste absoluto, incremental y ajuste de la parsimonia.

Estos resultados llevan a afirmar que el cuestionario validado en esta investigación representa adecuadamente las dimensiones de la RSE (social, económica y medio ambiental) y las dimensiones de estrategia empresarial (innovación, desempeño y éxito competitivo) para las empresas del sector manufacturero, agrícola y comercio al por mayor y menor, pudiendo tener una aplicabilidad significativa en otras zonas de actividad económica de Ecuador y países de Latinoamérica identificando la importancia de la responsabilidad social y enfocándolo a nivel de emprendimientos y otros sectores económicos. En futuras investigaciones se relacionarán y validarán mediante cuestionarios las dimensiones de la RSE y los resultados económicos-financieros de las empresas de manera que se determine si la RSE influye en la optimización y estructura de indicadores económicos como el ROA y ROE y tribute de forma satisfactoria a una mejor gestión financiera operativa de las empresas ecuatorianas.

6. REFERENCIAS

Angelo, D. L., Neves, A., Correa, M., Sermarine, M., Zanetti, M. y Brandão, R. F. (2019). Propiedades Psicométricas de la Escala de Perfeccionismo en el Deporte (PPS-S) para el contexto brasileño. *Cuadernos de Psicología del Deporte, 19*(2), 1–11. https://doi.org/10.6018/cpd.368791

Arévalo Avecillas, D. X. y Padilla Lozano, C. P. (2016). Medición de la Confiabilidad del Aprendizaje del Programa RStudio Mediante Alfa de Cronbach. *Revista Politécnica, 37*(1), 68. https://n9.cl/o4nq02

Arredondo Trapero, F., Vázquez Parra, J.C. y de la Garza, J. (2018). Modelo de análisis estructural del comportamiento ciudadano organizacional: el caso de las empresas industriales del noreste de México. *Estudios Gerenciales, 34*(147), 139-148. https://doi.org/10.18046/j.estger.2018.147.2593

Barrios, M. y Cosculluela, A. (2013). Fiabilidad. En J. Meneses (coord.), *Psicometría* (pp. 75–140). UOC.

Bonales Valencia, J., Ortiz Paniagua, C. F. y Flores Esparza, A. (2022). Diseño estructural de la responsabilidad social universitaria estudiantil. *Repositorio de la red internacional de investigadores en competitividad, 15*(15). https://www.riico.net/index.php/riico/article/view/2046

Carrión Bósquez, N. G., Arias-Bolzmann, L. G. y Martínez Quiroz, A. K. (2022). The influence of price and availability on university millennials' organic food product purchase intention, *British Food Journal, 125*(2), 536-550. https://n9.cl/1ehmy

Conde-Mendoza, J. Y., Pinto-Pomareda, H. L., Bardales-Mendoza, O. y Alvarez-Salinas, L. R. (2023). Escala de Valoración del Riesgo de Violencia Grave contra la Mujer (VRVG-M). Ámbito de Pareja. *Anuario de Psicología Jurídica, 33*(1),57-64. https://doi.org/10.5093/apj2022a7

Crespo Albán, G., D'Ambrosio-Verdesoto, G., Racines Cuesta, A. y Castillo Cabay, L. (2016). Cómo medir la percepción de la responsabilidad social empresarial en la industria de gaseosas. *Yura: Revista electrónica,* 8, 1-18 https://yura.espe.edu.ec/ediciones-ano-2016/

Cuba Carbajal, N., Mohamed-Mohamed Mehdi, H. y Pacheco-Pumaleque, A. A. (2020). Responsabilidad social y rendimiento laboral en los colaboradores de los programas sociales de Lima, Perú. *Conrado, 16*(72), 278-285. http://scielo.sld.cu/scielo.php?script=sci_abstract&pid=S1990-86442020000100278

Domínguez-Lara, S., Romo-González, T., Palmeros-Exsome, C., Barranca- Enríquez, A., del Moral-Trinidad, E. y Campos-Uscanga, Y. (2019). Análisis estructural de la Escala de Bienestar Psicológico de Ryff en universitarios mexicanos. *Liberabit, 25*(2), 267-285. https://doi.org/ 10.24265/liberabit.2019.v25n2.09

Enciso Alfaro, S., Ruiz Acosta, L. y Camargo Mayorga, D. (2020). Responsabilidad social empresarial como determinante de la intención de compra del consumidor: un análisis mediante modelamiento con ecuaciones estructurales. *Tendencias, 21*(2), 1-18. https://doi.org/10.22267/rtend.202102.138

Fornell C. y Larcker D. F. (1981). Evaluating Structural Equation Models with Unobservable Variables and Measurement Error. *Journal of Marketing Research, 18*(1), 39-50. https://doi.org/10.1177/002224378101800104

Gallardo-Vásquez, D., Sánchez Hernández, M. y Corchuelo-Martinez-Azua, M. B. (2013). Validación de un instrumento de medida para la relación entre la orientación a la responsabilidad social corporativa y otras variables estratégicas de la empresa. *Revista de Contabilidad - Spanish Accounting Review, 16*(1), 11–23. https://doi.org/10.1016/S1138-4891(13)70002-5

González Tapia, F. (2019). Validación de un Instrumento de Cohesión Vecinal para la Ciudad de México. *Acta De Investigación Psicológica, 9*(1), 86-97. https://doi.org/10.22201/fpsi.20074719e.2019.1.08

González, M. y Ibáñez, I. (2018). Propiedades psicométricas de una versión española breve de 30 ítems del Cuestionario de Ansiedad y Depresión (MASQE30). *Universitas Psychologica, 17*(1). https://doi.org/10.11144/Javeriana.upsy17-1.ppve

Gutiérrez Mendoza, S. Y., Guillén Romero, H. M., Taisigüe, Álvaro J., Blandón Jirón, C. L. y Herrera Sile, S. del C. (2019). Discriminación, fiabilidad y validez de una escala factorial de la felicidad con estudiantes universitarios. *Revista Electrónica De Conocimientos, Saberes Y Prácticas, 2*(2), 55–70. https://doi.org/10.5377/recsp.v2i2.9299

Hair, J., Babin, B. Anderson, R. y Black, W. (2018). *Multivariate data analysis* (8nd ed.). Hampshire: Cengage Learning.

Hernández, H. A. y Pascual Barrera, A. E. (2018). Validación de un instrumento de investigación para el diseño de una metodología de autoevaluación del sistema de gestión ambiental. *Revista De Investigación Agraria Y Ambiental, 9*(1), 157–164. https://doi.org/10.22490/21456453.2186

Hernández-Perlines, F. (2017). Influencia de la responsabilidad social en el desempeño de las empresas familiares. *Revista de Globalización, Competitividad y Gobernabilidad, 11*(3), 58-73. https://www.redalyc.org/articulo.oa?id=511854480003

Landázuri Aguilera, Y., Hinojosa Cruz, A. V. y Aguilar Morales, N. (2019). Responsabilidad Social Empresarial: un instrumento para medir la implementación en las empresas del índice de sustentabilidad de la Bolsa Mexicana de Valores. *Cuadernos de Contabilidad, 19*(48), 1–16. https://doi.org/10.11144/Javeriana.cc19-48.rsei

Maese Núñez, J. de D., Alvarado Iniesta, A., Valles Rosales, D. J. y Báez López, Y. A. (2016). Coeficiente alfa de Cronbach para medir la fiabilidad de un cuestionario difuso. *Cultura Científica Y Tecnológica*, 59. https://erevistas.uacj.mx/ojs/index.php/culcyt/article/view/1455

Martínez Ávila, M. (2021). Análisis factorial confirmatorio: un modelo de gestión del conocimiento en la universidad pública. *RIDE Revista Iberoamericana Para La Investigación Y El Desarrollo Educativo, 12*(23). https://doi.org/10.23913/ride.v12i23.1103

Martínez Ávila, M. y Fierro Moreno, E. (2018). Aplicación de la técnica PLS-SEM en la gestión del conocimiento: un enfoque técnico práctico. *RIDE Revista Iberoamericana para la Investigación y el desarrollo educativo, 8*(16), 130-164. https://doi.org/10.23913/ride.v8i16.336

Martínez Ramírez, J. (2019). El proceso de elaboración y validación de un instrumento de medición documental. *Acción y Reflexión Educativa*, 44, 50-63. http://portal.amelica.org/ameli/journal/226/226955004/

McDonald, R. P. y Ho, M. H. R. (2002). Principles and practice in reporting structural equation analyses. *Psychological Methods, 7*(1), 64-82. https://doi.org/10.1037/1082-989X.7.1.64

Mendoza-Arvizo U. y Solís-Rodríguez, F. Th. (2022). Calidad, conocimiento e innovación de procesos de manufactura en Ciudad Juárez, México. *Retos, Revista de Ciencias de la Administración y Economía, 12*(23), 83-109. https://doi.org/10.17163/ret.n23.2022.05

Miles, J. y Sheylin, M. (2007). A time and a place for incremental fit indices. *Personality and Individual Differences, 42*(5), 869-874. https://doi.org/10.1016/j.paid.2006.09.022

Moral-de la Rubia, J. (2019). Revisión de los criterios para validez convergente estimada a través de la Varianza Media Extraída. *Psychologia, 13*(2), 25-41. https://doi.org/10.21500/19002386.4119

Norabuena Mendoza, C. H., Huamán Osorio, A. P. y Ramírez Asís, E. H. (2021). Modelo de Ecuaciones Estructurales (Con estimación PLS) basado en calidad de servicio y lealtad del Cliente de las Cajas Rurales Peruanas. *Ciencias Administrativas*, 18. https://doi.org/10.24215/23143738e081

Núñez Ramírez, M. A., Mercado Salgado, P. y Garduño Realivazquez, K. A. (2021). Validez de un instrumento para medir capital intelectual en empresas. *Investigación Administrativa*, *50*(128), 1-20. https://www.redalyc.org/articulo.oa?id=456067615012

Pagano, Alejandro E. y Vizioli, Nicolás A. (2021). Estabilidad temporal y validez discriminante del Inventario de Ansiedad de Beck. *LIBERABIT. Revista Peruana De Psicología*, *27*(1), e450. https://dx.doi.org/10.24265/liberabit.2021.v27n1.03

Puentes Martínez, L. y Díaz Rábago, A. B. (2019). Fiabilidad y validez de constructo de la Escala de Estrés Percibido en estudiantes de Medicina. *Revista de Ciencias Médicas de Pinar del Río*, *23*(3), 373-379.

Rodríguez-Rodríguez, J. y Reguant-Álvarez, M. (2020). Calcular la fiabilitat d'un qüestionari o escala mitjançant l'SPSS: el coeficient alfa de Cronbach. *REIRE Revista d'Innovació I Recerca En Educació*, *13*(2), 1–13. https://doi.org/10.1344/reire2020.13.230048

Salessi, S. y Omar, A. (2019). Validez discriminante, predictiva e incremental de la escala de comportamientos laborales proactivos de Belschak y Den Hartog/Discriminant, Predictive and Incremental Validity of Belschak y Den Hartog's Proactive Work Behaviors Scale. *Revista Costarricense De Psicología*, *38*(1), 75–93. https://doi.org/10.22544/rcps.v38i01.05

Salgado Beltrán, L. y Espejel Blanco, J. E. (2016). Análisis del estudio de las relaciones causales en el marketing. *Innovar*, *26*(62), 79–94. https://doi.org/10.15446/innovar.v26n62.59390

Vázquez Parra, J. C., Arredondo Trapero, F. y de la Garza, J. (2018). Modelo de análisis estructural del comportamiento ciudadano organizacional: el caso de las empresas industriales del noreste de México. *Estudios Gerenciales*, *34*(147), 139-148. https://doi.org/10.18046/j.estger.2018.147.2593

Ventura-León, J. L., Arancibia, M. y Madrid, E. (2017). La importancia de reportar la validez y confiabilidad en los instrumentos de medición: Comentarios a Arancibia *et al. Revista médica de Chile*, *145*(7), 955-956. https://dx.doi.org/10.4067/s0034-98872017000700955

Yeo, A. C. M., Lee, S. X. M. y Carter, S. (2018). The influence of an organisation's adopted corporate social responsibility constructs on consumers' intended buying behaviour: a Malaysian perspective. *Social Responsibility Journal*, *14*(3), 448-468. https://doi.org/10.1108/SRJ-05-2016-0082

Yépez-Alvarez, M., Negli Ortega, F. y Ramos-Vargas, L. (2022). Evidencias de validez convergente y discriminante del cuestionario del complejo de adonis en una muestra peruana. *PSICOLOGÍA UNEMI*, *6*(10), 36-50. https://doi.org/10.29076/issn.2602-8379vol6iss10.2022pp36-50p

MANEJO DE LA GESTUALIDAD CONSCIENTE EN LA ORATORIA: UNA INVESTIGACIÓN EXPLORATORIA BASADA EN *MINDFULNESS* Y LA NEUROCOMUNICACIÓN NO VERBAL

José Jesús Vargas Delgado[1]

1. INTRODUCCIÓN

La presente investigación tiene como objetivo analizar la relación entre la práctica de *mindfulness* y la mejora de la comunicación no verbal a través del manejo consciente de las manos en el contexto de la oratoria. En este estudio, nos centramos en la importancia de la conexión entre la atención plena y la gestualidad consciente de las manos, y cómo esta relación puede influir en la efectividad comunicativa presencial.

Los resultados esperados de esta investigación poseen una relevancia significativa en diversos campos, desde la educación hasta la psicoterapia y el ámbito empresarial, ya que la comunicación no verbal desempeña un papel esencial en el logro de objetivos y en el establecimiento de relaciones interpersonales de calidad. Esperamos que los hallazgos de este estudio proporcionen un mayor entendimiento de la relación entre la práctica de *mindfulness* y la neurocomunicación no verbal, centrándose en la importancia de la atención plena en el manejo consciente de las manos durante la oratoria.

Para llevar a cabo esta investigación, nos basaremos en una revisión bibliográfica exhaustiva y crítica de investigaciones previas relacionadas con la temática propuesta. Daremos prioridad a fuentes científicas rigurosas y actualizadas, incluyendo artículos académicos, libros y estudios relevantes en los ámbitos de la comunicación no verbal, *mindfulness* y la neurociencia.

Nuestro estudio pretende ofrecer resultados respaldados por evidencia científica, con un enfoque académico riguroso y una presentación metodológica coherente. Destacaremos la influencia de la práctica de *mindfulness* en el manejo consciente de las manos durante la comunicación, enfatizando cómo la atención plena puede potenciar la expresión, la conexión y la efectividad de la comunicación no verbal.

Durante el desarrollo de nuestra investigación, exploraremos una amplia gama de estrategias neurocomunicativas y prácticas de *mindfulness* que se centran en el manejo consciente de los gestos manuales. Estas estrategias y prácticas tienen como objetivo mejorar la coordinación, expresión y efectividad de los gestos deliberados realizados con las manos.

---

1. Universidad Europea de Madrid (España)

Nuestra investigación científica se centra en explorar la relación entre la práctica de *mindfulness* y la comunicación no verbal a través del manejo consciente de las manos. Esperamos que los resultados aporten un mayor entendimiento de esta relación, destacando la importancia de la atención plena en la gestualidad consciente durante la oratoria. Nuestro objetivo es ofrecer una visión académica rigurosa y establecer una sólida conexión entre los factores mencionados y la práctica de *mindfulness*, resaltando su influencia en la comunicación no verbal.

2. OBJETIVOS

Estos objetivos de investigación pretenden profundizar en el manejo consciente de la gestualidad en la oratoria, abordando tanto aspectos teóricos como prácticos, y contribuir al avance del conocimiento en el ámbito de la comunicación no verbal y el desarrollo de habilidades comunicativas efectivas:

- Analizar la relación existente entre la práctica de *mindfulness* y la gestualidad consciente en la oratoria, con el fin de comprender cómo influyen en la comunicación no verbal y en la efectividad del discurso.
- Explorar los fundamentos teóricos de la neurocomunicación no verbal y su conexión con la gestualidad consciente, investigando cómo la actividad cerebral se relaciona con la expresión gestual durante la oratoria.
- Examinar la importancia de mantener la congruencia entre el discurso verbal y la comunicación no verbal, especialmente en relación al manejo consciente de las manos, con el propósito de identificar estrategias efectivas para mejorar la congruencia y aumentar la persuasión en la oratoria.
- Indagar sobre las prácticas de *mindfulness* aplicadas al manejo consciente de las manos en la oratoria, investigando cómo la atención plena puede potenciar la percepción, coordinación y expresión de los gestos manuales.
- Investigar la viabilidad y eficacia de las técnicas de *neurofeedback* como herramienta para mejorar la coordinación y expresión de las manos en la oratoria, con el objetivo de identificar posibles beneficios en términos de eficacia comunicativa y persuasión.
- Evaluar el impacto de los ejercicios de sincronización de gestos con el discurso verbal como estrategia para fortalecer la expresión gestual consciente y la congruencia comunicativa, mediante un análisis comparativo de la percepción de la audiencia y la efectividad del mensaje.

3. METODOLOGÍA

La metodología de esta investigación, basada en un enfoque cualitativo exploratorio y bibliográfico, se llevó a cabo con el objetivo de abordar de manera integral el objeto de estudio: el manejo consciente de la gestualidad en la oratoria, mediante la aplicación de principios de *mindfulness* y la exploración de la neurocomunicación no verbal.

La metodología de esta investigación se basó en una revisión bibliográfica exhaustiva que se fundamentó en investigaciones previas llevadas a cabo por los autores y publicadas en revistas de impacto. Estas investigaciones, como "Neurocomunicación consciente transpersonal y *mindfulness*" (Vargas Delgado, 2022a), "Paseo del orador 2.0 y la oratoria consciente eficiente" (Vargas Delgado, 2022c), entre otras, han sentado las bases teóricas y conceptuales para abordar la relación de la gestualidad consciente en la oratoria *mindfulness* y neurocomunicativa.

El análisis de los datos obtenidos consistió en la revisión crítica y la síntesis de la información recopilada de las fuentes seleccionadas. Se realizaron comparaciones y contrastes entre los hallazgos, identificando patrones emergentes y temáticas relevantes relacionadas con el manejo consciente de la gestualidad en la oratoria, en el marco del enfoque de *mindfulness* y la neurocomunicación no verbal. Finalmente, los resultados de esta revisión bibliográfica se presentan y discuten en el marco teórico-conceptual desarrollado, proporcionando una visión integral del tema, y contribuyendo a la comprensión de la importancia y aplicaciones prácticas de la gestualidad consciente en el contexto de la oratoria.

4. DESARROLLO DE LA INVESTIGACIÓN

El desarrollo de la investigación se centra en el estudio de la gestualidad consciente en la oratoria, explorando su definición, características y relevancia en la comunicación persuasiva. Se destaca la importancia de la congruencia entre el discurso verbal y la comunicación no verbal, así como la influencia de la práctica de *mindfulness* en el control consciente de la gestualidad durante la oratoria.

4.1. Contexto y justificación: Una mirada histórica y científica a la gestualidad consciente en la oratoria

Desde tiempos inmemoriales, la oratoria ha sido un arte esencial para la comunicación humana. Grandes pensadores y estudiosos han reconocido la importancia de la gestualidad en el discurso persuasivo. Como señala David Matsumoto, reconocido experto en comunicación no verbal, "los gestos y movimientos corporales desempeñan un papel fundamental en la comunicación humana, complementando y enriqueciendo el mensaje verbal" (Matsumoto, 2006, p. 25).

A lo largo de la historia, líderes carismáticos han comprendido la influencia de la gestualidad consciente en su capacidad para cautivar a las audiencias. Churchill, por ejemplo, afirmaba que "los gestos son la música de la oratoria" (Johnson, 2010, p. 72), reconociendo así la importancia de los movimientos corporales en la expresión persuasiva.

En la actualidad, la investigación científica ha profundizado en el estudio de la gestualidad consciente en la oratoria. Notables investigadores como Albert Mehrabian han demostrado que más del 90% de la comunicación emocional se transmite a través de señales no verbales, lo que destaca la relevancia de los gestos en la efectividad comunicativa (Mehrabian, 1971).

La justificación para investigar el manejo consciente de la gestualidad transpersonal en la oratoria se basa en la necesidad de comprender y mejorar esta habilidad en un mundo cada vez más interconectado y dependiente de la comunicación efectiva (Doria, 2021). Como apunta Amy Cuddy, psicóloga social reconocida, "la gestualidad consciente puede influir en cómo las personas nos perciben y cómo nos percibimos a nosotros mismos, impactando así en nuestras relaciones interpersonales y en nuestro éxito en diferentes ámbitos" (Cuddy, 2012, p. 45).

Además, la relevancia de combinar *mindfulness* y neurocomunicación no verbal en este enfoque exploratorio se basa en los avances científicos que han arrojado luz sobre los mecanismos cerebrales involucrados en la comunicación no verbal. Según Daniel Goleman, psicólogo y autor reconocido, "la atención plena puede influir en la regulación emocional y en los procesos cognitivos que subyacen a la comunicación no verbal" (Goleman, 2013, p. 68), proporcionando así una base teórica sólida para la integración de *mindfulness* en el manejo consciente de la gestualidad durante la oratoria.

El estudio de la gestualidad consciente en la oratoria ha evolucionado a lo largo de la historia, reconociendo su importancia en la persuasión y el impacto emocional de los discursos. Investigadores de renombre como Matsumoto, Mehrabian, Cuddy y Goleman han contribuido con sus investigaciones a la comprensión de la comunicación no verbal y su relación con el manejo consciente de la gestualidad.

4.2. Fundamentos teóricos de la gestualidad consciente en la oratoria: Explorando su definición, características y relevancia en la comunicación persuasiva

La gestualidad consciente en la oratoria ha sido objeto de interés y estudio por parte de reconocidos investigadores en el campo de la comunicación no verbal. Para comprender en profundidad este fenómeno, es necesario explorar sus fundamentos teóricos, incluyendo su definición, características y la importancia de la congruencia entre el discurso verbal y la comunicación no verbal.

La gestualidad consciente se refiere a la capacidad de controlar y regular los movimientos corporales de manera intencional y congruente con el discurso verbal (Kendon, 2004). Según Kendon, pionero en el estudio de los gestos y su importancia en la comunicación, la gestualidad consciente se encuentra intrínsecamente ligada a la producción del habla y refleja la actividad cerebral y los procesos cognitivos (Kendon, 2004; McNeill, 1992).

La congruencia entre el discurso verbal y la comunicación no verbal ha sido destacada como un aspecto fundamental para la persuasión y la efectividad comunicativa en la oratoria. Burgoon, reconocido investigador en el campo de la comunicación no verbal, subraya la importancia de la congruencia entre los mensajes verbales y no verbales para establecer la credibilidad y persuasión en la comunicación (Burgoon, 1993, citado en Guerrero & Floyd, 2006).

Al explorar los componentes y expresiones gestuales clave en la oratoria, es relevante considerar el enfoque de Birdwhistell, quien resaltó la importancia de los gestos de las manos como una forma de pensamiento corporal que complementa y enriquece el discurso verbal (Birdwhistell, 1952). Estos gestos pueden transmitir emociones, intenciones y añadir claridad a la comunicación.

Los fundamentos teóricos de la gestualidad consciente en la oratoria se basan en la definición propuesta por Kendon, destacando su relación con la actividad cerebral y los procesos cognitivos. La congruencia entre el discurso verbal y la comunicación no verbal, enfatizada por Burgoon, es esencial para la persuasión y la efectividad comunicativa. Además, el enfoque de Birdwhistell resalta la importancia de los gestos de las manos como componentes clave en la expresión gestual durante la oratoria.

4.3. La influencia de mindfulness en el manejo de la gestualidad consciente en la oratoria: Explorando el poder de la atención plena

El presente epígrafe se enfoca en la influencia de *mindfulness* en el manejo de la gestualidad consciente durante la oratoria. Para ello, se introducirá el concepto y la práctica de *mindfulness*, se analizará su relación con la atención plena en la comunicación no verbal, y se explorarán los efectos de su práctica en el control consciente de la gestualidad durante la oratoria.

La introducción al concepto y práctica de *mindfulness* permite comprender su relevancia en el contexto de la oratoria. Según Kabat-Zinn, reconocido pionero en la aplicación de *mindfulness* en el ámbito de la salud, *mindfulness* se define como prestar atención de manera intencional al momento presente, sin juzgar y con una actitud de aceptación (Kabat-Zinn, 1994). Esta práctica implica cultivar una mayor conciencia de las experiencias internas y externas, incluyendo la comunicación no verbal (Vargas Delgado, 2022a).

La relación entre *mindfulness* y la atención plena en la comunicación no verbal ha sido destacada por autores como García Campayo, que resalta que la práctica de *mindfulness* promueve una mayor capacidad de atención y una conexión más profunda con las expresiones gestuales y emocionales propias y de los demás (García Campayo, 2018). Esta atención plena en la comunicación no verbal facilita la congruencia entre el discurso verbal y la gestualidad consciente durante la oratoria (Vargas Delgado, 2022c).

La práctica de *mindfulness* ha mostrado efectos positivos en el control consciente de la gestualidad durante la oratoria. Autores como Ortega y Sánchez destacan que la práctica de *mindfulness* aumenta la capacidad de autorregulación y reduce la impulsividad en la expresión gestual, permitiendo una mayor concordancia entre las palabras y los gestos (Ortega & Sánchez, 2010). Asimismo, García-Campayo afirma que el entrenamiento en *mindfulness* facilita una mayor consciencia de los movimientos corporales, mejorando la expresión y la conexión emocional con el público (García Campayo, 2018).

La influencia de *mindfulness* en el manejo de la gestualidad consciente durante la oratoria tiene implicaciones significativas en diversos ámbitos, desde la comunicación interpersonal hasta el liderazgo y la persuasión (Vargas Delgado, 2021). En el contexto educativo, por ejemplo, la práctica de *mindfulness* puede ayudar a los profesores a utilizar de manera consciente y efectiva sus gestos para mantener la atención de los estudiantes y transmitir información de manera clara (Bennett, 2018). En el ámbito empresarial, el dominio de la gestualidad consciente puede mejorar la capacidad de liderazgo y la influencia en la toma de decisiones (Côté & Hideg, 2011).

Al analizar la influencia de *mindfulness* en el manejo de la gestualidad consciente en la oratoria, es importante destacar la necesidad de una práctica constante y sistemática. Como menciona Langer, la atención plena no es un estado estático, sino un proceso dinámico que requiere un compromiso continuo con la práctica y la autoobservación (Langer, 1997). Por lo tanto, para obtener los beneficios de *mindfulness* en el manejo de la gestualidad durante la oratoria, es esencial dedicar tiempo, y esfuerzo, a su desarrollo y perfeccionamiento (Vargas Delgado, 2020).

El presente epígrafe ha explorado la influencia de *mindfulness* en el manejo de la gestualidad consciente durante la oratoria. A través de la introducción al concepto y práctica de *mindfulness*, la comprensión de su relación con la atención plena en la comunicación no verbal y el análisis de sus efectos en el control consciente de la gestualidad, se ha destacado la importancia de esta práctica en la mejora de la expresión y la conexión emocional con el público durante la oratoria (Vargas Delgado & Sacaluga Rodríguez, 2022). En los siguientes epígrafes, se profundizará en la neurocomunicación no verbal y su relación con el manejo consciente de la gestualidad en la oratoria, para brindar una visión más integral y completa de la investigación.

4.4. Neurocomunicación no verbal y su conexión con el manejo de la gestualidad consciente

La neurocomunicación no verbal, como disciplina científica, se centra en el estudio de la relación entre la comunicación no verbal y la actividad cerebral, buscando comprender cómo la gestualidad consciente durante la oratoria se vincula con los procesos neurocognitivos y afectivos. Dicha disciplina ha proporcionado fundamentos teóricos sólidos para comprender la importancia de la comunicación no verbal en la efectividad y percepción de la oratoria.

Al examinar los fundamentos de la neurocomunicación no verbal, se evidencia que existe una interacción compleja entre el lenguaje verbal y la gestualidad consciente. Según diversos estudios neurocientíficos, los gestos y expresiones faciales pueden desencadenar respuestas neuronales que influyen en la percepción y comprensión de la información transmitida durante la oratoria (García-Campayo & Demarzo, 2018).

La relación entre la gestualidad consciente y la actividad cerebral ha sido objeto de investigación en los últimos años (Vargas Delgado, 2022a). Estudios de neuroimagen han demostrado que la práctica de *mindfulness* puede modular la actividad en áreas cerebrales involucradas en el procesamiento de las emociones y la regulación emocional. Esto sugiere que el manejo consciente de la gestualidad durante la oratoria puede tener un impacto directo en la modulación de la respuesta emocional del público.

Asimismo, se ha observado que la neurocomunicación no verbal influye en la percepción y efectividad de la oratoria. Investigaciones han demostrado que los gestos y expresiones faciales pueden afectar la credibilidad y persuasión del discurso (Ambady & Weisbuch, 2010). La congruencia entre el discurso verbal y la comunicación no verbal es esencial para generar confianza y conexión emocional con el público, lo cual se traduce en una mayor efectividad comunicativa durante la oratoria.

El presente epígrafe ha explorado la neurocomunicación no verbal y su conexión con el manejo de la gestualidad consciente en la oratoria. Mediante el examen de los fundamentos de la neurocomunicación no verbal, la relación entre la gestualidad consciente y la actividad cerebral, así como la influencia de la neurocomunicación no verbal en la percepción y efectividad de la oratoria (Vargas Delgado & Sacaluga Rodríguez, 2022), se ha resaltado la importancia de comprender los aspectos neurocognitivos y emocionales que influyen en la comunicación no verbal durante la oratoria.

4.5. Exploración de estrategias neurocomunicativas y prácticas de mindfulness para el manejo consciente de las manos en la oratoria

En este epígrafe, se abordará la importancia de utilizar estrategias neurocomunicativas y prácticas de *mindfulness* como herramientas fundamentales para el manejo consciente de las manos durante la oratoria. Estas estrategias y prácticas tienen como objetivo potenciar la efectividad comunicativa y transmitir congruencia entre el discurso verbal y la comunicación no verbal.

4.5.1. Estrategias neurocomunicativas para el manejo consciente de las manos

En el contexto de la oratoria, el manejo consciente de las manos desempeña un papel crucial en la comunicación efectiva. Para mejorar la coordinación y expresión de las manos, se pueden aplicar diversas estrategias neurocomunicativas. Estas estrategias exploran la conexión entre la actividad cerebral y la gestualidad consciente, y pueden ser complementadas con prácticas de *mindfulness*.

Una de las técnicas utilizadas es el neurofeedback, que permite a los oradores recibir retroalimentación en tiempo real sobre su actividad cerebral mientras realizan gestos específicos. A través de esta técnica, se busca mejorar la coordinación entre la intención de los gestos y su ejecución, promoviendo una gestualidad más congruente y efectiva (Vargas Delgado & Sacaluga Rodríguez, 2021).

Además, se pueden incorporar ejercicios de sincronización de gestos con el discurso verbal. Estos ejercicios consisten en realizar movimientos de las manos de manera coordinada con las palabras habladas, lo cual ayuda a enfatizar y reforzar los mensajes transmitidos. Esta sincronización entre el discurso verbal y la gestualidad consciente puede potenciar la claridad y la persuasión en la comunicación.

Es importante destacar que estas estrategias requieren práctica y entrenamiento para lograr resultados óptimos. A través de la repetición consciente y el refinamiento de los gestos, los oradores pueden desarrollar una mayor habilidad para transmitir sus mensajes de manera efectiva y cautivadora.

El manejo consciente de las manos en la oratoria se puede mejorar mediante la aplicación de estrategias neurocomunicativas. El uso del neurofeedback y la sincronización de gestos con el discurso verbal son algunas de las técnicas que pueden contribuir a la mejora de la coordinación y expresión de las manos. Estas estrategias, combinadas con prácticas de *mindfulness*, pueden potenciar la efectividad y la persuasión en la comunicación oratoria (Sánchez, 2017; Fernández, 2019).

4.5.2. Prácticas de mindfulness aplicadas al manejo de las manos

En el ámbito de la oratoria, la integración de prácticas de *mindfulness* puede ser de gran utilidad para el manejo consciente de las manos. El *mindfulness*, o atención plena, se refiere a la capacidad de prestar atención de manera consciente y sin juicio a la experiencia presente. Aplicado al contexto de los movimientos de las manos, el *mindfulness* puede mejorar la percepción y el control consciente de estos gestos, potenciando la comunicación efectiva (Vargas Delgado, 2022).

Una de las prácticas fundamentales es cultivar la conciencia corporal a través del *mindfulness*. Mediante ejercicios específicos, se busca desarrollar una conexión más profunda con las sensaciones y movimientos de las manos. Esto permite a los oradores tomar conciencia de su posición, gestos y expresiones, brindándoles la capacidad de ajustarlos según sea necesario para transmitir su mensaje de manera más clara y persuasiva (Vargas Delgado, 2022c).

Además, se pueden emplear ejercicios de *mindfulness* para explorar y fortalecer la expresión gestual consciente. Estos ejercicios se centran en prestar atención plena a los movimientos de las manos, observando su ritmo, amplitud y coherencia con el discurso verbal. Esta práctica fomenta la sincronización entre los gestos y las palabras, mejorando la congruencia y efectividad de la comunicación no verbal (Vargas Delgado, 2022).

La técnica de la exploración corporal consciente también puede ser aplicada en el contexto de la oratoria para el manejo consciente de las manos. Esta técnica implica dirigir la atención plena a diferentes partes del cuerpo, incluyendo las manos, con el fin de observar cualquier tensión, rigidez o gesto inconsciente (García Campayo, 2018). Al tomar conciencia de estas manifestaciones corporales, los oradores pueden realizar ajustes conscientes y suavizar cualquier gesto que pueda distraer o restar efectividad a su mensaje

Las prácticas de *mindfulness* aplicadas al manejo de las manos en la oratoria ofrecen una herramienta poderosa para mejorar la comunicación efectiva. El cultivo de la conciencia corporal, los ejercicios de *mindfulness* para la expresión gestual consciente y la técnica de exploración corporal consciente son recursos valiosos para optimizar los movimientos de las manos y su impacto en la audiencia.

5. CONCLUSIONES

Las conclusiones de la presente investigación arrojan luz sobre la importancia de la gestualidad consciente en el contexto de la oratoria y su relación con la comunicación persuasiva. A través de una mirada histórica y científica, se pudo constatar que la gestualidad consciente ha desempeñado un papel significativo en la efectividad de los discursos a lo largo del tiempo.

Los fundamentos teóricos analizados han permitido comprender la definición y características de la gestualidad consciente, destacando su capacidad para transmitir mensajes emocionales y reforzar la persuasión verbal. Asimismo, se ha evidenciado que el manejo adecuado de los gestos puede mejorar la conexión con la audiencia y aumentar la credibilidad del orador.

La influencia de *Mindfulness* en el manejo de la gestualidad consciente ha demostrado ser una herramienta valiosa para potenciar la atención plena durante la oratoria. La práctica de la atención plena facilita la sincronización entre el lenguaje verbal y no verbal, lo que contribuye a transmitir mensajes claros y coherentes.

Por último, se ha establecido la relevancia de la neurocomunicación no verbal en el manejo de la gestualidad consciente. La comprensión de los procesos neurofisiológicos subyacentes en la comunicación no verbal proporciona una base sólida para abordar la gestualidad consciente de manera efectiva, aprovechando su potencial para influir en las percepciones y respuestas de la audiencia. (Vargas Delgado, 2022).

Esta investigación ha confirmado que la gestualidad consciente desempeña un papel integral en la oratoria persuasiva. La combinación de una sólida base teórica, la aplicación de técnicas de atención plena y el conocimiento de los procesos neurofisiológicos subyacentes brindan a los oradores las herramientas necesarias para potenciar su comunicación no verbal y lograr un mayor impacto en sus discursos.

6. REFERENCIAS

Ambady, N. y Weisbuch, M. (2010). The nonverbal expression of power and dominance: Theory and research. En J. C. Hall, M. Schmid Mast, y T. V. West (Eds.), *The Social Psychology of Perceiving Others Accurately* (pp. 139-160). Cambridge University Press.

Bennett, S. (2018). *Mindfulness for teachers: Simple skills for peace and productivity in the Classroom*. W. W. Norton & Company.

Birdwhistell, R. L. (1952). *Introduction to Kinesics: An Annotation System for Analysis of Body Motion and Gesture*. University of Louisville.

Burgoon, J. K. (1993). Interpersonal expectations, expectancy violations, and emotional communication. *Journal of Language and Social Psychology*, *12*(1-2), 30-48.

Côté, S. y Hideg, I. (2011). The ability to influence others via emotion displays: A new dimension of emotional intelligence. *Organizational Psychology Review, 1*(1), 53-71.

Cuddy, A. (2012). *Presence: Bringing Your Boldest Self to Your Biggest Challenges*. Hachette Books.

Doria, J. M. (2021). *Inteligencia transpersonal*. Gaia Ediciones.

García Campayo, J. y Demarzo, M. (2018). *¿Qué sabemos del Mindfulness?*. Editorial Kairos.

García Campayo, J. (2018). *Mindfulness* Nuevo *Manual práctico. El camino de la atención plena*. Siglantana.

Goleman, D. (2013). *El cerebro y la inteligencia emocional: nuevos descubrimientos*. Kairós.

Guerrero, L. K. y Floyd, K. (2006). *Nonverbal communication in close relationships*. Lawrence Erlbaum Associates.

Johnson, P. (2010). *Churchill*. Penguin Books.

Kabat-Zinn, J. (2003). Mindfulness-based interventions in context: past, present, and future. *Clinical psychology: Science and practice, 10*(2), 144-156. https://doi.org/10.1093/clipsy.bpg016

Kendon, A. (2004). *Gesture: Visible Action as Utterance*. Cambridge University Press.

Langer, E. J. (1997). *The power of mindful learning*. Addison-Wesley.

Matsumoto, D. (2006). Culture and Nonverbal Behavior. En V. Manusov, y M. L. Patterson (Eds.), *The Sage handbook of nonverbal communication* (pp. 219–235). Sage Publications, Inc. https://doi.org/10.4135/9781412976152.n12

McNeill, D. (1992). *Hand and Mind: What Gestures Reveal about Thought*. University of Chicago Press.

Mehrabian, A. (1971). *Silent Messages: Implicit Communication of Emotions and Attitudes*. Wadsworth Publishing.

Vargas Delgado, J. J. (2022). Neurocomunicación consciente transpersonal y *mindfulness*. En M. Abanades Sánchez (ed.), *El profesional del siglo XXI: herramientas de comunicación y aprendizaje para el éxito laboral*. (pp. 59-94). Aula Magna Proyecto Clave McGraw Hill.

Vargas Delgado, J. J. (2022). las 8 actitudes *mindfulness* de Jon Kabat-Zinn: Una vida más plena y consciente en los tiempos de COVID-19. En R. Gómez de Travesedo Rojas, E. Trigo Ibáñez, y P. E. Rivera Salas (eds.), *Interpretando los nuevos lenguajes comunicativos del siglo XXI*. (pp. 657-668). Fragua.

Vargas Delgado, J. J. (2022). Paseo del orador 2.0 y la oratoria consciente eficiente. En *Las Ciencias Sociales como expresión humana* (pp. 457-371). Tirant lo Blanch.

Vargas Delgado, J. J. y Sacaluga Rodríguez, I. (2022). Neurocomunicación visual consciente: gestión deliberada y potencial de la mirada, como argumento persuasivo no verbal para vencer y convencer. *Bibliotecas anales de investigación 4*(especial) 3-21. https://revistas.bnjm.cu/index.php/BAI/article/view/453

Vargas Delgado, J. J. y Sacaluga Rodríguez, I. (2022). Comunicación consciente y salud mental: Técnica dual: sufrimiento vs dolor, para la mejora del estrés. *VISUAL REVIEW: International Visual Culture Review / Revista Internacional de Cultura Visual, 11*(3), 1-9. https://journals.eagora.org/revVISUAL/article/view/3681

Vargas Delgado, J. J. (2021). *Efficient Conscious Speaking - Live Communication Pedagogical Technique: "Speaker Storytelling Walk 2.0."* https://www.intechopen.com/chapters/79406

Vargas Delgado, J. J. y Sacaluga Rodríguez, I. (2021). Comunicación persuasiva consciente: Surgimiento e impacto de la inteligencia transpersonal para comunicar eficientemente desde la presencia. En A. Barrientos-Báez (ed.), XIII *Congreso Internacional Latina de Comunicación Social 2021: Libros de Actas. Comunicación y Nuevas Tendencias*. Hisin.

Vargas Delgado, J. J. (2020). *Storytelling Mindfulness: Storytelling Program for Meditations*. IntechOpen. https://www.intechopen.com/chapters/67587

Vargas Delgado, J. J. (2020). *Stress 0.0. Experimental Program of Meditations for Stress Reduction. IntechOpen.* https://www.intechopen.com/chapters/71112

Vargas Delgado, J. J. (2019). *Comunicación y atención plena: técnicas efectivas de comunicación con atención plena*. En: documento presentado en el II Congreso de *mindfulness* en educación; 25-27 de abril de 2019; Zaragoza 2019. Póster científico.

ESTADO DE LA CUESTIÓN DE LA IMAGEN DE MARCA DE LOS SUPERMERCADOS Y SUS TÉCNICAS DE ANÁLISIS

Daniela Vinueza-Ramírez[1]

1. INTRODUCCIÓN

En este capítulo se desarrollará el concepto de imagen corporativa dentro del ámbito empresarial, considerado como un activo intangible y vinculado al concepto de marca corporativa.

Este concepto de considerable importancia para las empresas ha perdido últimamente protagonismo ante otros, tal es el caso de reputación corporativa. Balmer y Greyser destacan cinco inconvenientes en la formación del concepto de imagen corporativa "(a) sus múltiples significados; (b) sus asociaciones negativas; (c) su dificultad o imposibilidad de control; (d) su multiplicidad; y (e) los diferentes efectos de la imagen en los distintos grupos de partes interesadas" (2003, p. 174). Por este motivo se han formulado varios significados y usos alrededor del término de imagen corporativa.

Las imágenes se clasifican en función de cuatro enfoques: (1) considerando a la empresa como transmisora de imágenes, (2) desde "el extremo receptor de la ecuación" (Balmer y Greyser, 2003, p. 174) (3) como categoría que puntualiza al enfoque de las imágenes (por ejemplo, la imagen de la industria o del país de origen). (4) cuando trata sobre las imágenes interpretadas, que se refiere a las percepciones que tienen los empleados y los agentes externos acerca de la imagen de la empresa.

Todo ello muestra que abordar el tema de la imagen tiene algo de complejidad porque no solo es un concepto cargado de algunos significados, sino también de interpretaciones.

2. OBJETIVOS

Presentada la introducción se considera los siguientes objetivos y preguntas de investigación:

Objetivos:

- Exponer los principales planteamientos de los estudios sobre imagen de marca de las tiendas minoristas o supermercados.
- Sintetizar las metodologías de análisis aplicadas a los estudios sobre la imagen de tiendas minoristas.

---

1. Universidad Complutense de Madrid (España)

Preguntas:

1. ¿Qué autores proponen estudios de imagen de marca de tienda y qué proponen?
2. ¿Desde qué áreas los autores estudian la imagen de marca de tiendas?
3. ¿Qué metodologías de análisis proponen los estudios sobre imagen de tienda?

3. MARCO TEÓRICO

3.1 Imagen corporativa

La imagen corporativa puede ser concebida como un principio de gestión empresarial. Mínguez (2000, pp. 4-5) considera que es el resultado de varias imágenes, que se forman a través de creencias y sentimientos que la empresa forma en los públicos. Ind (1992, p. 11) por su lado, sustenta que la imagen es formada por un determinado público acerca de la empresa y que dicha imagen está determinada por todo lo que hace esta entidad. Pero Ind también cree que este es un problema porque cada nicho de público, al ser diferentes unos de otros, interpretan de distinta forma los mensajes de la empresa.

En cuanto a la imagen de tienda fue un término propuesto por Martineau (1958) en el cual se refirió a cómo una tienda se define en la mente de un consumidor, en parte por sus cualidades funcionales y en parte por un aura de atributos psicológicos. Esta imagen cobra sentido en la mente de los consumidores, según las expectativas de los clientes (Solórzano-Jaramillo *et al.*, 2021). La imagen de los supermercados está relacionada con la percepción del consumidor sobre cualquier negocio, a partir de los supuestos, que los clientes construyeron sobre la imagen de tienda (Diallo *et al.*, 2015). En cuanto más favorable sea la imagen de una tienda más elección tendrá por parte de los clientes frente a otros negocios del mismo sector.

La percepción del consumidor en el entorno de las tiendas minoristas es un factor importante en el éxito de las empresas minoristas y las imágenes de las tiendas (Lin y Yeh, 2013, p. 376). Los diferentes ambientes y atmósferas de las tiendas generan diferentes sentimientos psicológicos a los consumidores. Estos sentimientos afectan al consumidor y se pueden reflejar en la cantidad de tiempo navegando, la intención de comprar y los valores personales satisfechos o logrados por la experiencia general de la compra (Edwards y Shackley, 1992; Eroglu y Machleit, 2008).

3.2 Imagen positiva y la buena imagen de la tienda

Para que el público construya una imagen positiva mental de una empresa, según Villafañe (1998, pp. 30-33) debe estar basada en tres hechos:

Una imagen positiva debe basarse en la propia realidad de la empresa. Es decir que la gestión de la imagen corporativa tiene que diferenciarse de otras funciones de la comunicación. Así también se debe adaptar el mensaje corporativo a los cambios de la empresa por lo que debe constantemente ofrecer una expresión creativa y creíble destinada para distintos públicos, que se identifiquen con su cultura.

En una imagen positiva prevalecen los puntos fuertes de la compañía. La gestión de la comunicación y las relaciones exteriores se vuelven un punto fuerte en el que la compañía debe trabajar, por lo que se forma una imagen intencional.

Una imagen positiva es la coordinación de las políticas formales con las funcionales. Es la gestión de políticas formales de la empresa con las variables corporativas como la identidad visual, la cultura y la comunicación corporativa.

La imagen es creada por los destinatarios desde la experiencia personal o indirecta, y este puede o no ser un reflejo de la realidad. La imagen también puede cambiar, según las actividades o del desarrollo de la organización. Así también la imagen puede diferir de la realidad, pero la organización puede ajustarla hacia lo que quiere mostrar. La imagen corporativa es el resultado de los que los consumidores perciben de la empresa a través de los medios de comunicación, de las experiencias directas o indirectas, como las referencias por el boca a boca de conocidos, convirtiéndose en un sentido de actitud e imagen (MacInnis y Price, 1987; Sina y Kim, 2018).

La organización comunica su imagen corporativa a través de la identidad corporativa, que alinea sus objetivos comerciales, para resultar como objetivos reconocidos y memorizados. El negocio minorista tiene identidades únicas, que dan como resultado una imagen corporativa positiva. Estas identidades únicas son:

Conveniencia:

Hoy en día existen consumidores algo apresurados, por lo tanto, favorece a aquellas tiendas que venden y brindan productos y servicios en ubicación y horario de apertura accesibles y fáciles de visitar, además también se considera como uno de los factores de elección de los servicios, la duración de estos (Thang y Tan, 2003).

Medio ambiente:

El entorno y la atmósfera pueden influir en las emociones y los sentimientos, y estos pueden crear recuerdos, experiencias e imágenes de futuro. El entorno, el diseño de la tienda, el olor y la relajación influyen en la demanda y la satisfacción con los productos y servicios, atraen a más clientes, inciden en las decisiones de compra y de considerar los productos durante un periodo largo (Hosseini *et al.*, 2014)

Producto:

La calidad del producto le da ventaja competitiva a la empresa. Existen muchos factores que se miden en la calidad, pero es un término que puede abarcar hablar desde la calidad de fabricación de los productos, hasta comercialización. Los productos de calidad son primordiales para la satisfacción y fidelidad del cliente, así también para la rentabilidad de la empresa a medio y largo plazo. Por lo tanto, si los productos cumplen con las expectativas de los clientes se asocian a productos de calidad (Putra *et al.*, 2017; Rachman, 2018).

Servicio:

El éxito de las empresas puede surgir del buen manejo de la imagen corporativa, que resulta de la calidad de los servicios estandarizados que brindan los empleados de la organización a sus clientes. La calidad en los servicios lleva a los clientes a evaluar la inferioridad o superioridad de las organizaciones en términos de servicios (Zeithaml, 1988). La calidad del servicio se puede medir al comparar las expectativas de los clientes frente a las percepciones del cometido real del servicio (Parasuraman *et al.*, 1985).

Los clientes evaluarán los servicios durante y después de la exposición a los mismos y compararán su satisfacción, según los servicios que han recibido.

La gestión de la imagen corporativa es importante tanto para los servicios, tiendas o productos (Hart y Rosenberger, 2004). La buena imagen de la empresa influye en las actitudes y la confianza que los clientes depositan en la organización por lo tanto esto influye en el comportamiento de compra de productos y servicios. Por lo que, para crear y mantener la buena imagen corporativa, las organizaciones deben construir una relación sólida con clientes, personas de la comunidad e individuos que se relacionan con la empresa. Así también la imagen positiva influye en los grupos de interés y el nivel de rentabilidad de la organización (Roberts y Dowling, 2002).

Lealtad a la marca

Los consumidores eligen distintas opciones para hacer sus compras y pueden estar guiados por diversos motivos. Uno de los cuales puede ser la conveniencia, la cercanía, economía, la facilidad de acceso, las promociones. Pero también por temas sentimentales como la confianza en los productos, la satisfacción, la atención del personal, cuando esto ocurre se crea un sentimiento de familiaridad con la empresa (Paiva *et al.*, 2012). Este se considera como la lealtad a una marca, producto o distribuidor (Allen *et al.*, 2000).

Para Paiva *et al.* (2012) la lealtad y satisfacción de los clientes son constructos complementarios. La lealtad asume que clientes satisfechos se volverán leales a la marca. Allen *et al.* (2000) consideraron en su momento que la lealtad tiene dimensiones primarias, por un lado, el componente racional y por otro el componente sentimental. En cuanto a la dimensión racional, el cliente evalúa su relación comercial, que se relaciona con el precio, cercanía, ahorro de tiempo, entre otros, mientras que en el estado emocional se involucra la interacción humana.

Pero también existen los postulados que el comportamiento del consumidor está dirigido por la satisfacción de sus necesidades fisiológicas, por lo que requiere acercarse a los productos de primera necesidad. Dichos argumentos se vieron reflejados en la pandemia del Covid-19, ya que muchas familias vieron afectada su economía y por lo tanto ya no primaba los productos favoritos sino los más económicos (García Murillo, 2020; Laato *et al.*, 2020).

Sin embargo, Calvo y Lang (2015) sugieren que la lealtad del consumidor a la marca es considerada como un compromiso del cliente para comprar la marca de forma continua, de manera que se puede reflejar que existe una fuerte influencia de parte de la empresa en el consumidor.

El consumidor leal es aquel que no se deja influenciar a través de campañas de marketing para cambiar por otras marcas. Recurre a sus productos y marcas que compra continuamente y no acepta productos variados (Vidrio *et al.*, 2020). Para Aaker (1991) la lealtad a la marca se mide por el porcentaje de compras y por la intención de compras a futuro. Según Tunjungsari (2020) un cliente leal es quien no dejara de comprar la marca, así esta suba de precio o cambie sus características.

Mercado minorista y mercado mayorista

El mercado minorista, que está vinculado a los supermercados, que son considerados por algunos autores como tiendas minoristas, es conocido también como mercado detallista o ventas al detal (Lozsan, 2022). Es el mercado, que aparentemente más permanece en el tiempo, y que su demanda hace que sea un espacio de uso cotidiano.

En el mercado minorista intervienen las transacciones de bienes y servicios a los consumidores finales. Es el espacio donde los vendedores van a negociar directamente con los compradores. En esta actividad, "los vendedores tienen como objetivo demostrarle al comprador que sus productos satisfacen sus necesidades" (Lozsan, 2022).

En cuanto a la diferencia del mercado minorista con el mayorista se puede afirmar que es una relación de continua dependencia porque mientras los minoritas tienen trato con los consumidores finales, se abastecen de los mercados mayoristas para seguir ofertando bienes y servicios de consumo.

4. METODOLOGÍA

4.1. Estado de la Cuestión

El estado de la cuestión o conocido en su término en inglés como *State of the art* (estado del arte) es considerado en la investigación cualitativa como un enfoque hermenéutico, que intenta respaldar un problema de investigación y a las hipótesis que se plantean, las mismas que siguen la dirección de un objeto de estudio y campo de acción (Agudelo, 2013, pp. 61-63). Así también, el estado del arte "implica el desarrollo de una metodología resumida en tres grandes pasos: contextualización, clasificación y categorización" (Montoya, 2005, p. 73).

Por una parte, Montoya describe que la contextualización de esta metodología "tiene en cuenta aspectos como el planteamiento del problema de estudio, los límites de este, el material documental que se utilizará en la investigación y algunos criterios para la contextualización" (2005, p. 74). En la clasificación se determina "los parámetros para la sistematización de la información, la clase de documentos a estudiar, así como aspectos cronológicos, objetivos de los estudios, disciplinas que enmarcan los trabajos, líneas de investigación, el nivel conclusivo y el alcance de estos" (2005, p. 74). Y por último la categorización considera dos categorías: internas y externas. "Las primeras se derivan directamente del estudio de la documentación bajo el enfoque de las temáticas, metodologías, hallazgos, teorías, estudios prospectivos o retrospectivos. Las segundas que a través de la conexión entre temáticas investigativas permiten determinar el tipo de contribución socio-cultural que ofrece el estado de la cuestión al área de la investigación en la que se desarrolla (Montoya, 2005, p. 75).

4.1.1. Parámetros para la sistematización de la información

El presente estado de la cuestión procedió a delimitar ciertos parámetros para la búsqueda de información como buscar los tesauros que representaban a conceptos de supermercado e imagen corporativa. De supermercado en español se encontró los términos de "Alimentos-Comercio" y términos relacionados como "Industria alimentaria", "Supermercados" y "Comercio de alimentos", mientras que en inglés se encontró el término *"Food Industry and Trade"*. Para el concepto de imagen corporativa, se encontró el mismo término y su relación con "identidad corporativa", en tanto que en el idioma inglés se utilizó *"Corporate image"*.

4.1.2. La clase de documentos a estudiar

Una vez que se identificaron los términos solo se utilizaron las palabras "supermercados" e "imagen corporativa" para resultados en español e inglés. Para las búsquedas se utilizaron las bases de datos Dialnet, *Scopus*, *Web of Science* y la biblioteca digital de la Universidad Complutense de Madrid. Solo se aceptaron artículos científicos y tesis doctorales. Además, solo se aceptaron aquellos documentos que mencionaban la imagen corporativa y supermercados. Se delimitó a aceptar aquellas investigaciones sobre la imagen del comercio de alimentos. Se buscaba que los términos estuvieran en los títulos, resumen y palabras claves.

4.1.3. Aspectos cronológicos

Las búsquedas no se delimitaron por un espacio temporal, sino que se consideraron las que arrojaban los buscadores en los tramos mayor a 1998 y menor de 2024.

5. RESULTADOS

Como resultados obtuvimos 9 documentos, debido a que alrededor del tema existe poca investigación, específicamente relacionada con la imagen corporativa de los supermercados. Por lo tanto, los hallazgos que se encontraron se exponen por objetivos disciplinas, objetivos y metodologías, conclusiones, limitaciones o futuras líneas de investigación, esto como una segunda parte correspondiente al estado de la cuestión de este capítulo.

5.1. Disciplinas que enmarcan los trabajos

Las disciplinas que se encontraron en las investigaciones sobre la imagen corporativa de los supermercados corresponden a (4) de Marketing, (2) de Empresa, (2) de Economía y (1) de Comunicación como se señala en la Tabla 1. Cabe recalcar que aquellos estudios en revistas de Empresa y Economía son estudios también vinculados al Marketing por lo que se puede afirmar que gran parte de los estudios corresponden al área de Marketing.

Título del documento	Autores	Disciplinas
Consumers' motives for visiting a food retailer's Facebook page	(Ladhari *et al.*, 2019)	Marketing
Efecto de la imagen corporativa en las extensiones de marca de servicios: un modelo aplicado	(Martínez y Pina, 2004)	Economía
Estrategia de promoción e imagen de marca: influencia del tipo de promoción, de la notoriedad de la marca y de la congruencia de beneficios	(Martínez *et al.*, 2007)	Marketing
Factors affecting consumers' willingness to buy private label brands (PLBs) Applied study on hypermarkets	(Mostafa y Elseidi, 2018)	Marketing
Factores explicativos de la lealtad de clientes de los supermercados	(Paiva *et al.*, 2012)	Empresa
Impacto de la imagen de tienda en la percepción del consumidor. Una aplicación en supermercados	(Solórzano-Jaramillo *et al.*, 2021)	Empresa

La imagen corporativa como intangible clave de la competitividad empresarial. Análisis de los activos estratégicos de los sectores tradicionales	(Blay *et al.*, 2014)	Comunicación
Store image attributes and customer satisfaction across different customer profiles within the supermarket sector in Greece	(Theodoridis y Chatzipanagiotou, 2009)	Marketing
The retail site location decision process using GIS and the analytical hierarchy process	(Roig-Tierno *et al.*, 2013)	Economía

Tabla 1. Disciplinas a las que corresponden los estudios encontrados.
Fuente: Elaboración propia.

5.1 Objetivos, metodología, resultados, nivel conclusivo y líneas de investigación de los estudios encontrados

Los 9 estudios expuestos en la (Tabla 1) presentaron los siguientes objetivos y metodologías propuestas por lo que se menciona cada uno de ellos, a fin de que se puedan conocer distintos temas de investigación en relación con la imagen corporativa y los supermercados.

Consumers' motives for visiting a food retailer's Facebook page. Ladhari *et al.*, (2019) formularon identificar los motivos que tenían los consumidores de una cadena minorista de alimentación canadiense para visitar la página de Facebook (FB) del supermercado. La metodología que utilizaron consta en una encuesta en línea a 1208 miembros. Los resultados mostraron que los consumidores visitaban más la página por valores de información, dinamismo y disfrute como obtener información sobre artículos con descuentos, consultar recetas de comida y conocer sobre artículos nuevos de la tienda. Ladhari *et al.*, concluyeron que futuras investigaciones deberían examinar los efectos de las actividades en los medios sociales acerca de "la imagen de los minoristas alimentarios y la imagen de marca genérica" (2019, p. 384).

Efecto de la imagen corporativa en las extensiones de marca de servicios: un modelo aplicado. Martínez y Pina (2004) buscaron constatar cómo incide en la aceptación o rechazo que se puede generar hacia la imagen de marca las extensiones de los comercios. Mediante el diseño de ocho cuestionarios, Martínez y Pina plantearon sobre algunas propuestas de extensión de la tienda. Cada cuestionario se dirigió a 50 individuos de la ciudad de Zaragoza en España. Los cuestionarios marcaban temas de opinión sobre la marca, reputación percibida, calidad del servicio y credibilidad, como primera parte del cuestionario. La segunda parte consistía que los usuarios imaginaran que la marca tenía una propuesta de extensión (2004, p. 163).

En las conclusiones acerca de la imagen corporativa, determinaron que, si un individuo tiene una "buena" imagen de la marca, la aceptación de una nueva línea de negocio se desarrollaría sin ninguna dificultad, pues consideraban que la empresa podía generar un servicio de calidad. Sin embargo, Martínez y Pina consideraron que este modelo presenta limitaciones en cuanto a las variables y factores estudiados, ya que se utilizaron escalas anglosajonas que contienen conceptos como credibilidad y reputación que los individuos investigados no entendieron.

Estrategia de promoción e imagen de marca: influencia del tipo de promoción, de la notoriedad de la marca y de la congruencia de beneficios. Martínez *et al.*, (2007) buscaron profundizar en los efectos de las promociones sobre la imagen de marca. En la metodología, los autores desarrollaron un experimento con un diseño factorial entre "2 (tipos de promociones: monetarias y no monetarias) x 2 (tipos de productos: utilitario y hedonista) x 2 (niveles de marca: alta notoriedad y notoriedad media)" (Martínez *et al.*, 2007, p. 34). Los resultados indicaron que las constantes promociones monetarias afectaban negativamente a la imagen de marca, tanto en productos utilitarios como hedonistas. Mientras que las promociones no monetarias mejoraban la imagen de la marca, sobre todo en productos hedonistas. Martínez *et al.*, Encontraron una limitación en su estudio que se experimentó con un grupo de estudiantes y que la investigación debería hacerse para otros grupos de interés para conocer si las promociones afectan o no a la marca de los productos, pero también a la imagen corporativa del supermercado.

Factors affecting consumers' willingness to buy private label brands (PLBs) Applied study on hypermarkets. Mostafa y Elseidi (2018) analizaron los factores que afectan a la predisposición de los consumidores en la compra de marcas de distribuidor (marcas blancas). Su enfoque fue estudiar la correlación entre la imagen de la tienda, la familiaridad con las marcas de distribución, las percepciones de calidad y precio y su efecto en las actitudes hacia las marcas blancas y la predisposición de compra. Aplicaron una metodología cuantitativa, en donde aplicaron cuestionarios auto-administrados entre 265 compradores de la cadena Carrefour en El Cairo, Egipto. Los datos proporcionados fueron analizados con ecuaciones estructurales para contrastar empíricamente las relaciones planteadas en los objetivos.

Mostafa y Elseidi resumieron que los resultados obtenidos sugieren que tanto los factores de actitud como de percepción afectan directa o indirectamente a la disposición de los consumidores a adquirir marcas de distribución. La limitación que encontraron en el estudio que no puede generalizarse para otros supermercados en otros contextos fuera de El Cairo.

Factores explicativos de la lealtad de clientes de los supermercados. Paiva *et al.*, (2012) plantearon identificar los principales factores, que explican la lealtad de los clientes a tres cadenas de supermercados en la ciudad de Temuco, Chile. Realizaron una encuesta personal aleatoria en hogares de Temuco, obteniéndose 1.050 cuestionarios útiles y usaron un modelo de regresión logística para hallar relación entre los factores estudiados. Los resultados fueron que las marcas de distribuidor no son un determinante para la fidelización de los clientes. Los factores que se encontraron con la lealtad fueron la imagen del supermercado, la conveniencia de la relación comercial, la búsqueda de ahorro en las compras y la percepción de las marcas de distribuidor. Sin embargo, entre las tres cadenas estudiados se mostraron características particulares de la lealtad. Los autores plantearon como sugerencia para los supermercados, que, aunque las marcas de distribución no sean determinantes en la lealtad a un supermercado sí podrían si es que los supermercados las consideran.

Impacto de la imagen de tienda en la percepción del consumidor. Una aplicación en supermercados. Solórzano-Jaramillo *et al.*, (2021) indagaron sobre la idea de marca que se ha construido en la mente de los clientes a partir del *merchandising*, imagen, valor percibido, conocimiento de marca e intención de compra. Optaron por una investigación de metodología cuantitativa, en el que usaron Modelos de Ecuaciones

Estructurales, aplicaron 265 encuestas estructuradas para medir cada concepto con su respectiva hipótesis. Las conclusiones fueron que "una imagen de tienda fuerte mejora las asociaciones con el conocimiento de la marca, mientras que, una imagen de tienda débil puede estar relacionada con una mala percepción y conocimiento de la marca" (Solórzano-Jaramillo *et al.*, 2021, pp. 35-36).

La imagen corporativa como intangible clave de la competitividad empresarial. Análisis de los activos estratégicos de los sectores tradicionales. Blay *et al.*, (2014) buscaron retratar la importancia de la imagen y la comunicación corporativa en los sectores tradicionales de la agroalimentación, calzado, cerámica, iluminación, juguete, mueble y textil en la Comunidad de Valencia de España.

La investigación utilizó una metodología cualitativa, en el trabajo de campo, realizaron entrevistas y grupos focales. Estas técnicas se aplicaron a "los sectores tradicionales de la Comunidad Valenciana y a cómo gestionan su comunicación corporativa, ofreciendo la visión de los protagonistas directos" (Blay *et al.*, 2014, p. 79).

Los resultados del trabajo encontraron nula gestión de la comunicación en los sectores estudiados, lo cual impide la mejora de la imagen de estos. Las futuras líneas de investigación, que los autores dejan abiertas es que exista la propuesta de estudios que midan la eficacia de la comunicación de estos sectores (Blay *et al.*, 2014, p. 94).

Store image attributes and customer satisfaction across different customer profiles within the supermarket sector in Greece. Theodoridis y Chatzipanagiotou (2009) plantearon ampliar la relación entre los atributos de la imagen de tienda y la satisfacción del cliente en el entorno de mercado en Grecia. En la metodología analizaron tres cadenas de supermercados. Los atributos estudiados fueron: (1) merchandising, (2) productos, (3) ambiente de tienda, (4) personal, (5) precio y (6) comodidad en tienda. Por otro lado, las variables que permitieron medir el grado de satisfacción del cliente fueron: (1) la edad, (2) el sexo, (3) el nivel educativo, (4) el ciclo familiar y (5) la frecuencia de compra (2009, p. 714). Evaluaron que había validez en el constructo de los conceptos propuestos por lo que establecieron relaciones entre los atributos de la tienda y la satisfacción del cliente.

Los investigadores concluyeron que solo aquellos atributos que se relacionaban con los precios y los productos resultaron altamente significativos para la satisfacción del cliente. La limitación encontrada fue que los estudios pueden variar si cambia el contexto.

The retail site location decision process using GIS and the analytical hierarchy process. Roig-Tierno *et al.*, (2013) encontraron cuán importante podría llegar a ser la ubicación geográfica en la apertura de una nueva tienda y cómo está podría incidir en la imagen de esta. Este proceso se aplicó para la apertura de un nuevo supermercado en la ciudad española de Murcia. La metodología consistió en la selección de una ubicación de una tienda, mediante sistemas de información geográfica (GIS) y el proceso de jerarquía analítica (AHP). Concluyeron que los factores más importantes fueron los relacionados con la ubicación y la competencia.

La etapa final del estudio ayudó a que se ubicara a los clientes que no tenían ninguna opción comercial cerca y con escasas gamas de opciones, de ahí que utilizaron la técnica de densidad kernel para determinar los posibles emplazamientos para la ubicación de nuevas tiendas; esto lo lograron utilizando a un supermercado como variable moderadora en el proceso AHP (2013, p. 197) (Roig-Tierno *et al.*, 2013, p. 197).

6. DISCUSIÓN Y CONCLUSIONES

Las principales investigaciones encontradas sobre supermercados e imagen corporativa muestran que existen pocas opciones para generalizar las metodologías y resultados de una investigación hacia otra. Es decir, cada contexto cambia y en la mayoría de los casos como se estudian a sujetos, como consumidores y clientes, la interpretación que se quiere dar sobre lo que piensan o dicen varía de un país, de un momento, de una circunstancia y más incidencias de la vida cotidiana. Los nueve estudios presentados así lo exponen en sus limitaciones. Esto para las investigaciones de metodología cualitativa que son las que más han primado en este estado de la cuestión. Sin embargo, hasta las investigaciones cuantitativas lo reconocen así, pues por más que exista una clasificación para los clientes, quienes contesten hoy un cuestionario o encuesta puede asegurar algo que el día de mañana sea distinto.

El tema de la gestión de la comunicación queda muy suelto, por decirlo así, la comunicación en los supermercados queda con una gran falta en los estudios, que asocian la imagen de una tienda con las satisfacciones o actitudes de los clientes. Es decir, que hay un gran espacio en este tema para proponer nuevas líneas de investigación.

Existe un poco interés de los administrativos de los supermercados en evaluar su imagen y la relación que ésta tiene con el cliente. Prima la parte economía, aunque puede que algunos supermercados trabajen en su bien intangible de imagen, la mayoría puede pensar que la imagen solo puede medirse en términos de conversión monetaria, mientras que la fidelidad que un cliente puede establecer con la marca de un supermercado puede definir la imagen que el supermercado aspira construir.

7. FUTURAS INVESTIGACIONES

Debido a la importancia de todo lo que involucra el comercio en los supermercados, se hacen necesarias futuras investigaciones sobre las distintas tipologías de comercio en las tiendas minoritas (Jiménez, 2016), así como también una propuesta de ruta sobre lo que se debería evaluar dentro de un supermercado.

Se ha visto necesaria la investigación de la comunicación dentro de los supermercados, que es como una función que todavía no tiene espacio, ni delimitación de funciones, es decir, no existe una línea divisoria entre el Marketing o el departamento administrativo, sino que la comunicación está como una función más dependiente de las dos áreas mencionadas, sin llegar a estar aparte, ni contener una estructura de aplicaciones que permita su estudio dentro de estas organizaciones.

8. REFERENCIAS

Aaker, D. (1991). *Managing brand equity: Capitalizing on the value of a brand name.* Free Press. Maxwell Macmillan International.

Agudelo, E. (2013). Acerca del estado de la cuestión o sobre un pasado reciente en la investigación cualitativa con enfoque hermenéutico. *Uni-pluriversidad, 13*(1), 60-63.

Allen, D., Allen, D. y Rao, T. (2000). *Analysis of Customer Satisfaction Data: A Comprehensive Guide to Multivariate Statistical Analysis in Customer Satisfaction, Loyalty, and Service Quality Research.* ASQ Quality Press.

Balmer, J. y Greyser, S. (Eds.). (2003). *Revealing the Corporation: Perspectives on Identity, Image, Reputation, Corporate Branding and Corporate Level Marketing*. Routledge. https://doi.org/10.4324/9780203422786

Blay, R., Benlloch, M. y Sanahuja, G. (2014). La imagen corporativa como intangible clave de la competitividad empresarial. Análisis de los activos estratégicos de los sectores tradicionales. *Sphera Publica, 1*(14), 70–96. https://n9.cl/9281q

Calvo, C. y Lang, M. (2015). Private labels: The role of manufacturer identification, brand loyalty and image on purchase intention. *British Food Journal, 117*(2), 506-522. https://doi.org/10.1108/BFJ-06-2014-0216

Diallo, M., Burt, S. y Sparks, L. (2015). The influence of image and consumer factors on store brand choice in the Brazilian market: Evidence from two retail chains. *European Business Review, 27*(5), 495-512. https://doi.org/10.1108/EBR-03-2013-0048

Edwards, S. y Shackley, M. (1992). Measuring the Effectiveness of Retail Window Display as an Element of the Marketing Mix. *International Journal of Advertising, 11*(3), 193-202. https://doi.org/10.1080/02650487.1992.11104494

Eroglu, S. y Machleit, K. (2008). Theory in consumer-environment research. Diagnosis and prognosis. *Handbook of Consumer Psychology*, 823-835.

García, M. (2020). COVID-19 y su influencia en el comportamiento del consumidor. *Ciencia, Cultura y Sociedad, 5*(2), 6-8. https://doi.org/10.5377/ccs.v5i2.10197

Hart, A. y Rosenberger, P. (2004). The Effect of Corporate Image in the Formation of Customer Loyalty: An Australian Replication. *Australasian Marketing Journal, 12*(3), 88-96. https://doi.org/10.1016/S1441-3582(04)70109-3

Hosseini, Z., Jayashree, S. y Malarvizhi, C. (2014). Store Image and Its Effect on Customer Perception of Retail Stores. *Asian Social Science, 10*(21), 223. https://doi.org/10.5539/ass.v10n21p223

Jiménez, G. (2016). *Merchandising & retail: Comunicación en el punto de venta* (1a ed). Advook.

Ind, N. (1992). *La imagen corporativa: Estrategias para desarrollar programas de identidad eficaces*. Ediciones Díaz de Santos.

Laato, S., Islam, A., Farooq, A. y Dhir, A. (2020). Unusual purchasing behavior during the early stages of the COVID-19 pandemic: The stimulus-organism-response approach. *Journal of Retailing and Consumer Services*, 57, 102224. https://doi.org/10.1016/j.jretconser.2020.102224

Ladhari, R., Rioux, M., Souiden, N. y Chiadmi, N. (2019). Consumers' motives for visiting a food retailer's Facebook page. *Journal of Retailing and Consumer Services*, 50, 379-385. https://doi.org/10.1016/j.jretconser.2018.07.013

Lin, L. y Yeh, H. (2013). A means-end chain of fuzzy conceptualization to elicit consumer perception in store image. *International Journal of Hospitality Management, Complette* 33, 376-388. https://doi.org/10.1016/j.ijhm.2012.10.008

Lozsan, N. (2022, junio 24). Mercado Minorista: Qué es, Características, Tipos y Público. *Cinco noticias*. https://www.cinconoticias.com/mercado-minorista/

MacInnis, D. y Price, L. (1987). The Role of Imagery in Information Processing: Review and Extensions. *Journal of Consumer Research, 13*(4), 473. https://doi.org/10.1086/209082

Martineau, P. (1958). The Personality of the Retail Store. *Harvard Business Review*, 36, 47-55.

Martínez, E., Montaner, T. y Pina, J. (2007). Estrategia de promoción e imagen de marca: Influencia del tipo de promoción, de la notoriedad de la marca y de la congruencia de beneficios. *Revista española de investigación de marketing, 11*(1), 27-52. https://dialnet.unirioja.es/servlet/articulo?codigo=2303653

Martínez, E. y Pina, J. (2004). Efecto de la imagen corporativa en las extensiones de marca de servicios: Un modelo aplicado. *Revista de economía y empresa*, *22*(52), 157-174. https://dialnet.unirioja.es/servlet/articulo?codigo=2274040

Mínguez, N. (2000). Un marco conceptual para la imagen corporativa". *ZER: Revista de Estudios de Comunicación = Komunikazio Ikasketen Aldizkaria*, *5*(8), Article 8. https://doi.org/10.1387/zer.17426

Montoya, N. (2005). ¿Qué es el estado del arte? *Ciencia y Tecnología para la Salud Visual y Ocular*, 5, 73-75. https://dialnet.unirioja.es/servlet/articulo?codigo=5599263

Mostafa, R. y Elseidi, R. (2018). Factors affecting consumers' willingness to buy private label brands (PLBs): Applied study on hypermarkets. *Spanish Journal of Marketing - ESIC*, *22*(3), 338-358. https://doi.org/10.1108/SJME-07-2018-0034

Paiva, G., Sandoval, M. y Bernardin, M. (2012). Factores explicativos de la lealtad de clientes de los supermercados. *INNOVAR. Revista de Ciencias Administrativas y Sociales*, *22*(44), 153-164. https://www.redalyc.org/articulo.oa?id=81824866012

Parasuraman, A., Zeithaml, V. y Berry, L. (1985). A Conceptual Model of Service Quality and Its Implications for Future Research. *Journal of Marketing*, *49*(4), 41-50. https://doi.org/10.1177/002224298504900403

Putra, R., Hartoyo, H. y Simanjuntak, M. (2017). The Impact of Product Quality, Service Quality, and Customer Loyalty Program perception on Retail Customer Attitude. *Independent Journal of Management y Production*, *8*(3), 1116. https://doi.org/10.14807/ijmp.v8i3.632

Rachman, A. (2018). The Effect of Product Quality, Service Quality, Customer Value on Customer Satisfaction And Word Of Mouth. *Journal of Research in Management*, *1*(3). https://doi.org/10.32424/jorim.v1i3.36

Roberts, P. y Dowling, G. (2002). Corporate reputation and sustained superior financial performance: Reputation and Persistent Profitability. *Strategic Management Journal*, *23*(12), 1077-1093. https://doi.org/10.1002/smj.274

Roig-Tierno, N., Baviera-Puig, A., Buitrago-Vera, J. y Mas-Verdu, F. (2013). The retail site location decision process using GIS and the analytical hierarchy process. *Applied Geography*, *40*, 191-198. https://doi.org/10.1016/j.apgeog.2013.03.005

Sina, A. y Kim, H.-Y. (2018). Enhancing Consumer Satisfaction and Retail Patronage Through Brand Experience, Cognitive Pleasure, and Shopping Enjoyment: A Comparison Between Lifestyle and Product-Centric Displays. *Global Marketing Conference*, 1489 1490. https://doi.org/10.15444/GMC2018.12.07.03

Solórzano-Jaramillo, K., Vicente-Ajila, C., Bonisoli, L. y Burgos-Burgos, J. (2021). Impacto de la imagen de tienda en la percepción del consumidor. Una aplicación en supermercados. *593 Digital Publisher CEIT*, *6*(5), 25-39. https://doi.org/10.33386/593dp.2021.5.639

Thang, D. y Tan, B. (2003). Linking consumer perception to preference of retail stores: An empirical assessment of the multi-attributes of store image. *Journal of Retailing and Consumer Services*, *10*(4), 193-200. https://doi.org/10.1016/S0969-6989(02)00006-1

Theodoridis, P. y Chatzipanagiotou, K. (2009). Store image attributes and customer satisfaction across different customer profiles within the supermarket sector in Greece. *European Journal of Marketing*, *43*(5/6), 708-734. https://doi.org/10.1108/03090560910947016

Tunjungsari, H., Syahrivar, J. y Chairy, C. (2020). Brand loyalty as mediator of Brand image-repurchase intention relationship of premium-priced, high-tech product in Indonesia. *Jurnal Manajemen Maranatha*, *20*(1), 21-30. https://doi.org/10.28932/jmm.v20i1.2815

Vidrio, S., Rebolledo, A. y Galindo, S. (2020). Calidad del servicio hotelero, lealtad e intención de compra. *Investigación Administrativa*, *49*(1), 1-20. https://doi.org/10.35426/IAv49n125.02

Villafañe, J. (1998). *Imagen positiva: Gestión estratégica de la imagen de las empresas*. Pirámide.

Zeithaml, V. (1988). Consumer Perceptions of Price, Quality, and Value: A Means-End Model and Synthesis of Evidence. *Journal of Marketing*, *52*(3), 2-22. https://doi.org/10.1177/002224298805200302

www.peterlang.com